MERCEDES-
-BENZ

Sam naprawiam samochód

H.R. Etzold

MERCEDES-BENZ

C180 do C350 oraz C200CDI do C320CDI

od maja 2000 do marca 2007

Z języka niemieckiego tłumaczył
mgr inż. Sławomir Polkowski

WKŁ

WYDAWNICTWA
KOMUNIKACJI I ŁĄCZNOŚCI

Dane o oryginale:
Hans-Rüdiger Etzold
So wird's gemacht: pflegen – warten – reparieren
Band 126: Mercedes C-Klasse (Typ 203) Limousine/T-Modell/Sportcoupé
143–272 PS u. Diesel 115–224 PS von 6/00 bis 3/07 – 4. Auflage – 2007

Fotografia na okładce: *Daimler AG*
Redaktor: *Zbigniew Otoczyński*
Redaktor techniczny: *Ewa Kęsicka*
Korekta: *Maria Łakomy*

629.114.6.004.67
Bogato ilustrowany fachowy poradnik poświęcony obsłudze i naprawie samochodów Mercedes-Benz klasy C (C180, C200, C230, C240, C280, C320, C350, C200CDI, C220CDI, C270CDI, C320CDI) z silnikami benzynowymi i wysokoprężnymi, produkowanych od czerwca 2000 roku do marca 2007 roku. Dane techniczne i regulacyjne, momenty dokręcania połączeń gwintowych, możliwe do wykonania we własnym zakresie czynności obsługowe, regulacyjne i naprawcze, tablice wykrywania i usuwania niesprawności.
Odbiorcy: użytkownicy opisanych modeli samochodów, w tym także osoby nie posiadające doświadczenia w naprawie pojazdów.

ISBN 978-83-206-1769-6

Wydawnictwa Komunikacji i Łączności sp. z o.o.
ul. Armii Krajowej 8, 05-071 Sulejówek
tel. 22-849-27-51; 22-849-23-45; 691 347 412
e-mail wkl@wkl.com.pl
Księgarnia internetowa www.wkl.com.pl

Wydanie 2 (dodruk). Sulejówek 2023

Skład i łamanie: MONDO-T, Warszawa

Druk i oprawa: Drukarnia POZKAL
ul. Cegielna 10/12, 88-100 Inowrocław

Spis treści

Do Czytelnika

Wiele milionów kierowców od ponad trzydziestu lat korzysta z serii książek „Sam naprawiam samochód", aby samemu naprawiać swój pojazd.
Od czasu rozpoczęcia tej serii nastąpił ogromny postęp w rozwoju technicznym samochodów i wykonanie niektórych napraw przekracza możliwości mechanika amatora. Widać to wyraźnie na przykładzie Mercedesa klasy C. W zamierzchłych czasach Volkswagena „garbusa", świece zapłonowe wymieniano co 5000 kilometrów i napełniano smarem sześć smarownic z zaworem kulkowym w przednim zawieszeniu. Od dawna w samochodach nie ma już smarownic, a świece zapłonowe wymienia się bardzo rzadko. Za to „garbus" miał jeszcze elementy, które można było wymieniać. Dziś w wielu układach występują tylko obudowane zespoły, które w razie uszkodzenia muszą być wymieniane w całości.
Niektóre czynności nie są już wykonywane lub mogą być wykonywane z dużych nakładem pracy i być może będzie brakowało czytelnikom serii „Sam naprawiam samochód" kilku opisów czynności, które dotychczas znajdowały się w tych książkach. Nie wynika to z lenistwa zespołu opracowującego, lecz z postępu technicznego. Na przykład w elektronicznym układzie sterowania silnikiem nie można nic zrobić bez próbników wykrywających usterkę i odpowiednich przyrządów kontrolnych i regulacyjnych. Być może będzie brakowało dotychczas załączanych schematów instalacji elektrycznej. Także to nie jest naszą winą. Nie mogliśmy ich publikować ze względów prawnych. Te schematy są dostępne w stacjach obsługi Mercedesa w postaci drukowanej i ich kopie będą przekazywane z pewnością do dyspozycji każdemu kierowcy Mercedesa.
Jeśli podczas pracy przy swoim Mercedesie klasy C napotkacie sytuację, która nie odpowiada dokładnie naszemu opisowi, prosimy nie niszczyć tej książki. Nie możemy kupować każdego nowego modelu klasy C, aby sprawdzić, co zostało zmienione. My, a z pewnością także wszyscy inni kierowcy Mercedesów klasy C, uznalibyśmy za bardzo korzystne przekazywanie przez czytelników swej wiedzy do wydawnictwa w zakresie napraw w krótkim e-mailu. Moglibyśmy wtedy Wasze doświadczenia uwzględniać w nowym nakładzie książki. Jeśli

macie pod ręką cyfrowy aparat fotograficzny, zróbcie zdjęcie określające Wasze odkrycie i przyślijcie do nas. Poza tym aparat fotograficzny jest świetnym notatnikiem elektronicznym podczas wymontowania elementów.
Przed przystąpieniem do pracy przy Waszym samochodzie powinniście zajrzeć do tej książki, jakie czynności należy wykonać i jakie narzędzia są niezbędne. To ma sens, gdyż nawet dotychczas stosowane klucze do świec zapłonowych mogą już nie pasować, a narzędzia w wyposażeniu samochodu zostały ograniczone do podnośnika. Obok podstawowych narzędzi jest potrzebny zestaw kluczy do śrub Torx, bez którego nie można będzie odkręcić niektórych śrub. Poza tym należy dołożyć do narzędzi klin z tworzywa sztucznego, jaki pokazano w rozdziale „Narzędzia". W dzisiejszych samochodach części z tworzywa sztucznego są wciskane, aby umożliwić szybki i tani montaż. Wymontowanie tych części okazuje się trudne, gdyż w razie zbyt silnego pociągnięcia części z tworzywa sztucznego zrywają się zaczepy mocujące i część jest bezużyteczna. Większość śrub powinna być dokręcana zalecanym momentem i jest potrzebny także klucz dynamometryczny. Momenty dokręcania są podane w opisach **wytłuszczonym** drukiem.
Tych kilka praktycznych przykładów pokazuje wyraźnie, że świat techniki skomplikował się, ale to nie powinno powstrzymać od majstrowania przy Waszym Mercedesie klasy C, co robiliście zawsze chętnie.

Rüdiger Etzold

PS. Jeśli odkryjecie w swym samochodzie coś, o czym powinni wiedzieć inni kierowcy, to przekażcie e-mailem swoją wiedzę na adres: info@deliusklasing.de

Wiadomości wstępne

OPIS MODELI

W czerwcu 1993 roku pojawiła się na rynku niemieckim pierwsza generacja Mercedesa klasy C. Od maja 2000 roku jest na rynku druga generacja klasy C (typu 203). Najpierw wprowadzono wersję sedan, po której nastąpiły – we wrześniu 2000 sportowe coupé i w styczniu 2001 wersja T (kombi).
Do napędu są stosowane silniki benzynowe i wysokoprężne o różnej mocy. Wszystkie silniki benzynowe mają układy wtrysku benzyny i zapłonu sterowane przez system elektroniczny. Także silniki wysokoprężne są wyposażone w elektronicznie sterowany układ wtrysku bezpośredniego z zasobnikiem paliwa (Common Rail).
W przednim zawieszeniu zastosowano sprawdzoną konstrukcję kolumn MacPhersona ze sprężynami śrubowymi, amortyzatorami dwururowymi i stabilizującym drążkiem skrętnym. Zawieszenie tylne składa się z przestrzennego układu wahaczy ze sprężynami śrubowymi, stabilizującym drążkiem skrętnym i jed-

M-6620
MERCEDES KLASY C SEDAN

M-6621
MERCEDES KLASY C WERSJI T (KOMBI)

M-6622
MERCEDES KLASY C COUPÉ

M-6624
MERCEDES KLASY C WERSJI T, SEDAN I COUPÉ OD III 2004

norurowymi amortyzatorami hydropneumatycznymi.
W marcu 2004 roku nastąpiła niewielka zmiana wyglądu, polegająca na innym ukształtowaniu zderzaka przedniego i dolnego wlotu powietrza. Szyby reflektorów są wykonane z przezroczystego szkła a osłona chłodnicy ma trzy listwy zamiast czterech.
Ta książka dotyczy samochodów klasy C od maja 2000 roku do marca 2007 roku (typ 203).

IDENTYFIKACJA SAMOCHODU I SILNIKA

Numer podwozia

Na podstawie numeru podwozia można rozpoznać jednoznacznie model pojazdu. W numerze podwozia jest zakodowana seria modelu i wariant nadwozia.
Numer podwozia (1, rys. M-6616) znajduje się na tabliczce znamionowej (2) pod ryglem zamka (3) drzwi pasażera; (4) – numer lakieru.
Dodatkowo numer podwozia jest wybity na nadwoziu u dołu przed fotelem pasażera. Aby numer podwozia (2, rys. M-6625) był widoczny, należy przesunąć fotel pasażera całkowicie do tyłu i odchylić w górę wykładzinę podłogi (1).

M-6616

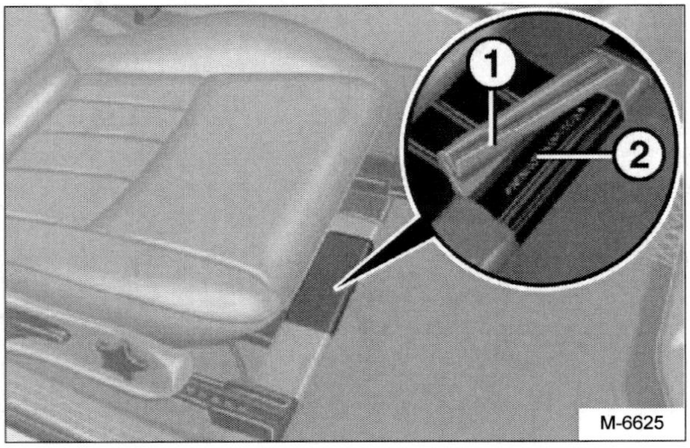

M-6625

Objaśnienie oznaczeń w numerze podwozia

WDB	203	006	1	F	214276
①	②	③	④	⑤	⑥

① Oznaczenie producenta: WDB – Daimler-Benz AG lub Daimler-Chrysler AG (WDB – Westdeutschland Daimler-Benz).
② 203 – typ 203 – klasa C.
③ 006 – wersja
1. cyfra: 0 – sedan, 2 – kombi (model T), 7 – coupé;
2. cyfra: 0 – silnik wysokoprężny czterocylindrowy;
3. cyfra: 6 – rodzaj silnika.
④ 1 – kierownica z lewej strony.
⑤ F – zakład produkcyjny: F, G, H – Brema; A, B, C, D, E – Sindelfingen; J – Rastatt.
⑥ 214 276 – numer seryjny.

Numer silnika

Numer silnika jest wybity na kadłubie silnika.
Silnik benzynowy czterocylindrowy: z tyłu po lewej stronie (strzałka na rys. M-6617).
Silnik benzynowy sześciocylindrowy: z tyłu po prawej stronie.
Silnik wysokoprężny: po lewej stronie nad belką silnika.

M-6617

Objaśnienie oznaczeń w numerze silnika

111	951	30	072313
①	②	③	④

① 111/271 – silnik benzynowy czterocylindrowy, 112/272 – silnik benzynowy sześciocylindrowy, 611/646 – silnik wysokoprężny czterocylindrowy, 612 – silnik wysokoprężny pięciocylindrowy, 642 – silnik wysokoprężny sześciocylindrowy.
② 951 – wariant silnika.
③ 30 – miejsce niewykorzystane.
④ 072313 – numer seryjny.

PODSTAWOWE DANE SILNIKÓW

Model	C 200 CDI	C 200 CDI	C 220 CDI	C 220 CDI	C 270 CDI	C 30 CDI AMG	C 320 CDI
Typ	203.004	203.007	203.006	203.008	203.016	203.018	203.020
Oznaczenie silnika	611.962	646.962	611.962	646.963	612.962	612.990	642.910
Okres produkcji od – do	V 2000 – IV 2003	V 2003 – III 2007	V 2000 – II 2004	III 2004 – III 2007	V 2000 – V 2005	II 2003 – V 2005	VI 2005 – III 2007
Pojemność skokowa cm^3	2148	2148	2148	2148	2685	2950	2987
Moc kW przy obr/min KM przy obr/min	85/4200 115/4200	90/4200 122/4200	105/4200 143/4200	110/4200 150/4200	125/4200 170/4200	170/3800 231/3800	165/3800 224/3800
Moment obrotowy N · m przy obr/min	250/1400	270/1600	315/1800[1)]	340/2000	370/1600[2)]	540/2000	415/1400[3)]
Średnica cylindra mm	88,0	88,0	88,0	88,0	88,0	88,0	83,0
Skok tłoka mm	88,3	88,3	88,3	88,3	88,3	97,0	92,0
Stopień sprężania	18,0	18,0	18,0	18,0	18,0	16,5	18,0
Liczba cylindrów / liczba zaworów w cylindrze	R4/4	R4/4	R4/4	R4/4	R5/4	R5/4	V6/4
Urządzenie sterujące pracą	EDC	EDC	EDC	EDC	EDC	EDC	EDC
Paliwo	olej napędowy	olej napędowy	olej napędowy	olej napędowy	olej napędowy	olej napędowy	olej napędowy
Ilość do wymiany w dm^3: – oleju silnikowego – cieczy chłodzącej	 6,5 11,9	 6,5 9,75	 6,5 11,9	 6,5 9,75	 6,5 12,4	 6,5 13,0	 8,5 7,6

1) Maksymalny moment obrotowy od V 2003: 350 N · m przy 2000 obr/min.
2) Maksymalny moment obrotowy z mechaniczną skrzynką biegów od VI 2002 oraz z automatyczną skrzynką biegów: 400 N · m przy 1800 obr/min.
3) Maksymalny moment obrotowy dla C320 CDI z automatyczną skrzynką biegów: 510 N · m przy 1600 obr/min.

CDI – wtrysk z zasobnikiem paliwa (Common Rail);
EDC – elektroniczne sterowanie silnikiem wysokoprężnym.

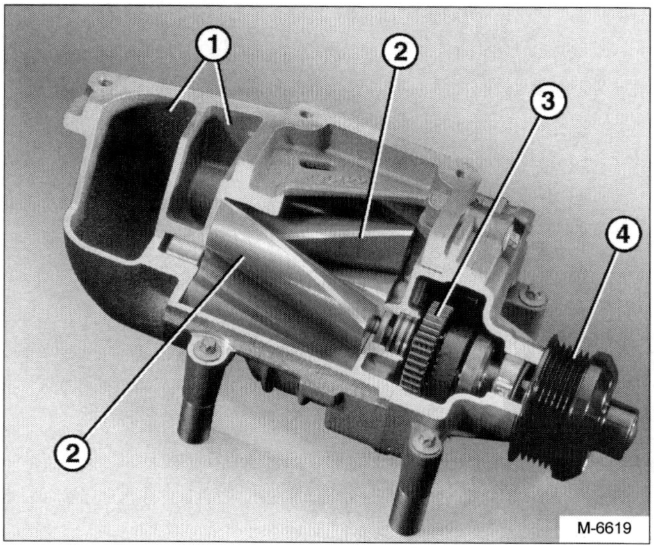

SPRĘŻARKA POWIETRZA DOŁADOWUJĄCEGO
1 – kanały powietrza,
2 – tłok obrotowy,
3 – koło zębate,
4 – koło pasowe napędzające

Model	C 180	C 180 K	C 200 K	C 200 K	C 200 CGI	C 230 K	C 230 K
Typ	203.035	203.046	203.045	203.042	203.043	203.747	203.040
Oznaczenie silnika	111.951	271.946	111.955	271.940	271.942	111.981	271.948
Okres produkcji od – do	V 2000 – V 2002	VI 2002 – III 2007	V 2000 – V 2002	VI 2002 – III 2007	XII 2002 – V 2005	III 2001 – V 2002	VI 2002 – V 2005
Pojemność skokowa cm^3	1998	1796	1998	1796	1796	2295	1796
Moc kW przy obr/min KM przy obr/min	95/5300 129/5300	105/5200 143/5200	120/5300 163/5300	120/5500 163/5500	125/5500 170/5500	145/5500 197/5500	141/5500 192/5500
Moment obrotowy N·m przy obr/min	190/4000	220/2500	230/2500	240/3000	250/3000	280/2500	260/3500
Średnica cylindra mm	89,9	82,0	89,9	82,0	82,0	90,9	82,0
Skok tłoka mm	78,7	85,0	78,7	85,0	85,0	88,4	85,0
Stopień sprężania	10,6	10,2	9,5	9,5	10,5	9,0	8,7
Liczba cylindrów / liczba zaworów w cylindrze	R4/4	R4/4	R4/4	R4/4	R4/4	R4/4	R4/4
Urządzenie sterujące pracą	HFM	HFM	HFM	HFM	HFM	HFM	HFM
Paliwo bezołowiowe LO	Super 95	Super 95	Super 95	Super 95	Super Plus	Super Plus	Super Plus
Ilość do wymiany w dm^3: – oleju silnikowego – cieczy chłodzącej	 7,0 8,5	 5,5 7,5	 7,0 8,5	 5,5 7,5	 5,5 7,5	 7,0 8,5	 5,5 7,5

Model	C 230	C 240	C 280	C 320	C 32 AMG	C 350	C 55 AMG
Typ	203.052	203.061	203.054	203.064	203.065	203.056	203.076
Oznaczenie silnika	272.920	112.912	272.940	112.946	112.961	271.960	113.988
Okres produkcji od – do	VI 2005 – III 2007	V 2000 – V 2005	VI 2005 – III 2007	V 2000 – V 2005	III 2001 – V 2005	VI 2005 – III 2007	VI 2005 – III 2007
Pojemność skokowa cm^3	2496	2597	2996	3199	3199	3498	5439
Moc kW przy obr/min KM przy obr/min	150/6200 204/6200	125/5500 170/5500	170/6000 231/6000	160/5700 218/5700	260/6100 354/6100	200/6000 272/6000	270/5750 367/5750
Moment obrotowy N·m przy obr/min	245/2900	240/4500	300/2500	310/3000	450/4400	350/3000	510/4000
Średnica cylindra mm	88,0	89,9	88,0	89,9	89,9	92,9	97,0
Skok tłoka mm	68,4	68,2	82,1	84,0	84,0	86,0	92,0
Stopień sprężania	11,2	10,5	11,1	10,0	9,0	10,7	11,0
Liczba cylindrów / liczba zaworów w cylindrze	V6/4	V6/3	V6/4	V6/3	V6/3	V6/4	V8/3
Urządzenie sterujące pracą	HFM	HFM	HFM	HFM	HFM	HFM	HFM
Paliwo bezołowiowe LO	Super 95	Super 95	Super 95	Super 95	Super 95	Super 95	Super Plus
Ilość do wymiany w dm^3: – oleju silnikowego – cieczy chłodzącej	 8,0 7,1	 8,0 10,5	 8,0 7,1	 8,0 10,5	 8,0 10,5	 8,0 7,1	 8,0 12,0

Silnik benzynowy: można także tankować benzynę o niższej liczbie oktanowej (LO 91 lub LO 95), jednak wtedy obniża się moc silnika i zwiększa się zużycie paliwa; w razie stosowanie paliwa gorszej jakości należy unikać pełnego obciążenia samochodu.
Liczba cylindrów: **R4** – cztery cylindry w silniku rzędowym, **R5** – pięć cylindrów w silniku rzędowym, **V6** – sześć cylindrów w silniku widlastym, **V8** – osiem cylindrów w silniku widlastym. **K** – silnik z doładowaniem; **CGI** – bezpośredni wtrysk benzyny z uwarstwionym lub jednorodnym ładunkiem; **AMG** – wyposażenie sportowe, silnik o dużej mocy; **HFM** – elektroniczny wtrysk benzyny, przepływomierz powietrza z termoanemometrem.

Obsługa samochodu

NARZĘDZIA

Oprócz podstawowego wyposażenia w klucze płaskie i oczkowe o najczęściej stosowanych wielkościach, w różne wkrętaki do śrub Torx i komplet kluczy nasadowych, zaleca się także zakup klucza dynamometrycznego. Poza tym do wykonania niektórych czynności są niezbędne specjalne narzędzia.

Dobre, trwałe narzędzia oferuje firma Hazet (42804 Remscheid 1, Postfach 100461). W tablicy podano numery katalogowe narzędzi tej firmy sprzedawane w specjalistycznych sklepach motoryzacyjnych.

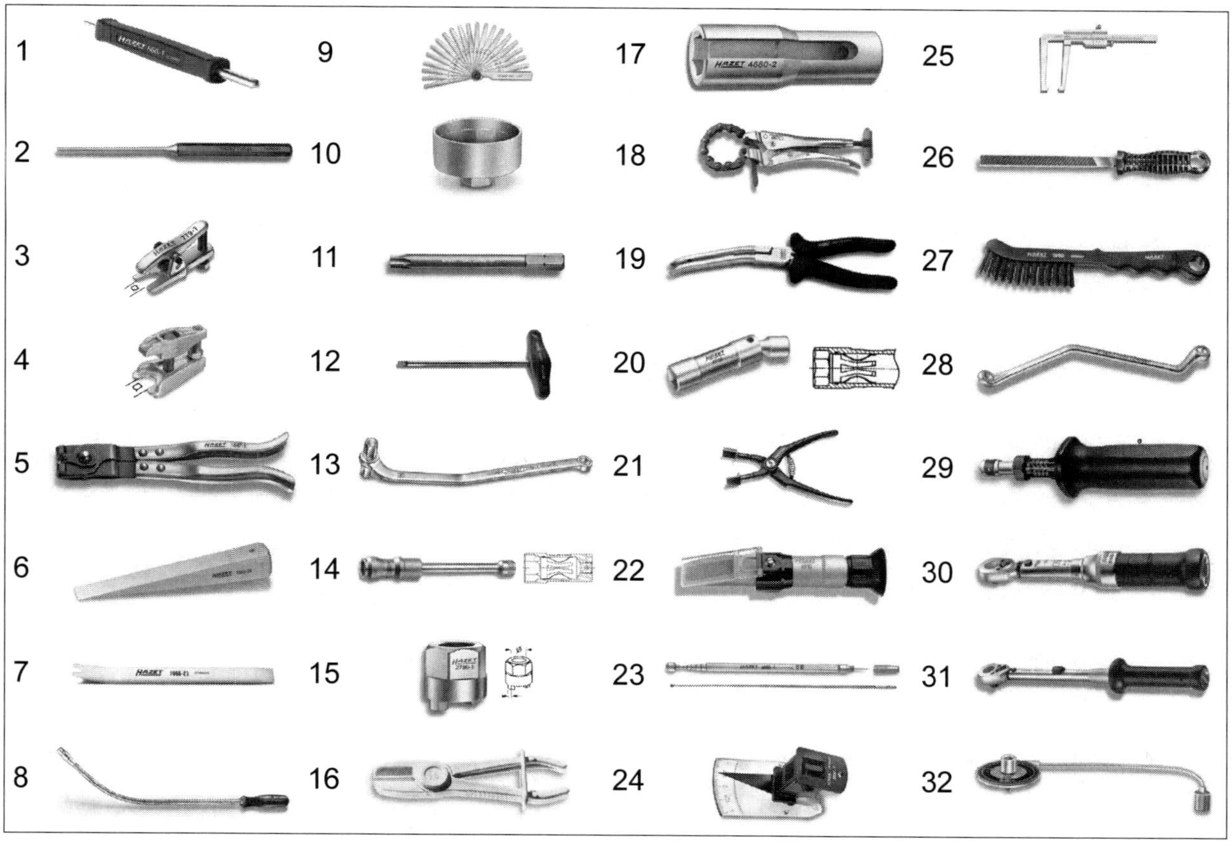

Poz. na rys.	Narzędzie	Nr katalogowy Hazet
1	Przyrząd do wykręcania zaworu powietrza w ogumieniu	666-1
2	Wybijak zawleczek wkładek ciernych przednich hamulców tarczowych	748 Lgb-4
3	Ściągacz przegubu kulowego, rozwartość 18...22 mm	1779
4	Ściągacz przegubu kulowego, rozwartość 20...22 mm, dwustopniowy	1779-1
5	Szczypce do opasek osłon półosi tylnych	1847-1
6	Klin montażowy	1965-20
7	Klin montażowy	1965-21
8	Przyrząd magnetyczny do szukania części metalowych	1976
9	Szczelinomierz 0,05÷1,0 mm	2147
10	Klucz od pokrywy filtru oleju silnika benzynowego	2169
11	Wkładka wkrętaka do zespołu poduszki powietrznej	2223 Lg-T30
12	Klucz do śrub Torx T20 klamki drzwi	2715-T20
13	Klucz oczkowy do korka spustowego oleju w silniku 112	2760-2
14	Klucz do świec zapłonowych o rozwartości 16 mm do silnika 111 i 271	2776
15	Klucz czołowy do górnego połączenia śrubowego amortyzatora	2780-1
16	Zestaw zacisków do przewodów elastycznych	4590/2
17	Wkładka klucza nasadowego o rozwartości 22 mm do sondy lambda	4680-2
18	Łańcuchowy przecinak rury wylotowej	4682
19	Szczypce do nasadek świec żarowych	4760-5
20	Klucz do świec zapłonowych o rozwartości 16 mm do silnika 112	4766
21	Szczypce do przekaźników	4770-1
22	Przyrząd do sprawdzania gęstości elektrolitu i cieczy chłodzącej	4810 B
23	Przyrząd do ustawiania dysz spryskiwaczy szyby	4850-1
24	Przyrząd do ustawiania kąta ramion wycieraków	4851-1
25	Suwmiarka do tarcz hamulca	4956-1
26	Pilnik do zacisku hamulca	4968-1
27	Szczotka druciana do czyszczenia zacisku hamulca	4968-2
28	Klucz do odpowietrzania hamulców	4968-9/-11
29	Klucz dynamometryczny 1÷6 N·m	6003 CT
30	Klucz dynamometryczny 4÷40 N·m	6109-2CT
31	Klucz dynamometryczny 40÷200 N·m	6122-1CT
32	Tarcza do pomiaru kąta dokręcania śrub	6690

PLAN CZYNNOŚCI OBSŁUGOWYCH

Mercedes klasy C podlega systemowi aktywnej obsługi ASSYST (**A**ktive **S**ervice **Syst**em). Terminy przeglądów są pokazywane na cyfrowym wyświetlaczu na tablicy rozdzielczej. Pierwsza informacja o zbliżającym się przeglądzie pojawia się około 3000 km przed terminem przeglądu.

Przykładem informacji o przeglądzie w zespole wskaźników jest:

SERVICEUMFANG A IN 2900 – odległość do przejechania w kilometrach do małego przeglądu (A).

Duży przegląd jest oznaczany literą „B".

Zakres czynności wykonywanych podczas przeglądu zależy od liczby przejechanych kilometrów po ostatnim „dużym" przeglądzie. Jeśli przejechano mniej niż 22 000 km, należy przeprowadzić „mały" przegląd lub wykonywać wszystkie pozycje oznaczone ● w planie czynności obsługowych. Jeśli przejechano ponad 22 000 km, należy przeprowadzić „duży" przegląd lub wykonać wszystkie czynności oznaczone ● i ■.

W ramach przeglądu należy wykonywać także dodatkowe czynności obsługowe oznaczone ◆ zawsze wtedy, gdy od ostatniego wykonania takiej czynności została przejechana podana liczba kilometrów lub upłynął podany czas. Wartości te podano w poniższym planie czynności obsługowych.

Po wykonanym przeglądzie należy wyzerować wskaźnik terminów przeglądów na tablicy rozdzielczej (patrz „Obsługa wyposażenia elektrycznego").

Silnik

● Wymienić olej i filtr oleju.
● Układ chłodzenia i ogrzewania: sprawdzić poziom cieczy chłodzącej, stężenie środka chroniącego przed zamarzaniem; sprawdzić wzrokowo szczelność układu i zewnętrzne zanieczyszczenie chłodnicy.
■ Silnik: sprawdzić wzrokowo, czy nie ma nieszczelności i uszkodzonych części.
■ Pasek wieloklinowy: sprawdzić stan paska.
■ Silnik 612.990 (C30CDI AMG): odwodnić filtr paliwa.
■ Układ wylotowy: sprawdzić wzrokowo, czy nie jest uszkodzony.
■ Silnik wysokoprężny 646, jednorazowo podczas pierwszego dużego przeglądu: wymontować wkład filtru powietrza, obrócić go o 180° w kierunku podłużnym i zamontować z powrotem.
■ Silnik 612.990 (C30CDI AMG): odwodnić filtr paliwa.
■ Silnik 112.961 (C32 AMG): wymienić przekaźnik sprężarki powietrza.

Skrzynka biegów, wał napędowy i przekładnia główna

■ Skrzynka biegów i mechanizm różnicowy: sprawdzić wzrokowo szczelność.

Podwozie i układ kierowniczy

■ Wspomaganie układu kierowniczego: sprawdzić poziom oleju hydraulicznego i dolać w razie potrzeby; jeśli poziom był za niski, ustalić przyczynę.
■ Przeguby zawieszenia przedniego: sprawdzić luz i zamocowanie, sprawdzić osłony przeciwpyłowe.
■ Układ kierowniczy: sprawdzić mieszki, czy są szczelne i czy nie mają uszkodzeń; sprawdzić luz drążków kierowniczych.
■ Sprawdzić poziom płynu w układzie regulacji prześwitu.

Hamulce, opony, koła

● Układ hamulcowy: sprawdzić poziom płynu hamulcowego.
● Opony łącznie z kołem zapasowym: sprawdzić ciśnienie w ogumieniu.
● Środek do uszczelniania opon Tirefit: jeśli jest w wyposażeniu, sprawdzić termin ważności i wymienić w razie potrzeby.
■ Układ hamulcowy: sprawdzić przewody sztywne i elastyczne oraz połączenia, czy są szczelne i nie są uszkodzone; sprawdzić poziom płynu hamulcowego.
■ Opony łącznie z kołem zapasowym: sprawdzić głębokość rowków bieżnika; sprawdzić opony, czy nie są zużyte, popękane lub uszkodzone.
■ Zdjąć i założyć koła, zamienić wzajemnie koła, jeśli to konieczne.
■ Sprawdzić grubość wkładek ciernych hamulców kół przednich i tylnych.
■ Sprawdzić grubość i stan tarcz hamulców kół przednich i tylnych.
■ Hamulec awaryjny: sprawdzić i dotrzeć.

Nadwozie, wyposażenie wnętrza i przewietrzanie

● Pokrywa przedziału silnika: sprawdzić zamek i zaczepy zabezpieczające, czy poruszają się bez oporów; w razie najmniejszych niesprawności należy wymienić uszkodzone części.
■ Pasy bezpieczeństwa: sprawdzić, czy nie są uszkodzone.
■ Wymienić filtr przeciwpyłowy.

Wyposażenie elektryczne

● Lampki kontrolne, oświetlenie wskaźników, oświetlenie wewnętrzne i oświetlenie bagażnika: sprawdzić działanie.
● Oświetlenie zewnętrzne: sprawdzić działanie.
● Sygnalizacja światłami, światła awaryjne, kierunkowskazy: sprawdzić działanie.
● Sygnał dźwiękowy: sprawdzić.
● Wycieraczka szyby przedniej i tylnej: sprawdzić działanie.
● Spryskiwacze szyb i reflektorów: sprawdzić poziom cieczy, jej mrozoodporność i działanie spryskiwaczy, sprawdzić ustawienie dysz spryskiwaczy.
● Wyzerować wskaźnik terminów przeglądów w zespole wskaźników.

- Akumulator: sprawdzić poziom elektrolitu (nie dotyczy akumulatora z separatorami z włókna szklanego).
- Ustawienie świateł reflektorów: sprawdzić.
- Regulacja zasięgu świateł: sprawdzić (nie dotyczy lamp ksenonowych).
- Gumowe pióro wycieraka szyby przedniej: wymienić.
- Gumowe pióro wycieraka szyby tylnej: sprawdzić stan.
- Silnik 112.961 (C32 AMG): wymienić przekaźnik sprężarki powietrznej.

Dodatkowe czynności obsługowe

Jednorazowo podczas pierwszego przeglądu

- Hamulec awaryjny: wyregulować mechanizm wyrównujący długość linek.

Co 30 000 km lub co 2 lata po ostatnim sprawdzeniu lub ostatniej wymianie

- Zaczep przyczepy z wyjmowanym czopem kulowym i automatyczną blokadą: nasmarować i sprawdzić działanie, oczyścić w razie potrzeby.
- Silnik wysokoprężny 611 napędzany biopaliwem: wymienić filtr paliwa.

Co 50 000 km lub co 2 lata po ostatniej wymianie

- Wymienić filtr z węglem aktywnym.

Co 2 lata po ostatnim sprawdzeniu (w miarę możliwości wiosną)

- Płyn hamulcowy: wymienić.
- Sprawdzić lakier na nadwoziu, czy nie jest uszkodzony.
- Elementy podwozia i nadwozia: sprawdzić, czy nie są uszkodzone lub skorodowane.

Co 3 lata po ostatnim sprawdzeniu

- Dach rozsuwany i unoszony: oczyścić i nasmarować prowadnice oraz elementy ślizgowe.
- Dach rozsuwany panoramiczny: oczyścić i nasmarować mechanizm prowadzący.
- Samochód z systemem wzywania pomocy Tele-Aid: wymienić baterię.

Jednorazowo po 60 000 km

- Automatyczna skrzynka biegów 722.6 i 722.9 od określonego numeru podwozia: wymienić olej przekładniowy i filtr oleju (czynności wykonywane w stacji obsługi).
- Samochód z 4-Matic (napęd wszystkich kół): wymienić olej w rozdzielczej skrzynce biegów (czynności wykonywane w stacji obsługi).

Co 60 000 km lub co 4 lata po ostatniej wymianie

- Silnik wysokoprężny 611 i 612 napędzany zwykłym olejem napędowym: wymienić filtr paliwa.

Co 70 000 km do 90 000 lub co 4 lata po ostatniej wymianie

- Silnik 271: wymienić świece zapłonowe.

Co 80 000 km po ostatnim sprawdzeniu

- Sprawdzić stan tarcz przegubów.

Co 80 000 km lub co 4 lata po ostatniej wymianie

- Silniki benzynowe 111, 112 i 113: wymienić wkład filtru powietrza.
- Silnik wysokoprężny 646: wymienić filtr paliwa.
- Silnik 612.990: wymienić przepływomierz powietrza.

Co 90 000 km do 110 000 lub co 4 lata po ostatniej wymianie

- Silnik 111 i 112: wymienić świece zapłonowe.

Co 100 000 km lub co 4 lata po ostatniej wymianie

- Silnik 271: wymienić wkład filtru powietrza.

Co 120 000 km lub co 4 lata po ostatniej wymianie

- Silniki benzynowe 111, 112 i 271: wymienić filtr paliwa.
- Silnik wysokoprężny 611 i 612 ze wskaźnikiem wymiany filtru: wymienić wkład filtru powietrza i wyzerować wskaźnik wymiany.
- Silnik wysokoprężny 646: wymienić wkład filtru powietrza.

Co 250 000 km lub co 15 lat po ostatniej wymianie

- Wymienić ciecz chłodzącą.

CZYNNOŚCI OBSŁUGOWE

W tym rozdziale opisano, z zachowaniem podziału na poszczególne zespoły samochodu, wszystkie czynności obsługowe, które powinny być wykonywane zgodnie z planem obsługi. Wskazano także potrzebne części zamienne i niezbędne narzędzia specjalne.
Zaleca się sprawdzanie i uzupełnianie w razie potrzeby przynajmniej co 4 do 6 tygodni ciśnienia w ogumieniu, poziomu oleju w silniku i cieczy w układzie chłodzenia, płynu w spryskiwaczach itp.
Uwaga. Podczas zakupu części zamiennych należy mieć koniecznie przy sobie dowód rejestracyjny, gdyż tylko numer identyfikacyjny samochodu umożliwia jednoznaczne określenia, jaka część zamienna jest potrzebna do danego modelu samochodu. Wskazane jest także zabranie do sklepu z częściami zamiennymi zużytej części do porównania z nową częścią.

Obsługa silnika

Zgodnie z planem obsługi powinny być wykonane następujące czynności.
■ Silnik: wymiana oleju i filtru oleju.
■ Układ chłodzenia i ogrzewania: sprawdzić poziom cieczy chłodzącej, sprawdzić stężenie dodatku zapobiegającego zamarzaniu. Sprawdzić wzrokowo, czy nie ma przecieków w układzie i zewnętrznego zanieczyszczenia chłodnicy.
■ Silnik: sprawdzić wzrokowo, czy nie ma nieszczelności i uszkodzonych części.
■ Pasek wieloklinowy: sprawdzić stan.
■ Układ wylotowy: sprawdzić wzrokowo, czy nie ma uszkodzeń układu.
■ Silnik wysokoprężny 646.962 (C220CDI od III 2004): jednorazowo podczas pierwszego dużego przeglądu wymontować wkład filtru powietrza, obrócić go o 180° w kierunku podłużnym i zamontować z powrotem.
■ Silnik 612.990: odwodnić filtr paliwa.
■ Wymienić filtr paliwa.
■ Wymienić wkład filtru powietrza.
■ Silnik benzynowy: wymienić świece zapłonowe.
■ Wymienić ciecz chłodzącą, patrz rozdz. „Układ chłodzenia".
■ Silnik 612,990: wymienić przepływomierz powietrza, patrz rozdz. „Układ wtryskowy silnika benzynowego".

Sprawdzanie poziomu oleju silnikowego

Poziom oleju w silniku należy sprawdzić przed długą jazdą i dolać oleju, jeśli to konieczne. Silnik nie powinien zużywać więcej niż 0,8 dm^3 oleju na 1000 km. Większe zużycie jest oznaką uszkodzenia uszczelniaczy trzonków zaworów, pierścieni tłoków lub uszczelnień w układzie smarowania.
Uwaga. W samochodzie Mercedes klasy C poziom oleju silnikowego jest odczytywany ze wskaźnika na tablicy rozdzielczej. W silniku benzynowym czterocylindrowym 111 do V 2002, poziom oleju może być sprawdzany także zwykłym prętowym wskaźnikiem poziomu. W silniku benzynowym czterocylindrowym 271 od VI 2002, w silniku benzynowym sześciocylindrowym i w silniku wysokoprężnym, otwór rurki prowadzącej prętowy wskaźnik (1, rys. M-62171) jest zamknięty zaślepką (2). W tych silnikach do sprawdzania poziomu oleju podczas przeglądów jest stosowany specjalny pręt pomiarowy, który można nabyć jako część zamienną w sklepach motoryzacyjnych.
Uwaga. Kupując ten pręt pomiarowy, należy zapytać o właściwe wymiary określające maksymalny i minimalny poziom oleju. Te wymiary zależą od oznaczenia silnika, numeru silnika i kodu rozpoznawczego silnika.
Potrzebny materiał eksploatacyjny:
– do uzupełniania stosować tylko olej silnikowy zalecany przez firmę Mercedes-Benz, patrz rozdz. „Układ smarowania".

M-62171

Sprawdzenie poziomu oleju za pomocą wskaźnika na tablicy rozdzielczej

- Nagrzać silnik i ustawić samochód na równej, poziomej powierzchni.
- Po zatrzymaniu silnika zaczekać około 5 minut, aby olej zebrał się w misce olejowej.
- Włączyć zapłon

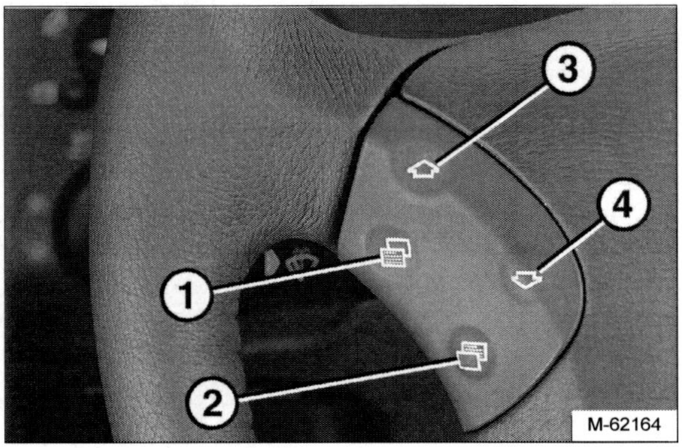

M-62164

- Wywołać wskazanie licznika kilometrów, wciskając przycisk (1, rys. M-62164) lub (2) na wielofunkcyjnym kole kierownicy.
- Wciskać przycisk (3) lub (4), aż pojawi się napis „KORREKTE MESSUNG NUR" „WENN FZG. EBEN STEHT" (prawidłowy pomiar tylko wtedy, gdy samochód jest ustawiony poziomo). Po około 3 sekundach widoczny jest komunikat „MOTORÖLSTAND" „MESSUNG LÄUFT" (odbywa się pomiar poziomu oleju silnikowego) i na końcu następuje wskazanie, czy poziom oleju jest właściwy („IN ORDNUNG") lub ile oleju należy dolać.

Sprawdzenie poziomu oleju wskaźnikiem prętowym

Silnik benzynowy czterocylindrowy

Zalecenia dotyczące sprawdzania poziomu oleju wskaźnikiem prętowym w silnikach 112, 611 i 612 znajdują się na końcu tego podrozdziału.

- Nagrzać silnik i ustawić samochód na równej, poziomej powierzchni.
- Po zatrzymaniu silnika zaczekać około 5 minut, aby olej zebrał się w misce olejowej.

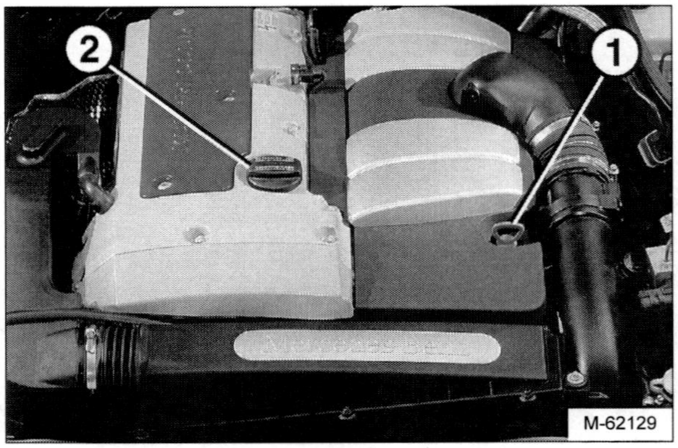

M-62129

- Wyjąć z silnika wskaźnik poziomu oleju (1, rys. M-62129) i wytrzeć go czystą szmatką; (2) – korek wlewu oleju.
- Wprowadzić wskaźnik do oporu w rurkę prowadzącą i wyjąć wskaźnik.
- Odczytać poziom oleju. Poziom oleju powinien znajdować się między oboma znakami „MAX" (3, rys. M-62175) i „MIN" (4).

Uwaga. Jeśli poziom oleju znajduje się powyżej znaku „MAX", jest zagrożenie uszkodzenia katalizatora w układzie wylotowym.

- Dolać świeżego oleju do znaku „MAX", gdy poziom oleju znajduje się przy dolnym znaku (4) lub niżej. Różnica w ilości oleju między znakami „MAX" i „MIN" na wskaźniku poziomu oleju wynosi 2 dm^3.

Uwaga. Jeśli przez przeoczenie zostanie wlane za dużo oleju, jego nadmiar należy usunąć przyrządem do odsysania oleju silnikowego.

- Olej należy dolewać przez otwór w pokrywie głowicy cylindrów po odkręceniu korka (2, rys. M-62176); (1) – wskaźnik prętowy po-

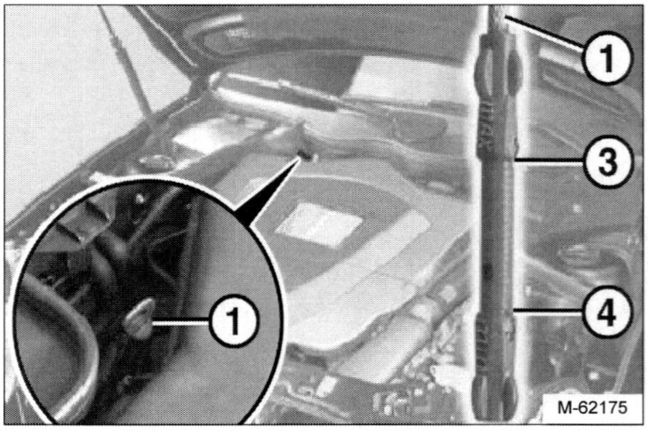

M-62175

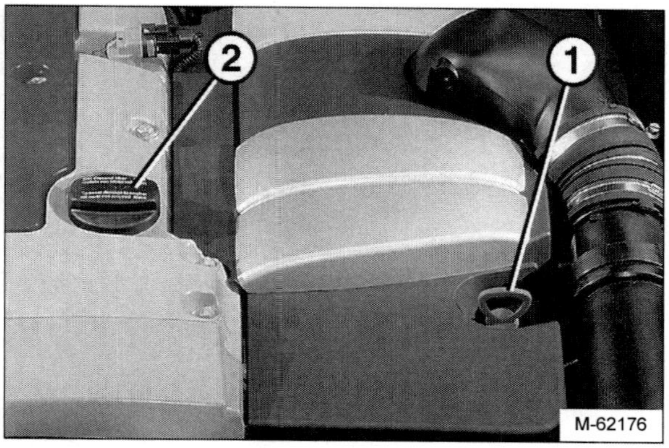

ziomu oleju. Do uzupełniania stosować właściwy gatunek oleju bez żadnych dodatków (patrz „Układ smarowania").

Uwaga. Niekorzystne są przypadkowe zmiany gatunku używanego oleju. Należy unikać mieszania olejów silnikowych tego samego gatunku, ale różnej marki. Oleje tego samego gatunku i tej samej marki, lecz o różnej lepkości można dolewać, jeśli zachodzi konieczność uzupełnienia.

Silnik benzynowy sześciocylindrowy 112, silniki wysokoprężne 611 i 612

- Nagrzać silnik i ustawić samochód na równej, poziomej powierzchni.
- Po zatrzymaniu silnika zaczekać około 5 minut, aby olej zebrał się w misce olejowej.
- Zdjąć zaślepkę (1, rys. M-62131) z rurki prowadzącej wskaźnik prętowy (2); (3) – filtr paliwa. Na rysunku pokazano silnik wysokoprężny 611.
- Wsunąć do oporu w rurkę prowadzącą specjalny pręt pomiarowy.

- Wyjąć po około 3 sekundach pręt pomiarowy i odczytać poziom oleju. W tym celu należy zmierzyć poziom oleju jako odległość w milimetrach do dolnego końca pręta.
- Porównać zmierzoną wartość z podanymi przez stację obsługi wymiarami określającymi maksymalny lub minimalny poziom oleju.

Uwaga. Nie podaje się tutaj żadnych wymiarów określających poziom oleju, gdyż te wymiary mogą się zmieniać w zależności od rodzaju silnika, numeru silnika, a nawet kodu identyfikacyjnego silnika (oznaczenie nanoszone w zakładzie produkcyjnym).

Wzrokowe sprawdzanie szczelności w przedziale silnika

Sprawdzić wzrokowo przewody i miejsca ich połączeń, czy są szczelne, czy nie są przetarte, porowate i popękane:
- przewody w obwodzie doprowadzenia paliwa,
- giętkie przewody w układzie chłodzenia,
- przewody w układzie hamulcowym,
- przewody hydrauliczne w urządzeniu wspomagania układu kierowniczego,
- przewody czynnika chłodniczego urządzenia klimatyzacyjnego.

Wzrokowe sprawdzanie wycieków oleju

W przypadku zanieczyszczenia silnika olejem i dużego ubytku oleju, należy znaleźć miejsce przecieku, sprawdzając:
- korek wlewu oleju, czy uszczelka korka nie jest porowata lub uszkodzona,
- uszczelkę pokrywy głowicy cylindrów,
- uszczelkę głowicy cylindrów,
- uszczelkę między pokrywą a obudową filtru oleju,
- korek spustowy oleju (pierścień uszczelniający),
- uszczelkę miski olejowej,
- połączenie między silnikiem a skrzynką biegów (uszczelka przy kole zamachowym lub wałku sprzęgłowym).

Ponieważ w razie nieszczelności olej rozlewa się na ogół na dużej powierzchni silnika, nie można od razu określić miejsca wycieku. Wykrywanie nieszczelności należy prowadzić w poniższy sposób.

• Umyć silnik. W tym celu spryskać silnik dostępnym w handlu środkiem do mycia na zimno i zmyć po krótkim czasie wodą. Jeśli woda jest kierowana na silnik od dołu, przykryć alternator foliową torebką.
Uwaga. Silnik należy myć w samoobsługowej myjni samochodowej z oddzielaczem oleju.
• Miejsca połączeń i uszczelnień silnika pokryć z zewnątrz kredą lub posypać talkiem.
Uwaga. W stacji obsługi stosuje się specjalny aerozol do wykrywania wycieku oleju.
• Sprawdzić poziom oleju i w razie potrzeby dolać oleju.
• Wykonać próbną jazdę. Ponieważ olej staje się rzadszy w rozgrzanym silniku i dzięki temu łatwiej przenika przez szczeliny, próbną jazdę należy odbyć na odcinku około 30 km na drodze szybkiego ruchu.
• Oświetlić silnik lampą, odnaleźć miejsce wycieku i usunąć nieszczelność.

Sprawdzanie szczelności układu chłodzenia

• Przez ściskanie i przeginanie przewodów cieczy chłodzącej sprawdzić, czy nie mają one porowatych miejsc. Stwardniałe lub spęczniałe przewody należy wymienić.
• Przewody giętkie nie powinny być osadzone zbyt płytko na króćcach.
• Sprawdzić dociśnięcie opasek przewodów giętkich. W razie potrzeby należy wymienić opaski.
• Sprawdzić uszczelkę (1, rys. M-62132) korka zbiornika wyrównawczego (2), czy nie jest uszkodzona.

M-62132

Uwaga. Zbyt niski poziom cieczy chłodzącej może być także spowodowany niewłaściwym dokręceniem korka.
• Sprawdzić stan cieczy chłodzącej. Ciecz chłodząca nie powinna zawierać oleju i nie powinna być nadmiernie zanieczyszczona.
• Wyraźne ubytki cieczy i olej w cieczy, a także kłęby jasnych spalin, gdy silnik jest ciepły, wskazują na uszkodzenie uszczelki głowicy cylindrów.
Uwaga. Czasami trudno znaleźć miejsce wycieku i wówczas zaleca się wykonanie próby ciśnieniowej układu chłodzenia. Równocześnie można sprawdzić zawór nadciśnieniowy w korku wlewu.
• Sprawdzić układ chłodzenia pod ciśnieniem w razie potrzeby (patrz „Układ chłodzenia").

Wymiana oleju silnikowego i filtru oleju

Potrzebne narzędzia specjalne,
jeśli olej silnikowy ma być wypompowany:
– urządzenie do odsysania oleju,
– naczynie do zebrania zużytego oleju;
jeśli olej silnikowy jest zlewany:
– kanał lub przewoźny hydrauliczny podnośnik samochodowy i podstawki,
– specjalny klucz Hazet 2760-2 do odkręcania korka spustowego,
– wkładka klucza nasadowego o rozwartości 27 mm i Hazet 2169 do odkręcania pokrywy filtru oleju,
– naczynie na olej o pojemności co najmniej 10 dm^3.
Potrzebne materiały eksploatacyjne i części zamienne:
– zależnie od silnika od 7 do 8 dm^3 oleju silnikowego, należy stosować wyłącznie olej zalecany przez firmę Mercedes-Benz (patrz „Układ smarowania");
– wkład filtru oleju;
– aluminiowy pierścień uszczelniający korka spustowego tylko wtedy, jeśli olej jest zlewany; pierścień uszczelniający jest czasami dostarczany razem z filtrem oleju.
Do wymiany powinien być stosowany zawsze olej tego samego gatunku i w miarę możliwo-

ści tej samej marki, aby umożliwić śledzenia pracy silnika podczas eksploatacji. Po każdej wymianie oleju celowe jest umieszczenie na silniku informacji o gatunku, marce i lepkości oleju. Niekorzystne są przypadkowe zmiany gatunku używanego oleju. Należy unikać mieszania olejów silnikowych tego samego gatunku, ale różnej marki. Oleje tego samego gatunku i tej samej marki, lecz o różnej lepkości, można dolewać, jeśli zachodzi konieczność uzupełnienia.

Uwaga. W żadnym wypadku nie wolno wylewać zużytego oleju w miejscach przypadkowych lub dodawać do odpadów z gospodarstwa domowego, aby uniknąć skażenia środowiska.

Olej silnikowy może być wypompowany przez rurkę prowadzącą wskaźnika poziomu oleju lub zlany z miski olejowej. Do wypompowania jest potrzebna specjalna sonda z przewodem giętkim o średnicy dopasowanej do rurki prowadzącej wskaźnika poziomu oleju i o dostatecznej długości.

Uwaga. Jeśli olej ma być wypompowany, należy przestrzegać zaleceń podanych na końcu tego podrozdziału.

Ilość oleju do wymiany razem z filtrem

Silnik benzynowy czterocylindrowy (111) .... 7,0 dm^3
Silnik benzynowy czterocylindrowy (271) .... 5,5 dm^3
Silnik benzynowy sześciocylindrowy (112) .... 8,0 dm^3
Silnik wysokoprężny .... 6,5 dm^3

Uwaga. Ilości oleju do wymiany podano w przybliżeniu. W każdym wypadku należy sprawdzić poziom oleju wskaźnikiem prętowym lub odczytać z zespołu wskaźników i uzupełnić w razie potrzeby.

Zlewanie oleju silnikowego

• Nagrzać silnik, aż wskaźnik temperatury cieczy chłodzącej wskaże normalną temperaturę pracy lub nagrzeje się przewód giętki chłodnicy. Przejechać samochodem jeszcze co najmniej 5 km, aby zapewnić właściwą temperaturę oleju silnikowego.

• Wymontować górną osłonę silnika.
• Odkręcić pokrywę filtru oleju (1, rys. M-62165) przyrządem Hazet 2169 (2) lub wkładką klucza nasadowego o rozwartości 27 mm (3). Na rysunku pokazano silnik 611.
• **Silniki 611 i 646.** W razie braku miejsca odkręcić wspornik przewodu paliwa.
• Wyjąć pokrywę filtru oleju z wkładem filtru.
• Wypompować olej silnikowy za pomocą specjalnego urządzenia przez rurkę wskaźnika poziomu oleju.

Uwaga. Podczas wypompowywania oleju z silnika 111.955 należy przestrzegać zaleceń podanych na końcu tego podrozdziału.

• Jeśli nie dysponuje się urządzeniem do odsysania, zlać olej silnikowy. W tym celu należy unieść i podeprzeć poziomo samochód lub wjechać nad kanał obsługowy.

Ostrzeżenie. *Podczas unoszenia samochodu może zdarzyć się wypadek i dlatego należy przestrzegać zasad unoszenia i podpierania samochodu opisanych w rozdz. „Zabiegi konserwacyjne i pomocnicze”.*

• Wymontować dolną osłonę przedziału silnika (patrz „Wyposażenie wewnętrzne nadwozia”).

Ostrzeżenie. *Uważać, aby po wykręceniu korka spustowego gorący olej silnikowy nie wylał się na rękę.*

• Wykręcić korek spustowy oleju (1, rys. M-62134) z miski olejowej (2) i zlać całkowicie zużyty olej.
• Dokręcić korek spustowy z nowym pierścieniem uszczelniającym momentem **30 N·m**.

M-62134

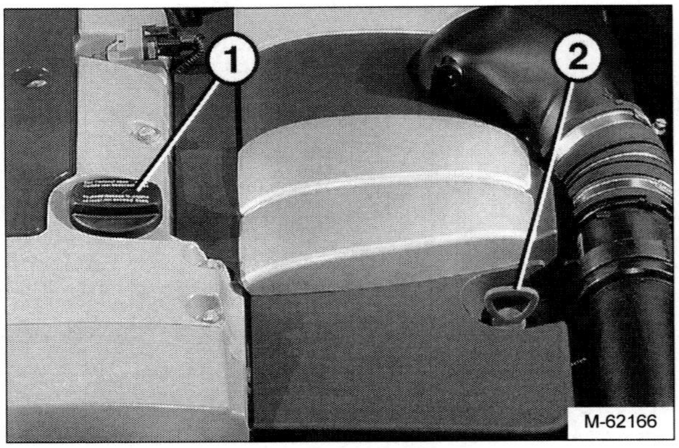

M-62166

- Wyjąć naczynie ze zużytym olejem spod silnika.

Uwaga. Jeśli stwierdza się obecność dużych ilości opiłków metalowych i produktów ścierania w oleju silnikowym, wskazuje to na zatarcie, na przykład łożysk wału korbowego lub korbowodowych. Po przeprowadzeniu naprawy jest konieczne staranne oczyszczenie kanałów i przewodów olejowych, w celu uniknięcia dalszych uszkodzeń silnika. Należy wymienić także chłodnicę oleju, jeśli jest zamontowana.

- Zamontować dolną osłonę przedziału silnika (patrz „Wyposażenie wewnętrzne nadwozia").
- Opuścić samochód.
- Wymienić pierścień uszczelniający (3, rys. M-6217).
- Włożyć nowy wkład filtru w pokrywę.
- Wkręcić pokrywę z nowym pierścieniem uszczelniającym i dokręcić momentem **25 N·m**.

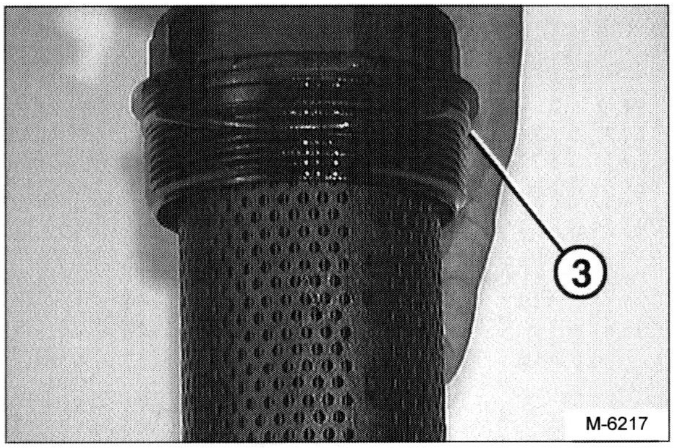

M-6217

- **Silnik 611.** Przykręcić wspornik przewodu paliwa.

Nalewanie oleju silnikowego

- Odkręcić korek (1, rys. M-62166) i wlać świeży olej przez króciec wlewu w pokrywie głowicy cylindrów; (2) – prętowy wskaźnik poziomu oleju.

Uwaga. Zaleca się wlać najpierw o około ½ dm^3 oleju mniej niż ilość potrzebną do wymiany, nagrzać silnik i sprawdzić poziom oleju po kilku minutach wskaźnikiem prętowym (2). Jeśli jest to konieczne, dolać oleju. Olej wlany w nadmiarze powinien być usunięty, ponieważ może być przyczyną uszkodzenia uszczelnień silnika lub katalizatora.

- Zamontować górną osłonę silnika.
- Sprawdzić szczelność korka spustowego i filtru oleju po jeździe próbnej, w razie potrzeby dokręcić ostrożnie.
- Sprawdzić ponownie poziom oleju po około 2 minutach od zatrzymania silnika. Dolać oleju, jeśli jego poziom jest za niski.

Silnik 111.955. Jeśli olej silnikowy ma być wypompowany, wykonać następujące czynności.

- Przed wypompowaniem zacisnąć przewód łączący oddzielacz oleju z rurką prowadzącą wskaźnika poziomu oleju za pomocą dostępnego w handlu zacisku do przewodów giętkich, na przykład Hazet 4590.
- Wypompować olej silnikowy.
- Usunąć zacisk do przewodów giętkich.

Uwaga. Nie należy zapomnieć o usunięciu zacisku, ponieważ w przeciwnym razie oddzielony olej nie spłynie do miski olejowej, lecz zostanie zassany przez silnik i zanieczyści przepływomierz powietrza.

Sprawdzanie poziomu cieczy chłodzącej

Potrzebne materiały eksploatacyjne do uzupełniania cieczy chłodzącej:
– środek chroniący przed zamarzaniem (patrz „Układ chłodzenia").
– czysta, miękka woda.
Poziom cieczy chłodzącej powinien być sprawdzany w regularnych odstępach czasu, mniej więcej co cztery tygodnie i przed każdą dłuższą jazdą. Do uzupełniania należy stosować, także w ciepłych porach roku, tylko mieszaninę środka chroniącego przed zamarzaniem i miękkiej, czystej wody.
Uwaga. W celu kontynuowania jazdy można dolać do układu także czystej wody, szczególnie latem, jednak wtedy należy skorygować jak najszybciej stężenie środka chroniącego przed zamarzaniem.

Ostrzeżenie. *Nie należy odkręcać korka wlewu, gdy silnik jest gorący, gdyż istnieje niebezpieczeństwo poparzenia. Poziom cieczy chłodzącej jest sprawdzany, gdy silnik jest zimny i ma temperaturę około 20°C.*

• Poziom cieczy chłodzącej powinien sięgać do znaku (strzałka na rys.) na zbiorniku wyrównawczym, gdy silnik jest zimny. Gdy ciecz chłodząca jest ciepła, jej poziom powinien znajdować się około 1 cm nad tym znakiem.

Uwaga. Nie wolno mieszać ze sobą cieczy chłodzących różnego gatunku lub barwy, gdyż może to spowodować poważne uszkodzenie silnika. Jeśli przez niedopatrzenie został wlany niewłaściwy środek zapobiegający zamarzaniu, należy natychmiast opróżnić układ chłodzenia i przepłukać go czystą wodą.
• Ciecz chłodzącą należy wlewać tylko do zimnego silnika, aby uniknąć jego uszkodzeń.
• Podczas odkręcania korek należy odkręcić częściowo i zmniejszyć panujące ciśnienie, potem odkręcić i zdjąć go.
Uwaga. Przed odkręceniem korka nałożyć na niego grubą szmatę, gdy ciecz chłodząca jest gorąca.
• Sprawdzić wzrokowo szczelność, jeśli poziom cieczy chłodzącej obniża się po krótkim czasie.

Sprawdzanie gęstości cieczy chłodzącej

Potrzebne specjalne narzędzia:
– areometr do pomiaru gęstości cieczy chłodzącej lub przyrząd Hazet 4810-B do sprawdzania gęstości elektrolitu i stężenia środka chroniącego przed zamarzaniem w cieczy chłodzącej.
Potrzebne materiały eksploatacyjne do uzupełniania cieczy chłodzącej:
– środek chroniący przed zamarzaniem (patrz „Układ chłodzenia");
– czysta, miękka woda.
Przed rozpoczęciem okresu zimowego należy sprawdzić stężenie środka chroniącego przed zamarzaniem w cieczy chłodzącej.
• Nagrzać silnik, aż górny przewód prowadzący do chłodnicy będzie miał temperaturę pozwalającą na trzymanie go dłonią. Ciecz chłodząca w zbiorniku wyrównawczym powinna mieć temperaturę około 20°C.
• Odkręcić ostrożnie korek zbiornika wyrównawczego.
Uwaga. Nie otwierać zbiornika wyrównawczego, gdy silnik jest gorący (patrz „Sprawdzanie poziomu cieczy chłodzącej").
• Napełnić areometr cieczą chłodzącą i odczytać na pływaku jej gęstość (rys. SX-6230). W naszej strefie klimatycznej stężenie środka chroniącego przed zamarzaniem powinno sięgać do –37°C. To odpowiada udziałowi 50%

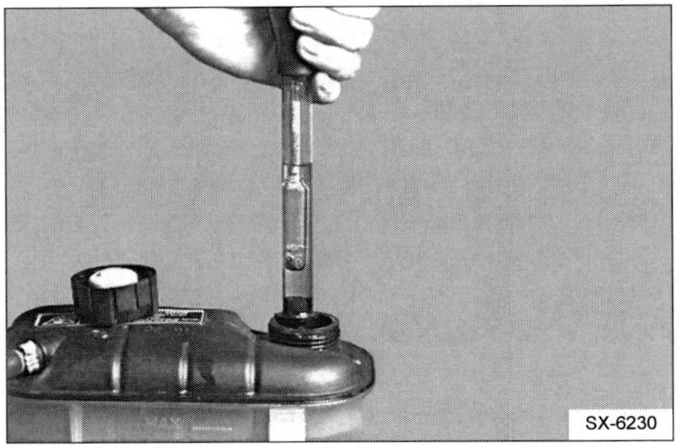

SX-6230

środka chroniącego przed zamarzaniem w mieszaninie z wodą.

• Dolać środka chroniącego przed zamarzaniem zgodnie z tablicą, jeśli to konieczne.

Uzupełnianie środka chroniącego przed zamarzaniem

Przykład. Pomiar za pomocą areometru w silniku benzynowym czterocylindrowym dał wynik ochrony do –10°C. W tym wypadku należy zlać z układu chłodzenia 3,1 dm^3 cieczy i w jej miejsce dolać 3,1 dm^3 czystego środka chroniącego przed zamarzaniem. To zapewnia ochronę przed zamarzaniem do około –37°C.

Uwaga. Wartości podane w tablicy obowiązują dla cieczy chłodzącej o temperaturze około 20°C. Wymagane wartości ochrony są podawane w °C.

Uwaga. Nie wolno mieszać ze sobą cieczy chłodzących różnego gatunku lub barwy, gdyż może to spowodować poważne uszkodzenie silnika. Jeśli przez niedopatrzenie został wlany niewłaściwy środek zapobiegający zamarzaniu, należy natychmiast opróżnić układ chłodzenia i przepłukać go czystą wodą.

• Wkręcić korek zbiornika wyrównawczego i po jeździe próbnej ponownie sprawdzić gęstość cieczy chłodzącej.

Uwaga. Nadmierne zwiększanie udziału środka, powyżej około 55%, powoduje pogorszenie ochrony przed zamarzaniem i skuteczności chłodzenia.

Sprawdzanie paska wieloklinowego

Do sprawdzania nie są potrzebne narzędzia specjalne.

• Wyłączyć zapłon. Ustawić dźwignię zmiany biegów w położeniu neutralnym.

• Nanieść kredą poprzeczny znak (2, rys. M-62135) w dobrze widocznym miejscu na pasku wieloklinowym (1).

• Obracać wał korbowy i przesuwać pasek odcinkami, aż znak znajdzie się ponownie w tym

M-62135

ILOŚĆ CIECZY CHŁODZĄCEJ WYMIENIANEJ NA ŚRODEK ZAPOBIEGAJĄCY ZAMARZANIU

Wartość zmierzona (°C)		0	–5	–10	–15	–20	–30	Pojemność układu (dm^3)
Rodzaj silnika	Wartość wymagana	Ilość cieczy do wymiany (dm^3)						
Silnik benzynowy 4-cylindrowy	–37°C	4,3	3,7	3,1	2,5	2,0	0,8	8,5
	–45°C	4,7	4,0	3,4	2,8	2,2	0,9	
Silnik benzynowy 6-cylindrowy	–37°C	5,3	4,5	3,8	3,1	2,4	1,0	10,5
	–45°C	5,8	5,0	4,2	3,4	2,7	1,1	
Silnik wysokoprężny 4- i 5-cylindrowy	–37°C	6,0	5,2	4,4	3,5	2,8	1,1	12,0
	–45°C	6,6	5,7	4,8	3,9	3,0	1,3	

samym miejscu, sprawdzając wzrokowo stan paska wieloklinowego.

Sprawdzić, czy nie ma niżej podanych uszkodzeń paska wieloklinowego:

- śladów oleju i smaru;
- zużycia bocznych powierzchni, gdy żebra paska stają się ostre (B, rys. SX-6238), podczas gdy w nowym pasku mają kształt trapezu;
- widocznej osnowy, jako jaśniejszego miejsca (C, rys. SX-6238) na dnie rowków;
- poprzecznych pęknięć (D, rys. SX-6239) na grzbiecie paska
- oderwanych pojedynczych żeber (E, rys. SX-6239).;
- wystrzępionej zewnętrznej osnowy (F, rys. SX-6240) z boku paska;
- wyrwanej osnowy z boku paska (G);
- poprzecznych pęknięć (H) przez kilka żeber;
- wyrwanych odcinków żeber (J, rys. SX-6241);
- poprzecznych pęknięć pojedynczych żeber (K);

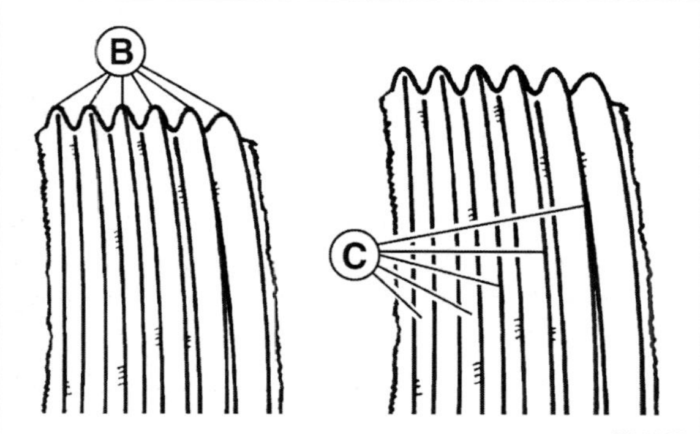

SX-6238

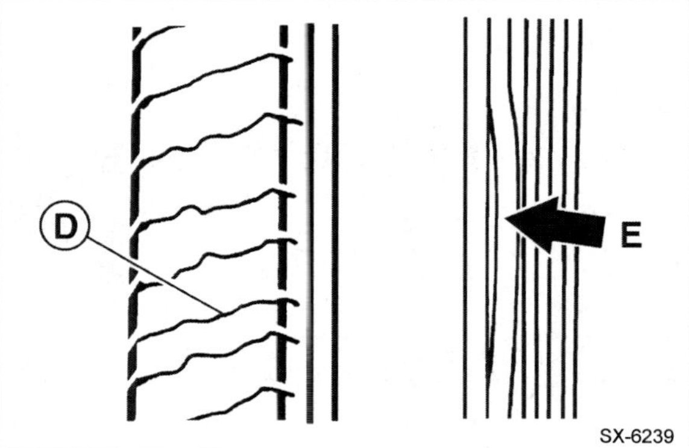

SX-6239

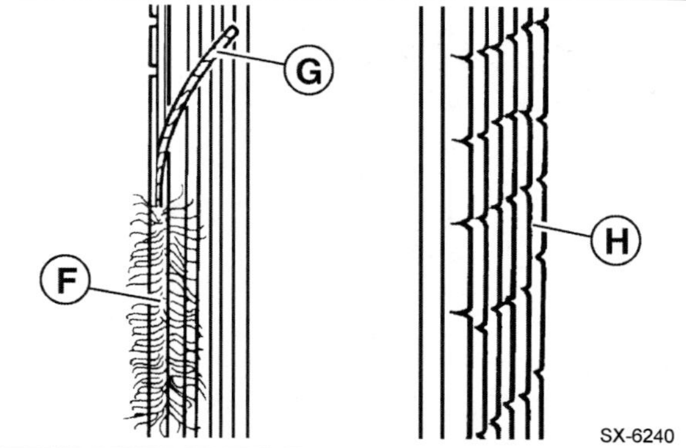

SX-6240

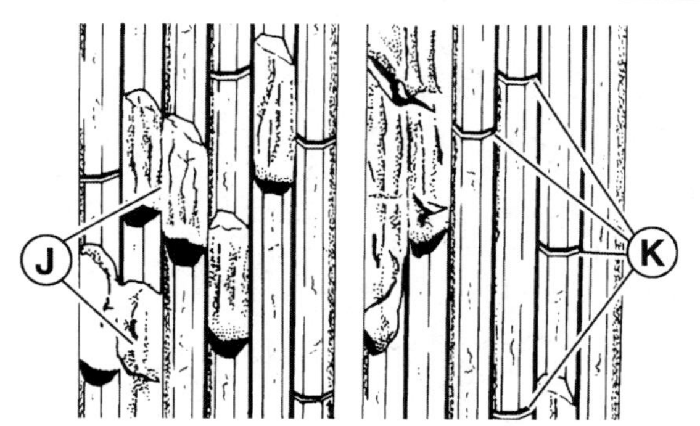

SX-6241

- stwardniałych zanieczyszczeń i drobnych kamyków między żebrami;
- zgrubień gumy w rowkach.

● Jeśli występuje jedno lub kilka tych uszkodzeń, należy wymienić pasek wieloklinowy (patrz „Wymontowanie i zamontowanie paska wieloklinowego” w rozdz. „Silnik”).

Wymontowanie i zamontowanie filtru paliwa

***Ostrzeżenie.** Nie używać otwartego ognia i nie palić, gdyż grozi to wypadkiem. Przygotować gaśnicę. Zapewnić bezwarunkowo dobrą wentylację miejsca pracy, gdyż pary paliwa są trujące. Nosić okulary ochronne.*

Silnik benzynowy cztero- i sześciocylindrowy

Filtr paliwa jest umieszczony przed zawieszeniem przednim po lewej stronie pod samochodem przy podłodze.

Uwaga. Filtr paliwa silnika ośmiocylindrowego 113 znajduje się w czujniku poziomu paliwa w lewej połowie zbiornika.

Wymontowanie

• Wymontować obudowę filtru przeciwpyłowego i odłączyć przewód masy (–) od akumulatora, gdy zapłon jest wyłączony.
Uwaga. Przed odłączeniem akumulatora należy koniecznie ustalić kod zabezpieczający radioodbiornik przed kradzieżą, jeśli taki kod jest zastosowany. Przestrzegać zaleceń podanych w podrozdziale „Wymontowanie i zamontowanie akumulatora".
• Zmniejszyć ciśnienie paliwa, otwierając na chwilę korek wlewu paliwa.

Ostrzeżenie. *Podczas unoszenia samochodu może zdarzyć się wypadek i dlatego należy przestrzegać zasad unoszenia i podpierania samochodu opisanych w rozdz. „Zabiegi konserwacyjne i pomocnicze".*

• Unieść i podeprzeć samochód.
• Wymontować pokrycie podłogi z tyłu po lewej strony na tyle, aby był dostęp do filtru paliwa.
• Wymontować przed filtrem osłonę z blachy giętkich przewodów paliwa.
• Oznakować przewody paliwa taśmą samoprzylepną, aby ułatwić zamontowanie.
• Zacisnąć przewody paliwa dostępnymi w handlu zaciskami do przewodów giętkich, na przykład Hazet 4590.
• Wykręcić śruby przy wsporniku filtru.
• Zdjąć opaski mocujące giętkich przewodów paliwa.
• Ściągnąć przewody paliwa, wyciekające paliwo zebrać do odpowiedniego naczynia grubą, nasiąkliwą szmatą.
• Wyjąć filtr paliwa.

Zamontowanie

• Zamontować nowy filtr paliwa.
• Podłączyć giętkie przewody paliwa do filtru zgodnie z oznakowaniem. Zamocować przewody opaskami.
• Przykręcić filtr paliwa do wspornika.
• Zamontować osłonę z blachy przewodów paliwa.
• Zamontować pokrycie podłogi z tyłu po lewej stronie.
• Opuścić samochód.
• Podłączyć przewód masy (–) do akumulatora, gdy zapłon jest wyłączony. Zamontować obudowę filtru przeciwpyłowego. Wprowadzić kod zabezpieczający radioodbiornik przed kradzieżą i nastawić zegar.

Silnik wysokoprężny cztero- i pięciocylindrowy

Silniki 611, 612 i 646

Filtr paliwa znajduje się w przedziale silnika z lewej strony obok silnika.

Wymontowanie

• Wymontować obudowę filtru przeciwpyłowego i odłączyć przewód masy (–) od akumulatora, gdy zapłon jest wyłączony.
Uwaga. Przed odłączeniem akumulatora należy koniecznie ustalić kod zabezpieczający radioodbiornik przed kradzieżą, jeśli taki kod jest zastosowany. Przestrzegać zaleceń podanych w podrozdziale „Wymontowanie i zamontowanie akumulatora".
• Wymontować górną osłonę silnika (patrz rozdz. „Silnik").
Uwaga. Wyciekające paliwo zebrać do odpowiedniego naczynia grubą, nasiąkliwą szmatą.
• Odłączyć od filtru paliwa (2, rys. M-62138) przewód (1) prowadzący do pompy wysokiego ciśnienia. W tym celu wcisnąć (kierunek strzałki) kabłąk zabezpieczający (3) do oporu w otwarte położenie i wyciągnąć złączkę przewodu.

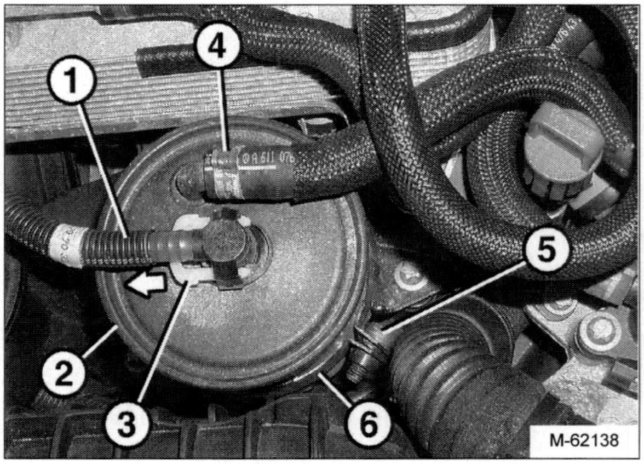

Uwaga. Niezwłocznie przesunąć kabłąk zabezpieczający w położenie zamknięte. Kabłąk nie powinien znajdować się dłuższy czas w położeniu otwartym.

- Otworzyć i zsunąć opaskę zaciskową giętkiego przewodu paliwa (4). Odłączyć przewód paliwa.
- Poluzować śrubę (5) opaski mocującej (6) i wyjąć filtr paliwa.

Zamontowanie

- Włożyć nowy filtr paliwa w opaskę mocującą i dokręcić momentem **8 N • m**.
- Wsunąć giętki przewód paliwa na filtr paliwa i zamocować nową opaską.
- Sprawdzić pierścień uszczelniający przy złączce przezroczystego przewodu paliwa, czy nie jest porowaty lub uszkodzony, i wymienić w razie potrzeby.
- Sprawdzić położenie kabłąka zabezpieczającego. Jeśli kabłąk znajdował się przez dłuższy czas w położeniu otwartym, jest konieczna wymiana przewodu paliwa.
- Podłączyć przewód paliwa do filtru i sprawdzić, poruszając go w różne strony, czy jest mocno osadzony.
- Podłączyć przewód masy (–) do akumulatora, gdy zapłon jest wyłączony. Zamontować obudowę filtru przeciwpyłowego. Wprowadzić kod zabezpieczający radioodbiornik przed kradzieżą i nastawić zegar.
- Silnik 611.962 od końcówki numeru podwozia 257722 i silnik 612.962: odpowietrzyć obwód doprowadzenia paliwa niskiego ciśnienia, patrz „Układ wtryskowy silnika wysokoprężnego".
- Zamontować górną osłonę silnika (patrz rozdz. „Silnik").
- Uruchomić silnik i sprawdzić wzrokowo szczelność obwodu doprowadzenia paliwa.

Silnik wysokoprężny sześciocylindrowy

Silnik 642.910 (C320CDI)

Wymontowanie

- Wymontować górną osłonę silnika. W tym celu unieść osłonę najpierw z tyłu i wyciągnąć z zacisków mocujących, potem unieść z przodu i wyczepić.
- Wymontować przewód powietrza dolotowego (1, rys. M-62177).

– Wymontować prawą obudowę filtru powietrza (2); moment dokręcania: **9 N • m**.
– Odłączyć złącze od przepływomierza powietrza.
– Odłączyć złącze elementu grzejnego przewodu odpowietrzającego.
– Odłączyć giętki przewód odpowietrzenia skrzyni korbowej.
– Otworzyć opaski przewodów giętkich (3) przy turbosprężarce i lewej obudowie filtru powietrza.
– Wyjąć w przód przewód powietrza dolotowego.

- Zamknąć giętki przewód dopływu paliwa (4) zaciskiem, otworzyć opaskę i odłączyć przewód od filtru paliwa (6).

Uwaga. Wypływające paliwo zebrać grubą szmatą.

- Odłączyć od filtru w podobny sposób giętki przewód paliwa (5) prowadzący do pompy wysokiego ciśnienia.
- Odkręcić śrubę zaciskową (7) i wyjąć w górę filtr paliwa (6).

Zamontowanie

- Zamontowanie odbywa się w kolejności odwrotnej do wymontowania. Moment dokręcania śruby zaciskowej: **5 N • m**.

Odwadnianie filtru paliwa

C30CDI AMG, silnik 612.990

Ostrzeżenie. *Podczas unoszenia samochodu może zdarzyć się wypadek i dlatego należy przestrzegać zasad unoszenia i podpierania samochodu opisanych w rozdz. „Zabiegi konserwacyjne i pomocnicze".*

• Wymontować dolną osłonę przedziału silnika (patrz „Wyposażenie wewnętrzne nadwozia").
• Podłączyć od dołu giętki przewód do zaworu odwadniającego filtru paliwa.
• Włożyć przewód do odpowiedniego naczynia i otworzyć zawór spustowy.
• Zlać około 100 cm^3 mieszaniny wody z paliwem i zamknąć zawór spustowy.
• Zamontować dolną osłonę przedziału silnika (patrz „Wyposażenie wewnętrzne nadwozia").

Wymiana wkładu filtru powietrza

Do wymiany nie są potrzebne narzędzia specjalne.
Potrzebne części zamienne:
– wkład filtru powietrza.

Silniki benzynowe 111, 112 i 113

• Wymienić wkładu filtru, patrz „Obwody doprowadzenia paliwa i powietrza".

Silnik benzynowy 271

Wymontowanie

• Wykręcić sześć śrub (strzałki na rys. M-62168) kluczem do śrub Torx T25 i unieść pokrywę filtru powietrza (1).
• Pociągnąć filtr powietrza (2, rys. M-62169) za uchwyt (3) nieco w górę z zamocowania i wyjąć w przód (strzałka).
• Wytrzeć obudowę filtru wewnątrz czystą szmatką.

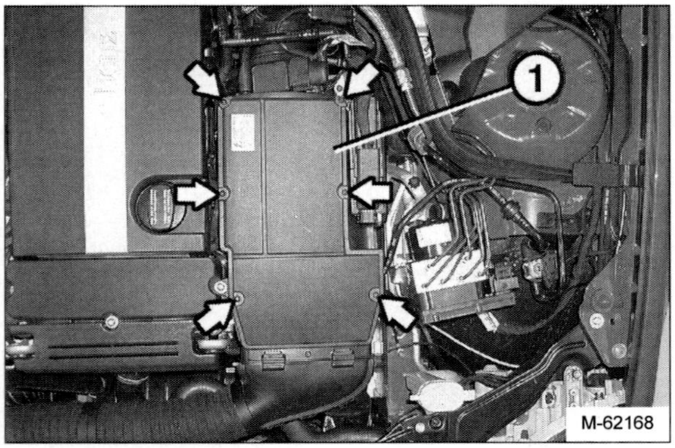

M-62168

M-62169

Zamontowanie

• Osadzić nowy wkład w otworze obudowy filtru powietrza i wcisnąć w dół uchwyt w zamocowanie.
• Nałożyć i przykręcić pokrywę filtru powietrza.

Silniki wysokoprężne 611 i 612

Wymontowanie

• Wykręcić sześć śrub (1, rys. M-6273) i (2).
Uwaga. Przy silniku 5-cylindrowym wykręcić dziewięć śrub.
• Wyciągnąć w bok osłonę (3) przewodu rozdzielającego powietrze doładowujące.
• Zdjąć osłonę silnika (4).
• Otworzyć i zsunąć opaskę (2, rys. M-6274) oraz odłączyć giętki przewód dolotowy powietrza (1).

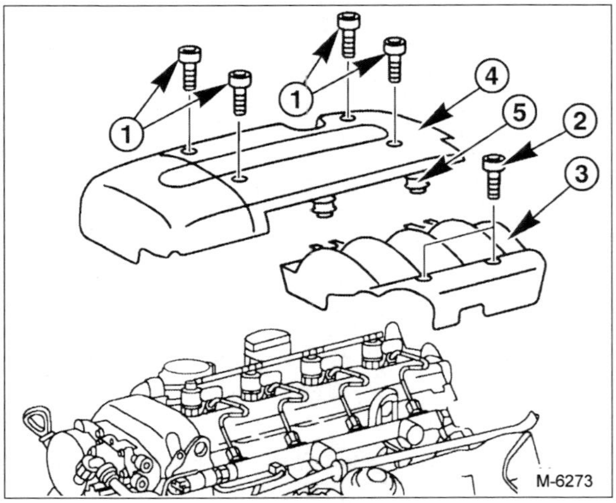

M-6273

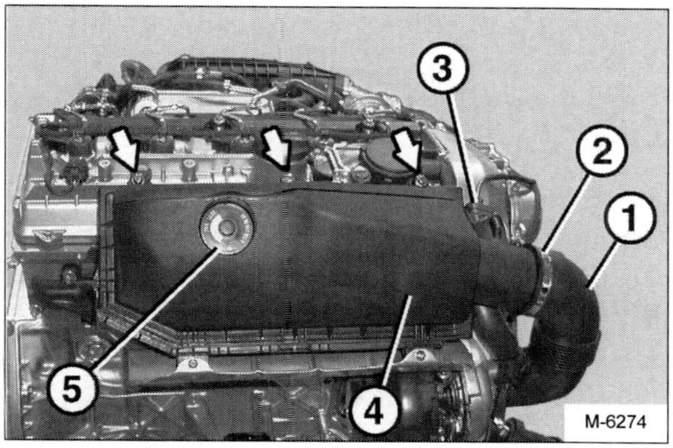

• Odłączyć złącze (3) od przepływomierza powietrza.
• Odkręcić (strzałki) i zdjąć pokrywę filtru powietrza (4).
• Wyjąć wkład filtru z obudowy.
• Wyzerować wskaźnik przeglądów (5), obracając go.

Zamontowanie

• Włożyć nowy wkład w obudowę filtru powietrza. Zapewnić, aby uszczelka gumowa przylegała równo na całym obwodzie.
• Osadzić pokrywę filtru powietrza i dokręcić momentem **10 N · m**
• Podłączyć do przepływomierza powietrza i ustalić złącze. Przez poruszanie złącza w różne strony sprawdzić, czy jest mocno osadzone.
• Podłączyć giętki przewód dolotowy powietrza i zamocować opaską.
• Osadzić osłonę silnika i przykręcić ręcznie. Uważać, aby nie zacisnąć żadnego przewodu.
• Wsunąć z boku osłonę przewodu rozdzielającego powietrze doładowujące, przy czym ucha powinny wejść w gumowe zaczepy (5, rys. M-6273).
• Dokręcić śruby mocujące momentem **10 N · m**.

Silnik wysokoprężny 642

Wymontowanie

• Wymontować górną osłonę silnika. W tym celu unieść osłonę najpierw z tyłu i wyciągnąć z zacisków mocujących, potem unieść z przodu i wyczepić.
• Otworzyć opaski mocujące i wymontować giętkie przewody łączące od przewodu powietrza dolotowego do prawej i lewej obudowy filtru powietrza.
• Odkręcić obudowę filtru powietrza od pokrywy głowicy cylindrów i wyjąć w górę.
• Odkręcić po cztery śruby przy każdej obudowie filtru powietrza i zdjąć pokrywy.
• Wyjąć wkłady filtru i oczyścić wewnątrz obudowę filtru.

Zamontowanie

• Zamontowanie odbywa się w kolejności odwrotnej do wymontowania.
Uwaga. Sprawdzić gumowe elementy w dolnym zamocowaniu obudowy filtru powietrza, czy są mocno osadzone i zwilżyć dostępnym w handlu środkiem zmniejszającym tarcie przed zamontowaniem filtru powietrza. Obudowę filtru powietrza dokręcić momentem **9 N · m**.

Silnik wysokoprężny 646

Wymontowanie

• Chwycić górną osłonę silnika z lewej i prawej strony i ściągnąć w górę.
• Wymontować sztywny przewód powietrza doładowującego i pokrywę głowicy cylindrów w taki sam sposób jak w silniku 611 lub 612, patrz rysunek M-6273.
• Podważyć wkrętakiem klamry z blachy mocujące pokrywę filtru powietrza i zdjąć pokrywę.
• Unieść nieco wkład filtru powietrza z tyłu i ściągnąć z króćca przepływomierza powietrza, patrz rysunek M-62169.
• Wyjąć wkład filtru powietrza.

Zamontowanie

• Wsunąć wkład filtru przy króćcu przepływomierza powietrza i wcisnąć w dół tylnym uchwytem w zamocowanie na obudowie filtru powietrza.
• Dalsze zamontowanie odbywa się w kolejności odwrotnej do wymontowania. Dokręcić śruby osłon momentem **9 N · m**. Podczas wciskania górnej osłony silnika zapewnić, aby nie zostały zaciśnięte żadne przewody.

Wzrokowe sprawdzanie układu wylotowego

***Ostrzeżenie.** Podczas unoszenia samochodu może zdarzyć się wypadek i dlatego należy przestrzegać zasad unoszenia i podpierania samochodu opisanych w rozdz. „Zabiegi konserwacyjne i pomocnicze".*

- Unieść i podeprzeć samochód.
- Silnik wysokoprężny: wymontować dolną osłonę silnika (patrz „Silniki wysokoprężne 611, 612 i 646").
- Sprawdzić osadzenie obejm mocujących.
- Sprawdzić układ wylotowy, oświetlając go lampą, czy nie ma dziur, miejsc skorodowanych i przetartych.
- Wymienić silnie zgniecione rury.

- Sprawdzić wszystkie gumowe elementy mocujące, przez skręcanie i rozciąganie, czy nie są porowate, w razie potrzeby wymienić (rys. M-62136). Na rysunku pokazano elementy mocujące (1 i 2) przy tłumiku tylnym (3).
- Silnik benzynowy: sprawdzić sondę lambda i złącze, czy są mocno osadzone.
- Silnik wysokoprężny: zamontować dolną osłonę silnika (patrz „Silnik wysokoprężny 611, 612 i 646").
- Opuścić samochód.

Wymontowanie i zamontowanie świec zapłonowych

Potrzebne narzędzia specjalne:
– klucz do świec zapłonowych o rozwartości 16 mm, na przykład Hazet 2506/2776 (M111/271) lub 4766 (M112).

Potrzebne części zamienne:
– 4 świece zapłonowe, patrz tablica „Świece zapłonowe zalecane do samochodu Mercedes klasy C".

Silnik 111/271

Wymontowanie

- Wyłączyć zapłon.

***Ostrzeżenie.** Nie dotykać elementów znajdujących się pod wysokim napięciem. Osoby z rozrusznikiem serca nie powinny wykonywać żadnych czynności przy elektronicznym układzie zapłonowym.*

- Wymontować cewki zapłonowe (patrz „Układ zapłonowy").
- Wykręcić świece zapłonowe odpowiednim kluczem (1, rys. M-62139), zwracając przy tym uwagę, aby klucz nie był zakładany ukośnie; (2) – zagłębienie, (3) – cewka zapłonowa.

Sprawdzanie

- Sprawdzić wzrokowo stan wymontowanych świec zapłonowych. Zawilgocenie lub zaolejenie elektrod wskazuje na przerwy w pracy tej świecy lub nieszczelne pierścienie tłoka, w razie potrzeby sprawdzić ciśnienie sprężania (czynność wykonywana w stacji obsługi).
- Sprawdzić szczelinomierzem odstęp elektrod w nowych świecach zapłonowych.

Uwaga. W nowych świecach zapłonowych odstęp elektrod jest na ogół prawidłowy. Jeśli jest konieczne ustawienie odstępu elektrod przez

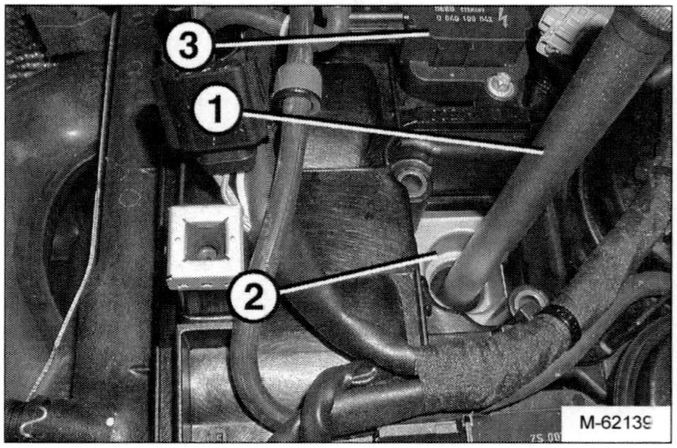

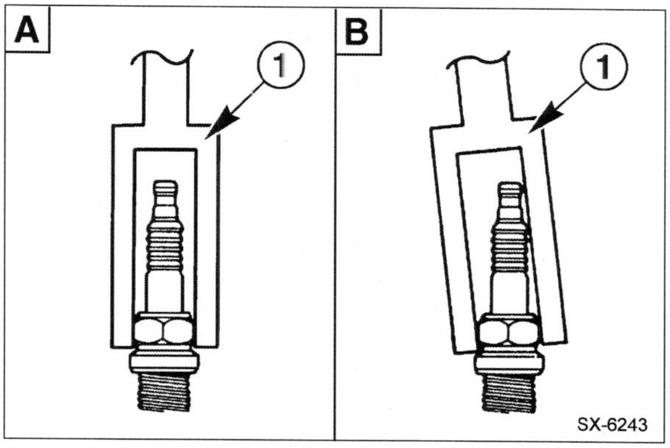

doginanie, należy uderzać w boczną elektrodę. Gdy jest konieczne rozginanie, oprzeć mały wkrętak o krawędź gwintu świecy. W żadnym wypadku nie należy opierać go o elektrodę środkową, która może ulec uszkodzeniu.

Zamontowanie

- Osadzić świece zapłonowe i wkręcić je, aż oprą się o głowicę cylindrów, potem dokręcić momentem **28 N·m**. Klucz (1, rys. SX-6243) należy nakładać prosto (A), nie ukośnie (B).
- Zamontować cewki zapłonowe (patrz „Układ zapłonowy").

Naprawa gwintowanych otworów pod świece zapłonowe w głowicy cylindrów

Uwaga. Uszkodzony gwint w otworze pod świecę zapłonową należy naprawić. Do tego celu służy odpowiedni zestaw przyrządów i części, na przykład firmy Beru. Uszkodzony gwint usuwa się specjalnym narzędziem, przy czym głowica cylindrów pozostaje zamontowana. W głowicy wykonuje się nowy gwint, w który wkręca się świecę zapłonową ze specjalną wkładką gwintowaną. Wkładki gwintowane świec zapłonowych montowane dodatkowo są osadzone pewnie i są szczelne.

Czynności dotyczące silników 112 i 113

Poniżej opisano tylko czynności różniące się od czynności wykonywanych przy silnikach czterocylindrowych 111 i 271.

Wymontowanie

- Wyjąć osłonę od czołowej strony silnika.
- Wymontować górną część filtru powietrza (dotyczy tylko silnika z filtrem powietrza po stronie kierowcy).
- Wymontować przepływomierz powietrza z przewodem dolotowym powietrza (dotyczy tylko silnika z filtrem powietrza po stronie kierowcy).
- Wymontować osłonę silnika lub filtr powietrza (patrz „Obwody doprowadzenia paliwa i powietrza").
- Odkręcić cewki zapłonowe (1, rys. M-62140).
- Podważyć dwustronnym kluczem płaskim nasadki świec nad pokrywą głowicy cylindrów i zdjąć nasadki ze świec zapłonowych.
- Wykręcić świece zapłonowe (2).

Zamontowanie

- Wkręcić świece zapłonowe ręcznie, aż oprą się o głowicę cylindrów, i dokręcić momentem **28 N·m** (silnik ośmiocylindrowy 113: **25 N·m**).

Uwaga. W każdym cylindrze są dwie świece zapłonowe. Nasadki świec są opisane, aby nie zostały zamienione podczas osadzania. Opisana jest także osłona na silniku (3).

- Nałożyć nasadki na świece zapłonowe.
- Osadzić i przykręcić momentem **8 N·m** cewki zapłonowe.
- Zamontować osłonę silnika lub filtr powietrza (patrz „Obwody doprowadzenia paliwa i powietrza").
- Zamontować przepływomierz powietrza z przewodem dolotowym powietrza (dotyczy

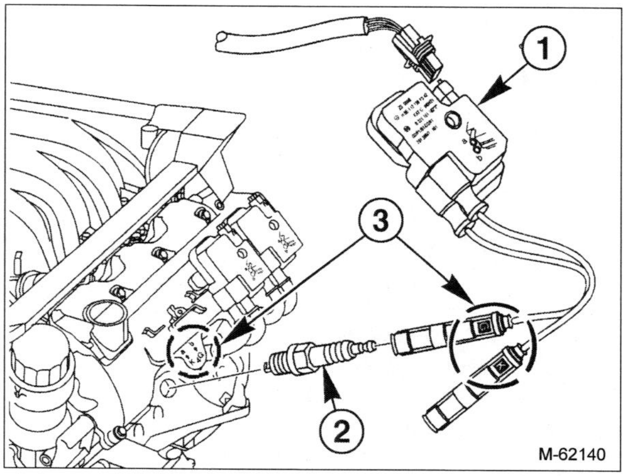

tylko silnika z filtrem powietrza po stronie kierowcy).
- Zamontować górną część filtru powietrza (dotyczy tylko silnika z filtrem powietrza po stronie kierowcy).
- Wcisnąć osłonę od czołowej strony silnika.

Zalecane świece zapłonowe

Silnik	Bosch	OE*)	NGK	OE*)
1,8 dm^3/105 kW (143 KM) od VI 2002	F 6 MPP	–	–	–
1,8 dm^3/120 kW (163 KM) od VI 2002	F 6 MPP	–	–	–
1,8 dm^3/141 kW (192 KM) od VI 2002	F 6 MPP	–	–	–
2,0 dm^3/95 kW (129 KM) od V 2000 do V 2002	F 7 DPP 332	1,0	IFR 6D-10	0,8
2,0 dm^3/120kW (163 KM) od V 2000 do V 2002	F 7 DPP 332	1,0	IFR 6D-10	0,8
2,3 dm^3/145 kW (197 KM) od III 2001 do V 2002	F 7 DPP 332	1,0	IFR 6D-10	0,8
2,6 dm^3/125 kW (170 KM) od V 2000	F 7 DPP 332 F 8 DPER	1,0	IFR 6D-10	0,8
3,2 dm^3/160 kW (218 KM) od V 2000	F 7 DPP 332 F 8 DPER	1,0	IFR 6D-10	0,8
3,2 dm^3/260 kW (354 KM) od III 2001	F 7 DPP 332	1,0	–	–

*) OE – odstęp między elektrodami w mm.

Uwaga. Z upływem czasu w niektórych silnikach mogą być stosowane świece o innych oznaczeniach niż podano w tej tablicy. W celu określenia, jakie świece zapłonowe są odpowiednie do danego silnika, potrzebny jest numer identyfikacyjny samochodu i trzy numery kodów. Te numery znajdują się w dowodzie rejestracyjnym samochodu i powinny być podawane przy zakupie świec zapłonowych.

Obsługa skrzynki biegów i układu przeniesienia napędu

Zgodnie z planem obsługi powinny być wykonane poniższe czynności.
- Skrzynka biegów i mechanizm różnicowy: sprawdzić wzrokowo szczelność.
- Sprawdzić kołnierze wału napędowego.

Wzrokowe sprawdzanie szczelności skrzynki biegów

Do sprawdzania nie są potrzebne narzędzia specjalne.
Potrzebny materiał eksploatacyjny:
– do uzupełnienia tylko olej przekładniowy zalecany przez firmę Mercedes-Benz, na przykład MB-235.10 – Mobil Gear Oil MB 317.

Sprawdzanie

Olej może wyciekać w następujących miejscach:
– miejsce połączenia kadłuba silnika ze skrzynką biegów (uszczelnienie przy kole zamachowym lub wałku sprzęgłowym),
– korek otworu kontrolnego poziomu oleju,
– korek spustowy oleju,
– wał napędowy przy skrzynce przekładniowej.
Podczas ustalania miejsca wycieku wykonać następujące czynności.
- Silnik wysokoprężny: wymontować dolną osłonę silnika (patrz „Silnik wysokoprężny 611, 612 i 646”).
- Umyć obudowę skrzynki biegów środkiem do mycia na zimno.
- Posypać kredą lub talkiem prawdopodobne miejsca przecieków.
- Odbyć jazdę próbną na odcinku około 30 km na drodze szybkiego ruchu, aby olej stał się rzadki.

Ostrzeżenie. *Podczas unoszenia samochodu może zdarzyć się wypadek i dlatego należy przestrzegać zasad unoszenia i podpierania samochodu opisanych w rozdz. „Zabiegi konserwacyjne i pomocnicze”.*

- Unieść i podeprzeć samochód. Przy świetle lampy odnaleźć miejsce wycieku na skrzynce biegów.
- Usunąć niezwłocznie nieszczelność.

• Silnik wysokoprężny: zamontować dolną osłonę silnika (patrz „Silnik wysokoprężny 611, 612 i 646").

Przekładnia główna i mechanizm różnicowy

Nie ma potrzeby sprawdzania poziomu i wymiany oleju w przekładni tylnego mostu, która jest napełniania olejem na cały okres eksploatacji. Jeśli jednak poziom oleju musi być sprawdzony lub olej wymieniony, powinny być spełnione następujące warunki.

• Poziom oleju powinien sięgać do dolnej krawędzi otworu kontrolnego znajdującego się z boku. Korek do sprawdzania poziomu oleju należy dokręcać momentem **50 N • m**.

• Ilość oleju do napełnienia zależy od rodzaju zamontowanej przekładni i wynosi od 1,0 do 1,6 dm^3 (C270CDI).

Sprawdzanie kołnierzy wału napędowego

Do sprawdzania nie są potrzebne narzędzia specjalne i materiały eksploatacyjne.

Ostrzeżenie. *Podczas unoszenia samochodu może zdarzyć się wypadek i dlatego należy przestrzegać zasad unoszenia i podpierania samochodu opisanych w rozdz. „Zabiegi konserwacyjne i pomocnicze".*

• Unieść i podeprzeć samochód.

• Jeśli to konieczne, wymontować dolną osłonę przedziału silnika (patrz „Wyposażenie wewnętrzne nadwozia").

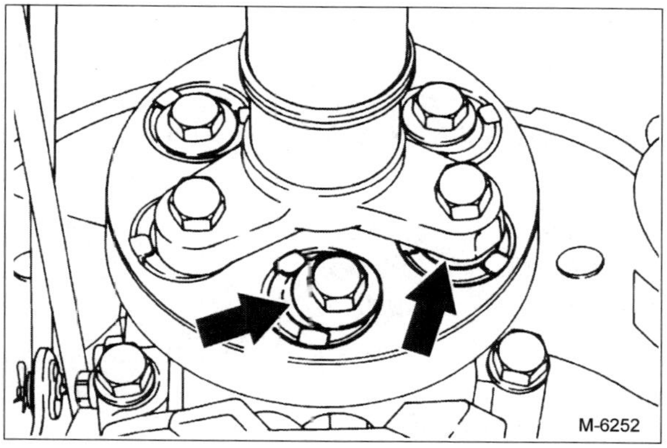
M-6252

• Sprawdzić w świetle lampy kołnierze przegubów z przodu i z tyłu, czy nie są zużyte, uszkodzone lub odkształcone.

• Sprawdzić, czy w miejscach między tulejkami pasowanymi (strzałki na rys. M-6252) nie występują pęknięcia.

• W razie potrzeby wymienić kołnierze wału napędowego. Zlikwidować naprężenie wału, aby usunąć odkształcenie. Jeśli odkształcenie jest w dalszym ciągu, wymienić także kołnierz przegubu.

• Sprawdzić miejsca między otworami tłumika drgań, czy nie ma pęknięć. W razie potrzeby wymienić tłumik drgań.

• Opuścić samochód.

Obsługa podwozia i układu kierowniczego

Zgodnie z planem obsługi powinny być wykonane następujące czynności.

▪ Przeguby zawieszenia przedniego: sprawdzić luz i zamocowanie, sprawdzić osłony przeciwpyłowe.

▪ Układ kierowniczy: sprawdzić mieszki, czy są szczelne i nie mają uszkodzeń; sprawdzić luz drążków kierowniczych.

▪ Wspomaganie układu kierowniczego: sprawdzić poziom w razie potrzeby i dolać oleju hydraulicznego. Jeśli poziom oleju był za niski, ustalić przyczynę.

▪ Sprawdzić poziom płynu w układzie regulacji prześwitu.

Sprawdzanie przegubów zawieszenia przedniego

Do sprawdzania nie są potrzebne narzędzia specjalne i materiały eksploatacyjne.

Ostrzeżenie. *Podczas unoszenia samochodu może zdarzyć się wypadek i dlatego należy przestrzegać zasad unoszenia i podpierania samochodu opisanych w rozdz. „Zabiegi konserwacyjne i pomocnicze".*

• Unieść i podeprzeć przód samochodu, aby przegub wahacza i przegub prowadzący były odciążone.

• Oświetlić lampą osłony przeciwpyłowe (1 i 2, rys. M-62141) przedniego wahacza po-

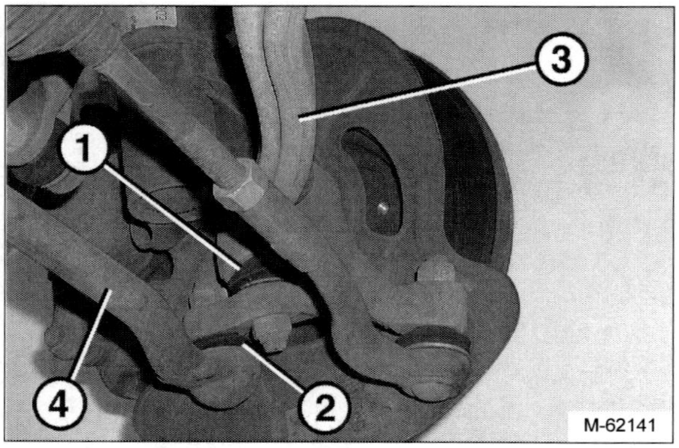

przecznego (3) i tylnego wahacza poprzecznego (4) po obu stronach samochodu oraz sprawdzić, czy nie są uszkodzone. Zwrócić uwagę, czy nie ma śladów smaru na osłonach i w ich pobliżu.

• W razie uszkodzenia osłony, należy wymienić ze względów bezpieczeństwa odpowiedni kompletny wahacz poprzeczny, gdyż zanieczyszczenia w przegubie powodują jego zużycie.

• Sprawdzić luz. W tym celu silnie odciągać i dociskać koło przednie, sprawdzając równocześnie palcami przegub kulowy. Jeśli przegub wykazuje luz, wymienić odpowiedni wahacz poprzeczny.

Sprawdzanie osłon w układzie kierowniczym oraz luzu drążków kierowniczych

Do sprawdzania nie są potrzebne narzędzia specjalne i materiały eksploatacyjne.

Ostrzeżenie. *Podczas unoszenia samochodu może zdarzyć się wypadek i dlatego należy przestrzegać zasad unoszenia i podpierania samochodu opisanych w rozdz. „Zabiegi konserwacyjne i pomocnicze".*

• Unieść i podeprzeć przód samochodu.

• Obracać koło kierownicy do oporu, rozciągając na zmianę lewy i prawy mieszek (1, rys. M-62142). Sprawdzić wzrokowo mieszki, czy nie mają uszkodzeń, jak pęknięcia, przetarcia i wgniecenia.

Uwaga. Podczas sprawdzania w żadnym wypadku nie wciskać wybrzuszeń mieszków, gdyż może to je uszkodzić i spowodować nieszczelność.

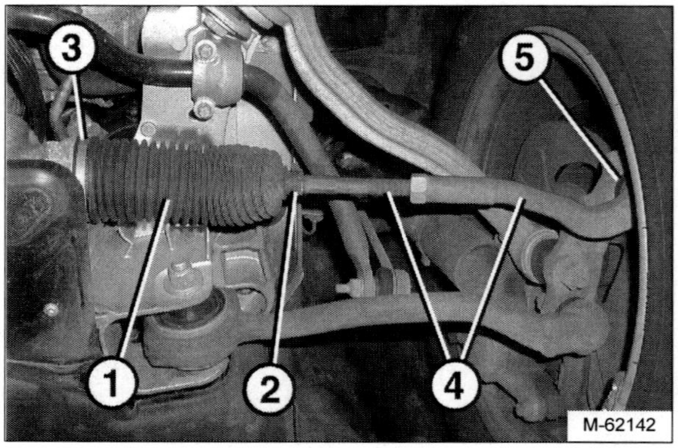

• Sprawdzić pierścienie mocujące zewnętrzne (2) i wewnętrzne (3), czy są mocno osadzone.

• Poruszać silnie rękami lewy i prawy drążek kierowniczy (4) w obie strony. Przegub kulowy (5) nie powinien wykazywać luzu, w przeciwnym razie należy wymienić przegub drążka kierowniczego.

• Oświetlić lampą osłony przeciwpyłowe (5, rys. M-62143) przegubów drążków kierowniczych i sprawdzić, czy nie są uszkodzone. Zwrócić uwagę, czy nie ma śladów smaru na osłonach i w ich pobliżu.

• W razie uszkodzenia osłony, należy wymienić ze względów bezpieczeństwa odpowiedni przegub wraz z osłoną, gdyż zanieczyszczenia w przegubie powodują jego zużycie.

Sprawdzanie poziomu oleju w urządzeniu wspomagającym układu kierowniczego

Do sprawdzania nie są potrzebne narzędzia specjalne.

Potrzebny materiał eksploatacyjny:

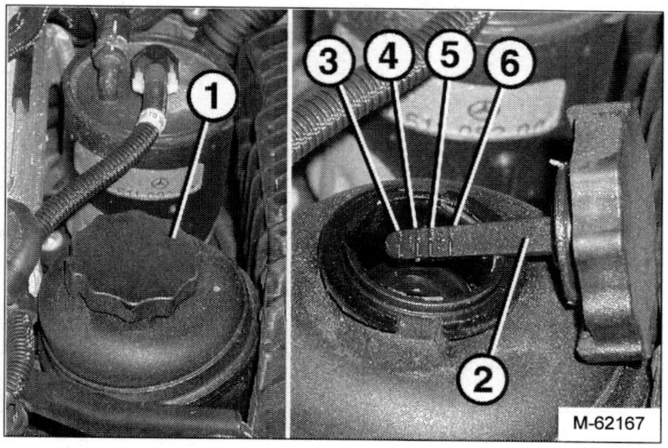

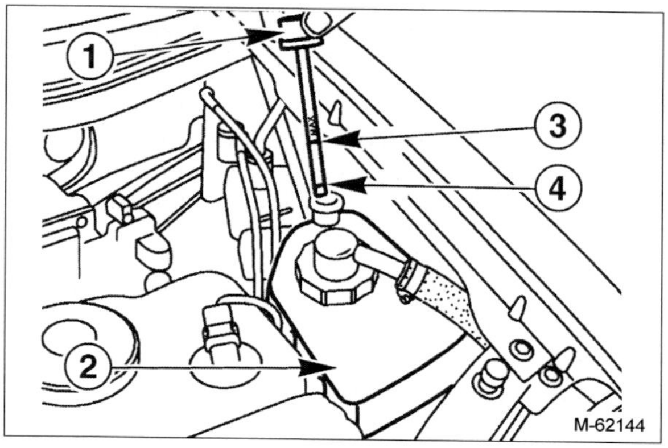

– do uzupełnienia tylko olej do przekładni kierowniczych zalecany przez firmę Mercedes-Benz, na przykład MB-236.3 – Mobil ATF D.

Uwaga. Ilość do napełnienia urządzenia wynosi około 1,0 dm³.

• **Silnik 112.** Wymontować giętki przewód dolotowy powietrza lewy.

• Obrócić w lewo pokrywę (1, rys. M-62167) o ¼ obrotu i wyjąć ją razem z prętowym wskaźnikiem poziomu (2).

• Poziom zimnego oleju powinien znajdować się między znakami „MIN" i „MAX" (3 i 4) na wskaźniku. Olej uznaje się za zimny, jeśli ma temperaturę około 20°C.

Poziom oleju ciepłego (80°C) powinien znajdować się między znakami „MIN" i „MAX" (5 i 6) na wskaźniku.

• Jeśli to konieczne, dolać oleju do przekładni kierowniczych firmy Mercedes-Benz. Dolewać tylko świeży olej, ponieważ najmniejsze zanieczyszczenia mogą prowadzić do zakłóceń w pracy obwodu hydraulicznego.

• Zamontować i dokręcić pokrywę z prętowym wskaźnikiem poziomu.

• **Silnik 112.** Zamontować giętki przewód dolotowy powietrza lewy.

• Obrócić kilkakrotnie koło kierownicy w obie strony do oporu, gdy silnik pracuje, co powoduje odpowietrzenie urządzenia.

Sprawdzanie poziomu oleju w układzie regulacji prześwitu

Do sprawdzania nie są potrzebne narzędzia specjalne.

Potrzebny materiał eksploatacyjny:

– do uzupełnienia tylko olej hydrauliczny zalecany przez firmę Mercedes-Benz, na przykład MB-244.0.

Uwaga. Ilość do napełnienia układu wynosi około 3,5 dm³.

Uwaga. Samochód nie powinien być załadowany.

• Wyłączyć zapłon.

• Wyjąć ze zbiorniczka (2, rys. M-62144) pokrywę (1) z prętowym wskaźnikiem poziomu.

• Wytrzeć wskaźnik nie pozostawiającą włókien szmatką i włożyć z powrotem do oporu.

• Wyjąć wskaźnik i odczytać poziom oleju.

• Poziom zimnego oleju powinien znajdować się między znakami „MIN" i „MAX" (4 i 3) na wskaźniku. Olej uznaje się za zimny, jeśli ma temperaturę około 20°C.

• Jeśli to konieczne, dolać oleju do obwodów hydraulicznych firmy Mercedes-Benz. Dolewać tylko świeży olej, ponieważ najmniejsze zanieczyszczenia mogą prowadzić do zakłóceń w pracy obwodu hydraulicznego.

• Podczas dolewania oleju hydraulicznego stosować czysty lejek i gęste sitko.

Uwaga. Wolno stosować tylko oleje hydrauliczne zalecane przez firmę Mercedes.

Obsługa układu hamulcowego, ogumienia i kół

Zgodnie z planem obsługi powinny być wykonane poniższe czynności.

■ Układ hamulcowy: sprawdzić poziom płynu hamulcowego.

■ Układ hamulcowy: sprawdzić przewody sztywne i elastyczne oraz połączenia, czy są szczelne i nie są uszkodzone.

■ Sprawdzić grubość wkładek ciernych hamulców kół przednich i tylnych.
■ Sprawdzić grubość i stan tarcz hamulców kół przednich i tylnych (patrz „Sprawdzanie tarczy hamulca" w rozdz. „Układ hamulcowy").
■ Hamulec awaryjny: sprawdzić i dotrzeć.
■ Hamulec awaryjny: wyregulować mechanizm wyrównujący długość linek (jednorazowo podczas pierwszego przeglądu).
■ Wymienić płyn hamulcowy.
■ Opony łącznie z kołem zapasowym: sprawdzić ciśnienie w ogumieniu.
■ Środek do uszczelniania opon Tirefit: jeśli jest w wyposażeniu, sprawdzić termin ważności i wymienić w razie potrzeby.
■ Opony łącznie z kołem zapasowym: sprawdzić głębokość rowków bieżnika; sprawdzić opony, czy nie są zużyte lub uszkodzone.
■ Zdjąć i założyć koła, zamienić wzajemnie koła, jeśli to konieczne (patrz „Zamiana kół" w rozdz. „Koła i ogumienie").

Sprawdzanie poziomu płynu hamulcowego

Potrzebny materiał eksploatacyjny:
– do uzupełniania stosować tylko płyn hamulcowy z oznaczeniem DOT 4.

Zbiorniczek płynu hamulcowego (1, rys. M-62145) znajduje się z tyłu w przedziale silnika po lewej stronie. Zbiorniczek jest podzielony na dwie części, oddzielne dla każdego obwodu układu hamulcowego.

Zbiorniczek jest przezroczysty, co ułatwia sprawdzanie poziomu płynu. Lampka kontrolna w zespole wskaźników na tablicy rozdzielczej sygnalizuje kierowcy obniżenie poziomu płynu poniżej znaku „MIN", mimo to zaleca się regularne sprawdzanie wzrokowe zbiorniczka.

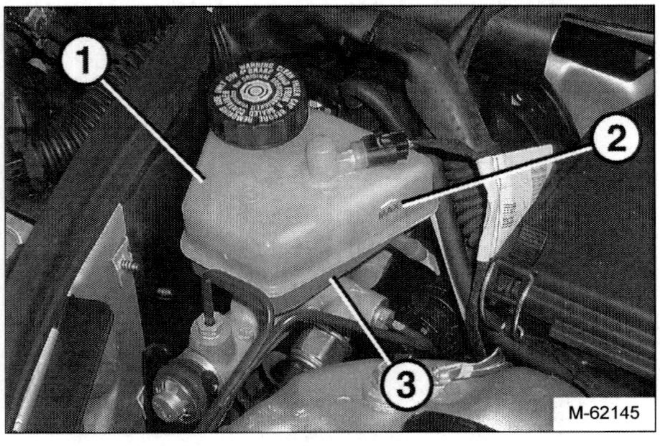

• Poziom płynu, gdy pokrywa jest zamknięta, nie powinien znajdować się powyżej znaku „MAX" (2) i poniżej znaku „MIN" (3).
• Dolewać tylko zalecany płyn hamulcowy.

Uwaga. Nie stosować płynu hamulcowego z innym oznaczeniem DOT. W razie potrzeby przed otwarciem wytrzeć korek zbiorniczka czystą szmatką.

Z powodu zużycia wkładek ciernych hamulców tarczowych następuje nieznaczne obniżenie poziomu płynu, co jest normalne.

Jeśli w ciągu krótkiego czasu dochodzi do znacznych ubytków płynu hamulcowego, świadczy to o wyciekach płynu.

Należy odszukać wtedy niezwłocznie miejsce wycieku. Ze względu na bezpieczeństwo należy sprawdzić układ hamulcowy w stacji obsługi.

Wzrokowe sprawdzanie przewodów hamulcowych

Do sprawdzania nie są potrzebne narzędzia specjalne.

Ostrzeżenie. *Podczas unoszenia samochodu może zdarzyć się wypadek i dlatego należy przestrzegać zasad unoszenia i podpierania samochodu opisanych w rozdz. „Zabiegi konserwacyjne i pomocnicze".*

• Unieść i podeprzeć samochód.
• Wymyć zanieczyszczone przewody hamulcowe.

Uwaga. Metalowe przewody hamulcowe są pokryte warstwą tworzywa sztucznego, w celu ochrony przed korozją. Jeśli ta warstwa zostanie uszkodzona, przewody mogą skorodować i dlatego nie należy czyścić przewodów hamulcowych szczotką drucianą, płótnem ściernym lub wkrętakiem.

• Sprawdzić przy świetle lampy szczelność przewodów od pompy hamulcowej do zespołu hydraulicznego urządzenia ABS i dalej do cylinderków hamulców poszczególnych kół. Pompa hamulcowa znajduje się w przedziale silnika pod zbiorniczkiem płynu hamulcowego. Zespół hydrauliczny ABS jest umieszczony pod zbiorniczkiem płynu hamulcowego.

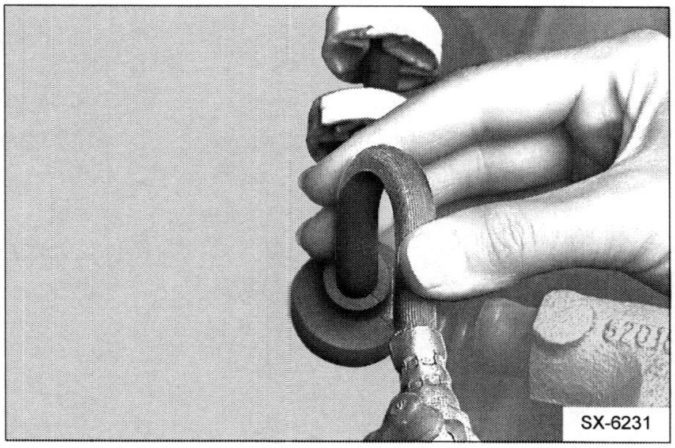

SX-6231

• Przewody hamulcowe nie powinny być załamane lub zgniecione. Nie powinny mieć również śladów korozji lub przetarć. Jeśli występują tego rodzaju uszkodzenia, należy wymienić w stacji obsługi odcinek przewodu do najbliższego miejsca łączenia.

• Giętkie przewody łączą sztywne przewody hamulcowe z cylinderkami znajdującymi się na ruchomych częściach samochodu. Elastyczne przewody są wykonane z materiału wytrzymującego wysokie ciśnienie, ale z upływem czasu mogą stać się porowate, napęcznieć lub zostać uszkodzone ostrymi przedmiotami i wtedy należy je niezwłocznie wymienić.

• W celu stwierdzenia uszkodzeń należy przeginać elastyczne przewody ręką w obie strony (rys. SX-6231). Giętkie przewody nie powinny być skręcone. Niekiedy na przewodach są kolorowe linie, które ułatwiają sprawdzenie.

• Obracać koło kierownicy do oporu w lewą i prawą stronę. Przewody giętkie nie powinny stykać się z częściami podwozia w żadnym położeniu.

• Miejsca połączenia sztywnych i giętkich przewodów nie mogą być wilgotne z powodu wyciekania płynu hamulcowego.

• Opuścić samochód.

Sprawdzanie grubości okładzin ciernych hamulców tarczowych

Do sprawdzania nie są potrzebne narzędzia specjalne.

Grubość zewnętrznej wkładki ciernej można sprawdzić wzrokowo, w zależności od wyposażenia, przez wycięcie w tarczy koła (rys. M-62162). Jeśli nie jest to możliwe lub sprawdzanie odbywa się po dużym przebiegu samochodu, należy sprawdzić grubość wkładek ciernych po wymontowaniu kół.

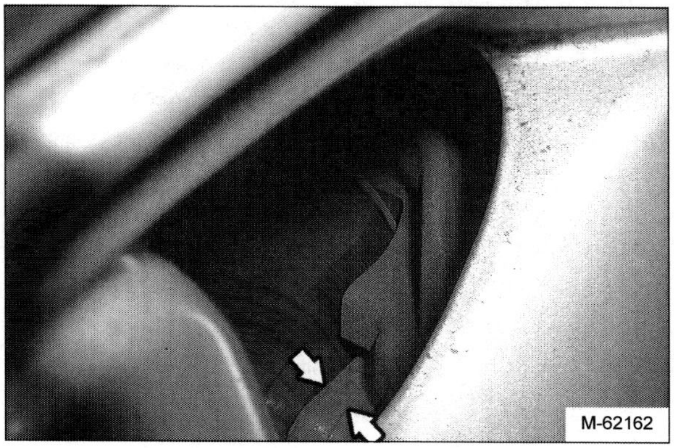

M-62162

***Ostrzeżenie.** Podczas unoszenia samochodu może zdarzyć się wypadek i dlatego należy przestrzegać zasad unoszenia i podpierania samochodu opisanych w rozdz. „Zabiegi konserwacyjne i pomocnicze”.*

• Zaznaczyć farbą położenie tarcz kół w stosunku do piast, aby wyrównoważone koła mogły być zamontowane w tym samym położeniu. Przed uniesieniem samochodu poluzować śruby kół. Unieść i podeprzeć samochód, zdjąć koła.

• Sprawdzić grubość wkładek ciernych. Sprawdzić grubość wkładki (strzałki na rys. M-62163) zewnętrznej (1) i zewnętrznej (2) przez wycięcie w zacisku hamulca (4); (3) – tarcza hamulca.

• Wymiar graniczny wkładek ciernych hamulców tarczowych jest osiągnięty, jeśli wkładka bez płytki grzbietowej (5) ma grubość tylko 2 mm.

• W razie wątpliwości wymontować wkładki cierne i zmierzyć ich grubość suwmiarką. Je-

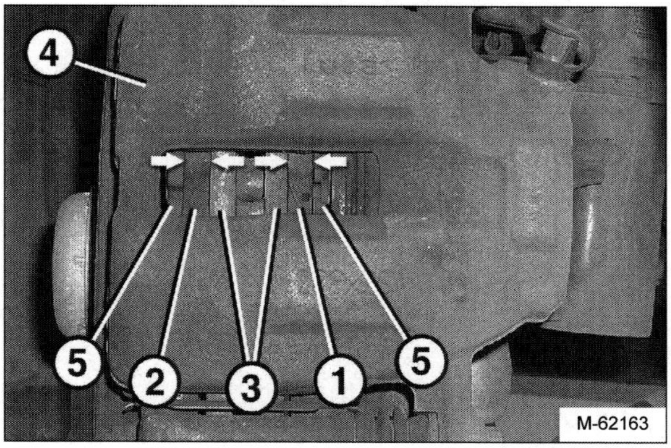

M-62163

śli została osiągnięta graniczna grubość, wymienić wkładki cierne. Należy wymieniać każdorazowo wszystkie wkładki cierne tej samej osi, nawet jeśli tylko jedna wkładka osiągnęła grubość graniczną.

Uwaga. Orientacyjnie, zużyciu 1 mm wkładki ciernej hamulców tarczowych odpowiada przebieg w niekorzystnych warunkach co najmniej 1000 km. W normalnych warunkach wkładki cierne pracują znacznie dłużej. Grubość okładziny wkładki hamulca tarczowego wynosząca 4,0 mm pozwala jeszcze na przebieg co najmniej 2000 km.

- Sprawdzić zaciski hamulców, czy nie wycieka z nich płyn hamulcowy. W razie nieszczelności oddać niezwłocznie zacisk hamulca do naprawy w stacji obsługi.
- Sprawdzić tarczę hamulca po wewnętrznej i zewnętrznej stronie, czy nie ma wyżłobień, ubytków korozyjnych i pęknięć. Wentylowana tarcza hamulca z drobnymi pęknięciami o długości nie przekraczającej 25 mm, które mogły powstać z powodu dużych obciążeń, nie wymaga wymiany. W razie stwierdzenia dużych pęknięć lub wyżłobień, które mają głębokość większą niż 0,5 mm, należy wymienić tarcze hamulca.
- Sprawdzić grubość tarczy hamulca (patrz „Układ hamulcowy").
- Nałożyć cienką warstwę smaru do łożysk tocznych na powierzchnie piast centrujące koła. Nie nakładać smaru na śruby koła. Wymienić skorodowane śruby kół. Zamontować koła zgodnie z oznakowaniem naniesionym podczas wymontowania. Przykręcić koła. Opuścić samochód i dokręcić śruby koła przemiennie na krzyż momentem **110 N·m**.

Sprawdzanie i docieranie hamulca awaryjnego

Do sprawdzania i docierania nie są potrzebne narzędzia specjalne.

W celu uzyskania optymalnego działania hamulca awaryjnego należy przeprowadzić jego docieranie.

Sprawdzanie

- Ustawić samochód po jeździe próbnej na drodze ze spadkiem.
- Przesunąć pedał hamulca awaryjnego o trzy wręby i zwolnić zasadniczy układ hamulcowy.
- Działanie hamulca awaryjnego jest wystarczające, jeśli nie pozwala na przetaczanie się samochodu.

Uwaga. Jeśli pedał hamulca awaryjnego można wcisnąć dalej niż o pięć wrębów, należy wyregulować hamulec awaryjny.

Docieranie

Funkcję hamulca awaryjnego pełnią dwa hamulce bębnowe przy obu tarczach hamulców kół tylnych, dzięki czemu hamulec awaryjny podlega niewielkiemu zużyciu. Jednak korozja bębnów hamulców lub zanieczyszczenie szczęk hamulcowych może pogorszyć jego skuteczność. W celu uzyskania optymalnego działania hamulca awaryjnego, należy przeprowadzić jego docieranie.

- Przeprowadzić jazdę próbną na suchej, mało uczęszczanej drodze.
- Przy prędkości jazdy około 50 km/h ustawić dźwignię zmiany biegów w położeniu neutralnym, pociągnąć i przytrzymać dźwignię zwalniającą hamulca awaryjnego. Wcisnąć dwa do trzech razy pedał hamulca awaryjnego. W ten sposób zahamować samochód.

Ostrzeżenie. *Gdy jest włączany hamulec awaryjny podczas jazdy nie zaświecają się światła hamowania, dlatego należy zwracać uwagę na pojazdy jadące z tyłu.*

- Kontynuować jazdę ze stałą prędkością około 50 km/h.
- Pociągnąć dźwignię zwalniającą hamulca awaryjnego i wcisnąć pedał przez około 10 sekund.

Uwaga. Jeśli hamulec awaryjny nie działa właściwie, można powtórzyć docieranie hamulca po jego ochłodzeniu.

- Jeśli hamulec awaryjny nie jest zwalniany prawidłowo po sprawdzaniu lub działa jednostronnie podczas hamowania, sprawdzić szczęki hamulca i linki oraz wymienić w razie potrzeby.

Regulacja hamulca awaryjnego

Do regulacji nie są potrzebne narzędzia specjalne.

Hamulec awaryjny należy regulować podczas pierwszego przeglądu lub wtedy, gdy pedał hamulca daje się wcisnąć o więcej niż pięć wrębów.

• Wcisnąć pedał hamulca awaryjnego z siłą 170 N (17 kG). Jeśli przy tym dźwignia hamulca daje się przesunąć o więcej niż pięć wrębów, wtedy jest konieczna regulacja hamulca awaryjnego.

Uwaga. W tym celu zaczepić za pedał odpowiednią wagę sprężynową i wcisnąć pedał, aż na podziałce wagi pojawi się 17 kG.

Ostrzeżenie. *Podczas unoszenia samochodu może zdarzyć się wypadek i dlatego należy przestrzegać zasad unoszenia i podpierania samochodu opisanych w rozdz. „Zabiegi konserwacyjne i pomocnicze".*

• Unieść, aż koła oderwą się od podłoża, i podeprzeć samochód.

• Odchylić poduszki siedzenia tylnego.

Uwaga. Wymontować poduszki siedzenia tylnego z samochodu bez możliwości załadunku długich przedmiotów.

• Odciągnąć w górę wykładzinę podłogi i wymontować pokrywę (1, rys. M-62146) nad mechanizmem wyrównującym długość linek hamulca.

• Dokręcić o dwa obroty nakrętkę regulacyjną (2, rys. M-62147) w mechanizmie wyrównującym długość linek hamulca (3).

• Sprawdzić ponownie skok pedału hamulca awaryjnego. W razie potrzeby dokręcić dalej nakrętkę regulacyjną, aż pedał będzie dawał się wcisnąć o pięć wrębów pod działaniem siły 170 N (17 kG).

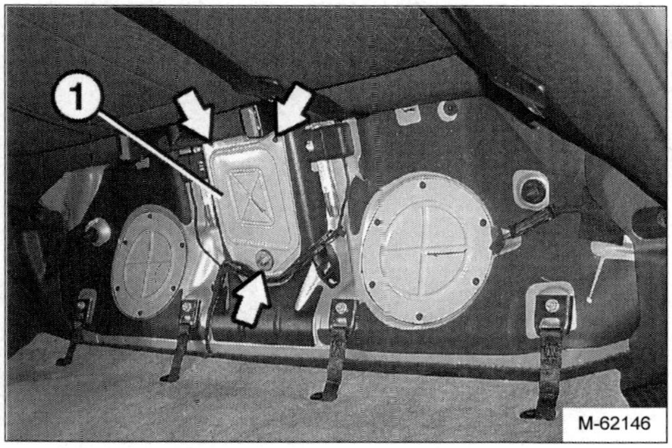

• Zwolnić hamulec awaryjny i sprawdzić, czy można obracać bez oporu koła tylne.

• Zamontować pokrywę nad mechanizmem wyrównującym długość linek hamulca i ułożyć wykładzinę podłogi.

• Ułożyć lub zamontować poduszki siedzenia tylnego.

• Opuścić samochód.

Wymiana płynu hamulcowego

Są potrzebne narzędzia specjalne:

– otwarty klucz oczkowy do zaworów odpowietrzających;

– przezroczysty przewód giętki z tworzywa sztucznego o średnicy wewnętrznej 6 mm i butelka na zużyty płyn hamulcowy, oferowane w sklepach z akcesoriami samochodowymi;

– kanał obsługowy lub podnośnik stanowiskowy, na którym samochód stoi na kołach.

Potrzebny materiał eksploatacyjny:

– około 0,5 dm^3 płynu hamulcowego z oznaczeniem DOT 4.

Uwaga. Nie stosować płynu hamulcowego z innym oznaczeniem DOT.

Ostrzeżenie. *Należy pamiętać o zasadach bezpieczeństwa przy posługiwaniu się płynem hamulcowym (patrz „Odpowietrzanie układu hamulcowego" w rozdz. „Układ hamulcowy").*

Uwaga. Zużyty płyn hamulcowy jest odpadem szkodliwym i nie powinien być wylewany w przypadkowych miejscach lub dodawany do odpadów z gospodarstwa domowego.

Płyn hamulcowy wchłania wilgoć z powietrza przez pory giętkich przewodów i otwór odpo-

wietrzający zbiorniczka, co z upływem czasu powoduje obniżenie temperatury wrzenia płynu hamulcowego. Przy dużym obciążeniu hamulców może dojść do powstawania pęcherzyków pary w przewodach, co pogarsza znacznie działanie układu hamulcowego.
Płyn hamulcowy należy wymieniać co dwa lata, najlepiej na wiosnę. W razie dużego udziału jazdy w górach, posypywania jezdni solą w okresie zimy lub zasolenia powietrza nad morzem, należy wymieniać płyn hamulcowy częściej.
W stacji obsługi hamulce są odpowietrzane na ogół za pomocą urządzenia do napełniania i odpowietrzania układu hamulcowego. To urządzenie wprowadza pod ciśnieniem świeży płyn hamulcowy do zbiorniczka, przy czym konieczne jest ciągłe wciskanie pedału hamulca. Można wymienić płyn hamulcowy także bez tego urządzenia. Układ hamulcowy odpowietrza się wtedy przez wielokrotne wciskanie pedału hamulca, do czego jest potrzebna pomoc drugiej osoby.
• Wymontować obudowę filtru przeciwpyłowego i odłączyć przewód masy (–) od akumulatora, gdy zapłon jest wyłączony.
Uwaga. Przed odłączeniem akumulatora należy koniecznie ustalić kod zabezpieczający radioodbiornik przed kradzieżą, jeśli taki kod jest zastosowany. Przestrzegać zaleceń podanych w podrozdziale „Wymontowanie i zamontowanie akumulatora”.
• Zaznaczyć pisakiem na zbiorniczku (rys. M-62148) poziom płynu hamulcowego. Po wymianie należy doprowadzić poziom płynu do zaznaczonego stanu, co pozwoli na uniknięcie wylania się płynu ze zbiorniczka po wymianie wkładek ciernych.
• Oczyścić czystą szmatką i odkręcić pokrywę zbiorniczka płynu hamulcowego.
• Usunąć za pomocą specjalnej butelki płyn hamulcowy ze zbiorniczka do poziomu około 10 mm.
Uwaga. Nie należy opróżniać całkowicie zbiorniczka, aby powietrze nie dostało się do układu hamulcowego. W razie całkowitego opróżnienia jednej komory zbiorniczka płynu hamulcowego, na przykład z powodu nieszczelności układu hamulcowego lub braku uzupełniania płynu hamulcowego podczas odpowietrzania, należy odpowietrzyć cały układ hamulcowy. W takim wypadku odpowietrzanie powinna wykonać stacja obsługi.
• Napełnić zbiorniczek świeżym płynem hamulcowym do znaku „MAX”.

***Ostrzeżenie.** Podczas unoszenia samochodu może zdarzyć się wypadek i dlatego należy przestrzegać zasad unoszenia i podpierania samochodu opisanych w rozdz. „Zabiegi konserwacyjne i pomocnicze”.*

• Unieść i podeprzeć poziomo samochód.
Uwaga. Odkręcać ostrożnie zawory odpowietrzające (strzałka na rys. M-62161), aby nie uszkodzić gwintu. Zaleca się spryskanie zaworów środkiem rozpuszczającym produkty korozji na dwie godziny przed wymianą płynu. W razie trudności z ich odkręceniem należy wykonać odpowietrzanie w stacji obsługi.
Kolejność odpowietrzania jest następująca: 1 – zacisk tylnego prawego koła, 2 – za-

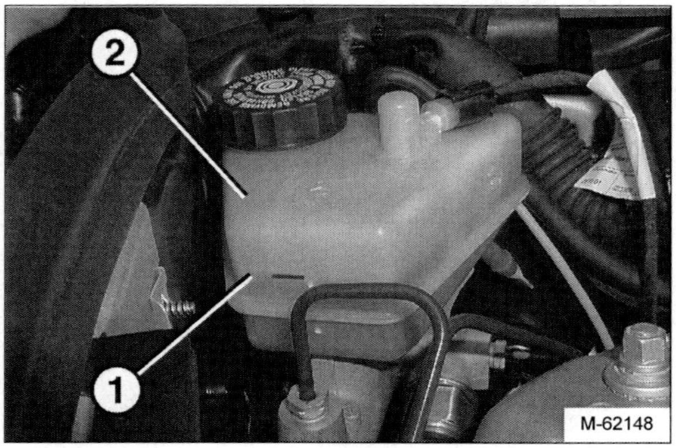

M-62148

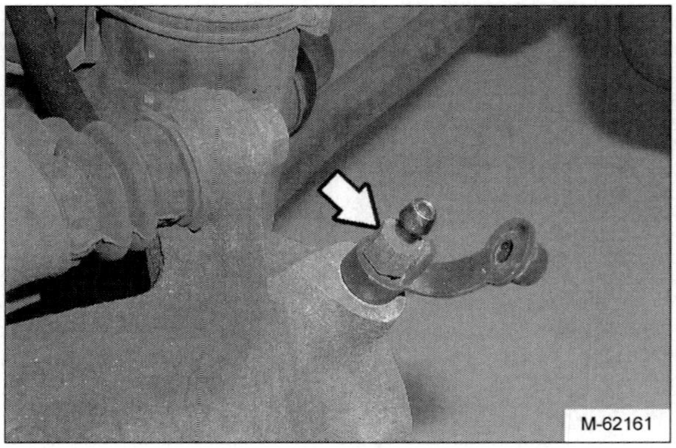
M-62161

cisk tylnego lewego koła, 3 – zacisk przedniego prawego koła, 4 – zacisk przedniego lewego koła, 5 – siłownik sterowania sprzęgła.

• Osadzić najpierw odpowiedni klucz oczkowy i podłączyć czysty przewód giętki do zaworu odpowietrzającego na zacisku hamulca koła prawego tylnego.

• Drugi koniec przewodu giętkiego włożyć do naczynia z pewną ilością płynu hamulcowego. To naczynie powinno znajdować się co najmniej 30 cm powyżej zaworu odpowietrzającego, aby utrzymać ciśnienie i zapobiec przedostawaniu się powietrza przy gwincie zaworu odpowietrzającego. Koniec przewodu musi być stale zanurzony w płynie hamulcowym.

• Pomocnik powinien wcisnąć powoli kilkakrotnie pedał hamulca, aż do wytworzenia ciśnienia.

• Przytrzymać wciśnięty pedał. Otworzyć zawór odpowietrzający na cylinderku rozpieracza hamulca prawego tylnego koła za pomocą otwartego klucza oczkowego (1, rys. SX-6232) i zamknąć go, gdy pedał dojdzie do podłogi. Wtedy pomocnik powinien zdjąć nogę z pedału.

• Te czynności należy powtarzać tak długo (około 10 razy), aż zacznie wypływać świeży płyn hamulcowy pozbawiony pęcherzyków powietrza. Świeży płyn hamulcowy można rozpoznać po jaśniejszym zabarwieniu.

Uwaga. Wypływający płyn hamulcowy powinien być przezroczysty i bez pęcherzyków powietrza. Z każdego cylinderka zacisku lub rozpieracza należy wypompować około 80 cm^3 płynu hamulcowego.

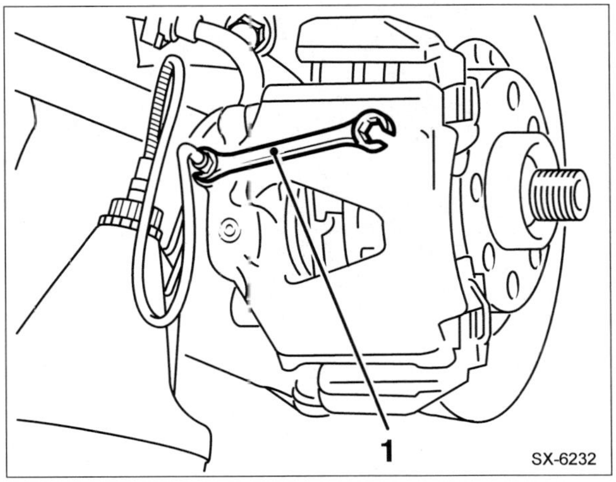

• Dokręcić lekko zawór odpowietrzający momentem **7 N · m**.

• W ten sam sposób należy usunąć w podanej kolejności zużyty płyn hamulcowy z pozostałych cylinderków zacisków oraz siłownika sterującego sprzęgła.

Uwaga. Podczas wymiany należy co jakiś czas dolewać świeżego płynu hamulcowego do zbiorniczka. Nie wolno dopuszczać do opróżnienia zbiorniczka, gdyż w przeciwnym razie dostanie się powietrze do układu hamulcowego.

• Opuścić samochód.

• Uzupełnić poziom płynu hamulcowego w zbiorniczku do miejsca zaznaczonego przed wymianą płynu.

• Przykręcić korek zbiorniczka.

• Sprawdzić nacisk na pedał hamulca. Podczas naciskania pedału hamulca, gdy silnik jest unieruchomiony, opór hamulca nie powinien się zwiększać. W przeciwnym razie należy odpowietrzyć układ hamulcowy. W razie potrzeby sprawdzić układ hamulcowy w stacji obsługi.

• Podłączyć przewód masy (–) do akumulatora, gdy zapłon jest wyłączony. Zamontować obudowę filtru przeciwpyłowego. Wprowadzić kod zabezpieczający radioodbiornik przed kradzieżą i nastawić zegar.

Uwaga. W celu zapewnienia bezpieczeństwa należy sprawdzić:

– czy są dokręcone giętkie przewody hamulcowe,

– czy giętkie przewody hamulcowe znajdują się we wspornikach,

– czy są dokręcone zawory odpowietrzające,

– czy została wlana wystarczająca ilość płynu hamulcowego,

– szczelność przy pracującym silniku. W tym celu należy nacisnąć pedał hamulca z siłą 200 do 300 N (20 do 30 kG) przez około 10 sekund. Pedał hamulca nie powinien ustępować pod naciskiem. Sprawdzić szczelność wszystkich połączeń.

• Zahamować kilka razy samochód na ulicy o małym natężeniu ruchu. Dokonać przy tym

co najmniej jednego gwałtownego hamowania, przy którym zacznie działać urządzenie ABS, na przykład na luźnym podłożu. Działanie urządzenia ABS można rozpoznać po pulsowaniu pedału hamulca.
Uwaga. Zwracać szczególną uwagę na nadjeżdżające pojazdy.

Sprawdzanie bieżników opon

Do sprawdzania nie są potrzebne narzędzia specjalne.
Opony wyrównoważonych kół zużywają się prawie równomiernie na całej powierzchni bieżnika, gdy jest zapewnione zalecane ciśnienie powietrza w ogumieniu, właściwe ustawienie kół i prawidłowe działanie amortyzatorów. Przypadki nieprawidłowego zużycia opon zostały przedstawione w tablicy w rozdziale „Koła i ogumienie". Nie można podać generalnej oceny trwałości określonej marki opon, gdyż zależy ona od różnych czynników:
– nawierzchni jezdni,
– ciśnienia w ogumieniu,
– sposobu jazdy,
– warunków atmosferycznych.
Przyczynami szybkiego zużywania się opon są przede wszystkim sportowa jazda, gwałtowne ruszanie z miejsca i gwałtowne hamowanie.
Uwaga. Przepisy dopuszczają, aby opony były używane do osiągnięcia przez rowki bieżnika głębokości 1,6 mm. Oznacza to, że rowki na całej powierzchni bieżnika muszą mieć co najmniej głębokość 1,6 mm. Ze względów bezpieczeństwa zaleca się jednak wymianę opon już przy głębokości rowków wynoszącej 2 mm. Gdy głębokość rowków bieżnika zbliży się do dopuszczonej minimalnej wartości i gdy wskaźniki zużycia o wysokości 1,6 mm wykazują w wielu miejscach na obwodzie brak bieżnika, wtedy należy wymienić oponę (rys. SX-6233).
Uwaga. Opony M + S zachowują swe właściwości na błocie i śniegu tylko wtedy, gdy głębokość rowków bieżnika wynosi co najmniej 4 mm.
Uwaga. Sprawdzić, czy nie ma przecięć na oponie i jeśli są, małym wkrętakiem ustalić głębokość przecięć. Jeśli przecięcia sięgają do osnowy, woda może spowodować korozję stalowego kordu. Z tego powodu dochodzi czasami do odwarstwienia bieżnika i pęknięcia opony. W przypadku wykrycia głębokich przecięć bieżnika, należy wymienić oponę ze względów bezpieczeństwa.

Sprawdzanie ciśnienia w ogumieniu

Potrzebne narzędzie specjalne:
– urządzenie do pompowania ogumienia na stacji benzynowej.
Ciśnienie w ogumieniu należy sprawdzać raz w miesiącu. Przed długą jazdą na autostradzie sprawdzić dodatkowo ciśnienie, ponieważ wtedy obciążenie cieplne opon jest największe.
● Odkręcić kapturek zaworu.

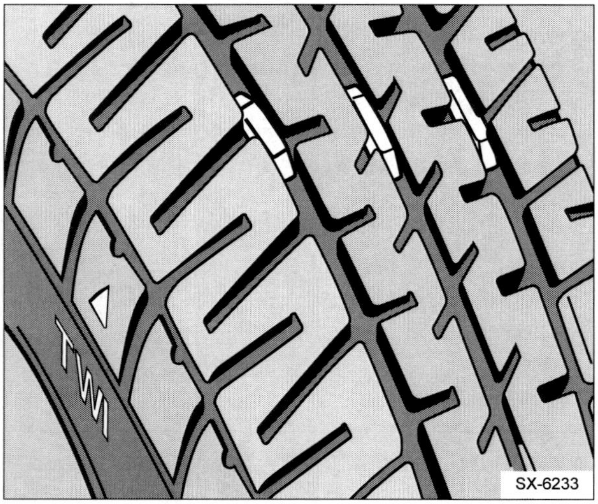

SX-6233

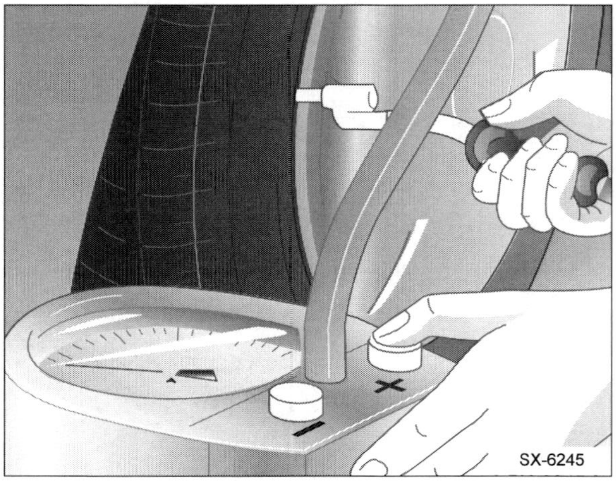

SX-6245

- Ciśnienie w ogumieniu powinno być sprawdzane tylko wtedy, kiedy opony są zimne, to znaczy po czasie jazdy nie przekraczającym 5 minut. Nie wolno zmniejszać wyższego ciśnienia spowodowanego rozgrzaniem opony po długiej jeździe.
- Właściwe wartości ciśnienia w ogumieniu podano w instrukcji obsługi. Orientacyjne wartości tego ciśnienia, patrz rozdz. „Koła i ogumienie".
- Sprawdzając ciśnienie podczas przeglądu, należy sprawdzić także koło zapasowe.
- Wkręcić kapturek zaworu.

Sprawdzanie daty ważności środka Tirefit do uszczelnienia opon

W zależności od wyposażenia, w samochodzie zamiast koła zapasowego może znajdować się butelka środka do uszczelniania opon Tirefit.

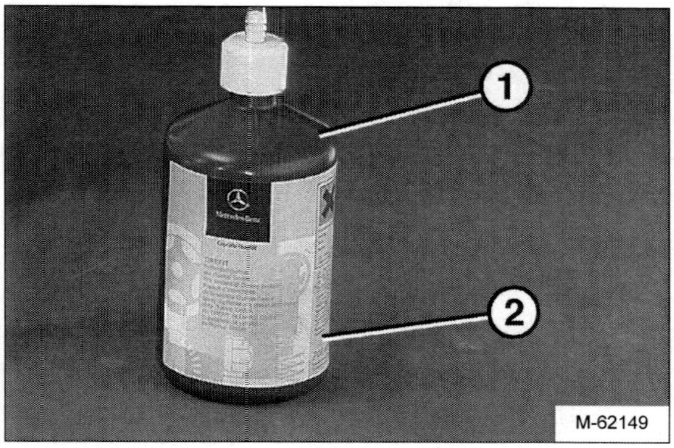

M-62149

- Otworzyć pokrywę tylną i podłogę bagażnika.
- Wyjąć butelkę Tirefit (1, rys. M-62149) i sprawdzić datę ważności na etykiecie (2). Trwałość środka uszczelniającego wynosi trzy lata, licząc od daty produkcji podanej na pojemniku. Po upływie tego terminu należy wymienić środek uszczelniający. Daty produkcji i ważności znajdują się na etykiecie butelki Tirefit.
- Jeśli to konieczne, zwrócić butelkę z przeterminowaną zawartością podczas zakupu nowego środka.
- Zamknąć podłogę bagażnika i pokrywę tylną.

Sprawdzanie zaworu powietrza

Potrzebne narzędzie specjalne:
– metalowy kapturek ochronny zaworu powietrza lub przyrząd Hazet 666-1.

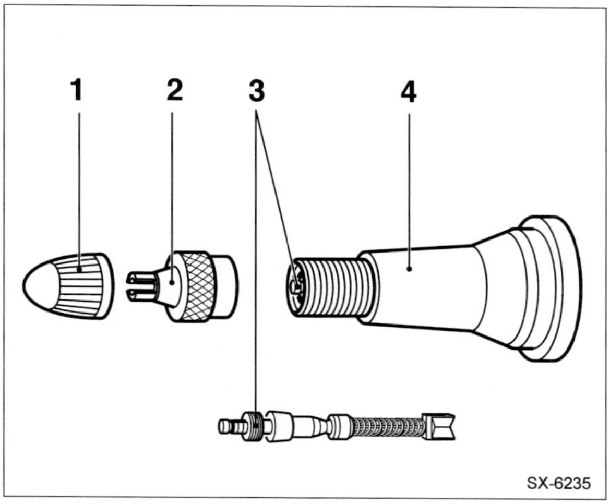

SX-6235

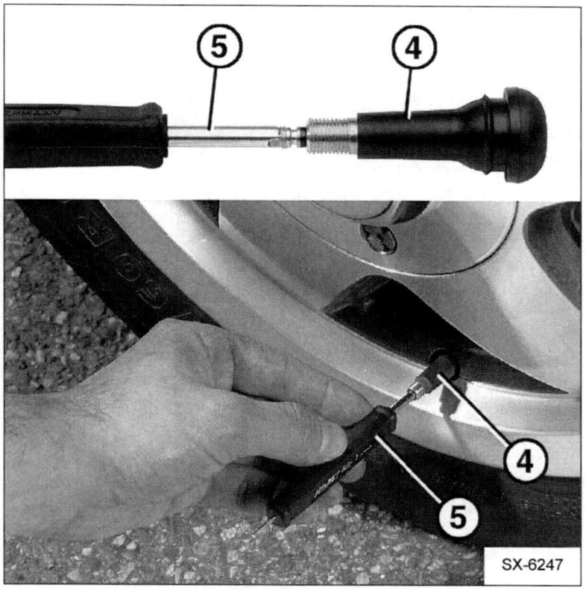

SX-6247

- Odkręcić z zaworu kapturek ochronny.
- Nałożyć trochę śliny lub roztworu mydła na zawór. Jeśli tworzy się pęcherzyk, dokręcić zaworek (3, rys. SX-6235) odwróconym kapturkiem ochronnym (2).

Uwaga. Do dokręcania należy stosować tylko metalowe kapturki ochronne (2), które można nabyć w stacjach benzynowych. Pozostałe oznaczenia na rys. SX-6235: (1) – gumowa nakładka, (4) – zawór.

Uwaga. Zamiast metalowego kapturka ochronnego można stosować przyrząd Hazet 666-1 (5, rys. SX-6247); (4) – zawór.

- Sprawdzić ponownie zawór. Jeśli tworzą się nadal pęcherzyki lub nie można dokręcić zaworu, należy go wymienić.
- Zawsze wkręcać kapturek ochronny na zawór dętki.

Obsługa nadwozia, wyposażenia wnętrza i układu przewietrzania

Zgodnie z planem obsługi powinny być wykonane następujące czynności.

- Pokrywa przedziału silnika: sprawdzić zamknięcie i zaczepy zabezpieczające, czy poruszają się bez oporu. Nawet w razie niewielkiej usterki należy wymienić elementy zamknięcia.

Uwaga. Tych elementów nie wolno smarować.

- Pasy bezpieczeństwa: sprawdzić, czy nie są uszkodzone.
- Wymienić filtr przeciwpyłowy.
- Ochrona antykorozyjna podwozia i lakier nadwozia: sprawdzić.
- Zaczep przyczepy z wyjmowanym czopem kulowym i automatyczną blokadą: nasmarować i sprawdzić działanie, oczyścić w razie potrzeby.
- Wymienić filtr z węglem aktywnym.
- Dach rozsuwany i unoszony: oczyścić i nasmarować prowadnice oraz elementy ślizgowe.
- Panoramiczny dach rozsuwany: oczyścić i nasmarować mechanizm prowadzący.

Wzrokowe sprawdzanie pasów bezpieczeństwa

Uwaga. Szmery podczas rozwijania taśm pasów wynikają ze sposobu ich działania. Należy wymienić pas bezpieczeństwa, gdy hałasy przy jego rozwijaniu są większe. W żadnym wypadku nie wolno używać oleju lub smaru do usuwania tych hałasów. Nie wolno rozkładać mechanizmu samoczynnego zwijania, gdyż może przy tym wypaść i spowodować wypadek silnie naprężona sprężyna.

- Wyciągnąć całkowicie pas bezpieczeństwa i sprawdzić, czy nie ma w nim przerwanych włókien (rys. SX-6242).
- Uszkodzenia mogą powstać na przykład przez zakleszczenie pasa lub przypalenie papierosem i należy wtedy wymienić pas.

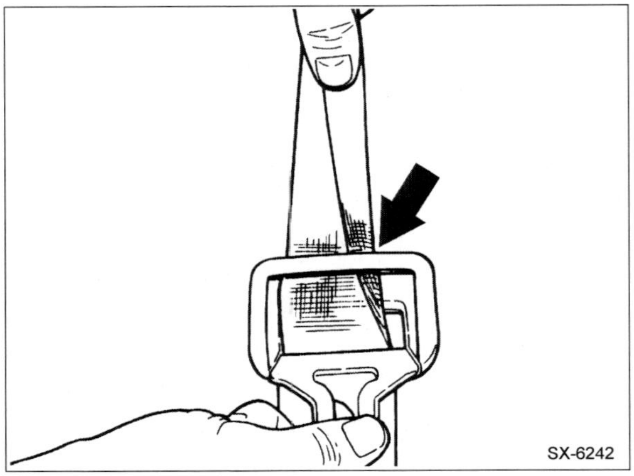
SX-6242

- Jeśli są wytarte miejsca, ale nie ma przerwanych włókien, pas nie musi być wymieniany.
- Jeśli pas rozwija się z oporem, należy sprawdzić czy nie jest skręcony i w razie potrzeby wymontować poszycie słupka „B" lub „C".
- Jeśli nie działa mechanizm zwijający, należy wymienić pas.
- Taśmy pasów powinny być myte tylko wodą z mydłem, w żadnym wypadku nie wolno stosować rozpuszczalników lub chemicznych środków czyszczących.
- Sprawdzić, czy zaczep blokujący wchodzi pewnie w ustalone położenie w zamku pasa.

Wymontowanie i zamontowanie filtru przeciwpyłowego

Do wymontowania i zamontowania nie są potrzebne narzędzia specjalne.
Potrzebna część zamienna:
– filtr przeciwpyłowy.

Wymontowanie

- Otworzyć zatrzaski (1, rys. M-62150).

Uwaga. W celu otwarcia zamknięcia środkowego docisnąć nieco w górę znajdującą się nad nim krawędź korytka ściekowego.

- Opuścić nieco z przodu pokrywę filtru przeciwpyłowego (2) i wyczepić ją z tyłu.
- Wcisnąć nieco filtr przeciwpyłowy (4, rys. M-62151) przy zaczepach (5), wyjąć z obudowy (6) i wymienić.

Uwaga. Filtr nie powinien być czyszczony, należy go wymieniać zgodnie z ustalonymi terminami przeglądów.

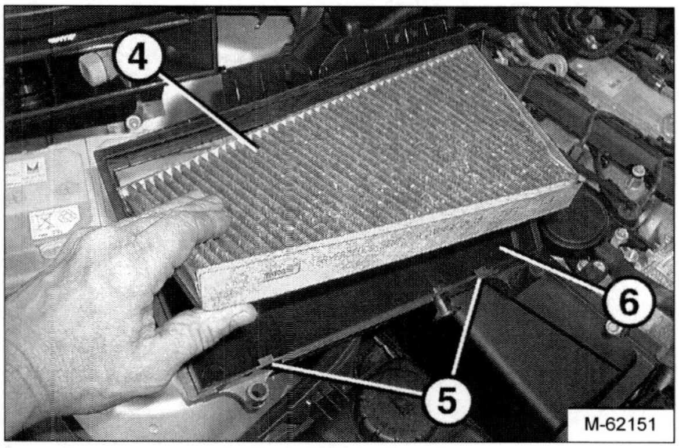

Zamontowanie

- Włożyć filtr przeciwpyłowy w obudowę.
- Nałożyć pokrywę filtru i zamknąć zatrzaski.

Wymiana filtru z węglem aktywnym

Tylko samochody z klimatyzacją automatyczną

Do wymiany nie są potrzebne narzędzia specjalne.
Potrzebna część zamienna:
– filtr z węglem aktywnym.

Wymontowanie

- Odkręcić dwie śruby Torx mocujące osłonę podnóżka po stronie pasażera poniżej schowka. Opuścić nieco osłonę, pociągnąć do tyłu po prawej stronie i wysunąć z lewego przewodu ciepłego powietrza.
- Przesunąć w tył i zdjąć pokrywę obok silnika dmuchawy.
- Wyjąć w dół oba filtry z węglem aktywnym (4, rys. M-6231).

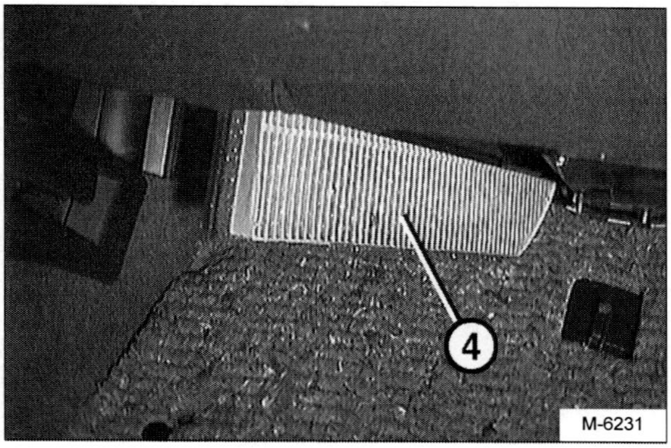

Uwaga. Filtr z węglem aktywnym nie powinien być czyszczony, należy go wymieniać zgodnie z ustalonymi terminami przeglądów.
Uwaga. Filtr pokazany na rysunku M-6231 nie jest stosowany w samochodzie Mercedes klasy C.

Zamontowanie

- Wsunąć filtry z węglem aktywnym w otwory obok dmuchawy ogrzewania.
- Osadzić i wsunąć z powrotem pokrywę.
- Unieść i przykręcić osłonę podnóżka.

Sprawdzanie, oczyszczenie i smarowanie zaczepu holowniczego

Nie są potrzebne narzędzia specjalne.
Potrzebne materiały: olej przekładniowy, olej silnikowy i smar uniwersalny.

Czyszczenie i sprawdzanie

- Zdjąć osłonę gniazda haka holowniczego.
- Wyjąć hak holowniczy z samochodu.

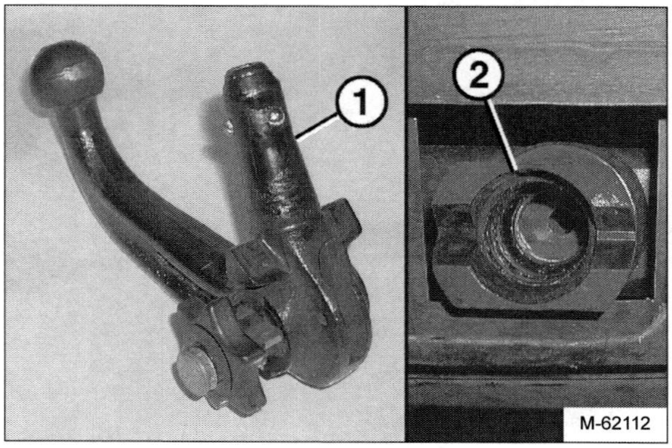

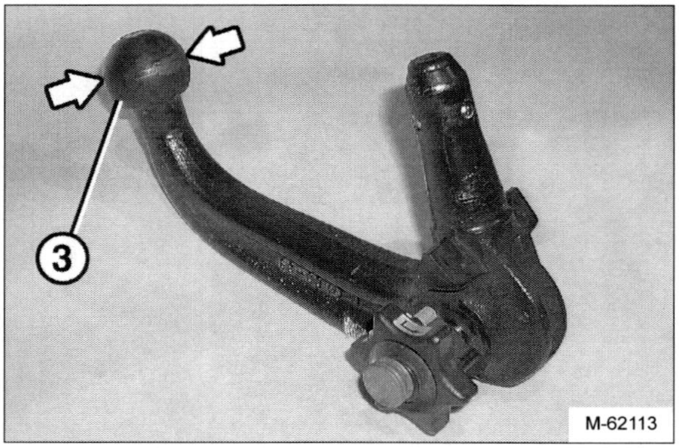

• Sprawdzić wzrokowo hak holowniczy (1, rys. M-62112) i gniazdo mocujące (2). Jeśli gniazdo jest zanieczyszczone, oczyścić je za pomocą myjki parowej i osuszyć sprężonym powietrzem. Wymyć hak holowniczy szczotką pod bieżącą wodą i osuszyć szmatą.

Uwaga. Do mycia haka holowniczego nie stosować wysokociśnieniowej myjki parowej lub rozpuszczalników, jak na przykład benzyna ekstrakcyjna.

• Zmierzyć średnicę czopa kulowego (3, rys. M-62113). Jeśli średnica jest mniejsza niż 49 mm, wymienić hak holowniczy.

Sprawdzanie działania

• Sprawdzić wzrokowo hak holowniczy, czy nie ma uszkodzeń mechanicznych.

• Wyciągnąć pokrętło i obrócić w położenie „czerwone", aż pokrętło znajdzie się w ustalonym położeniu.

• Wsunąć hak holowniczy prostopadle w gniazdo, aż hak zostanie samoczynnie zablokowany.

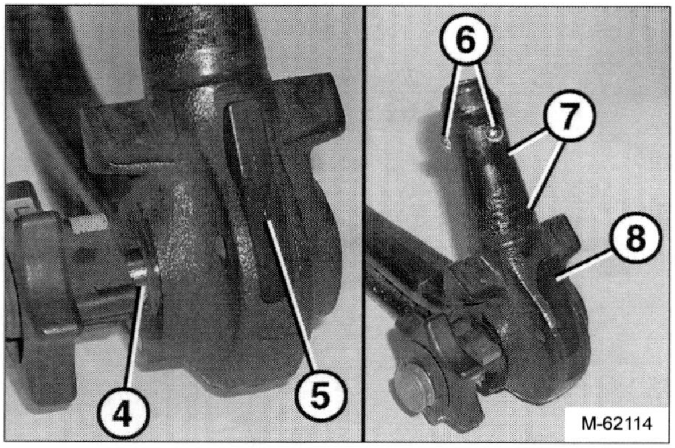

Uwaga. Zielony znak pokrętła powinien pokrywać się z białym znakiem na haku holowniczym.

• Zamknąć pokrętło tak, aby nie było możliwe wyciągnięcie pokrętła na zewnątrz.

Smarowanie

• Nasmarować zamek olejem przekładniowym.

• Nasmarować świeżym olejem silnikowym oś pokrętła (4, rys. M-62114) między hakiem a pokrętłem i oś zwalniacza (5).

• Nałożyć cienką warstwę smaru na następujące części haka holowniczego:
(6) – prowadnicę z kulkami,
(7) – powierzchnię zwalniacza,
(8) – powierzchnie prowadzące.

• Nałożyć cienką warstwę smaru uniwersalnego w miejscach gniazda haka holowniczego (2, rys. M-62115) oznaczonych strzałkami.

Czyszczenie elementów mechanicznych dachu rozsuwanego

Do czyszczenia nie są potrzebne narzędzia specjalne.
Potrzebne materiały eksploatacyjne: do dachu panoramicznego – specjalny środek zmniejszający tarcie MB-A0019895051 i pasta przeciwcierna MB-0019891451.

Dach rozsuwany i unoszony: czyszczenie prowadnic i elementów ślizgowych

• Otworzyć całkowicie dach rozsuwany

• Oczyścić szmatą prowadnice i elementy ślizgowe (strzałki na rys. M-62152).

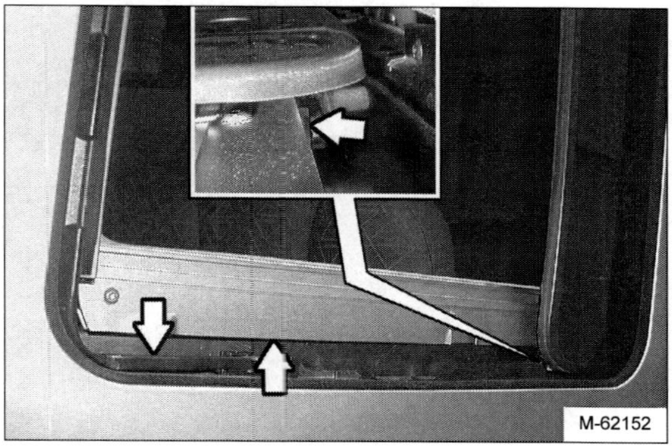

• Zamknąć dach rozsuwany.

Dach panoramiczny szklany z zewnętrznym dachem rozsuwanym: czyszczenie i smarowanie elementów prowadzących

• Nasmarować zewnętrzne prowadnice. W tym celu nanieść na prowadnicę po jednej kropli środka zmniejszającego tarcia w trzech miejscach w równych odstępach.
• Otworzyć dach rozsuwany tak szeroko, aż obniży się dźwignia wysuwająca.
• Oczyścić szmatką element łączący pokrywy i nasmarować pastą przeciwcierną.
Uwaga. Element łączący pokrywy ma kształt litery „U".
• Otworzyć całkowicie dach rozsuwany.
• Oczyścić szmatką zewnętrzne dolne zagłębienie i wewnętrzne górne zagłębienie i nasmarować powierzchnie współpracujące pastą przeciwcierną.
• Oczyścić szmatką jarzmo i nasmarować powierzchnie współpracujące pastą przeciwcierną.
• Oczyścić szmatką ramię przegubu owiewki i nasmarować powierzchnie współpracujące pastą przeciwcierną.
• Zamknąć i otworzyć kilkakrotnie dach rozsuwany, sprawdzając wzrokowo, czy działa właściwie mechanizm dachu.
• Wytrzeć nadmiar pasty przeciwciernej.

Obsługa wyposażenia elektrycznego

Zgodnie z planem obsługi powinny być wykonane poniższe czynności.

■ Lampki kontrolne, oświetlenie wskaźników, oświetlenie wewnętrzne i bagażnika: sprawdzić działanie.
■ Oświetlenie zewnętrzne: sprawdzić działanie.
■ Sygnalizacja światłami, światła awaryjne, kierunkowskazy: sprawdzić działanie.
■ Sygnał dźwiękowy: sprawdzić.
■ Wycieraczka szyby przedniej i tylnej: sprawdzić działanie.
■ Spryskiwacze szyb, spryskiwacze reflektorów: sprawdzić poziom cieczy, jej mrozoodporność i działanie spryskiwaczy, sprawdzić ustawienie dysz spryskiwaczy.
■ Wyzerować wskaźnik terminów przeglądów na tablicy rozdzielczej.
■ Ustawienie świateł reflektorów: sprawdzić w stacji obsługi.
■ Sprawdzić regulację zasięgu świateł reflektorów.
■ Wymienić gumowe pióro wycieraka szyby przedniej (patrz rozdz. „Wycieraczki").
■ Gumowe pióro wycieraka szyby tylnej: sprawdzić stan.
■ Akumulator: sprawdzić poziom elektrolitu.
■ Samochód z systemem wzywania pomocy Tele-Aid: wymienić baterię.
■ Silnik 112.961 (C32 AMG): wymienić przekaźnik sprężarki powietrznej.

Sprawdzenie działania lampek kontrolnych i oświetlenia zewnętrznego

Lampki kontrolne

• Włączyć zapłon (wyłącznik zapłonu w położeniu „2").
• Lampki kontrolne świecą przez około 30 sekund i gasną. Sprawdzić, czy wszystkie lampki zaświecają się odpowiednio do wyposażenia samochodu.
• Lampka kontrolna SRS (poduszka powietrzna) powinna zgasnąć najpóźniej po około 4 sekundach.
• Włączyć światła drogowe, włączyć kierunkowskazy i sprawdzić odpowiednie lampki kontrolne.

Oświetlenie zewnętrzne

• Sprawdzić klosze oświetlenia z przodu i z tyłu samochodu, czy nie są uszkodzone i czy są szczelne.

• Włączyć oświetlenie zewnętrzne i sprawdzić działanie.

Sprawdzanie regulacji zasięgu świateł

• Uruchomić silnik i pozostawić go na biegu jałowym.
• Włączyć światła mijania.
• Przełączać regulator zasięgu świateł w różne położenia i sprawdzić, czy strumienie światła obu reflektorów odchylają się równomiernie.

Sprawdzanie gumowego pióra wycieraka

Do sprawdzania nie są potrzebne narzędzia specjalne.
• Odchylić do góry ramię wycieraka.
• Oczyścić krawędzie pióra wycieraka miękką szmatką zmoczoną środkiem do mycia szyb.
• Sprawdzić krawędzie pióra wycieraka, czy nie są stwardniałe lub popękane, i wymienić gumowe pióra lub wycieraki w razie potrzeby (patrz rozdz. „Wycieraczki").
• Jeśli wycieraki drgają podczas pracy, jest konieczne właściwe ustawienie kątów ramion wycieraków (patrz rozdz. „Wycieraczki").

Sprawdzanie spryskiwaczy szyby

Potrzebny materiał eksploatacyjny: dostępny w handlu środek do mycia szyb.

Sprawdzanie poziomu i uzupełnianie cieczy

• Otworzyć pokrywę (1, rys. M-62157) i sprawdzić wzrokowo poziom cieczy.
• W razie potrzeby wlać mieszaninę środka do mycia szyb i wody pitnej, aż zbiornik będzie napełniony.

M-62157

Uwaga. W samochodzie z ogrzewanymi dyszami spryskiwaczy szyb wystarcza na ogół mieszanina nie zamarzająca do –10°C.
• Sprawdzić ustawienie dysz spryskiwaczy (patrz „Regulacja dysz spryskiwaczy" w rozdz. „Wycieraczki").

Sprawdzanie poziomu elektrolitu w akumulatorze

Nie dotyczy akumulatora VRLA nie wymagającego obsługi

Potrzebny materiał: woda destylowana.
Uwaga. Akumulator VRLA można rozpoznać po czarnej obudowie i napisie „VRLA". Ten akumulator nie wymaga obsługi i poziom elektrolitu nie jest widoczny z zewnątrz. Akumulator nie ma korków i nie można zdjąć górnej pokrywy.

Sprawdzanie poziomu elektrolitu i dolewanie wody destylowanej

Elektrolit znajdujący się w seryjnie montowanym akumulatorze wystarcza w normalnych warunkach na cały okres żywotności akumulatora.
• Wykręcić korek akumulatora (3, rys. SX-6236) tylko wtedy, gdy poziom elektrolitu w ogniwie znajduje się poniżej znaku „MIN" (1).

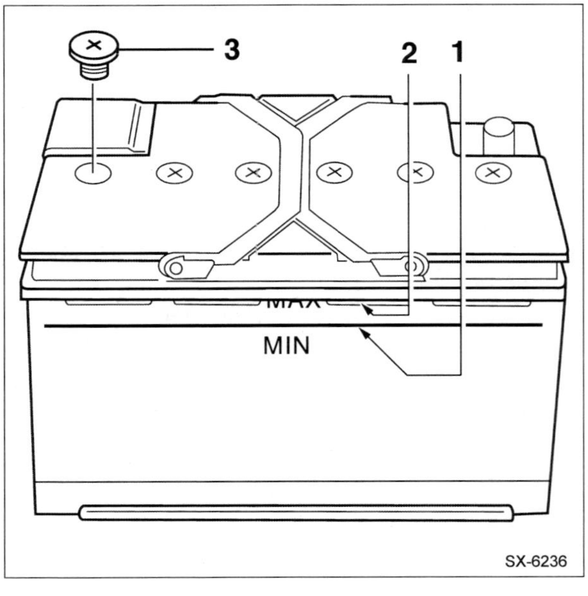

SX-6236

Uwaga. Nie wolno oświetlać akumulatora otwartym płomieniem, gdyż grozi to wybuchem.
• Napełnić oddzielnie każde ogniwo wodą destylowaną do znaku „MAX" (2). Poziom elektrolitu powinien znajdować się około 5 mm nad płytami ołowianymi.
• Sprawdzić pierścień uszczelniający o przekroju okrągłym pod korkiem i wymienić go w razie uszkodzenia. Wkręcić i dokręcić korek.
• Naładować akumulator (patrz rozdz. „Wyposażenie elektryczne").

Zerowanie wskaźnika terminów przeglądów

Wskaźnik terminów przeglądów jest zerowany po wykonaniu przeglądu.
• Włączyć zapłon lub ustawić wyłącznik rozruchowy kluczykiem w położeniu „2".
• Wciskając przycisk (1, rys. M-62164) lub (2) na wielofunkcyjnym kole kierownicy, spowodować pojawienie się licznika kilometrów.
Uwaga. W zależności od rodzaju zamontowanego koła kierownicy przyciski mogą wyglądać inaczej.
• Wciskać przycisk (3) lub (4), aż pojawi się wskaźnik terminów przeglądów.
• Wcisnąć przez około 4 sekundy przycisk zerowania w zespole wskaźników. Na wyświetlaczu pojawia się pytanie: „Czy chcesz wyzerować wskaźnik terminów przeglądów? Potwierdzenie przyciskiem zerowania".
• Ponownie wcisnąć przycisk zerowania w zespole wskaźników i przytrzymać, aż rozlegnie się sygnał dźwiękowy. W ten sposób wskaźnik terminów przeglądów został wyzerowany. Widoczny jest aktualny wskaźnik terminów przeglądów z nowym przebiegiem wyjściowym.
• Wyłączyć zapłon.
Uwaga. Jeśli wskaźnik terminów przeglądów zostanie wyzerowany przez pomyłkę, jego wskazania mogą być uaktualnione w stacji obsługi Mercedes-Benz.

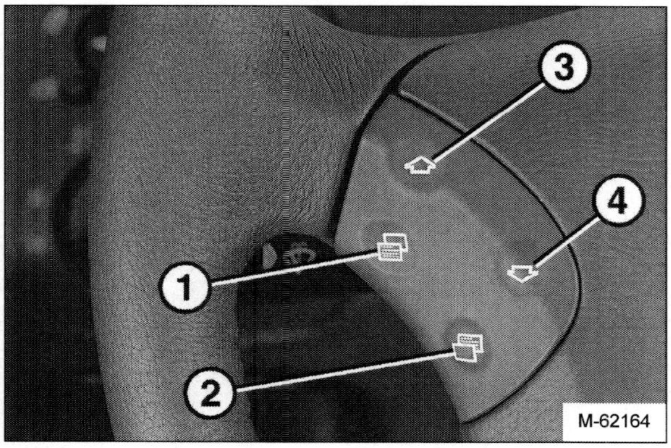

M-62164

Wymiana baterii w systemie wzywania pomocy Tele-Aid

Do wymiany nie są potrzebne narzędzia specjalne.

Wymontowanie

• Włączyć system wzywania pomocy w tryb obsługi:
– włączyć zapłon,
– włączyć telefon,
– wprowadzić w słuchawce telefonu *#4610#; pojawiający się komunikat „Kein Telematikdienst" (brak wiadomości) potwierdzić przyciskiem „OK",
– wyłączyć zapłon,
– wyłączyć telefon.
• Wymontować dolną pokrywę bagażnika.
• Wykręcić śruby zaczepu do mocowania ładunku nad zawieszenie tylnym i wymontować osłonę sterowników.
• Wykręcić dwa wkręty i zdjąć pokrywę sterownika systemu Tele-Aid.
• Odłączyć złącze od baterii i wyjąć baterię.

Zamontowanie

• Zamontować nową baterię. Podłączyć starannie złącze i wcisnąć w ustalone położenie.
• Osadzić i przykręcić pokrywę sterownika.
• Wyłączyć tryb obsługi:
– włączyć zapłon,
– potwierdzić komunikat „Service-Mode verlassen" (opuścić tryb obsługi) przyciskiem „OK" w słuchawce telefonu,
– komunikat „Kein Telematikdienst" (brak wiadomości) potwierdzić przyciskiem „OK",
– wyłączyć zapłon.
• Przykręcić osłonę sterowników.
• Zamontować dolną pokrywę bagażnika.

Wymiana przekaźnika sprężarki powietrza

Silnik 112.961 (C 32 AMG)

Do wymiany nie są potrzebne narzędzia specjalne.

- Otworzyć pokrywę skrzynki bezpieczników 3 w przedziale silnika. Ta skrzynka bezpieczników znajduje się, patrząc w kierunku jazdy, za zamocowaniem lewej kolumny zawieszenia (patrz „Wymiana bezpieczników” w rozdz. „Wyposażenie elektryczne”).
- Wyjąć i wymienić przekaźnik sprężarki powietrza z oznaczeniem „N10/1kO”.
- Zamknąć pokrywę skrzynki bezpieczników.

Zabiegi konserwacyjne i pomocnicze

Mycie samochodu

Mycie samochodu w miejscach publicznych jest zabronione ze względu na ochronę środowiska. Jeśli samochód myje się bardzo często w myjni automatycznej, to wirujące szczotki mogą pozostawiać ślady na lakierze. Można temu zapobiec, myjąc samochód ręcznie w odpowiedniej myjni.

- Zmywać niezwłocznie odchody ptaków, martwe owady, żywicę z drzew, plamy smoły, sól rozsypywaną na drogach i inne agresywne zanieczyszczenia, ponieważ zawierają substancje, które uszkadzają lakier.
- Przestrzegać instrukcji obsługi myjki wysokociśnieniowej, jeśli chodzi o ciśnienie i odległość dyszy od mytej powierzchni.
- Używać dużych ilości wody podczas mycia. Myć wodą za pomocą miękkiej gąbki, rękawicy lub miękkiej szczotki, rozpoczynając od dachu; płukać często gąbkę.
- Środki myjące stosować tylko do usuwania odpornych zanieczyszczeń. Dokładnie płukać myte powierzchnie czystą wodą, aby usunąć resztki środka myjącego. W razie regularnego stosowania środków myjących należy częściej przeprowadzać konserwację lakieru. Do wody można dodawać środek konserwujący.
- Nie kierować silnego strumienia wody na otwory wlotowe układu przewietrzania wnętrza samochodu. Nie kierować dyszy wysokiego ciśnienia na chłodnicę lub uszkodzone powierzchnie lakierowane nadwozia.
- Do suszenia stosować czystą irchę. Nie należy używać tej samej irchy do powierzchni lakierowanych i do szyb, ponieważ pozostałości środka konserwującego na szybach pogarszają widoczność.
- Wewnętrzne zakładki i połączenia blach oraz szczeliny w drzwiach i pokrywach są szczególnie narażone na korozję z powodu posypywania jezdni solą. Te miejsca powinny być, również po myciu w myjni automatycznej, dokładnie oczyszczone gąbką, wypłukane i wysuszone irchą.
- Nie myć i nie suszyć samochodu w silnym słońcu, gdyż wtedy pozostają plamy na lakierze.

Uwaga. Po myciu samochodu następuje pogorszenie działania hamulców z powodu zawilgocenia, dlatego należy osuszyć tarcze hamulcowe przez krótkie przyhamowanie.

Pielęgnacja samochodu

Konserwacja lakieru. Wymyty i osuszony lakier powinien być odpowiednio do potrzeb pokrywany środkiem konserwującym, aby chronić blachy nadwozia przed wpływami atmosferycznymi, dzięki zamykającej pory i nie przyjmującej wody warstwie wosku. Także wtedy, gdy podczas mycia jest stosowany środek konserwujący, zaleca się nakładanie powłoki wosku na lakier co najmniej dwa razy w roku.
Rozlane paliwo, olej i ślady smaru lub rozlany płyn hamulcowy należy zmywać niezwłocznie, ponieważ może dojść do odbarwień lakieru.
Konserwacja powinna być powtórzona, jeśli woda na lakierze przestaje się zbierać w kropelki i rozlewa się na całej powierzchni.

W przeciwnym razie lakier będzie pozbawiony ochrony.

Inną możliwość konserwacji lakieru dają substancje konserwujące w środkach myjących. Środki te zapewniają wystarczającą ochronę lakieru tylko wtedy, kiedy są stosowane przy każdym myciu samochodu i czas upływający do kolejnego mycia nie przekracza dwóch do trzech tygodni. Stosować tylko te środki myjące, które zawierają wosk karnauba lub wosk syntetyczny.

Polerowanie. Polerowanie jest konieczne tylko wtedy, gdy lakier staje się matowy wskutek niewłaściwej pielęgnacji lub wpływu środowiska i nie można osiągnąć połysku za pomocą środków konserwujących. Należy przestrzec przed stosowaniem silnie ścierających lub działających chemicznie materiałów do polerowania, mimo że efekty przy pierwszym użyciu wydają się korzystne.

Przed każdym polerowaniem należy dokładnie umyć i starannie osuszyć samochód. Sposób polerowania powinien być zgodny z zaleceniami instrukcji użycia danego środka do polerowania.

Nie należy polerować równocześnie zbyt dużej powierzchni, aby zapobiec zasychaniu środka do polerowania. Po użyciu niektórych środków jest konieczne przeprowadzenie konserwacji. Nie należy polerować na słońcu.

Części nadwozia z matowymi powierzchniami nie powinny być pokrywane środkami konserwującymi i polerowane, gdyż w przeciwnym razie powstają plamy.

Usuwanie zanieczyszczeń smołą. Świeże plamy smoły można usuwać miękką szmatką nasączoną benzyną ekstrakcyjną albo specjalnym środkiem do usuwania smoły. W razie ich braku można zastosować naftę lub terpentynę. Do usuwania smoły nadaje się także środek do konserwacji lakieru; nie jest wówczas wymagane dodatkowe mycie zanieczyszczonego miejsca.

Usuwanie plam po owadach. Pozostałości po owadach zawierają substancje, które mogą uszkodzić lakier, dlatego należy usuwać je niezwłocznie letnim wodnym roztworem mydła lub środka myjącego. Są również specjalne roztwory do usuwania rozbitych owadów.

Oświetlenie zewnętrzne. Osłony lamp i reflektorów są wykonane z tworzywa sztucznego. Zanieczyszczenia usuwać wilgotną, miękką szmatką. Osłon reflektorów nie czyścić suchymi szmatkami zawierającymi środki ścierne. Nie stosować skrobaczek do lodu i nie czyścić środkami myjącymi lub rozpuszczalnikami.

Konserwacja części z tworzyw sztucznych. Części z tworzyw sztucznych, obicia siedzeń ze sztucznej skóry, obicie dachu, klosze lamp jak również czarne matowe części, należy myć wodą z dodatkiem mydła w płynie. Obicia dachu nie należy nasycać wodą. Części z tworzywa sztucznego można czyścić specjalnym środkiem przeznaczonym do tego celu.

Czyszczenie i mycie szyb. Śnieg i lód powinien być usuwany z szyb i lusterek tylko za pomocą skrobaka z tworzywa sztucznego. Skrobak powinien być przesuwany tylko w jednym kierunku, aby uniknąć zadrapań spowodowanych przez zanieczyszczenia. Szyby okien od wewnątrz i z zewnątrz należy wycierać czystą, miękką szmatką. Do mycia mocno zabrudzonych szyb nadaje się spirytus lub roztwór amoniaku w letniej wodzie, a także specjalny płyn do mycia szyb. Podczas czyszczenia przedniej szyby należy odchylić do przodu ramiona wycieraków i umyć także wycieraki.

Uwaga. W razie stosowania środków do konserwacji lakieru zawierających silikony, do mycia szyb nie powinny być wykorzystywane szczotki, gąbki, irchy i szmaty używane do pielęgnacji lakieru. Przed natryskiwaniem na lakier środków konserwujących należy przykryć szyby tekturą lub innymi osłonami.

Konserwacja uszczelnień gumowych. Powierzchnie uszczelniające i ślizgowe uszczelnień gumowych powinny być od czasu do czasu posypywane talkiem lub natryskiwane środkiem silikonowym, w celu utrzymania elastyczności. Unika się przez to zgrzytów i pisków podczas zamykania drzwi. Hałasy te można również wyeliminować, nacierając uszczelnienia gumowe szarym mydłem.

Mycie opon. Nie należy myć opon myjką parową pod wysokim ciśnieniem. Jeśli dysza myjki zostanie przystawiona zbyt blisko opony, warstwa gumy ulegnie nieodwracalnemu uszkodzeniu w ciągu kilku sekund, nawet jeśli sto-

suje się zimną wodę. Opona umyta w ten sposób powinna być wymieniona ze względów bezpieczeństwa.
Koła ze stopów lekkich. Koła te należy czyścić za pomocą szczotki specjalnym środkiem przeznaczonym do tego celu. Nie stosować środków myjących zawierających substancje agresywne lub składniki ścierające, kwasy, silne zasady ani nie myć ich parą o temperaturze powyżej 60°C.
Pasy bezpieczeństwa. Należy je myć w stanie zamontowanym, wyłącznie łagodnym roztworem mydlanym. Nie czyścić pasów chemicznie, ponieważ mogą zostać uszkodzone ich włókna. Bezwładnościowe pasy bezpieczeństwa należy zwijać dopiero po wysuszeniu.

Ochrona antykorozyjna spodu nadwozia

Podwozie samochodu i wnęki kół są pokryte środkiem antykorozyjnym. Szczególnie silnie zagrożone powierzchnie przy kołach są chronione przed uderzeniami kamieni osłonami z tworzywa sztucznego. Konserwacja podwozia powinna być sprawdzana przed okresem zimowym i po myciu podwozia oraz uzupełniana w razie potrzeby.
Na powierzchni podwozia może zbierać się pył, glina i piasek. Szczególnie ważne jest usuwanie nagromadzonego brudu w okresie zimowym, kiedy może on zawierać sól.
Mycie silnika i konserwacja przedziału silnika. Przed i po okresie, w którym jezdnie są posypywane solą należy umyć i zakonserwować przedział silnika. Silnik należy myć po wyłączeniu zapłonu. Przed myciem silnika środkiem do mycia na zimno lub myjką parową, należy przykryć torbami plastykowymi sterownik silnika, skrzynkę bezpieczników i zbiorniczek płynu hamulcowego.
Po każdym myciu silnika, jego przedział, łącznie ze znajdującymi się w nim częściami układu hamulcowego, zawieszenia przedniego i układu kierowniczego oraz elementami nadwozia, powinien być natryskiwany wysokiej jakości woskowym środkiem konserwującym. Paski klinowe należy osłonić i chronić przed środkiem konserwującym.

Pielęgnacja obić tapicerskich

Pokrycia tekstylne. Obicia tapicerskie czyścić odkurzaczem i szczotką. Plamy usuwać roztworem płynnego mydła, 25-procentowym roztworem amoniaku lub octem spirytusowym.
Plamy ze smaru i oleju należy usuwać benzyną ekstrakcyjną lub płynem do wywabiania plam. Środek czyszczący nie powinien być jednak wylewany bezpośrednio na materiał, ponieważ wtedy tworzą się obrzeża plamy. Należy wycierać plamę okrężnymi ruchami od jej brzegów do środka. Inne zanieczyszczenia można usuwać letnim roztworem mydła.
Pokrycia ze skóry. W czasie dłuższego postoju przy silnym działaniu promieni słonecznych należy przykryć siedzenia, aby nie wypłowiały.
Powierzchnię skóry czyścić wilgotną szmatką trykotową lub wełnianą, nie nasycając zbytnio wodą skóry i jej szwów, a wyschniętą skórę przetrzeć czystą, miękką szmatką.
Silniej zabrudzone powierzchnie skóry można myć letnim roztworem łagodnego środka piorącego bez wybielacza (2 łyżki stołowe na 1 litr wody). Plamy smaru lub oleju należy wywabiać ostrożnie bez rozcierania szmatką zmoczoną w benzynie ekstrakcyjnej.
Oczyszczone lakierowane pokrycia skórzane powinny być smarowane dostępnym w sklepach specjalistycznych i stacjach obsługi środkiem do konserwacji skóry. Środek należy silnie wstrząsnąć przed użyciem i nanosić cienką warstwą za pomocą miękkiej szmatki. Po wyschnięciu przetrzeć czystą i miękką ściereczką. W normalnych warunkach zaleca się przeprowadzanie takiej konserwacji co 6 miesięcy.

Naprawa drobnych uszkodzeń lakieru

Do wykonywania prac blacharskich i lakierowania nadwozia samochodu jest wymagana znajomość materiałów i doświadczenie w ich stosowaniu, które nabywa się na ogół po wieloletniej praktyce. Z tego względu opisano w tym rozdziale tylko naprawę małych uszkodzeń lakieru.
Do uzupełnienia powłoki jest niezbędny lakier o tym samym kolorze, gdyż nawet najmniejsze

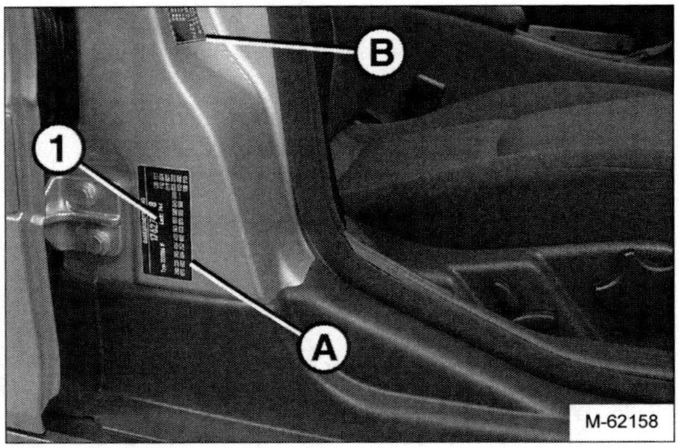

różnice są dostrzegalne zaraz po zakończeniu naprawy powłoki. Producent samochodu określa odcień barwy lakieru, podając jego numer. Numer lakieru (1, rys. M-62158) znajduje się na naklejce (A) u dołu przy słupku „B" drzwi pasażera oraz na naklejce (B) poniżej rygla zamka drzwi.

Jeśli występują różnice między lakierem oryginalnym i lakierem używanym do uzupełnień, wynika to stąd, że z biegiem czasu odcień lakieru na samochodzie zmienia się z powodu starzenia, oddziaływania ultrafioletowego promieniowania słonecznego, dużych różnic temperatury, warunków atmosferycznych i wpływów substancji chemicznych, na przykład przemysłowego zanieczyszczenia powietrza. Mogą nastąpić także uszkodzenia powierzchni lakieru, zmiany koloru i wyblaknięcia, jeśli do mycia i pielęgnacji lakieru używa się nieodpowiednich środków.

Powłoki lakiernicze metalizowane składają się z dwóch warstw: „metalicznej" farby gruntowej i bezbarwnego lakieru nawierzchniowego. Lakier bezbarwny jest natryskiwany na wilgotną farbę gruntową. Niebezpieczeństwo wystąpienia różnicy w kolorach jest szczególnie duże w przypadku uzupełniania lakieru metalizowanego, ponieważ już sama różnica lepkości lakieru uzupełniającego w stosunku do lakieru oryginalnego może powodować zmiany w odcieniach kolorów.

Wskazane jest regularne usuwanie małych uszkodzeń lakieru, ponieważ unika się wówczas korozji blach nadwozia i większych napraw.

Do naprawy małych zadrapań i uszkodzeń spowodowanych uderzeniami kamieni wystarcza na ogół mały zestaw renowacyjny, gdy uszkodzenia spowodowały jedynie odpryśnięcie lakieru nawierzchniowego i nie odsłoniły metalicznej powierzchni blachy. Ten zestaw renowacyjny to mały pojemnik z pędzelkiem w pokrywce, oferowany w sklepach z akcesoriami samochodowymi.

- Głębsze uszkodzenia spowodowane uderzeniem kamienia, w których są już widoczne plamy rdzy, należy oczyścić do odsłonięcia metalicznego podłoża za pomocą skrobaka do rdzy, noża lub małego wkrętaka. Ważne jest, aby usunąć najmniejsze ślady rdzy. Skrobak do rdzy jest to mała tulejka z tworzywa sztucznego, w której jest umocowana krótka druciana szczoteczka do wydrapywania rdzy.
- Odsłonięta powierzchnia musi być dokładnie osuszona i wolna od tłuszczu. W tym celu należy oczyścić miejsce naprawiane i otaczający lakier środkiem do usuwania silikonów.
- Nałożyć na czystą powierzchnię metalu warstwę farby gruntowej za pomocą cienkiego pędzelka. Ponieważ farba gruntowa jest na ogół dostępna w aerozolu, można natryskać trochę lakieru na wieczko i maczać w nim pędzelek.
- Po wyschnięciu farby gruntowej nakłada się lakier nawierzchniowy. Pojemnik z takim lakierem ma pędzelek w zakrętce. Jeśli dysponuje się lakierem w odpowiednim kolorze tylko w aerozolu, należy natryskać trochę lakieru na wieczko i nanosić go zwykłym pędzelkiem do farb wodnych. Jednorazowo należy nakładać cienką warstewkę lakieru, aby nie spływał, i zostawić lakier do całkowitego wyschnięcia. Nakładanie lakieru jest powtarzane tak długo, aż zostanie wypełniony ubytek i naprawiane miejsce zostanie wyrównane z otaczającą je powierzchnią lakieru.

Uruchamianie silnika z zastosowaniem akumulatora pomocniczego

***Ostrzeżenie.** Jeśli nie będą ściśle przestrzegane zalecane zasady podłączania akumulatora, istnieje niebezpieczeństwo oparzenia wypływającym elektrolitem. Mogą nastąpić także zranienia lub szkody spowodowane eksplozją akumulatora oraz uszkodzenia w instalacji elektrycznej samochodu.*

– Chronić oczy, skórę, tkaniny i powierzchnie lakierowane przed elektrolitem. Elektrolit jest żrący i niezwłocznie należy zmywać go dokładnie czystą wodą. W razie potrzeby zgłosić się do lekarza.
– Zapobiegać powstawaniu iskier i nie zbliżać się z otwartym płomieniem do akumulatora, ponieważ mogą wydobywać się z niego gazy palne.
– Zakładać okulary ochronne.
– Uważać, aby przewody doprowadzające prąd nie zostały uszkodzone przez wirujące części, na przykład przez wentylator chłodnicy.

• Przewód doprowadzający prąd z akumulatora pomocniczego powinien mieć przekrój co najmniej 25 mm² i izolowane zaciski. Przekrój przewodu podany jest na ogół na opakowaniu.
• Oba akumulatory powinny mieć napięcie 12 V. Pojemność akumulatora pomocniczego nie powinna być znacząco mniejsza od pojemności akumulatora rozładowanego.
• Rozładowany akumulator może zamarznąć już w temperaturze –10°C. Zamarznięty akumulator musi być rozmrożony przed połączeniem za pomocą przewodu z akumulatorem pomocniczym.
• Rozładowany akumulator powinien być właściwie podłączony do instalacji elektrycznej samochodu.
• Należy sprawdzić poziom elektrolitu w rozładowanym akumulatorze, w razie potrzeby dolać wody destylowanej i wkręcić korki.
• Samochody ustawić obok siebie w takiej odległości, aby nie było możliwości metalicznego połączenia między nimi, w przeciwnym wypadku może popłynąć prąd już po podłączeniu bieguna dodatniego.
• Włączyć hamulce awaryjne w obu samochodach lub wcisnąć pedał nożnego hamulca awaryjnego. Dźwignię mechanicznej skrzynki przekładniowej ustawić w położeniu neutralnym, dźwignię wyboru biegu automatycznej skrzynki przekładniowej w położeniu „P".
• Wyłączyć wszystkie odbiorniki energii elektrycznej, także telefon w samochodzie.
• Silnik samochodu z akumulatorem pomocniczym pozostawić przez około 1 minutę

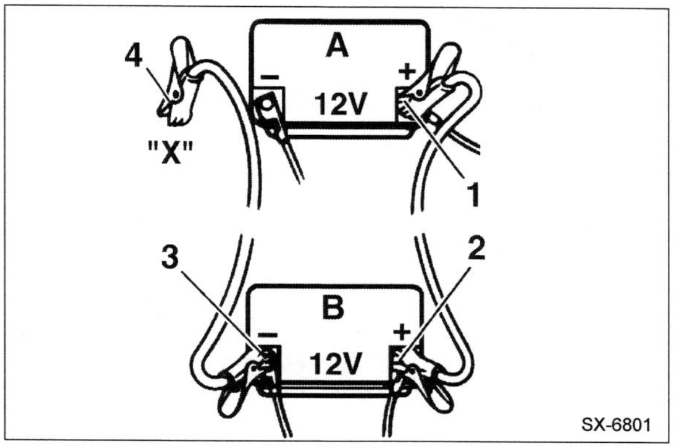

SX-6801

przed uruchamianiem i podczas uruchamiania na biegu jałowym. Unika się w ten sposób uszkodzenia alternatora przez napięcie szczytowe podczas uruchamiania.
Uwaga. Ponieważ w samochodzie Mercedes klasy C akumulator znajduje się pod obudową filtru przeciwpyłowego, w przedziale silnika jest styk łączący z dodatnim biegunem akumulatora, który może być użyty podczas uruchamiania silnika.
• Odchylić osłonę styku łączącego, który znajduje się po stronie pasażera obok zamocowania kolumny zawieszenia. Unieść do góry czerwony kołpak z wybitym znakiem „+".
• Przewody od akumulatora pomocniczego należy podłączyć w następującej kolejności (patrz rys. SX-6801):
1 – czerwony przewód (1) podłączyć do dodatniego zacisku (+) lub do styku łączącego z dodatnim biegunem (Mercedes klasy C) rozładowanego akumulatora (A),
2 – drugi koniec czerwonego przewodu (2) podłączyć do dodatniego zacisku (+) lub do styku łączącego z dodatnim biegunem (Mercedes klasy C) akumulatora pomocniczego (B),
3 – czarny przewód (3) podłączyć do zacisku ujemnego (–) akumulatora pomocniczego (B) lub do styku łączącego z masą przy zamocowaniu kolumny zawieszenia (Mercedes klasy C),
4 – drugi koniec czarnego przewodu (4) podłączyć do masy samochodu z rozładowanym akumulatorem w miejscu zapewniającym dobry styk (X).
Uwaga. Nie podłączać przewodu do zacisku ujemnego (–) akumulatora rozładowanego. Naj-

lepiej nadaje się do tego celu część metalowa skręcona z kadłubem silnika. W razie podłączania przewodu do ujemnego zacisku rozładowanego akumulatora może dojść przy niesprzyjających warunkach do eksplozji z powodu iskrzenia i wydzielania się gazów tworzących mieszaninę wybuchową.

Uwaga. Zaciski przewodów pomocniczych nie powinny stykać się ze sobą podczas podłączania, także zaciski plusowe nie powinny stykać się z masą (nadwozie lub rama), gdyż grozi to zwarciem.

- Uruchomić i pozostawić pracujący silnik samochodu z rozładowanym akumulatorem. Podczas uruchamiania nie należy włączać rozrusznika na dłużej niż 10 sekund nieprzerwanej pracy, ponieważ zaciski i przewody rozgrzewają się przy dużym poborze prądu. Można stosować przynajmniej półminutowe przerwy na ich ochłodzenie.
- W razie trudności z uruchomieniem silnika nie należy włączać niepotrzebnie rozrusznika na długi czas. Podczas uruchamiania jest wtryskiwane paliwo, dlatego należy znaleźć i usunąć przyczynę niesprawności.
- Po udanym uruchomieniu pozostawić oba samochody pracujące z podłączonymi przewodami przez 3 minuty.
- W celu zmniejszenia napięcia szczytowego podczas rozłączania przewodów włączyć dmuchawę i ogrzewanie szyby tylnej w samochodzie z rozładowanym akumulatorem. Nie włączać świateł drogowych, gdyż żarówki przepalą się przy nadmiernym napięciu.
- Po uruchomieniu silnika odłączyć przewody w odwrotnej kolejności.

Holowanie samochodu

Samochód wolno holować tylko za przeznaczone do tego celu zaczepy.

Zasady obowiązujące podczas holowania

- Włączyć zapłon w holowanym samochodzie, aby działał układ kierowniczy oraz działały kierunkowskazy i światła hamowania. Ponieważ jest brak wspomagania hamulców i układu kierowniczego, gdy silnik nie pracuje, należy naciskać pedał hamulca i obracać koło kierownicy z odpowiednią siłą i liczyć się z dłuższą drogą hamowania.
- Dźwignię zmiany biegów ustawić w położeniu neutralnym, dźwignię wyboru biegów automatycznej skrzynki biegów – w położeniu „N".
- Zaleca się stosować drążek holowniczy. Gdy używana jest lina holownicza, istnieje duże niebezpieczeństwo najechania na pojazd holujący przez pojazd holowany. Lina holownicza powinna być elastyczna, aby unikać szarpania samochodu holującego i holowanego. Należy stosować tylko linki z tworzyw sztucznych lub linki z elastycznymi ogniwami pośrednimi.

Zaczepianie liny lub drążka holowniczego

- Przedni zaczep holowniczy: podważyć i wyjąć pokrywkę (1, rys. M-62159) i wkręcić za-

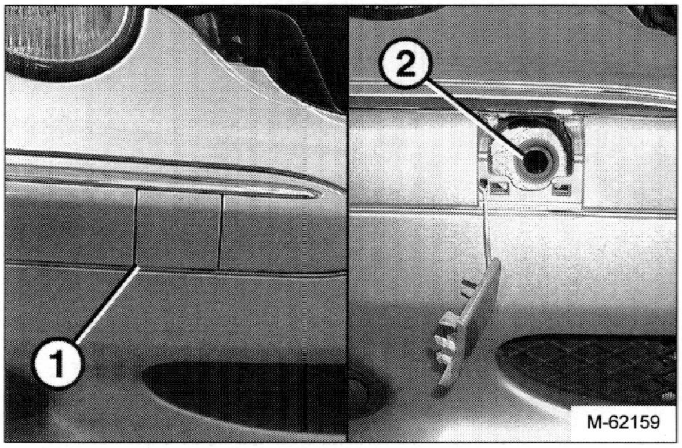

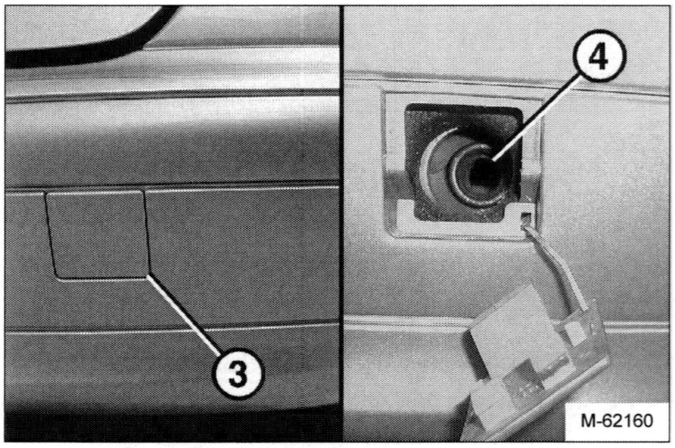

czep holowniczy z zestawu narzędzi w gniazdo gwintowane (2).

• Podczas zamontowania osadzić u dołu i wcisnąć pokrywkę w ustalone położenie.

• Gniazdo tylnego zaczepu holowniczego znajduje się za pokrywką (3, rys. M-62160) w zderzaku po prawej stronie. Odchylić ostrożnie pokrywkę i pozostawić ją zwisającą.

• Wyjąć zaczep holowniczy z zestawu narzędzi i wkręcić w gniazdo (4).

Warunki holowania samochodu z automatyczną skrzynką biegów

Dźwignia wyboru biegów w położeniu „N".
Maksymalna prędkość holowania: 50 km/h.
Maksymalna odległość holowania: 50 km.

• W razie uszkodzenia skrzynki biegów lub dużej odległości holowania, należy holować samochód z uniesionymi kołami napędowymi, gdyż po unieruchomieniu silnika pompa oleju przekładniowego nie pracuje i przy dużej prędkości obrotowej oraz dużej odległości holowania skrzynka biegów nie jest wystarczająco smarowana.

• W razie użycia pojazdu ewakuacyjnego samochód należy holować z uniesionymi kołami napędowymi.

Uwaga. Aby uniknąć uszkodzenia skrzynki biegów nie należy holować samochodu wstecz z obracającymi się kołami napędowymi.

Uruchamianie silnika przez holowanie (pchanie) samochodu

Nie jest możliwe uruchamianie silnika przez pchanie lub holowanie samochodu z automatyczną skrzynką biegów.

Uwaga. Nie należy uruchamiać w ten sposób samochodu z ciepłym silnikiem, aby uniknąć uszkodzenia katalizatora. Jeśli silnik jest rozgrzany, stosować akumulator pomocniczy.

• Włączyć zapłon. Obrócić klucz wyłącznika zapłonu w położenie „2".

• Włączyć 3. bieg, wcisnąć i przytrzymać pedał sprzęgła w tym położeniu.

• Holować lub pchać samochód.

• Powoli włączyć sprzęgło, gdy oba samochody są w ruchu.

• Po uruchomieniu silnika wcisnąć pedał sprzęgła i wyłączyć bieg, aby nie najechać na holujący samochód.

Unoszenie i podpieranie samochodu

Unoszenie lub ustawianie samochodu na podporach jest konieczne podczas wykonywania wielu czynności obsługowych i napraw. Samochód jest unoszony w warsztacie na ogół na podnośniku stanowiskowym, jednak można używać do tego celu także podnośnika z wyposażenia samochodu lub przewoźnego podnośnika warsztatowego. Podczas unoszenia wolno podpierać samochód tylko w określonych punktach.

> ***Ostrzeżenie.*** *Jeśli mają być wykonywane prace pod samochodem, musi on być ustawiony na odpowiednich podstawkach. Po podparciu tylko podnośnikiem z wyposażenia samochodu wolno wymienić koło, a wykonywanie prac pod samochodem jest wtedy zabronione, gdyż zagraża życiu.*

• Samochód należy unosić tylko w stanie nie załadowanym.

• Samochód należy unosić i podpierać tylko na równym, umocnionym podłożu. Jeśli zachodzi konieczność uniesienia i podparcia samochodu na miękkim podłożu, pod podnośnikiem i podstawkami muszą być ułożone szerokie deski, aby masa rozkładała się na większą powierzchnię.

• Koła opierające się o podłoże po uniesieniu jednej strony samochodu należy zabezpieczyć klinami przed przetoczeniem się. Nie ograniczać się do hamulca awaryjnego, który jest zwalniany podczas niektórych napraw.

• Samochód podpierać na podstawkach tak, aby jedna noga podstawki była skierowana na zewnątrz.

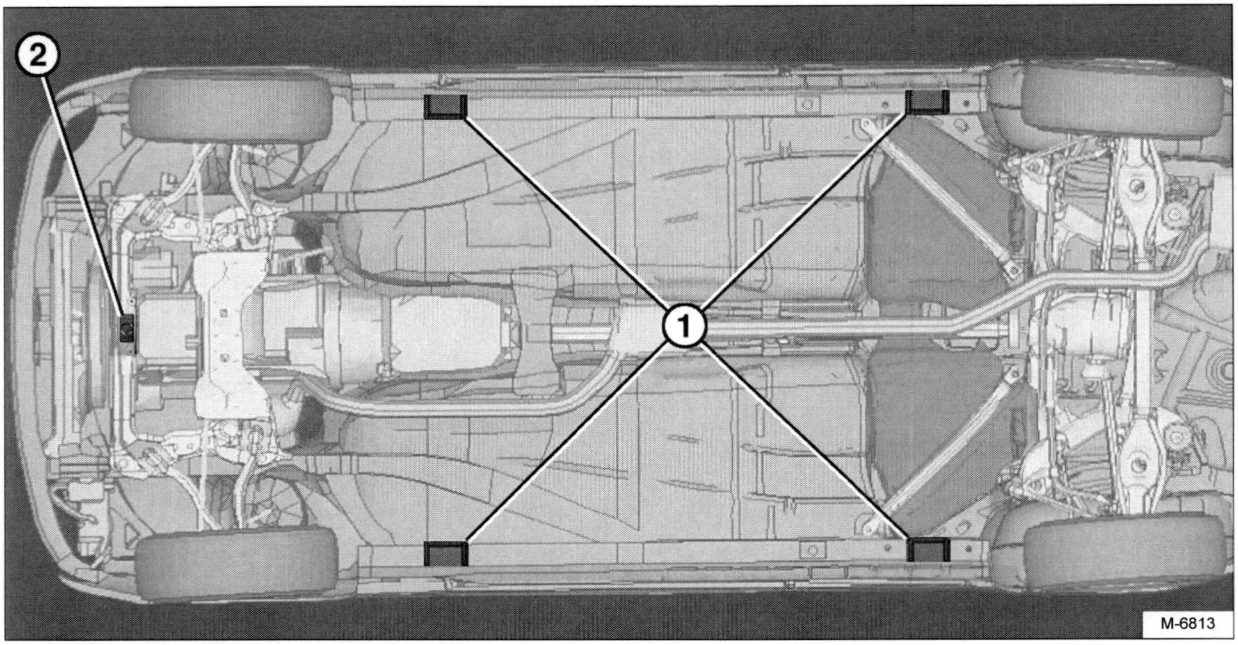

Punkty unoszenia i podparcia samochodu

Samochód Mercedes klasy C unosić i podpierać w przeznaczonych do tego celu punktach, gdyż w przeciwnym razie może dojść do trwałych odkształceń samochodu.

Podnośnikiem z wyposażenia samochodu i podnośnikiem stanowiskowym należy podpierać samochód w punktach (1, rys. M-6813), natomiast podnośnikiem warsztatowym – w punkcie (2).

Wyposażenie elektryczne

Wiadomości wstępne

Ostrzeżenie. *Wyposażenie elektryczne samochodu wytwarza wysokie napięcie, na przykład w układzie zapłonowym lub w razie stosowania lamp ksenonowych. Osobom ze stymulatorem pracy serca nie wolno wykonywać żadnych prac przy wyposażeniu elektrycznym samochodu.*

Podczas sprawdzania wyposażenia elektrycznego można spotkać w instrukcjach obsługi następujące określenia: napięcie, natężenie i rezystancja.

Napięcie jest mierzone w woltach (V), natężenie w amperach (A), a rezystancja w omach (Ω).

Napięcie w samochodzie zależy na ogół od akumulatora, który zasila instalację elektryczną prądem stałym o napięciu około 12 V. Wartość napięcia zależy od stopnia naładowania akumulatora oraz od temperatury zewnętrznej i może wynosić od 10 do 13 V. Natomiast napięcie wytwarzane przez alternator (prądnicę prądu przemiennego) wynosi przy średniej prędkości obrotowej silnika około 14 V.

Pojęcie natężenia prądu występuje w dziedzinie elektrotechniki samochodowej stosunkowo rzadko. Natężenie prądu jest podawane na przykład na grzbietach bezpieczników i określa maksymalny prąd, który może płynąć w obwodzie, nie powodując przepalenia bezpiecznika i przerwania obwodu.

Płynąc w każdym obwodzie, prąd musi pokonać opór. Opór elektryczny – rezystancja – zależy między innymi od następujących czynników: przekroju i długości przewodu, materiału przewodu i przewodności. Jeśli rezystancja jest zbyt duża, mogą wystąpić zakłócenia w działaniu instalacji. Na przykład rezystancja przewodów wysokiego napięcia silnika benzynowego nie może być zbyt duża, gdyż iskra na świecach zapłonowych nie jest wtedy wystarczająco silna do zapalenia mieszanki paliwa z powietrzem i uruchomienia silnika.

Uwaga. Przed wykonaniem każdej czynności przy wyposażeniu elektrycznym, należy odłączyć od akumulatora przewód masy (–). W tym celu należy zapoznać się z czynnościami opisanymi w punkcie „Wymontowanie i zamontowanie akumulatora". Za czynność przy wyposażeniu elektrycznym uznaje się już zwykłe odłączenie przewodu elektrycznego.

Przyrządy pomiarowe

W handlu są dostępne uniwersalne przyrządy pomiarowe przeznaczone do sprawdzania wyposażenia elektrycznego samochodów. Łączą one w jednej obudowie woltomierz do pomiaru napięcia, amperomierz do pomiaru natężenia prądu i omomierz do pomiaru rezystancji. Przyrządy te różnią się znacznie zakresami pomiarowymi i dokładnością pomiaru. Zakres pomiarowy określa, w jakich granicach powinny się zawierać wartości napięcia lub rezystancji, aby mogły być mierzone danym przyrządem. Istnieją wielofunkcyjne przyrządy pomiarowe przeznaczone dla amatorów, które są dosto-

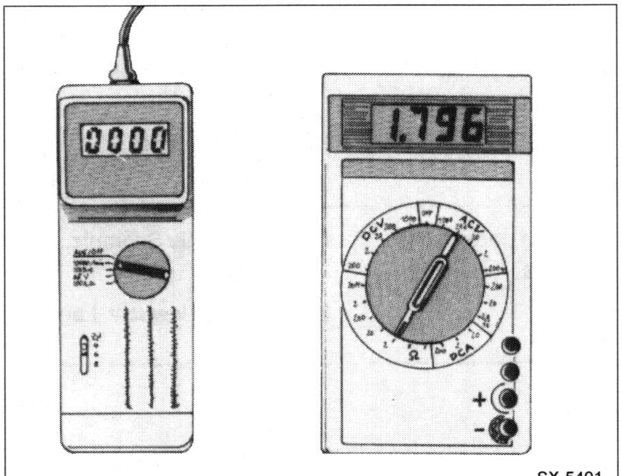

SX-5401

sowane specjalnie do sprawdzania urządzeń w samochodach. Takim przyrządem można zmierzyć prędkość obrotową silnika i kąt zwarcia styków przerywacza, a także napięcie do 20 V. Zakres rezystancji, jaką można mierzyć tym przyrządem, wynosi na ogół od wartości 1 do 1000 kΩ.

Poza tym są oferowane przyrządy pomiarowe do sprawdzania elementów elektrycznych i elektronicznych. Pozwalają one na pomiary w dużym zakresie, od małych rezystancji w omach (Ω) do dużych rezystancji w megaomach (MΩ). Napięcia mogą być mierzone bardzo dokładnie, co jest wymagane przede wszystkim w zespołach elektronicznych.

Jeśli należy tylko sprawdzić, czy w ogóle jest napięcie, nadaje się do tego prosta lampka próbna (A, rys. SX-5402). Jednak można ją stosować tylko do obwodów elektrycznych,

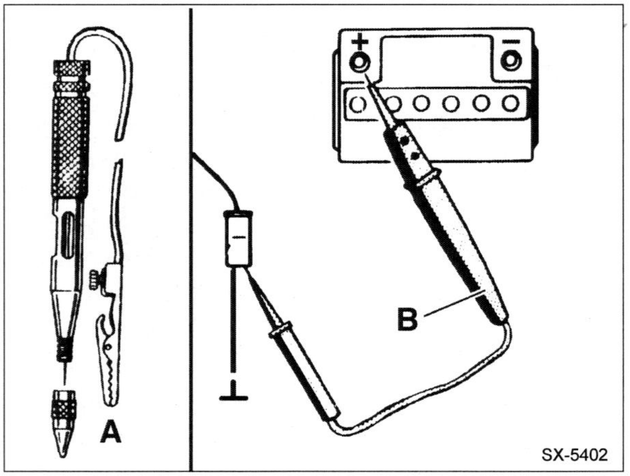

SX-5402

w których nie ma elementów elektronicznych, ponieważ są one bardzo wrażliwe na przepływ zbyt dużych prądów. W pewnych warunkach elementy elektroniczne mogą ulec zniszczeniu nawet po podłączeniu lampki próbnej.

Uwaga. Do sprawdzania obwodów elektronicznych (zawierających tranzystory, diody i sterowniki) niezbędny jest wysokoomowy próbnik napięcia (B, rys. SX-5402). Praktycznie spełnia on to samo zadanie co lampka próbna, jednak nie powoduje uszkodzeń elementów elektronicznych i nadaje się do sprawdzania wszystkich obwodów.

Pomiar napięcia

Obecność napięcia można wykryć już prostą lampką próbną lub próbnikiem napięcia. Jednak uzyskuje się wtedy jedynie informację, że jest napięcie. W celu zmierzenia wartości napięcia, należy podłączyć woltomierz (przyrząd do pomiaru napięcia).

Najpierw ustawia się na woltomierzu zakres pomiarowy, w którym przypuszczalnie znajduje się mierzone napięcie. Napięcia w samochodzie na ogół nie przekraczają 14 V. Wyjątek stanowi układ zapłonowy, w którym napięcie może dochodzić do 30 000 V i może być mierzone tylko specjalnym przyrządem lub za pomocą oscyloskopu.

W przyrządach pomiarowych przeznaczonych wyłącznie do samochodów należy, w celu zmierzenia napięcia, tylko nastawić przełącznik na woltomierz, podczas gdy w przyrządzie uniwersalnym ogólnego przeznaczenia trzeba przeprowadzić wiele przygotowań. Najpierw ustawia się przełącznikiem napięcie prądu stałego (DCV w przeciwieństwie do ACV – napięcia prądu zmiennego), potem wybiera się zakres pomiarowy. Ponieważ w samochodzie nie występują poza układem zapłonowym napięcia wyższe niż około 14 V, górna granica nastawianego zakresu powinna być trochę wyższa (około 15 do 20 V). Jeśli jest pewne, że mierzone napięcie jest znacznie niższe, na przykład około 2 V, można zakres pomiarowy zawęzić, aby uzyskać większą dokładność wskazań. W razie wystąpienia wyższych napięć, przekraczających zakres pomiarowy przyrządu, może dojść do zniszczenia przyrządu.

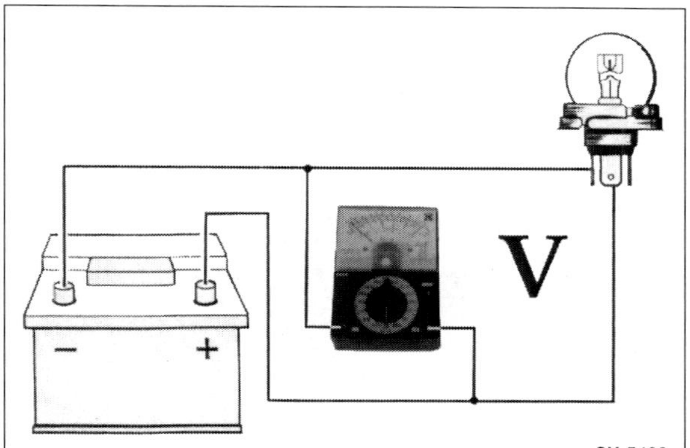

SX-5403

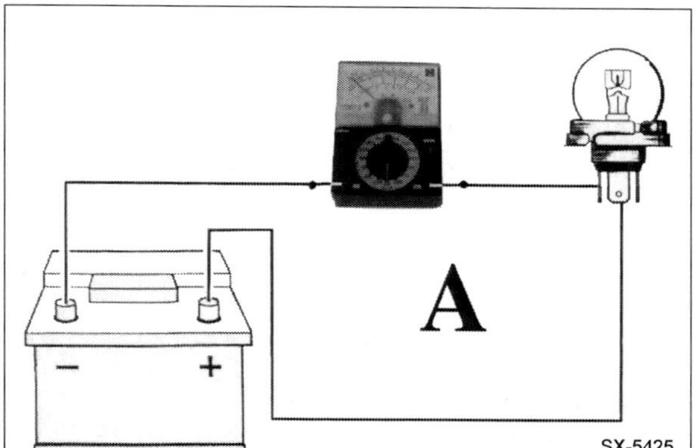

SX-5425

Przewody przyrządu pomiarowego należy podłączyć, jak pokazano na rysunku SX-5403, równolegle do odbiornika. Czerwony przewód przyrządu (+) jest łączony do przewodu prowadzącego do dodatniego bieguna akumulatora, przewód czarny (–) do przewodu masy (–) lub masy samochodu, na przykład kadłuba silnika.

Przykład pomiaru. Jeśli nie można uruchomić silnika z powodu zbyt małej prędkości obrotowej rozrusznika, trzeba sprawdzić napięcie akumulatora podczas włączania rozrusznika. W tym celu należy podłączyć czerwony przewód woltomierza (+) do dodatniego bieguna akumulatora, a czarny przewód do masy pojazdu (–), potem włączyć przy pomocy drugiej osoby rozrusznik i odczytać wartość napięcia. Jeśli napięcie spada poniżej 10 V (temperatura akumulatora wynosi 20°C), należy sprawdzić akumulator i naładować go w razie potrzeby przed kolejną próbą uruchomienia.

Pomiar natężenia prądu

Konieczność pomiaru natężenia prądu występuje stosunkowo rzadko podczas sprawdzania wyposażenia elektrycznego w samochodzie. Przykładem może być sprawdzanie akumulatora opisane w rozdziale „Samorozładowanie akumulatora". Potrzebny jest do tego amperomierz, który znajduje się również w uniwersalnym przyrządzie pomiarowym.

Przed pomiarem jest konieczne ustawienie zakresu pomiarowego, w którym przypuszczalnie znajduje się mierzona wartość natężenia. Jeśli wartość ta nie jest znana, należy nastawić najwyższy zakres i przy braku wskazań włączać kolejno niższe zakresy pomiarowe.

Obwód musi być przerwany do pomiaru natężenia prądu (jak na rys. SX-5425) i włączony do niego przyrząd pomiarowy (amperomierz). W tym celu należy wyjąć na przykład złącze i czerwony przewód (+) amperomierza podłączyć do przewodu, przez który przepływa prąd, a czarny przewód (–) do styku, do którego jest normalnie podłączony zdjęty przewód. Styki masy odbiornika i złącza powinny być połączone dodatkowym przewodem.

Uwaga. W żadnym wypadku za pomocą normalnego amperomierza nie powinny być mierzone natężenia prądu w przewodach prowadzących do rozrusznika (około 150 A) lub do świec żarowych w silniku wysokoprężnym (do 60 A). Duże natężenie prądu przepływającego przez te odbiorniki może zniszczyć przyrząd pomiarowy. W stacji obsługi do tych pomiarów jest używany amperomierz kleszczowy. Na izolowany przewód zakłada się kleszcze i natężenie prądu jest mierzone przez wykorzystanie zjawiska indukcji.

Pomiar rezystancji

Przed sprawdzeniem rezystancji należy upewnić się, że w przyrządzie znajduje się całkowicie naładowana bateria i do elementu, do którego podłączany jest omomierz, nie dochodzi napięcie. Zawsze należy najpierw odłączyć akumulator. W przeciwnym razie może zostać uszkodzony przyrząd pomiarowy lub wyposażenie elektryczne.

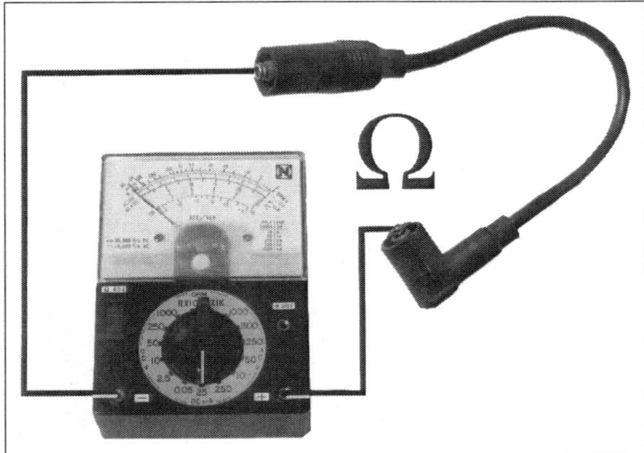

Omomierz jest podłączany do dwóch styków odbiornika lub dwóch końców przewodu elektrycznego. Nie ma przy tym znaczenia, który przewód (dodatni lub ujemny) przyrządu pomiarowego zostanie zaciśnięty na końcówce (rys. SX-5405). Wyjątek stanowi pomiar rezystancji elementu zawierającego diody. Aby sprawdzić diodę, czy nie ma w niej przerwy, należy podłączyć ją do omomierza zgodnie z kierunkiem przepływu prądu.
Pomiar rezystancji w samochodzie ma w zasadzie dwa zastosowania:
– sprawdzanie rezystora lub części wyposażenia elektrycznego znajdującej się w obwodzie prądu,
– sprawdzanie „przepustowości" przewodu elektrycznego, przełącznika lub spirali grzejnej. Określa się przy tym, czy przewód elektryczny nie jest przerwany i przez to uniemożliwia działanie podłączonego urządzenia elektrycznego. W celu dokonania pomiaru omomierz jest podłączany do obu końców sprawdzanego przewodu elektrycznego. Jeśli rezystancja wynosi 0 Ω, oznacza to właściwy stan przewodu. Przyrząd wskazuje ∞ (nieskończoność) Ω, gdy jest przerwa w przewodzie.

Dodatkowe wyposażenie elektryczne

Przewody, które mają być ułożone w związku z zamontowaniem dodatkowego wyposażenia oprócz przewodów instalowanych seryjnie, należy w miarę możliwości układać wzdłuż poszczególnych wiązek, z wykorzystaniem istniejących opasek i osłon gumowych (rys. SX-5406).

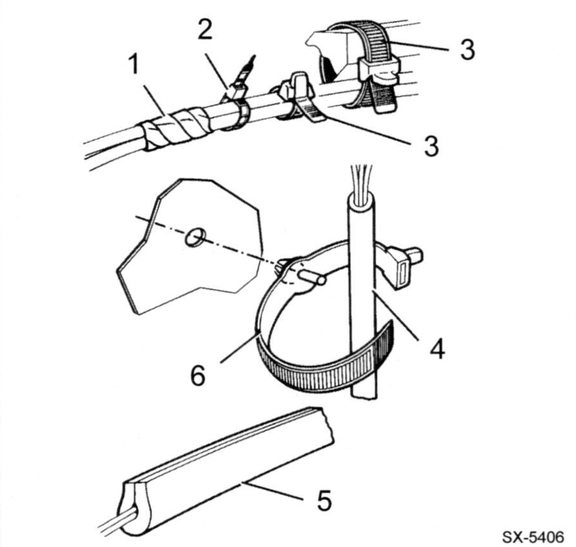

ELEMENTY DO MOCOWANIA PRZEWODÓW
1 – taśma izolacyjna, 2 – zacisk taśmowy, 3 – opaska mocująca, 4 – osłona, 5 – samoprzylepna taśma z tworzywa piankowego, 6 – opaska mocująca przytwierdzana w otworze

W miejscach, gdzie jest to konieczne, należy mocować dodatkowo nowo układane przewody za pomocą taśmy izolacyjnej, kitu uszczelniającego, opasek itp., w celu wyeliminowania hałasów i ocierania przewodów podczas jazdy. Należy zwrócić szczególną uwagę, aby była zachowana minimalna odległość 10 mm między przewodami hamulcowymi i przewodami ułożonymi na stałe oraz minimalna odległość 25 mm między przewodami hamulcowymi i przewodami, które drgają razem z silnikiem lub innymi elementami samochodu.
W przypadku wiercenia otworów w nadwoziu, należy usunąć zadziory na krawędziach tych otworów oraz zagruntować i polakierować te miejsca. Opiłki powinny być usunięte całkowicie z nadwozia.
Podczas czynności przy przewodach elektrycznych, należy zawsze po wyłączeniu zapłonu odłączyć i odwiesić na bok przewód masy (–) od akumulatora samochodu, aby zapobiec zwarciom i przeciążeniom w instalacji elektrycznej.
Uwaga. Po odłączeniu akumulatora może nastąpić wyłączenie pamięci diagnostycznej ste-

rownika silnika i automatycznej skrzynki biegów, urządzenia ABS oraz innych urządzeń elektrycznych, jak na przykład radioodbiornika i zegara, lub skasowanie zapamiętanych danych. Specjalne zalecenia są podane w rozdziale „Wymontowanie i zamontowanie akumulatora”.
Przed zamontowaniem dodatkowych odbiorników elektrycznych należy każdorazowo sprawdzić, czy istniejący alternator może jeszcze przejąć zwiększone obciążenie. W razie konieczności powinien być zamontowany alternator o większej mocy.

Poszukiwanie usterek w instalacji elektrycznej

Szukanie usterek w instalacji elektrycznej powinno przebiegać z zachowaniem ustalonych zasad, które obowiązują podczas sprawdzania uszkodzonych żarówek, jak również podczas ustalania przyczyny niesprawności silnika elektrycznego.
Pierwszą czynnością jest zawsze sprawdzenie bezpiecznika, jeśli urządzenie elektryczne ma takie zabezpieczenie. Rozmieszczenie bezpieczników jest podane w skrzynce bezpieczników przy tablicy rozdzielczej.
W razie przepalenia bezpiecznika należy go wymienić i sprawdzić po włączeniu odbiornika elektrycznego, czy bezpiecznik nie ulegnie ponownie natychmiastowemu przepaleniu. W takim przypadku trzeba najpierw wykryć i usunąć uszkodzenie, którym jest na ogół zwarcie. Oznacza to, że nastąpiło w jakimś miejscu, czasami także wewnątrz urządzenia elektrycznego, połączenie masy z końcówką dodatnią.
Druga czynność kontrolna: jeśli bezpiecznik nie jest przepalony, a żarówka nie świeci się lub silnik elektryczny nie pracuje, należy sprawdzić, czy jest dopływ prądu.

Sprawdzanie żarówki

- Wyjąć żarówkę i sprawdzić ją wzrokowo. Należy wymienić żarówkę, jeśli włókno jest przepalone lub szklana bańka jest osadzona luźno w cokole.
- W celu stwierdzenia z całą pewnością, że żarówka nie jest uszkodzona, należy wykonać następujące czynności: podłączyć przewód dodatni (+) i przewód masy (–) bezpośrednio do zacisków akumulatora i połączyć je z żarówką. Nie ma przy tym znaczenia, jak te przewody zostaną podłączone do żarówki. Jeden przewód należy przyłożyć do środkowego styku, drugi do korpusu żarówki i wymienić żarówkę, jeśli nie zaświeci się.

Uwaga. Trzeba się upewnić, że styki przy żarówce i w oprawce nie są skorodowane. W razie potrzeby oczyścić je papierem ściernym lub wyprostować wygiętą końcówkę, aby zapewnić prawidłowy styk.

- Jeśli żarówka nie jest uszkodzona, zamontować ją i włączyć zasilanie. Sprawdzić lampką próbną dopływ prądu, jeśli żarówka nie świeci się w dalszym ciągu. W tym celu należy podłączyć lampkę próbną do masy. Oznacza to, że jeden przewód lampki powinien stykać się z punktem masy na silniku (czysty metal) lub bezpośrednio z ujemnym zaciskiem akumulatora. Drugą końcówkę (+) lampki próbnej należy trzymać przy wtyczce lub wkłuć w przewód doprowadzający prąd. Jeśli zaświeci się lampka próbna, a żarówka nie świeci się, to jest przerwa w połączeniu żarówki z masą. Aby to sprawdzić, przyłożyć do oprawki żarówki dodatkowy przewód łączący ją z masą. Żarówka powinna się zaświecić.
- Jeśli nie ma napięcia w przewodzie doprowadzającym prąd do żarówki, a więc lampka próbna nie świeci się, to bardzo prawdopodobne jest uszkodzenie wyłącznika. Sprawdzić, czy w wyłączniku nie ma przerwy (patrz odpowiedni opis).

Sprawdzanie silników elektrycznych

W samochodzie coraz więcej funkcji przejmują małe silniki elektryczne. Należą do nich na przykład silniki mechanizmu podnoszenia szyby, rozsuwanego dachu i centralnego blokowania drzwi. Te silniki są włączane w razie potrzeby za pomocą wyłącznika, najczęściej ręcznie.

- Sprawdzić bezpiecznik danego silnika elektrycznego i wymienić w razie potrzeby.

Uwaga. Silniki elektrycznego sterowania szyb i dachu rozsuwanego mają automatyczne zabezpieczenia, które wyłączają się w razie przeciążenia i po pewnym czasie włączają się ponownie. Przed ponownym włączeniem tych silników powinna być usunięta przyczyna przeciążenia. Może to być na przykład oblodzenie szyb lub zanieczyszczenie prowadnic szyby.

- Jeśli bezpiecznik ulegnie zaraz ponownemu przepaleniu, oznacza to zwarcie w obwodzie.
- W celu jednoznacznego ustalenia, czy nie jest uszkodzony silnik, należy podłączyć dwa pomocnicze przewody (o średnicy około 2 mm) do sprawdzanego silnika bezpośrednio od akumulatora samochodu lub przyłącza dodatniego i przyłącza masy w przedziale silnika. Przewód dodatni powinien być podłączony do dodatniej końcówki, przewód masy do końcówki masy silnika. W razie wątpliwości należy określić biegunowość końcówek według schematu instalacji elektrycznej. Może być konieczne wymontowanie silnika. Wszystkie silniki elektryczne w samochodzie są zasilane napięciem instalacji (12 do 14 V). Jeśli silnik działa właściwie, usterka tkwi w zasilaniu.

Uwaga. Zbyt mała prędkość obrotowa lub praca silnika z przerwami może wskazywać na zużycie szczotek węglowych, które w takim przypadku należy wymienić.

- Jeśli silnik działa właściwie, należy ustalić, który przewód doprowadza napięcie do silnika, kiedy jest uruchamiany wyłącznik przed włączeniem zapłonu.
- Sprawdzić lampką próbną przewód doprowadzający napięcie do silnika. Ponieważ przez silniki elektryczne przepływa duży prąd, można zastosować zwykłą lampkę próbną z żarówką. Taka lampka próbna ma ostre końcówki, którymi można przebić izolację przewodu zasilającego, co upraszcza sprawdzanie napięcia.

Uwaga. Sprawdzanie silnika wycieraczki, który ma specjalne oznaczenie zacisków, zostało opisane w oddzielnym podrozdziale.

- Jeśli napięcie nie dochodzi do silnika elektrycznego, to uszkodzenie jest w obwodzie zasilania. Należy znaleźć i usunąć usterkę w przewodach zasilających. Z powodu dużego poboru prądu, silniki elektryczne mają na ogół dodatkowe przekaźniki załączające. Sprawdzanie tych przekaźników, patrz odpowiedni opis.
- Jeśli usterka nie została wykryta, należy sprawdzić wyłącznik.
- W przypadku usterki przewodu, często jest korzystniejsze ułożenie nowego, ponieważ trudno zlokalizować przerwę w uszkodzonym przewodzie.

Sprawdzanie wyłączników

Większość odbiorników elektrycznych jest włączana i wyłączana wyłącznikami uruchamianymi ręcznie. Są również wyłączniki sterowane automatycznie, do których zalicza się na przykład czujniki ciśnienia oleju i poziomu płynu hamulcowego.

Zasadniczym zadaniem wyłącznika jest zamykanie i przerywanie obwodu prądowego. Są wyłączniki rozłączające przewód masy (–) i wyłączniki, które przerywają przewód dodatni (+).

Sprawdzanie wyłączników żarówek i silników elektrycznych

- Wymontować odpowiedni wyłącznik.
- Proste wyłączniki mają tylko dwa przyłącza przewodów. W takim wypadku na jednym zacisku powinno być zawsze napięcie (+), a po włączeniu wyłącznika także na drugim zacisku. Są również wyłączniki z wieloma zaciskami, wtedy należy ustalić według schematu instalacji elektrycznej, który zacisk powinien znajdować się pod napięciem.
- Sprawdzić lampką próbną, czy jest napięcie na wyłączniku, włączając uprzednio zapłon w razie potrzeby. Jeśli lampka zaświeci się, włączyć wyłącznik i sprawdzić zacisk wyjściowy, czy również na nim występuje napięcie. Obecność napięcia na obu zaciskach oznacza, że wyłącznik działa właściwie.
- Brak napięcia na zacisku wejściowym oznacza, że jest przerwa w przewodzie zasilającym; należy sprawdzić obwód zasilający według schematu instalacji elektrycznej i w razie potrzeby ułożyć nowy przewód.

Sprawdzanie czujników

Czujnikami są na przykład: czujniki poziomu płynu hamulcowego, oleju silnikowego i cieczy chłodzącej.

- Podłączyć przyrząd do wykrywania przerw (lampkę próbną lub omomierz) do końcówki do-

prowadzającej i odprowadzającej czujnika. W tym celu należy odłączyć przewody od czujnika.
Uwaga. Czujniki wkręcone w kadłub silnika na ogół nie mają przewodu masy, ponieważ korpus czujnika tworzy poprzez kadłub silnika połączenie z masą.
• Najlepiej do wykrywania przerw posłużyć się omomierzem ustawionym na odpowiedni zakres. Gdy czujnik jest zamknięty, omomierz powinien wskazywać 0 Ω, a gdy jest otwarty ∞ Ω (nieskończoność).
• Należy sprawdzić dodatkowo działanie lampki kontrolnej w zespole wskaźników. Po włączeniu zapłonu odłączyć przewód od czujnika i przyłożyć do masy. Lampka powinna się zaświecić.

Sprawdzanie przekaźników

Przekaźniki znajdują się w wielu obwodach prądowych wyposażenia elektrycznego samochodu. Przekaźnik załączający pracuje jak wyłącznik. Jeśli odbiornik energii elektrycznej zostanie włączony wyłącznikiem ręcznym, przekaźnik otrzymuje sygnał przełączenia zasilania na ten odbiornik. Oczywiście można doprowadzić prąd od akumulatora do odbiornika bezpośrednio przez wyłącznik, jednak przy wszystkich odbiornikach z dużym poborem prądu instaluje się pośredni przekaźnik, aby nie przeciążać wyłącznika lub skrócić drogę przepływu prądu.

Sprawdzanie przekaźnika załączającego

Przekaźnik otrzymuje impuls sterujący podczas włączania odpowiedniego odbiornika energii elektrycznej, to znaczy przepływ prądu sterującego przez cewkę powoduje wciąganie styku i zamykanie obwodu prądu roboczego, który płynie przez przekaźnik do odbiornika.
Najprościej jest sprawdzić działanie przekaźnika przez zastąpienie go nowym i tak z reguły robi się w warsztacie. Ponieważ użytkownik samochodu rzadko ma pod ręką nowy przekaźnik, zaleca się wykonanie następujących czynności.
• Wyjąć przekaźnik z zamocowania.
• Włączyć zapłon i odpowiedni wyłącznik.
• Najpierw sprawdzić za pomocą próbnika napięcia, czy jest napięcie na zacisku (+) podstawy przekaźnika. W tym celu należy podłączyć próbnik do masy (–), a drugą końcówkę wprowadzić ostrożnie do zacisku. Jeśli zaświeci się dioda próbnika, jest napięcie na zacisku. Jeśli próbnik nie wykaże napięcia, należy znaleźć i usunąć przerwę według schematu instalacji elektrycznej w przewodzie od dodatniego zacisku akumulatora (+) do zacisku (–).
• Wykonać mostek z kawałka izolowanego drutu, którego końce powinny być oczyszczone z izolacji.
• Za pomocą mostka połączyć w podstawie przekaźnika zacisk (+), który jest zawsze pod napięciem) z wyjściem zamykającego styku przekaźnika. Ta czynność zastępuje dokładnie działanie nie uszkodzonego przekaźnika. Położenie odpowiednich styków w podstawie przekaźnika można określić na podstawie koloru przewodu i schematu instalacji elektrycznej.
• Jeśli po włożeniu mostka na przykład światła drogowe zaświecą się, oznacza to że przekaźnik jest uszkodzony.
• Jeśli światła drogowe nie zaświecą się, należy sprawdzić, czy odbiornik ma właściwe połączenie z masą (–). Potem należy znaleźć i usunąć przerwę w obwodzie od zacisku przekaźnika do odbiornika według schematu instalacji elektrycznej.
• W razie potrzeby zamontować nowy przekaźnik.
Uwaga. Jeśli usterka występuje okresowo w obwodzie, w którym jest przekaźnik, wtedy przyczyną jest na ogół ten przekaźnik. Styk w przekaźniku nie rozłącza się od czasu do czasu, a poza tym działa właściwie. W razie wystąpienia takiej usterki należy stuknąć lekko w obudowę przekaźnika i jeśli przekaźnik zadziała właściwie, należy go wymienić.

Rozłączanie złączy wtykowych

• Zwolnić zabezpieczenie złącza (strzałka na rys. SX-5420).
Uwaga. Podczas rozłączania złącza wtykowego nie ciągnąć za przewód, lecz za samo złącze.
• Niektóre złącza wtykowe są mocowane uchwytem (1) do nadwozia lub innych ele-

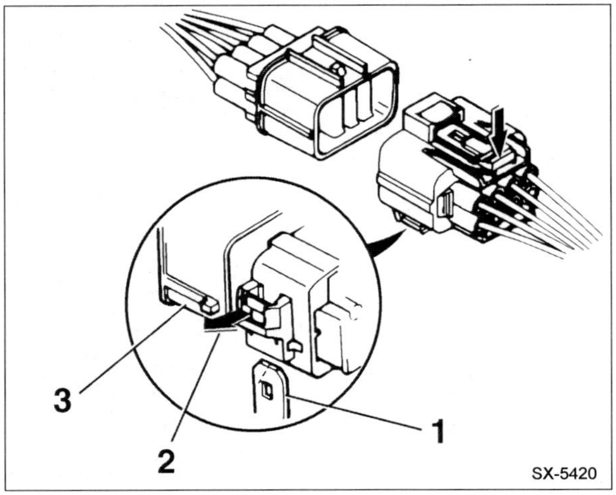

mentów samochodu. W celu rozłączenia złącza należy odgiąć zacisk na złączu w kierunku strzałki (2) tak, aby było możliwe wyjęcie złącza z uchwytu.

- Wcisnąć zaczepy ustalające (3) w celu odłączenia złącza wtykowego. W niektórych złączach trzeba unieść zaczepy ustalające.

Złącza wtykowe w przedziale silnika

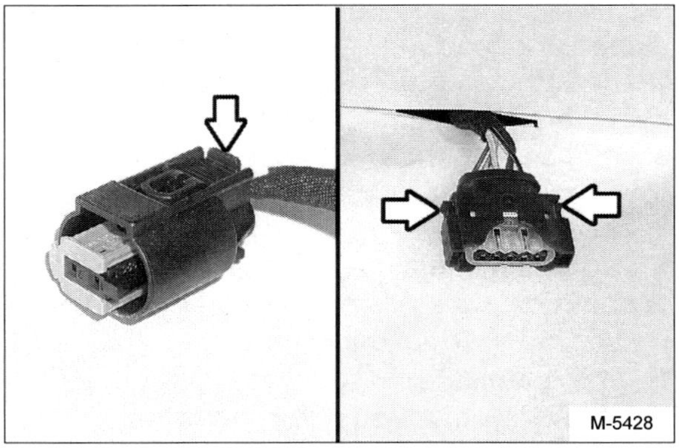

- Wcisnąć zaczep lub zaczepy (strzałki na rys. M-5428) i wyciągnąć złącze, podważając i rozłączając złącze wkrętakiem, jeśli to konieczne.
- Podczas łączenia wcisnąć złącze, aż będzie słychać zabezpieczenie przez zaczep.

Światłowody

Światłowody są stosowane coraz częściej w nowoczesnych samochodach jako przewody sterownicze, które charakteryzują się przenoszeniem informacji z małym tłumieniem i w szerokim paśmie częstotliwości.

Zasady bezpieczeństwa przy obsłudze światłowodów:

– złącza wtykowe światłowodów należy rozłączać ostrożnie,
– miejsca łączenia światłowodów nie powinny być zanieczyszczone lub uszkodzone mechanicznie,
– styki należy chronić osłonami lub zatyczkami,
– światłowodów nie wolno załamywać, rozciągać lub zgniatać.

Sprawdzanie silnika wycieraczki

Wycieraczka szyby przedniej

Silnik wycieraczki znajduje się w zagłębieniu poniżej szyby przedniej.

- Sprawdzić bezpiecznik wycieraczki i wymienić, jeśli to konieczne (patrz odpowiedni opis).
- Odłączyć złącze wielostykowe silnika wycieraczki w skrzynce bezpieczników przedziału silnika.
- Podłączyć dwoma przewodami pomocniczymi napięcie od 12-woltowego akumulatora do złącza silnika wycieraczki: zacisk „1" do masy i zacisk „2" do bieguna dodatniego (+).
- Silnik wycieraczki powinien pracować. Jeśli nie pracuje, silnik jest uszkodzony. Wymontować silnik (patrz „Wymontowanie i zamontowanie silnika wycieraczki szyby przedniej" w rozdz. „Wycieraczki").

Uwaga. Jeśli zacisk „4" zostanie podłączony do bieguna dodatniego (+), silnik obraca się szybciej.

Wycieraczka szyby tylnej

- Sprawdzić bezpiecznik wycieraczki i wymienić, jeśli to konieczne (patrz odpowiedni opis).
- Odłączyć złącze wielostykowe od silnika wycieraczki.
- Podłączyć dwoma przewodami pomocniczymi napięcie od 12-woltowego akumulatora do silnika wycieraczki: zacisk „3" do masy i zacisk „1" do bieguna dodatniego (+).

• Silnik wycieraczki powinien pracować. Jeśli nie pracuje, silnik jest uszkodzony. Wymontować silnik (patrz „Wymontowanie i zamontowanie silnika wycieraczki szyby tylnej" w rozdz. „Wycieraczki").

Sprawdzanie ogrzewania szyby tylnej

Część powierzchni szyby z widocznymi drutami oporowymi powinna być wolna od szronu lub oblodzenia w jakiś czas po włączeniu ogrzewania szyby tylnej.

• W razie niewłaściwego działania należy sprawdzić najpierw bezpiecznik w skrzynce bezpieczników.

• Jeśli bezpiecznik nie jest przepalony, sprawdzić osadzenie złączy przewodów w szybie tylnej, w razie potrzeby oczyścić z korozji.

• Jeśli ogrzewanie szyby tylnej nie działa w dalszym ciągu, należy sprawdzić przewody zasilające i wyłącznik.

• Sprawdzić druty grzejne. Zmierzyć napięcie między drutem grzejnym a miejscem podłączenia przewodu zasilającego. W tym celu owinąć końcówkę przyrządu pomiarowego szerokim paskiem folii aluminiowej i docisnąć tę folię do drutu grzejnego podczas pomiaru (strzałka na rys. SX-5424).

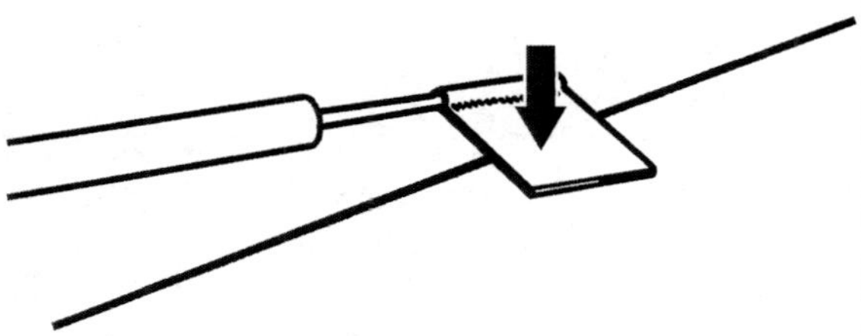
SX-5424

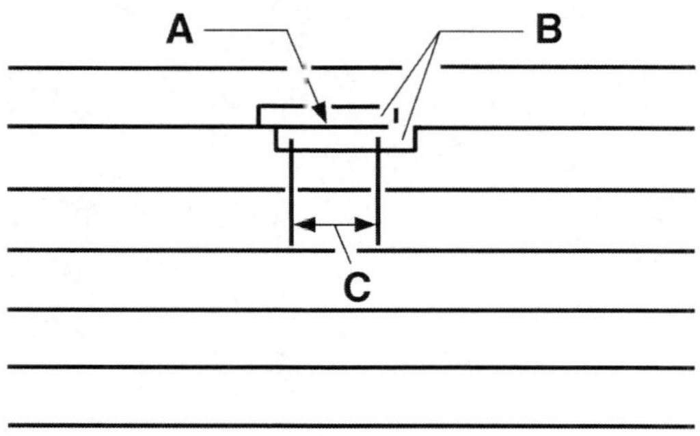

SX-5422

• Uruchomić silnik i włączyć ogrzewanie szyby.

• Zmierzyć napięcie w środku każdego drutu grzejnego. Jeśli napięcie wynosi około 6 V, drut nie jest uszkodzony. Jeśli napięcie wynosi około 10 V lub 0 V, drut jest przerwany.

• Przesuwając końcówkę pomiarową wzdłuż drutu grzejnego, można zlokalizować przerwę. W takim miejscu następuje gwałtowna zmiana wartości napięcia od 0 do kilku woltów.

• Jeśli druty grzejne są przerwane, można je naprawić dostępnym w handlu lakierem przewodzącym prąd, służącym do usuwania przerw. Należy oczyścić miejsce uszkodzenia (A, rys. SX-5422).

• Okleić uszkodzone miejsce (A) z obu stron taśmą klejącą (B) i nanieść lakier (C) małym pędzelkiem.

• Pozostawić lakier do wyschnięcia przez około 24 godziny w temperaturze 25°C. Jeśli zostanie użyta dmuchawa gorącego powietrza, lakier wysycha w temperaturze 150°C w ciągu około 30 min.

Uwaga. Nie należy włączać ogrzewania szyby tylnej przed całkowitym wyschnięciem lakieru przewodzącego. Nie należy stosować benzyny lub innych rozpuszczalników do przemywania uszkodzonego miejsca.

Sprawdzanie świateł hamowania

• Sprawdzić i w razie potrzeby wymienić żarówki świateł hamowania.

Jeśli żarówki nie są uszkodzone, należy sprawdzić wyłącznik świateł hamowania. Ten wyłącznik znajduje się nad pedałem hamulca na jego wsporniku. Po wciśnięciu pedału hamulca zamykają się styki wyłącznika i włączają się światła hamowania.

• Sprawdzić wyłącznik świateł hamowania (patrz „Układ hamulcowy").

• Włączyć zapłon.

• Odłączyć złącze od wyłącznika świateł hamowania i zewrzeć oba styki za pomocą krótkiego przewodu pomocniczego. Jeśli zaświecą się światła hamowania, wyłącznik świateł hamowania jest uszkodzony i należy go wymienić.

Wymiana baterii w kluczu do zdalnego sterowania centralnym blokowaniem drzwi

Wymontowanie

- Przesunąć przycisk zwalniający (1, rys. M-5429) w kierunku strzałki i wyjąć klucz zapasowy (2) z klucza wyłącznika zapłonu.
- Wcisnąć klucz zapasowy (1, rys. M-5430) w szczelinę, wyciągając przy tym gniazdo baterii (2) z klucza wyłącznika zapłonu w kierunku strzałki.
- Wysunąć dwie baterie znajdujące się pod sprężynami stykowymi i wyjąć z zamocowania.

Zamontowanie

- Umocować obie baterie tak, aby ich bieguny dodatnie podczas wsuwania były skierowane w górę. Biegunowość (+) jest opisana na bateriach i gnieździe baterii.

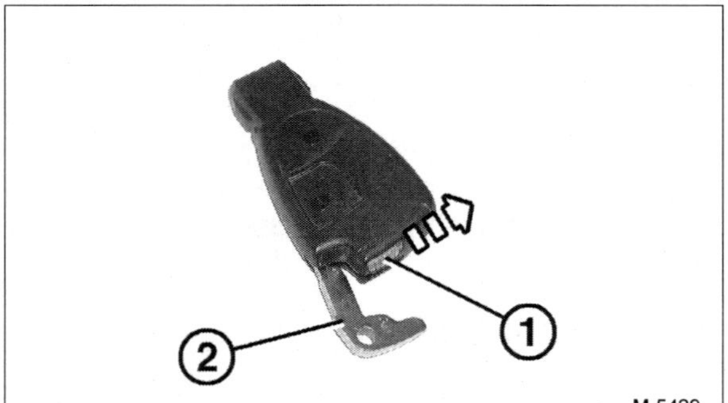

M-5429

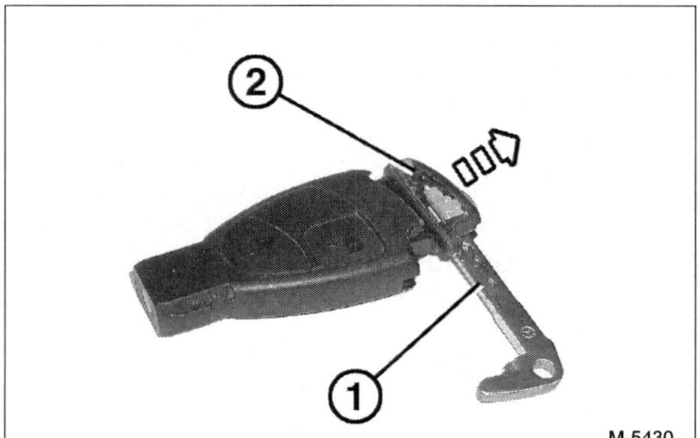

M-5430

Uwaga. Nie dotykać palcami powierzchni stykowych baterii.

- Wsunąć gniazdo baterii w klucz wyłącznika zapłonu w ustalone położenie.
- Wsunąć klucz zapasowy w klucz wyłącznika zapłonu w ustalone położenie.

Wymontowanie i zamontowanie sygnału dźwiękowego

Wymontowanie

- Otworzyć pokrywę przedziału silnika.
- Wymontować obudowę filtru przeciwpyłowego i odłączyć przewód masy (–) od akumulatora, gdy zapłon jest wyłączony.

Uwaga. Przed odłączeniem akumulatora należy koniecznie ustalić kod zabezpieczający radioodbiornik przed kradzieżą, jeśli taki kod jest zastosowany. Przestrzegać zaleceń podanych w podrozdziale „Wymontowanie i zamontowanie akumulatora".

- Odłączyć złącza (1, rys. M-5431) przewodów elektrycznych.
- Odkręcić nakrętki (2).
- Wyjąć sygnały dźwiękowe (3).

Zamontowanie

- Zamontować i przykręcić nakrętkami sygnały dźwiękowe.
- Podłączyć złącza przewodów elektrycznych.
- Podłączyć przewód masy (–) do akumulatora, gdy zapłon jest wyłączony. Zamontować obudowę filtru przeciwpyłowego. Jeśli to konieczne, wprowadzić kod zabezpieczający radioodbiornik przed kradzieżą i nastawić zegar.

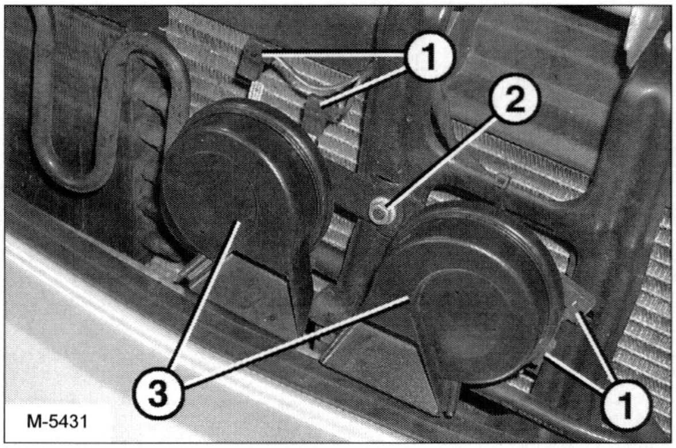

M-5431

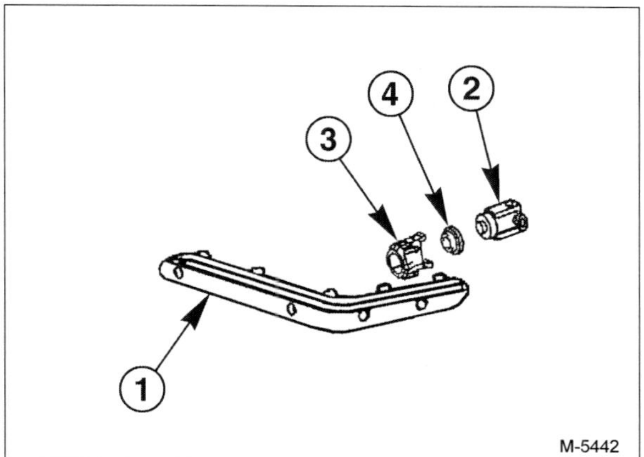

M-5442

Wymontowanie i zamontowanie czujników parkowania

Wymontowanie

• Wymontować listwę ochronną (1, rys. M--5442) zderzaka (patrz rozdz. „Wyposażenie wewnętrzne nadwozia").
• Podważyć wkrętakiem kabłąk zabezpieczający i odłączyć złącze od czujnika (2).
• Rozewrzeć zaczepy i wyciągnąć czujnik z elementu mocującego (3).

Zamontowanie

• Sprawdzić pierścień uszczelniający (4) między czujnikiem i listwą ochronną, czy nie jest uszkodzony, i wymienić w razie potrzeby.
• Wcisnąć czujnik w element mocujący, w ustalone położenie.
• Wsunąć złącze wtykowe na czujnik w ustalone położenie.
• Zamontować listwę ochronną (1, rys. M--5442) zderzaka (patrz rozdz. „Wyposażenie wewnętrzne nadwozia").

Wymontowanie i zamontowanie czujnika temperatury zewnętrznej

Czujnik temperatury jest zamontowany obok reflektora przeciwmgłowego. W zależności od modelu znajduje się po stronie kierowcy lub po stronie pasażera.

Wymontowanie

• Wymontować obudowę filtru przeciwpyłowego i odłączyć przewód masy (–) od akumulatora, gdy zapłon jest wyłączony.

M-5447

Uwaga. Przed odłączeniem akumulatora należy koniecznie ustalić kod zabezpieczający radioodbiornik przed kradzieżą, jeśli taki kod jest zastosowany. Przestrzegać zaleceń podanych w podrozdziale „Wymontowanie i zamontowanie akumulatora".
• Wymontować odpowiednie nadkole błotnika przedniego w zależności od modelu (patrz rozdz. „Wyposażenie zewnętrzne nadwozia").
• Odłączyć złącze wtykowe od czujnika temperatury.
• Wyciągnąć czujnik temperatury (1, rys. M--5447) z zamocowania w przednim zderzaku.

Zamontowanie

• Zamontowanie odbywa się w kolejności odwrotnej do wymontowania.
• Podłączyć przewód masy (–) do akumulatora, gdy zapłon jest wyłączony. Zamontować obudowę filtru przeciwpyłowego. Jeśli to konieczne, wprowadzić kod zabezpieczający radioodbiornik przed kradzieżą i nastawić zegar.

Wymontowanie i zamontowanie przekaźnika

Przekaźniki są umieszczone w dwóch skrzynkach bezpieczników: w bagażniku i w przedziale silnika.
• Zdjąć pokrywę skrzynki bezpieczników i wyjąć uszkodzony przekaźnik specjalnymi szczypcami, na przykład Hazet 4770-1.
• Sprawdzić działanie przekaźnika i w razie potrzeby wymienić na nowy (patrz odpowiedni opis).

• Osadzić przekaźnik na płycie z obwodami drukowanymi i zamknąć pokrywę skrzynki bezpieczników.

Wymiana bezpieczników

Poszczególne obwody instalacji elektrycznej chronione są bezpiecznikami topikowymi, aby zapobiec zwarciom i uszkodzeniom wynikającym z przeciążenia przewodów i odbiorników.
• Przed wymianą bezpiecznika należy zawsze wyłączyć wszystkie odbiorniki i wyłączyć zapłon.
• Przepalony bezpiecznik rozpoznaje się po stopionym pasku metalowym; (A, rys. SX-5421) – bezpiecznik sprawny, (B) – bezpiecznik przepalony.
• Wyciągnąć przepalony bezpiecznik (rys. SX-5411) za pomocą odpowiedniej klamry znajdującej się w skrzynce bezpieczników w bagażniku.
• Włożyć nowy bezpiecznik o tej samej wartości natężenia prądu. Znamionowa wartość prądu bezpiecznika podana jest na grzbiecie uchwytu. Poza tym uchwyt bezpiecznika ma także kolor rozpoznawczy, według którego można określić także wartość prądu znamionowego.

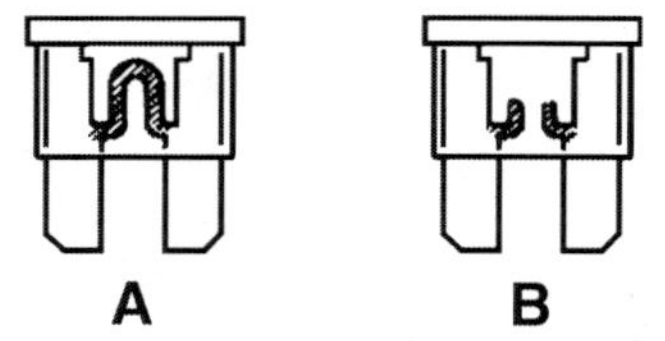

SX-5421

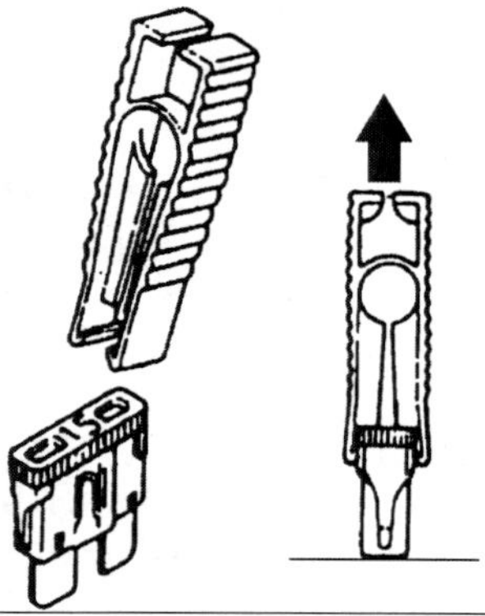
SX-5411

KOLOROWE OZNAKOWANIE BEZPIECZNIKÓW

Wartość prądu znamionowego (A)	Kolor rozpoznawczy
5	beżowy
7,5	brązowy
10	czerwony
15	niebieski
20	żółty
25	biały
30	zielony
40	bursztynowy
60	niebieski
80	żółty

Uwaga. Począwszy od znamionowej wartości natężenia prądu 40 A kolory rozpoznawcze mogą się powtarzać. Bezpieczniki z większymi natężeniami prądu są znacznie większe i ich wyjęcie z zamocowania jest bardzo trudne.
• Bezpieczniki zapasowe znajdują się w zestawie narzędzi stanowiących wyposażenie samochodu. Zaleca się uzupełnienie bezpieczników zapasowych po ich zastosowaniu.
• Jeśli po krótkim czasie przepali się nowo założony bezpiecznik, należy sprawdzić odpowiedni obwód.
• W żadnym wypadku nie należy zastępować bezpiecznika drutem lub podobnymi środkami zastępczymi, ponieważ mogą nastąpić z tego powodu poważne uszkodzenia wyposażenia elektrycznego.
Uwaga. Rozmieszczenie bezpieczników zależy od wyposażenia i roku produkcji samochodu. Rzeczywiste rozmieszczenie bezpieczników jest pokazane w skrzynce bezpieczników przy tablicy rozdzielczej.

Rozmieszczenie bezpieczników

Bezpieczniki znajdują się w trzech skrzynkach, które są umieszczone z boku tablicy rozdzielczej, w bagażniku i w przedziale silnika.

Skrzynka bezpieczników 1

Skrzynka bezpieczników 1 znajduje się z boku tablicy rozdzielczej po stronie kierowcy.

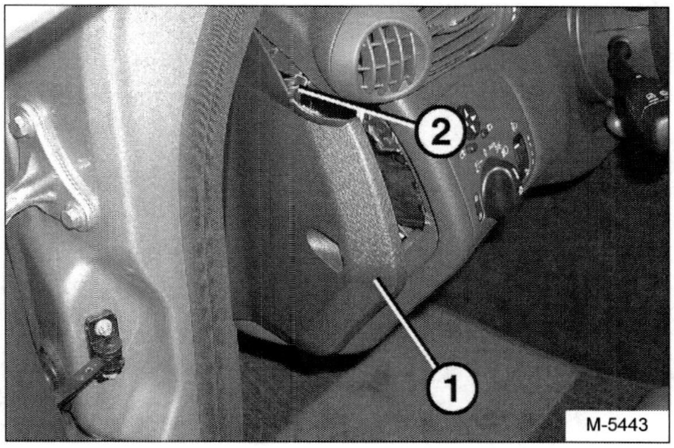

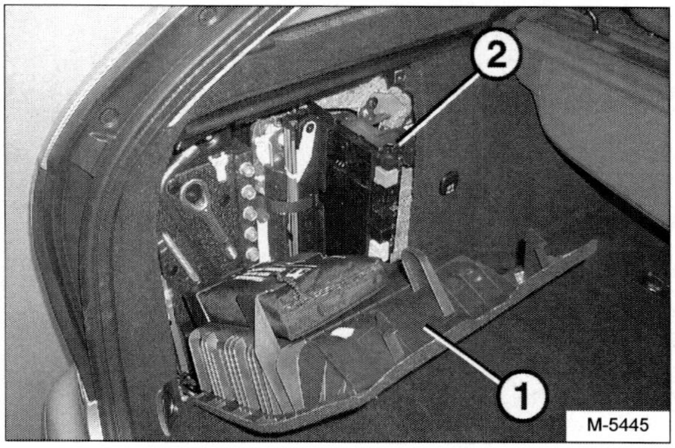

• Zależnie od konstrukcji, pokrywę (1, rys. M-5443) podważyć wkrętakiem i wyjąć z tablicy rozdzielczej lub wyciągnąć pokrywę za uchwyt, jeśli jest na pokrywie.
• Odchylić pokrywę w lewo i wyczepić z górnego zamocowania (2).
Uwaga. Pokrywa jest osadzona bardzo mocno w górnym zamocowaniu, dlatego w razie potrzeby zastosować klin z tworzywa sztucznego, na przykład Hazet 1965-20.
• Odchylić pokrywę dalej w lewo, wysunąć prowadnice u góry i u dołu z otworów i wyjąć pokrywę z tablicy rozdzielczej.
• Podczas zamontowania włożyć prowadnice w otwory, zamknąć pokrywę i wprowadzić ją w zamocowania w ustalone położenie.

Skrzynka bezpieczników 2

Skrzynka bezpieczników 2 znajduje się w bagażniku za pokryciem bocznym.
• **Sedan.** Wyciągnąć klapę (1, rys. M-5444) z pokrycia. Zdjąć osłonę (2) skrzynki bezpieczników.
• **Kombi.** Zwolnić blokadę w pokryciu i odchylić w dół osłonę (1, rys. M-5445); (2) – skrzynka bezpieczników.

Skrzynka bezpieczników 3

Skrzynka bezpieczników 3 znajduje się pod osłoną w przedziale silnika po lewej stronie.
• Otworzyć pokrywę przedziału silnika.
• Zdjąć osłonę nad skrzynką bezpieczników. W tym celu obrócić śruby z tworzywa sztucznego o ¼ obrotu i wyjąć osłonę z prowadnicy.
• Zwolnić klamry (1, rys. M-5446), pociągnąć w przód i wyjąć pokrywę (2) skrzynki bezpieczników.
• Podczas zamontowania wcisnąć pokrywę w tylną prowadnicę i osadzić na skrzynce bezpieczników, zapewniając przy tym właściwe ustawienie pokrywy.
• Zamocować pokrywę, zamykając klamry.
• Ułożyć osłonę na skrzynce bezpieczników. Osłona powinna wejść przy tym w boczną prowadnicę.

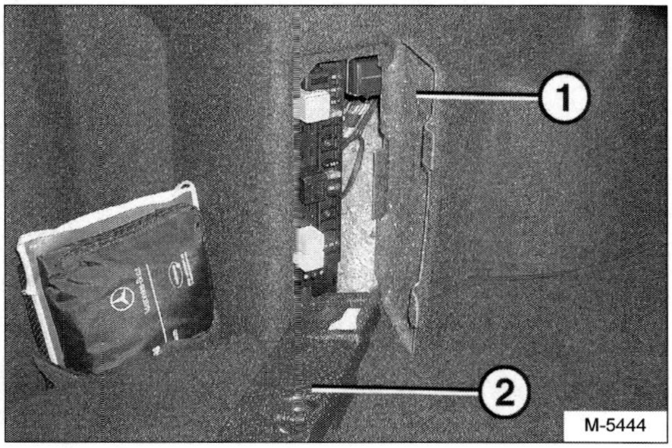

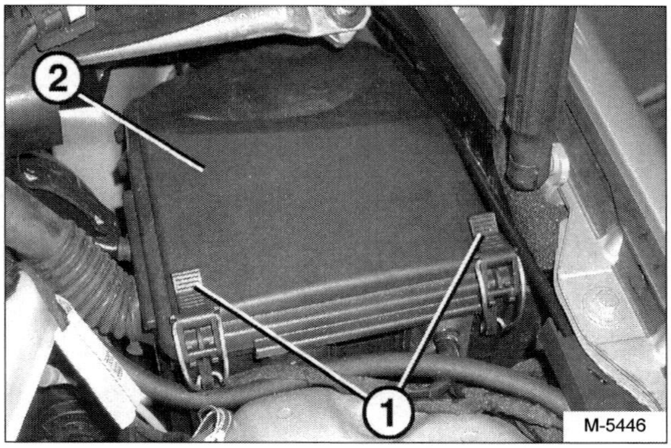

• Dokręcić osłonę, obracając śruby z tworzywa sztucznego o ¼ obrotu.

AKUMULATOR

Wymontowanie i zamontowanie akumulatora

Uwaga. Odłączenie akumulatora powoduje skasowanie danych pamięci elektronicznych samochodu, na przykład pamięci diagnostycznej silnika, kodu zabezpieczającego radioodbiornik przed kradzieżą lub zapamiętanych częstotliwości stacji nadawczych odbieranych przez radioodbiornik. Należy ustalić i zanotować kod, gdyż w razie jego braku radioodbiornik może być ponownie uruchomiony tylko przez stację obsługi Mercedesa lub producenta.
Uwaga. Od połowy 2002 roku firma Mercedes nie koduje fabrycznie montowanych radioodbiorników, gdyż układ elektroniczny samochodu rozpoznaje automatycznie radioodbiornik po podłączeniu akumulatora.
Uwaga. Aby nie utracić danych przechowywanych w pamięci, można stosować urządzenie do podtrzymywania napięcia. To urządzenie przed odłączeniem akumulatora jest podłączane do gniazda zapalniczki według zaleceń producenta.

Wymontowanie

• Wyłączyć wszystkie odbiorniki energii elektrycznej. Wyłączyć zapłon, przez co unika się uszkodzenia sterowników elektronicznych.
• Otworzyć pokrywę przedziału silnika. Akumulator znajduje się po stronie pasażera pod obudową filtru przeciwpyłowego.
• Wymontować obudowę filtru przeciwpyłowego (patrz „Obsługa samochodu").
• Odkręcić przewody od akumulatora, najpierw przewód masy, potem przewód dodatni.
Uwaga. Przed odkręceniem przewodu dodatniego należy zdjąć osłonę bieguna dodatniego.
• Odkręcić dwie nakrętki i wymontować listwę mocującą przy stopie akumulatora.
• Wyjąć akumulator z przedziału silnika.

Zamontowanie

• Przed zamontowaniem oczyścić czopy biegunów akumulatora do czystego metalu za pomocą szczotki z drutu mosiężnego.
• Zamontować akumulator, włożyć i dokręcić listwę mocującą przy stopie akumulatora.
• Upewnić się przed podłączeniem akumulatora, czy zapłon i wszystkie odbiorniki energii elektrycznej są wyłączone.
• Najpierw przykręcić przewód dodatni do bieguna dodatniego (+), potem przewód masy do bieguna ujemnego (–).
Uwaga. Niewłaściwe podłączenie akumulatora może spowodować znaczne uszkodzenia alternatora i wyposażenia elektrycznego.
• Nałożyć na zaciski i bieguny akumulatora cienką warstwę smaru lub wazeliny w celu uniknięcia korozji.
Uwaga. Nie nakładać smaru na bieguny przed podłączeniem przewodów.
• Nałożyć osłonę na biegun dodatni (+).
• Zamontować obudowę filtru przeciwpyłowego (patrz „Obsługa samochodu").
• Wprowadzić kod radioodbiornika, jeśli to konieczne.
• Zaprogramować odbierane stacje radiowe, jeśli to konieczne.
• Nastawić zegar.

Sprawdzanie akumulatora

Stan akumulatora należy koniecznie sprawdzić przed rozpoczęciem zimy. Napięcie akumulatora, który nie jest całkowicie naładowany, zmniejsza się znacznie podczas rozruchu silnika w niskiej temperaturze.

Akumulator bezobsługowy

Akumulator bezobsługowy nie ma korków w pokrywie. Nie ma potrzeby sprawdzania poziomu i gęstości elektrolitu, gdyż elektrolit nie wylewa się i nie paruje.
W akumulatorach bezobsługowych jest umieszczany często wskaźnik optyczny („magiczne oko"). Ten wskaźnik pozwala określać poziom elektrolitu i stan naładowania akumulatora na podstawie pokazywanego koloru.
– Wskaźnik zielony – akumulator jest w dobrym stanie.

– Wskaźnik czarny – jest konieczne naładowanie akumulatora.
– Inny kolor wskaźnika – graniczny poziom elektrolitu, należy wymienić akumulator bezobsługowy.

Akumulator wymagający obsługi

Akumulator wymagający obsługi można rozpoznać po wykręcanych korkach lub listwie zamykającej na pokrywie. Akumulator ten wymaga regularnego sprawdzania poziomu elektrolitu.

Sprawdzanie poziomu elektrolitu

Poziom elektrolitu w ogniwach akumulatora powinien sięgać około 5 mm nad elementami ogniwa. Jeśli poziom elektrolitu można określić z zewnątrz, to powinien znajdować się między górnym znakiem (MAX) i dolnym znakiem (MIN). W akumulatorach z żebrem z tworzywa sztucznego w otworach do napełniania, poziom elektrolitu powinien sięgać do tego żebra.
- Wykręcić korki szerokim wkrętakiem lub podważyć ostrożnie wkrętakiem listwę zamykającą.
- W razie potrzeby dolać wody destylowanej za pomocą lejka przez otwory do napełniania, do znaku określającego właściwy poziom.
- Wkręcić korki lub wcisnąć listwę zamykającą.
- Naładować akumulator i sprawdzić pod obciążeniem (patrz odpowiedni opis).

Sprawdzanie gęstości elektrolitu

Sprawdzenie gęstości elektrolitu w połączeniu z pomiarem napięcia pozwala dokładnie określić stopień naładowania akumulatora. Do sprawdzenia gęstości elektrolitu jest potrzebna gumowa gruszka z areometrem, na przykład Hazet 4650-1. Temperatura elektrolitu podczas sprawdzania powinna wynosić co najmniej 10°C.
- Wyłączyć zapłon.
- Wykręcić korki lub podważyć ostrożnie wkrętakiem listwę zamykającą.
- Zanurzyć gruszkę gumową w jednym z ogniw akumulatora i zaczerpnąć tyle elektrolitu, aby pływak zanurzał się swobodnie w elektrolicie (rys. SX-5413).
- Pływak areometru wynurza się tym bardziej, im jest większa gęstość zassanego elektrolitu.
- Gęstość elektrolitu odczytuje się na podziałce (rys. SX-5427) w jednostkach masy właściwej (g/cm^3) albo w stopniach Baumé (+°Bé). Gęstość elektrolitu powinna wynosić co najmniej 1,24 g/cm^3. Należy naładować akumulator, jeśli gęstość elektrolitu jest za mała.
- Sprawdzić kolejno wszystkie ogniwa akumulatora, które powinny mieć taką samą gęstość elektrolitu (maksymalna różnica 0,04 g/cm^3). Większe różnice świadczą o uszkodzeniu akumulatora.

STAN NAŁADOWANIA AKUMULATORA
W ZALEŻNOŚCI OD GĘSTOŚCI ELEKTROLITU

Stan naładowania akumulatora	+ °Bé	g/cm^3
rozładowany	16	1,12
naładowany w połowie	24	1,20
całkowicie naładowany	30	1,28

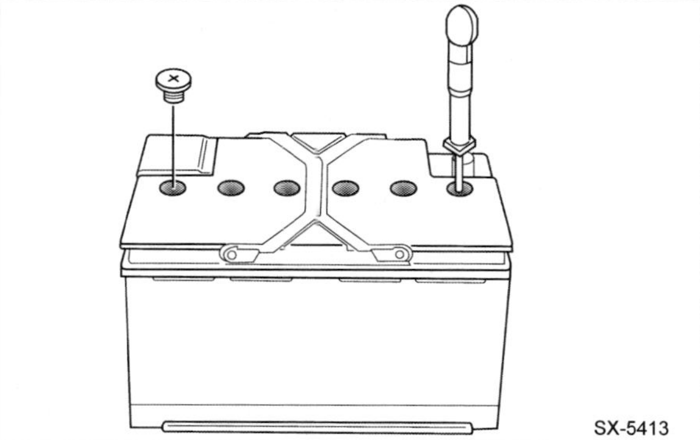

SX-5413

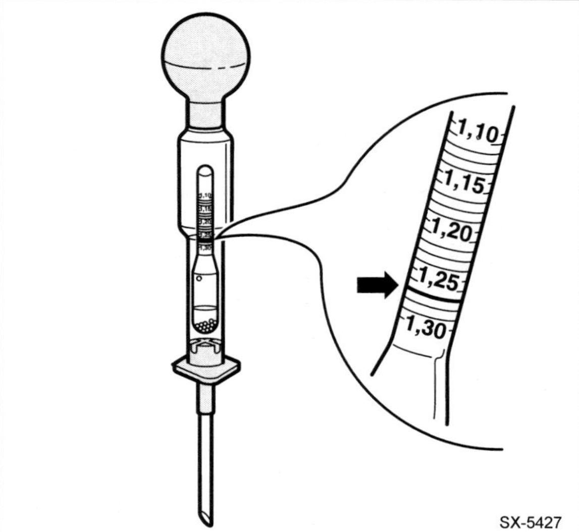

SX-5427

• Wkręcić korki z powrotem lub wcisnąć listwę zamykającą.

Akumulator wymagający obsługi i bezobsługowy

Sprawdzanie akumulatora pod obciążeniem

• Podłączyć woltomierz do zacisków akumulatora, nie odłączając przewodów akumulatora.
• Uruchomić silnik i odczytać napięcie.
• Podczas uruchamiania silnika napięcie w pełni naładowanego akumulatora nie powinno spaść poniżej 10 V (temperatura elektrolitu około 20°C).
• Gwałtowne zmniejszenie napięcia poniżej tej wartości i różnice gęstości elektrolitu w ogniwach oznaczają, że akumulator jest uszkodzony.

Sprawdzanie napięcia spoczynkowego

Stan akumulatora można sprawdzić, mierząc woltomierzem napięcie między biegunami akumulatora.
• Odłączyć przewody od biegunów akumulatora (patrz „Wymontowanie i zamontowanie akumulatora").
• Akumulator powinien być odłączony co najmniej 2 godziny przed sprawdzaniem.
• Podłączyć woltomierz do biegunów akumulatora i zmierzyć napięcie (rys. SX-5415).

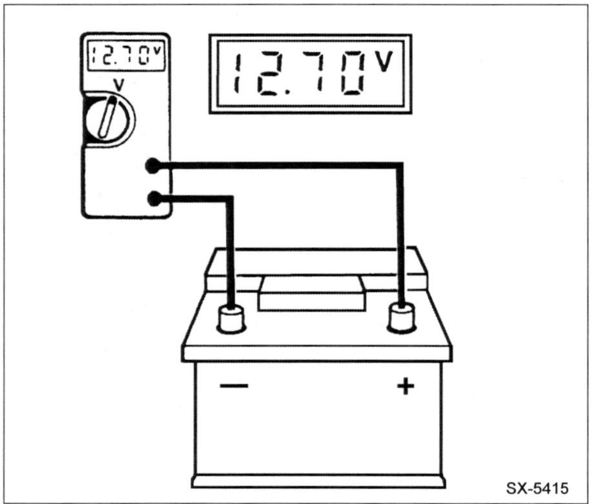

SX-5415

• **Ocena stanu akumulatora:**
– napięcie 12,5 V lub więcej – akumulator w dobrym stanie;
– napięcie 12,4 V lub mniej – akumulator w złym stanie, należy go naładować lub wymienić.
• Podłączyć akumulator.

Ładowanie akumulatora

Ostrzeżenia
– Nie odłączać akumulatora, gdy silnik pracuje.
– Nigdy nie należy zwierać akumulatora, to znaczy nie wolno łączyć ze sobą zacisku dodatniego (+) i zacisku ujemnego (–). Podczas zwarcia akumulator nagrzewa się i może dojść do jego uszkodzenia.
– Nie zbliżać się do akumulatora z otwartym ogniem. Elektrolit jest żrący i nie powinien dostać się do oczu, na skórę lub na ubranie. Jeśli do tego dojdzie, należy spłukać go dużą ilością wody.
– Korki akumulatora ze wspólnym odprowadzeniem gazów pozostają podczas ładowania mocno wkręcone. Zapewnić, aby przewód odprowadzający gazy nie był zaciśnięty.
– Zamarznięty akumulator należy rozmrozić przed ładowaniem. Naładowany akumulator zamarza w temperaturze –65°C, naładowany w połowie w około –30°C, a rozładowany już w około -12°C. Przed ładowaniem należy sprawdzić obudowę rozmrożonego akumulatora, czy nie jest pęknięta; w razie potrzeby wymienić akumulator.
– Akumulator należy ładować w dobrze wietrzonym pomieszczeniu lub na wolnym powietrzu. Podczas ładowania zamontowanego akumulatora pozostawić otwartą pokrywę przedziału silnika.

W celu naładowania akumulatora za pomocą urządzenia do ładowania normalnego lub przyspieszonego, należy wymontować akumulator, a przynajmniej odłączyć przewód masy (–) i przewód dodatni (+).
Uwaga. Ładowanie akumulatora z podłączonymi przewodami może spowodować uszkodzenie elektronicznych urządzeń w samochodzie.

Podczas ładowania akumulator powinien mieć temperaturę co najmniej 10°C.

Ładowanie

• Wymontować akumulator (patrz odpowiedni opis).
• Akumulator wymagający obsługi: sprawdzić poziom elektrolitu, w razie potrzeby dolać wody destylowanej (patrz odpowiedni opis).
• Jeśli urządzenie do ładowania daje możliwość regulacji prądu ładowania, ustawić prąd normalnego ładowania o wartości około 10% pojemności akumulatora. W przypadku akumulatora o pojemności 50 A · h ta wartość wynosi około 5,0 A. Można przyjąć 10 godzin jako orientacyjny czas ładowania.
• Połączyć dodatni przewód (+) urządzenia z dodatnim zaciskiem (+) akumulatora, gdy urządzenie do ładowania jest wyłączone. Ujemny przewód (–) urządzenia połączyć z ujemnym zaciskiem (–) akumulatora.
• Złącze sieciowe urządzenia do ładowania włożyć do gniazda wtykowego. Włączyć urządzenie, jeśli jest w nim wyłącznik.
• Jeśli akumulator jest ładowany prądem o stałej wartości, sprawdzać dłonią temperaturę akumulatora. Temperatura elektrolitu podczas ładowania nie powinna przekraczać 55°C. Jeśli to nastąpi, należy przerwać proces ładowania albo zmniejszyć prąd ładowania.
• Po naładowaniu akumulatora wyłączyć urządzenie do ładowania (jeśli ma wyłącznik) i wyjąć złącze sieciowe urządzenia.
• Odłączyć od akumulatora przewody urządzenia do ładowania.
• Sprawdzić naładowany akumulator (patrz odpowiedni opis).
• Zamontować akumulator (patrz odpowiedni opis).

Zalecenia dotyczące akumulatora bez wspólnego odprowadzenia gazów

• Przed ładowaniem wyjąć korki z poszczególnych ogniw i położyć je na otworach. Dzięki temu unika się rozpryskiwania elektrolitu przez otwory i umożliwia wydobywanie się gazów powstających podczas ładowania.
• Akumulator należy ładować tak długo, aż wszystkie ogniwa zaczną gwałtownie wydzielać gaz i trzy przeprowadzone kolejno, co godzinę, pomiary wykażą, że gęstość elektrolitu oraz napięcie przestały rosnąć.
• Po ładowaniu pozostawić akumulator przez około 20 minut do czasu ulotnienia się gazów i potem zakręcić korki poszczególnych ogniw.

Ładowanie znacznie rozładowanego i zasiarczonego akumulatora

Akumulator nie używany przez dłuższy czas (na przykład po wyłączeniu samochodu z eksploatacji) rozładowuje się samoczynnie i ulega zasiarczeniu.
Jeśli napięcie spoczynkowe akumulatora jest mniejsze niż 11,6 V, akumulator jest znacznie rozładowany. Sprawdzanie napięcia, patrz „Sprawdzanie akumulatora”.
Elektrolit (mieszanina kwasu siarkowego i wody) znacznie rozładowanego akumulatora składa się prawie wyłącznie z wody.
Uwaga. Taki akumulator może zamarznąć w ujemnej temperaturze i jego obudowa może pęknąć.
Znacznie rozładowany akumulator ulega zasiarczeniu, to znaczy cała powierzchnia płytek akumulatora utwardza się. Elektrolit nie jest przezroczysty, lecz ma lekko białawe zabarwienie. Jeśli taki akumulator zostanie naładowany zaraz po rozładowaniu, zasiarczenie zanika. W przeciwnym razie płytki akumulatora ulegają dalszemu utwardzeniu i możliwość naładowania jest trwale ograniczona.
• Znacznie rozładowany i zasiarczony akumulator należy ładować małym prądem, odpowiadającym około 5% pojemności. Jeśli akumulator ma pojemność 60 A · h, prąd ładowania wynosi około 3 A.
• Napięcie ładowania nie powinno przekraczać 14,4 V.
Uwaga. Znacznie rozładowanego akumulatora nie wolno ładować w żadnym wypadku urządzeniem do szybkiego ładowania.

Szybkie ładowanie, uruchamianie silnika innego samochodu

• Tylko w wyjątkowych przypadkach wolno ładować akumulator urządzeniem do szybkiego ładowania lub stosować go jako akumulator pomocniczy do uruchamiania silnika innego samochodu. Podczas szybkiego ładowania wielkość prądu ładowania wynosi od 20 do 50% pojemności akumulatora. Szybkie ładowanie uszkadza akumulator, ponieważ jest on narażony w krótkim czasie na działanie bardzo dużych natężeń prądu. Do długo przechowywanego lub znacznie rozładowanego akumulatora nie powinno być stosowane urządzenie do szybkiego ładowania, ponieważ dochodzi wtedy do tak zwanego naładowania powierzchniowego.

Czyszczenie czopów akumulatora

Sprawdzić, czy czopy akumulatora nie są skorodowane. Produkty korozji na czopach mają wygląd białego i żółtawego nalotu.

- Wymontować akumulator (patrz odpowiedni opis).
- W celu usunięcia produktów korozji posmarować czopy biegunów akumulatora wodnym roztworem wodorowęglanu sodowego; zachodzi przy tym reakcja chemiczna z tworzeniem pęcherzy i brązowym zabarwieniem czopów.
- Czopy akumulatora oczyścić w razie potrzeby z resztek produktów korozji także środkiem do mycia czopów i szczotką drucianą.
- Po zakończeniu tej reakcji opłukać czopy i akumulator czystą wodą oraz osuszyć akumulator.
- Zamontować akumulator (patrz odpowiedni opis).
- Podłączyć przewód dodatni (+) i przewód masy (–), gdy zapłon jest wyłączony. Nałożyć na zaciski i bieguny akumulatora cienką warstwę smaru lub wazeliny w celu uniknięcia korozji.

Uwaga. Nie nakładać smaru na bieguny przed podłączeniem przewodów.

Samorozładowanie akumulatora

W zależności od wyposażenia samochodu, oprócz naturalnego samorozładowania akumulatora następuje pobór prądu przez różne odbiorniki znajdujące się w stanie spoczynku. Akumulator w nieeksploatowanym samochodzie powinien być doładowywany co najmniej raz na 6 tygodni. Jeśli istnieje podejrzenie upływu prądu, należy sprawdzić instalację elektryczną w podany poniżej sposób.

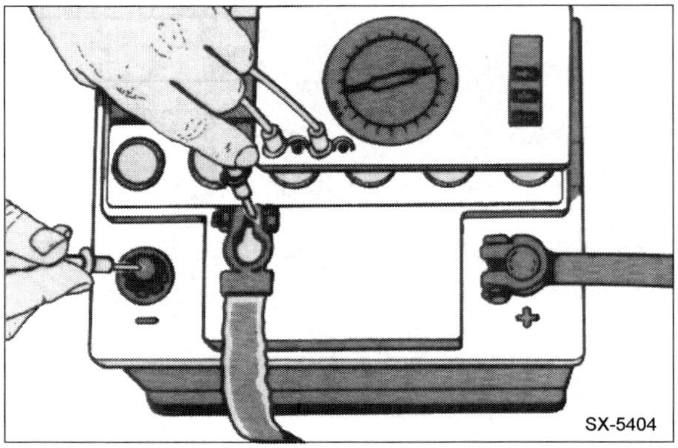

- Do sprawdzenia powinien być użyty naładowany akumulator.
- Na amperomierzu ustawić najwyższy zakres pomiarowy.
- Wymontować obudowę filtru przeciwpyłowego i odłączyć przewód masy (–) od akumulatora, gdy zapłon jest wyłączony.

Uwaga. Przed odłączeniem akumulatora należy koniecznie ustalić kod zabezpieczający radioodbiornik przed kradzieżą, jeśli taki kod jest zastosowany. Przestrzegać zaleceń podanych w podrozdziale „Wymontowanie i zamontowanie akumulatora".

- Włączyć amperomierz między ujemny zacisk akumulatora (–) a przewód masy, przyłącze plusowe amperomierza (+) do przewodu masy i przyłącze ujemne amperomierza (–) do ujemnego zacisku akumulatora (–), patrz rys. SX-5404.

Uwaga. Sprawdzenia można dokonać również za pomocą lampki próbnej. Jeśli jednak lampka włączona między przewód masy a ujemny zacisk akumulatora nie zaświeci się, należy zastosować amperomierz.

- Wyłączyć wszystkie odbiorniki, odłączyć przewody zegara (także inne urządzenia o stałym poborze prądu), zamknąć drzwi.
- Zmniejszać zakres pomiarowy amperomierza tak długo, aż ukaże się możliwe do odczytania wskazanie (może być 1...3 mA).
- Wyłączać kolejno poszczególne obwody, wyjmując bezpieczniki. Jeśli wskazówka amperomierza wróci do zera po przerwaniu kolejnego

obwodu, w tym obwodzie należy szukać źródła uszkodzenia.

• Powodem niesprawności mogą być skorodowane lub zanieczyszczone styki, przetarte przewody lub wewnętrzne zwarcie w urządzeniu.

• Jeśli nie zostanie znalezione żadne uszkodzenie w obwodach zabezpieczonych, to należy odłączać przewody urządzeń nie zabezpieczonych, jak alternator i rozrusznik.

• Jeśli wskazówka amperomierza wróci do zera po odłączeniu kolejnego z nie zabezpieczonych urządzeń, należy naprawić lub wymienić to urządzenie. W razie upływu prądu w rozruszniku lub układzie zapłonowym, powinien być sprawdzony także wyłącznik zapłonu i rozrusznika, według schematu instalacji elektrycznej.

• Podłączyć przewód masy (–) do akumulatora, gdy zapłon jest wyłączony. Zamontować obudowę filtru przeciwpyłowego. Wprowadzić kod zabezpieczający radioodbiornik przed kradzieżą i nastawić zegar.

Przechowywanie akumulatora

Jeśli samochód jest wyłączony z eksploatacji na dłużej niż dwa miesiące, należy wymontować akumulator i przechowywać go w stanie naładowanym. Najodpowiedniejsza temperatura przechowywania wynosi od 0°C do 27°C. W tej temperaturze następuje najmniejsze samorozładowanie akumulatora. Najpóźniej po upływie dwóch miesięcy akumulator należy naładować, gdyż w przeciwnym razie nie będzie się nadawał do dalszej eksploatacji.

Jeśli akumulator przechowywany przez dłuższy czas zostanie podłączony do urządzenia szybkiego ładowania, nie pobiera prądu lub wykaże zbyt wcześnie stan pełnego naładowania, z powodu tak zwanego ładowania powierzchniowego. Taki akumulator może być uszkodzony.

Aby stwierdzić, że akumulator jest faktycznie uszkodzony, należy wykonać następujące czynności.

• Sprawdzić gęstość elektrolitu. Jeśli gęstość elektrolitu we wszystkich ogniwach nie różni się więcej niż o 0,04 g/cm^3, należy naładować akumulator w normalny sposób.

• Po naładowaniu sprawdzić akumulator pod obciążeniem (patrz odpowiedni opis). W stacji obsługi sprawdza się akumulator specjalnym przyrządem. Jeśli wartość napięcia jest niższa niż około 9,6 V, akumulator jest uszkodzony.

• Jeśli gęstość elektrolitu w jednym lub w dwóch sąsiednich ogniwach jest znacznie niższa (na przykład 5 ogniw wykazuje gęstość 1,16 g/cm^3, a jedno ogniwo 1,08 g/cm^3), akumulator ma zwarcie i jest uszkodzony.

• Naładować znacznie rozładowany i zasiarczony akumulator (patrz odpowiedni opis).

Typowe niesprawności akumulatora

Objawy	Przyczyny	Sposób postępowania
Za mała oddawana moc, duży spadek napięcia	Rozładowany akumulator	• Naładować akumulator
	Za małe napięcie ładowania	• Sprawdzić regulator napięcia, w razie potrzeby wymienić
	Luźne lub utlenione zaciski	• Oczyścić zaciski, dokręcić śruby zacisków; nałożyć na zaciski cienką warstwę smaru chroniącego przed kwasem lub wazeliny
	Niewłaściwe połączenie masy akumulator – silnik – nadwozie	• Sprawdzić połączenia z masą, w razie potrzeby zapewnić metaliczny kontakt lub dokręcić połączenia śrubowe; skorodowane śruby zastąpić nowymi, ocynowanymi
	Za duże samorozładowanie akumulatora	• Wymienić akumulator

Objawy	Przyczyny	Sposób postępowania
	Akumulator jest zasiarczony	• Ładować akumulator małym prądem. Jeśli oddawana moc będzie nadal za mała, wymienić akumulator
	Zużyty akumulator, wypadła czynna masa płytek	• Wymienić akumulator
Niedostateczne ładowanie akumulatora	Uszkodzony alternator, regulator napięcia lub złącza przewodów	• Sprawdzić alternator i regulator napięcia, w razie potrzeby wymienić alternator
	Luźny pasek wieloklinowy, uszkodzony mechanizm regulacji naciągu	• Sprawdzić mechanizm regulacji naciągu, w razie potrzeby wymienić pasek wieloklinowy
	Podłączono zbyt dużo odbiorników	• Zamontować akumulator o większej pojemności, zastosować także alternator o większej mocy
Za niski poziom elektrolitu *)	Nadmierne ładowanie lub odparowanie elektrolitu, szczególnie latem	• Po naładowaniu akumulatora dolać wody destylowanej do właściwego poziomu
Za mała gęstość elektrolitu *)	Rozładowany akumulator	• Naładować akumulator
	Zwarcie w instalacji	• Sprawdzić instalację elektryczną
Gęstość elektrolitu w jednym ogniwie wyraźnie mniejsza niż w pozostałych *)	Zwarcie w jednym ogniwie	• Wymienić akumulator
Gęstość elektrolitu w dwóch sąsiednich ogniwach wyraźnie mniejsza niż w pozostałych *)	Nieszczelna ścianka działowa, co powoduje połączenie elektryczne między ogniwami i ich rozładowanie	• Wymienić akumulator

*) Te czynności należy wykonywać tylko przy akumulatorach wymagających obsługi.

ALTERNATOR

Sprawdzanie napięcia alternatora

• Podłączyć woltomierz między ujemny i dodatni biegun akumulatora.
• Uruchomić silnik. Podczas uruchamiania napięcie nie powinno spaść poniżej 8 V (przy temperaturze zewnętrznej 20°C).
• Zwiększyć prędkość obrotową silnika do 3000 obr/min. Jeśli napięcie wynosi od 13 do 14,5 V, to znaczy że alternator i regulator napięcia pracują prawidłowo. Napięcie alternatora (napięcie w instalacji) powinno być wyższe niż napięcie akumulatora, ponieważ akumulator jest ładowany podczas jazdy.
• Sprawdzić stabilność regulacji. W tym celu należy włączyć światła drogowe i powtórzyć pomiar przy 3000 obr/min. Zmierzona wartość napięcia nie powinna przekraczać o więcej niż 0,4 V wartości napięcia z poprzedniego pomiaru.
• Jeśli zmierzone napięcia są różne od podanych zalecanych wartości, należy sprawdzić alternator i regulator napięcia w stacji obsługi.

Wymontowanie i zamontowanie alternatora

Zależnie od modelu i wyposażenia samochodu mogą być stosowane alternatory o różnej mocy.

Uwaga. Jeśli w samochodzie ma być zamontowane dodatkowe wyposażenie elektryczne o dużym poborze prądu, należy sprawdzić, czy dotychczasowa moc jest wystarczająca i w razie potrzeby zastosować alternator o większej mocy.

Ponieważ akumulator może być ładowany tylko prądem stałym, prąd zmienny jest przetwarzany na prąd stały w prostowniku z diodami. Regulator napięcia zmienia prąd ładowania, utrzymując jednocześnie stałe napięcie robocze wynoszące około 14 V.

Ostrzeżenia

Podczas wykonywania czynności przy urządzeniu elektrycznym w przedziale silnika, należy zawsze odłączyć przewód masy (–) od akumulatora.

Uwaga. *Powoduje to skasowanie danych zawartych w elektronicznych pamięciach, na przykład danych w pamięci diagnostycznej silnika. Przed odłączeniem akumulatora należy zapoznać się ze wskazówkami w podrozdz. „Wymontowanie i zamontowanie akumulatora".*

– Nie odłączać akumulatora lub regulatora napięcia, gdy silnik pracuje.

– Nie wymontowywać alternatora, gdy jest podłączony akumulator.

– Zawsze odłączać akumulator przed spawaniem elektrycznym.

Silniki benzynowe 111 i 112

Wymontowanie

• Wymontować obudowę filtru przeciwpyłowego i odłączyć przewód masy (–) od akumulatora, gdy zapłon jest wyłączony.

Uwaga. Przed odłączeniem akumulatora należy koniecznie ustalić kod zabezpieczający radioodbiornik przed kradzieżą, jeśli taki kod jest zastosowany. Przestrzegać zaleceń podanych w podrozdziale „Wymontowanie i zamontowanie akumulatora".

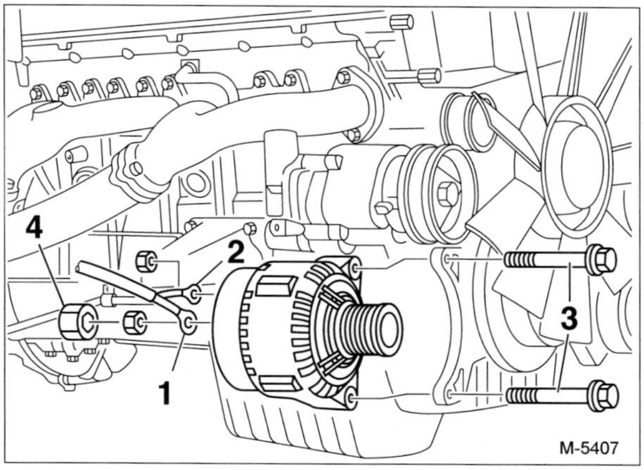

Uwaga. Nie podłączać urządzenia do podtrzymywania napięcia.

• **Silnik 111.** Wymontować obudowę filtru powietrza (patrz „Obwody doprowadzenia paliwa i powietrza").

• **Silnik 112.** Wymontować przewód dolotowy powietrza po stronie pasażera.

• Wymontować pasek wieloklinowy (patrz „Silnik benzynowy czterocylindrowy 111").

• Ściągnąć kołpak ochronny (4, rys. M-5407) i odkręcić gruby przewód „B+" (1) od zacisku „30".

• Odkręcić przewód „D+" (2) od zacisku „61".

• Odkręcić śruby (3). Wyjąć tulejkę odległościową górnej śruby i wyjąć alternator w górę z przedziału silnika.

Zamontowanie

• Zamontować alternator, dokręcić momentem **42 N • m**.

Uwaga. Włożyć tulejkę odległościową górnej śruby.

• Przykręcić przewód „B+" do alternatora. Moment dokręcania w silniku 111 – **15 N • m**, w silniku 112 – **18 N • m**.

• Wcisnąć kołpak ochronny na zacisk „30".

• Przykręcić przewód „D+" do alternatora momentem **5 N • m**.

• Zamontować pasek wieloklinowy (patrz „Silnik").

• **Silnik 111.** Zamontować obudowę filtru powietrza (patrz „Obwody doprowadzenia paliwa i powietrza").

• **Silnik 112.** Zamontować przewód dolotowy powietrza.

• Podłączyć przewód masy (–) do akumulatora, gdy zapłon jest wyłączony. Zamontować obudowę filtru przeciwpyłowego. Wprowadzić kod zabezpieczający radioodbiornik przed kradzieżą i nastawić zegar.

Silniki wysokoprężne 611 i 612

Wymontowanie

• Wymontować obudowę filtru przeciwpyłowego i odłączyć przewód masy (–) od akumulatora, gdy zapłon jest wyłączony.

Uwaga. Przed odłączeniem akumulatora należy koniecznie ustalić kod zabezpieczający radioodbiornik przed kradzieżą, jeśli taki kod jest zastosowany. Przestrzegać zaleceń podanych w podrozdziale „Wymontowanie i zamontowanie akumulatora".

Uwaga. Nie podłączać urządzenia do podtrzymywania napięcia.

• Wymontować osłonę silnika („Silniki wysokoprężne 611, 612 i 646").

• Wymontować pasek wieloklinowy (patrz „Silniki wysokoprężne 611, 612 i 646").

• Wymontować sztywny i giętki przewód powietrza dolotowego po stronie pasażera.

• Otworzyć opaskę i odłączyć giętki przewód od sztywnego przewodu powietrza doładowującego turbosprężarki.

• Wykręcić trzy śruby i wymontować sztywny przewód powietrza doładowującego.

• Unieść i podeprzeć przód samochodu.

Ostrzeżenie. *Podczas unoszenia samochodu może zdarzyć się wypadek i dlatego należy przestrzegać zasad unoszenia i podpierania samochodu opisanych w rozdz. „Zabiegi konserwacyjne i pomocnicze".*

• Wymontować dolną osłonę przedziału silnika („Silniki wysokoprężne 611, 612 i 646").

• Zlać ciecz chłodzącą (patrz „Układ chłodzenia").

Uwaga. Ciecz chłodząca jest lekko trująca, dlatego nie wolno jej wylewać w przypadkowych miejscach, patrz ostrzeżenia w rozdz. „Układ chłodzenia".

• Odkręcić przewód dolotowy cieczy chłodzącej przy alternatorze.

• Wymontować stabilizator zawieszenia przedniego, patrz rozdz. „Podwozie".

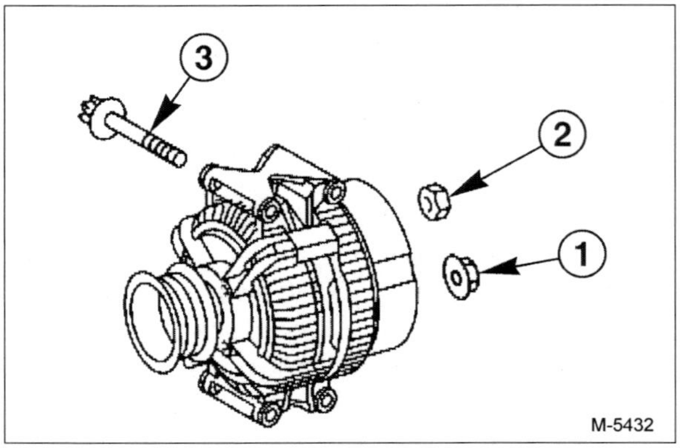

• Ściągnąć kołpak ochronny i odkręcić (1, rys. M-5432) gruby przewód „B+" od zacisku „30".

• Odkręcić (2) przewód „D+" od zacisku „61".

• Wykręcić dwie śruby i odsunąć przewód wysokiego ciśnienia układu kierowniczego.

• Wykręcić trzy śruby i wymontować wspornik.

• Wykręcić śruby (3) i wyjąć w dół alternator z przedziału silnika.

Zamontowanie

• Zamontować alternator i dokręcić go momentem **20 N·m**, wymieniając przy tym uszczelkę między kołnierzem obudowy chłodzącej a kadłubem silnika.

• Wymienić pierścień o przekroju okrągłym i przykręcić przewód dopływowy cieczy chłodzącej do alternatora.

• Przykręcić wspornik.

• Przykręcić przewód wysokiego ciśnienia układu kierowniczego.

• Przykręcić przewód „B+" do alternatora momentem **14 N·m** i wcisnąć kołpak ochronny na zacisk „30".

• Podłączyć przewód „D+" do alternatora.

• Zamontować stabilizator.

• Wlać ciecz chłodzącą (patrz „Układ chłodzenia").

• Zamontować dolną osłonę przedziału silnika (patrz „Silniki wysokoprężne 611, 612 i 646").

• Opuścić samochód.

• Przykręcić sztywny przewód turbosprężarki i podłączyć giętki przewód powietrza doładowującego.

• Zamontować sztywny i giętki przewód powietrza dolotowego.

• Zamontować pasek wieloklinowy (patrz „Silniki wysokoprężne 611, 612 i 646").
• Zamontować osłonę silnika (patrz „Silniki wysokoprężne 611, 612 i 646").
• Podłączyć przewód masy (–) do akumulatora, gdy zapłon jest wyłączony. Zamontować obudowę filtru przeciwpyłowego. Wprowadzić kod zabezpieczający radioodbiornik przed kradzieżą i nastawić zegar.

Silnik wysokoprężny 646

Wymontowanie

• Wymontować obudowę filtru przeciwpyłowego i odłączyć przewód masy (–) od akumulatora, gdy zapłon jest wyłączony.
Uwaga. Przed odłączeniem akumulatora należy koniecznie ustalić kod zabezpieczający radioodbiornik przed kradzieżą, jeśli taki kod jest zastosowany. Przestrzegać zaleceń podanych w podrozdziale „Wymontowanie i zamontowanie akumulatora".
Uwaga. Nie podłączać urządzenia do podtrzymywania napięcia.
• Wymontować górną osłonę silnika (patrz „Silniki wysokoprężne 611, 612 i 646").
• Wymontować filtr powietrza (patrz „Obwody doprowadzenia paliwa i powietrza").
• Wymontować pasek wieloklinowy.
• Wymontować przednią część dolnej osłony przedziału silnika (patrz „Silniki wysokoprężne 611, 612 i 646").
• Wymontować giętki przewód powietrza doładowującego nad alternatorem.
Uwaga. Niewielkie ilości oleju przedostają się do tego przewodu z układu odpowietrzania silnika i nie są objawem niesprawności.
• Odłączyć przewody elektryczne od zacisku „30" (grube przyłącze) i zacisku „61".
• Odkręcić alternator, wykręcając cztery długie śruby. Wyjąć w górę alternator.

Zamontowanie

• Zamontowanie odbywa się w kolejności odwrotnej do wymontowania. Moment dokręcania nakrętki zacisku „30" (B+) do alternatora – **18 N·m**.

Wymontowanie i zamontowanie regulatora napięcia, wymiana szczotek węglowych

Silniki benzynowe 111 i 112

Wymontowanie

• Wymontować alternator (patrz odpowiedni opis).
• Odkręcić nakrętki przy zaciskach przyłączowych.
• Wykręcić śruby (1, rys. M-5409), zdjąć pokrywę (2) z alternatora, odchylając przy tym zaczepy mocujące (3).
Uwaga. W zależności od modelu mogą być zamontowane różne alternatory.
• Wykręcić śruby (4) i wyjąć w bok regulator (5); (6) – przyłącze masy.
• Wymienić szczotki węglowe. W tym celu odlutować przewody plecione.
• Sprawdzić zużycie pierścieni ślizgowych, w razie potrzeby przeszlifować i wypolerować pierścienie (czynności wykonywane w stacji obsługi).

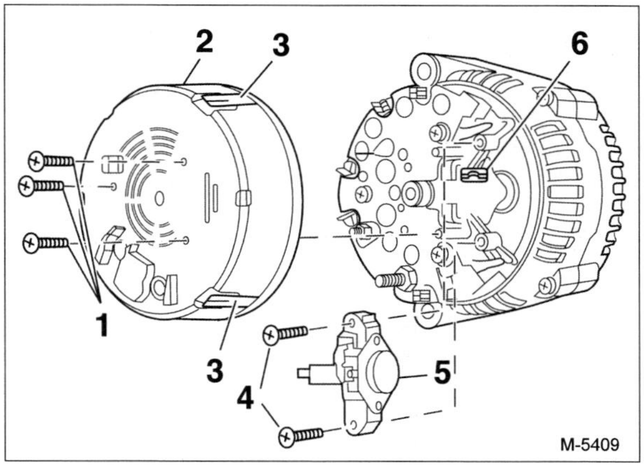

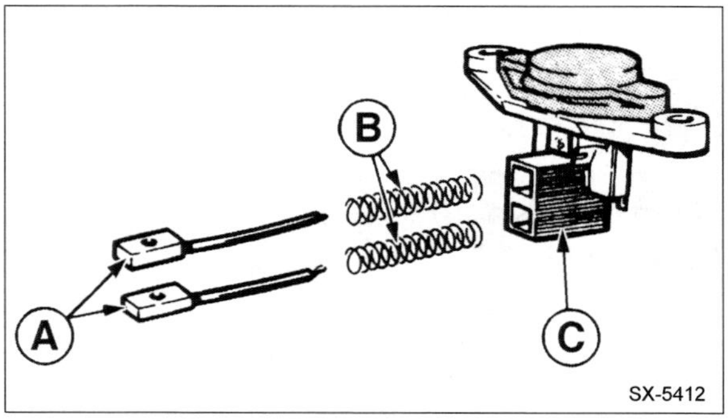

Zamontowanie

• Zamontować nowe szczotki węglowe (A, rys. SX-5412) i sprężyny (B) w szczotkotrzymaczu (C) i zlutować przewody.
Uwaga. Na rysunku SX-5412 nie jest pokazany szczotkotrzymacz samochodu Mercedes klasy C.
• Uchwycić przewód szczotki płaskimi szczypcami, aby cyna nie podchodziła wyżej do plecionego przewodu przy lutowaniu nowej szczotki.
Uwaga. Cyna w przewodzie spowodowałaby jego usztywnienie i szczotka byłaby bezużyteczna.
• Zamontować i dokręcić regulator napięcia.
• Po zamontowaniu nowych szczotek węglowych sprawdzić, czy przesuwają się swobodnie w szczotkotrzymaczu.
• Przyłożyć i przykręcić pokrywę do alternatora.
• Wkręcić nakrętki na zaciski przyłączowe.
• Zamontować alternator (patrz odpowiedni opis).

Typowe niesprawności alternatora

Objawy	Przyczyny	Sposób postępowania
Lampka kontrolna ładowania akumulatora nie świeci się po włączeniu zapłonu	Rozładowany akumulator	• Naładować
	Luźne lub skorodowane przewody przy akumulatorze	• Sprawdzić przewody, czy są mocno osadzone, oczyścić zaciski
	Luźne lub skorodowane przewody przy alternatorze	• Sprawdzić, czy jest właściwy styk przewodów, dokręcić śruby
	Przepalona lampka kontrolna	• Wymienić
	Uszkodzony regulator napięcia	• Sprawdzić regulator, wymienić w razie potrzeby
	Przerwa w obwodzie między alternatorem, wyłącznikiem zapłonu i lampką kontrolną	• Sprawdzić za pomocą omomierza, czy jest przerwa w obwodzie; naprawić lub wymienić przewód
	Szczotki węglowe nie przylegają do pierścienia ślizgowego	• Sprawdzić, czy szczotki mogą się przesuwać bez oporów i czy mają właściwą długość; sprawdzić siłę docisku sprężyn szczotek
Lampka kontrolna nie gaśnie po zwiększeniu prędkości obrotowej	Luźny pasek wieloklinowy ślizga się	• Sprawdzić napinacz paska wieloklinowego; sprawdzić urządzenie napinające i wymienić w razie potrzeby
	Zużyte szczotki węglowe	• Sprawdzić wzrokowo szczotki, w razie potrzeby wymienić
	Uszkodzone lub luźne przewody	• Sprawdzić przewody, w razie potrzeby naprawić

ROZRUSZNIK

Wymontowanie i zamontowanie rozrusznika

Do uruchomienia silnika spalinowego jest potrzebny rozrusznik – mały silnik elektryczny. Rozrusznik powinien nadawać silnikowi prędkość obrotową wynoszącą co najmniej 300 obr/min, aby było możliwe uruchomienie silnika. Taka prędkość obrotowa może być osiągnięta, gdy rozrusznik działa właściwie i akumulator jest dostatecznie naładowany.
Podczas uruchamiania konieczne jest duże natężenie prądu, dlatego podczas okresowych przeglądów należy zwracać uwagę na pra-

widłowe połączenia przewodów, czyścić skorodowane styki i smarować je smarem ochronnym.

Wymontowanie

• Wymontować obudowę filtru przeciwpyłowego i odłączyć przewód masy (–) od akumulatora, gdy zapłon jest wyłączony.

Uwaga. Przed odłączeniem akumulatora należy koniecznie ustalić kod zabezpieczający radioodbiornik przed kradzieżą, jeśli taki kod jest zastosowany. Przestrzegać zaleceń podanych w podrozdziale „Wymontowanie i zamontowanie akumulatora".

Uwaga. Nie podłączać urządzenia do podtrzymywania napięcia.

• Unieść i podeprzeć przód samochodu

> ***Ostrzeżenie.*** *Podczas unoszenia samochodu może zdarzyć się wypadek i dlatego należy przestrzegać zasad unoszenia i podpierania samochodu opisanych w rozdz. „Zabiegi konserwacyjne i pomocnicze".*

• Wymontować osłonę dolną (patrz rozdz. „Wyposażenie wewnętrzne nadwozia").

• **Silnik 112.** Wymontować układ wylotowy (patrz „Układ wylotowy").

• Odkręcić nakrętki (1, rys. M-5433) i odłączyć przewody elektryczne od rozrusznika.

• Wykręcić śruby (2) przy kołnierzu rozrusznika.

• Odciągnąć w bok wiązkę przewodów z zamocowaniem i wyjąć rozrusznik w dół z przedziału silnika.

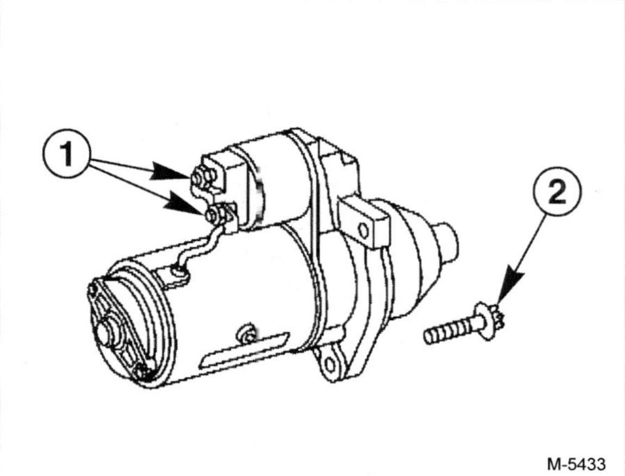

M-5433

Zamontowanie

• Zamontować rozrusznik i dokręcić momentem **42 N·m**, przykręcając równocześnie wspornik wiązki przewodów.

• Przykręcić do zacisku „50" momentem **6 N·m** cienki przewód, który prowadzi do wyłącznika zapłonu.

• Przykręcić do zacisku „30" momentem **14 N·m** gruby przewód, który prowadzi do akumulatora.

• **Silnik 112.** Zamontować układ wylotowy (patrz „Układ wylotowy").

• Zamontować osłonę dolną (patrz rozdz. „Wyposażenie wewnętrzne nadwozia").

• Opuścić samochód.

• Podłączyć przewód masy (–) do akumulatora, gdy zapłon jest wyłączony. Zamontować obudowę filtru przeciwpyłowego. Wprowadzić kod zabezpieczający radioodbiornik przed kradzieżą i nastawić zegar.

Wymontowanie i zamontowanie wyłącznika elektromagnetycznego

Wymontowanie

• Wymontować rozrusznik (patrz odpowiedni opis).

• Zamocować rozrusznik w imadle. W celu zapobieżenia uszkodzeniom owinąć szmatami szczęki imadła.

• Odkręcić nakrętkę i zdjąć przewód z zacisku (1, rys. G-5459) na elektromagnetycznym wyłączniku rozrusznika.

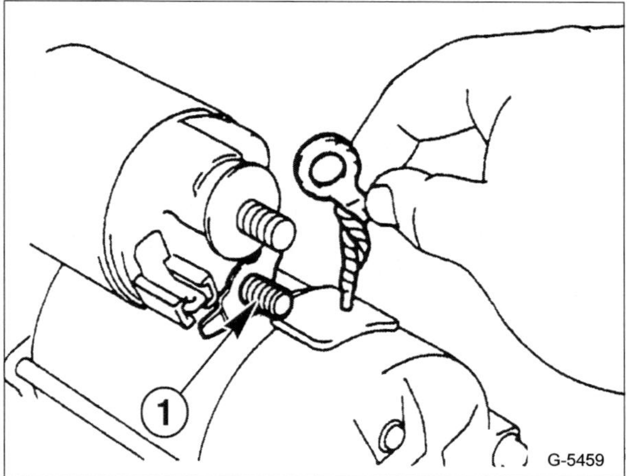

G-5459

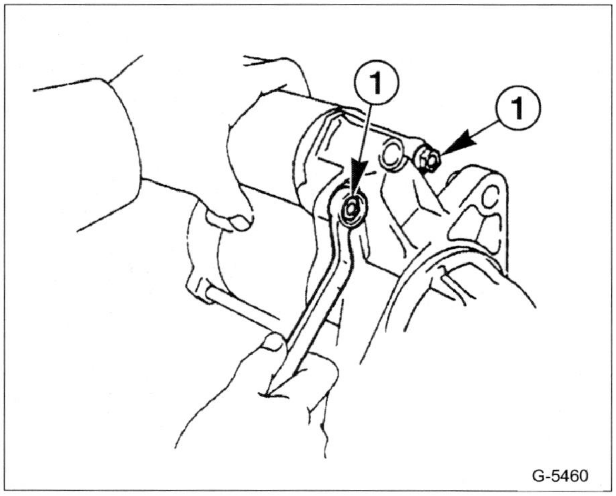

• Odkręcić nakrętki (1, rys. G-5460) i wyjąć wyłącznik elektromagnetyczny z korpusu rozrusznika.

Zamontowanie

• Nałożyć odpowiedni środek uszczelniający w miejscu połączenia wyłącznika elektromagnetycznego z korpusem rozrusznika.
• Włożyć w korpus rozrusznika i przykręcić wyłącznik elektromagnetyczny.
• Przykręcić przewody do zacisków wyłącznika elektromagnetycznego.
• Sprawdzić rozrusznik w stanie wymontowanym.
• Zamontować rozrusznik (patrz odpowiedni opis).

Sprawdzanie wyłącznika elektromagnetycznego

W razie uszkodzenia wyłącznika elektromagnetycznego (1, rys. SX-5426), zębnik rozrusznika (2) nie jest wprowadzany w wieniec zębaty koła zamachowego i rozrusznik nie może obracać silnika.

Sprawdzanie w stanie zamontowanym

• Warunek sprawdzania: akumulator jest całkowicie naładowany.
• Wyłączyć zapłon.
• Ustawić dźwignię zmiany biegów w położeniu neutralnym, dźwignię wyboru biegów automatycznej skrzynki przekładniowej w położeniu „P".

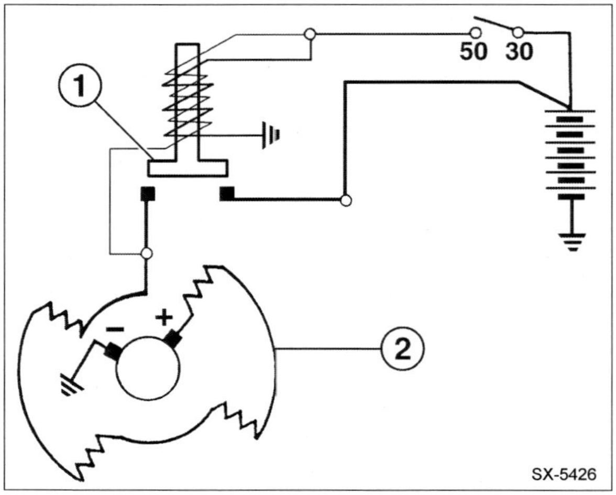

SCHEMAT POŁĄCZEŃ ROZRUSZNIKA I WYŁĄCZNIKA ELEKTROMAGNETYCZNEGO

• W celu sprawdzenia podłączyć przewód pomocniczy, na przykład przewód stosowany do uruchamiania silnika akumulatorem pomocniczym, do zacisku „50" wyłącznika elektromagnetycznego (cienki przewód prowadzący do wyłącznika zapłonu).
• Drugi koniec przewodu pomocniczego przyłożyć na chwilę do zacisku „30" (gruby przewód dodatni prowadzący do akumulatora).
• Zębnik rozrusznika powinien wysunąć się do przodu, w przeciwnym razie wymienić wyłącznik elektromagnetyczny.

Sprawdzanie po wymontowaniu

• Warunek sprawdzania: akumulator jest całkowicie naładowany.
• Wymontować rozrusznik (patrz odpowiedni opis).
• Obudowę rozrusznika połączyć z ujemnym biegunem (–) akumulatora za pomocą przewodu stosowanego do uruchamiania silnika akumulatorem pomocniczym.
• Drugi przewód pomocniczy podłączyć do dodatniego bieguna (+) akumulatora.
• Wolny koniec drugiego przewodu pomocniczego przyłożyć na chwilę do małego zacisku „50" wyłącznika elektromagnetycznego.
• Zębnik rozrusznika powinien wysunąć się do przodu, w przeciwnym razie wymienić wyłącznik elektromagnetyczny.

Typowe niesprawności rozrusznika

Objawy	Przyczyny	Sposób postępowania
Rozrusznik nie obraca się, gdy wyłącznik zapłonu jest w położeniu rozruchu	Rozładowany akumulator	• Naładować akumulator
	Rozrusznik zaczyna się obracać po zmostkowaniu zacisków „30” i „50”; przerwa w przewodzie wyłącznika zapłonu lub uszkodzony rozrusznik	• Usunąć przerwę, wymienić uszkodzone części
	Przerwa w przewodzie lub podłączeniu masy; rozładowany akumulator	• Sprawdzić przewody i podłączenia akumulatora. Zmierzyć napięcie akumulatora, w razie potrzeby naładować akumulator
	Niedostateczny przepływ prądu z powodu luźnych lub skorodowanych połączeń	• Oczyścić czopy i zaciski akumulatora. Zapewnić dobre połączenia między akumulatorem, rozrusznikiem i masą
	Brak napięcia na zacisku „50”	• Przerwa w przewodzie, uszkodzony wyłącznik zapłonu
Rozrusznik obraca się za wolno i nie uruchamia silnika	Częściowo rozładowany akumulator	• Naładować akumulator
	Niedostateczny przepływ prądu z powodu luźnych lub skorodowanych połączeń	• Oczyścić czopy i zaciski akumulatora oraz przyłącza przy rozruszniku; dokręcić przyłącza
	Szczotki węglowe nie przylegają do komutatora, są zaciskane w prowadnicach, są zużyte, pęknięte, zaolejone lub zanieczyszczone	• Sprawdzić szczotki węglowe, oczyścić je lub wymienić; sprawdzić prowadnice szczotek
	Niewłaściwa odległość między szczotkami węglowymi a komutatorem	• Wymienić szczotki węglowe i oczyścić prowadnice szczotek
	Komutator ma wyżłobienia lub jest nadpalony i zanieczyszczony	• Wymienić rozrusznik
	Za małe napięcie na zacisku „50” (mniej niż 10 V)	• Sprawdzić wyłącznik zapłonu lub wyłącznik elektromagnetyczny
	Zużyte łożyska	• Sprawdzić łożyska, wymienić w razie potrzeby
	Uszkodzony wyłącznik elektromagnetyczny	• Wymienić wyłącznik elektromagnetyczny
Rozrusznik zazębia się i pracuje, silnik nie obraca się lub obraca się skokami	Uszkodzony mechanizm zębnika	• Wymienić rozrusznik
	Zanieczyszczony zębnik	• Oczyścić zębnik
	Uszkodzony wieniec zębaty na kole zamachowym	• Wymienić koło zamachowe
Mechanizm zębnika nie rozłącza się	Zanieczyszczony lub uszkodzony mechanizm zębnika lub wielowypust śrubowy	• Wymienić rozrusznik
	Uszkodzony wyłącznik elektromagnetyczny	• Wymienić wyłącznik elektromagnetyczny
	Osłabiona lub pęknięta sprężyna odciągająca	• Wymienić wyłącznik elektromagnetyczny
Rozrusznik pracuje po zwolnieniu kluczyka wyłącznika zapłonu	Zawiesza się wyłącznik elektromagnetyczny, nie rozłącza	• Natychmiast wyłączyć zapłon, wymienić wyłącznik elektromagnetyczny
	Nie rozłącza wyłącznik zapłonu	• Natychmiast odłączyć akumulator, wymienić wyłącznik zapłonu

WYCIERACZKI I SPRYSKIWACZE SZYB

Ostrzeżenie. *Podczas obsługi i naprawy wycieraczki istnieje niebezpieczeństwo zranienia rąk przez zaciśnięcie lub zgniecenie. W skrajnym wypadku może dojść do obcięcia palca podczas manipulowania przy mechanizmie wycieraczki. Przed czynnościami naprawczymi należy zawsze wyjąć kluczyk z wyłącznika zapłonu.*

Wymontowanie i zamontowanie gumowego pióra wycieraka

Gumowe pióra wycieraków należy wymienić, jeśli pozostawiają na szybie ślady nieprawidłowej pracy. W handlu są oferowane kompletne wycieraki (z gumowym piórem) i same gumowe pióra wycieraków. Jeśli jest wymieniane tylko gumowe pióro, to należy zwrócić uwagę, aby wycierak nie był wygięty.

Uwaga. Jeśli wycierak drga podczas pracy, z reguły nie wystarcza wymiana wycieraka lub gumowego pióra. Należy wtedy sprawdzić i wyregulować kąt ustawienia ramienia wycieraka (patrz odpowiedni opis).

Modele do IV 2003

Wymontowanie

- Odchylić do góry ramię wycieraka i ustawić wycierak prostopadle do ramienia.
- Wcisnąć zaczep sprężysty (A na rys. SX-6010) w kierunku strzałki i zsunąć w dół (B) wycierak z zagięcia ramienia. Zdjąć wycierak z zagięcie ramienia.

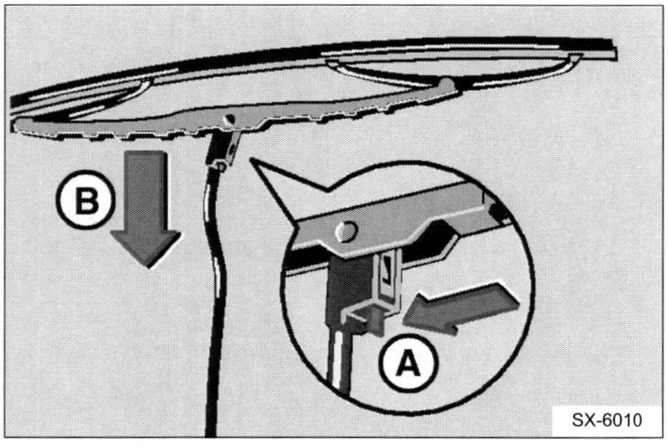

SX-6010

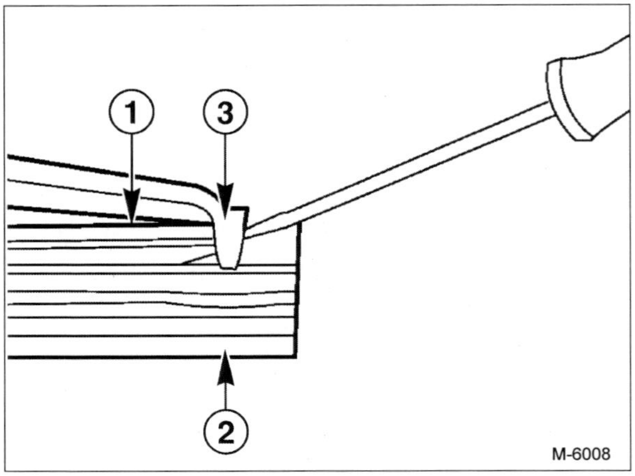

M-6008

- Zsunąć wąskim wkrętakiem obie stalowe prowadnice (1, rys. M-6008) po zamkniętej stronie gumowego pióra i wyciągnąć je całkowicie z pióra.
- Wyczepić gumowe pióro (2) z zaczepów (3) wycieraka.

Zamontowanie

- Włożyć luźno nowe gumowe pióro bez prowadnic w dolne zaczepy wycieraka.
- Wprowadzić obie prowadnice w pierwszy rowek pióra tak, aby wycięcia prowadnic były skierowane do pióra i wchodziły w występy rowka.

Uwaga. Prowadnice są lekko wygięte. Zamontować je tak, aby wypukła strona wygięcia była odwrócona od wycieraka.

- Zwilżyć gumowe pióro po zamkniętej stronie wodą z mydłem, aby wchodziło łatwiej w zamocowanie.
- Ścisnąć obie prowadnice i gumowe pióro szczypcami i wprowadzić je w górne zaczepy w taki sposób, aby występy zaczepów wesz-

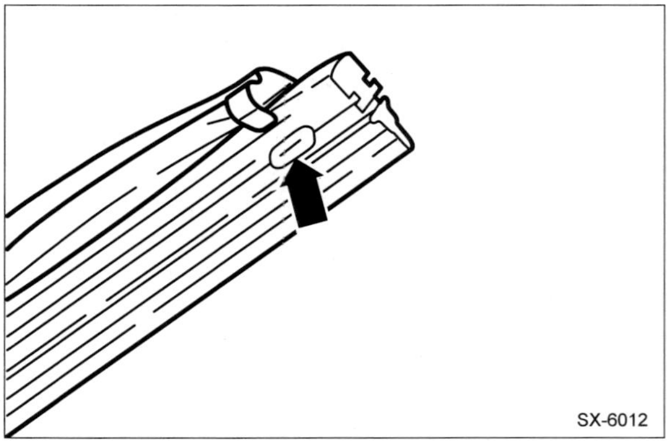
SX-6012

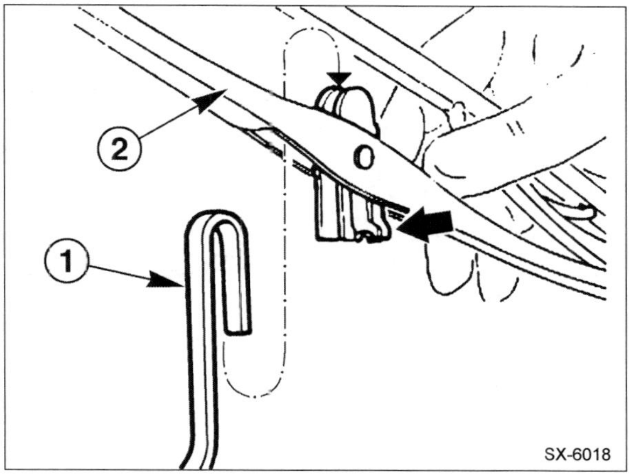

SX-6018

ły z obu stron we wgłębienia mocujące pióro (strzałka na rys. SX-6012).

• Wsunąć wycierak (2, rys. SX-6018) na ramię (1) i wprowadzić zaczep sprężysty (strzałka) w wygięcie ramienia. Jeśli na wycieraku są owiewki, powinny być skierowane w dół.

• Ustawić ramię wycieraka w normalnym położeniu. Sprawdzić, czy gumowe pióro przylega na całej swej długości do szyby. W razie potrzeby dogiąć ostrożnie wycierak.

Wycieraczka „aero" od V 2003

Wymontowanie

• Wyłączyć zapłon i wyjąć kluczyk z wyłącznika zapłonu.

• Pociągnąć do oporu nakładkę mocującą (1, rys. M-6044) w kierunku strzałki (b).

Uwaga. Wymiana wycieraka jest łatwiejsza, jeśli ramię wycieraka nie jest odchylane w górę i pozostaje na szybie.

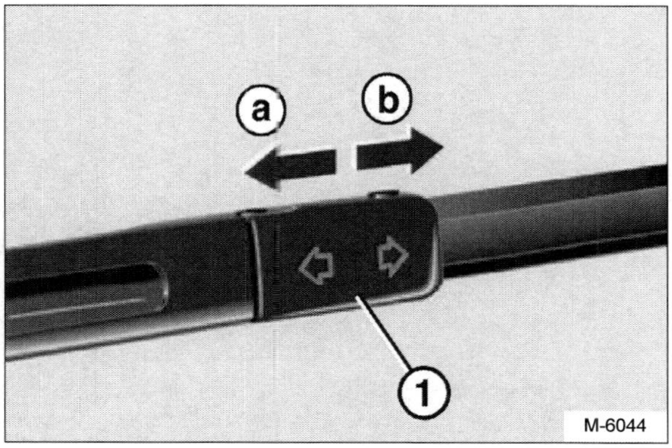

M-6044

Zamontowanie

• Unieść nieco ramię wycieraka i włożyć wycierak w wycięcie ramienia tak, aby czworokątne nacięcie ustalające znalazło się u góry.

• Ułożyć ostrożnie ramię z wycierakiem na szybie przedniej i przesunąć nakładkę mocującą w kierunku strzałki (a), aż wejdzie zauważalnie w ustalone położenie.

Regulacja dysz spryskiwacza szyby

• Kierunek strumienia wytryskującego z dyszy spryskiwacza szyby przedniej może być regulowany za pomocą cienkiego trzpienia, na przykład szpilki lub przyrządu Hazet 4850-1 (rys. SX-6017). Wprowadzić trzpień w dyszę i wycelować ją na punkt na szybie.

• Strumienie cieczy powinny padać w oznaczonych miejscach (rys. M-6032).

• Dysze spryskiwaczy można czyścić sprężonym powietrzem. W tym celu wymontować dysze i wdmuchiwać powietrze od strony podłączenia przewodu giętkiego.

Uwaga. Nie wolno przedmuchiwać dysz w kierunku przeciwnym do kierunku przepływu cieczy.

• Jeśli nie można ustawić kierunku spryskiwania lub strumień cieczy wypływa nierównomiernie, to należy wymienić dyszę spryskiwacza.

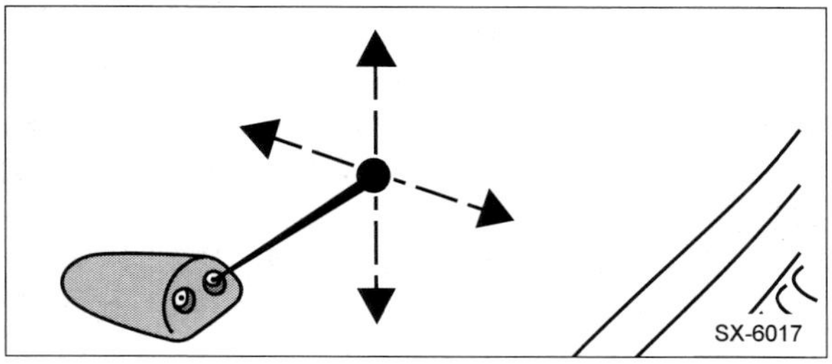
SX-6017

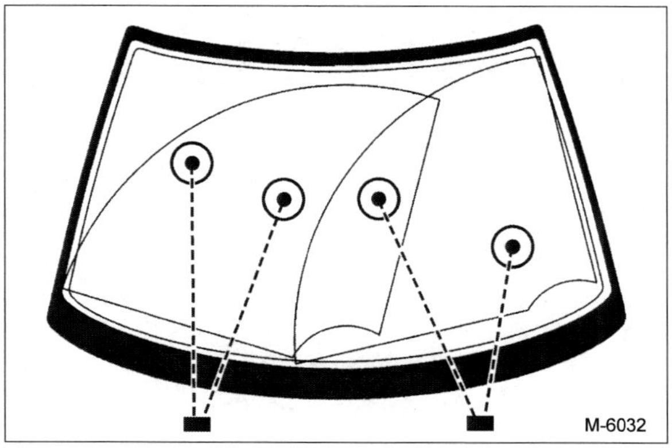
M-6032

Uwaga. Obie dwustrumieniowe dysze spryskiwaczy szyby są ogrzewane elektrycznie. Drut oporowy nagrzewa dysze po włączeniu zapłonu i zapobiega ich zamarzaniu zimą.

Czynności przy dyszy spryskiwacza szyby tylnej

Dysza spryskiwacza szyby tylnej modelu kombi znajduje się w wałku wycieraczki.

- Odchylić w górę kapturek na czopie wałka i obracać szczypcami dyszę spryskiwacza, aż strumień cieczy będzie pokrywał wystarczająco dużą powierzchnię szyby tylnej.

Wymontowanie i zamontowanie dyszy spryskiwacza szyby przedniej

Wymontowanie

- Otworzyć pokrywę przedziału silnika.
- Wymontować obudowę filtru przeciwpyłowego i odłączyć przewód masy (–) od akumulatora, gdy zapłon jest wyłączony.

Uwaga. Przed odłączeniem akumulatora należy koniecznie ustalić kod zabezpieczający radioodbiornik przed kradzieżą, jeśli taki kod jest zastosowany. Przestrzegać zaleceń podanych w podrozdziale „Wymontowanie i zamontowanie akumulatora".

- Wymontować osłonę wlotu powietrza z pokrywy przedziału silnika (patrz rozdz. „Wyposażenie wewnętrzne nadwozia").
- Odłączyć złącze wtykowe (1, rys. M-6034) ogrzewania dyszy spryskiwacza (2).
- Wypchnąć króciec (3) giętkiego przewodu cieczy z dyszy spryskiwacza szyby (4).
- Podważyć dyszę spryskiwacza wkrętakiem i wyciągnąć z zamocowania.

Zamontowanie

- Zamontować dyszę spryskiwacza szyby w osłonie wlotu powietrza w ustalonym położeniu.
- Wcisnąć króciec na dyszę spryskiwacza.
- Podłączyć złącze wtykowe ogrzewania dyszy spryskiwacza.
- Zamontować osłonę wlotu powietrza w pokrywie przedziału silnika (patrz rozdz. „Wyposażenie wewnętrzne nadwozia").
- Podłączyć przewód masy (–) do akumulatora, gdy zapłon jest wyłączony. Zamontować obudowę filtru przeciwpyłowego. Wprowadzić kod zabezpieczający radioodbiornik przed kradzieżą i nastawić zegar.
- Zamknąć pokrywę przedziału silnika.
- Sprawdzić działanie i wyregulować dyszę spryskiwacza (patrz odpowiedni opis).

Wymontowanie i zamontowanie dyszy spryskiwacza szyby tylnej

Kombi

Wymontowanie

- Otworzyć pokrywę tylną i wymontować pokrycie pokrywy (patrz rozdz. „Wyposażenie wewnętrzne nadwozia").
- Odchylić w górę kapturek (1, rys. M-6035) i wyciągnąć szczypcami dyszę spryskiwacza (2) z wałka wycieraczki.

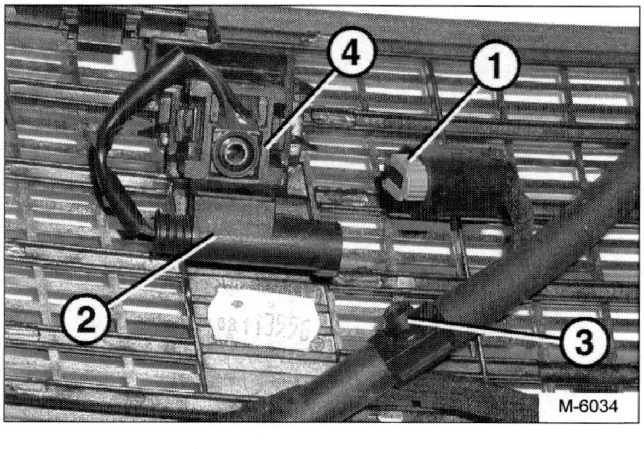

M-6034

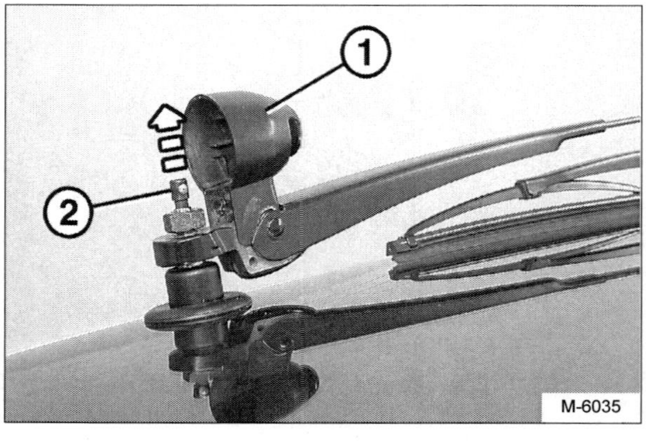

M-6035

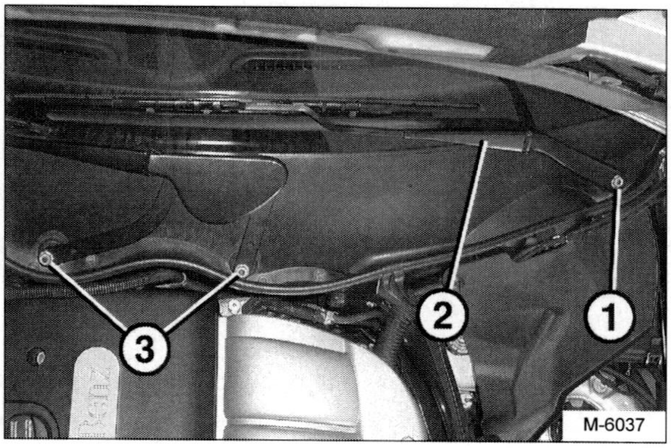

• Ściągnąć giętki przewód cieczy (1, rys. M-6036) z króćca (2) dyszy spryskiwacza.
• Odkręcić (strzałki) pokrywę obudowy (3) silnika wycieraczki, podważyć wkrętakiem i wyjąć króciec z pokrywy.

Zamontowanie

• Włożyć króciec dyszy spryskiwacza w pokrywę obudowy i wcisnąć w ustalone położenie.
• Sprawdzić uszczelkę pokrywy, czy nie jest uszkodzona, wymienić w razie potrzeby i dokręcić pokrywę obudowy.
• Wcisnąć giętki przewód cieczy na króciec.
• Włożyć w wałek wycieraczki i docisnąć dyszę spryskiwacza. Zamknąć kapturek.
• Zamontować pokrycie pokrywy (patrz rozdz. „Wyposażenie wewnętrzne nadwozia").
• Zamknąć pokrywę tylną oraz sprawdzić działanie i wyregulować dyszę spryskiwacza (patrz odpowiedni opis).

Wymontowanie i zamontowanie ramion wycieraków szyby przedniej

Wymontowanie

• Polać wodą szybę przednią.
• Uruchomić wycieraczkę na chwilę i zatrzymać ją za pomocą wyłącznika, co powoduje ustawienie wycieraczki w skrajnym położeniu.
• Zaznaczyć położenie właściwie ustawionych gumowych piór wycieraków na szybie, na przykład taśmą samoprzylepną.
• Otworzyć pokrywę przedziału silnika.
• Poluzować nakrętkę (1, rys. M-6037) o około dwa obroty, nie odkręcając jej całkowicie. Poruszać lekko lewe ramię wycieraka (2) w różne strony, aż odłączy się od czopa wałka. Odkręcić całkowicie nakrętkę i ściągnąć ramię wycieraka z czopa.
Uwaga. Jeśli są trudności ze ściągnięciem ramienia wycieraka, podłożyć klucz płaski pod ramię i podważyć je ostrożnie. Można zastosować także odpowiedni ściągacz, na przykład Hazet 1966-05.
• Odkręcić dwie nakrętki (3) i zdjąć prawe ramię wycieraka.

Zamontowanie

• Zapewnić, aby silnik wycieraczki znajdował się w położeniu odpowiadającym skrajnemu położeniu ramion wycieraka. Jeśli to konieczne, włączyć silnik na chwilę i wyłączyć go wyłącznikiem wycieraczki.
• Osadzić ramię wycieraka na czopie wałka we właściwym położeniu według oznakowania taśmą klejącą wykonanego podczas wymontowania.
• Wkręcić nakrętki i dokręcić ręcznie.
• Sprawdzić ponownie skrajne położenie ramion wycieraków. W tym celu zamknąć pokrywę przedziału silnika, polać szybę wodą i włączyć na chwilę wycieraczkę. Ramiona wycieraków powinny wrócić do ustawionego położenia skrajnego i podczas pracy nie wychodzić poza krawędź szyby.
• Jeśli to konieczne, poluzować nakrętkę i przeprowadzić ponowne ustawianie.
• Dokręcić nakrętki momentem **20 N · m**.

Wymontowanie i zamontowanie ramienia wycieraka szyby tylnej

Kombi

Wymontowanie

• Polać wodą szybę tylną.
• Uruchomić wycieraczkę na chwilę i zatrzymać ją za pomocą wyłącznika, co powoduje ustawienie wycieraczki w skrajnym położeniu.
• Zaznaczyć położenie właściwie ustawionego gumowego pióra wycieraka na szybie, na przykład taśmą samoprzylepną.
• Odchylić w górę kapturek (1, rys. M-6039) i odkręcić nakrętkę (2).
• Unieść i zdjąć ramię wycieraka (3).
Uwaga. Nie uszkodzić przy tym dyszy spryskiwacza zamontowanej w wałku wycieraczki.

Zamontowanie

• Zapewnić, aby silnik wycieraczki znajdował się w położeniu odpowiadającym skrajnemu położeniu ramienia wycieraka. Jeśli to konieczne, włączyć silnik na chwilę i wyłączyć go wyłącznikiem wycieraczki.
• Osadzić ramię wycieraka na czopie wałka we właściwym położeniu według oznakowania taśmą klejącą.
• Przykręcić nakrętkę (2).
• Sprawdzić ponownie skrajne położenie ramienia wycieraka. W tym celu polać szybę wodą i włączyć na chwilę wycieraczkę. Ramię wycieraka powinno wrócić do ustawionego położenia skrajnego i podczas pracy nie wychodzić poza krawędź szyby.
• Jeśli to konieczne, poluzować nakrętkę (2) i przeprowadzić ponowne ustawianie.

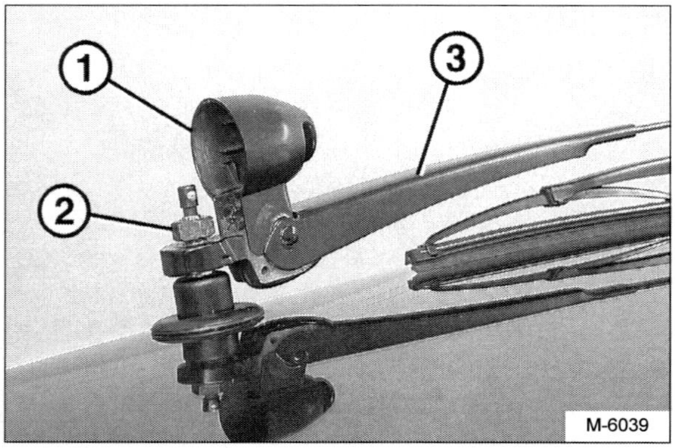

M-6039

• Dokręcić nakrętki (2) momentem **12 N·m** i wcisnąć kapturek (1).

Sprawdzanie i regulacja kąta ustawienia ramion wycieraków

Nie dotyczy wycieraczki „aero”

Kąt ustawienia ramion wycieraków należy sprawdzać i regulować, jeśli wycieraki podczas pracy drgają lub hałasują. Potrzebny jest specjalny przyrząd Hazet 4851-1.

Sprawdzanie

• Zwilżyć wodą szybę i ustawić ramiona wycieraków w położeniu skrajnym. W tym celu uruchomić silnik wycieraczki na czas około jednej minuty i wyłączyć go wyłącznikiem.
• Wymontować wycierak (patrz odpowiedni opis).
• Odchylić w górę ramię wycieraka (2, rys. SX-6015), wsunąć specjalny przyrząd Hazet 4851-1 i zacisnąć go śrubą (3).
• Położyć ostrożnie ramię wycieraka z przyrządem na szybie.
Uwaga. Przyrząd Hazet 4851-1 powinien opierać się o szybę w trzech punktach.
• Odczytać kąt ustawienia na skali przyrządu i porównać z wymaganymi wartościami:

lewe ramię wycieraka .... – 5,0 do – 6,5°,
prawe ramię wycieraka .... – 4,0 do – 6,0°,
ramię wycieraka z tyłu .... – 1,0°.

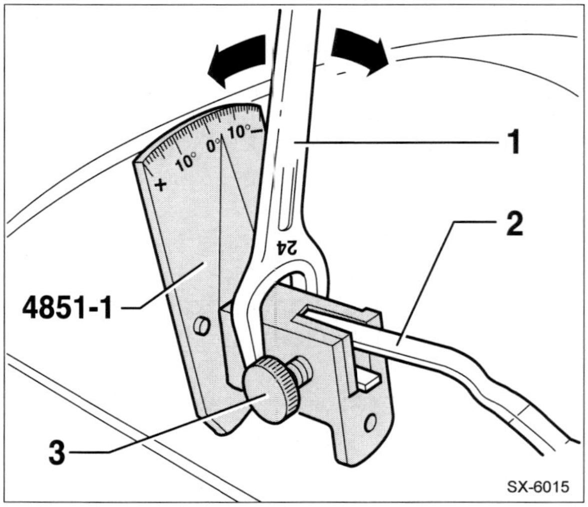

SX-6015

Regulacja

• Unieść ramię wycieraka z szyby i skręcić ostrożnie przyrząd Hazet kluczem płaskim (1, rys. SX-60). Podczas skręcania należy przytrzymać ramię szczypcami w miejscu połączenia, aby to połączenie nie zostało uszkodzone.
• Ułożyć ostrożnie ramię wycieraka na szybie i sprawdzić kąt ustawienia. Powtarzać te czynności, aż na skali będzie wskazywana wymagana wartość.
• Zdjąć przyrząd, nałożyć go jeszcze raz na ramię wycieraka. Sprawdzić kąt ustawienia i skorygować w razie potrzeby.
• Zamontować ramię wycieraka (patrz odpowiedni opis).

Wymontowanie i zamontowanie silnika wycieraczki szyby przedniej

Wymontowanie

• Otworzyć pokrywę przedziału silnika.
• Wymontować obudowę filtru przeciwpyłowego i odłączyć przewód masy (–) od akumulatora, gdy zapłon jest wyłączony.
Uwaga. Przed odłączeniem akumulatora należy koniecznie ustalić kod zabezpieczający radioodbiornik przed kradzieżą, jeśli taki kod jest zastosowany. Przestrzegać zaleceń podanych w podrozdziale „Wymontowanie i zamontowanie akumulatora".
• Wymontować ramiona wycieraka (patrz odpowiedni opis).
• Wymontować korytko gromadzące wodę (patrz rozdz. „Wyposażenie wewnętrzne nadwozia").

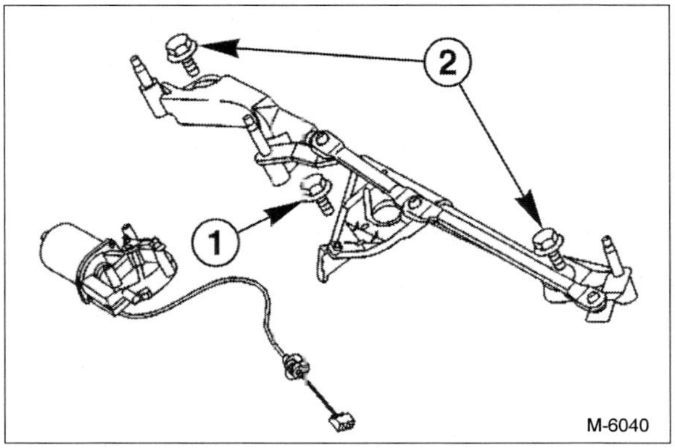

M-6040

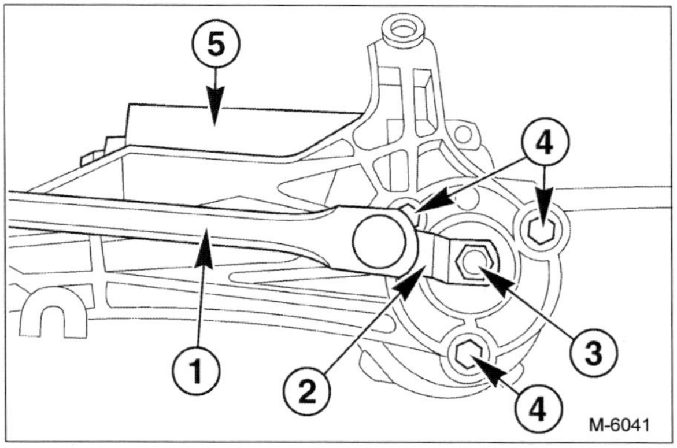

M-6041

• Zwolnić klamry mocujące i zdjąć pokrywę skrzynki bezpieczników w przedziale silnika.
• Odłączyć złącze wtykowe silnika wycieraczki i odłączyć przewód elektryczny ze skrzynki bezpieczników.
• Przeciąć opaskę mocującą przewodu elektrycznego przy cięgłach wycieraczki.
• Wykręcić śrubę (1, rys. M-6040) z przegrody czołowej.
• Wykręcić dwie śruby (2) i wyjąć mechanizm wycieraczki z przedziału silnika.
• Wyjąć wspornik korytka gromadzącego wodę.
• Wycisnąć lewe i prawe cięgło z przegubem (1, rys. M-6041) z ramienia z czopem kulistym (2).
Uwaga. Nie odkręcać nakrętki (3) na wałku wycieraczki.
• Wykręcić trzy śruby (4) i odłączyć silnik wycieraczki (5) od cięgieł.

Zamontowanie

Uwaga. Przed zamontowaniem sprawdzić, czy silnik znajduje się w położeniu odpowiadającym skrajnemu położeniu ramion wycieraka. W tym celu podłączyć tymczasowo złącze wielostykowe i przewód masy do akumulatora. Uruchomić silnik na chwilę i wyłączyć go wyłącznikiem wycieraczki, aby silnik zatrzymał się w położeniu skrajnym.
• Połączyć silnik wycieraczki z cięgłami i dokręcić momentem **13 N·m**.
• Wcisnąć prawe i lewe cięgło z przegubem na ramię z czopem kulistym.
• Zamontować wspornik, zapewniając jego właściwe osadzenie.

• Zamontować mechanizm wycieraczki w przedziale silnika i umocować dwiema śrubami do nadwozia. Dokręcić śruby momentem **20 N • m**.
• Wkręcić śruby w przegrodę czołową i dokręcić momentem **8 N • m**.
• Podłączyć złącze wtykowe silnika wycieraczki w skrzynce bezpieczników i umocować przewód elektryczny. Umocować przewód na cięgłach wycieraczki za pomocą opasek.
• Zamknąć i zaryglować pokrywę skrzynki bezpieczników.
• Zamontować korytko gromadzące wodę (patrz rozdz. „Wyposażenie wewnętrzne nadwozia").
• Zamontować ramiona wycieraków (patrz odpowiedni opis).
• Podłączyć przewód masy (–) do akumulatora, gdy zapłon jest wyłączony. Zamontować obudowę filtru przeciwpyłowego. Wprowadzić kod zabezpieczający radioodbiornik przed kradzieżą i nastawić zegar.
• Sprawdzić ustawienie ramion wycieraków.

Wymontowanie i zamontowanie silnika wycieraczki szyby tylnej

Kombi

Wymontowanie

• Wymontować obudowę filtru przeciwpyłowego i odłączyć przewód masy (–) od akumulatora, gdy zapłon jest wyłączony.
Uwaga. Przed odłączeniem akumulatora należy koniecznie ustalić kod zabezpieczający radioodbiornik przed kradzieżą, jeśli taki kod jest zastosowany. Przestrzegać zaleceń podanych w podrozdziale „Wymontowanie i zamontowanie akumulatora".

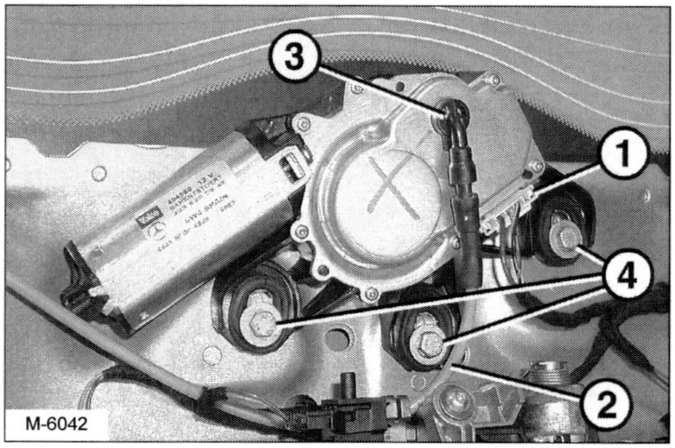

M-6042

• Wymontować ramię wycieraka (patrz odpowiedni opis).
• Otworzyć pokrywę tylną i wymontować pokrycie pokrywy (patrz rozdz. „Wyposażenie wewnętrzne nadwozia").
• Odłączyć złącze stykowe (1, rys. M-6042) silnika wycieraczki.
• Ściągnąć giętki przewód cieczy (2) z króćca (3) dyszy spryskiwacza.
• Wykręcić trzy śruby (4) i zdjąć silnik wycieraczki z pokrywy tylnej.
Uwaga. Zaznaczyć uprzednio położenie sinika wycieraczki.

Zamontowanie

Uwaga. Przed zamontowaniem sprawdzić, czy silnik znajduje się w położeniu odpowiadającym skrajnemu położeniu ramienia wycieraka. W tym celu podłączyć tymczasowo złącze wielostykowe i przewód masy do akumulatora. Uruchomić silnik na chwilę i wyłączyć go wyłącznikiem wycieraczki, aby silnik zatrzymał się w położeniu skrajnym.
• Dokręcić silnik wycieraczki do pokrywy tylnej. Zapewnić przy tym właściwe osadzenie uszczelki gumowej w otworze szyby tylnej.
• Wcisnąć giętki przewód cieczy na króciec.
• Podłączyć złącze wtykowe do silnika wycieraczki.
• Zamontować pokrycie pokrywy tylnej (patrz rozdz. „Wyposażenie wewnętrzne nadwozia").
• Zamknąć pokrywę tylną i zamontować ramię wycieraka (patrz odpowiedni opis).
• Podłączyć przewód masy (–) do akumulatora, gdy zapłon jest wyłączony. Zamontować obudowę filtru przeciwpyłowego. Wprowadzić kod zabezpieczający radioodbiornik przed kradzieżą i nastawić zegar.
• Sprawdzić ustawienie ramienia wycieraka, sprawdzić działanie dyszy spryskiwacza.

Wymontowanie i zamontowanie zbiornika i silników pompki spryskiwaczy szyb

Wymontowanie

• Otworzyć pokrywę przedziału silnika.

• Wymontować obudowę filtru przeciwpyłowego i odłączyć przewód masy (–) od akumulatora, gdy zapłon jest wyłączony.
Uwaga. Przed odłączeniem akumulatora należy koniecznie ustalić kod zabezpieczający radioodbiornik przed kradzieżą, jeśli taki kod jest zastosowany. Przestrzegać zaleceń podanych w podrozdziale „Wymontowanie i zamontowanie akumulatora".
• Wykręcić wkręt do blachy przy króćcu wlewowym zbiornika cieczy do spryskiwania szyb.
• Unieść i podeprzeć przód samochodu.

Ostrzeżenie. *Podczas unoszenia samochodu może zdarzyć się wypadek i dlatego należy przestrzegać zasad unoszenia i podpierania samochodu opisanych w rozdz. „Zabiegi konserwacyjne i pomocnicze".*

• Wymontować część przednią i górną nadkola koła przedniego (patrz rozdz. „Wyposażenie zewnętrzne nadwozia").
• Odłączyć giętkie przewody cieczy i złącze (1, rys. M-6038) od silników pompki (2).
Uwaga. Silniki pompki są umieszczone za zbiornikiem (3) cieczy do spryskiwania szyb.
• Wyciągnąć złącze wtykowe czujnika poziomu cieczy (6).
• Zwolnić z zamocowania na zbiorniku cieczy i wymontować silniki pompki.
• Wykręcić śrubę i wyciągnąć króciec wlewowy (4, rys. M-6043) ze zbiornika cieczy do spryskiwania szyb (3); (5) – pierścień uszczelniający.
• Wykręcić trzy śruby (strzałki) i wyjąć zbiornik cieczy do spryskiwania szyb z przedziału silnika.

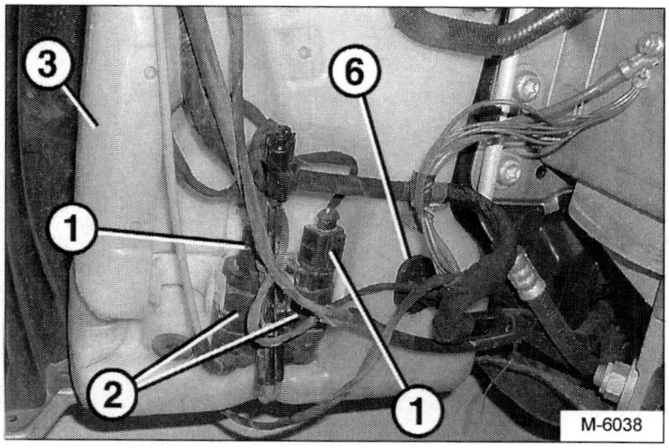

M-6038

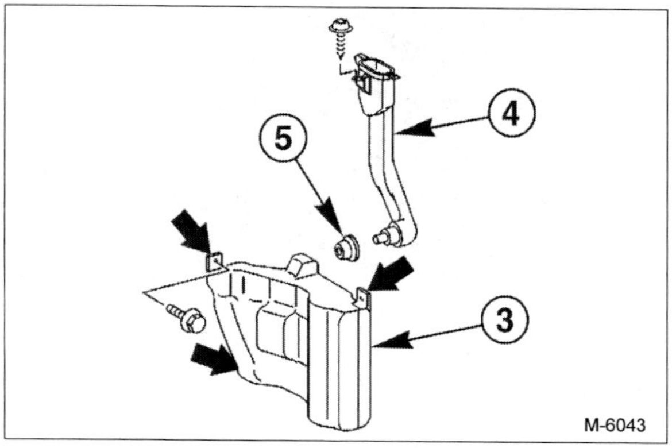

M-6043

Zamontowanie

• Zamontowanie odbywa się w kolejności odwrotnej do wymontowania. Zapewnić właściwe osadzenie króćca wlewowego w pierścieniu uszczelniającym (5).
• Podłączyć przewód masy (–) do akumulatora, gdy zapłon jest wyłączony. Zamontować obudowę filtru przeciwpyłowego. Wprowadzić kod zabezpieczający radioodbiornik przed kradzieżą i nastawić zegar.

Wymontowanie i zamontowanie czujnika deszczu

Uwaga. Czujnik deszczu jest umocowany na szybie przedniej na wysokości lusterka wstecznego i steruje częstotliwością pracy wycieraczki. Wymontowanie i zamontowanie należy wykonywać ostrożnie, aby nie uszkodzić szyby i układu optycznego czujnika.

Wymontowanie

• Wymontować obudowę filtru przeciwpyłowego i odłączyć przewód masy (–) od akumulatora, gdy zapłon jest wyłączony.
Uwaga. Przed odłączeniem akumulatora należy koniecznie ustalić kod zabezpieczający radioodbiornik przed kradzieżą, jeśli taki kod jest zastosowany. Przestrzegać zaleceń podanych w podrozdziale „Wymontowanie i zamontowanie akumulatora".
• Zdjąć osłonę (1, rys. M-5673).
• Odłączyć złącze wtykowe (2, rys. M-6033) czujnika deszczu (4).
• Włożyć wkrętak (5) w zagłębienia (3) po bokach czujnika deszczu i podważyć (strzałka) dwa zatrzaski z prawej i lewej strony.

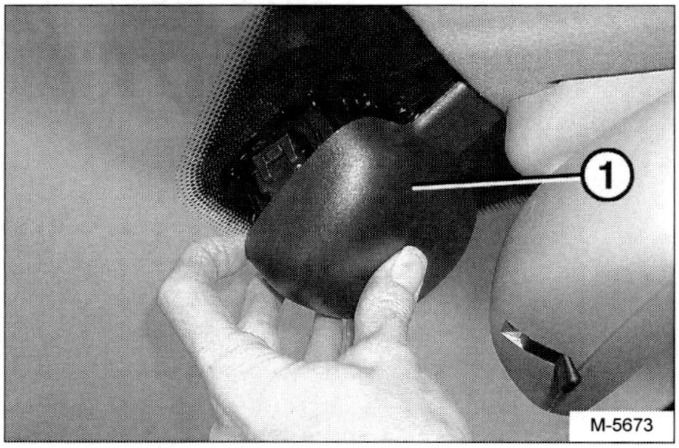

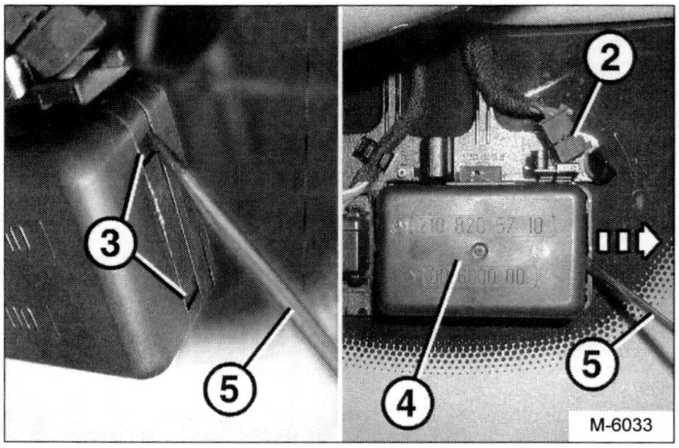

- Wyjąć czujnik deszczu (4) z zamocowania. **Uwaga.** Soczewka czujnika jest naklejona na szybę przednią. Soczewka powinna być wymieniania tylko w stacji obsługi.

Zamontowanie

- Zamontowanie odbywa się w kolejności odwrotnej do wymontowania.
- Podłączyć przewód masy (–) do akumulatora, gdy zapłon jest wyłączony. Zamontować obudowę filtru przeciwpyłowego. Wprowadzić kod zabezpieczający radioodbiornik przed kradzieżą i nastawić zegar.
- Sprawdzić działanie czujnika deszczu i regulację częstotliwości pracy wycieraczki. W tym celu natryskiwać wodę w miejscu zamontowania czujnika.

Typowe niesprawności gumowych piór wycieraków

Ślady na szybie	Przyczyny	Sposób postępowania
Smugi	Zanieczyszczone gumowe pióro	• Oczyścić gumę pióra twardą szczotką nylonową i roztworem myjącym lub spirytusem
	Postrzępione krawędzie, guma z ubytkami lub zużyta	• Wymienić gumowe pióro
	Guma zestarzała, o popękanej powierzchni	• Wymienić gumowe pióro
Pozostała na szybie woda zbiera się w kropelki	Szyba zanieczyszczona środkiem konserwującym lakier lub olejem	• Oczyścić szybę czystą szmatką nasyconą środkiem usuwającym tłuszcze i silikony
Jedna strona pióra wycieraka działa dobrze, druga źle, wycierak drga	Pióro gumowe odkształcone jednostronnie, nie „przekłada” się	• Zamontować nowe pióra gumowe
	Skręcone ramię wycieraka, pióro jest ustawione skośnie na szybie	• Wyregulować kąt ustawienia ramienia wycieraka
Część powierzchni szyby nie jest wycierana	Pióro gumowe wyrwane z zamocowania	• Włożyć ostrożnie pióro w zaczepy
	Pióro nie przylega równomiernie do szyby, ponieważ są wygięte prowadnice	• Wymienić wycierak. Niedomaganie występuje po niewłaściwym zamontowaniu pióra wycieraka
	Ramię wycieraka wywiera za mały nacisk	• Nasmarować lekko przeguby ramienia i sprężynę lub zamontować nowe ramię

OŚWIETLENIE I SYGNALIZACJA

Wykaz żarówek

12-woltowa żarówka:	Typ	Moc (W)
świateł drogowych	H7/D2R	55/35
świateł mijania	H7/D2R	55/35
świateł przeciwmgłowych	HB4	55
kierunkowskazów przednich	PY	21
świateł pozycyjnych	W	5
kierunkowskazów bocznych	WY	5
kierunkowskazów tylnych	PY	21
świateł hamowania	P	21
światła przeciwmgłowego tylnego	P	21
światła cofania	P	21
oświetlenia tablicy rejestracyjnej	C	5
świateł tylnych	R	5
świateł tylnych (kombi)	P	4
oświetlenia wewnętrznego i bagażnika	C	10

H7/HB4 – żarówka halogenowa; D2R – lampa ksenonowa wysokiego napięcia; P – oprawka bagnetowa; PY – oprawka bagnetowa, światło pomarańczowe; W – trzonek szklany; WY – trzonek szklany, światło pomarańczowe; C – żarówka rurkowa; R – oprawka bagnetowa.

Ostrzeżenie dotyczące lamp ksenonowych. *Należy zachować ostrożność podczas wymiany lamp ksenonowych, gdyż występuje niebezpieczeństwo porażenia prądem o wysokim napięciu. Konieczne jest wyłączenie reflektora i odłączenia akumulatora, potem krótkie włączenie i wyłączenie reflektora, aby zlikwidować napięcie. Ze względów bezpieczeństwa należy nakładać buty z gumowymi podeszwami.*

Do oświetlenia i sygnalizacji służą następujące reflektory i lampy: reflektory główne, reflektory przeciwmgłowe, światła tylne, światła hamowania, światło cofania, kierunkowskazy, tylne światła przeciwmgłowe, oświetlenie tablicy rejestracyjnej i oświetlenie wewnętrzne.

Uwaga. Szyby z tworzywa sztucznego reflektorów głównych są pokryte lakierem ochronnym i nie wolno czyścić ich w żadnym wypadku szmatką suchą lub pokrytą środkami ściernymi. Nie wolno stosować także żadnych środków czyszczących lub rozpuszczalników. Te szyby należy czyścić miękką, wilgotną szmatką.

Przed przystąpieniem do wymiany żarówki należy wyłączyć odpowiedni wyłącznik.

Uwaga. Nie powinno się chwytać bańki żarówki o dużej mocy gołą ręką. Należy chwytać żarówkę przez czystą szmatkę lub nakładać bawełniane rękawiczki, gdyż w przeciwnym razie zanieczyszczenia spowodowane dotykaniem wyparowują w wysokiej temperaturze i osadzają się na odbłyśniku reflektora, powodując jego zmętnienie. Dotyczy to szczególnie reflektorów głównych i przeciwmgłowych. Plamy powstałe po przypadkowych dotknięciu należy usunąć szmatką nie wydzielającą włókien, zmoczoną w spirytusie.

Uwaga. Uszkodzoną żarówkę zastępować żarówką w tym samym wykonaniu.

Uwaga. Żarówki halogenowe zawierają gaz pod ciśnieniem i mogą wybuchnąć, dlatego należy nakładać rękawice robocze i okulary ochronne podczas ich wymiany.

Wymiana żarówek oświetlenia zewnętrznego

Ostrzeżenie. *Należy zachować ostrożność podczas wymiany lamp ksenonowych, gdyż występuje niebezpieczeństwo porażenia prądem o wysokim napięciu. Konieczne jest wyłączenie reflektora i odłączenia akumulatora. Ze względów bezpieczeństwa należy nakładać buty z gumowymi podeszwami.*

- Wyłączyć wyłącznik odpowiedniego oświetlenia.
- Wyłączyć zapłon.

Światło mijania

- Otworzyć pokrywę przedziału silnika.
- W zależności od rodzaju silnika może być konieczne wymontowanie przedniego nadkola, aby uzyskać dostęp do tylnej strony reflektora (patrz rozdz. „Wyposażenie zewnętrzne nadwozia”).
- Zdjąć pokrywę z tyłu reflektora, ściskając zaczepy mocujące.

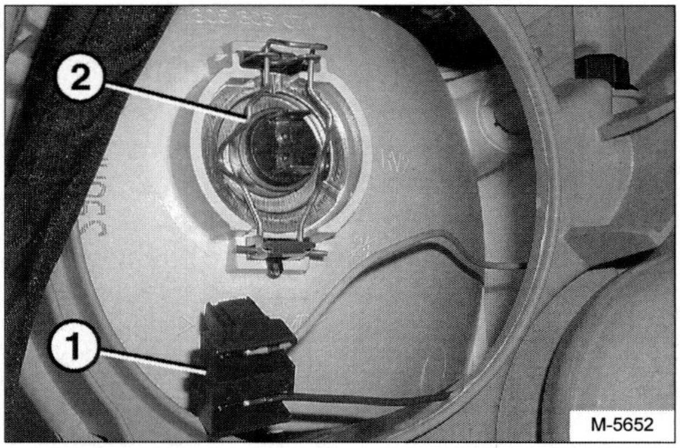

M-5652

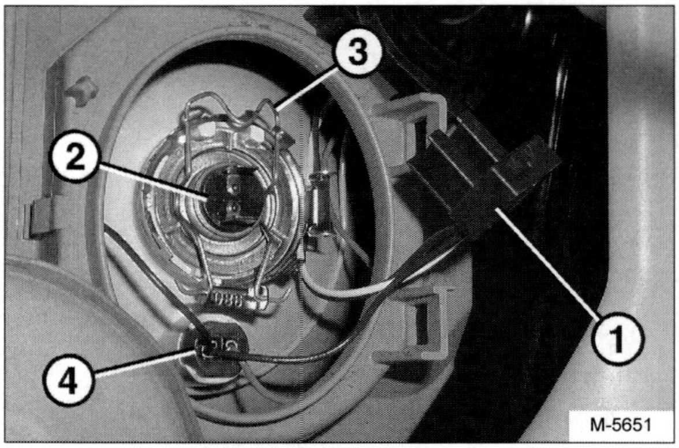

M-5651

Uwaga. Żarówka światła mijania znajduje się w zewnętrznej komorze reflektora.

- Odłączyć złącze wtykowe (1, rys. M-5652) od żarówki.
- **Reflektor halogenowy.** Wyczepić klamry mocujące (2) i wyjąć żarówkę.
- **Samochód z reflektorami ksenonowymi.** Nacisnąć rygiel zabezpieczający, obrócić pierścień bagnetowy i wyjąć lampę ksenonową z reflektora.
- **Reflektor halogenowy.** Włożyć nową żarówkę tak, aby występy weszły w odpowiednie wycięcia obudowy. Zaczepić klamry mocujące.
- **Samochód z reflektorami ksenonowymi**. Włożyć nową lampę tak, aby wycięcie w lampie było skierowane w górę. Nałożyć pierścień bagnetowy i obrócić, zapewniając właściwe położenie rygla zabezpieczającego.
- Podłączyć złącze wtykowe do lampy.
- Osadzić pokrywę w ustalonym położeniu.
- Zamontować nadkole, jeśli zostało wymontowane.

Światło drogowe

- Otworzyć pokrywę przedziału silnika.
- W zależności od rodzaju silnika może być konieczne wymontowanie przedniego nadkola, aby uzyskać dostęp do tylnej strony reflektora (patrz rozdz. „Wyposażenie zewnętrzne nadwozia").
- Zdjąć pokrywę z tyłu reflektora, ściskając zaczepy mocujące.

Uwaga. Żarówka światła drogowego znajduje się w wewnętrznej komorze reflektora.

- Odłączyć złącze wtykowe (1, rys. M-5651) od żarówki (2) światła drogowego.
- Wyczepić klamry mocujące (3) i wyjąć żarówkę; (4) – światło pozycyjne.
- Włożyć nową żarówkę tak, aby występy weszły w odpowiednie wycięcia obudowy. Zaczepić klamry mocujące.
- Podłączyć złącze wtykowe do żarówki.
- Osadzić pokrywę w ustalonym położeniu.
- Zamontować nadkole, jeśli zostało wymontowane.

Światło pozycyjne

- Otworzyć pokrywę przedziału silnika.
- W zależności od rodzaju silnika może być konieczne wymontowanie przedniego nadkola, aby uzyskać dostęp do tylnej strony reflektora (patrz rozdz. „Wyposażenie zewnętrzne nadwozia").
- Zdjąć pokrywę z tyłu reflektora, ściskając zaczepy mocujące.
- Wyciągnąć oprawkę (1, rys. M-5655) z żarówką (2) z reflektora.

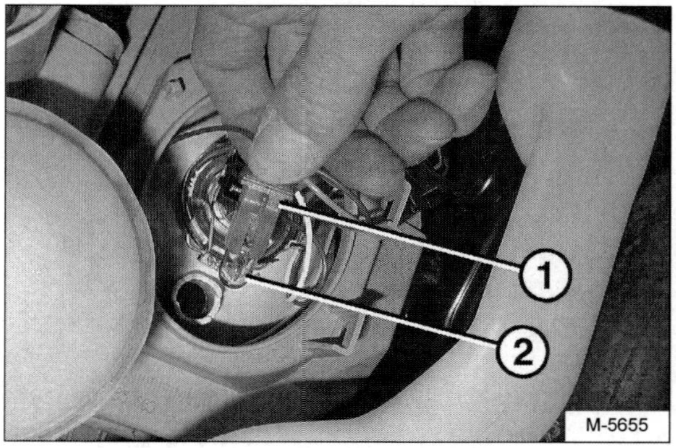

M-5655

• Wyciągnąć żarówkę z oprawki.
• Wcisnąć nową żarówkę w oprawkę.
• Zamontować oprawkę z żarówką w reflektorze.
• Osadzić pokrywę w ustalonym położeniu.
• Zamontować nadkole, jeśli zostało wymontowane.

Kierunkowskaz przedni

• Otworzyć pokrywę przedziału silnika.

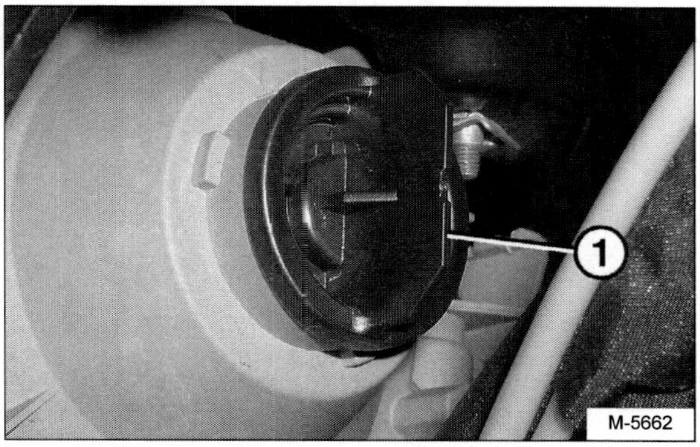

M-5662

• Obrócić w lewo i wyjąć z reflektora oprawkę (1, rys. M-5662) z żarówką.
• Wcisnąć żarówkę, obrócić w lewo i wyjąć z oprawki.
• Włożyć nową żarówkę i obrócić w prawo.
• Włożyć oprawkę z żarówką w reflektor i obrócić w prawo w ustalone położenie.

Kierunkowskaz w lusterku zewnętrznym

• Wymontować pokrycie lusterka zewnętrznego (patrz rozdz. „Wyposażenie zewnętrzne nadwozia").
• Wykręcić wkręty (1, rys. M-5653).
• Wypchnąć od zewnątrz lampę kierunkowskazu (2) z pokrycia lusterka zewnętrznego; (3) – złącze wtykowe.
• Zwolnić zaczep mocujący (1, rys. M-5679) i zdjąć listwę żarówki (2).
• Wyjąć żarówkę (3) i wcisnąć nową żarówkę.
• Osadzić listwę żarówki w lampie kierunkowskazu (4) w ustalonym położeniu.
• Zamontować i dokręcić lampę kierunkowskazu w pokryciu lusterka zewnętrznego. Za-

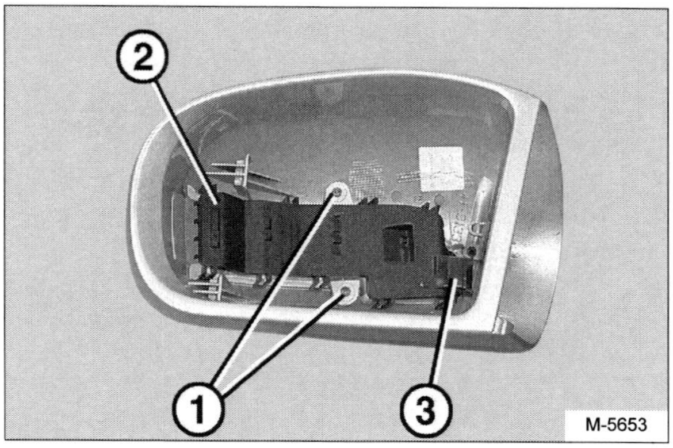

M-5653

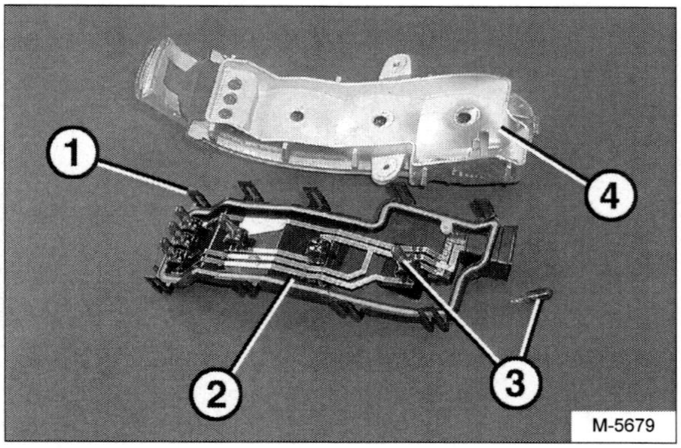

M-5679

pewnić właściwe osadzenie lampy kierunkowskazu w pokryciu.
• Zamontować pokrycie lusterka zewnętrznego (patrz rozdz. „Wyposażenie zewnętrzne nadwozia").

Reflektor przeciwmgłowy

• Wymontować przednie nadkole (patrz rozdz. „Wyposażenie zewnętrzne nadwozia").

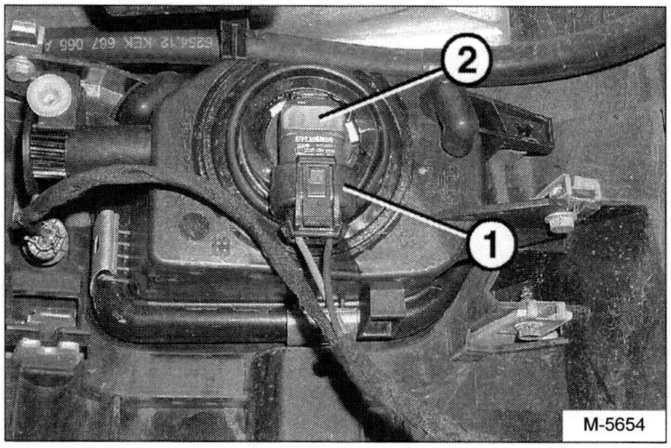

M-5654

- Odłączyć złącze wtykowe (1, rys. M-5654) od reflektora przeciwmgłowego.
- Obrócić w lewo i wyjąć oprawkę (2).
- Wyciągnąć żarówkę z oprawki.
- Wcisnąć nową żarówkę w oprawkę i osadzić oprawkę w reflektorze, obracając ją w lewo. Podłączyć złącze wtykowe.
- Zamontować przednie nadkole (patrz rozdz. „Wyposażenie zewnętrzne nadwozia").

Oświetlenie tablicy rejestracyjnej

- Wykręcić dwa wkręty (1, rys. M-5659).

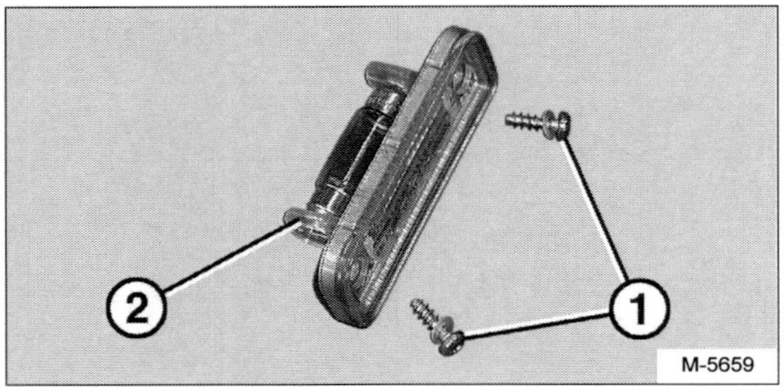

- Podważyć klinem z tworzywa sztucznego i wyjąć klosz lampy z pokrywy bagażnika lub pokrywy tylnej.
- Wyjąć ostrożnie uszkodzoną żarówkę rurkową z zamocowania z tworzywa sztucznego (2) i wymienić na nową.
- Sprawdzić uszczelkę klosza lampy, czy nie jest uszkodzona, i wymienić w razie potrzeby.
- Zamontować i dokręcić klosz lampy.

Lampa tylna

W lampie tylnej są umieszczone żarówki świateł hamowania, świateł tylnych, kierunkowskazów i światła cofania. Tylne światło przeciwmgłowe znajduje się po stronie kierowcy.

Sedan

- Otworzyć bagażnik.
- Obrócić dźwignię ryglującą (7, rys. M-5681) w położenie pionowe i otworzyć klapę (6) w pokryciu bagażnika.
- Odłączyć złącze wtykowe od listwy żarówek.
- Obrócić dźwignię ryglującą i wyjąć listwę żarówek.

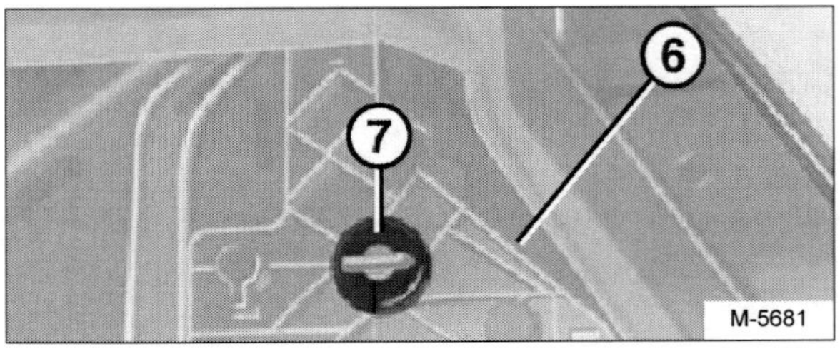

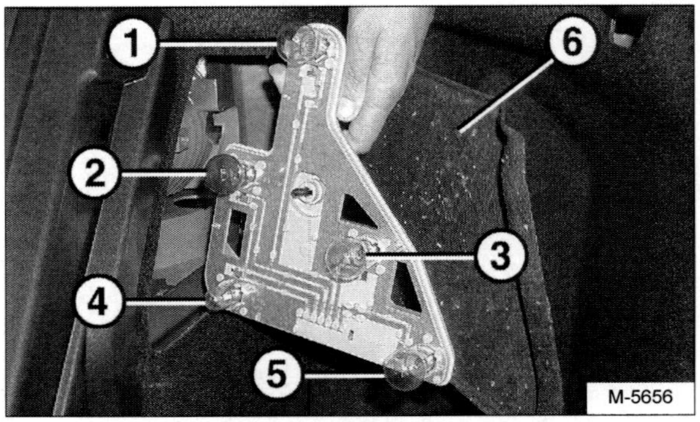

ROZMIESZCZENIE ŻARÓWEK W LAMPIE TYLNEJ SAMOCHODU Z NADWOZIEM SEDAN
1 – światło hamowania, 2 – kierunkowskaz (żółty), 3 – światło cofania, 4 – światło tylne i pozycyjne, 5 – światło przeciwmgłowe tylne (po stronie kierowcy), 6 – pokrywa

- Wcisnąć, obrócić w lewo i wyjąć żarówkę.
- Włożyć nową żarówkę i obrócić ją w prawo.
- Osadzić listwę żarówek i obrócić dźwignię ryglujące w poprzednie położenie.
- Podłączyć złącze wtykowe do listwy żarówek.
- Wcisnąć klapę w pokryciu bagażnika.

Coupé

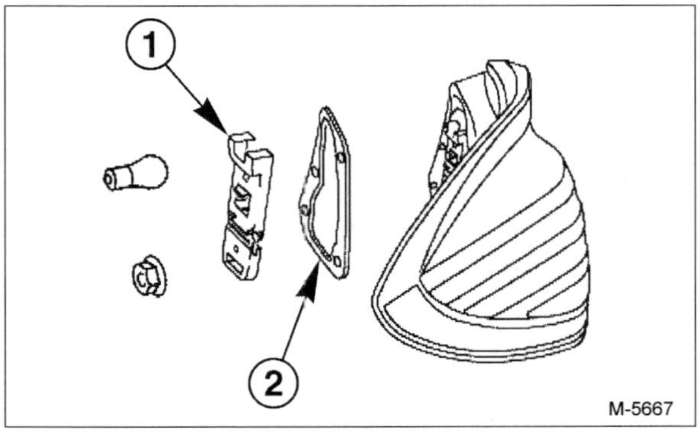

LAMPA TYLNA W SAMOCHODZIE Z NADWOZIEM COUPÉ
1 – listwa żarówek, 2 – uszczelka

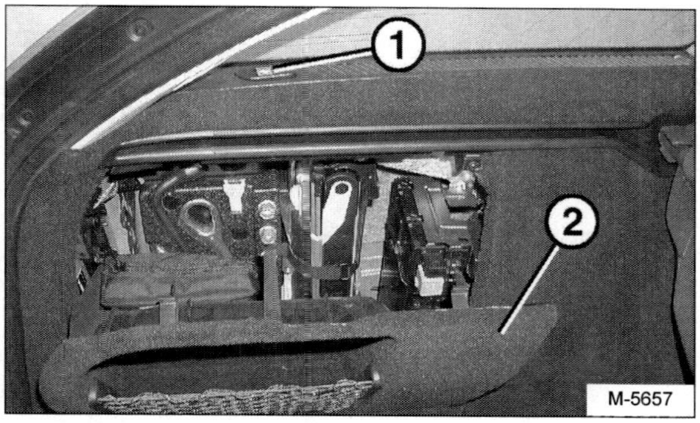

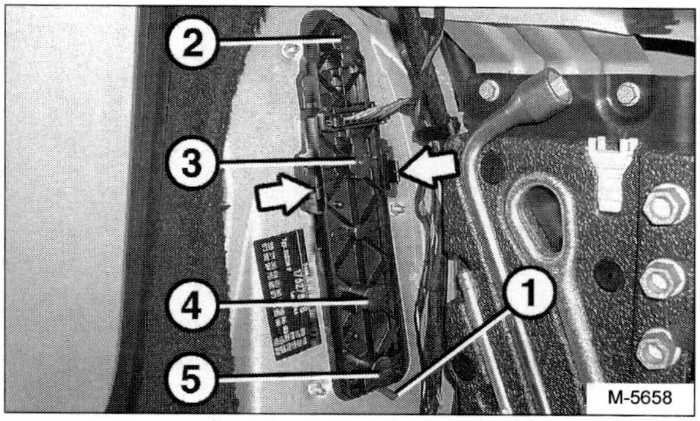

ROZMIESZCZENIE ŻARÓWEK W LAMPIE TYLNEJ SAMOCHODU Z NADWOZIEM KOMBI
1 – występ oporowy, 2 – światło hamowania,
3 – kierunkowskaz (żółty), 4 – światło cofania,
5 – światło przeciwmgłowe tylne (po stronie kierowcy), światło pozycyjne

Kombi

• Otworzyć pokrywę tylną.
• Wcisnąć przycisk (1, rys. M-5657), odchylić w dół i wyjąć osłonę (2).
• Odłączyć złącze wtykowe od lampy tylnej.
• Ścisnąć dwa zaczepy mocujące (strzałki na rys. M-5658) i wyjąć listwę żarówek, wciskając ostrożnie w dół występ oporowy (1).
• Wcisnąć, obrócić w lewo i wyjąć żarówkę.
• Włożyć nową żarówkę i obrócić ją w prawo.
• Osadzić listwę żarówek i wcisnąć ją w ustalone położenie.
• Podłączyć złącze wtykowe do lampy tylnej.
• Zamontować osłonę w ustalonym położeniu.

Dodatkowe światło hamowania

W umieszczonej u góry lampie dodatkowego światła hamowania są zastosowane specjalne diody świecące. W razie uszkodzenia jednej diody należy wymienić kompletną lampę.

Sedan

• Otworzyć bagażnik i wymontować pokrycie pokrywy bagażnika (patrz rozdz. „Wyposażenie wewnętrzne nadwozia").
• Wykręcić cztery wkręty (strzałki na rys. M-5676) przy klamrach mocujących (1) lampy dodatkowego światła hamowania i wypchnąć lampę z pokrywy bagażnika.
• Odłączyć złącze wtykowe (2, rys. M-5680) od lampy dodatkowego światła hamowania.
• Przykręcić (strzałki) klamry mocujące (1) do nowej lampy dodatkowego światła hamowania. Zapewnić przy tym, aby było możliwe niewielkie dociśnięcie klamer mocujących. Podczas nasuwania klamer na lampę wcisnąć je pod ogranicznik.
• Podłączyć złącze wtykowe do lampy dodatkowego światła hamowania.
• Zamontować lampę w pokrywie bagażnika tak, aby nie uszkodzić lakieru. Zapewnić właściwe ułożenie uszczelki.

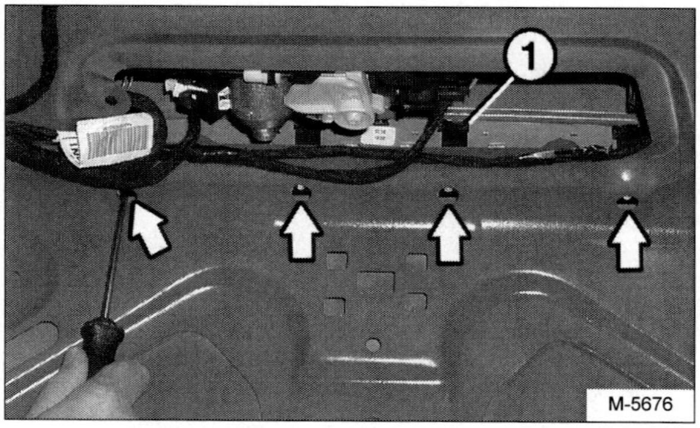

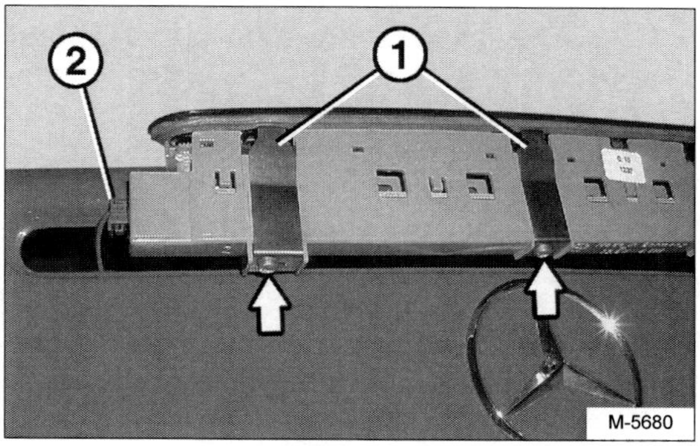

Uwaga. W razie potrzeby zastosować wazelinę do zmniejszenia tarcia.
- Zamontować pokrycie pokrywy bagażnika (patrz rozdz. „Wyposażenie wewnętrzne nadwozia").

Kombi

- Otworzyć pokrywę tylną i wymontować pokrycie pokrywy tylnej (patrz rozdz. „Wyposażenie zewnętrzne nadwozia").
- Wymontować spoiler tylny (patrz rozdz. „Wyposażenie zewnętrzne nadwozia").
- Odłączyć złącze wtykowe od lampy dodatkowego światła hamowania.
- Odkręcić cztery wkręty i zdjąć lampę dodatkowego światła hamowania ze spoilera tylnego, ściągając przy tym ostrożnie taśmę uszczelniającą z lampy.
- Zamontowanie odbywa się w kolejności odwrotnej do wymontowania. Zapewnić właściwe osadzenie uszczelki.

Coupé

- Otworzyć pokrywę tylną.

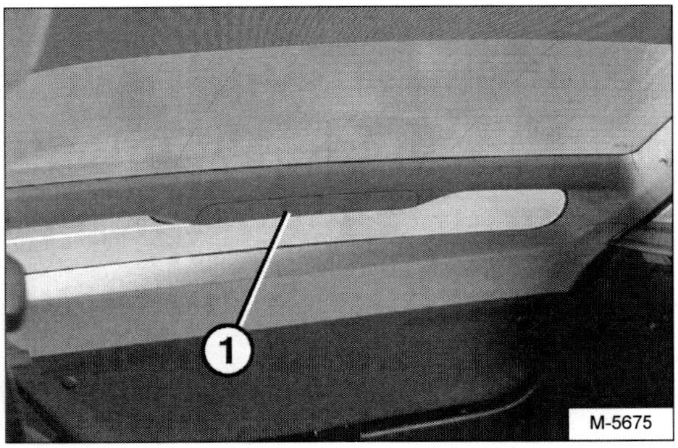

- Podważyć klinem z tworzywa sztucznego i wyjąć osłonę (1, rys. M-5675) z pokrycia spoilera.
- Odłączyć złącze wtykowe od lampy dodatkowego światła hamowania.
- Wykręcić wkręty i zdjąć lampę dodatkowego światła hamowania ze spoilera tylnego.
- Zamontowanie odbywa się w kolejności odwrotnej do wymontowania. Zapewnić właściwe osadzenie uszczelki.

Wymiana żarówek oświetlenia wewnętrznego

- Wyłączyć wyłącznik odpowiedniego oświetlenia.
- Wyłączyć zapłon.

Lampa oświetlenia wewnętrznego przednia

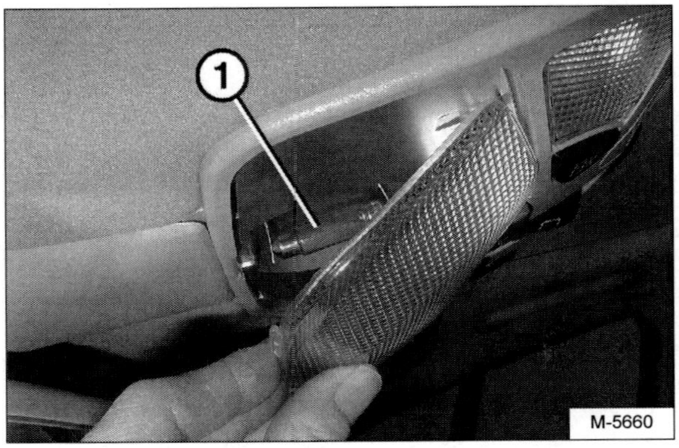

- Podważyć klinem z tworzywa sztucznego klosz lampy, przykładając klin z przodu pośrodku klosza.
- Wyjąć uszkodzoną żarówkę rurkową (1, rys. M-5660) z zamocowania i wymienić na nową.
- Przyłożyć klosz i wcisnąć jego elastyczne obrzeże.

Lampa do czytania przednia

Lewa i prawa lampa do czytania znajdują się w lampie oświetlenia wewnętrznego.

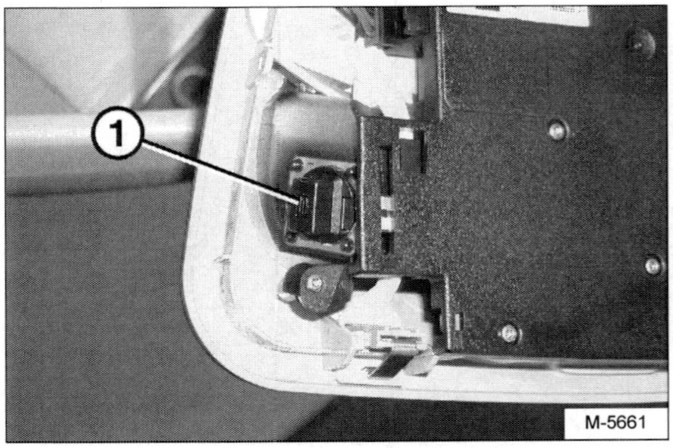

• Podważyć klinem z tworzywa sztucznego przednią lampę oświetlenia wewnętrznego i wyjąć ją z obicia dachu.
• Obrócić oprawkę (1, M-5661) w lewo i wyjąć z lampy do czytania.
• Wyciągnąć uszkodzoną żarówkę z oprawki i wymienić na nową.
• Zamontować oprawkę, obracając ją w prawo.
• Zamontować lampę w obiciu dachu w ustalonym położeniu.

Lampa oświetlenia wewnętrznego tylna

• Podważyć klinem z tworzywa sztucznego lampę i wyjąć z obicia dachu
• Odłączyć złącze od lampy.

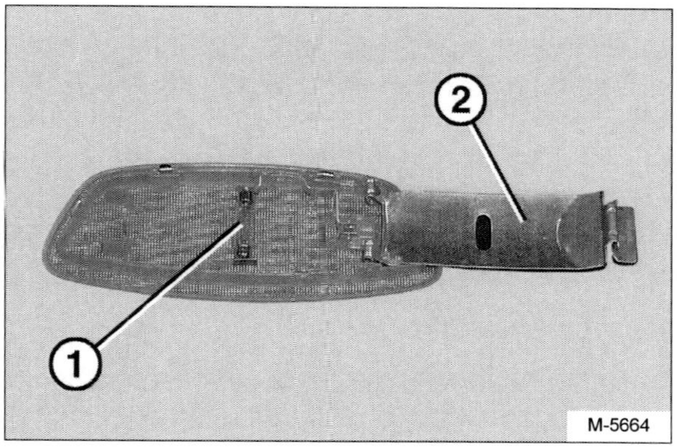

M-5664

• Podważyć wkrętakiem i odchylić osłonę z blachy (2, rys. M-5664).
• Wyjąć uszkodzoną żarówkę rurkową (1) z oprawki i wymienić na nową.
• Zamknąć osłonę z blachy.
• Podłączyć złącze wtykowe do lampy.
• Zamontować lampę w obiciu dachu w ustalonym położeniu.

Lampy oświetlenia bagażnika

Kombi

Te lampy są umieszczone po bokach przestrzeni ładunkowej.
• Podważyć klinem z tworzywa sztucznego i wyjąć ze słupka „D” lampę (1, rys. M-5663).
• Wyjąć z lampy oprawkę żarówki (2), obracając ją w lewo.

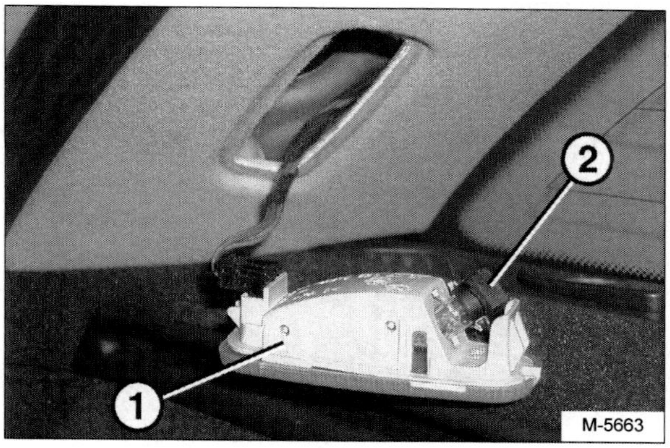

M-5663

• Wyciągnąć żarówkę z oprawki i wymienić ją na nową.
• Zamontować w lampie oprawkę żarówki, obracając ją w prawo.
• Zamontować lampę oświetlenia przestrzeni ładunkowej w słupku „D” w ustalonym położeniu.

Oświetlenie lusterka do makijażu

• Odchylić w przód osłonę przeciwsłoneczną (1, rys. M-5665).
• Podważyć wkrętakiem klosz lampy przy wycięciu (strzałka) i wyjąć klosz z pokrycia dachu.
• Wyjąć uszkodzoną żarówkę rurkową i wymienić na nową.

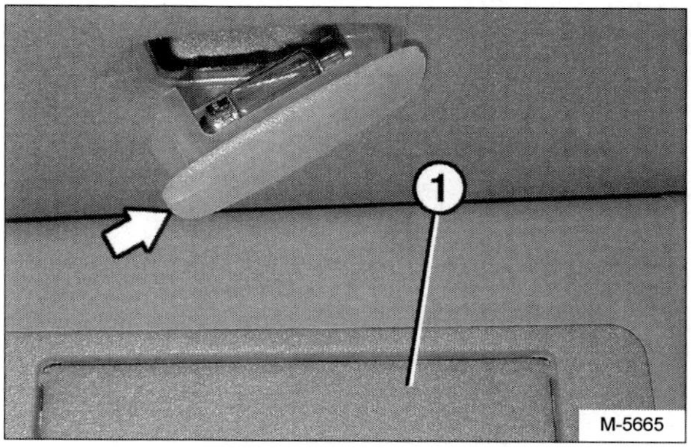

M-5665

• Zamontować klosz lampy i nacisnąć, aby ze stukiem weszła w ustalone położenie.

Lampa oświetlenia schowka

• Wyciągnąć pokrywę z tablicy rozdzielczej z prawej strony.

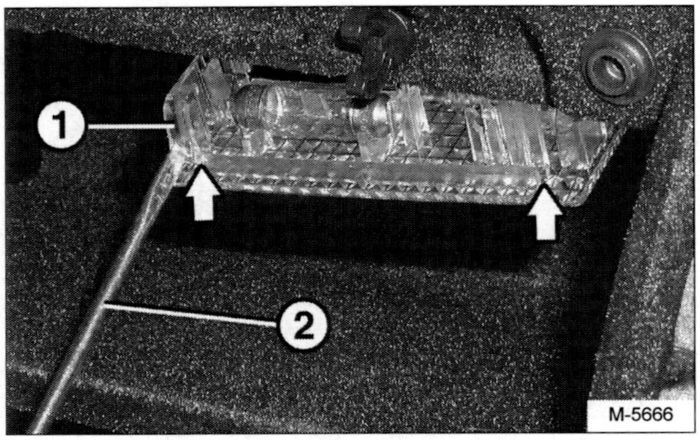

M-5666

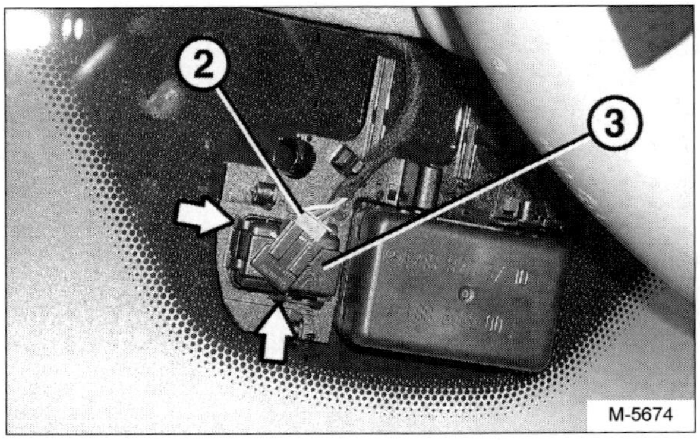

M-5674

- Otworzyć schowek.
- Wprowadzić wkrętak (2, rys. M-5666) w wycięcie (strzałka) przy kloszu lampy, podważyć ostrożnie i wyjąć klosz z pokrycia. Podczas tej czynności jest zwalniany z lewej strony lampy element sprężysty z tworzywa sztucznego (1). W razie potrzeby sięgnąć przez otwór w tablicy rozdzielczej i nacisnąć na lampę.
- Wyjąć uszkodzoną żarówkę rurkową i wymienić na nową.
- Wcisnąć lampę w pokrycie w ustalone położenie.
- Zamknąć schowek.
- Zamknąć pokrywę z boku tablicy rozdzielczej.

Wymontowanie i zamontowanie czujnika światła dziennego

Uwaga. Czujnik światła dziennego jest umocowany na szybie przedniej na wysokości lusterka wstecznego.

Wymontowanie

- Wymontować obudowę filtru przeciwpyłowego i odłączyć przewód masy (–) od akumulatora, gdy zapłon jest wyłączony.

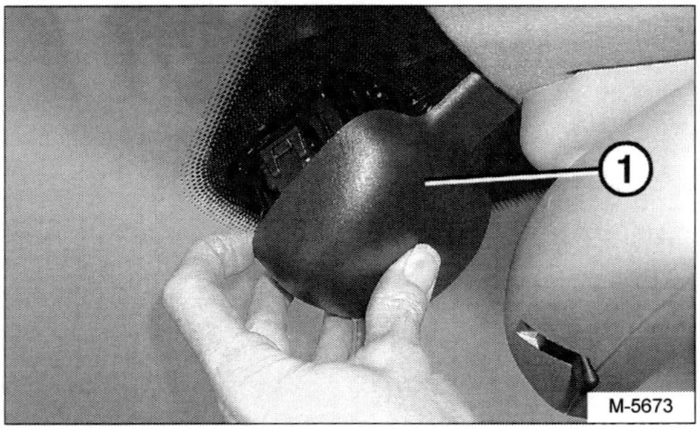

M-5673

Uwaga. Przed odłączeniem akumulatora należy koniecznie ustalić kod zabezpieczający radioodbiornik przed kradzieżą, jeśli taki kod jest zastosowany. Przestrzegać zaleceń podanych w podrozdziale „Wymontowanie i zamontowanie akumulatora".

- Zdjąć osłonę (1, rys. M-5673).
- Odłączyć złącze wtykowe (2, rys. M-5674).
- Podważyć (strzałka) wkrętakiem zacisk mocujący i zdjąć czujnik włącznika świateł (3).

Uwaga. Soczewka czujnika jest naklejona na szybę przednią. Soczewka powinna być wymieniania tylko w stacji obsługi.

Zamontowanie

- Zamontować czujnik w ustalonym położeniu.
- Podłączyć złącze wtykowe do czujnika.
- Osadzić i wcisnąć osłonę.
- Podłączyć przewód masy (–) do akumulatora, gdy zapłon jest wyłączony. Zamontować obudowę filtru przeciwpyłowego. Wprowadzić kod zabezpieczający radioodbiornik przed kradzieżą i nastawić zegar.

Wymontowanie i zamontowanie reflektora

Właściwe ustawienie świateł reflektorów ma duże znaczenie dla bezpieczeństwa ruchu. Do dokładnego ustawienia świateł reflektorów jest stosowane specjalistyczne urządzenie, które posiadają na ogół tylko stacje obsługi.

Ostrzeżenie. *Należy zachować ostrożność podczas wymiany lamp ksenonowych, gdyż występuje niebezpieczeństwo porażenia prądem o wysokim napięciu. Konieczne jest wyłączenie reflektora i odłączenia* *akumulatora, potem krótkie włączenie i wyłączenie reflektora, aby zlikwidować napięcie. Ze względów bezpieczeństwa należy nakładać buty z gumowymi podeszwami.*

Wymontowanie

- Otworzyć pokrywę przedziału silnika.
- Wymontować obudowę filtru przeciwpyłowego i odłączyć przewód masy (–) od akumulatora, gdy zapłon jest wyłączony.

Uwaga. Przed odłączeniem akumulatora należy koniecznie ustalić kod zabezpieczający radioodbiornik przed kradzieżą, jeśli taki kod jest zastosowany. Przestrzegać zaleceń podanych w podrozdziale „Wymontowanie i zamontowanie akumulatora".

- Wymontować zderzak przedni (patrz rozdz. „Wyposażenie zewnętrzne nadwozia").
- Wykręcić śruby (1, rys. M-5668).
- Wykręcić śrubę (2, rys. M-5669).

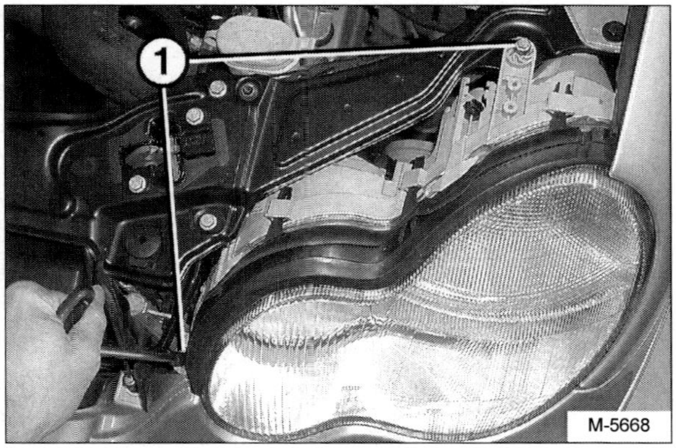

M-5668

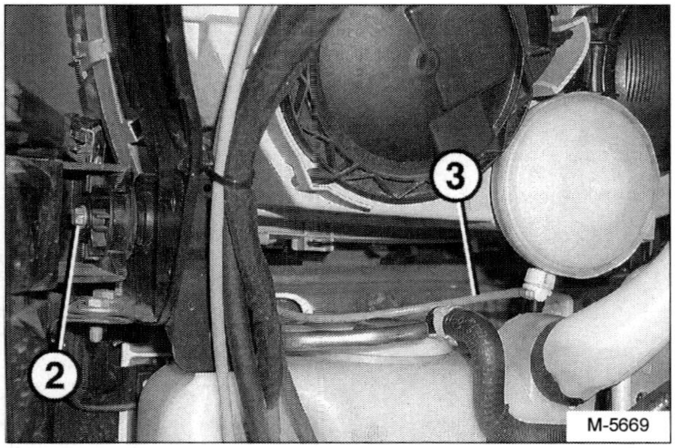

M-5669

- Odłączyć wszystkie złącza wtykowe od reflektora (patrz „Wymiana żarówek oświetlenia zewnętrznego").
- Odciągnąć ostrożnie wkrętakiem przewód pneumatyczny (3) do automatycznej regulacji reflektora w płaszczyźnie pionowej.

Uwaga. Niebezpieczeństwo pęknięcia klamry.
Uwaga. W samochodach z reflektorami ksenonowymi przewód pneumatyczny jest osadzany u dołu na reflektorze.

- Wyciągnąć ostrożnie w przód i wyjąć reflektor.

Zamontowanie

- Zamontować reflektor w wycięciu błotnika.
- Podłączyć złącza wtykowe do reflektora.
- Umocować przewód pneumatyczny w ustalonym położeniu.
- Sprawdzić uszczelki gumowe, czy są właściwe osadzone i w razie potrzeby zmienić ich ułożenie.
- Wkręcić trzy śruby reflektora.
- Zamontować zderzak przedni (patrz rozdz. „Wyposażenie zewnętrzne nadwozia").
- Podłączyć przewód masy (–) do akumulatora, gdy zapłon jest wyłączony. Zamontować obudowę filtru przeciwpyłowego. Wprowadzić kod zabezpieczający radioodbiornik przed kradzieżą i nastawić zegar.
- Zamknąć pokrywę przedziału silnika.
- Sprawdzić możliwie szybko i w razie potrzeby ustawić światła reflektorów w stacji obsługi.
- **Samochód z reflektorami ksenonowymi.** Ustawić w stacji obsługi położenie zerowe elektronicznej regulacji zasięgu świateł.

Wymontowanie i zamontowanie reflektora przeciwmgłowego

Wymontowanie

- Wymontować obudowę filtru przeciwpyłowego i odłączyć przewód masy (–) od akumulatora, gdy zapłon jest wyłączony.

Uwaga. Przed odłączeniem akumulatora należy koniecznie ustalić kod zabezpieczający radioodbiornik przed kradzieżą, jeśli taki kod jest zastosowany. Przestrzegać zaleceń podanych w podrozdziale „Wymontowanie i zamontowanie akumulatora".

• Wymontować przednie nadkole (patrz rozdz. „Wyposażenie zewnętrzne nadwozia").
• Odłączyć złącze wtykowe od reflektora przeciwmgłowego.
• **Po stronie kierowcy.** Obrócić w lewo i wyjąć oprawkę z żarówką.
• **Po stronie kierowcy.** Odkręcić przednią część osłony dolnej (patrz rozdz. „Wyposażenie zewnętrzne nadwozia").
• **Po stronie kierowcy.** Wykręcić śruby, odłączyć u dołu i odciągnąć w bok zbiornik cieczy do spryskiwania szyb (patrz „Wycieraczki i spryskiwacze szyb").
• Wykręcić dwie śruby (strzałki na rys. M-5671) przy reflektorze przeciwmgłowym.
• Wyjąć reflektor przeciwmgłowy (1).

Zamontowanie

• Zamontować reflektor przeciwmgłowy tak, aby czopy prowadzące weszły w zderzak.
• Umocować reflektor przeciwmgłowy dwiema śrubami.
• **Po stronie kierowcy.** Zamontować zbiornik cieczy do spryskiwania szyb (patrz „Wycieraczki i spryskiwacze szyb").
• **Po stronie kierowcy.** Przykręcić przednią część osłony dolnej (patrz rozdz. „Wyposażenie zewnętrzne nadwozia").
• **Po stronie kierowcy.** Włożyć oprawkę z żarówką.
• Podłączyć złącze wtykowe do reflektora przeciwmgłowego.
• Zamontować przednie nadkole (patrz rozdz. „Wyposażenie zewnętrzne nadwozia").
• Podłączyć przewód masy (–) do akumulatora, gdy zapłon jest wyłączony. Zamontować obudowę filtru przeciwpyłowego. Wprowadzić kod zabezpieczający radioodbiornik przed kradzieżą i nastawić zegar.
• Sprawdzić i w razie potrzeby skorygować ustawienie świateł reflektorów w stacji obsługi.

Wymontowanie i zamontowanie szyby rozpraszającej reflektora przeciwmgłowego

Szyba rozpraszająca z tworzywa sztucznego może być wymieniana i w tym celu należy wymontować reflektor przeciwmgłowy.

Wymontowanie

• Wymontować reflektor (patrz odpowiedni opis).
• Podważyć wkrętakiem trzy klamry mocujące (1, rys. M-5672).

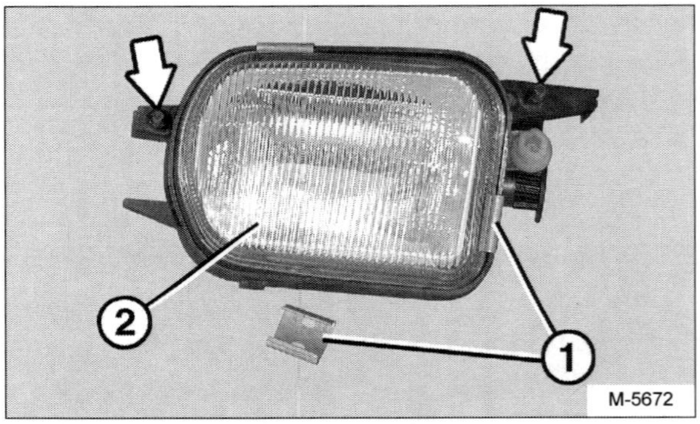

• Zdjąć szybę rozpraszającą (2); (strzałki) – czopy prowadzące.

Zamontowanie

• Przed osadzeniem szyby rozpraszającej sprawdzić uszczelki gumowe, czy nie są uszkodzone, i wymienić w razie potrzeby.
• Osadzić szybę rozpraszającą.
• Wsunąć z boku trzy klamry mocujące i zaczepić je za pomocą wkrętaka.
• Zamontować reflektor przeciwmgłowy (patrz odpowiedni opis).

Wymontowanie i zamontowanie lampy tylnej

Wymontowanie

• Wymontować obudowę filtru przeciwpyłowego i odłączyć przewód masy (–) od akumulatora, gdy zapłon jest wyłączony.

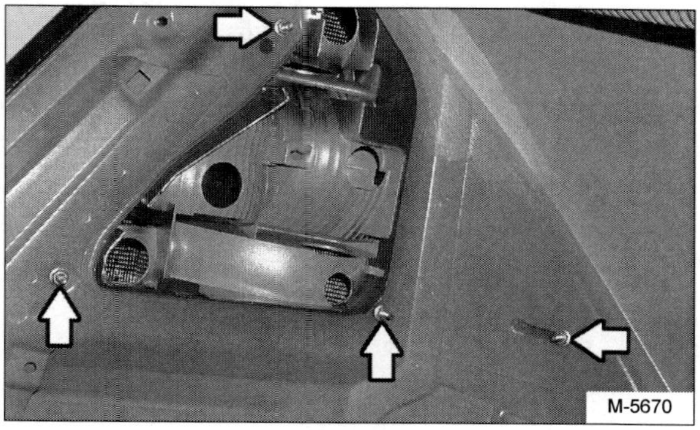

Uwaga. Przed odłączeniem akumulatora należy koniecznie ustalić kod zabezpieczający radioodbiornik przed kradzieżą, jeśli taki kod jest zastosowany. Przestrzegać zaleceń podanych w podrozdziale „Wymontowanie i zamontowanie akumulatora".

- Otworzyć pokrywę bagażnika lub pokrywę tylną.
- Odchylić pokrycie boczne przy lampie tylnej.
- Odłączyć złącze wtykowe od lampy tylnej.
- Jeśli to konieczne, wyjąć oprawkę żarówki (patrz „Wymontowanie i zamontowanie żarówek oświetlenia zewnętrznego").
- Odkręcić nakrętki (strzałki na rys. M-5670). Na rysunku pokazano lampę tylną w samochodzie sedan.

Uwaga. W samochodzie kombi boczna nakrętka jest przykryta kawałkiem blachy.

- Wyjąć lampę tylną.

Zamontowanie

- Wymienić niezwłocznie porowatą lub uszkodzoną uszczelkę gumową i pęknięty klosz lampy, aby woda nie dostawała się do wewnątrz.
- Osadzić lampę z uszczelką, uważając na właściwe ułożenie uszczelki.
- Przykręcić lampę czterema nakrętkami, dokręcając równomiernie nakrętki.
- Podłączyć złącze wtykowe do lampy.
- Ułożyć pokrycie boczne

WSKAŹNIKI, WYŁĄCZNIKI I RADIOODBIORNIK

W tym rozdziale opisano wymontowanie zespołu wskaźników i różnych wyłączników oraz radioodbiornika z głośnikami.

Wymontowanie i zamontowanie zespołu wskaźników

Wymontowanie

- Wymontować obudowę filtru przeciwpyłowego i odłączyć przewód masy (–) od akumulatora, gdy zapłon jest wyłączony.

Uwaga. Przed odłączeniem akumulatora należy koniecznie ustalić kod zabezpieczający radioodbiornik przed kradzieżą, jeśli taki kod jest zastosowany. Przestrzegać zaleceń podanych w podrozdziale „Wymontowanie i zamontowanie akumulatora".

Uwaga. Aby nie utracić przechowywanych w pamięci danych zespołu wskaźników, przed odłączeniem akumulatora podłączyć w samochodzie według zaleceń producenta urządzenie do podtrzymywania napięcia.

- Odblokować koło kierownicy, pociągnąć je całkowicie w tył i docisnąć w dół. W takim samym położeniu ustawić koło kierownicy z regulacją elektryczną.
- Wsunąć do oporu haki do wyciągania (1, rys. M-5862) w szczeliny (strzałka) z prawej i lewej strony przy zespole wskaźników (2).
- Obrócić haki o 90°, docisnąć w górę i zwolnić element blokujący (3).

Uwaga. W prawej szczelinie obrócić hak w prawo, w lewej szczelinie – w lewo.

- Wyciągnąć zespół wskaźników za pomocą haków z tablicy rozdzielczej.
- Zwolnić i odłączyć złącze wtykowe z tyłu zespołu wskaźników. Wyjąć zespół wskaźników.
- W stacji obsługi stosuje się do wyciągania haki firmy Mercedes 140 589 02 33 00. Te haki

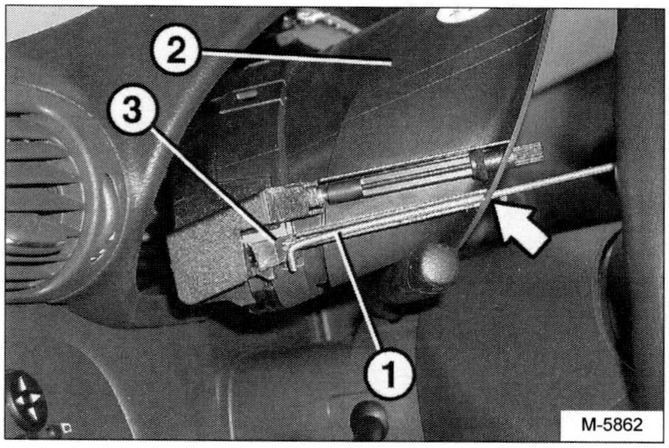

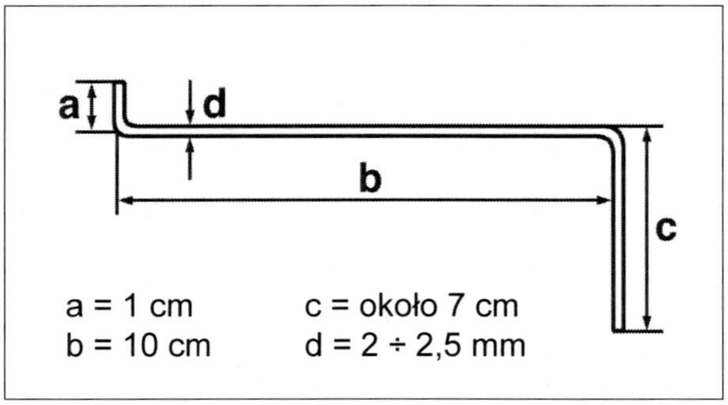

można wykonać samemu z nie wyginającego się drutu o średnicy 2 ÷ 2,5 mm.

• Wysunąć z zaczepów osłonę zespołu wskaźników i zdjąć z obudowy.

• Wyjąć z obudowy płytę z elementami elektronicznymi.

Zamontowanie

• Zamontować płytę z elementami elektronicznymi w obudowie zespołu wskaźników, zapewniając przy tym właściwe osadzenie przycisku zerującego okresowy licznik kilometrów.

• Osadzić osłonę na obudowie i wprowadzić zaczepy w ustalone położenie.

• Podłączyć i ustalić złącze wtykowe zespołu wskaźników.

• Zamontować zespół wskaźników w tablicy rozdzielczej i wcisnąć równomiernie w ustalone położenie, zapobiegając jego ukośnemu ustawieniu.

• Ustawić koło kierownicy w normalnym położeniu.

• Podłączyć przewód masy (–) do akumulatora, gdy zapłon jest wyłączony. Zamontować obudowę filtru przeciwpyłowego. Wprowadzić kod zabezpieczający radioodbiornik przed kradzieżą i nastawić zegar.

Wymontowanie i zamontowanie wyłączników kierunkowskazów i wycieraczek

Wyłączniki świateł mijania, świateł drogowych, kierunkowskazów i wycieraczek są umieszczone jako zespół wyłączników w kolumnie kierownicy.

Wymontowanie

• Ustawić koła do jazdy na wprost.

• Wymontować obudowę filtru przeciwpyłowego i odłączyć przewód masy (–) od akumulatora, gdy zapłon jest wyłączony.

Uwaga. Przed odłączeniem akumulatora należy koniecznie ustalić kod zabezpieczający radioodbiornik przed kradzieżą, jeśli taki kod jest zastosowany. Przestrzegać zaleceń podanych w podrozdziale „Wymontowanie i zamontowanie akumulatora”.

Uwaga. Należy przestrzegać bezwzględnie zasad zachowania bezpieczeństwa w samochodzie z poduszkami powietrznymi (patrz „Układ kierowniczy”).

• Wymontować koło kierownicy (patrz „Układ kierowniczy”).

Ostrzeżenie. *Podczas wymontowania koła kierownicy istnieje zagrożenie wypadkiem. Należy przestrzegać zasad bezpieczeństwa obowiązujących przy wymontowaniu poduszki powietrznej.*

• Wykręcić śruby (1, rys. M-5811) złącza spiralnego, gdy koła przednie są ustawione do jazdy na wprost, tylko na tyle, aby było możliwe zdjęcie złącza.

Uwaga. Nie wykręcać całkowicie śrub, gdyż złącze rozpadnie się na części i konieczne będzie jego ponowne złożenie w położeniu środkowym (czynność wykonywana w stacji obsługi).

• Wyjąć ostrożnie złącze spiralne z kolumny kierownicy, przy czym następuje rozłączenie złącza wtykowego zespołu wyłączników.

• Wykręcić trzy śruby.

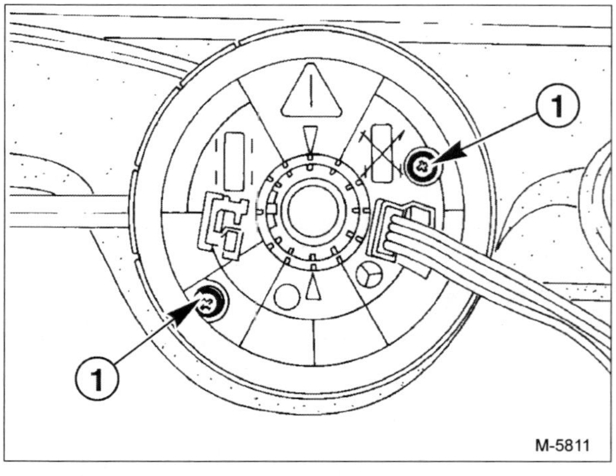

M-5811

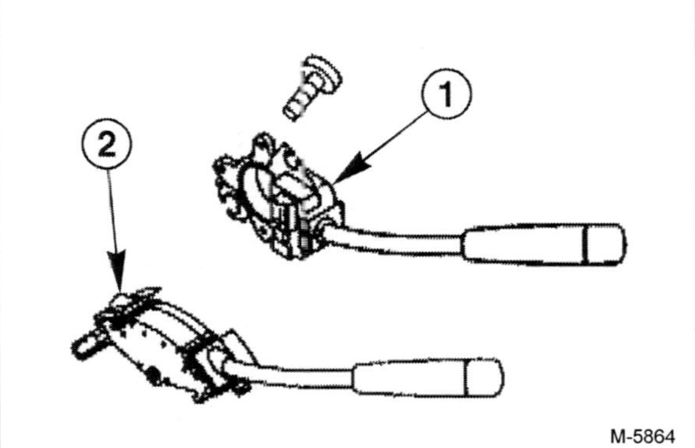

M-5864

• Wyczepić przez ściśnięcie i wyjąć z kolumny kierownicy dwa złącza wtykowe zespołu wyłączników (1, rys. M-5864).

Samochód z programatorem prędkości jazdy

• Wymontować osłonę pod tablicą rozdzielczą (patrz odpowiedni opis).

• Odłączyć złącze wyłącznika programatora prędkości jazdy (2) od wyłącznika zapłonu i rozrusznika.

M-5812

• Wyjąć zespół wyłączników z wyłącznikem programatora prędkości jazdy, jeśli jest w wyposażeniu, i wyciągnąć złącze z zespołu wyłączników (rys. M-5812).

Zamontowanie

Uwaga. Należy przestrzegać bezwzględnie zasad zachowania bezpieczeństwa w samochodzie z poduszkami powietrznymi (patrz „Układ kierowniczy").

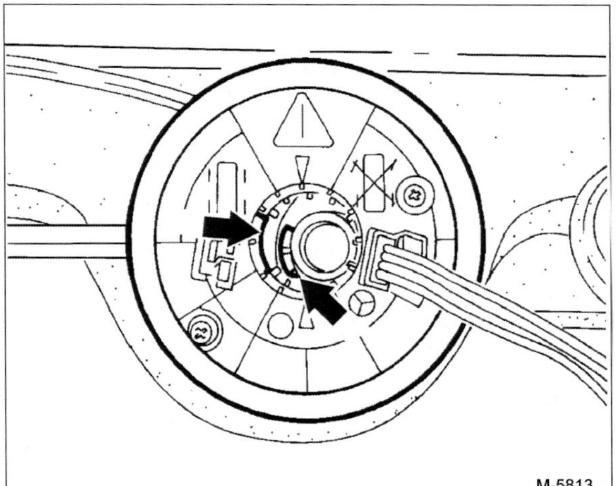
M-5813

• Zapewnić ustawienie kół samochodu do jazdy na wprost.

• Podłączyć złącze do zespołu wyłączników i wsunąć zespół wyłączników do kolumny kierownicy.

• Zamontować dwa złącza wtykowe w kolumnie kierownicy i ustalić ich położenie.

• Jeśli jest w wyposażeniu, podłączyć złącze wyłącznika programatora prędkości jazdy do wyłącznika zapłonu i rozrusznika oraz zamontować osłonę pod tablicą rozdzielczą (patrz odpowiedni opis).

• Dokręcić zespół wyłączników trzema śrubami.

• Połączyć złącze spiralne ze złączem wtykowym i włożyć do oporu na wał kierownicy. Wprowadzić złącze wtykowe w ustalone położenie.

• Dokręcić dwie śruby mocujące, zapewniając przy tym, aby oba znaki (strzałki na rys. M-5813) pokrywały się.

• Zamontować koło kierownicy, przestrzegając zasad zachowania bezpieczeństwa w samochodzie z poduszkami powietrznymi (patrz „Układ kierowniczy").

• Podłączyć przewód masy (–) do akumulatora, gdy zapłon jest wyłączony. Zamontować obudowę filtru przeciwpyłowego. Wprowadzić kod zabezpieczający radioodbiornik przed kradzieżą i nastawić zegar.

Wymontowanie i zamontowanie wyłączników przy przedniej lampie oświetlenia wewnętrznego

W przedniej lampie wewnętrznej są umieszczone wyłączniki oświetlenia wewnętrznego, światła od czytania i dachu rozsuwanego.

Wymontowanie

- Wymontować obudowę filtru przeciwpyłowego i odłączyć przewód masy (–) od akumulatora, gdy zapłon jest wyłączony.

Uwaga. Przed odłączeniem akumulatora należy koniecznie ustalić kod zabezpieczający radioodbiornik przed kradzieżą, jeśli taki kod jest zastosowany. Przestrzegać zaleceń podanych w podrozdziale „Wymontowanie i zamontowanie akumulatora".

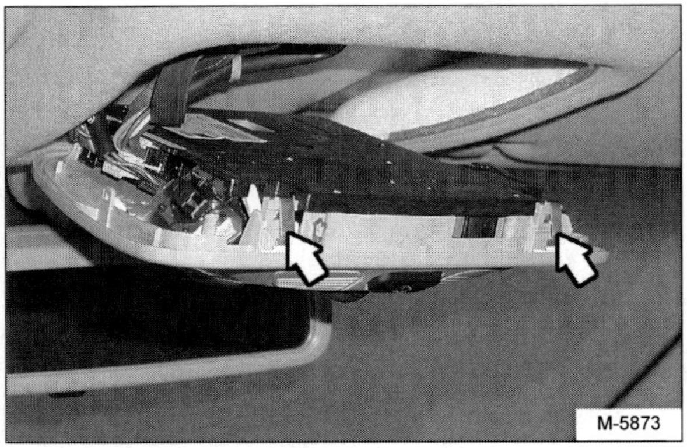

- Przyłożyć z tyłu klin z tworzywa sztucznego, na przykład Hazet 1965-20, podważyć (strzałki na rys. M-5873) sprężyste zaczepy mocujące i wyczepić lampę z pokrycia dachu.
- Opuścić lampę i wyjąć z przodu z zamocowania.
- Odłączyć złącze wtykowe i wymontować lampę.

Zamontowanie

- Zamontowanie odbywa się w kolejności odwrotnej do wymontowania.
- Podłączyć przewód masy (–) do akumulatora, gdy zapłon jest wyłączony. Zamontować obudowę filtru przeciwpyłowego. Wprowadzić kod zabezpieczający radioodbiornik przed kradzieżą i nastawić zegar.

Wymontowanie i zamontowanie zespołu wyłączników po lewej stronie kierownicy

W tym zespole umieszczonym po lewej stronie kierownicy znajdują się różne wyłączniki świateł i wyłącznik do regulacji lusterka zewnętrznego. W razie uszkodzenia jednego z wyłączników jest konieczna wymiana całego zespołu.

Wymontowanie

- Wymontować obudowę filtru przeciwpyłowego i odłączyć przewód masy (–) od akumulatora, gdy zapłon jest wyłączony.

Uwaga. Przed odłączeniem akumulatora należy koniecznie ustalić kod zabezpieczający radioodbiornik przed kradzieżą, jeśli taki kod jest zastosowany. Przestrzegać zaleceń podanych w podrozdziale „Wymontowanie i zamontowanie akumulatora".

- Wymontować pokrywę skrzynki bezpieczników z boku tablicy rozdzielczej (patrz „Wymiana bezpieczników").

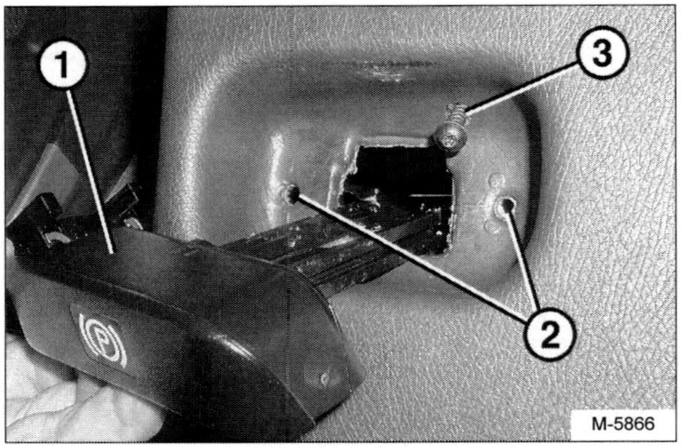

- Wyciągnąć uchwyt (1, rys. M-5866) do odblokowania hamulca awaryjnego z tablicy rozdzielczej, wykręcić dwie śruby (2) i nacisnąć uchwyt w dół.
- Wykręcić śrubę ustalającą (3) zespół wyłączników.
- Ścisnąć dwa sprężyste zaczepy mocujące (1, rys. M-5867) i wyjąć zespół wyłączników (2) z tablicy rozdzielczej.
- Zwolnić i odłączyć złącze wtykowe z tyłu zespołu wyłączników.
- Wyjąć z zamocowania na zespole wyłączników i odłożyć regulator zasięgu świateł.

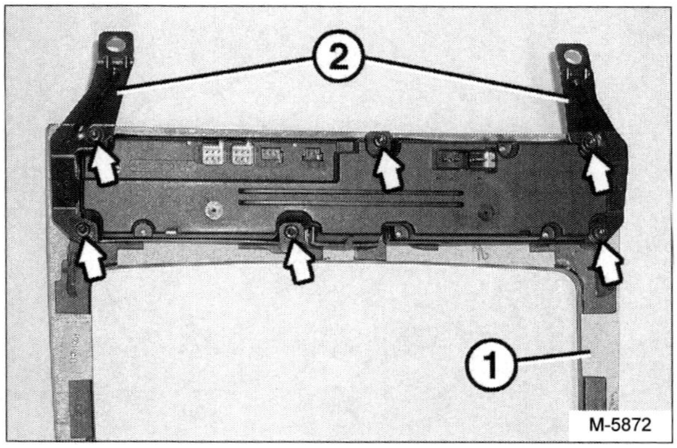

Zamontowanie

• Zamontowanie odbywa się w kolejności odwrotnej do wymontowania.

• Podłączyć przewód masy (–) do akumulatora, gdy zapłon jest wyłączony. Zamontować obudowę filtru przeciwpyłowego. Wprowadzić kod zabezpieczający radioodbiornik przed kradzieżą i nastawić zegar.

Wymontowanie i zamontowanie wyłączników w konsoli środkowej

Górny zespół wyłączników

Pod środkowym nawiewem jest zamontowany wyłącznik świateł awaryjnych oraz inne wyłączniki, na przykład ogrzewania fotela, centralnego blokowania drzwi, wycieraczki szyby tylnej i układu stabilizacji toru jazdy (ESP). W razie uszkodzenia jednego z wyłączników jest konieczna wymiana całego zespołu.

Wymontowanie

• Wymontować obudowę filtru przeciwpyłowego i odłączyć przewód masy (–) od akumulatora, gdy zapłon jest wyłączony.

Uwaga. Przed odłączeniem akumulatora należy koniecznie ustalić kod zabezpieczający radioodbiornik przed kradzieżą, jeśli taki kod jest zastosowany. Przestrzegać zaleceń podanych w podrozdziale „Wymontowanie i zamontowanie akumulatora".

• Wymontować osłonę górnej części konsoli środkowej (patrz rozdz. „Wyposażenie wnętrza nadwozia").

• Odłączyć złącze wtykowe od zespołu wyłączników.

• Wykręcić sześć śrub (strzałki na rys. M-5872) i odkręcić zespół wyłączników z tyłu osłony (1); (2) – elementy mocujące osłonę.

Zamontowanie

• Zamontowanie odbywa się w kolejności odwrotnej do wymontowania.

• Podłączyć przewód masy (–) do akumulatora, gdy zapłon jest wyłączony. Zamontować obudowę filtru przeciwpyłowego. Wprowadzić kod zabezpieczający radioodbiornik przed kradzieżą i nastawić zegar.

Konsola dźwigni wyboru biegów

W zależności od wyposażenia, w konsoli są zamontowane wyłączniki ogrzewania na postoju i programu jazdy W/S (przełącznik ze standardowego na zimowy program jazdy).

Wymontowanie

• Wymontować obudowę filtru przeciwpyłowego i odłączyć przewód masy (–) od akumulatora, gdy zapłon jest wyłączony.

Uwaga. Przed odłączeniem akumulatora należy koniecznie ustalić kod zabezpieczający radioodbiornik przed kradzieżą, jeśli taki kod jest zastosowany. Przestrzegać zaleceń podanych w podrozdziale „Wymontowanie i zamontowanie akumulatora".

• Wymontować chwyt dźwigni wyboru biegów (patrz „Wymontowanie i zamontowanie konsoli środkowej" w rozdz. „Wyposażenie wnętrza nadwozia").

• Odłączyć złącze wtykowe (1, rys. M-5875) od listwy wyłączników (2) z tyłu ramy osłony.

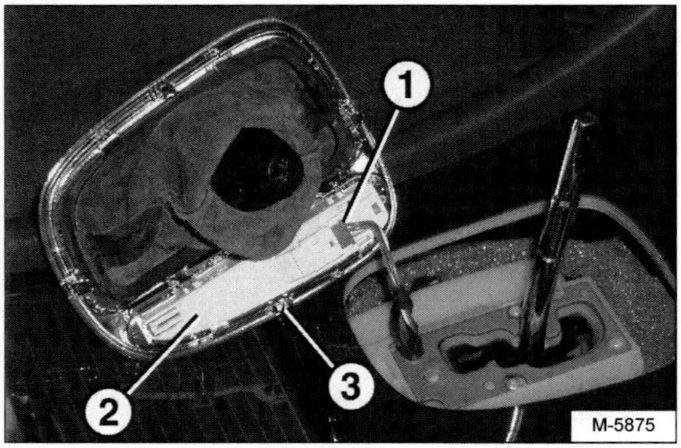

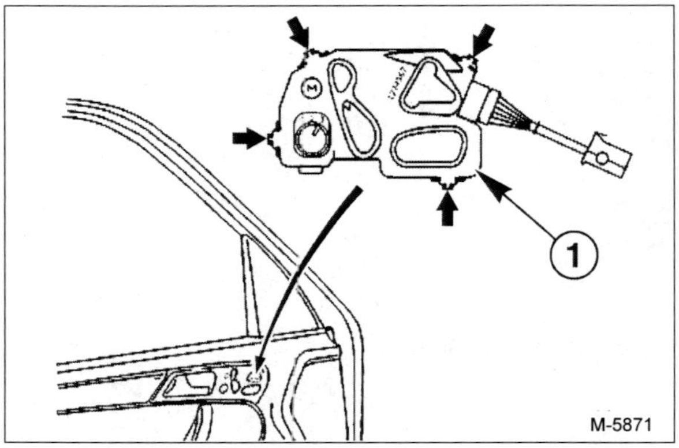

• Rozewrzeć zaczepy (3) i wyjąć listwę wyłączników z zamocowania.

Zamontowanie

• Zamontowanie odbywa się w kolejności odwrotnej do wymontowania.
• Podłączyć przewód masy (–) do akumulatora, gdy zapłon jest wyłączony. Zamontować obudowę filtru przeciwpyłowego. Wprowadzić kod zabezpieczający radioodbiornik przed kradzieżą i nastawić zegar.

Wymontowanie i zamontowanie wyłączników w drzwiach

Górny zespół wyłączników w drzwiach przednich

W tym zespole wyłączników obok klamki wewnętrznej, w zależności od wyposażenia znajdują się wyłączniki elektrycznego sterowania fotela i koła kierownicy.

Wymontowanie

• Wymontować obudowę filtru przeciwpyłowego i odłączyć przewód masy (–) od akumulatora, gdy zapłon jest wyłączony.
Uwaga. Przed odłączeniem akumulatora należy koniecznie ustalić kod zabezpieczający radioodbiornik przed kradzieżą, jeśli taki kod jest zastosowany. Przestrzegać zaleceń podanych w podrozdziale „Wymontowanie i zamontowanie akumulatora".
• Wymontować pokrycie drzwi przednich (patrz rozdz. „Wyposażenie wewnętrzne nadwozia").
• Wcisnąć wkrętakiem nakładki mocujące (strzałki na rys. M-5871) z tyłu pokrycia drzwi i wyjąć z pokrycia zespół wyłączników (1).
• Odłączyć złącze wtykowe od zespołu wyłączników.

Zamontowanie

• Zamontowanie odbywa się w kolejności odwrotnej do wymontowania.
• Podłączyć przewód masy (–) do akumulatora, gdy zapłon jest wyłączony. Zamontować obudowę filtru przeciwpyłowego. Wprowadzić kod zabezpieczający radioodbiornik przed kradzieżą i nastawić zegar.

Dolny zespół wyłączników w drzwiach przednich

W tym zespole wyłączników, w zależności od wyposażenia znajdują się wyłączniki podnośnika szyby, zabezpieczenia przed ingerencją dzieci i wyłącznik otwierania bagażnika.
Uwaga. Wymontowanie i zamontowanie wyłącznika podnośnika szyby w drzwiach pasażera odbywa się w podobny sposób.

Wymontowanie

• Wymontować obudowę filtru przeciwpyłowego i odłączyć przewód masy (–) od akumulatora, gdy zapłon jest wyłączony.
Uwaga. Przed odłączeniem akumulatora należy koniecznie ustalić kod zabezpieczający radioodbiornik przed kradzieżą, jeśli taki kod jest zastosowany. Przestrzegać zaleceń podanych w podrozdziale „Wymontowanie i zamontowanie akumulatora".

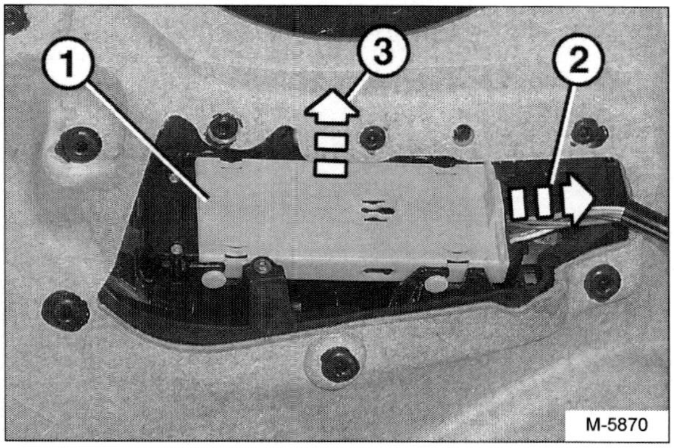

• Wymontować pokrycie drzwi przednich (patrz rozdz. „Wyposażenie wewnętrzne nadwozia").
• Przesunąć element ryglujący (1, rys. M-5870) w kierunku strzałki (2) z tyłu pokrycia drzwi, wyciągnąć (3) z zamocowania i wyjąć zespół wyłączników.
• Odłączyć złącze wtykowe zespołu wyłączników od sterownika.

Zamontowanie

• Zamontowanie odbywa się w kolejności odwrotnej do wymontowania.
• Podłączyć przewód masy (–) do akumulatora, gdy zapłon jest wyłączony. Zamontować obudowę filtru przeciwpyłowego. Wprowadzić kod zabezpieczający radioodbiornik przed kradzieżą i nastawić zegar.

Wyłącznik podnośnika szyby w drzwiach tylnych

Wymontowanie

• Wymontować obudowę filtru przeciwpyłowego i odłączyć przewód masy (–) od akumulatora, gdy zapłon jest wyłączony.
Uwaga. Przed odłączeniem akumulatora należy koniecznie ustalić kod zabezpieczający radioodbiornik przed kradzieżą, jeśli taki kod jest zastosowany. Przestrzegać zaleceń podanych w podrozdziale „Wymontowanie i zamontowanie akumulatora".
• Wymontować pokrycie drzwi tylnych.
• Odłączyć złącze wtykowe od wyłącznika.

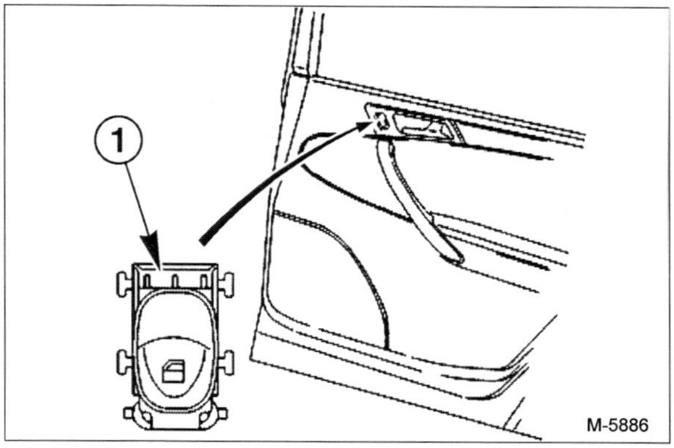

• Zwolnić z zamocowania i wyjąć wyłącznik (1, rys. M-5886) z tyłu pokrycia drzwi.

Zamontowanie

• Zamontowanie odbywa się w kolejności odwrotnej do wymontowania.
• Podłączyć przewód masy (–) do akumulatora, gdy zapłon jest wyłączony. Zamontować obudowę filtru przeciwpyłowego. Wprowadzić kod zabezpieczający radioodbiornik przed kradzieżą i nastawić zegar.

Wymontowanie i zamontowanie wyłącznika drzwiowego oświetlenia wewnętrznego

Przy drzwiach są umieszczone wyłączniki, które włączają i wyłączają oświetlenie wewnętrzne.

Wymontowanie

• Wymontować obudowę filtru przeciwpyłowego i odłączyć przewód masy (–) od akumulatora, gdy zapłon jest wyłączony.

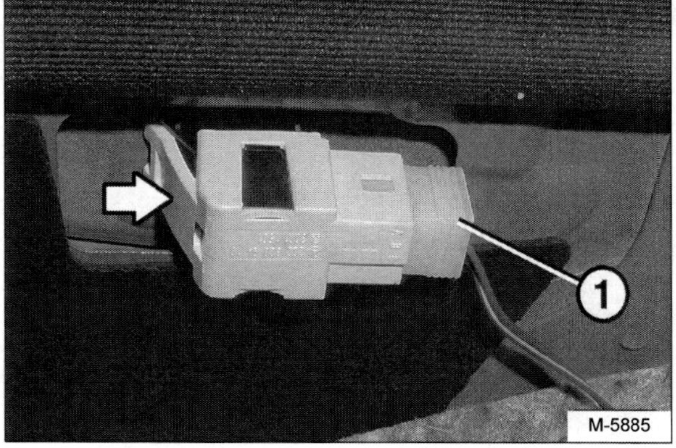

Uwaga. Przed odłączeniem akumulatora należy koniecznie ustalić kod zabezpieczający radioodbiornik przed kradzieżą, jeśli taki kod jest zastosowany. Przestrzegać zaleceń podanych w podrozdziale „Wymontowanie i zamontowanie akumulatora".

• Wymontować pokrycie słupka „B" lub „C" (patrz rozdz. „Wyposażenie wnętrza nadwozia").

• Odłączyć złącze wtykowe (1, rys. M-5885), docisnąć nakładkę w kierunku strzałki i wypchnąć wyłącznik na zewnątrz z otworu.

Zamontowanie

• Zamontowanie odbywa się w kolejności odwrotnej do wymontowania.

• Podłączyć przewód masy (–) do akumulatora, gdy zapłon jest wyłączony. Zamontować obudowę filtru przeciwpyłowego. Wprowadzić kod zabezpieczający radioodbiornik przed kradzieżą i nastawić zegar.

Wymontowanie i zamontowanie wskaźników ułatwiających parkowanie

Wskaźnik przedni

Wymontowanie

• Wymontować obudowę filtru przeciwpyłowego i odłączyć przewód masy (–) od akumulatora, gdy zapłon jest wyłączony.

Uwaga. Przed odłączeniem akumulatora należy koniecznie ustalić kod zabezpieczający radioodbiornik przed kradzieżą, jeśli taki kod jest zastosowany. Przestrzegać zaleceń podanych w podrozdziale „Wymontowanie i zamontowanie akumulatora".

• Podważyć (strzałki na rys. M-5868) klinem z tworzywa sztucznego, na przykład Hazet 1965-20, lub płaskim nożem i wyjąć osłonę (1) nad nawiewem z tablicy rozdzielczej (patrz rozdz. „Ogrzewanie i przewietrzanie wnętrza, urządzenie klimatyzacyjne").

• Odłączyć złącze wtykowe i wymontować wskaźnik sygnalizacyjny.

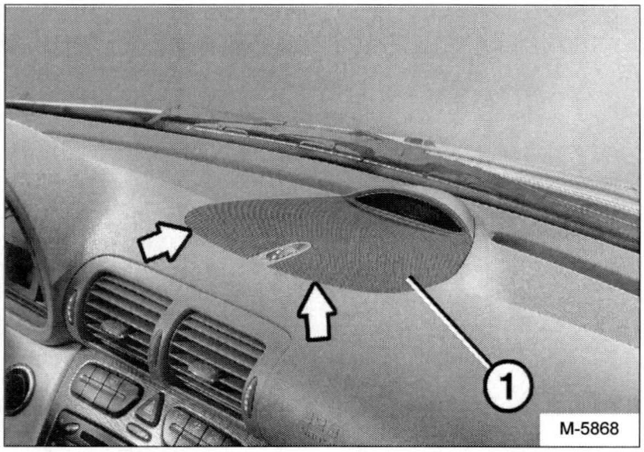

M-5868

Zamontowanie

• Zamontowanie odbywa się w kolejności odwrotnej do wymontowania.

• Podłączyć przewód masy (–) do akumulatora, gdy zapłon jest wyłączony. Zamontować obudowę filtru przeciwpyłowego. Wprowadzić kod zabezpieczający radioodbiornik przed kradzieżą i nastawić zegar.

Wskaźnik tylny

Wskaźnik sygnalizacyjny jest umieszczony w tylnej lampie oświetlenia wewnętrznego.

Wymontowanie

• Wymontować obudowę filtru przeciwpyłowego i odłączyć przewód masy (–) od akumulatora, gdy zapłon jest wyłączony.

Uwaga. Przed odłączeniem akumulatora należy koniecznie ustalić kod zabezpieczający radioodbiornik przed kradzieżą, jeśli taki kod jest zastosowany. Przestrzegać zaleceń podanych w podrozdziale „Wymontowanie i zamontowanie akumulatora".

• Podważyć klinem z tworzywa sztucznego lampę oświetlenia wewnętrznego z pokrycia i wyjąć z zamocowania.

• Odłączyć złącze wtykowe lampy i wskaźnika sygnalizacyjnego oraz wymontować lampę.

Zamontowanie

• Zamontowanie odbywa się w kolejności odwrotnej do wymontowania.

• Podłączyć przewód masy (–) do akumulatora, gdy zapłon jest wyłączony. Zamontować obudowę filtru przeciwpyłowego. Wprowadzić kod zabezpieczający radioodbiornik przed kradzieżą i nastawić zegar.

Wymontowanie i zamontowanie zapalniczki

Wymontowanie

• Wymontować obudowę filtru przeciwpyłowego i odłączyć przewód masy (–) od akumulatora, gdy zapłon jest wyłączony.
Uwaga. Przed odłączeniem akumulatora należy koniecznie ustalić kod zabezpieczający radioodbiornik przed kradzieżą, jeśli taki kod jest zastosowany. Przestrzegać zaleceń podanych w podrozdziale „Wymontowanie i zamontowanie akumulatora".
• Wymontować osłonę dźwigni zmiany biegów lub dźwigni wyboru biegów (patrz „Wymontowanie i zamontowanie konsoli środkowej" w rozdz. „Wyposażenie wnętrza nadwozia").
• Przesunąć osłonę w tył nad schowkiem w konsoli środkowej.
• Wyciągnąć uchwyt kubków i schowek z konsoli środkowej (patrz „Wymontowanie i zamontowanie konsoli środkowej" w rozdz. „Wyposażenie wnętrza nadwozia").
• Podważyć wkrętakiem zaczepy mocujące (1, rys. M-5874).
• Zwolnić z zamocowania gniazdo (2) zapalniczki i docisnąć w tył.
• Odłączyć złącze wtykowe (3) od zapalniczki i wypchnąć zapalniczkę z gniazda.

Zamontowanie

• Zamontowanie odbywa się w kolejności odwrotnej do wymontowania.
• Podłączyć przewód masy (–) do akumulatora, gdy zapłon jest wyłączony. Zamontować obudowę filtru przeciwpyłowego. Wprowadzić kod zabezpieczający radioodbiornik przed kradzieżą i nastawić zegar.

Wymontowanie i zamontowanie radioodbiornika

Uwaga. W niektórych przypadkach wymontowanie radioodbiornika samochodowego powoduje skasowanie kodu zabezpieczającego radioodbiornik przed kradzieżą. Dlatego należy ustalić i zanotować kod, gdyż w razie jego braku radioodbiornik może być ponownie uruchomiony tylko przez stację obsługi Mercedesa lub producenta radioodbiornika.
Uwaga. Od połowy 2002 roku firma Mercedes nie koduje fabrycznie montowanych radioodbiorników, gdyż układ elektroniczny samochodu rozpoznaje automatycznie radioodbiornik po podłączeniu akumulatora.

Wymontowanie

• Wymontować obudowę filtru przeciwpyłowego i odłączyć przewód masy (–) od akumulatora, gdy zapłon jest wyłączony.
Uwaga. Przed odłączeniem akumulatora należy koniecznie ustalić kod zabezpieczający radioodbiornik przed kradzieżą, jeśli taki kod jest zastosowany. Przestrzegać zaleceń podanych w podrozdziale „Wymontowanie i zamontowanie akumulatora".
• Wymontować osłonę górnej części konsoli środkowej (patrz rozdz. „Wyposażenie wnętrza nadwozia").
• Wykręcić dwie śruby (strzałki na rys. M-5876).
• Wyciągnąć radioodbiornik z wnęki w tablicy rozdzielczej.

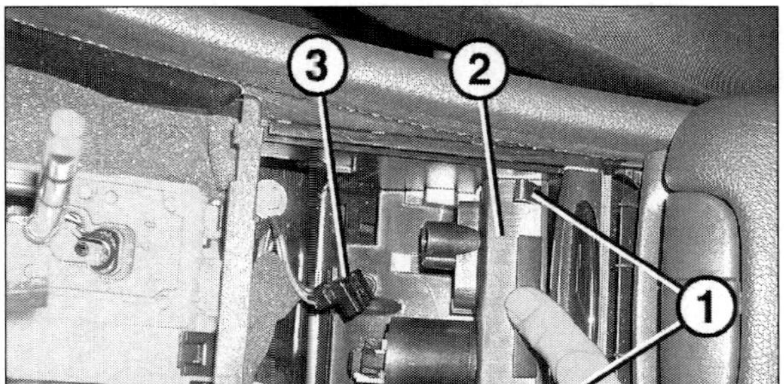

M-5874

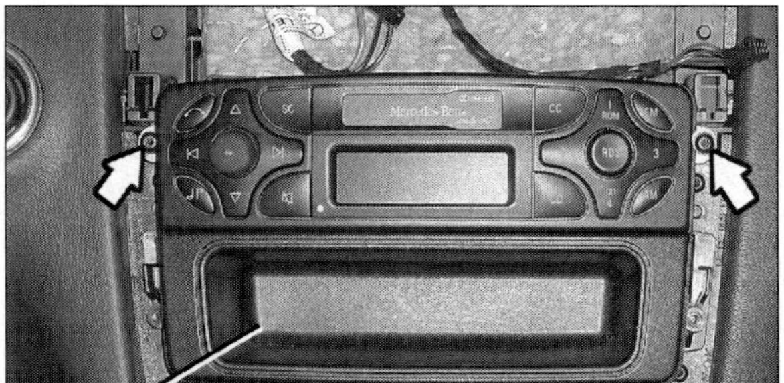

M-5876

Uwaga. Znajdujący się niżej schowek (1, rys. M-5876) zostanie wyciągnięty razem z radioodbiornikiem.

• Odłączyć wszystkie złącza i przewód antenowy z tyłu radioodbiornika. Wymontować radioodbiornik z konsoli środkowej.

• **Podłączenie za pomocą światłowodu.** Odłączyć ostrożnie złącze wtykowe światłowodu z tyłu radioodbiornika.

Uwaga. Nie załamywać, rozciągać lub zgniatać światłowodów. Miejsca łączenia światłowodów nie powinny być zanieczyszczone lub uszkodzone mechanicznie. Styki należy chronić osłonami lub zatyczkami.

Zamontowanie

• Podłączyć złącze wtykowe lub światłowód do radioodbiornika.

• Wsunąć schowek we wnękę w tablicy rozdzielczej.

• Wsunąć ostrożnie radioodbiornik we wnękę w tablicy rozdzielczej i przykręcić do konsoli środkowej.

• Zamontować osłonę górnej części konsoli środkowej (patrz rozdz. „Wyposażenie wnętrza nadwozia").

• Podłączyć przewód masy (–) do akumulatora, gdy zapłon jest wyłączony. Zamontować obudowę filtru przeciwpyłowego. Wprowadzić kod zabezpieczający radioodbiornik przed kradzieżą i nastawić zegar.

Urządzenie nawigacyjne z ekranem

Wymontowanie

• Wymontować obudowę filtru przeciwpyłowego i odłączyć przewód masy (–) od akumulatora, gdy zapłon jest wyłączony.

Uwaga. Przed odłączeniem akumulatora należy koniecznie ustalić kod zabezpieczający radioodbiornik przed kradzieżą, jeśli taki kod jest zastosowany. Przestrzegać zaleceń podanych w podrozdziale „Wymontowanie i zamontowanie akumulatora".

• Wymontować osłonę górnej części konsoli środkowej (patrz rozdz. „Wyposażenie wnętrza nadwozia").

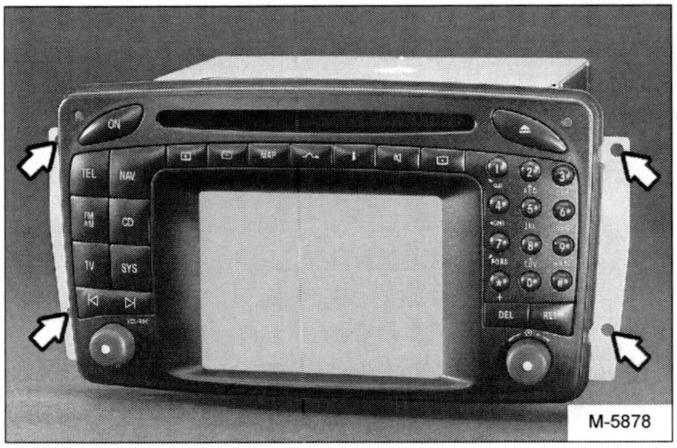

M-5878

• Wykręcić cztery śruby (strzałki na rys. M-5878).

• Wyciągnąć urządzenie nawigacyjne z wnęki w tablicy rozdzielczej.

• Odłączyć wszystkie złącza i przewód antenowy z tyłu radioodbiornika. Wymontować radioodbiornik z konsoli środkowej.

• **Podłączenie za pomocą światłowodu.** Odłączyć ostrożnie złącze wtykowe światłowodu na ściance tylnej.

Uwaga. Nie załamywać, rozciągać lub zgniatać światłowodów. Miejsca łączenia światłowodów nie powinny być zanieczyszczone lub uszkodzone mechanicznie. Styki należy chronić osłonami lub zatyczkami.

Zamontowanie

• Zamontowanie odbywa się w kolejności odwrotnej do wymontowania.

• Podłączyć przewód masy (–) do akumulatora, gdy zapłon jest wyłączony. Zamontować obudowę filtru przeciwpyłowego. Wprowadzić kod zabezpieczający radioodbiornik przed kradzieżą i nastawić zegar.

Wymontowanie i zamontowanie głośnika

Głośnik w drzwiach

Wymontowanie

• Wymontować obudowę filtru przeciwpyłowego i odłączyć przewód masy (–) od akumulatora, gdy zapłon jest wyłączony.

Uwaga. Przed odłączeniem akumulatora należy koniecznie ustalić kod zabezpieczający radioodbiornik przed kradzieżą, jeśli taki kod jest zastosowany. Przestrzegać zaleceń poda-

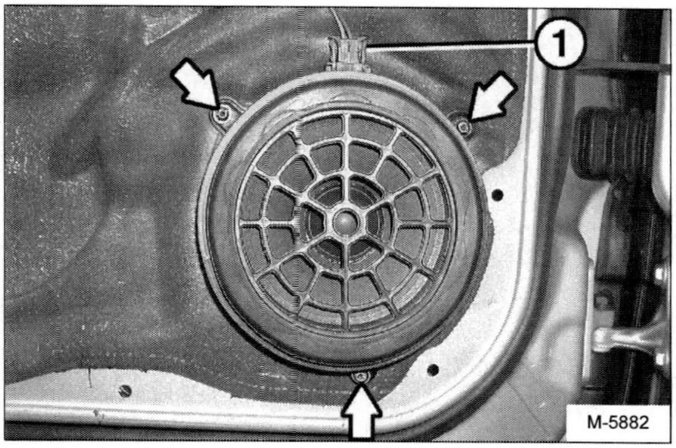

nych w podrozdziale „Wymontowanie i zamontowanie akumulatora".
• Wymontować pokrycie drzwi (patrz rozdz. „Wyposażenie wewnętrzne nadwozia").
• Odłączyć złącze wtykowe (1, rys. M-5882) od obudowy głośnika.
• Wykręcić trzy wkręty (strzałki) i wyjąć głośnik z obudową.

Zamontowanie

• Zamontowanie odbywa się w kolejności odwrotnej do wymontowania.
• Podłączyć przewód masy (–) do akumulatora, gdy zapłon jest wyłączony. Zamontować obudowę filtru przeciwpyłowego. Wprowadzić kod zabezpieczający radioodbiornik przed kradzieżą i nastawić zegar.

Głośnik wysokotonowy w drzwiach przednich

Wymontowanie

• Wymontować obudowę filtru przeciwpyłowego i odłączyć przewód masy (–) od akumulatora, gdy zapłon jest wyłączony.
Uwaga. Przed odłączeniem akumulatora należy koniecznie ustalić kod zabezpieczający radioodbiornik przed kradzieżą, jeśli taki kod jest zastosowany. Przestrzegać zaleceń podanych w podrozdziale „Wymontowanie i zamontowanie akumulatora".
• Wymontować osłonę trójkątną (patrz rozdz. „Wyposażenie wewnętrzne nadwozia").
• Odłączyć złącze wtykowe (1, rys. M-5883) od głośnika wysokotonowego.
• Zwolnić ostrożnie wkrętakiem występy ustalające (strzałki) i wyjąć głośnik wysokotonowy z osłony trójkątnej.

Zamontowanie

• Zamontowanie odbywa się w kolejności odwrotnej do wymontowania.
• Podłączyć przewód masy (–) do akumulatora, gdy zapłon jest wyłączony. Zamontować obudowę filtru przeciwpyłowego. Wprowadzić kod zabezpieczający radioodbiornik przed kradzieżą i nastawić zegar.

Głośnik w tablicy rozdzielczej

Wymontowanie

• Wymontować obudowę filtru przeciwpyłowego i odłączyć przewód masy (–) od akumulatora, gdy zapłon jest wyłączony.
Uwaga. Przed odłączeniem akumulatora należy koniecznie ustalić kod zabezpieczający radioodbiornik przed kradzieżą, jeśli taki kod jest zastosowany. Przestrzegać zaleceń podanych w podrozdziale „Wymontowanie i zamontowanie akumulatora".
• Wymontować nawiewy z tablicy rozdzielczej (patrz rozdz. „Ogrzewanie i przewietrzanie wnętrza, urządzenie klimatyzacyjne").
• Odłączyć złącze wtykowe od głośnika.
• Zwolnić z tyłu nawiewu za pomocą wkrętaka z zacisków mocujących i wyciągnąć głośnik z tablicy rozdzielczej.

Zamontowanie

• Zamontować głośnik w zamocowaniach.

• Podłączyć złącze wtykowe.
• Zamontować i umocować czterema wkrętami górny nawiew.
• Zamontować osłonę w tablicy rozdzielczej w ustalonym położeniu.
• Podłączyć przewód masy (–) do akumulatora, gdy zapłon jest wyłączony. Zamontować obudowę filtru przeciwpyłowego. Wprowadzić kod zabezpieczający radioodbiornik przed kradzieżą i nastawić zegar.

Głośnik w półce – sedan

Wymontowanie

• Wymontować obudowę filtru przeciwpyłowego i odłączyć przewód masy (–) od akumulatora, gdy zapłon jest wyłączony.
Uwaga. Przed odłączeniem akumulatora należy koniecznie ustalić kod zabezpieczający radioodbiornik przed kradzieżą, jeśli taki kod jest zastosowany. Przestrzegać zaleceń podanych w podrozdziale „Wymontowanie i zamontowanie akumulatora".
• Podważyć klinem z tworzywa sztucznego osłonę nad głośnikiem i wyjąć z półki (patrz „Wymontowanie i zamontowanie półki" w rozdz. „Wyposażenie wnętrza nadwozia").
• Odłączyć złącze wtykowe od głośnika.

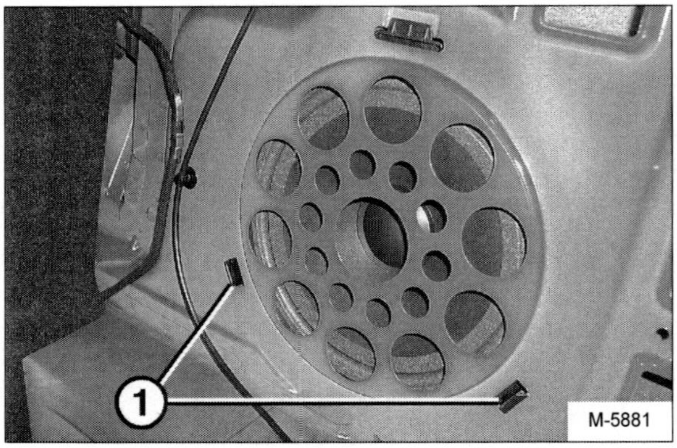

• Otworzyć bagażnik.
• Docisnąć do wewnątrz zaczepy mocujące (1, rys. M-5881) głośnika i wyciągnąć głośnik z zamocowania.
• Wykręcić cztery wkręty i odłączyć głośnik od obudowy.

Zamontowanie

• Zamontowanie odbywa się w kolejności odwrotnej do wymontowania.
• Podłączyć przewód masy (–) do akumulatora, gdy zapłon jest wyłączony. Zamontować obudowę filtru przeciwpyłowego. Wprowadzić kod zabezpieczający radioodbiornik przed kradzieżą i nastawić zegar.

Ogrzewanie i przewietrzanie wnętrza, urządzenie klimatyzacyjne

Wiadomości wstępne

W samochodzie Mercedes klasy C dmuchawa z napędem elektrycznym zasysa świeże powietrze do układu ogrzewania i przewietrzania przez otwór w pokrywie przedziału silnika. Zasysane powietrze jest oczyszczane przez filtr przeciwpyłowy umieszczony w przewodzie dolotowym.
Powietrze jest ogrzewane w wymienniku ciepła lub chłodzone w parowniku urządzenia klimatyzacyjnego, jeśli takie jest w wyposażeniu, i rozdzielane przez nawiewy do wnętrza samochodu. Przewody ogrzewania pod tablicą rozdzielczą kierują ciepłe powietrze na to miejsce szyby przedniej, w którym znajdują się wycieraki, gdy wycieraczka nie pracuje. Dzięki temu w okresie zimowym przymarznięte pióra są szybko uwalniane.
Do wymiennika ciepła jest stale doprowadzana gorąca ciecz chłodząca silnik i ciepło potrzebne do ogrzewania jest przejmowane przez świeże powietrze przepływające przez wymiennik. Temperatura jest regulowana przez mieszanie zimnego i ciepłego świeżego powietrza dopływającego do wnętrza samochodu. Przesłony układu ogrzewania są sterowane elektrycznymi nastawnikami.
W celu umożliwienia zwiększenia dopływu powietrza do wnętrza samochodu, dmuchawa ma sześć zakresów wydajności. Elektroniczny regulator steruje silnikiem dmuchawy, aby dmuchawa mogła pracować w poszczególnych zakresach ze zmienną prędkością obrotową.

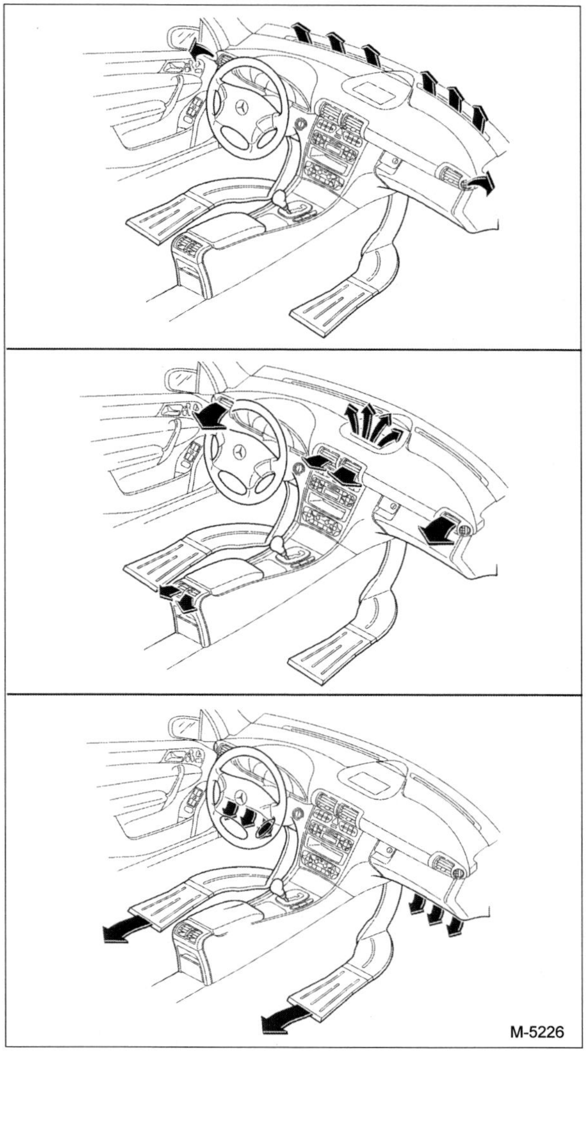

W razie uszkodzenia regulatora dmuchawy należy go wymienić.
Jeśli do samochodu nie powinno być podawane powietrze z zewnątrz, na przykład w razie jego zanieczyszczenia, można włączyć recyrkulację powietrza. Następuje wtedy krążenie powietrza znajdującego się wewnątrz samochodu.
Uwaga. Jeśli podczas wykonywania czynności przy układzie ogrzewania będą także wykonywane czynności związane z wyposażeniem elektrycznym, należy zawsze odłączyć ujemny (–) przewód od akumulatora. Należy bezwzględnie przestrzegać wskazówek podanych w podrozdz. „Wymontowanie i zamontowanie akumulatora". Za czynność przy wyposażeniu elektrycznym uznaje się już zwykłe odłączenie przewodu elektrycznego.
Samochód Mercedes klasy C napędzany silnikiem wysokoprężnym ma dodatkowy elektryczny układ ogrzewania, aby w niskich temperaturach zewnętrznych uzupełnić brak ciepła. Dogrzewacz nagrzewany elektrycznie bardzo szybko zwiększa temperaturę świeżego powietrza dolotowego. Jeśli temperatura zewnętrzna spada poniżej 8°C i równocześnie ciecz chłodząca ma temperaturę niższą niż 70°C, dogrzewacz włącza się automatycznie w zależności od wymaganej temperatury wewnątrz samochodu.

Urządzenie klimatyzacyjne

Uwaga. Prace przy urządzeniu klimatyzacyjnym powinny być wykonywane tylko przez warsztat specjalistyczny, dlatego w tej książce nie została opisana jego naprawa.
Samochód Mercedes klasy C jest wyposażany na życzenie w urządzenie klimatyzacyjne sterowane elektronicznie i działające automatycznie. Są oferowane dwa rodzaje urządzenia,

SCHEMAT URZĄDZENIA KLIMATYZACYJNEGO
1 – dmuchawa,
2 – parownik,
3 – zawór rozprężny,
4 – zbiornik osuszacza,
5 – dmuchawa skraplacza,
6 – skraplacz,
7 – sprężarka;
a – przepływ powietrza wymuszony ruchem samochodu, do chłodzenia skraplacza,
b – ciepłe powietrze oddawane do otoczenia,
c – niechłodzone powietrze przepływa przez dmuchawę,
d – chłodzone powietrze płynie do wnętrza samochodu;
A – wysokie ciśnienie (czynnik chłodniczy gazowy),
B – wysokie ciśnienie (czynnik chłodniczy ciekły),
C – niskie ciśnienie (czynnik chłodniczy ciekły),
D – niskie ciśnienie (czynnik chłodniczy gazowy)

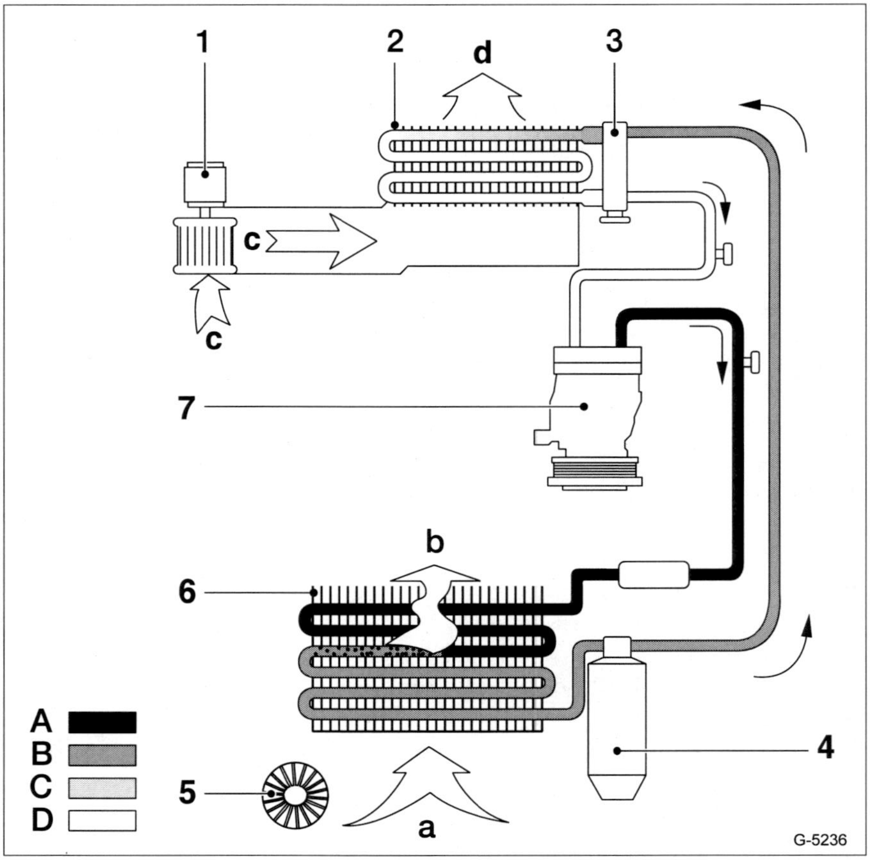

które różnią się sterowaniem sensorowym i wygodą obsługi.

Urządzenie klimatyzacyjne działa jak lodówka. Sprężarka (7, rys. G-5236) spręża gazowy czynnik chłodniczy R 134 A, który nie zawiera freonów. Czynnik nagrzany podczas sprężania jest doprowadzany do skraplacza (6), w którym następuje jego ochłodzenie i skroplenie. Ciśnienie czynnika chłodniczego jest zmniejszane w zaworze rozprężnym (3), z którego czynnik jest wtryskiwany do parownika (2) i tam odparowuje z powodu obniżenia ciśnienia i ulega silnemu ochłodzeniu.

Podczas procesu odparowania i ochłodzenia, czynnik chłodniczy odbiera ciepło z powietrza dopływającego z zewnątrz. Powietrze ochładza się, zawarta w nim wilgoć wykrapla się, a skropliny są odprowadzane na zewnątrz. Intensywność chłodzenia zależy od nastawionej temperatury i położenia przełącznika dmuchawy. Poza tym urządzenie klimatyzacyjne ma funkcję ponownego ogrzewania. Sprężarka urządzenia klimatyzacyjnego pracuje także wtedy, gdy temperatura zewnętrzna przekracza 1°C. Powietrze jest najpierw chłodzone, a potem ogrzewane za parownikiem do wymaganej temperatury. Ochłodzenie powoduje osuszenie powietrza, co zapobiega zaparowaniu szyb podczas wilgotnej pogody. Funkcja ponownego ogrzewania jest regulowana w trzech stopniach, w zależności od wilgotności powietrza.

Ostrzeżenie. *Nie wolno rozszczelniać obiegu czynnika chłodniczego, ponieważ czynnik może wywołać odmrożenia w razie zetknięcia się ze skórą.*
W razie przypadkowego kontaktu ze skórą należy natychmiast spłukiwać miejsce kontaktu zimną wodą przez co najmniej 15 minut. Czynnik chłodniczy jest bezbarwny, nie ma zapachu i jest cięższy od powietrza. Wydobywający się czynnik chłodniczy zagraża uduszeniem osobom leżącym na podłodze lub znajdującym się w zagłębieniu. Czynnik chłodnicy w stanie gazowym nie jest wyczuwalny.

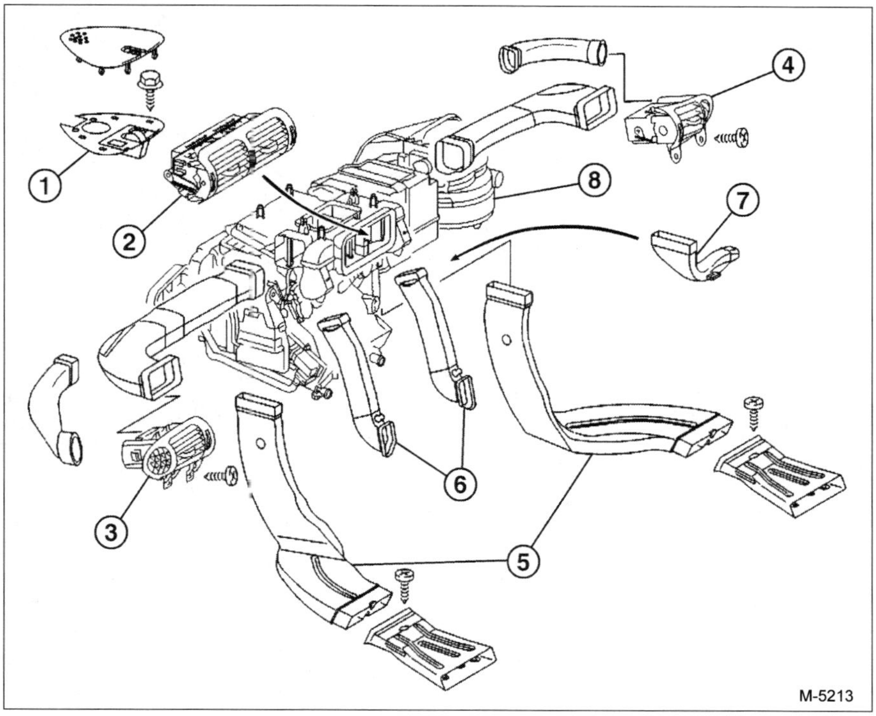

PRZEWODY I NAWIEWY POWIETRZA
1 – nawiew w tablicy rozdzielczej,
2 – nawiew w konsoli środkowej,
3 – nawiew lewy,
4 – nawiew prawy,
5 – przewody powietrza prowadzące do tylnych siedzeń,
6 – przewody powietrza konsoli środkowej,
7 – przewód powietrza podnóżka,
8 – dmuchawa układu ogrzewania

Wymontowanie i zamontowanie nawiewów powietrza

Nawiew powietrza w tablicy rozdzielczej

Wymontowanie

• Wymontować obudowę filtru przeciwpyłowego i odłączyć przewód masy (–) od akumulatora, gdy zapłon jest wyłączony.

Uwaga. Przed odłączeniem akumulatora należy koniecznie ustalić kod zabezpieczający radioodbiornik przed kradzieżą, jeśli taki kod jest zastosowany. Przestrzegać zaleceń podanych w podrozdziale „Wymontowanie i zamontowanie akumulatora”.

• Podważyć klinem z tworzywa sztucznego lub płaskim nożem i unieść osłonę nawiewu powietrza nad tablicą rozdzielczą. Wyciągnąć zaciski (strzałki na rys. M-5223) z zamocowań; (1) – zaczepy oporowe przednie.

• W zależności od wyposażenia odłączyć złącze wtykowe czujników parkowania lub głośnika.

• Wykręcić cztery wkręty (strzałki na rys. M-5224) i wyjąć nawiew powietrza (1, rys. M-5224) z tablicy rozdzielczej.

Zamontowanie

• Zamontowanie odbywa się w kolejności odwrotnej do wymontowania.

• Podłączyć przewód masy (–) do akumulatora, gdy zapłon jest wyłączony. Zamontować obudowę filtru przeciwpyłowego. Wprowadzić kod zabezpieczający radioodbiornik przed kradzieżą i nastawić zegar.

Nawiew powietrza w konsoli środkowej

Wymontowanie

• Docisnąć w prawo wkrętakiem (2, rys. M-5220) dolny zaczep blokujący (1) obu nawiewów, odchylając równocześnie nawiewy całkowicie w górę w celu odblokowania.

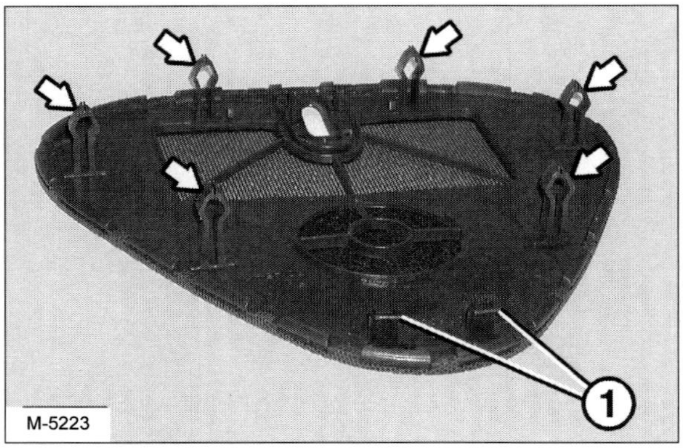

M-5223

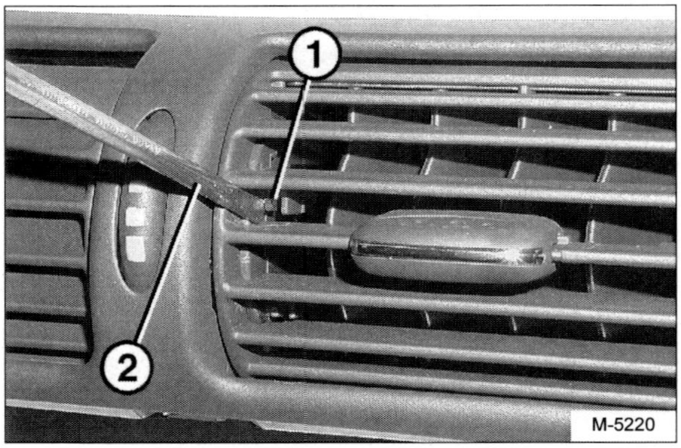

M-5220

M-5224

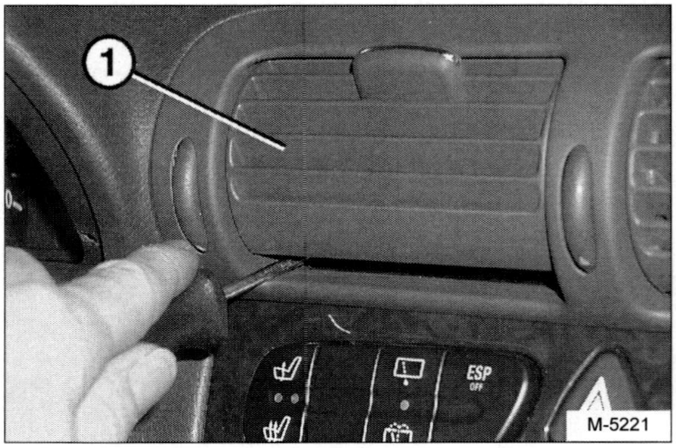

M-5221

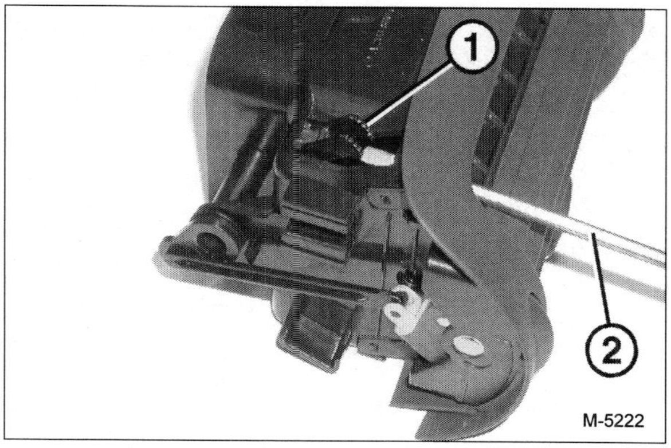

M-5222

M-5225

- Wykręcić wkręty za żeberkami (1, rys. M-5221) nawiewu.
- Zwolnić za pomocą wkrętaka górny zaczep blokujący obu nawiewów i odchylić nawiewy całkowicie w dół.
- Wprowadzić wkrętak (2, rys. M-5222) przez szczelinę i wsunąć w wycięcie zaczepu mocującego (1).
- Docisnąć w dół zaczep mocujący (1) i odłączyć pierwszy nawiew powietrza.
- Odłączyć drugi nawiew i wyjąć oba nawiewy z przewodu powietrza.

Zamontowanie

- Osadzić nawiewy powietrza w przewodzie tak, aby kołek prowadzący wszedł w gniazdo pośrodku nawiewu.
- Wprowadzić nawiewy powietrza w ustalone położenie.
- Odblokować nawiewy powietrza i odchylić je w górę. Wprowadzić przez szczelinę i przykręcić wkręty.

Boczny nawiew powietrza lewy

Wymontowanie

- Wymontować osłonę skrzynki bezpieczników z boku tablicy rozdzielczej (patrz „Wymiana bezpieczników").
- Wymontować zespół wyłączników po lewej stronie koła kierownicy (patrz rozdz. „Wskaźniki, wyłączniki i radioodbiornik").
- Wykręcić dwa wkręty (1, rys. M-5225) nawiewu powietrza.
- Wykręcić wkręt (strzałka) i nacisnąć w dół dolną część tablicy rozdzielczej (2) (patrz „Wymontowanie i zamontowanie dolnej części tablicy rozdzielczej" w rozdz. „Wyposażenie wnętrza nadwozia").
- Docisnąć wkrętakiem zaczep blokujący w lewo i odchylić nawiew całkowicie w dół. Wprowadzić wkrętak (2, rys. M-5219) przez szczelinę, nacisnąć w dół zaczep mocujący (1) i wyciągnąć nawiew z przewodu powietrza.

Zamontowanie

- Zamontować nawiew w przewodzie powietrza w ustalonym położeniu i dokręcić nawiew.
- Dalsze zamontowanie odbywa się w kolejności odwrotnej do wymontowania.

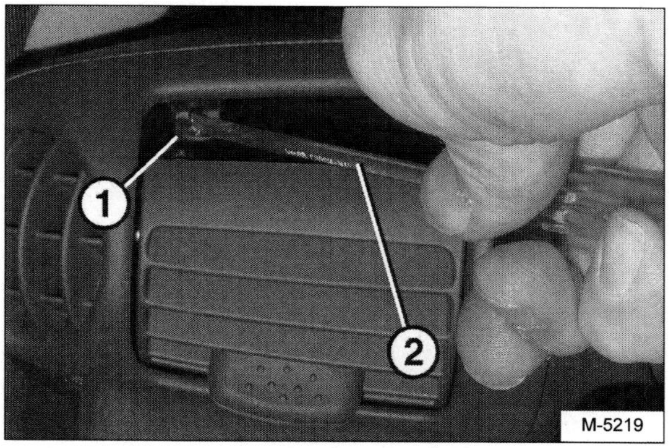

M-5219

Boczny nawiew powietrza prawy

Wymontowanie

• Wykręcić wkręty i nacisnąć w dół schowek (patrz „Wymontowanie i zamontowanie schowka w rozdz. „Wyposażenie wnętrza nadwozia").
Uwaga. Dalsze wymontowanie odbywa się w podobny sposób jak lewego nawiewu powietrza.
• Wykręcić wkręty nawiewu powietrza.
• Docisnąć wkrętakiem zaczep blokujący w prawo i odchylić nawiew całkowicie w dół. Wprowadzić wkrętak przez szczelinę, nacisnąć w dół zaczep mocujący i wyciągnąć nawiew z przewodu powietrza.

Zamontowanie

• Zamontować nawiew w przewodzie powietrza w ustalonym położeniu i dokręcić nawiew.
• Dalsze zamontowanie odbywa się w kolejności odwrotnej do wymontowania.

Wymontowanie i zamontowanie silników nastawczych przesłon powietrza

Samochód bez automatycznego urządzenia klimatyzacyjnego

Przesłony powietrza są uruchamiane silnikami nastawczymi. Te wszystkie silniki są mocowane na obudowie układu ogrzewania i klimatyzacji w zasadzie w ten sam sposób. Aby uzyskać dostęp do miejsc ich zamontowania, należy wymontować różne osłony.

Wymontowanie

• Wymontować obudowę filtru przeciwpyłowego i odłączyć przewód masy (–) od akumulatora, gdy zapłon jest wyłączony.
Uwaga. Przed odłączeniem akumulatora należy koniecznie ustalić kod zabezpieczający radioodbiornik przed kradzieżą, jeśli taki kod jest zastosowany. Przestrzegać zaleceń podanych w podrozdziale „Wymontowanie i zamontowanie akumulatora".
• **Przesłona powietrza świeżego i obiegowego.** Wymontować osłonę pod schowkiem (patrz rozdz. „Wyposażenie wnętrza nadwozia").
• **Przesłona mieszania powietrza prawa.** Wymontować osłonę pod schowkiem (patrz rozdz. „Wyposażenie wnętrza nadwozia").
• **Przesłona mieszania powietrza lewa.** Wymontować osłonę pod tablicą rozdzielczą po stronie kierowcy (patrz rozdz. „Wyposażenie wnętrza nadwozia").

Przesłony podnóżka

• Wymontować osłonę pod tablicą rozdzielczą po stronie kierowcy (patrz rozdz. „Wyposażenie wnętrza nadwozia").
• Wymontować dolną część tablicy rozdzielczej po stronie kierowcy (patrz rozdz. „Wyposażenie wnętrza nadwozia").
• Wymontować radioodbiornik i schowek pod radioodbiornikiem (patrz „Wymontowanie i zamontowanie radioodbiornika").
• Wyjąć materiał tłumiący.

Przesłony nawiewów

• Wymontować zespół regulacji ogrzewania i klimatyzacji (patrz odpowiedni opis).
• Wymontować radioodbiornik i schowek pod radioodbiornikiem (patrz „Wymontowanie i zamontowanie radioodbiornika").
• Wyjąć materiał tłumiący.
• Wykręcić trzy śruby (strzałki na rys. M-5218) i wyjąć silnik nastawczy (1).
• Odłączyć złącze wtykowe (2) od silnika.

Zamontowanie

• Zamontowanie odbywa się w kolejności odwrotnej do wymontowania.

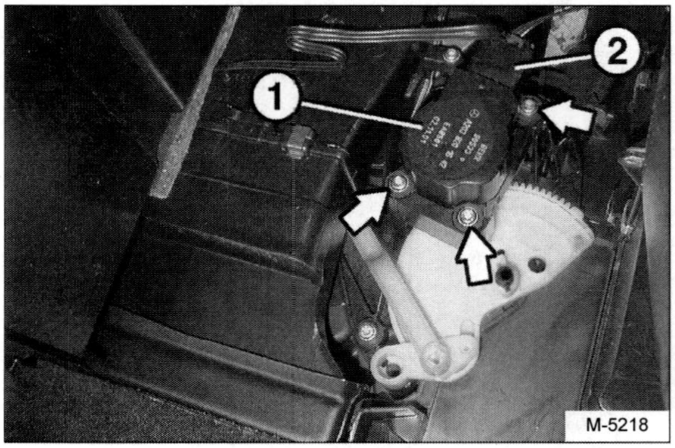

• Podłączyć przewód masy (–) do akumulatora, gdy zapłon jest wyłączony. Zamontować obudowę filtru przeciwpyłowego. Wprowadzić kod zabezpieczający radioodbiornik przed kradzieżą i nastawić zegar.
Uwaga. Po zamontowaniu silniki nastawników przesłon powietrza powinny być dostosowane do zespołu regulacji. W stacji obsługi stosuje się w tym celu urządzenie diagnostyczne.

Wymontowanie i zamontowanie zespołu regulacji ogrzewania i klimatyzacji

Wymontowanie

• Wymontować obudowę filtru przeciwpyłowego i odłączyć przewód masy (–) od akumulatora, gdy zapłon jest wyłączony.
Uwaga. Przed odłączeniem akumulatora należy koniecznie ustalić kod zabezpieczający radioodbiornik przed kradzieżą, jeśli taki kod jest zastosowany. Przestrzegać zaleceń podanych w podrozdziale „Wymontowanie i zamontowanie akumulatora".
• Wymontować osłonę górnej części konsoli środkowej (patrz rozdz. „Wyposażenie wnętrza nadwozia").
• Odłączyć z tyłu osłony konsoli złącze wtykowe (1, M-5214) od zespołu regulacji ogrzewania i klimatyzacji (2).
• Odciągnąć na zewnątrz (strzałki) zaczepy mocujące i odłączyć zespół regulacji (2) od osłony konsoli.

Zamontowanie

• Osadzić zespół regulacji z tyłu osłony konsoli w ustalonym położeniu.
• Podłączyć złącze wtykowe do zespołu regulacji.
• Zamontować osłonę górnej części konsoli środkowej (patrz rozdz. „Wyposażenie wnętrza nadwozia").
• Podłączyć przewód masy (–) do akumulatora, gdy zapłon jest wyłączony. Zamontować obudowę filtru przeciwpyłowego. Wprowadzić kod zabezpieczający radioodbiornik przed kradzieżą i nastawić zegar.
Uwaga. Po zamontowaniu nowego zespołu regulacji należy dostosować do niego silniki nastawcze przesłon powietrza. W stacji obsługi stosuje się w tym celu urządzenie diagnostyczne.

Wymontowanie i zamontowanie silnika dmuchawy układu ogrzewania i klimatyzacji

Wymontowanie

• Wymontować obudowę filtru przeciwpyłowego i odłączyć przewód masy (–) od akumulatora, gdy zapłon jest wyłączony.
Uwaga. Przed odłączeniem akumulatora należy koniecznie ustalić kod zabezpieczający radioodbiornik przed kradzieżą, jeśli taki kod jest zastosowany. Przestrzegać zaleceń podanych w podrozdziale „Wymontowanie i zamontowanie akumulatora".
• Wymontować osłonę pod schowkiem (patrz rozdz. „Wyposażenie wnętrza nadwozia").

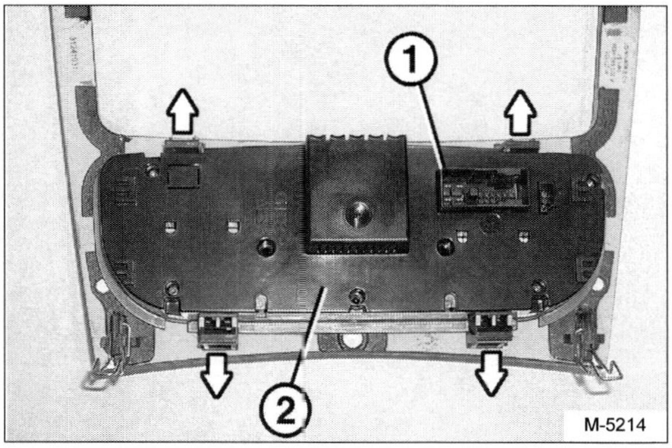

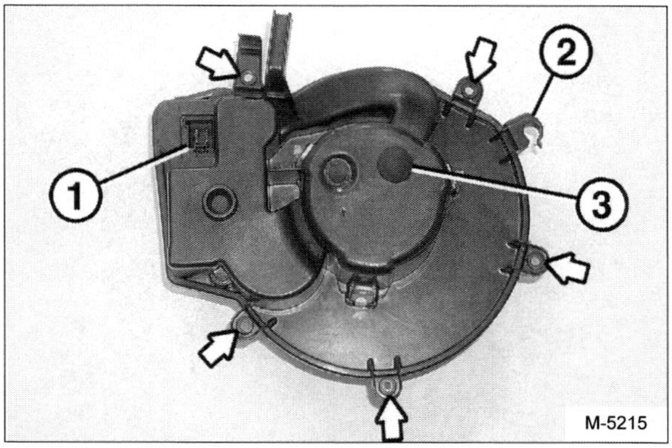

• Odłączyć złącze wtykowe (1, rys. M-5215) i wyciągnąć przewód z uchwytu (2).
• Wykręcić pięć śrub (strzałki) i wyjąć w dół pokrywę z silnikiem dmuchawy i wirnikiem z obudowy.
Uwaga. Nie kłaść silnika dmuchawy na wirniku.
• Podważyć zaślepkę (3) i wykręcić znajdującą się pod nią śrubę zabezpieczającą.
• Odłączyć silnik dmuchawy z wirnikiem od pokrywy.

Zamontowanie

• Zamontowanie odbywa się w kolejności odwrotnej do wymontowania.
• Podłączyć przewód masy (–) do akumulatora, gdy zapłon jest wyłączony. Zamontować obudowę filtru przeciwpyłowego. Wprowadzić kod zabezpieczający radioodbiornik przed kradzieżą i nastawić zegar.

Wymontowanie i zamontowanie stopnia regulacyjnego układu ogrzewania i klimatyzacji

Wymontowanie

• Wymontować obudowę filtru przeciwpyłowego i odłączyć przewód masy (–) od akumulatora, gdy zapłon jest wyłączony.
Uwaga. Przed odłączeniem akumulatora należy koniecznie ustalić kod zabezpieczający radioodbiornik przed kradzieżą, jeśli taki kod jest zastosowany. Przestrzegać zaleceń podanych w podrozdziale „Wymontowanie i zamontowanie akumulatora".
• Wymontować silnik dmuchawy (patrz odpowiedni opis).

M-5216

• Wykręcić śruby (strzałki na rys. M-5216) i zdjąć z silnika elektroniczny stopień regulacyjny (1).
• Odłączyć złącze wtykowe od silnika dmuchawy.

Zamontowanie

• Zamontowanie odbywa się w kolejności odwrotnej do wymontowania.
• Podłączyć przewód masy (–) do akumulatora, gdy zapłon jest wyłączony. Zamontować obudowę filtru przeciwpyłowego. Wprowadzić kod zabezpieczający radioodbiornik przed kradzieżą i nastawić zegar.

Dogrzewacz elektryczny

Silnik wysokoprężny

Z powodu wysokiej sprawności silnik wysokoprężny nie nagrzewa się w niskich temperaturach zewnętrznych tak, aby ogrzewał wystarczająco wnętrze samochodu. Dlatego w obiegu cieczy chłodzącej zastosowano dodatkowy podgrzewacz elektryczny, który zwiększa temperaturę cieczy chłodzącej i ilość ciepła przekazywaną przez wymiennik do wnętrza samochodu. Podgrzewacz jest umieszczony przy kadłubie silnika nad rozrusznikiem z lewej strony, patrząc w kierunku jazdy. Elementy pokazane na rysunku M-5227: (1) – wkład grzejny, (2) – uszczelka, (3) – element podgrzewania wstępnego.

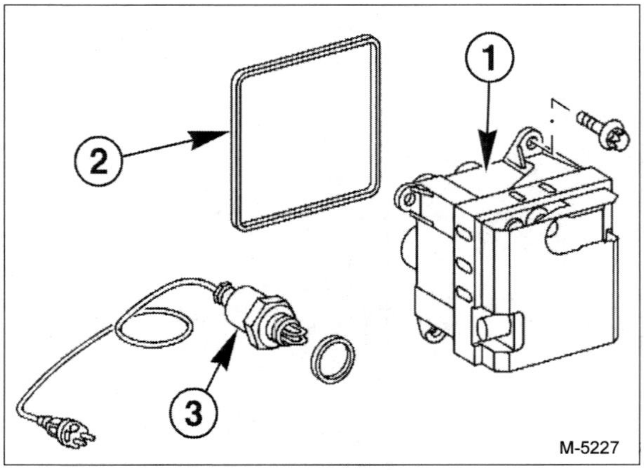

M-5227

Wymontowanie i zamontowanie czujników urządzenia klimatyzacyjnego

W samochodzie Mercedes klasy C automatycznym urządzeniem klimatyzacyjnym sterują różne czujniki.

Czujnik wilgotności powietrza

Wymontowanie

Uwaga. Czujnik wilgotności powietrza znajduje się w przewodzie dolotowym powietrza za obudową filtru przeciwpyłowego.

• Wymontować obudowę filtru przeciwpyłowego (patrz „Obsługa nadwozia, wyposażenia wnętrza i układu przewietrzania" w rozdz. „Obsługa samochodu").

• Obrócić mocno w lewo i wyjąć z przewodu dolotowego powietrza czujnik wilgotności powietrza (1, rys. M-5217).

• Odłączyć złącze (3) od czujnika, zapobiegając zsunięciu się przewodu w tył do obudowy urządzenia klimatyzacyjnego.

Zamontowanie

• Zamontowanie odbywa się w kolejności odwrotnej do wymontowania. Czujnik powinien wejść ze stukiem w ustalone położenie.

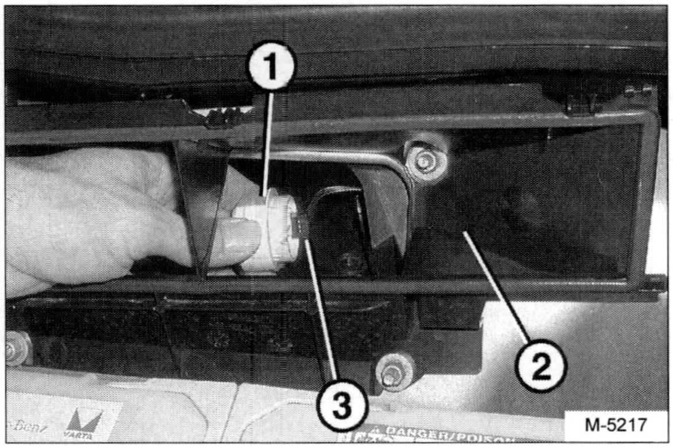

Czujnik wielofunkcyjny

Samochód z automatycznym urządzeniem klimatyzacyjnym

Ten czujnik znajduje się pod zagłębieniem przed szybą przednią obok przewodu dolotowego powietrza z lewej strony, patrząc w kierunku jazdy.

Wymontowanie

• Wymontować obudowę filtru przeciwpyłowego (patrz „Obsługa nadwozia, wyposażenia wnętrza i układu przewietrzania" w rozdz. „Obsługa samochodu").

• Wykręcić śrubę czujnika wielofunkcyjnego pod zagłębieniem przed szybą przednią i wyjąć czujnik z zamocowania.

• Odłączyć złącze wtykowe od czujnika.

Zamontowanie

• Zamontowanie odbywa się w kolejności odwrotnej do wymontowania.

Czujnik promieniowania słonecznego

Samochód z automatycznym urządzeniem klimatyzacyjnym

Wymontowanie

• Otworzyć pokrywę przedziału silnika i wymontować osłonę wlotu powietrza (patrz rozdz. „Wyposażenie wewnętrzne nadwozia").

• Odłączyć złącze wtykowe od czujnik pod osłoną wlotu powietrza i wyjąć czujnik z zamocowania.

Zamontowanie

• Zamontowanie odbywa się w kolejności odwrotnej do wymontowania.

Typowe niesprawności układu ogrzewania i przewietrzania

Objawy	Przyczyny	Sposób postępowania
Nie pracuje dmuchawa ogrzewania	Uszkodzony bezpiecznik silnika dmuchawy	• Sprawdzić bezpiecznik dmuchawy, w razie potrzeby wymienić
	Uszkodzony wyłącznik dmuchawy	• Wymontować i sprawdzić wyłącznik dmuchawy, w razie potrzeby wymienić
	Uszkodzony stopień regulacyjny dmuchawy	• Wymontować stopień regulacyjny dmuchawy i zmierzyć napięcie na stykach silnika dmuchawy, gdy jest włączony zapłon i wyłącznik dmuchawy; jeśli brak napięcia lub napięcie jest za małe, wymienić stopień regulacyjny dmuchawy
	Uszkodzony silnik dmuchawy	• Sprawdzić, czy po włączeniu zapłonu i wyłącznika dmuchawy jest napięcie na stykach silnika dmuchawy; w tym celu należy wymontować silnik i stopień regulacyjny dmuchawy; jeśli jest napięcie, wymienić silnik dmuchawy
Za mała wydajność ogrzewania	Za niski poziom cieczy chłodzącej	• Sprawdzić poziom cieczy chłodzącej, w razie potrzeby uzupełnić
	Niedrożny filtr przeciwpyłowy	• Wymienić filtr przeciwpyłowy
	Nieszczelny lub niedrożny wymiennik ciepła	• Wymienić wymiennik ciepła (czynność wykonywana w stacji obsługi)
Dmuchawa pracuje tylko z jedną prędkością	Uszkodzony stopień regulacyjny dmuchawy	• Wymienić stopień regulacyjny dmuchawy
Hałasy w dmuchawie ogrzewania	Nagromadzony brud, liście	• Wymontować dmuchawę, oczyścić dmuchawę i przewód powietrza
	Brak wyrównoważenia wirnika, uszkodzone łożysko	• Wymontować silnik dmuchawy i sprawdzić, czy obraca się bez oporów
Słodkawy zapach ciepłego powietrza, para skrapla się na szybach po włączeniu ogrzewania	Nieszczelny wymiennik ciepła.	• Przeprowadzić próbę ciśnieniową układu chłodzenia w stacji obsługi; wymienić wymiennik ciepła, jeśli ciecz chłodząca wycieka z obudowy zespołu ogrzewania

Podwozie

Samochód Mercedes klasy C ma przednie zawieszenie z trzema wahaczami po każdej stronie i zawieszenie tylne z przestrzennym układem wahaczy, których najważniejszymi elementami są sprężyny śrubowe, stabilizatory i amortyzatory hydropneumatyczne. Elemen-

M-3629

ty zawieszenie przedniego są zamontowane razem z zębatkową przekładnią kierowniczą i podporami silnika na belce z aluminium, która jest przykręcona do nadwozia.

ZAWIESZENIE PRZEDNIE

Zawieszenie przednie składa się z trzech wahaczy po każdej stronie, kolumn McPhersona i drążka skrętnego spełniającego rolę stabilizatora. Każde koło przednie jest prowadzone przez dwa wahacze poprzeczne. Jako trzeci wahacz poprzeczny służy drążek kierowniczy, który łączy poprzecznie ustawioną przekładnię kierowniczą z kołami.

Kolumny zawieszenia składają się z cylindrycznych sprężyn śrubowych, amortyzatorów dwururowych i elementów mocujących o du-

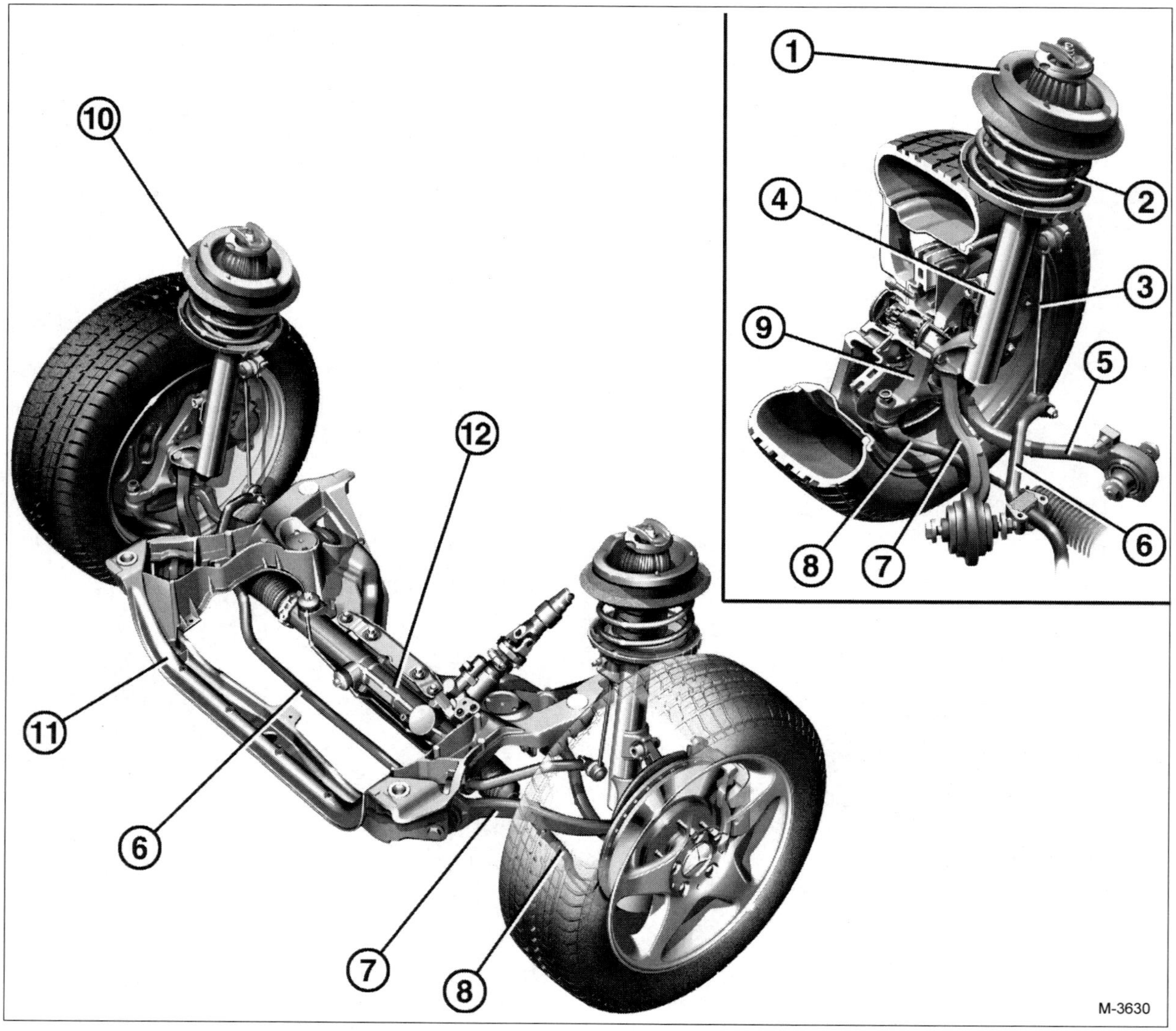

ZESPÓŁ ZAWIESZENIA PRZEDNIEGO
1 – zamocowanie kolumny zawieszenia, 2 – sprężyna śrubowa, 3 – drążek łączący, 4 – amortyzator, 5 – drążek reakcyjny poprzeczny (wahacz poprzeczny tylny), 6 – stabilizator, 7 – skośny drążek ustalający (wahacz poprzeczny przedni), 8 – drążek kierowniczy poprzeczny, 9 – zwrotnica, 10 – kolumna zawieszenia, 11 – belka zawieszenia przedniego, 12 – przekładnia kierownicza

żych wymiarach. Stabilizator nie służy do prowadzenia kół, lecz jest połączony drążkami z kolumnami zawieszenia.
Właściwą stateczność ruchu samochodu i najmniejsze zużycie opon można uzyskać tylko wtedy, gdy ustawienie kół jest odpowiednie. W razie nadmiernego i nierównomiernego zużycia opon, jak również przy braku stateczności samochodu, należy udać się do stacji obsługi w celu sprawdzenia ustawienia kół. Nie można dokonać ustawienia kół bez odpowiedniego urządzenia pomiarowego. Wartość regulacyjna całkowitej zbieżności kół przednich w samochodzie Mercedes klasy C wynosi 0°20' ± 10'.
Zawieszenie przednie nie wymaga konserwacji.

Ostrzeżenie. *Nie jest dozwolone spawanie i prostowanie części zawieszenia przedniego przenoszących obciążenia i prowadzących koła. W przypadku naprawy należy każdorazowo wymieniać nakrętki samoblokujące i skorodowane śruby lub nakrętki.*

Wymontowanie i zamontowanie kolumny zawieszenia

Wymontowanie

- Zaznaczyć farbą położenie koła przedniego w stosunku do piasty, aby wyrównoważone koło mogło być zamontowane w tym samym położeniu. Poluzować śruby koła przed uniesieniem samochodu. Unieść i podeprzeć przód samochodu oraz zdjąć koło przednie.
- Odłączyć od kolumny zawieszenia przewody czujnika prędkości obrotowej i czujnika zużycia wkładek ciernych.
- Odkręcić (3, rys. M-3631) drążek łączący (2) od kolumny zawieszania (1).

Uwaga. Nie uszkodzić osłony przeciwpyłowej, przytrzymać kluczem płaskim sworzeń z czopem kulistym (4) drążka łączącego.

- Odkręcić i wyjąć dwie śruby (4, rys. M-3632) łączące kolumnę zawieszenia (1) ze zwrotnicą.
- Odkręcić nakrętkę (5) i wyciągnąć śrubę (6).
- Podeprzeć kolumnę zawieszenia, aby nie opadła po odkręceniu górnego zamocowania.

M-3631

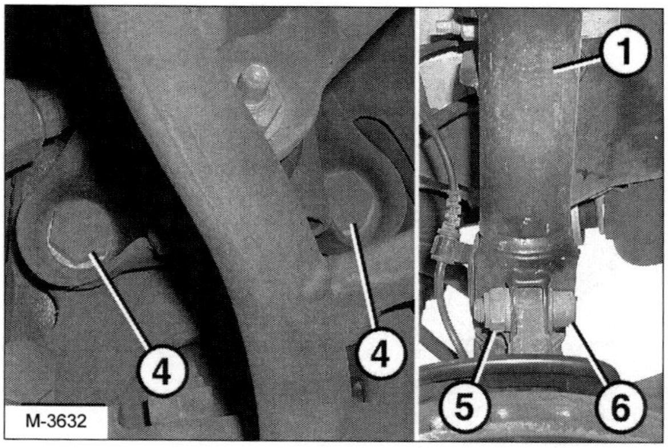

M-3632

- Odkręcić (7, rys. M-3633) u góry kolumnę zawieszenia od gniazda zamocowania (6).

Uwaga. Przed wymontowaniem lewej kolumny zawieszenia zdjąć i odłożyć zbiornik cieczy do spryskiwania szyby z podłączonymi przewodami.

- Zdjąć podkładkę i ogranicznik (8) i wyjąć kolumnę zawieszenia w dół z nadkola.

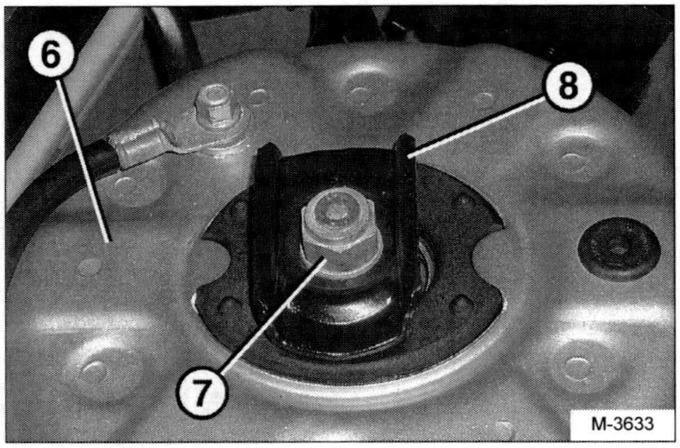

Uwaga. Nie uszkodzić przy tym giętkiego przewodu hamulcowego.

Zamontowanie

• Wprowadzić kolumnę zawieszenia ostrożnie przez nadkole do gniazda zamocowania.
• Nałożyć ogranicznik i podkładkę.
• Przykręcić górną nakrętkę mocującą momentem **60 N·m**.
• Przykręcić kolumnę zawieszenia do zwrotnicy, wkładając górną śrubę tak, aby jej łeb był skierowany do przodu w kierunku jazdy.
• Dokręcić najpierw górną nakrętkę (5, rys. M--3632) momentem **200 N·m**, przytrzymując śrubę. Potem dokręcić dolne śruby (4) momentem **110 N·m**.
• Przykręcić drążek łączący do kolumny zawieszenia nową nakrętką samoblokującą z podkładką momentem **60 N·m**, przytrzymując sworzeń z czopem kulistym drążka łączącego. Nie skręcić lub uszkodzić przy tym osłony gumowej.
• Przymocować do kolumny zawieszenia przewody czujnika prędkości obrotowej i czujnika zużycia wkładek ciernych.
• Jeśli został wymontowany, zamontować zbiornik cieczy do spryskiwania szyby i zamocować go, przekładając dźwignię ustalającą.
• Nałożyć cienką warstwę smaru do łożysk tocznych na powierzchnię piasty środkującą koło. Nie nakładać smaru na śruby koła. Wy-

ELEMENTY KOLUMNY ZAWIESZENIA
1 – nakrętka, **60 N·m** (M14×1,5),
2 – podkładka,
3 – ogranicznik,
4 – nakrętka, **20 N·m** (samoblokująca, każdorazowo nowa),
5 – podkładka gumowa,
6 – element mocujący kolumny zawieszenia,
7 – nakrętka, **40 N·m**,
8 – śruba, **110 N·m** (2 sztuki),
9 – nakrętka, **200 N·m**,
10 – zderzak,
11 – sprężyna śrubowa,
12 – miseczka sprężyny,
13 – amortyzator,
14 – śruba

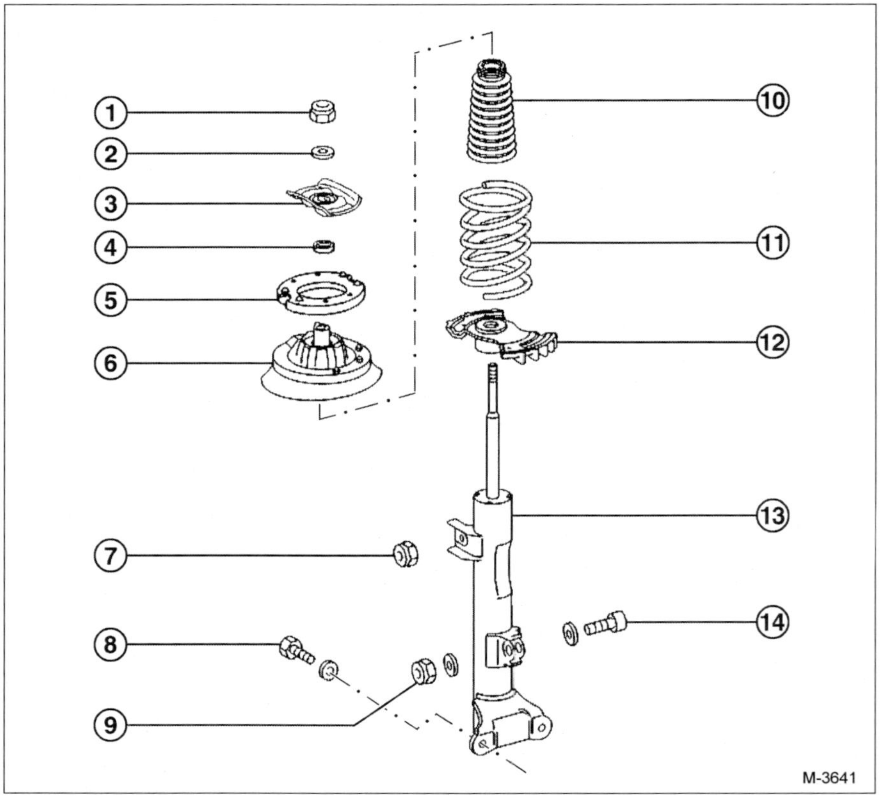

mienić skorodowane śruby. Zamontować koło przednie zgodnie z oznakowaniem naniesionym podczas wymontowania. Przykręcić koło. Opuścić samochód i przykręcić śruby koła przemiennie na krzyż momentem **110 N • m**.

• Jeśli kolumna zawieszenia została wymieniona, sprawdzić ustawienie kół.

Rozkładanie kolumny zawieszenia, wymontowanie i zamontowanie amortyzatora oraz sprężyny śrubowej

Wymontowanie

• Wymontować kolumnę zawieszenia (patrz odpowiedni opis).

Uwaga. Sprężyna śrubowa jest zamontowana w stanie silnie naprężonym. W celu umożliwienia wymontowania amortyzatora, należy ścisnąć sprężynę śrubową za pomocą odpowiedniego przyrządu.

Ostrzeżenie. *W żadnym wypadku nie wolno odkręcać amortyzatora, jeśli sprężyna nie jest właściwie ściśnięta. Jeśli napinacz jest zakładany na zwoje sprężyny, zapewnić aby te zwoje były obejmowane pewnie i napinacz nie mógł się z nich zsunąć. Sprężyna śrubowa jest wstępnie silnie naprężona i dlatego należy stosować tylko solidne przyrządy. Nie wolno związywać zwojów sprężyny za pomocą drutu, gdyż grozi to wypadkiem.*

• Zamontować kolumnę zawieszenia zwojami sprężyny śrubowej w odpowiednim napinaczu tak, aby zostały ściśnięte co najmniej trzy zwoje (rys. SX-3611).

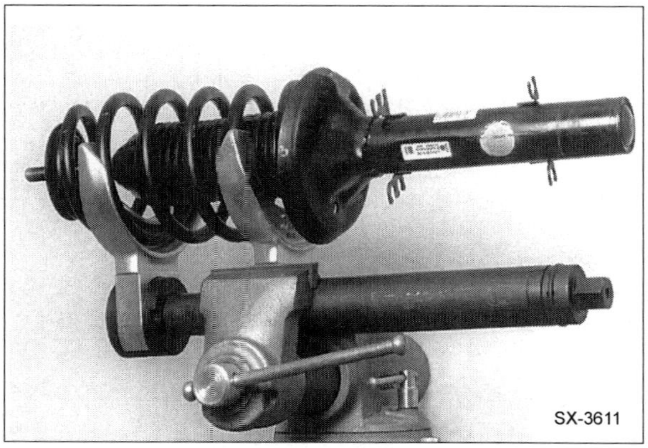

SX-3611

Uwaga. Do ściskania sprężyny stosować wyłącznie solidny przyrząd, na przykład Hazet 4900-2A z widełkami oporowymi 4900-18/3.

• Zamocować w imadle napinacz sprężyny razem z kolumną zawieszenia.

Uwaga. Nie zaciskać w imadle kolumny zawieszenia bezpośrednio za rurę kolumny.

• Ścisnąć sprężynę, aż zostanie odciążony element oporowy kolumny zawieszenia.

• Odkręcić nakrętkę samoblokującą z tłoczyska amortyzatora, przytrzymując tłoczysko kluczem do gniazd sześciokątnych o rozwartości 7 mm. Do odkręcenia nakrętki jest potrzebny klucz czołowy, na przykład Hazet 2780-1.

• Zdjąć podkładkę gumową i element mocujący.

• Wyjąć amortyzator.

Uwaga. Jeśli sprężyna śrubowa ma być wymieniona, zwolnić ją powoli. W razie wymiany tylko amortyzatora sprężyna pozostaje ściśnięta.

• Zdjąć zderzak i zaślepkę gumową.

• Sprawdzić amortyzator (patrz odpowiedni opis).

• Sprawdzić wzrokowo wszystkie elementy kolumny zawieszenia, czy nie są pęknięte, zużyte, skorodowane i nie uległy zestarzeniu. Wymienić uszkodzone lub zużyte elementy.

Zamontowanie

Uwaga. Zaleca się wymianę sprężyn śrubowych i amortyzatorów zawsze parami, to znaczy po obu stronach samochodu. Podczas zamontowania nowych sprężyn należy uwzględnić to, że są stosowane różne sprężyny w zależności od zastosowanego silnika i wyposażenia samochodu. Na jednej osi powinny być zamontowane jednakowe sprężyny. Sprężyny są oznakowane kolorem na jednym ze zwojów.

• Jeśli to konieczne, ścisnąć sprężynę napinaczem (patrz „Wymontowanie").

• Zamontować amortyzator z miseczką w sprężynie śrubowej.

• Nałożyć zderzak i element mocujący.

• Wkręcić nową nakrętkę samoblokującą na tłoczysko amortyzatora i dokręcić momentem **20 N • m**, przytrzymując tłoczysko kluczem do gniazd sześciokątnych o rozwartości 7 mm.

• Powoli zmniejszyć napięcie sprężyny i wyjąć kolumnę zawieszenia z napinacza.
• Zamontować kolumnę zawieszenia (patrz odpowiedni opis).

Sprawdzanie amortyzatora

Na uszkodzenie amortyzatora wskazują następujące objawy:
– długo trwające ruchy nadwozia w kierunku pionowym po przejechaniu przez nierówność drogi;
– rozkołysanie nadwozia po przejechaniu kolejnych nierówności drogi;
– podrywanie kół na równej nawierzchni;
– zbaczanie samochodu z kierunku jazdy podczas hamowaniu (mogą być inne przyczyny);
– niepewne pokonywanie zakrętów przez samochód, z braku właściwej zbieżności kół, i zarzucanie samochodu;
– nadmierne zużycie opon z miejscowym wytarciem bieżnika;
– także stuki i uderzenia podczas jazdy, choć te odgłosy mogą mieć inne przyczyny, jak na przykład luźne śruby i nakrętki w podwoziu, uszkodzone łożyska kół lub przeguby równobieżne. Dlatego należy sprawdzić zawsze amortyzator przed wymianą i w razie potrzeby oddać go do sprawdzenia na specjalnym urządzeniu.
Amortyzator można sprawdzić ręcznie. Dokładne sprawdzenie stanu amortyzatora umożliwia tylko specjalny przyrząd, gdy amortyzator jest zamontowany, lub urządzenie do kontroli amortyzatorów po wymontowaniu.

Sprawdzanie ręczne

• Wymontować amortyzator.
• Trzymając amortyzator w położeniu, w jakim jest zamontowany (rys. SX-3603), rozciągać go i ściskać. Tłoczysko amortyzatora powinno się przesuwać z jednakowym oporem i bez zacięć na całej długości skoku.
• Sprawdzić, czy powierzchnia tłoczyska nie jest uszkodzona, czy tłoczysko nie jest wygięte i przesuwa się bez zacierania w tulei prowadzącej.
• Sprawdzić wzrokowo element gumowy w dolnym zamocowaniu amortyzatora. Element

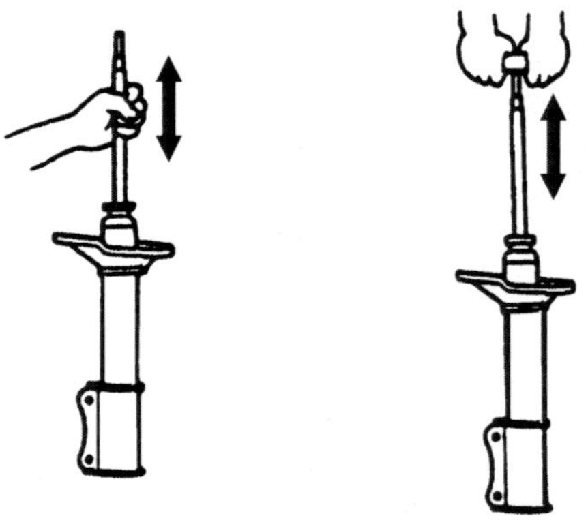

SX-3603

gumowy powinien być mocno osadzony w obudowie, nie powinien mieć pęknięć i uszkodzeń. Uszkodzony element gumowy może być przyczyną stuków podczas jazdy.
• W przypadku amortyzatorów hydropneumatycznych tłoczysko wraca samoczynnie do położenia wyjściowego, gdy jest wystarczające ciśnienie gazu wypełniającego. Jeśli tak nie jest, nie ma potrzeby bezwarunkowej wymiany amortyzatora. Sposób działania takiego amortyzatora odpowiada działaniu zwykłego amortyzatora, jeśli nie ma dużych wycieków oleju. Działanie amortyzujące jest zachowane całkowicie także bez ciśnienia gazu, chociaż praca jest bardziej hałaśliwa.
• Niewielkie ślady oleju, przy prawidłowym działaniu, nie są podstawą do wymiany. Obowiązuje zasada, że amortyzator jest sprawny, jeśli widoczna plama oleju nie wychodzi poza miejsce między uszczelnieniem tłoczyska i dolną miseczką sprężyny. Plama powinna być jednak zmatowiała lub pokryta kurzem. Niewielki wyciek oleju jest korzystny, ponieważ wtedy jest smarowany pierścień uszczelniający, co zwiększa żywotność amortyzatora.
• W razie dużych wycieków oleju należy wymienić amortyzator.

Złomowanie amortyzatora

Aby pozbyć się uszkodzonego amortyzatora, należy usunąć z niego olej hydrauliczny. Amortyzator bez oleju może być traktowany jako zwykły złom żelazny.
Uwaga. Zużyty olej hydrauliczny jest odpadem szkodliwym dla środowiska i nie wolno wylewać

go w miejscach przypadkowych lub dodawać do odpadów z gospodarstwa domowego.

Ostrzeżenie. *Ciśnienie gazu w nowym amortyzatorze wynosi do 2,5 MPa, dlatego podczas rozszczelniania amortyzatora należy go przykryć i zakładać bezwarunkowo okulary ochronne.*

Amortyzator można opróżniać przez wywiercenie otworu lub przepiłowanie ścianki zewnętrznej.

Przewiercenie amortyzatora

• Zamocować w imadle wymontowany amortyzator pionowo z tłoczyskiem skierowanym w dół.
• Wywiercić w rurze amortyzatora otwór o średnicy 5 mm w odległości około 20 mm od końca (rys. SX-3604).
Uwaga. W przypadku amortyzatora olejowo-gazowego następuje wypływ gazu po przewierceniu pierwszej ścianki. Otwór należy przykryć szmatą na czas wypływu gazu i wiercić dalej, aż zostanie przewiercona rura wewnętrzna.
• Trzymać amortyzator nad naczyniem do gromadzenia zużytego oleju i wytłaczać olej przez poruszanie tłoczyska w obie strony na całej długości jego skoku.
• Wywiercić drugi otwór wiertłem o średnicy 5 mm w odległości około 60 mm od końca.
Uwaga. Drugiego otworu oddalonego 60 mm od końca nie wolno wiercić jako pierwszego.
• Pozostawić amortyzator do całkowitego wycieknięcia oleju.

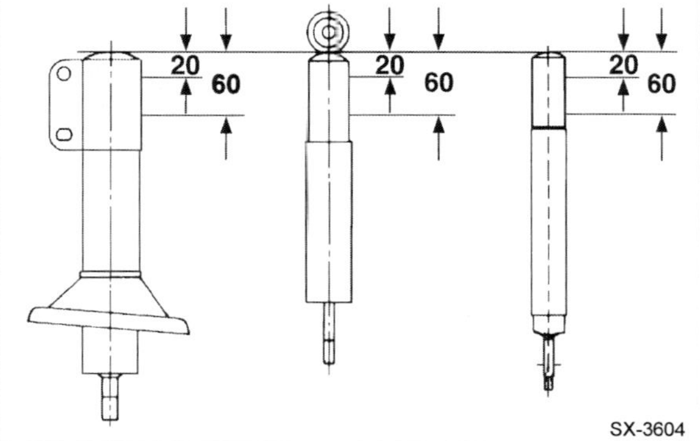

SX-3604

• Przekazać zużyty olej hydrauliczny do składowiska odpadów szkodliwych.
• Przekazać opróżniony amortyzator na złomowisko jako złom żelazny.

Wymontowanie i zamontowanie drążka łączącego

Przyczyną stuków w zawieszeniu przednim jest często uszkodzony drążek łączący.

Wymontowanie

Ostrzeżenie. *Podczas unoszenia samochodu może zdarzyć się wypadek i dlatego należy przestrzegać zasad unoszenia i podpierania samochodu opisanych w rozdz. „Zabiegi konserwacyjne i pomocnicze".*

• Unieść i podeprzeć samochód.
• Odkręcić stabilizator (6, rys. M-3630) od drążka łączącego (3), przytrzymując sworzeń z czopem kulistym drążka łączącego.
• Odkręcić drążek łączący (2, rys. M-3631) od amortyzatora (1), przytrzymując sworzeń z czopem kulistym drążka łączącego.

Zamontowanie

• Przykręcić drążek łączący do amortyzatora i stabilizatora nowymi nakrętkami i dokręcić momentem **60 N·m**, przytrzymując sworzeń z czopem kulistym drążka łączącego. Nie skręcić lub uszkodzić przy tym osłony gumowej.

ZAWIESZENIE TYLNE

Zawieszenie tylne samochodu Mercedes klasy C z przestrzennym układem wahaczy składa się z belki zawieszenia, do której są przykręcone wahacze poprzez elementy gumowo-metalowe. Przed belką zawieszenia znajduje się stabilizator (nie ma go w modelu C180), który zmniejsza pochylenie nadwozia i zapobiega unoszenia wewnętrznego koła tylnego podczas jazdy na zakręcie.
Do resorowania nadwozia służą dwie sprężyny śrubowe. Jednorurowe amortyzatory olejowo-gazowe są umieszczone obok sprężyn śrubowych, dzięki czemu jest zwiększona pojemność bagażnika lub przestrzeni ładunkowej.

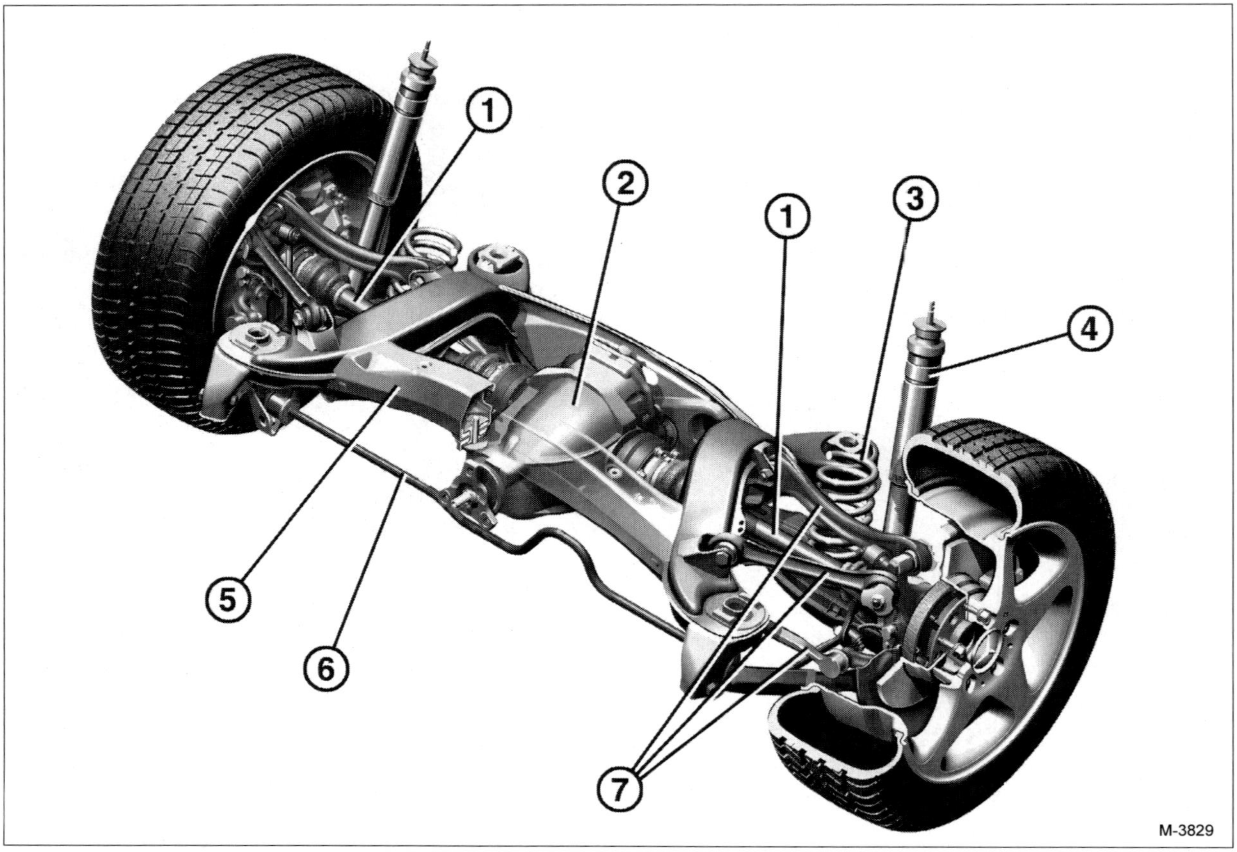

ZESPÓŁ ZAWIESZENIA TYLNEGO
1 – półoś napędowa, 2 – przekładnia główna, 3 – sprężyna śrubowa, 4 – amortyzator jednorurowy, 5 – belka zawieszenia tylnego, 6 – drążek skrętny, 7 – wahacze zawieszenia tylnego

Napęd od silnika jest przenoszony przez wał napędowy, przekładnię główną i półosie na koła tylne.
Zawieszenie tylne nie wymaga obsługi.
Uwaga. Podczas prac przy zawieszeniu tylnym bezwzględnie chronić powierzchnie elementów aluminiowych przed nacięciami lub zadrapaniami, które znacznie skracają żywotność tych elementów.

Wymontowanie i zamontowanie amortyzatora tylnego

Samochód bez regulacji prześwitu

Amortyzatory mogą być wymieniane pojedynczo i mogą pochodzić od różnych producentów, jednak ich typ określony kolorowym znakiem musi być taki sam.

Wymontowanie

- Odłączyć i wyjąć boczne pokrycie wewnętrzne bagażnika (patrz rozdz. „Wyposażenie wnętrza nadwozia").

Uwaga. Amortyzatory służą równocześnie jako ograniczniki rozprężania sprężyn zawieszenia kół tylnych. Dlatego górne zamocowania amortyzatorów należy odkręcać przed uniesieniem samochodu, aby koła nie opadły. Jeśli samochód ma być uniesiony, należy podeprzeć wahacz sprężyny podnośnikiem warsztatowym.
Uwaga. Podczas odkręcania górnego mocowania nie powinno się obracać tłoczysko amortyzatora, gdyż jest zagrożenie wypadkiem w razie odkręcenia się mocowania tłoka roboczego.

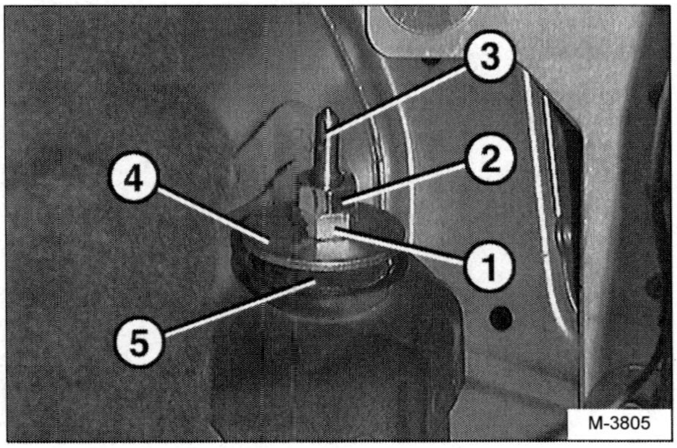

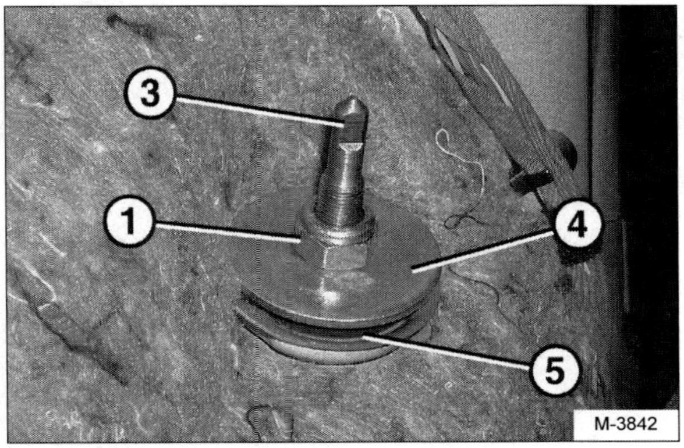

- **Wersja 1.** Odkręcić przeciwnakrętkę (2, rys. M-3805) i nakrętkę (1) amortyzatora kluczem płaskim, przytrzymując za spłaszczenie (3) tłoczysko, które nie powinno się obracać.
- **Wersja 2.** Odkręcić nakrętkę samoblokującą (1, rys. M-3842) amortyzatora kluczem płaskim, przytrzymując za spłaszczenie (3) tłoczysko, które nie powinno się obracać.
- Zdjąć podkładkę (4) i pierścień gumowy (5).
- Unieść i podeprzeć tył samochodu.

- Odkręcić dwie śruby (1, rys. M-3834) osłony wahacza sprężyny (2) i zdjąć osłonę.
- Odkręcić nakrętkę (1, rys. M-3835) przy wahaczu sprężyny i wyjąć śrubę z łbem sześciokątnym (2) oraz podkładkę.
- Wyjąć amortyzator z wahacza i otworu ramy. W celu ułatwienia wymontowania wypchnąć amortyzator w górę dużym wkrętakiem przez otwór w wahaczu. Wyjąć amortyzator do tyłu.

Zamontowanie

- Sprawdzić amortyzator przed zamontowaniem (patrz odpowiedni opis).
- Sprawdzić elementy gumowe, czy nie są porowate lub uszkodzone, i wymienić w razie potrzeby.
- Osadzić amortyzator z kolorowym oznakowaniem skierowanym do tyłu.
- Włożyć śrubę z podkładkami i zamontować amortyzator do wahacza sprężyny. Wkręcić nową nakrętkę samoblokującą i dokręcić momentem **55 N·m**.
- Wcisnąć i przykręcić dwiema śrubami osłonę wahacza.
- Opuścić powoli samochód, wprowadzając amortyzator w górny otwór zamocowania.
- Osadzić od strony wnętrza samochodu pierścień gumowy i podkładkę na tłoczysku amortyzatora. Przykręcić nową nakrętkę samoblokującą tłoczyska amortyzatora momentem **30 N·m**, przytrzymując tłoczysko za spłaszczenie. W przypadku zamocowania z dwoma nakrętkami wkręcić nową nakrętkę mocującą momentem **15 N·m** na tłoczysko amortyzatora, przytrzymując tłoczysko za spłaszczenie.

Przykręcić nową przeciwnakrętkę momentem **30 N•m**, przytrzymując dolną nakrętkę.
• Zamontować boczne pokrycie wewnętrzne bagażnika (patrz rozdz. „Wyposażenie wnętrza nadwozia").

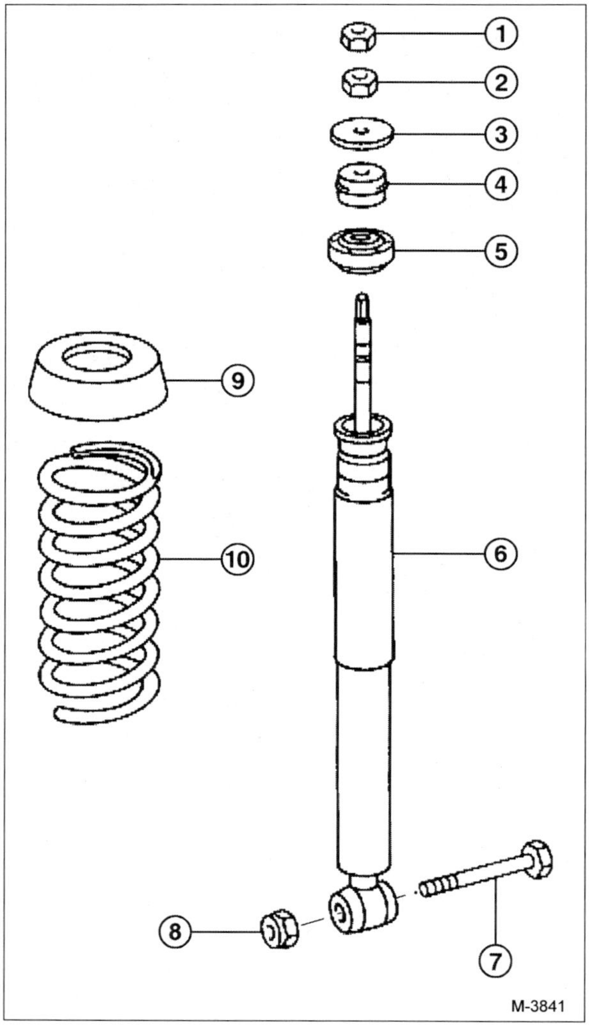

AMORTYZATOR I SPRĘŻYNA ŚRUBOWA ZAWIESZENIA TYLNEGO
1 – przeciwnakrętka, **30 N•m**,
2 – nakrętka,
3 – podkładka,
4 – zderzak gumowy,
5 – zderzak gumowy,
6 – amortyzator,
7 – śruba,
8 – nakrętka, M10, **55 N•m**,
9 – miseczka sprężyny,
10 – sprężyna śrubowa

Wymontowanie i zamontowanie tylnej sprężyny śrubowej

Uwaga. Zależnie od wyposażenia samochodu są stosowane sprężyny śrubowe z gumowymi poduszkami o różnej wysokości. W razie wymiany, zmierzyć wysokość wymontowanego elementu i montować gumowe poduszki o takiej samej wysokości, jak wymontowane.

Wymontowanie

• Unieść i podeprzeć tył samochodu.
• Odkręcić dwie śruby (1, rys. M-3834) osłony wahacza (2) oraz wyczepić i zdjąć osłonę.
• Podstawić z zewnątrz podnośnik warsztatowy pod wahacz, stosując drewnianą podkładkę, i unieść go, aż półoś przyjmie w przybliżeniu położenie poziome (rys. M-3813).
Uwaga. Podczas unoszenia wahacza zapewnić, aby samochód nie został uniesiony

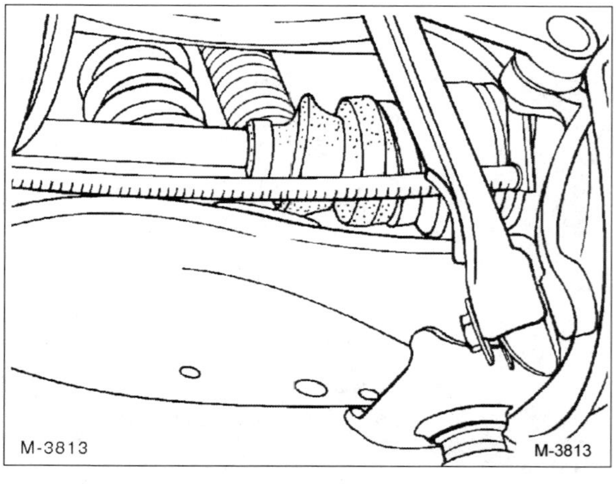

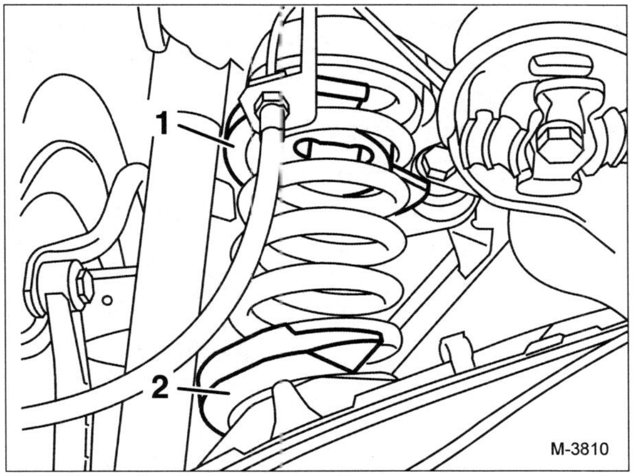

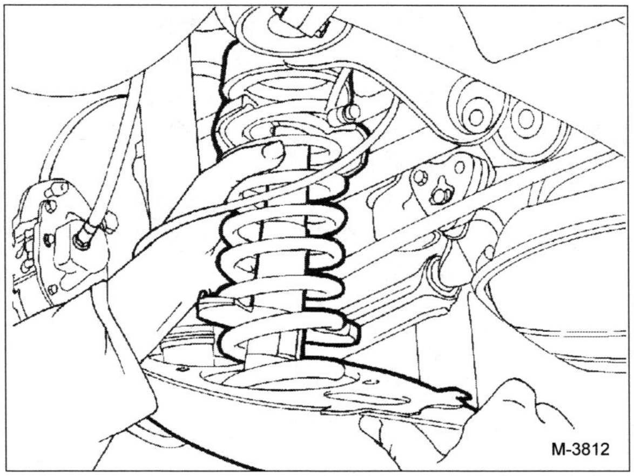

z podpórek. Jeśli to konieczne, załadować bagażnik.

● Sprężyna śrubowa jest wstępnie napięta. W celu wyjęcia sprężyny należy ją ścisnąć jeszcze bardziej, aby odciążyć miseczkę sprężyny, do czego jest potrzebny specjalny napinacz.

Ostrzeżenie. *Sprężynę należy wyjmować po właściwym ściśnięciu napinaczem, aby uniknąć niebezpieczeństwa zranienia.*

● Ścisnąć sprężynę dostępnym w handlu napinaczem. Przyrząd powinien obejmować trzy do czterech zwojów. Ścisnąć sprężynę, aż zostaną odciążone miseczki sprężyny (rys. M-3810).

Uwaga. W stacji obsługi jest stosowany napinacz, który jest wkładany od wewnątrz przez sprężynę.

Uwaga. Należy zapewnić, aby zwoje były pewnie obejmowane i aby napinacz nie mógł się z nich zsunąć. Wstępne napięcie sprężyny śrubowej jest bardzo duże, dlatego należy stosować tylko solidne przyrządy. W żadnym wypadku nie wolno związywać zwojów sprężyny za pomocą drutu, gdyż grozi to wypadkiem.

● Odkręcić nakrętkę samoblokującą (1, rys. M-3836) wahacza (2) i zdjąć razem z podkładką. Wyciągnąć śrubę mocującą.

● Pociągnąć w dół wahacz i wyjąć sprężynę śrubową z elementem gumowym (rys. M-3812).

● Jeśli sprężyna ma być wymieniona, zamocować ją w imadle, zdjąć element gumowy obracając go w lewo i powoli zwolnić napięcie sprężyny.

Zamontowanie

Przed zamontowaniem sprawdzić element gumowy, czy nie jest porowaty lub uszkodzony i wymienić w razie potrzeby. Oczyścić powierzchnie osadzenia na wahaczu.

● Nałożyć napinacz i powoli ścisnąć sprężynę.

● Osadzić element gumowy na sprężynie, obracając go w prawo. W celu ułatwienia zamontowania można posmarować element gumowy środkiem do mycia naczyń lub gliceryną.

● Zamontować sprężynę śrubową tak, aby koniec dolnego zwoju został osadzony w zagłębieniu wahacza.

● Zamontować śrubę mocującą wahacza i wkręcić nową nakrętkę samoblokującą z podkładką, nie dokręcając nakrętki.

● Podstawić z zewnątrz podnośnik warsztatowy pod wahacz, stosując drewnianą podkładkę, i unieść go, aż półoś przyjmie w przybliżeniu położenie poziome.

Uwaga. Podczas unoszenia wahacza zapewnić, aby samochód nie został uniesiony z podpórek. Jeśli to konieczne, załadować bagażnik.
- Dokręcić w tym położeniu nakrętkę wahacza momentem **70 N • m**.
- Zwolnić sprężynę, zachowując jej właściwe położenie w górnym elemencie gumowym i u dołu w wahaczu.
- Usunąć napinacz sprężyny i podnośnik.
- Wcisnąć i przykręcić dwiema śrubami osłonę wahacza.
- Opuścić samochód.
- Jeśli zostały zamontowane nowe części, ustawić światła reflektorów w stacji obsługi.

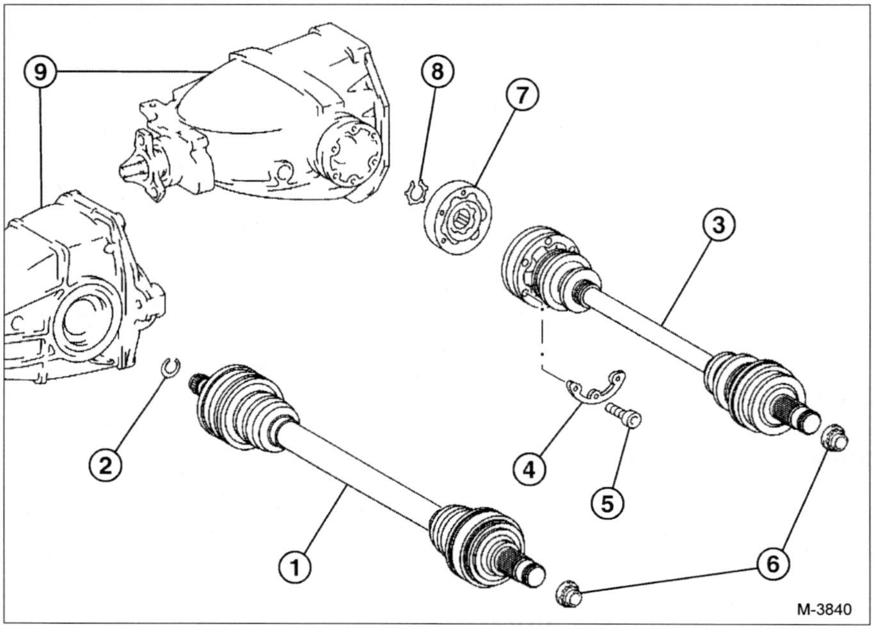

PÓŁOSIE NAPĘDOWE
1 – półoś wersja 1.,
2 – pierścień sprężynujący,
3 – półoś wersja 2.,
4 – podkładka zabezpieczająca (2 sztuki),
5 – śruba Torx (6 sztuk),
6 – nakrętka piasty,
7 – przegub wewnętrzny,
8 – pierścień sprężynujący,
9 – przekładnia główna

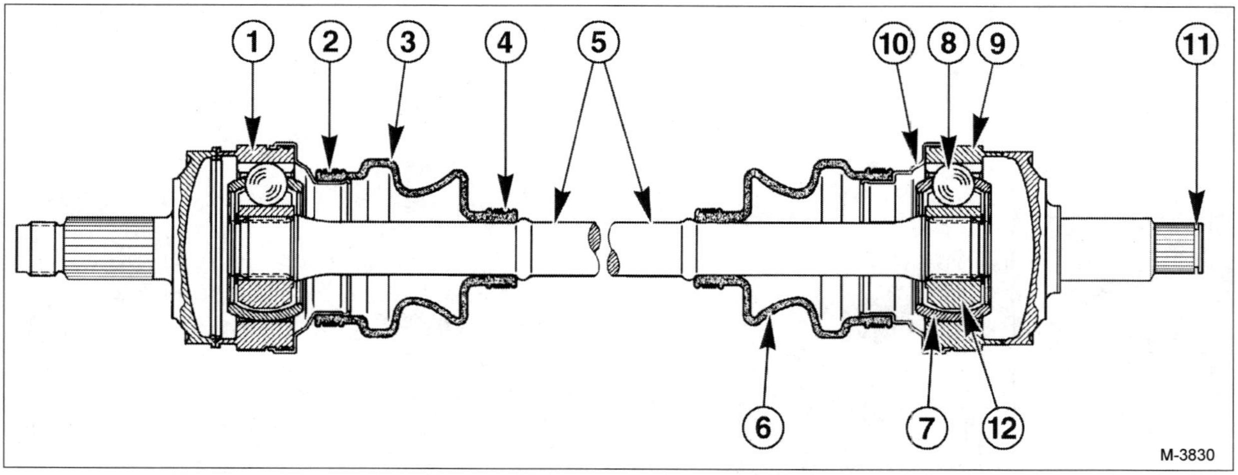

PRZEKRÓJ PÓŁOSI
1 – pierścień przegubu zewnętrznego, 2 – opaska zaciskowa o większej średnicy, 3 – osłona gumowa zewnętrzna, 4 – opaska zaciskowa o mniejszej średnicy, 5 – półoś, 6 – osłona gumowa wewnętrzna, 7 – koszyczek przegubu, 8 – kula, 9 – pierścień przegubu wewnętrzny, 10 – kołpak osłony, 11 – pierścień sprężynujący, 12 – piasta przegubu

Wymontowanie i zamontowanie półosi

Uwaga. Do dokręcenia wieńcowej nakrętki półosi jest potrzebny klucz dynamometryczny o zakresie pomiarowym co najmniej do **220 N • m**.
Uwaga. Jeśli jest uszkodzony zewnętrzny przegub równobieżny od strony koła, jest konieczna wymiana odpowiedniej kompletnej półosi.

Wymontowanie

- Włączyć hamulec awaryjny.

Ostrzeżenie. *Podczas odkręcania nakrętki półosi samochód powinien stać na kołach z włączonym biegiem i zaciągniętym hamulcem awaryjnym, aby nie doszło do wypadku z powodu dużego momentu odkręcania.*

- Odgiąć kołnierz nakrętki wkrętakiem wsuniętym w rowek półosi (rys. M-3833). Odkręcić nakrętkę półosi wkładką dwunastokątną klucza nasadowego.
- Zwolnić hamulec awaryjny.
- Zaznaczyć farbą położenie kół tylnych w stosunku do piasty, aby wyrównoważone koła mogły być zamontowane w tym samym położeniu. Przed uniesieniem samochodu poluzować śruby kół. Unieść i podeprzeć samochód, zdjąć koła tylne.
- Odkręcić zacisk hamulca koła tylnego i podwiesić do nadwozia za pomocą drutu (patrz „Układ hamulcowy").

Uwaga. Nie odłączać giętkiego przewodu hamulcowego, gdyż w razie odłączenia byłoby konieczne odpowietrzanie układu hamulcowego.

- Wymontować drążek łączący stabilizatora.

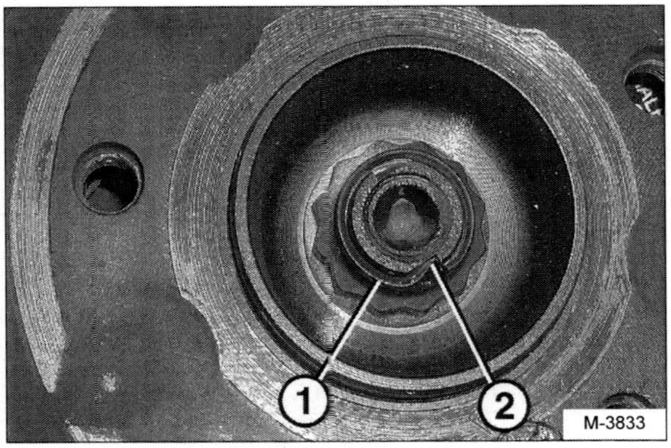

M-3833

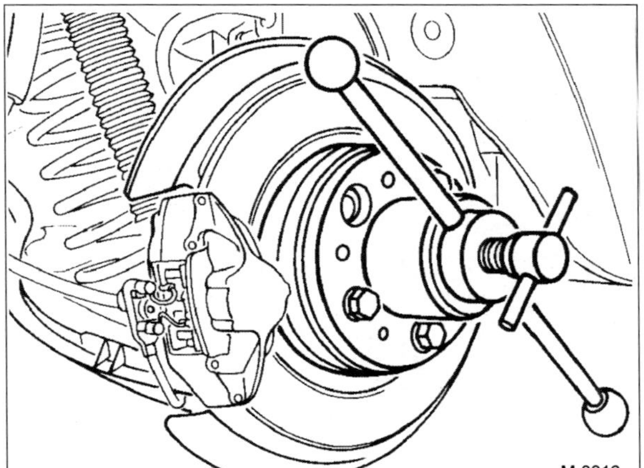
M-3816

- Odkręcić czujnik prędkości obrotowej od obsady koła.
- Odkręcić skośny drążek ustalający, górny drążek reakcyjny, drążek prowadzący i dolny drążek reakcyjny od obsady koła.
- Odchylić na zewnątrz obsadę koła i równocześnie wycisnąć półoś z jej kołnierza.

Uwaga. Nie rozciągać przy tym linki hamulca. Nie uszkodzić osłony gumowej i tarczy czujnika indukcyjnego prędkości obrotowej.

- Ustawić obsadę koła w poprzednim położeniu i przywiązać drutem.
- Jeśli półoś jest mocno osadzona w kołnierzu, wypchnąć ją odpowiednim uniwersalnym ściągaczem (rys. M-3816).

Uwaga. Na rysunku M-3816 pokazano zacisk hamulca, który został wymontowany.

Półoś wersji 1

- Wyciągnąć półoś (1, rys. M-3838) z przegubem wewnętrznym (2) z przekładni głównej.

Uwaga. Nie uszkodzić przy tym promieniowego pierścienia uszczelniającego.

Uwaga. W razie potrzeby odłączyć półoś uderzeniami młotka w odpowiedni trzpień przykładany do zewnętrznego pierścienia przegubu.

- Sprawdzić wzrokowo promieniowy pierścień uszczelniający w przekładni głównej, czy nie jest uszkodzony, i wymienić w razie potrzeby.

Uwaga. W tym celu wypchnąć wkrętakiem pierścień uszczelniający. Przed zamontowa-

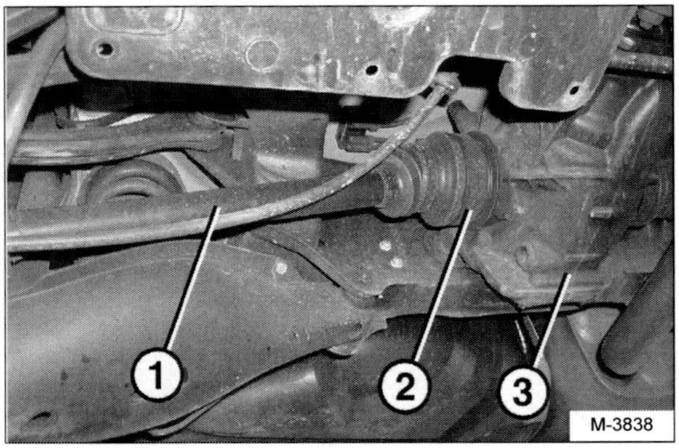

niem pierścienia nałożyć na krawędź uszczelniającą warstewkę uniwersalnego oleju do przekładni hipoidalnych SAE 85W-90. Wcisnąć pierścień uszczelniający odpowiednim trzpieniem.

Półoś wersji 2

• Odkręcić półoś (1, rys. M-3839) od kołnierza łączącego (2). W tym celu wykręcić sześć śrub Torx (strzałki) i wyjąć z blaszanymi podkładkami zabezpieczającymi; (3) – przekładnia główna.

Uwaga. Zwrócić uwagę na właściwe osadzenie wkładki klucza nasadowego w gnieździe Torx łba śruby, w razie potrzeby oczyścić gniazdo.

• Wsunąć półoś teleskopowo, potem odchylić ukośnie w dół i wyjąć (rys. M-3817).

Uwaga. Zwrócić uwagę, aby podczas wyjmowania półosi nie odłączyła się pokrywa przegubu.

• Sprawdzić osłony gumowe i pokrywę, czy są szczelne i czy nie są uszkodzone. Naprawić w razie potrzeby.

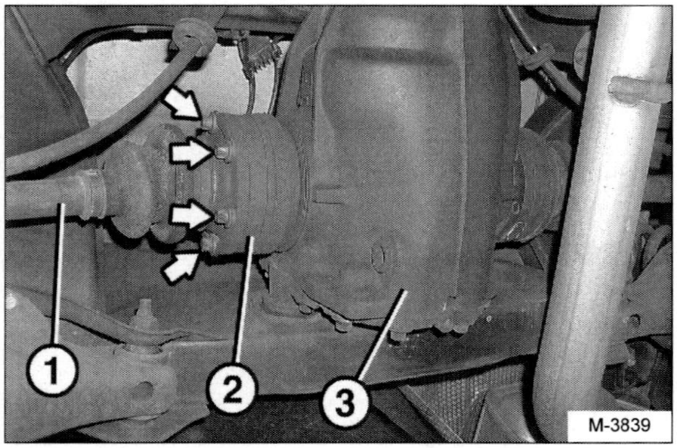

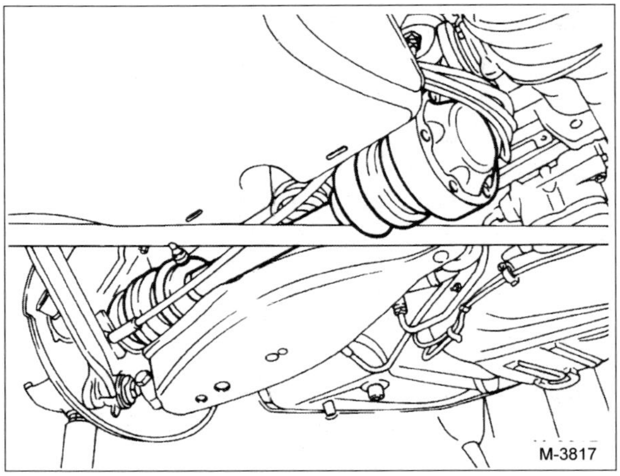

Uwaga. Po wymontowaniu półosi samochód nie powinien stać całym swym ciężarem na kołach i nie powinien być przetaczany, ponieważ brak wstępnego docisku osiowego spowoduje uszkodzenie wałeczków łożyska koła.

Zamontowanie

Uwaga. Jeśli podczas wymontowania półosi było konieczne użycie dużej siły, aby wycisnąć ją z piasty koła, zaleca się wykonanie w końcówce półosi gwintowanego otworu M8 o głębokości około 20 mm, przeznaczonego do wkręcenia odpowiedniego przyrządu do wciskania półosi. W niektórych półosiach przewidziano otwór o średnicy 6,8 mm, co odpowiada średnicy otworu pod gwint M8. Przed zamontowaniem oczyścić wielowypust z resztek środka zabezpieczającego.

• **Półoś wersji 1.** Wcisnąć półoś w przekładnię główną, aż pierścień sprężynujący wejdzie wyraźnie w ustalone położenie.

Uwaga. Pierścień przegubu ustawić przy tym poziomo, aby wielowypust nie ustawił się ukośnie podczas wciskania. Pierścień przegubu powinien być zrównany z obudową przekładni głównej.

Półoś wersji 2

• Oczyścić powierzchnie czołowe kołnierza łączącego i pokrywy.

• Osadzić półoś w kołnierzu łączącym.

• Nałożyć cienką warstwę oleju na gwinty i powierzchnie oporowe łbów nowych śrub Torx.
• Osadzić nowe podkładki blaszane i wkręcić śruby Torx. Dokręcić śruby przemiennie na krzyż momentem **70 N • m**.

• Przykręcić skośny drążek ustalający, górny drążek reakcyjny, drążek prowadzący i dolny drążek reakcyjny nowymi nakrętkami samoblokującymi do obsady koła.
Uwaga. Podczas dokręcania nakrętek półoś powinna być ustawiona w przybliżeniu w poziomym położeniu. W tym celu unieść nieco obsadę koła podnośnikiem hydraulicznym.

Momenty dokręcania:

– skośny drążek ustalający, górny drążek reakcyjny i dolny drążek reakcyjny ....**70 N • m**,
– drążek prowadzący, nakrętka M10×1,5 (srebrna lub niebieska)..**30 N • m**,
– linka hamulca do obsady koła......**20 N • m**.

• Przykręcić czujnik prędkości obrotowej do obsady koła momentem **8 N • m**.
• Przykręcić drążek łączący do stabilizatora momentem **40 N • m**.
• Zamontować zacisk hamulca tylnego koła i przykręcić momentem **55 N • m** (patrz „Układ hamulcowy").
• Nałożyć cienką warstwę smaru do łożysk tocznych na powierzchnię piasty środkującą obręcz koła. Nie nakładać smaru na śruby koła. Wymienić skorodowane śruby. Zamontować koła tylne zgodnie z oznakowaniem naniesionym podczas wymontowania. Przykręcić koła. Opuścić samochód i przykręcić śruby koła przemiennie na krzyż momentem **110 N • m**.
• Zaciągnąć hamulec awaryjny.
• Wkręcić nową dwunastokątną nakrętkę wieńcową i dokręcić ją momentem **220 N•m**.
Uwaga. Samochód powinien stać przy tym na kołach. Należy każdorazowo wymieniać nakrętkę. Przed dokręcaniem nakrętki włączyć bieg i hamulec awaryjny.
• Zabezpieczyć nakrętkę kołnierzową (strzałka na rys. M-3818), wbijając kołnierz nakrętki przecinakiem w rowek w taki sposób, aby nie było szczeliny między rowkiem a łapką zabezpieczającą.

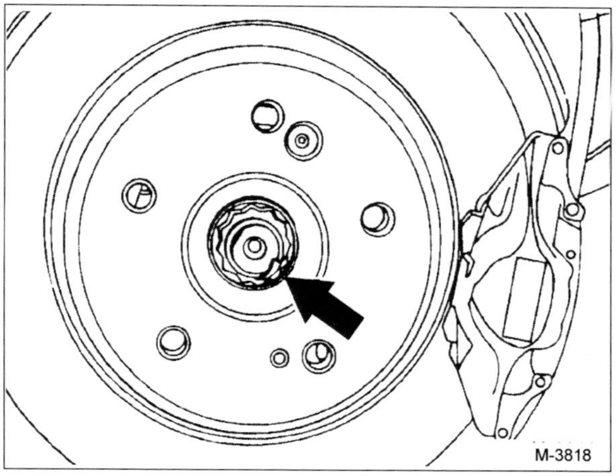

• Zwolnić hamulec awaryjny.
• Sprawdzić poziom oleju w przekładni głównej.
Dotyczy przekładni głównej:
– moment dokręcania korka wlewu oleju ....**50 N • m**,
– ilość oleju do napełnienia przekładni ....1,1 dm^3,
– gatunek oleju: uniwersalny olej do przekładni hipoidalnych MB-253.7 lub BP Energer MBE.

Rozkładanie półosi i wymiana osłon gumowych

Zewnętrzny przegub równobieżny nie może być rozkładany, w razie uszkodzenia jest konieczna wymiana kompletnej półosi. Obie osłony są zdejmowane przez stronę wewnętrzną. Po dłuższym przebiegu zaleca się wymieniać każdorazowo obie osłony.

Rozkładanie

• Wymontować półoś (patrz odpowiedni opis).
• Rozkręcić opaski ze śrubą, przeciąć opaski zaciskane i zastąpić je podczas składania opaskami ze śrubami (rys. M-3820).
• Zdjąć kołpak osłony wewnętrznego przegubu przy pierścieniu przegubu w poniższy sposób i zsunąć kołpak na półoś.
– Zamocować półoś w imadle.
– Nadpiłować kołpak osłony pod kątem około 45° piłą do metalu w taki sposób, aby powstało ukośne nacięcie.
Uwaga. Nie uszkodzić przy tym pierścienia przegubu.

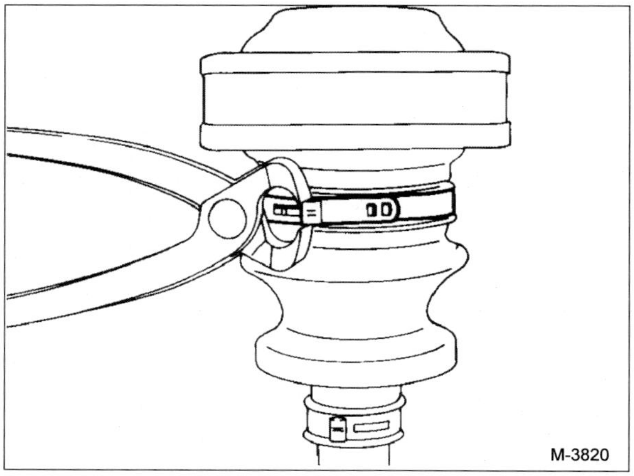

– Nadpiłowany wierzchołek podważyć nieco wkrętakiem.
– Chwycić szczypcami ze zwężonymi końcami kołpak osłony za odstający koniec i odwinąć, aż będzie możliwe zdjęcie kołpaka z pierścienia przegubu.
Uwaga. Podczas odwijania nie dopuścić do wypadnięcia półosi z pierścienia przegubu, zanim wzajemne położenie tych części nie zostanie oznakowane.
• Zetrzeć szmatą smar z przegubu.
• Wycisnąć półoś z wewnętrznego przegubu równobieżnego za pomocą prasy. Potrzebna jest do tego jako podkładka odpowiednia dzielona tulejka (rys. M-3831), która opiera się na kołnierzu przegubu. Średnica zewnętrzna tulejki wynosi 50 mm, średnica wewnętrzna 33 mm, długość 50 mm.
• Ściągnąć gumową osłonę wewnętrznego przegubu równobieżnego z półosi.

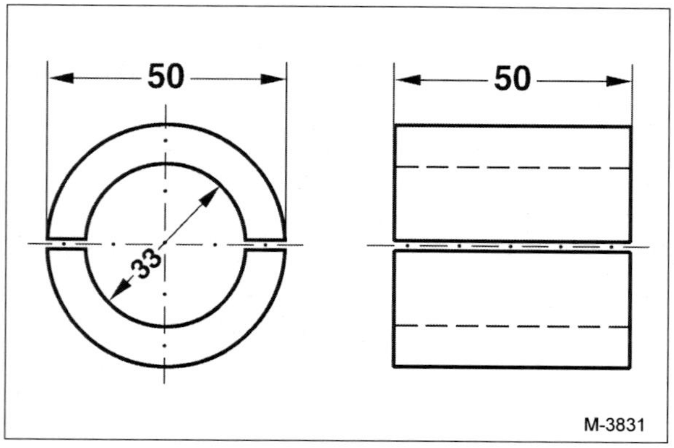

• W razie potrzeby otworzyć opaski osłony gumowej przy zewnętrznym przegubie, zsunąć kołpak osłony i ściągnąć osłonę przez półoś. Zwrócić przy tym uwagę, aby do przegubu nie dostał się brud. Przed ściągnięciem osłony zgarnąć smar z jej wewnętrznej strony i włożyć w przegub równobieżny.
• Jeśli to konieczne, wymyć w benzynie wewnętrzny przegub równobieżny i sprawdzić wzrokowo bieżnie kul, czy nie mają śladów zużycia, jak wżery lub wyżłobienia. W razie dużego zużycia i wgłębień należy wymienić cały przegub.
• Oczyścić półoś.

Składanie

• Do wymiany osłon należy stosować kompletne zestawy naprawcze. W samochodach z większym przebiegiem zaleca się wymianę także drugiej gumowej osłony.
• Nałożyć tuleję montażową na wielowypust półosi (rys. M-3832). Jeśli nie dysponuje się taką tuleją, należy okleić wielowypust taśmą samoprzylepną, aby zapobiec uszkodzeniu osłony.
• Nasunąć nowy zewnętrzny pierścień o przekroju okrągłym.
• Nasunąć zewnętrzną osłonę gumową i opaski mocujące.
• Wsunąć wewnętrzną osłonę gumową i opaski mocujące na półoś.
• Nasunąć nowy wewnętrzny pierścień o przekroju okrągłym.

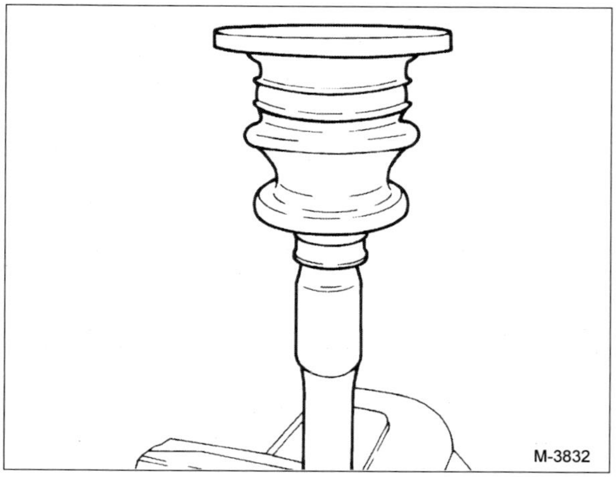

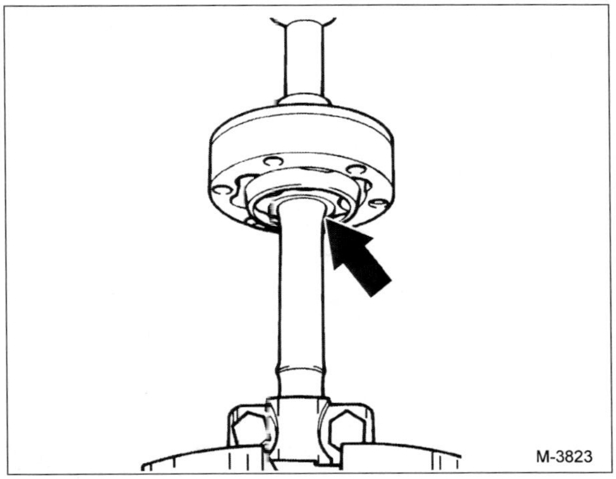

• Usunąć tuleję montażową lub taśmę samoprzylepną.
• Osadzić wewnętrzny przegub na półosi.
• Zacisnąć półoś na kołnierzu oporowym osłony półosi w przyrządzie zaciskowym lub w imadle z wkładkami ochronnymi (rys. M-3823).
• Wcisnąć przegub równobieżny odpowiednim trzpieniem, aż do powierzchni oporowej półosi. Wcisnąć dalej przegub tak, aby półoś wystawała o 4,2 mm.
• Zamocować półoś w imadle tak, aby piasta przegubu była oparta na dzielonej tulejce. Zabezpieczyć półoś, zagniatając ją pośrodku między poprzednimi miejscami zagniatania za pomocą przecinaka z ostrzem o szerokości 5 do 6 mm.
Uwaga. Aby uniknąć uszkodzenia, na przykład przez wyłamanie bieżni kul, zagniecenie powinno być wykonane możliwie najbliżej wielowypustu.
• Zdjąć przyrząd zaciskowy.
• Dosunąć kołpak osłony do oporu przy odpowiednim pierścieniu przegubu.
Uwaga. Nie nakładać oleju lub smaru na pierścień o przekroju okrągłym, gdyż w przeciwnym razie osłona może się obrócić później na pierścieniu przegubu.
Uwaga. Kołpak osłony wbić w razie potrzeby lekkimi uderzeniami młotka z tworzywa sztucznego.
• Wprowadzić kołpak osłony w rowek pierścienia przegubu czterema uderzeniami w miejscach rozmieszczonych co 90° na obwodzie. Wbić kołpak osłony odpowiednim młotkiem w rowek pierścienia przegubu, zapewniając właściwe osadzenie kołpaka.
• Napełnić przeguby równobieżne i osłony gumowe przy zewnętrznym i wewnętrznym przegubie smarem płynnym Mercedes-Benz w ilości po 100 g na każdy przegub. Nie dopuścić przy tym do zanieczyszczenia przegubów.
• Wsunąć osłonę gumową na kołpak osłony tak, aby występ uszczelniający osłony był osadzony między występami uszczelniającymi kołpaka.
• Osłony o małej średnicy nasunąć na zgrubienie półosi tak, aby po nasunięciu nie były widoczne żadne rowki półosi. Wtedy występ osłony znajduje się w pierwszym rowku półosi. Założyć i umocować opaski.
Uwaga. Śruby opasek każdej osłony powinny być skierowane w tę samą stronę. Na drugiej osłonie zamontować opaski tak, aby były przestawione o 180° w stosunku do pierwszej.
• Zamontować półoś (patrz odpowiedni opis).

Układ kierowniczy, poduszka powietrzna

Wiadomości wstępne

Układ kierowniczy składa się z koła kierownicy z kolumną kierownicy, zębatkowej przekładni kierowniczej i drążków poprzecznych. Kolumna kierownicy przenosi ruch do przekładni kierowniczej. Zębatka w przekładni kierowniczej jest przesuwana na lewo lub na prawo, odpowiednio do kierunku obrotu koła kierownicy. Drążki kierownicze przez przeguby i zwrotnice wychylają koła.
Układ z zębatkową przekładnią kierowniczą pracuje bez luzów podczas wychylania kół między skrajnym położeniami. Ten układ nie wymaga konserwacji, należy sprawdzać tylko pod-

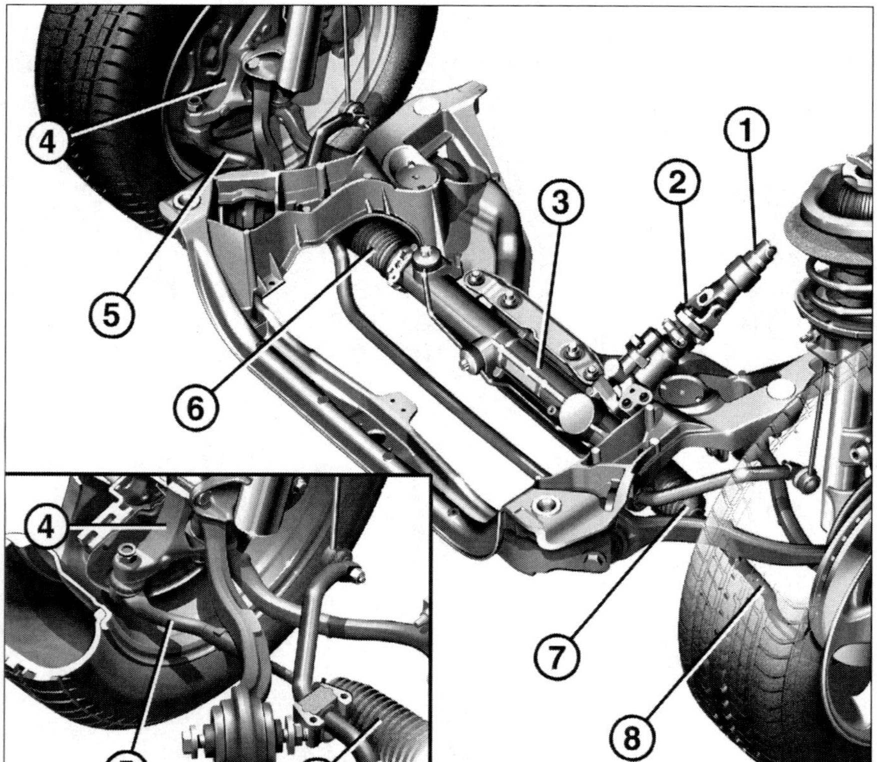

ELEMENTY UKŁADU KIEROWNICZEGO
1 – kolumna kierownicza,
2 – przegub krzyżakowy,
3 – przekładnia kierownicza zębatkowa,
4 – zwrotnica prawa,
5 – poprzeczny drążek kierowniczy prawy,
6 – osłona gumowa prawa,
7 – osłona gumowa lewa,
8 – poprzeczny drążek kierowniczy lewy

czas przeglądów stan osłon gumowych przekładni i przegubów drążków.
Kierowania samochodem ułatwia hydrauliczne urządzenie wspomagające, które zmniejsza siłę potrzebną do skręcania kół. Urządzenie wspomagające składa się z pompy oleju i zbiornika. Pompa zasysa olej ze zbiornika i tłoczy go pod wysokim ciśnieniem do rozdzielacza, który znajduje się w przekładni kierowniczej i jest połączony mechanicznie z wałem kierownicy. Rozdzielacz kieruje olej na odpowiednią stronę cylindra roboczego w obudowie przekładni kierowniczej, zależnie od obrotu koła kierownicy. W cylindrze olej wywiera nacisk na tłok zębatki i przez to zmniejsza siłę potrzebną do kierowania samochodem. Tłok podczas przesuwania wypiera olej po drugiej stronie cylindra, kierując go przewodem powrotnym do zbiornika.

Ostrzeżenie. *Nie jest dozwolone spawanie i prostowanie części układu kierowniczego. W przypadku naprawy należy każdorazowo wymieniać śruby i nakrętki samoblokujące oraz skorodowane śruby i nakrętki.*

Uwaga. Należy stosować koniecznie podane momenty dokręcania śrub. W razie braku doświadczenia prace przy układzie kierowniczym powinny być wykonywane w stacji obsługi Mercedesa.
W kole kierownicy jest umieszczona poduszka powietrzna kierowcy. Poduszka powietrzna jest to złożony worek, który jest wypełniany gazem w przypadku kolizji czołowej i chroni górną część tułowia i głowę kierowcy przed uderzeniem o koło kierownicy. Przy odpowiednio silnym uderzeniu czołowym, urządzenie sterujące w zespole poduszki powietrznej odpala mały ładunek wybuchowy w wytwornicy gazu. Wytwarzane gazy nadmuchują worek w ciągu kilku tysięcznych części sekundy. Ten czas wystarcza, aby osłonić kierowcę przed uderzeniem. Poduszka ochronna składa się po kilku sekundach, ponieważ gazy uchodzą przez otwory.

Zasady bezpieczeństwa przy użytkowaniu poduszek powietrznych

Zespół poduszki powietrznej składa się z czujnika zderzenia, wytwornicy gazu, sterownika i samej poduszki powietrznej. Napełnianie poduszki jest wyzwalane elektrycznie.
Samochód Mercedes klasy C jest wyposażony w poduszki powietrzne kierowcy, pasażera i boczne oraz, zależnie od modelu, w poduszki chroniące głowę oraz napinacze pasów bezpieczeństwa. Miejsce zamontowania poduszki powietrznej jest na ogół oznaczone napisem „SRS Airbag".
Na fotelu pasażera nie wolno umieszczać fotelika dla dziecka odwróconego tyłem do kierunku jazdy, z wyjątkiem specjalnego fotelika z funkcją jego automatycznego rozpoznawania.
Uwaga. Ze względów bezpieczeństwa nie wolno wykonywać żadnych prac przy częściach zespołu poduszki powietrznej lub napinacza pasów bezpieczeństwa.

Przed wymontowaniem i zamontowaniem zespołu poduszki powietrznej kierowcy należy wykonywać bezwarunkowo następujące czynności

- Wymontować obudowę filtru przeciwpyłowego i odłączyć przewód masy (–) od akumulatora, gdy zapłon jest wyłączony.

Uwaga. Przed odłączeniem akumulatora należy koniecznie ustalić kod zabezpieczający radioodbiornik przed kradzieżą, jeśli taki kod jest zastosowany. Przestrzegać zaleceń podanych w podrozdziale „Wymontowanie i zamontowanie akumulatora".

- Zaizolować bieguny akumulatora, aby wykluczyć przypadkowe połączenie.
- Ustawić koła jak do jazdy na wprost i koło kierownicy w położeniu środkowym.
- Przed zdejmowaniem (dotknięciem) zespołu poduszki powietrznej zlikwidować ładunek elektrostatyczny, chwytając na chwilę rygiel drzwi zamka lub dotykając nadwozia.
- Podczas podłączania akumulatora nie wolno przebywać żadnej osobie wewnątrz samochodu.

Wskazówki ogólne

– Nigdy nie należy stosować elementów poduszki powietrznej z innego samochodu lub

z innego koła kierownicy; w razie wymiany zawsze stosować nowe części.
– Nawet po niegroźnym wypadku, który nie spowodował rozwinięcia poduszki, sprawdzić zespół poduszki powietrznej i napinacz pasa w stacji obsługi Mercedesa.
– Po rozwinięciu poduszki w kole kierownicy należy każdorazowo wymieniać koło kierownicy, po rozwinięciu poduszki bocznej – wymieniać osłonę w pokryciu drzwi, po rozwinięciu poduszki pasażera – wymieniać tablicę rozdzielczą.
– Sterownik poduszki powietrznej należy wymienić po trzykrotnym rozwinięciu poduszki.
– Poduszka powietrzna powinna być sprawdzana wyłącznie w warsztacie specjalistycznym. Nie wolno używać przy tym lampki próbnej, woltomierza lub omomierza.
– Elementy poduszki powietrznej, które spadły z wysokości ponad 50 cm, należy wymienić.
– Chronić elementy poduszki powietrznej przed nadmiernym nagrzaniem i bezpośrednim działaniem płomieni oraz wpływem temperatury powyżej 100°C, także krótkotrwałym.
– Chronić elementy poduszki powietrznej przed stykaniem się z wodą, smarem lub olejem. Te zanieczyszczenia należy natychmiast wycierać suchą szmatką.
– Zespół poduszki powietrznej należy układać po wymontowaniu tak, aby strona z nakładką była skierowana do góry. Przy odwrotnym ułożeniu istnieje niebezpieczeństwo, że w razie przypadkowego zapłonu wytwornica gazu zostanie wyrzucona w górę, zwiększając zagrożenie zranieniem.
– Podczas przerw w pracy nie należy pozostawiać zespołu poduszki powietrznej bez nadzoru.
– Nie wolno rozkładać zespołu poduszki powietrznej i w razie uszkodzenia należy wymienić go w komplecie. Zespół poduszki powietrznej powinien być przechowywany pod zamknięciem lub odpowiednim nadzorem, ponieważ zawiera on materiał wybuchowy.
– Przed złomowaniem samochodu konieczne jest usunięcie zespołu poduszki powietrznej przez warsztat specjalistyczny.
– Przed spawaniem elektrycznym elementów nadwozia należy odłączyć złącze wielostykowe sterownika poduszki powietrznej, gdy akumulator jest odłączony.

Wymontowanie i zamontowanie poduszki powietrznej w kole kierownicy

Wymontowanie

Zapoznać się i bezwarunkowo przestrzegać zasad zachowania bezpieczeństwa w samochodzie z poduszkami powietrznymi.
Uwaga. Na rysunkach nie pokazano elementów samochodu Mercedes klasy C.
- Wymontować obudowę filtru przeciwpyłowego i odłączyć przewód masy (–) od akumulatora, gdy zapłon jest wyłączony.

Uwaga. Przed odłączeniem akumulatora należy koniecznie ustalić kod zabezpieczający ra-

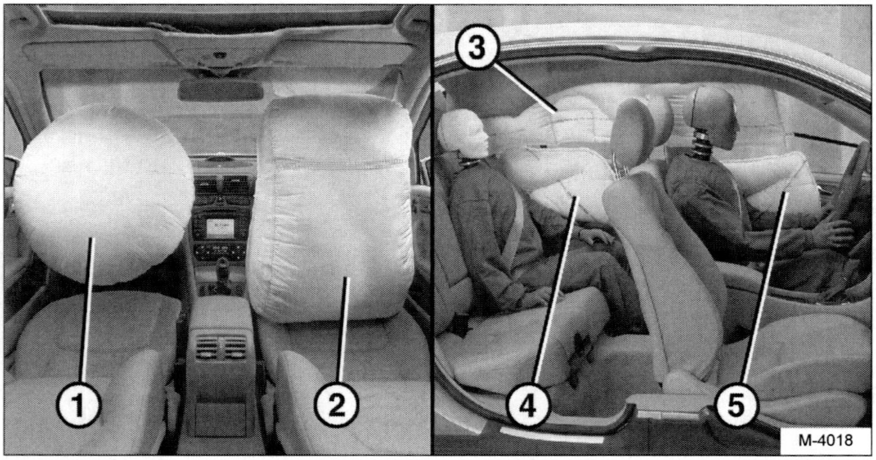

PODUSZKI POWIETRZNE
1 – poduszka powietrzna kierowcy,
2 – poduszka powietrzna pasażera,
3 – poduszka powietrzna chroniąca głowę,
4 – poduszka powietrzna boczna tylna,
5 – poduszka powietrzna boczna przednia

dioodbiornik przed kradzieżą, jeśli taki kod jest zastosowany. Przestrzegać zaleceń podanych w podrozdziale „Wymontowanie i zamontowanie akumulatora".

- Zaizolować oba bieguny akumulatora, aby uniknąć przypadkowego połączenia.
- Zwolnić dźwignię ryglującą i wyciągnąć całkowicie koło kierownicy.
- Wykręcić z tyłu przez otwory w kole kierownicy (1, rys. M-4011) dwie śruby z gniazdem Torx wkrętakiem T30, przytrzymując zespół poduszki powietrznej.

Uwaga. Na rysunku zespół poduszki powietrznej jest już zdjęty; (2) – wyłącznik kierunkowskazów.

- Unieść zespół poduszki powietrznej (3, rys. M-4012) z koła kierownicy i odłączyć złącze wtykowe (4) od wytwornicy gazu.
- Odłożyć zespół poduszki powietrznej tak, aby nakładka koła kierownicy była skierowana w górę.

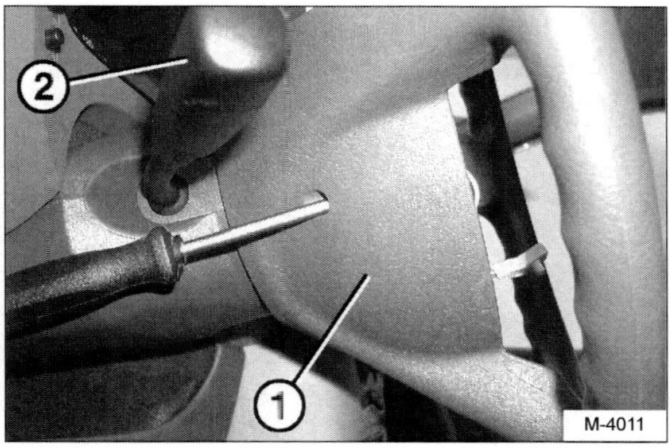

M-4011

M-4012

Uwaga. Nie pozostawiać poduszki powietrznej bez nadzoru, w razie potrzeby przechowywać w pomieszczeniu zamkniętym.

Zamontowanie

- Osadzić zespół poduszki powietrznej w kole kierownicy i podłączyć do wytwornicy gazu złącze wtykowe, które powinno wejść ze stukiem w ustalone położenie.
- Nałożyć środek do zabezpieczania na śruby mocujące i dokręcić je momentem **6 N • m**.
- Podłączyć przewód masy (–) do akumulatora, gdy zapłon jest wyłączony. Zamontować obudowę filtru przeciwpyłowego. Wprowadzić kod zabezpieczający radioodbiornik przed kradzieżą i nastawić zegar.

Wymontowanie i zamontowanie koła kierownicy

Wymontowanie

- Wymontować obudowę filtru przeciwpyłowego i odłączyć przewód masy (–) od akumulatora, gdy zapłon jest wyłączony.

Uwaga. Przed odłączeniem akumulatora należy koniecznie ustalić kod zabezpieczający radioodbiornik przed kradzieżą, jeśli taki kod jest zastosowany. Przestrzegać zaleceń podanych w podrozdziale „Wymontowanie i zamontowanie akumulatora".

- Wymontować zespół poduszki powietrznej (patrz odpowiedni opis).
- Ustawić koło kierownicy poziomo. Koła przednie powinny być ustawione jak do jazdy na wprost. Doprowadzić w tym położeniu do zablokowania zamka koła kierownicy.

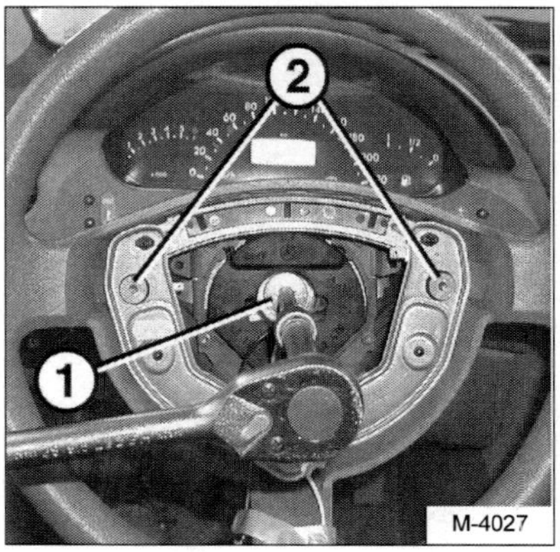

M-4027

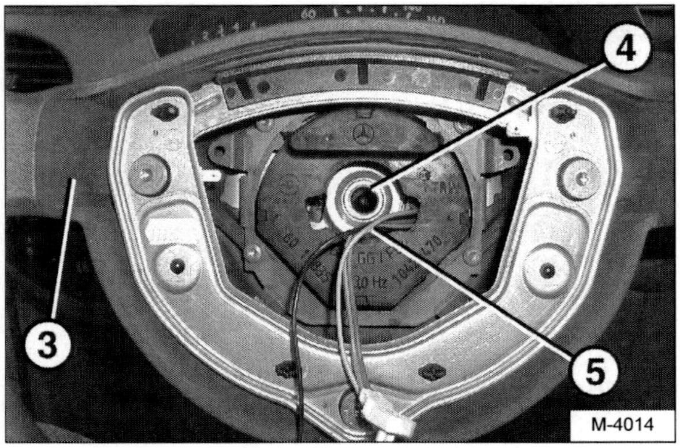

• Odłączyć złącza wtykowe sygnału dźwiękowego i zespołów przycisków od styków (2, rys. M-4027) i odłożyć przewody.
• Wykręcić śrubę z łbem stożkowym płaskim (1) mocującą koło kierownicy.
• Ściągnąć koło kierownicy (3, rys. M-4014) z wału (4), prowadząc przewody elektryczne (5) przez otwory.
Uwaga. Złącze spiralne pozostaje zamontowane.

Zamontowanie

• Zapewnić, aby koła przednie były ustawione do jazdy na wprost.
• Osadzić koło kierownicy na wielowypuście wału tak, aby oba oznakowania na kole i wale kierownicy pokrywały się. Przewody elektryczne przeprowadzić przy tym przez otwory.
• Podłączyć złącza wtykowe sygnału dźwiękowego i zespołów przycisków oraz ułożyć przewody jak przed wymontowaniem.
• Wkręcić nową samoblokującą śrubę z łbem stożkowym płaskim i dokręcić momentem **80 N • m**.
• Zamontować zespół poduszki powietrznej w kole kierownicy (patrz odpowiedni opis).
• Odblokować zamek koła kierownicy.
• Podłączyć przewód masy (–) do akumulatora, gdy zapłon jest wyłączony. Zamontować obudowę filtru przeciwpyłowego. Wprowadzić kod zabezpieczający radioodbiornik przed kradzieżą i nastawić zegar.

Jazda próbna i sprawdzenie działania

• Jeśli koło kierownicy jest przestawione na połączeniu wielokarbowym z wałem o więcej niż 1 ząb, nie jest zapewniony samoczynny powrót dźwigni wyłącznika kierunkowskazów do położenia spoczynkowego.
• Obracać koło kierownicy do oporu w lewo i w prawo. Lampka kontrolna poduszki powietrznej nie powinna się przy tym zaświecać.
• Jeśli koło kierownicy podczas jazdy na wprost jest ustawione skośnie, chociaż po zamonto-

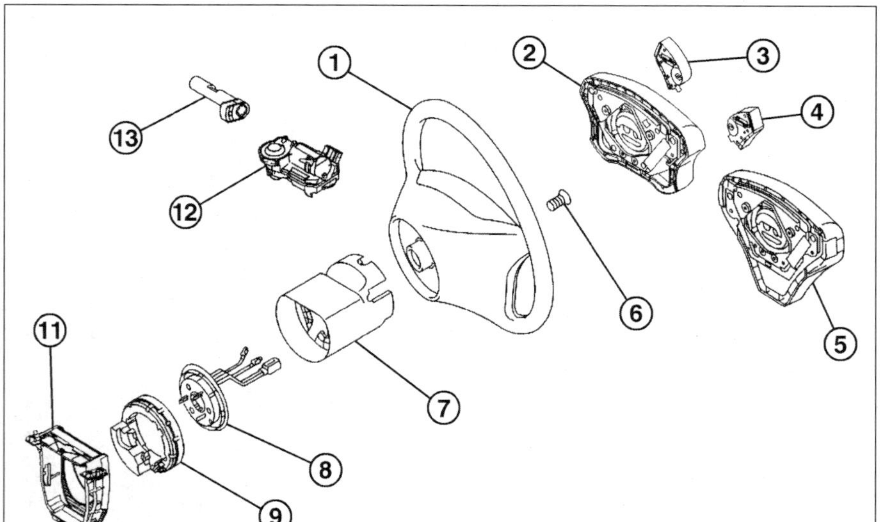

ELEMENTY KOŁA KIEROWNICY
1 – koło kierownicy,
2 – poduszka powietrzna (koło kierownicy z czterema ramionami), 3 – wyłącznik wielofunkcyjny prawy,
4 – wyłącznik wielofunkcyjny lewy, 5 – poduszka powietrzna (koło kierownicy z trzema ramionami), 6 – śruba (element stykowy na kolumnie kierownicy), 7 – pokrycie kolumny kierownicy,
8 – element stykowy,
9 – nadajnik czujnika kąta odchylenia koła kierowanego,
10 – śruba, 11 – osłona,
12 – zamek kierownicy,
13 – sworzeń zamka kierownicy

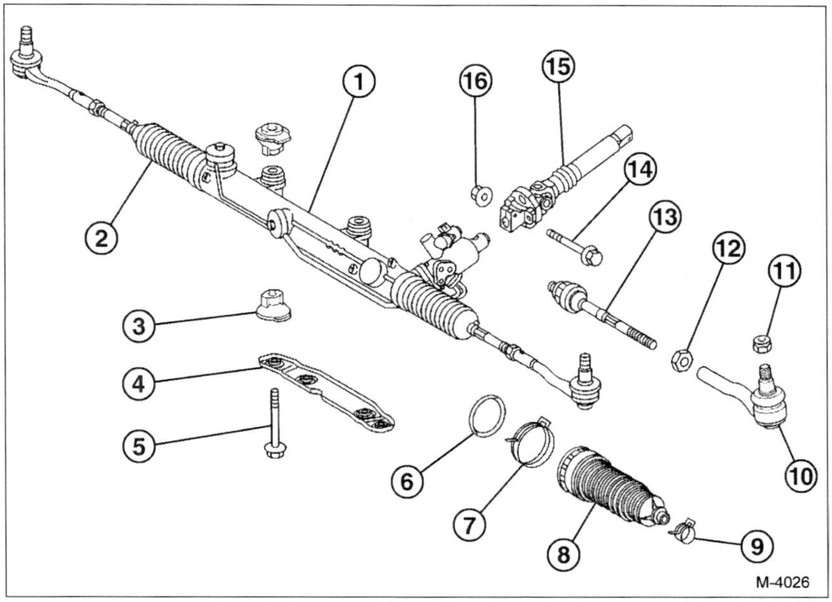

PRZEKŁADNIA KIEROWNICZA, OSŁONY I DRĄŻKI KIEROWNICZE
1 – przekładnia kierownicza zębatkowa, 2 – osłona prawa, 3 – podpora dolna, 4 – płytka mocująca (do mocowania na belce poprzecznej), 5 – śruba M12, 6 – pierścień uszczelniający*), 7 – opaska zaciskowa duża*), 8 – osłona lewa*), 9 – opaska zaciskowa mała*), 10 – przegub drążka kierowniczego, 11 – nakrętka, **55 N·m** (samoblokująca, każdorazowo nowa), 12 – nakrętka M14, 13 – drążek kierowniczy, 14 – śruba M8, 15 – kolumna kierownicza, 16 – nakrętka M8

*) Elementy wchodzące w skład zestawu naprawczego osłony.

waniu znaki pokrywały się dokładnie, można je przestawić na połączeniu wielokarbowym najwyżej o 1 ząb. W razie większych odchyleń należy sprawdzić i ustawić zbieżność kół przednich w stacji obsługi.

Wymontowanie i zamontowanie przegubu drążka kierowniczego

Wymontowanie

- Zaznaczyć farbą położenie koła przedniego w stosunku do piasty, aby wyrównoważone koło mogło być zamontowane w tym samym położeniu. Przed uniesieniem samochodu poluzować śruby koła. Unieść i podeprzeć przód samochodu, zdjąć koło przednie.

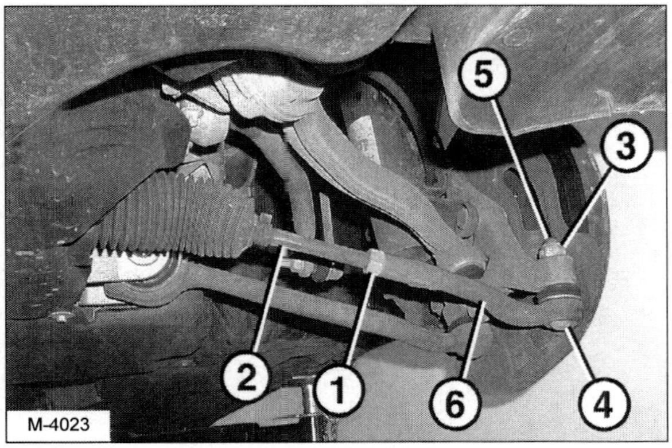

- Poluzować przeciwnakrętkę (1, rys. M-4023) przy wewnętrznym drążku kierowniczym, przytrzymując za sześciokąt (2) drążka.
- Odkręcić nakrętkę samoblokującą (3) przegubu drążka (4), przytrzymując czop przegubu (5) kluczem do gniazd sześciokątnych. Odkręcić nakrętkę do końca sworznia gwintowanego, aby służyła jako oparcie dla ściągacza i zapobiegała uszkodzeniu gwintu.
- Wycisnąć przegub drążka kierowniczego ze zwrotnicy za pomocą uniwersalnego ściągacza. Odkręcić nakrętkę samoblokującą.
- Zaznaczyć położenie przegubu (6) w stosunku do wewnętrznego drążka kierowniczego. W tym celu nanieść pisakiem kreskę na obu częściach.
- Odkręcić przegub od wewnętrznego drążka kierowniczego.

Uwaga. Dla ułatwienia zamontowania policzyć i zanotować liczbę obrotów podczas odkręcania.

Zamontowanie

- Wkręcić przegub na wewnętrzny drążek kierowniczy zgodnie z liczbą obrotów zanotowaną podczas wymontowania.
- Ustawić przegub w stosunku do wewnętrznego drążka kierowniczego odpowiednio do naniesionych znaków i dokręcić przeciw-

nakrętkę momentem **60 N • m**, przytrzymując przegub kluczem płaskim za spłaszczenie. Podczas dokręcania należy uważać, aby nie skręcić osłony.

• Oczyścić czop stożkowy przegubu drążka kierowniczego.

• Zamontować przegub w ramieniu zwrotnicy i przykręcić nową nakrętką samoblokującą momentem **55 N • m**.

• Nałożyć cienką warstwę smaru do łożysk tocznych na powierzchnię piasty środkującą koło. Nie nakładać smaru na śruby koła. Wymienić śruby ze skorodowanym gwintem. Zamontować koło przednie zgodnie z oznakowaniem naniesionym podczas wymontowania. Przykręcić koło. Opuścić samochód i przykręcić śruby koła przemiennie na krzyż momentem **110 N • m**.

• Sprawdzić i w razie potrzeby wyregulować zbieżność kół przednich w stacji obsługi.

Wymontowanie i zamontowanie gumowych osłon układu kierowniczego

Wymontowanie

• Wymontować przegub drążka kierowniczego (1, rys. M-4024) (patrz odpowiedni opis).

• Otworzyć i zdjąć opaski zaciskowe (2 i 3) z osłony (4). Sprawdzić stan opasek i wymienić je w razie potrzeby.

• Ściągnąć osłonę gumową.

• Sprawdzić zębatkę i wewnętrzny przegub drążka kierowniczego, czy nie są skorodowane i nie wykazują luzu. W razie korozji jest konieczna wymiana całej przekładni kierowniczej. Jeśli przegub kulisty jest zużyty, wymienić wewnętrzny drążek kierowniczy z przegubem (praca wykonywana w stacji obsługi).

Zamontowanie

• Zamontowanie odbywa się w kolejności odwrotnej do wymontowania.

Koła i ogumienie

Wiadomości wstępne

W samochodzie Mercedes klasy C są montowane, zależnie od modelu i wyposażenia, bezdętkowe opony radialne i koła o różnych wymiarach. Gdy są zamontowane opony i koła nie wyszczególnione w dokumentach samochodu, konieczne jest wpisanie ich do tych dokumentów, do czego jest potrzebne na ogół świadectwo dopuszczenia przez producenta samochodu.

Oprócz szerokości i średnicy koła ważnym wymiarem przy jego wymianie jest także głębokość przetłoczenia, która określa odległość od środka obręczy do powierzchni przylegania tarczy koła do tarczy lub bębna hamulca. Wszystkie koła tarczowe mają uszczelnione obręcze. Uszczelnienie stanowi wytłoczone zgrubienie na obrzeżach obręczy, które nie pozwala na zsuwanie się opony bezdętkowej z obręczy podczas jazdy nawet po bardzo ostrych zakrętach.

Uwaga. Do opony bezdętkowej nie wolno stosować dętki.

Mierzenie głębokości rowków bieżnika

Przepisy wymagają, aby opony były używane tylko do osiągnięcia przez rowki bieżnika głębokości 1,6 mm, mierzonej na całej powierzchni bieżnika. Zaleca się jednak, aby ze względów bezpieczeństwa wymieniać opony używane latem przy głębokości rowków bieżnika wynoszącej 2 mm, a opony używane zimą przy głębokości 4 mm.

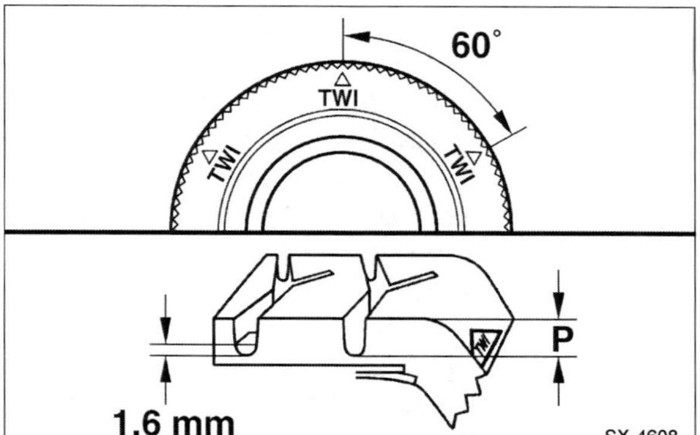

SX-4608

Głębokość rowków bieżnika należy mierzyć w głównych rowkach bieżnika w najbardziej zużytych miejscach opony. W dnie rowka bieżnika oryginalnych opon są widoczne wskaźniki zużycia. Położenie wskaźników zużycia jest oznakowane w kilku miejscach na boku opony literami TWI lub symbolami trójkąta (rys. SX-4608). Powierzchnie wskaźników zużycia znajdują się na głębokości 1,6 mm. Nie należy uwzględniać ich podczas mierzenia. Właściwy wymiar jest uzyskiwany w miejscu z najmniejszą głębokością rowka bieżnika (P).

Ciśnienie w ogumieniu

Ciśnienie w ogumieniu jest ustalane przez producenta samochodu w zależności od różnych parametrów, do których jest zaliczane między innymi obciążenie samochodu i prędkość maksymalna. Producent dopuszcza do samochodu Mercedes klasy C różne wymiary opon i kół. W tablicy podano tylko przegląd możliwych kom-

OPONY I KOŁA DO SAMOCHODU MERCEDES KLASY C

Model	Rodzaj opony	Wymiar opony	Koło tarczowe (felga)	Głębokość przetłoczenia (mm)	Ciśnienie w ogumieniu w (kPa)			
					połowa obciążenia		pełne obciążenie	
					przód	tył	przód	tył
180 200 CDI	letnia	195/65 R 15 91 H	6J × 15 H2	31	210	230	230	290
	zimowa	195/65 R 15 91 T M+S	6½J × 15 H2	37	230	250	250	310
200 K 220 CDI	letnia	195/65 R 15 91 V	6J × 15 H2	31	210	230	230	290
	zimowa	195/65 R 15 91 T M+S	6½J × 15 H2	37	230	250	250	310

binacji opon i kół. Kompletny wykaz zalecanych opon i kół ma każda stacji obsługi.
Jest ważne, aby było zachowywane ciśnienie w ogumieniu określone dla każdych opon. Zalecane ciśnienie jest podane na wewnętrznej stronie pokrywy wlewu paliwa. Zachowanie właściwego ciśnienia ma duże znaczenie dla trwałości opon i bezpieczeństwa jazdy, dlatego należy sprawdzać ciśnienie co cztery tygodnie i przed każdą długą jazdą (także w kole zapasowym).
– Podawane wartości ciśnienia odnoszą się do zimnych opon. Nie należy zmniejszać ciśnienia większego o około 20 do 40 kPa, jakie ustala się po dłuższej jeździe. W oponach zimowych można stosować ciśnienie wyższe o około 20 kPa niż w oponach letnich. Należy uwzględniać zalecenia producentów opon zimowych dotyczące wartości ciśnienia w ogumieniu. Jeśli opony zimowe podlegają ograniczeniu prędkości, w polu widzenia kierowcy powinna być umieszczona tabliczka z wartością dopuszczalnej prędkości maksymalnej.
– W razie holowania przyczepy należy zwiększyć ciśnienie w ogumieniu do wartości podanych dla całkowitego obciążenia. Należy sprawdzać także ciśnienie w ogumieniu przyczepy.
– Ciśnienie w kole zapasowym odpowiada maksymalnemu ciśnieniu w oponie przy pełnym obciążeniu.

Oznakowanie opon i kół

Oznakowanie opon

195 – szerokość opony w mm;
/70 – stosunek wysokości do szerokość (wysokość przekroju opony wynosi 70% szerokości), jeśli brakuje danych dotyczących pro-

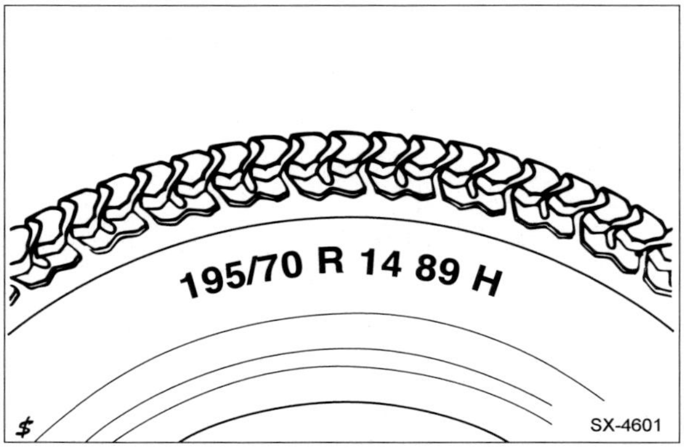

porcji przekroju (np. 155 R 13), to chodzi o „normalny" stosunek wysokości do szerokości (wynosi on dla opon diagonalnych 82%);
R – opona radialna;
14 – średnica obręczy w calach;
89 – wyróżnik nośności:
Uwaga. Jeśli między liczbami 14 i 89 znajduje się oznaczenie M+S, chodzi o oponę z bieżnikiem błotno-śniegowym.
H – literowe oznaczenie dopuszczalnej prędkości maksymalnej (do 210 km/h).
Oznaczenie prędkości maksymalnej znajduje się za liczbami określającymi wielkość opony i obowiązuje dla opon normalnych i zimowych.

LITEROWE OZNACZENIA PRĘDKOŚCI

Oznaczenie literowe	Dopuszczalna prędkość maksymalna
Q	160 km/h
S	180 km/h
T	190 km/h
H	210 km/h
V	240 km/h
Z	ponad 240 km/h

Uwaga. Jeśli za oznaczeniem opony znajduje się słowo „reinforced", chodzi o oponę wzmocnioną, np. do pojazdów dostawczych.

Data produkcji opony

Data produkcji jest umieszczona na oponie w oznaczeniu producenta.
Przykład: DOT CUL2 UM8 0307 TUBELESS
DOT – Department of Transportation (Ministerstwo Transportu USA),
CU – skrót oznaczenia producenta opon,
L2 – wielkość opony,
UM8 – wykonanie opony,
0307 – data produkcji – 3. tydzień produkcji 2007 r.,
Uwaga. Jeśli zamiast czterocyfrowej liczby jest w oznaczeniu liczba trzycyfrowa, po której następuje symbol ◁, opona została wyprodukowana w poprzednim dziesięcioleciu. Na przykład oznaczenie 509◁ to 50. tydzień produkcji 1999 r.
TUBELESS – bezdętkowa (TUBETYPE – opona z dętką).
Uwaga. Nowe opony powinny mieć od X 1998 dodatkowo na boku numer kontrolny ECE. Ten numer potwierdza, że opona odpowiada normie ECE. Opony bez numeru kontrolnego ECE od X 1998 nie są dopuszczane do eksploatacji.

Przykład oznakowania koła:

5½J × 15 H2
5½ – szerokość obręczy między obrzeżami w calach,
J – literowe oznaczenie wysokości i zarysu obrzeża obręczy (B – niższe obrzeże),
× – oznaczenie jednoczęściowej obręczy wgłębionej,
15 – średnica koła w calach,
H2 – profil obręczy po zewnętrznej i wewnętrznej stronie ze zgrubieniem zapobiegającym zsuwaniu się opony.

Wyrównoważanie kół

Seryjnie produkowane koła są wyrównoważane u producenta. Jest to konieczne, aby wyrównać nierównomierny rozkład mas i niejednorodność materiałów. Brak wyrównoważenia objawia się podczas jazdy „galopowaniem" i trzepotaniem kół, przy wyższych prędkościach zaczyna drgać koło kierownicy.
Drgania te występują na ogół tylko w określonym zakresie prędkości i zanikają przy niższej lub wyższej prędkości.
Zjawiska towarzyszące brakowi wyrównoważenia mogą doprowadzić z czasem do uszkodzenia przegubów zawieszenia, przekładni kierowniczej, amortyzatorów i bieżników opon. Koła należy oddawać do wyrównoważenia po każdej naprawie ogumienia i zamontowaniu nowej opony, ponieważ z powodu zużycia i zmian wywołanych naprawą dochodzi do innego rozmieszczenia mas w oponie.

Przestawianie i wymiana kół

Przy zamianie kół nie należy zmieniać kierunku ich obrotów, ponieważ opony dostosowują się do tej zmiany dopiero po początkowym dużym zużyciu. Na boku niektórych opon jest oznaczany strzałką kierunek jej obrotów, który należy koniecznie zachowywać.
Zaleca się wymianę kół przednich na tylne (rys. SX-4606), dzięki czemu cztery opony mają w przybliżeniu jednakową żywotność.

Ostrzeżenie. *Nie powinno wymieniać się pojedynczych opon, lecz co najmniej obie opony tej samej osi. Opony z większą głębokością rowków bieżnika należy montować na przednie koła. W samochodzie wolno stosować tylko opony tego samego typu. Na koła tej samej osi można zakładać tylko opony tego samego producenta i z taką samą rzeźbą bieżnika. Opony eksploatowane lub przechowywane dłużej niż 6 lat*

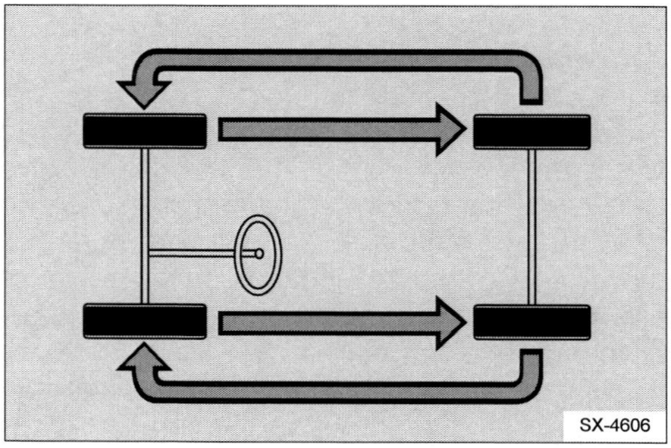
SX-4606

należy stosować tylko w wyjątkowych wypadkach i zachowując ostrożności podczas jazdy. Nie stosować używanych opon niewiadomego pochodzenia. Przy wymianie kół lub opon należy także każdorazowo wymieniać zawory powietrza.

• W przypadku bieżnika przeznaczonego dla określonego kierunku obrotów, rozpoznawanego po strzałce na boku opony (rys. SX-4609), należy bezwarunkowo zachować ten kierunek obrotów opony. Zapewnia to optymalne właściwości trakcyjne w zakresie poślizgu hydrodynamicznego, przyczepności, hałasu i zużycia.
• Jeśli koło zapasowe w razie konieczności wymiany musi być zamontowane przeciwnie do określonego kierunku obrotów, takie zastosowanie powinno być krótkotrwałe. Ma to znaczenie szczególnie wtedy, gdy jezdnia jest wilgotna. Zaleca się wówczas dostosowanie prędkości do stanu jezdni.

Wymontowanie koła

• Zaznaczyć farbą położenie koła w stosunku do piasty, aby wyrównoważone koło mogło być zamontowane w tym samym położeniu.
• Zapewnić, aby samochód nie przetoczył się. W tym celu włączyć hamulec awaryjny, włączyć wsteczny lub 1. bieg. W samochodzie z automatyczną skrzynką przekładniową ustawić dźwignię wyboru biegów w położeniu „P". Oprócz tego należy podłożyć klin pod przeciwległe koło po przekątnej, po stronie przeciwnej do miejsca podparcia.
• Poluzować śruby koła o ½ obrotu, nie wykręcając ich, gdy samochód stoi na kołach.
• Unieść samochód podnośnikiem tak, aby koło oderwało się od podłoża.
• Wykręcić śruby i zdjąć koło.

Zamontowanie koła

Uwaga. Śrub przeznaczonych do kół ze stopów lekkich nie wolno stosować do kół stalowych i odwrotnie. Jeśli zostaną zamontowane koła ze stopów lekkich a jako koło zapasowe służy koło stalowe, zaleca się dołożyć do zestawu narzędzi odpowiednie śruby do koła zapasowego.
• Na powierzchnie środkujące koła na piastach kół przednich i tylnych powinna być nakładana przed każdym zamontowaniem cienka warstwa smaru do łożysk tocznych, w celu ochrony tych powierzchni przed korozją.
• Oczyścić zabrudzone śruby i gwinty. Nie nakładać smaru lub oleju na gwinty śrub kół.
• Osadzić koło zgodnie z oznakowaniem naniesionym podczas wymontowania. Wkręcić i dokręcić wstępnie śruby kół przemiennie na krzyż.
• Opuścić samochód i usunąć podnośnik.
• Dokręcić śruby kół przemiennie na krzyż w kilku przejściach. Do dokręcania śrub kół powinien być stosowany klucz dynamometryczny, który zapewnia dokręcenie ich z równomierną siłą. Moment dokręcania kół stalowych i ze stopu lekkiego jest jednakowy i wynosi **110 N · m**.
• Docisnąć pełny kołpak najpierw przy wycięciu obok zaworu i wprowadzić kołpak na całym obwodzie w ustalone położenie.

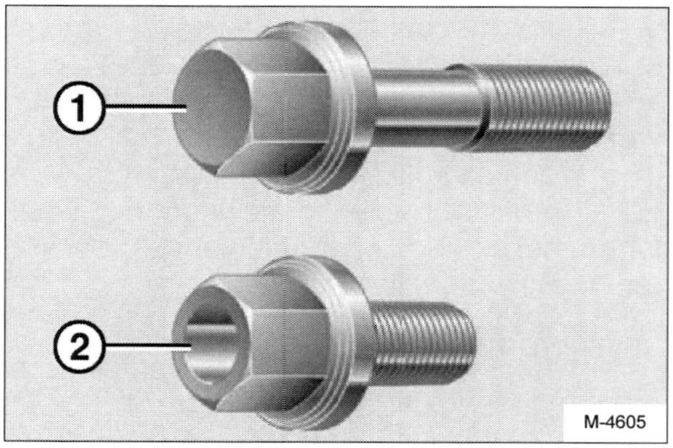

ŚRUBY KÓŁ
1 – śruba koła ze stopu lekkiego, 2 – śruba koła ze stali lub koła dojazdowego

• Koła i śruby kół są do siebie dostosowane. Zamieniając koła ze stopu lekkiego na koła stalowe, na przykład przy zmianie na opony zimowe, należy zastosować odpowiednie śruby kół o właściwej długości i kształcie powierzchni dociskowych. Zależą od tego pewność zamocowania kół i właściwe działanie układu hamulcowego.

Uwaga. Koła ze stopów lekkich są chronione przed korozją powłoką bezbarwnego lakieru. Podczas wymiany kół należy chronić tę powłokę ochronną przed uszkodzeniem i uzupełniać ubytki.

• Jeśli zostanie stwierdzone podczas wymiany koła, że śruby koła są skorodowane i obracają się z oporami, trzeba je możliwie szybko wymienić. Do czasu wymiany należy jeździć ze względów bezpieczeństwa z umiarkowaną prędkością.

Uwaga. Jednostronne lub nierównomierne dokręcenia śrub koła może spowodować odkształcenie koła lub piasty.

• Po wymianie opony należy koniecznie sprawdzić ciśnienie w ogumieniu i skorygować je w razie potrzeby.

Łańcuchy przeciwpoślizgowe

Łańcuchy przeciwpoślizgowe wolno stosować tylko na kołach tylnych. W celu uniknięcia uszkodzeń kołpaków kół, należy je zdjąć przed założeniem łańcuchów. Po zdjęciu łańcuchów przeciwpoślizgowych zamontować z powrotem kołpaki.

Z łańcuchami przeciwpoślizgowymi nie wolno jechać z prędkością większą niż 50 km/h. Jeśli na drogach nie ma śniegu i lodu, należy zdjąć łańcuchy. Stosować tylko łańcuchy z drobnymi ogniwami.

Zasady użytkowania opon

Opony mają „pamięć" i niewłaściwe obchodzenie się z nimi, na przykład szybkie i częste przejeżdżanie przez krawężniki lub wystające szyny, prowadzi do ich uszkodzenia dopiero dużo później.

Mycie opon

• Należy unikać mycia opon myjką parową pod wysokim ciśnieniem. Jeśli dysza myjki zostanie przystawiona zbyt blisko opony, warstwa gumy ulegnie nieodwracalnemu uszkodzeniu w ciągu kilku sekund, nawet przy zastosowaniu zimnej wody. Opona umyta w ten sposób powinna być wymieniona ze względów bezpieczeństwa.

• Wymianie powinny podlegać również opony, które stykały się przez dłuższy czas z olejem lub smarem. Opona pęcznieje w miejscu narażonym na działanie smaru, później wraca do poprzedniego kształtu i nie wygląda z zewnątrz na uszkodzoną, jednak zmniejsza się jej zdolność przenoszenia obciążeń.

Przechowywanie opon

• Opony należy przechowywać w chłodnym, ciemnym i suchym miejscu. Nie powinny stykać się ze smarem i olejem.

• Koła kłaść lub zawieszać za obręcze w garażu lub w piwnicy. Opony, które nie są zamontowane na kołach, powinny być przechowywane na stojąco.

• Przed zdjęciem koła należy zwiększyć nieco ciśnienie w ogumieniu (o około 30...50 kPa).

• Do opon zimowych należy używać oddzielnych kół. Przekładanie tych opon na koła stosowane przez cały rok nie opłaca się.

Docieranie opon

Nowe opony mają z powodu zastosowanej technologii produkcji bardzo gładką powierzchnię i należy je „docierać", także nowe koło zapasowe, przez około 300 km z umiarkowaną prędkością i z zachowaniem ostrożności. Początkowe zużycie powoduje schropowacenie gładkiej powierzchni i poprawia przyczepność opony do jezdni.

Należy zachowywać szczególną ostrożność do czasu przejechania pierwszych 300 km na nowych oponach, zwłaszcza na wilgotnej nawierzchni.

Wpływ warunków eksploatacji na zużycie opon

■ Przede wszystkim należy zwracać uwagę na utrzymanie właściwego ciśnienia w ogumieniu i sprawdzać je co cztery tygodnie, przed każdą długą jazdą i w razie dużego obciążenia samochodu.

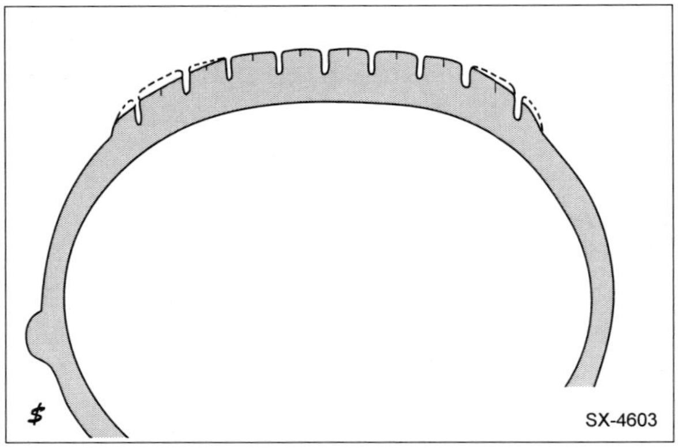

SX-4603

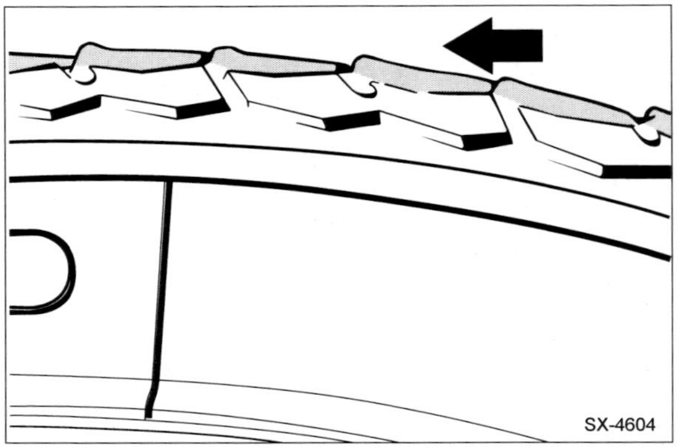

SX-4604

■ Ciśnienie w ogumieniu należy sprawdzać wtedy, gdy opony są zimne. Ciśnienie wzrasta w nagrzanych oponach po szybkiej jeździe i jest błędem mierzenie i zmniejszanie ciśnienia w takim stanie.

■ Normalnym zjawiskiem jest nieco większe zużycie boków bieżnika w porównaniu z jego środkiem na kołach przednich (rys. SX-4603), przy czym z powodu pochylenia jezdni może być wyraźnie większe zużycie boku opony zwróconego do osi jezdni (strona zewnętrzna na lewym kole i wewnętrzna na prawym kole).

■ Nierównomierne zużycie opon jest najczęściej skutkiem zbyt małego lub zbyt dużego ciśnienia w ogumieniu i może być także spowodowane niewłaściwym ustawieniem kół, brakiem ich wyrównoważenia, jak również niesprawnością amortyzatora lub uszkodzeniem obręczy.

■ Zbyt wysokie ciśnienie w ogumieniu powoduje większe zużywanie się środka bieżnika, ponieważ wtedy opona jest bardziej wypukła w miejscu, gdzie znajduje się bieżnik.

■ Zbyt niskie ciśnienie w ogumieniu powoduje opieranie się bieżnika na jego bokach, dlatego opona zużywa się bardziej w tych miejscach.

■ Schodkowe zużycie bieżnika (rys. SX-4604) jest spowodowane na ogół przeciążeniem samochodu.

Układ hamulcowy

Wiadomości wstępne

Układ hamulcowy składa się z pompy hamulcowej z urządzeniem wspomagającym, urządzenia przeciwblokującego ABS i hamulców tarczowych kół przednich i kół tylnych. Hydrauliczny układ hamulcowy jest podzielony na dwa obwody, z których każdy działa na dwa koła położone na przekątnej. Jeden obwód działa na koła przednie prawe i tylne lewe, drugi obwód – na koła przednie lewe i tylne prawe. Dzięki takiemu podziałowi można zatrzymać samochód w razie nieszczelności jednego z obwodów. Ciśnienie w obu obwodach jest wytwarzane przez pompę hamulcową typu tandem, podczas naciskania pedału hamulca.

Zbiorniczek płynu hamulcowego znajduje się w przedziale silnika po stronie kierowcy, pod osłoną nad pompą hamulcową i dostarcza płyn do całego układu. Należy regularnie sprawdzać poziom płynu hamulcowego w zbiorniczku.

Urządzenie wspomagające wykorzystuje podciśnienie wytwarzane w układzie dolotowym silnika benzynowego. Podciśnienie to wspomaga siłę wywieraną przez kierowcę na pedał hamulca. Podciśnienie wytwarzane w układzie dolotowym silnika wysokoprężnego jest do tego celu za małe i dlatego potrzebne podciśnienie wytwarza pompa podciśnieniowa, która jest zamocowana kołnierzem z przodu do głowicy cylindrów i jest napędzana wałkiem rozrządu.

W samochodzie Mercedes klasy C koła przednie i tylne są wyposażone w hamulce tarczowe. Przednie hamulce tarczowe mają zaciski przesuwne. W tego rodzaju konstrukcji jest potrzebny tylko jeden tłok, aby dociskać obie wkładki cierne do tarczy hamulca. W tylnych hamulcach tarczowych są zaciski stałe.

Nożny hamulec awaryjny sterowany linkami działa na koła tylne. W kołach tylnych są dwa dodatkowe hamulce bębnowe połączone z tarczami hamulców. Te hamulce bębnowe są sterowane wyłącznie dźwignią hamulca awaryjnego. Szczęki bębnowych hamulców kół tylnych ustawiają się samoczynnie i rzadko jest konieczna regulacja hamulca awaryjnego, na przykład po naprawie.

***Ostrzeżenie.** Podczas prac przy układzie hamulcowym należy zachować czystość i dużą dokładność. W przypadku braku niezbędnego doświadczenia, prace te powinny być wykonane w stacji obsługi.*

Uwaga. Jadąc w czasie deszczu, należy od czasu do czasu uruchamiać hamulce w celu usunięcia zanieczyszczeń z tarcz hamulców. Siła odśrodkowa powoduje wprawdzie odrzucanie wody z tarcz hamulców, ale pozostaje na nich cienka warstewka zanieczyszczeń, które pogarszają działanie hamulców.

Uwaga. Po jeździe na mokrej lub ośnieżonej jezdni należy uruchamiać hamulce przed postojem samochodu tak długo, aż nagrzeją się tarcze hamulców. Osuszając tarcze hamulców, zapobiega się ich korozji.

Zanieczyszczenia osadzające się na wkładkach ciernych i zasklepiające rowki odprowadzające wodę, powodują powstawanie wyżłobień na tarczach hamulców, co może pogarszać działanie hamulców.

Ostrzeżenie. *Podczas czyszczenia układu hamulcowego wydziela się pył, który może szkodzić zdrowiu, dlatego należy zapobiegać wdychaniu tego pyłu.*

Układ przeciwblokujący ABS

Układ przeciwblokujący ABS zapobiega blokowaniu kół podczas gwałtownego hamowania, dzięki czemu samochód nie traci wówczas sterowności. Sterownik układu ABS otrzymuje sygnały określające prędkość obrotową kół z czujników umieszczonych przy wszystkich kołach. Sygnał wykrywający skłonność każdego z kół do blokowania jest rejestrowany przez czujnik i przekazywany do sterownika, co powoduje zmniejszenie ciśnienia płynu w hamulcu danego koła, aby nie zostało zablokowane. Takie działanie powtarza się cyklicznie podczas gwałtownego hamowania, dopóki pedał hamulca nie zostanie zwolniony lub do momentu zatrzymania samochodu.

Układ przeciwpoślizgowy ASR

Elektroniczny układ przeciwpoślizgowy kół napędowych zapewnia zahamowanie kół wpadających w poślizg podczas ruszania i przekazanie momentu napędowego do kół mających przyczepność.

Układ ASR śledzi pracę kół skłonnych do poślizgu i reaguje przez natychmiastowe dostosowanie ciśnienia w przewodach prowadzących do hamulców odpowiednich kół. Jeśli to konieczne, jest zmniejszana także moc silnika. Sterowanie silnikiem jest uzupełnione o tak zwany elektroniczny pedał przyspieszenia, dzięki któremu przepustnica jest uruchamiana przez elektroniczny sterownik za pomocą silnika elektrycznego.

Pozwala to na ciągłe wykorzystanie maksymalnej możliwej do przeniesienia siły napędowej, w skrajnym przypadku nawet przez jedno koło. Lampka sygnalizacyjna ESP w zespole wskaźników (pomarańczowy trójkąt ostrzegawczy) miga, jeśli jedno z kół osiąga granicę poślizgu.

Jeśli poślizg jednego tylnego koła doprowadzi do jego automatycznego zahamowania i prócz tego drugie koło zbliża się do granicy poślizgu, elektronicznie sterowany układ rozpoznaje, że w chwilowych warunkach moment napędowy silnika jest za duży. Wówczas w ciągu kilku milisekund następuje zmiana położenia przepustnicy, odpowiadająca zwolnieniu nacisku stopy kierowcy na pedał przyspieszenia, w skrajnym przypadku nawet mimo faktycznego całkowitego wciśnięcia tego pedału. Ograniczenie dawki paliwa zmniejsza moment napędowy silnika i oba koła mogą znów przenosić siły napędowe. Jeśli silnik jest jeszcze zimny, zostaje przestawiony dodatkowo kąt wyprzedzenia zapłonu.

Układ ASR można wyłączyć wyłącznikiem w konsoli środkowej, wówczas zapala się lampka sygnalizacyjna ESP w zespole wskaźników.

Uwaga. Na nawierzchniach pokrytych piaskiem, żwirem lub głębokim śniegiem korzystniejsza może być jazda z pewnym poślizgiem napędu po wyłączeniu układu ASR. Jednak nawet wówczas przy małej prędkości jazdy urządzenie kontroli trakcji tylnych kół napędzanych pozostaje aktywne.

Układ stabilizacji toru jazdy ESP

Samochód Mercedes klasy C jest wyposażony seryjnie w układ ESP. Oprócz działania układów ABS i ASR, układ ESP zmniejsza niebezpieczeństwo zarzucenia samochodu także wówczas, gdy kierowca nie naciska pedału przyspieszenia i nie hamuje. Na zakrętach pokonywanych z dużą prędkością lub przy gwałtownym manewrze omijania urządzenie ESP rozpoznaje, czy jest zagrożenie utraty stateczności ruchu samochodu.

Czujniki określają kąty skrętu kół kierowanych oraz prędkość obrotu samochodu wokół osi pionowej, wykrywając wszelką niestabilność ruchu. Przez przyhamowanie poszczególnych kół i regulację momentu obrotowego silnika samochód jest utrzymywany na wymaganym torze jazdy. Jeśli podczas jazdy na zakręcie istnieje zagrożenie wypadnięcia z drogi wskutek poślizgu przednich kół, odpowiednio przyhamowane jest wewnętrzne koło tylne. Jeśli

w przypadku wejścia w zakręt ze zbyt dużą prędkością poślizg zagraża kołom tylnym i jest niebezpieczeństwo zarzucenia tyłu samochodu, następuje przyhamowanie zewnętrznego koła przedniego.
Jeśli podczas jazdy występuje nadsterowność lub podsterowność samochodu i zaczyna działać układ ESP, miga lampka sygnalizacyjna w zespole wskaźników. Sposób jazdy powinien być dostosowany wtedy do warunków na jezdni, gdyż istnieje zagrożenie wypadkiem.
Lampka sygnalizacyjna ESP zaświeca się po włączeniu zapłonu i gaśnie po uruchomieniu silnika.

Układ wspomagający nagłe hamowanie BAS

W samochodach klasy C układ BAS jest montowany seryjnie. Większość kierowców w sytuacjach awaryjnych często hamuje ze zwłoką lub niezbyt energicznie i droga hamowania wydłuża się. Na podstawie sposobu i szybkości wciskania pedału hamulca, układ BAS rozpoznaje sytuację awaryjną. W ciągu ułamka sekundy następuje maksymalne wzmocnienie siły hamowania, a przez to skrócenie drogi hamowania samochodu, na przykład przy prędkości 100 km/h o 45%.

Zalecenia dotyczące samochodów z układami ABS, ASR, ESP i BAS

Elektroniczny sterownik ma zabezpieczenie, powodujące samoczynne wyłączenie tych układów w razie ich uszkodzenia (na przykład przerwania przewodu) lub przy zbyt niskim napięciu (napięcie akumulatora poniżej 10 V). W takim przypadku świeci się pomarańczowa lampka kontrolna układu ABS w zespole wskaźników. Wyłączone są wtedy także układy ASR, ESP i BAS, co sygnalizuje lampka układu ESP. Konwencjonalny układ hamulcowy działa nadal i samochód zachowuje się podczas hamowania tak, jakby nie był wyposażony w układ ABS.
Jeśli podczas jazdy świeci się stale lampka sygnalizacyjna ESP, występuje niesprawność w układzie wspomagającym nagłe hamowanie lub w układzie stabilizacji toru jazdy. Układy BAS i ESP są wyłączone, ale działa normalnie konwencjonalny układ hamulcowy.

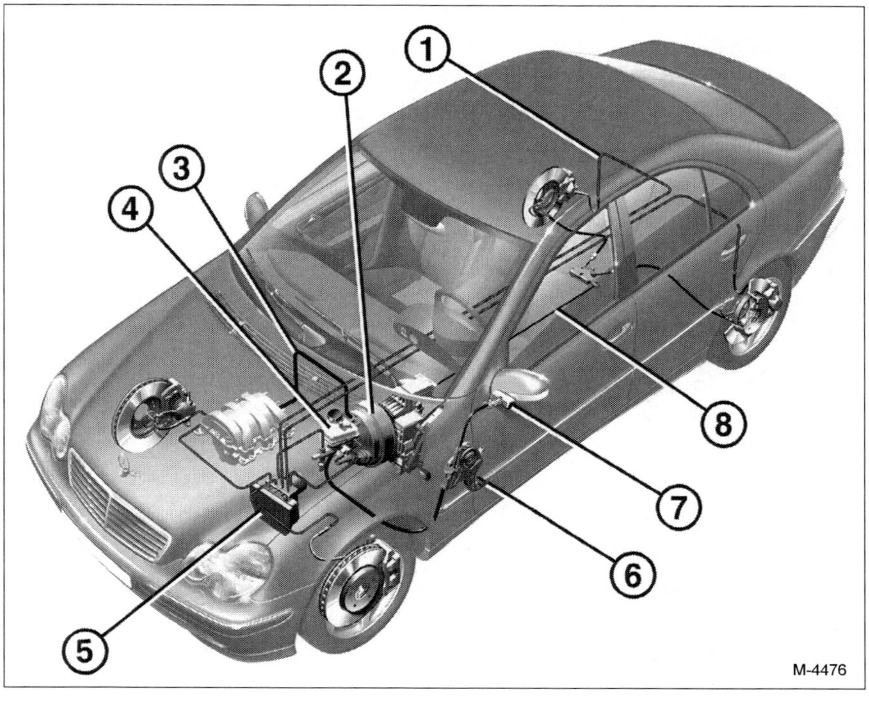

ELEMENTY UKŁADU HAMULCOWEGO
1 – przewód hamulcowy,
2 – urządzenie wspomagające siłę hamowania,
3 – giętki przewód podciśnienia,
4 – zbiorniczek płynu hamulcowego,
5 – zespół hydrauliczny,
6 – pedał hamulca awaryjnego,
7 – uchwyt do zwalniania hamulca awaryjnego,
8 – linka hamulca awaryjnego

Ostrzeżenie. *Jeśli podczas jazdy świeci się czerwona lampka kontrolna (symbol wykrzyknika) układu hamulcowego, należy zatrzymać się natychmiast i ustalić powód niesprawności. Przyczyną może być na przykład zbyt mała ilość płynu hamulcowego lub włączony hamulec awaryjny.*

Jeśli podczas jazdy zaświeci się lampka kontrolna układu ABS, należy wykonać następujące czynności.

- Zatrzymać samochód, wyłączyć silnik i uruchomić go ponownie.
- Sprawdzić napięcie akumulatora. Jeśli napięcie spadło poniżej 10 V, należy naładować akumulator.

Uwaga. Jeśli po rozpoczęciu jazdy lampka kontrolna ABS zaświeci się i zgaśnie po jakimś czasie, oznacza to, że napięcie akumulatora było początkowo za niskie i zwiększyło się podczas jazdy po naładowaniu akumulatora przez alternator.

- Sprawdzić, czy zaciski akumulatora są właściwie dokręcone i zapewniają odpowiedni kontakt.
- Unieść i podeprzeć samochód. Zdjąć koła i sprawdzić, czy przewody elektryczne czujników prędkości obrotowej nie mają zewnętrznych uszkodzeń (nie są przetarte). Dalsze sprawdzanie powinna przeprowadzić stacja obsługi. Układ elektroniczny ma funkcję samodiagnozy. Występujące niesprawności są zachowywane w pamięci i mogą być odczytane i usunięte w stacji obsługi.

Uwaga. Przed spawaniem elektrycznym należy po wyłączeniu zapłonu odłączyć złącze sterownika ABS, który jest zamontowany w przedziale silnika u góry po stronie pasażera, za odkręcaną osłoną. Podczas prac lakierniczych sterownik nie powinien być wystawiany na działanie temperatury powyżej 90°C.

DANE TECHNICZNE UKŁADU HAMULCOWEGO

Hamulce tarczowe	Koła przednie		
Nadwozie/silnik	sedan/kombi do 120 kW, coupé do 145 kW	sedan/kombi do 125 kW	C 32 AMG kombi
Tarcza hamulca	wentylowana	wentylowana	wentylowana
– średnica mm	288	300	345
– grubość tarczy nowej mm	25	28	32
– grubość graniczna mm	22	25,4	27,4
Grubość wkładki ciernej [1] – grubość graniczna mm	2	2	2
Hamulce tarczowe	Koła tylne		
Nadwozie/silnik	sedan/kombi do 120 kW, coupé do 145 kW	sedan do 125 kW/kombi	C 32 AMG kombi
Tarcza hamulca	masywna	masywna	wentylowana
– średnica mm	278	290	300
– grubość tarczy nowej mm	9	10	22
– grubość graniczna mm	7,3	8,3	19
Grubość wkładki ciernej [1] – grubość graniczna mm	2	2	2

[1] Bez płytki grzbietowej.

Wymontowanie i zamontowanie wkładek ciernych hamulców przednich

Wkładki cierne są elementami, które muszą spełniać ogólne wymagania warunkujące dopuszczenie do eksploatacji. Są one także dostosowane przez producenta do każdego modelu samochodu, dlatego należy stosować tylko wkładki zalecane przez firmę Mercedes.

Uwaga. Jeśli wkładki cierne mają być użyte ponownie, to należy je oznakować podczas wymontowania. Nie wolno zamieniać wzajemnie wkładek ciernych ze strony zewnętrznej na wewnętrzną lub z koła prawego na koło lewe i odwrotnie. Każdorazowo należy wymieniać wszystkie wkładki cierne obu kół przednich, nawet jeśli tylko jedna wkładka osiągnęła grubość graniczną.

Wymontowanie

- Zaznaczyć farbą położenie kół przednich w stosunku do piast, aby wyrównoważone koła mogły być zamontowane w tym samym położeniu. Poluzować śruby koła przed uniesieniem samochodu. Unieść i podeprzeć przód samochodu, zdjąć koła przednie.

Ostrzeżenie. *Podczas unoszenia samochodu może zdarzyć się wypadek i dlatego należy przestrzegać zasad unoszenia i podpierania samochodu opisanych w rozdz. „Zabiegi konserwacyjne i pomocnicze”.*

- **Hamulec prawy.** Wyciągnąć wtyczkę (1, rys. M-4462) czujnika zużycia wkładki ze złącza wtykowego. Nie należy ciągnąć za przewód (2). Wyjąć z zamocowania przewód (3) czujnika.

M-4462

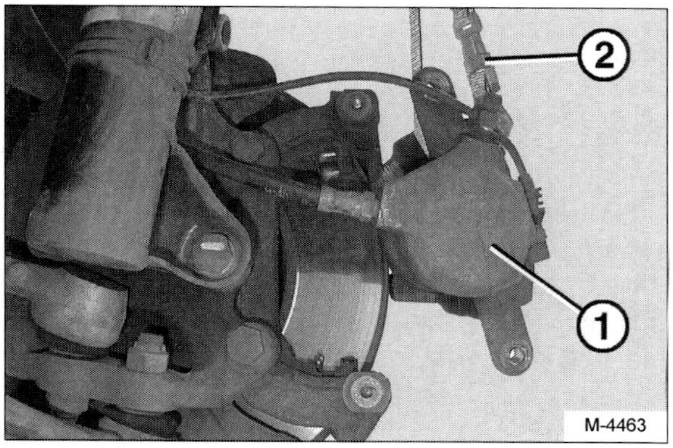

M-4463

- Wykręcić śruby (4) u góry i u dołu.
- Wyjąć zacisk hamulca (1, rys. M-4463) z obudowy.
- Podwiesić zacisk hamulca do kolumny zawieszenia za pomocą taśmy z zaczepem (2) lub drutu. Przewód hamulcowy musi pozostać podłączony, gdyż w razie odłączenia byłoby konieczne odpowietrzanie układu hamulcowego. Nie powodować rozciągania giętkiego przewodu hamulcowego.

Uwaga. Po wymontowaniu wkładek ciernych nie należy naciskać na pedał hamulca, gdyż tłok zostanie wypchnięty z zacisku. Jeśli tłok wypadnie z zacisku przez nieuwagę, należy wymontować zacisk i przekazać do stacji obsługi w celu złożenia.

- Zabezpieczyć tłok hamulca przed wypadnięciem, wkładając kawałek drewna (1, rys. M--4464).
- Wyjąć w bok wkładki cierne (2) z obudowy zacisku.
- Jeśli mają być zamontowane z powrotem wymontowane wkładki cierne, należy je ozna-

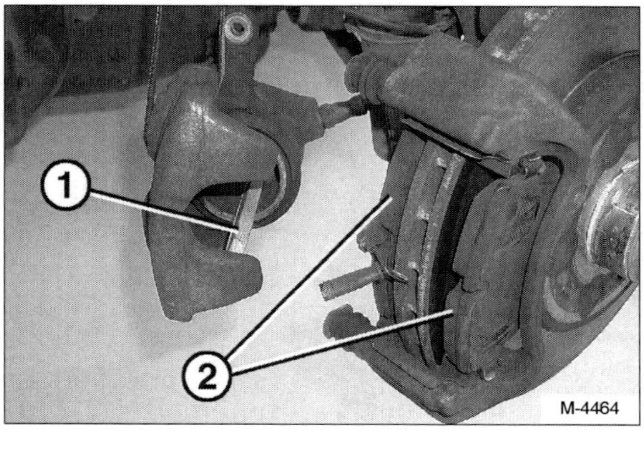

M-4464

kować („wewnętrzna", „zewnętrzna"), aby znalazły się na tym samym miejscu.

Sprawdzanie

- Oczyścić powierzchnie prowadzące i gniazdo wkładek w korpusie zacisku szczotką drucianą z miękkiego metalu oraz tarczę hamulca szmatką zmoczoną w spirytusie. Nie stosować rozpuszczalników zawierających substancje ropopochodne ani ostrych narzędzi. **Uwaga.** Do przemywania części hamulców należy stosować wyłącznie spirytus.
- Przed zamontowaniem wkładek ciernych sprawdzić palcami, czy na tarczy hamulca nie ma wyżłobień. Tarcze z wyżłobieniami można przetoczyć (w warsztacie specjalistycznym), jeśli mają jeszcze wystarczającą grubość, w przeciwnym razie wymienić.
- Zmierzyć grubość tarcz hamulców (patrz odpowiedni opis).
- Sprawdzić klamry mocujące, czy nie są uszkodzone, i w razie potrzeby wymienić je na nowe.
- Sprawdzić, czy osłony tłoków nie mają pęknięć. Uszkodzone osłony należy niezwłocznie wymienić, ponieważ przedostające się do ich wnętrza zanieczyszczenia mogą spowodować nieszczelność zacisku hamulca. W celu wymiany osłon zaciski muszą być rozłożone (czynności wykonywane w stacji obsługi).
- Sprawdzić, czy płyn hamulcowy nie wycieka wokół tłoka hamulca. Sprawdzić stan i osadzenie kołpaka tłoka. W razie potrzeby naprawić w warsztacie specjalistycznym lub wymienić zacisk hamulca.
- Sprawdzić także osłony przeciwpyłowe na prowadnikach zacisku hamulca i wymienić, jeśli są uszkodzone.

Uwaga. W razie szybkiego zużywania się wkładek ciernych sprawdzić, czy tłok nie jest zatarty. W tym celu należy włożyć kawałek drewna w zacisk i przy pomocy drugiej osoby wciskać powoli pedał hamulca. Tłok powinien dawać się wysuwać i wciskać bez oporów. Podczas przeprowadzania tej próby drugi zacisk powinien być zmontowany. Nie dopuścić do całkowitego wypchnięcia tłoka z zacisku. W przypadku zatarcia tłoka należy naprawić zacisk hamulca w stacji obsługi.

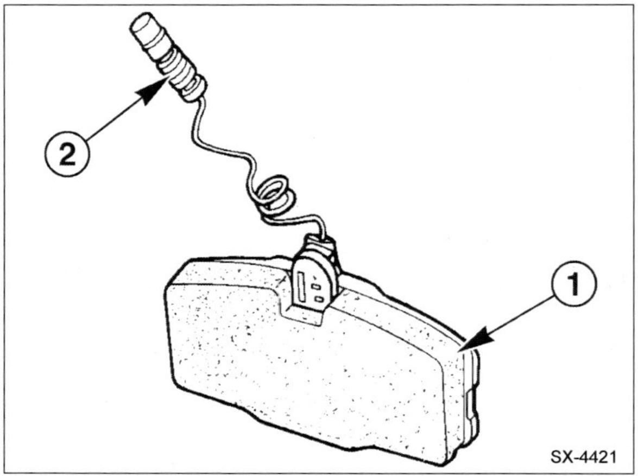

SX-4421

SX-4403

- **Hamulec prawy.** Wyciągnąć czujnik zużycia ze złącza wtykowego we wkładce ciernej (1, rys. SX-4421). Wymienić na nowy uszkodzony czujnik; (2) – złącze czujnika zużycia.

Zamontowanie

- Wcisnąć tłok za pomocą specjalnego przyrządu (rys. SX-4403). Można także wcisnąć tłok kawałkiem twardego drewna (trzonkiem młotka), zwracając szczególną uwagę, aby tłok nie ustawił się ukośnie i nie została uszkodzona powierzchnia tłoka lub osłona przeciwpyłowa.

Uwaga. Podczas wciskania tłoka płyn hamulcowy jest wypierany z cylinderka do zbiorniczka. Należy obserwować poziom płynu w zbiorniczku i w razie potrzeby usunąć płyn za pomocą strzykawki.

***Ostrzeżenie.** Do zbierania płynu należy wykorzystywać butelkę używaną do odpowietrzania układu hamulcowego lub butelkę* *plastykową, która służy wyłącznie do tego celu. Nie wolno używać butelek po napojach. Płyn hamulcowy jest trujący i w żadnym wypadku nie należy odsysać go ustami za pomocą przewodu, tylko używać strzykawki. Po wymianie wkładek ciernych nie należy nalewać płynu hamulcowego do zbiorniczka powyżej znaku określającego jego maksymalny poziom, ponieważ płyn hamulcowy zwiększa swą objętość w miarę ogrzewania. Wyciekający płyn spływa na pompę hamulcową, niszczy lakier na nadwoziu i powoduje korozję.*

● Włożyć wkładki cierne ukośnie z boku w klamry mocujące na obudowie zacisku. Jeśli są ponownie stosowane wymontowane wkładki cierne, powinny być zamontowane w tych samych miejscach.

Uwaga. Na powierzchniach współpracujących tarczy hamulca i wkładek ciernych nie powinno być śladów smaru lub oleju.

● Wsunąć zacisk hamulca na obudowę nad wkładkami ciernymi.

● Wkręcić nowe śruby samoblokujące u góry i u dołu w zacisk hamulca i dokręcić momentem **25 N·m**.

● **Hamulec prawy**. Wprowadzić wtyczkę czujnika zużycia wkładek w złącze wtykowe. Zamocować przewód czujnika zużycia wkładek.

● Nałożyć cienką warstwę smaru do łożysk tocznych na powierzchnie piast środkujące koła. Nie nakładać smaru na śruby koła. Wymienić skorodowane śruby. Zamontować koła przednie zgodnie z oznakowaniem naniesionym podczas wymontowania. Przykręcić koła przednie. Opuścić samochód i przykręcić śruby kół przemiennie na krzyż momentem **110 N·m**.

Uwaga. Wcisnąć mocno parę razy pedał hamulca na postoju, aż będzie wyczuwalny silny opór, co powoduje właściwe ustawienie wkładek ciernych w stosunku do tarczy hamulca.

● Sprawdzić poziom płynu hamulcowego w zbiorniczku i w razie potrzeby uzupełnić do znaku określającego maksymalny poziom.

● Dotrzeć ostrożnie nowe wkładki cierne. W tym celu należy wyhamować kilkakrotnie samochód od prędkości około 80 km/h do 40 km/h, naciskając lekko na pedał hamulca i stosując przerwy, aby ostudzić hamulce. Należy unikać niepotrzebnego, gwałtownego hamowania do czasu przejechania około 200 km.

Uwaga. Zużyte wkładki cierne należy usuwać jako odpady specjalne.

Uwaga. W celu zapewnienia bezpieczeństwa należy sprawdzić:

– czy są dokręcone giętkie przewody hamulcowe,

– czy giętki przewód hamulcowy znajduje się we wsporniku,

– czy są dokręcone śruby odpowietrzające,

– czy została wlana wystarczająca ilość płynu hamulcowego,

– szczelność przy pracującym silniku. W tym celu należy nacisnąć pedał hamulca z siłą 200 do 300 N (20 do 30 kG) przez około 10 sekund. Pedał hamulca nie powinien ustępować pod naciskiem. Sprawdzić szczelność wszystkich połączeń.

Dotyczy hamulców z zaciskiem stałym

W niektórych modelach są zamontowane przy kołach przednich zaciski stałe z czterema tłokami. Poniżej opisano tylko różnice w stosunku do wymontowania i zamontowania zacisków przesuwnych. Należy przestrzegać wszystkich zaleceń dotyczących sprawdzania i zachowania bezpieczeństwa podanych dla zacisków przesuwnych.

Uwaga. Na rysunkach nie pokazano hamulców samochodu Mercedes klasy C.

Wymontowanie

● Zaznaczyć farbą położenie kół przednich w stosunku do piast, aby wyrównoważone koła mogły być zamontowane w tym samym położeniu. Poluzować śruby kół przed uniesieniem samochodu. Unieść i podeprzeć przód samochodu, zdjąć koła przednie.

***Ostrzeżenie.** Podczas unoszenia samochodu może zdarzyć się wypadek i dlatego należy przestrzegać zasad unoszenia i podpierania samochodu opisanych w rozdz. „Zabiegi konserwacyjne i pomocnicze”.*

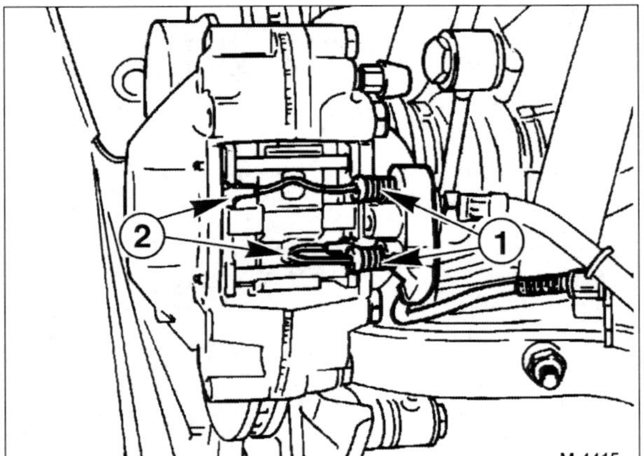

M-4415

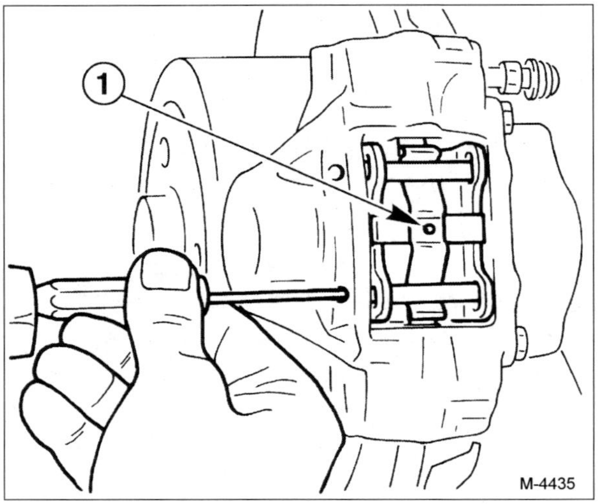

M-4435

● Odłączyć złącze wtykowe (1, rys. M-4415) czujnika zużycia (2). Nie należy ciągnąć za przewód.

Uwaga. Podczas zamontowania przewód należy ułożyć jak pokazano na rysunku M-4415.

● Wybić z zacisku hamulca dwa kołki mocujące odpowiednim przebijakiem lub gwoździem o średnicy około 3 mm od zewnątrz do wewnątrz. Wyjąć sprężynę krzyżową (1, rys. M-4435).

● Wyciągnąć wkładki cierne wypychaczem, szczypcami lub wkrętakiem. Do wkładek ciernych zakleszczonych z powodu korozji potrzebny jest specjalny przyrząd, na przykład Hazet nr 1966-2.

● Jeśli mają być zamontowane z powrotem wymontowane wkładki cierne, należy je oznakować („wewnętrzna", „zewnętrzna"), aby znalazły się na tym samym miejscu.

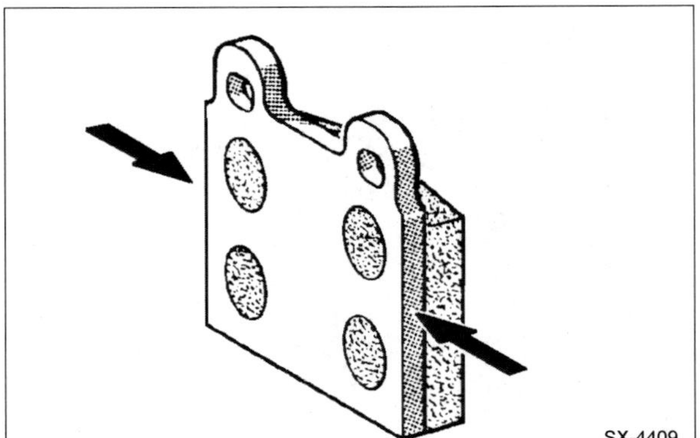
SX-4409

Uwaga. Po wymontowaniu wkładek ciernych nie należy naciskać na pedał hamulca, gdyż tłok zostanie wypchnięty z zacisku. Jeśli tłok wypadnie z zacisku przez nieuwagę, należy wymontować zacisk i przekazać do stacji obsługi w celu złożenia.

Zamontowanie

● Wcisnąć oba tłoki za pomocą specjalnego przyrządu. Można także wcisnąć tłoki trzonkiem młotka.

● W celu zapobieżenia piskom hamulców tarczowych, można pokryć tylną stronę wkładki i boki płytki grzbietowej (strzałki na rys. SX-4409) cienką warstwą specjalnego smaru (np. Plastilube, Liqui Moly LM-36 lub LM-508-ASC). Ten smar w żadnym wypadku nie powinien dostać się na roboczą powierzchnię wkładki lub na tarczę hamulca i jeśli przypadkowo tak się stanie, należy niezwłocznie zetrzeć smar i przemyć wkładkę spirytusem.

● Podważyć i wyjąć czujnik zużycia ze zużytej wkładki ciernej i wcisnąć w nową wkładkę cierną. Jeśli czujnik zużycia jest uszkodzony, zastosować nowy.

● Zamontować wkładki cierne w zacisku hamulca. Jeśli są ponownie stosowane wymontowane wkładki cierne, powinny być zamontowane w tych samych miejscach.

● Podłączyć przewód czujnika zużycia do złącza wtykowego przy zacisku hamulca. Ułożyć właściwie przewód (patrz rys. M-4415).

● Nałożyć nową sprężynę krzyżową i wbić do oporu nowe kołki mocujące za pomocą przebijaka.

Uwaga. Każdorazowo wymieniać sprężynę krzyżową i kołki mocujące.

● Nałożyć cienką warstwę smaru do łożysk tocznych na powierzchnie piast środkujące koła. Nie nakładać smaru na śruby kół. Wymienić skorodowane śruby. Zamontować koła przednie zgodnie z oznakowaniem naniesionym podczas wymontowania. Przykręcić koła przednie. Opuścić samochód i przykręcić śruby kół przemiennie na krzyż momentem **110 N·m**.

Uwaga. W celu zapewnienia bezpieczeństwa należy sprawdzić:

– czy są dokręcone giętkie przewody hamulcowe,
– czy giętki przewód hamulcowy znajduje się we wsporniku,
– czy są dokręcone śruby odpowietrzające,
– czy została wlana wystarczająca ilość płynu hamulcowego,
– szczelność przy pracującym silniku. W tym celu należy nacisnąć pedał hamulca z siłą 200 do 300 N (20 do 30 kG) przez około 10 sekund. Pedał hamulca nie powinien ustępować pod naciskiem. Sprawdzić szczelność wszystkich połączeń.

Wymontowanie i zamontowanie zacisku hamulca przedniego

Wymontowanie

● Zaznaczyć farbą położenie koła przedniego w stosunku do piasty, aby wyrównoważone koło mogło być zamontowane w tym samym położeniu. Poluzować śruby koła przed uniesieniem samochodu. Unieść i podeprzeć przód samochodu, zdjąć koło przednie.

Ostrzeżenie. *Podczas unoszenia samochodu może zdarzyć się wypadek i dlatego należy przestrzegać zasad unoszenia i podpierania samochodu opisanych w rozdz. „Zabiegi konserwacyjne i pomocnicze".*

Uwaga. Jeśli zacisk hamulca ma być wymontowany tylko w celu wymontowania wkładek ciernych lub tarczy hamulca, nie ma potrzeby odkręcania przewodu hamulcowego od zacisku. W takim wypadku podwiesić zacisk do nadwozia za pomocą drutu tak, aby giętki

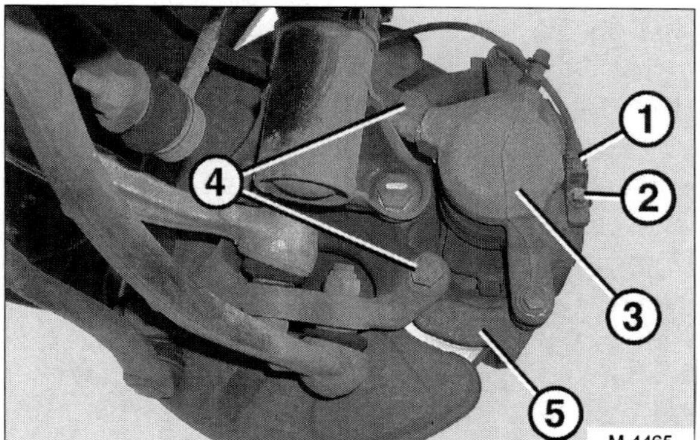

M-4465

przewód hamulcowy nie został skręcony lub rozciągnięty.

● Odkręcić giętki przewód hamulcowy od zacisku hamulca (patrz „Wymontowanie i zamontowanie giętkiego przewodu hamulcowego").

Ostrzeżenie. *Podczas odkręcania przewodu wypływa płyn hamulcowy, który należy zebrać w butelkę przeznaczoną wyłącznie do tego celu. Można także usunąć przedtem płyn hamulcowy ze zbiorniczka za pomocą strzykawki. Przestrzegać zasad bezpieczeństwa podanych w opisie „Odpowietrzanie układu hamulcowego".*

● **Hamulec prawy.** Wyciągnąć wtyczkę czujnika zużycia wkładki ze złącza wtykowego (1, rys. M-4465). Nie należy ciągnąć za przewód. Wykręcić śrubę (2) i zdjąć złącze wtykowe (1) z zacisku hamulca (3).

● Wymontować wkładki cierne (patrz odpowiedni opis).

Uwaga. Jeśli wymontowany zacisk hamulca ma być zamontowany z powrotem, należy zapewnić, aby nie wypadły z niego tłoki hamulca.

● Wykręcić śruby (4) u góry i u dołu oraz odłączyć obudowę zacisku hamulca (5) od zwrotnicy.

Uwaga. Do wykręcania śrub jest potrzebny duży moment. Zapewnić stabilne podparcie samochodu i osadzać klucz na śrubie tak, aby ramię klucza było ustawione poziomo.

Zamontowanie

● Wsunąć obudowę zacisku nad tarczę hamulca i przykręcić do zwrotnicy dwiema nowymi śrubami samoblokującymi momentem **115 N·m**.

Uwaga. Do dokręcania śrub jest potrzebny duży moment. Zapewnić stabilne podparcie samochodu i osadzić klucz dynamometryczny na śrubie tak, aby ramię klucza było ustawione poziomo.

- Zamontować wkładki cierne (patrz odpowiedni opis).

Uwaga. Na powierzchniach współpracujących tarczy hamulca i wkładek ciernych nie powinno być śladów smaru lub oleju.

- **Hamulec prawy.** Przykręcić złącze wtykowe czujnika zużycia wkładek do zacisku hamulca. Podłączyć wtyczkę czujnik zużycia do złącza wtykowego.
- Zamontować giętki przewód hamulcowy (patrz odpowiedni opis).

Uwaga. Przewód hamulcowy nie powinien być skręcony.

- Odpowietrzyć układ hamulcowy (patrz odpowiedni opis).
- Nałożyć cienką warstwę smaru do łożysk tocznych na powierzchnię piasty środkującą koło. Nie nakładać smaru na śruby koła. Wymienić skorodowane śruby. Zamontować koło przednie zgodnie z oznakowaniem naniesionym podczas wymontowania. Przykręcić koło.

Uwaga. Zapewnić, aby giętki przewód hamulcowy nie stykał się z kołem po maksymalnym skręceniu koła kierownicy.

- Opuścić samochód i przykręcić śruby kół przemiennie na krzyż momentem **110 N·m**.

Uwaga. Wcisnąć mocno parę razy pedał hamulca na postoju, aż będzie wyczuwalny silny opór, co powoduje właściwe ustawienie wkładek ciernych w stosunku do tarczy hamulca.

- Sprawdzić poziom płynu hamulcowego w zbiorniczku i w razie potrzeby uzupełnić do znaku określającego maksymalny poziom.

Uwaga. W celu zapewnienia bezpieczeństwa należy sprawdzić:
– czy są dokręcone giętkie przewody hamulcowe,
– czy giętki przewód hamulcowy znajduje się we wsporniku,
– czy są dokręcone śruby odpowietrzające,
– czy została wlana wystarczająca ilość płynu hamulcowego,
– szczelność przy pracującym silniku. W tym celu należy nacisnąć pedał hamulca z siłą 200 do 300 N (20 do 30 kG) przez około 10 sekund. Pedał hamulca nie powinien ustępować pod naciskiem. Sprawdzić szczelność wszystkich połączeń.

Wymontowanie i zamontowanie wkładek ciernych hamulców tylnych

Wkładki cierne są elementami, które muszą spełniać ogólne wymagania warunkujące dopuszczenie do eksploatacji. Są one także dostosowane przez producenta do każdego modelu samochodu, dlatego należy stosować tylko wkładki zalecane przez firmę Mercedes.

Uwaga. Jeśli wkładki cierne mają być użyte ponownie, to należy je oznakować podczas wymontowania. Nie wolno zamieniać wzajemnie wkładek ciernych ze strony zewnętrznej na wewnętrzną lub z koła prawego na koło lewe i odwrotnie. Każdorazowo należy wymieniać wszystkie wkładki cierne obu kół przednich, nawet jeśli tylko jedna wkładka osiągnęła grubość graniczną.

Wymontowanie

- Zaznaczyć farbą położenie kół tylnych w stosunku do piast, aby wyrównoważone koła mogły być zamontowane w tym samym położeniu. Poluzować śruby kół przed uniesieniem samochodu. Unieść i podeprzeć tył samochodu, zdjąć koła tylne.

Ostrzeżenie. *Podczas unoszenia samochodu może zdarzyć się wypadek i dlatego należy przestrzegać zasad unoszenia i podpierania samochodu opisanych w rozdz. „Zabiegi konserwacyjne i pomocnicze".*

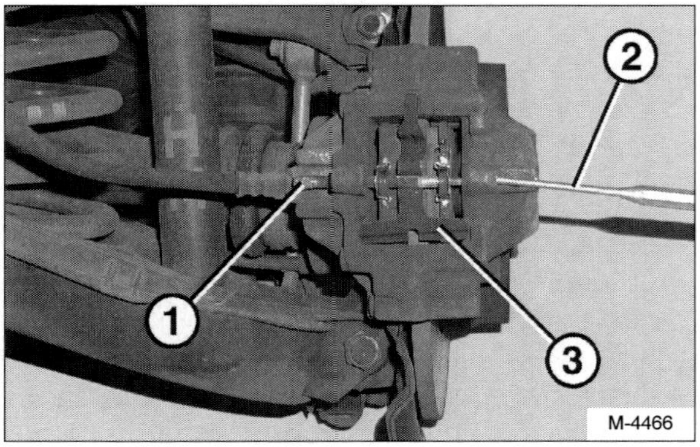

• Wybić z zacisku hamulca kołek mocujący (1, rys. M-4466) odpowiednim przebijakiem (2), w kierunku od zewnątrz do wewnątrz.

Uwaga. Wypada przy tym z zacisku hamulca sprężyna mocująca (3).

• Wyjąć w tył wkładki cierne z zacisku hamulca.

• Jeśli mają być zamontowane z powrotem wymontowane wkładki cierne, należy je oznakować („wewnętrzna', „zewnętrzna"), aby znalazły się na tym samym miejscu.

Uwaga. Po wymontowaniu wkładek ciernych nie należy naciskać na pedał hamulca, gdyż tłok zostanie wypchnięty z zacisku. Jeśli tłok wypadnie z zacisku przez nieuwagę, należy wymontować zacisk i przekazać do stacji obsługi w celu złożenia.

Zamontowanie

Uwaga. Przed zamontowaniem wkładek ciernych sprawdzić hamulce (patrz zalecenia dotyczące sprawdzenia w „Wymontowanie i zamontowanie wkładek ciernych hamulców przednich").

• Wcisnąć tłok hamulca za pomocą specjalnego przyrządu lub trzonka młotka.

Uwaga. Podczas wciskania tłoka płyn hamulcowy jest wypierany z cylinderka do zbiorniczka (patrz zalecenia dotyczące bezpieczeństwa w „Wymontowanie i zamontowanie wkładek ciernych hamulców przednich").

• Zamontować wkładki cierne w zacisku hamulca. Zapewnić przy tym właściwe osadzenie nakładki tłumiącej (1, rys. M-4467). Jeśli są ponownie stosowane wymontowane wkładki cierne, powinny być zamontowane w tych samych miejscach.

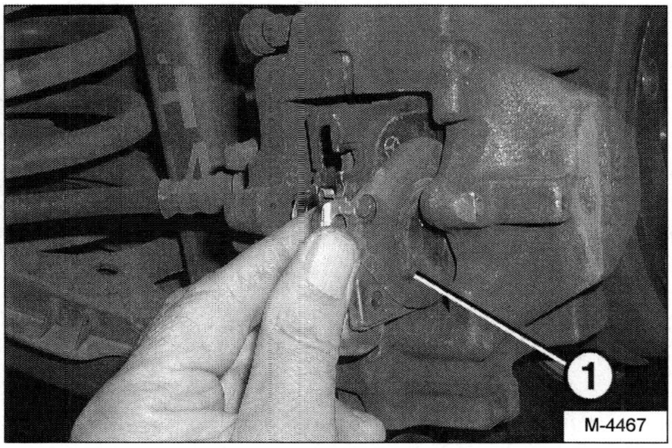

M-4467

Uwaga. Na powierzchniach współpracujących tarczy hamulca i wkładek ciernych nie powinno być śladów smaru lub oleju.

• Włożyć sprężynę mocującą za wkładkami ciernymi w zacisku hamulca (patrz rys. M--4466).

• Docisnąć silnie sprężynę mocującą do wkładek ciernych, korzystając z pomocy drugiej osoby, i wprowadzić równocześnie kołek mocujący w otwór zacisku hamulca.

• Wbić do oporu kołek mocujący w zacisk hamulca.

• Nałożyć cienką warstwę smaru do łożysk tocznych na powierzchnie piast środkujące koła. Nie nakładać smaru na śruby koła. Wymienić skorodowane śruby. Zamontować koła tylne zgodnie z oznakowaniem naniesionym podczas wymontowania. Przykręcić koła. Opuścić samochód i przykręcić śruby kół przemiennie na krzyż momentem **110 N·m.**

Uwaga. Wcisnąć mocno parę razy pedał hamulca na postoju, aż będzie wyczuwalny silny opór, co powoduje właściwe ustawienie wkładek ciernych w stosunku do tarczy hamulca.

• Sprawdzić poziom płynu hamulcowego w zbiorniczku i w razie potrzeby uzupełnić do znaku określającego maksymalny poziom.

• Dotrzeć ostrożnie nowe wkładki cierne. W tym celu należy wyhamować kilkakrotnie samochód od prędkości około 80 km/h do 40 km/h, naciskając lekko na pedał hamulca i stosując przerwy, aby ostudzić hamulce. Należy unikać niepotrzebnego gwałtownego hamowania do czasu przejechania około 200 km.

Uwaga. Zużyte wkładki cierne należy usuwać jako odpady specjalne.

Uwaga. W celu zapewnienia bezpieczeństwa należy sprawdzić:

– czy są dokręcone giętkie przewody hamulcowe,

– czy giętki przewód hamulcowy znajduje się we wsporniku,

– czy są dokręcone śruby odpowietrzające,

– czy została wlana wystarczająca ilość płynu hamulcowego,

– szczelność przy pracującym silniku. W tym celu należy nacisnąć pedał hamulca z siłą 200 do 300 N (20 do 30 kG) przez około 10 sekund. Pedał hamulca nie powinien ustępować pod naciskiem. Sprawdzić szczelność wszystkich połączeń.

Wymontowanie i zamontowanie zacisku hamulca tylnego

• Zaznaczyć farbą położenie koła tylnego w stosunku do piasty, aby wyrównoważone koło mogło być zamontowane w tym samym położeniu. Poluzować śruby koła przed uniesieniem samochodu. Unieść i podeprzeć tył samochodu, zdjąć koło tylne.

Ostrzeżenie. *Podczas unoszenia samochodu może zdarzyć się wypadek i dlatego należy przestrzegać zasad unoszenia i podpierania samochodu opisanych w rozdz. „Zabiegi konserwacyjne i pomocnicze".*

Uwaga. Jeśli zacisk hamulca ma być wymontowany tylko w celu wymontowania tarczy hamulca, nie ma potrzeby odkręcania przewodu hamulcowego od zacisku. W takim wypadku podwiesić zacisk do nadwozia za pomocą drutu, tak aby giętki przewód hamulcowy nie został skręcony lub rozciągnięty.

• Odkręcić giętki przewód hamulcowy od zacisku hamulca (patrz „Wymontowanie i zamontowanie giętkiego przewodu hamulcowego").

Ostrzeżenie. *Podczas odkręcania przewodu wypływa płyn hamulcowy, który należy zebrać w butelkę przeznaczoną wyłącznie do tego celu. Można także usunąć przedtem płyn hamulcowy ze zbiorniczka za pomocą strzykawki. Przestrzegać zasad bezpieczeństwa podanych w opisie „Odpowietrzanie układu hamulcowego".*

• Wymontować wkładki cierne (patrz odpowiedni opis).

Uwaga. Jeśli wymontowany zacisk hamulca ma być zamontowany z powrotem, należy zapewnić, aby nie wypadły z niego tłoki hamulca.

• Wykręcić śruby (1, rys. M-4468) u góry i u dołu oraz odłączyć zacisk hamulca (2) od wahacza podłużnego.

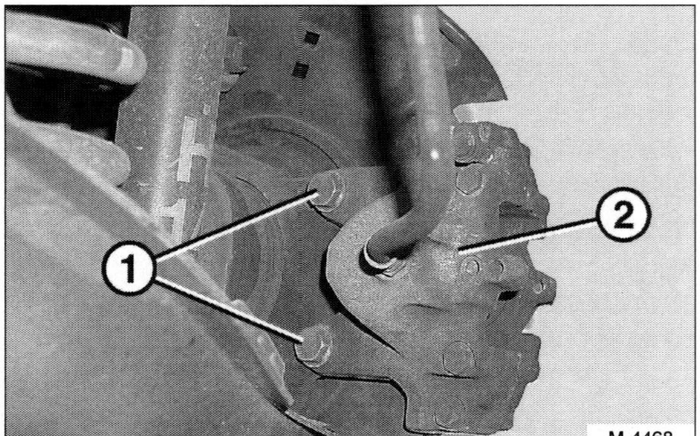

M-4468

Uwaga. Do wykręcania śrub jest potrzebny duży moment. Zapewnić stabilne podparcie samochodu i osadzić klucz na śrubie tak, aby ramię klucza było ustawione poziomo.

Zamontowanie

• Przykręcić zacisk hamulca do wahacza podłużnego dwiema nowym śrubami samoblokującymi momentem **55 N·m**.

Uwaga. Do dokręcania śrub jest potrzebny duży moment. Zapewnić stabilne podparcie samochodu i osadzać klucz dynamometryczny na śrubie tak, aby ramię klucza było ustawione poziomo.

• Zamontować wkładki cierne (patrz odpowiedni opis).

Uwaga. Na powierzchniach współpracujących tarczy hamulca i wkładek ciernych nie powinno być śladów smaru lub oleju.

• Zamontować giętki przewód hamulcowy (patrz odpowiedni opis).

Uwaga. Przewód hamulcowy nie powinien być skręcony.

• Odpowietrzyć układ hamulcowy (patrz odpowiedni opis).

• Nałożyć cienką warstwę smaru do łożysk tocznych na powierzchnię piasty środkującą koło. Nie nakładać smaru na śruby koła. Wymienić skorodowane śruby. Zamontować koło tylne zgodnie z oznakowaniem naniesionym podczas wymontowania. Przykręcić koło. Opuścić samochód i przykręcić śruby koła przemiennie na krzyż momentem **110 N·m**.

Uwaga. Wcisnąć mocno parę razy pedał hamulca na postoju, aż będzie wyczuwalny silny opór, co powoduje właściwe ustawienie wkładek ciernych w stosunku do tarczy hamulca.

• Sprawdzić poziom płynu hamulcowego w zbiorniczku i w razie potrzeby uzupełnić do znaku określającego maksymalny poziom.

Uwaga. W celu zapewnienia bezpieczeństwa należy sprawdzić:
– czy są dokręcone giętkie przewody hamulcowe,
– czy giętki przewód hamulcowy znajduje się we wsporniku,
– czy są dokręcone śruby odpowietrzające,
– czy została wlana wystarczająca ilość płynu hamulcowego,
– szczelność przy pracującym silniku. W tym celu należy nacisnąć pedał hamulca z siłą 200 do 300 N (20 do 30 kG) przez około 10 sekund. Pedał hamulca nie powinien ustępować pod naciskiem. Sprawdzić szczelność wszystkich połączeń.

Wymontowanie i zamontowanie tarczy hamulca

Aby zapewnić równomierne hamowanie, powierzchnie obu tarcz hamulców powinny być obrabiane w taki sam sposób i mieć jednakową chropowatość, dlatego należy wymieniać lub obrabiać każdorazowo obie tarcze tej samej osi.

Uwaga. Jeśli tarcze hamulców są wymieniane lub obrabiane, należy zamontować nowe wkładki cierne.

Wymontowanie

• Zaznaczyć farbą położenie kół w stosunku do piast, aby wyrównoważone koła mogły być zamontowane w tym samym położeniu. Poluzować śruby kół przed uniesieniem samochodu. Unieść i podeprzeć samochód i zdjąć koła.

Ostrzeżenie. *Podczas unoszenia samochodu może zdarzyć się wypadek i dlatego należy przestrzegać zasad unoszenia i podpierania samochodu opisanych w rozdz. „Zabiegi konserwacyjne i pomocnicze”.*

• Wymontować wkładki cierne (patrz odpowiedni opis).

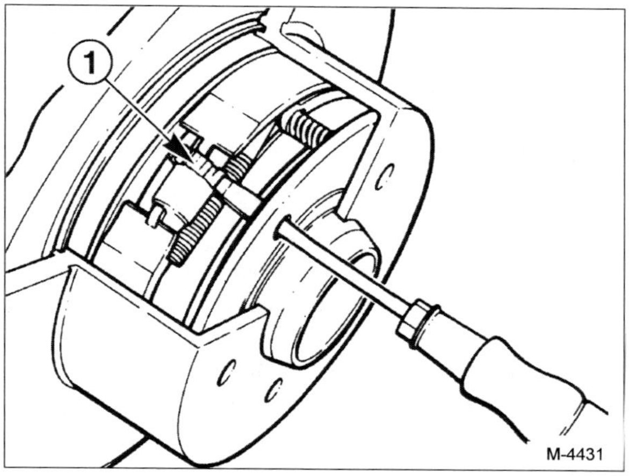

• Wymontować zacisk hamulca (patrz odpowiedni opis).

Uwaga. Nie jest konieczne odłączanie giętkiego przewodu hamulcowego.

• Podwiesić zacisk hamulca tak, aby giętki przewód hamulcowy nie był skręcony i rozciągany.

• Wcisnąć kawałek drewna między tłok a zacisk hamulca, aby zapobiec wysunięciu się tłoka hamulca.

• **Hamulce kół tylnych.** Zwolnić całkowicie hamulec awaryjny. Cofnąć mechanizm regulacyjny bębnowego hamulca awaryjnego. W tym celu wprowadzić odpowiedni wkrętak przez gwintowany otwór śruby koła. W prawym kole obrócić kółko zębate (1, rys. M-4431) wkrętakiem od dołu w górę. W lewym kole obrócić kółko zębate (1) wkrętakiem od góry w dół.

• Wykręcić śrubę zabezpieczającą (1, rys. M-4469) i zdjąć tarczę hamulca (2) z piasty koła.

Uwaga. Mocno osadzoną tarczę hamulca zbić lekkimi uderzeniami młotka z tworzywa sztucznego lub zastosować uniwersalny ściągacz.

Zamontowanie

• Usunąć rdzę, jeśli występuje, z kołnierza tarczy hamulca i piasty koła.
• Oczyścić nową tarczę hamulca ze środka konserwującego za pomocą rozpuszczalnika.
• **Hamulce kół tylnych.** Jeśli wymontowana tarcza hamulca ma być ponownie zastosowana, oczyścić i sprawdzić wzrokowo powierzchnie okładzin ciernych hamulca awaryjnego. Sprawdzić rozpieracz hamulca awaryjnego, czy nie jest zatarty.
• Osadzić tarczę hamulca na piaście koła i umocować nową śrubą samoblokującą. Dokręcić śrubę zabezpieczającą momentem **10 N • m**.
• **Hamulce kół tylnych.** Ustawić mechanizm regulacyjny hamulca awaryjnego. W tym celu wprowadzić odpowiedni wkrętak przez gwintowany otwór śruby koła. W prawym kole obracać kółko zębate (1, rys. M-4431) wkrętakiem od góry w dół. W lewym kole obracać kółko zębate wkrętakiem od dołu w górę. Zębate kółko regulacyjne obracać, aż szczęki oprą się o bęben hamulca i nie będzie możliwe obrócenie koła tylnego. Obrócić powoli kółko regulacyjne z powrotem, aż będzie możliwe obrócenie koła. Zapewnić, aby kółko regulacyjne zostało cofnięte przy prawym i lewym kole o tę samą liczbę zębów.
• Zamontować zacisk hamulca (patrz odpowiedni opis).
• Zamontować wkładki cierne (patrz odpowiedni opis).
• Nałożyć cienką warstwę smaru do łożysk tocznych na powierzchnie piast środkujące koła. Nie nakładać smaru na śruby kół. Wymienić skorodowane śruby. Zamontować koła zgodnie z oznakowaniem naniesionym podczas wymontowania. Przykręcić koła. Opuścić samochód i przykręcić śruby kół przemiennie na krzyż momentem **110 N • m**.

Uwaga. Zapewnić, aby giętki przewód hamulcowy nie stykał się z prawym kołem po maksymalnym skręceniu koła kierownicy.

Uwaga. Wcisnąć mocno parę razy pedał hamulca na postoju, aż będzie wyczuwalny silny opór, co powoduje właściwe ustawienie wkładek ciernych w stosunku do tarczy hamulca.

• **Hamulce kół tylnych.** Włączyć kilka razy hamulec awaryjny i sprawdzić regulację. Jeśli to konieczne, wyregulować hamulec awaryjny (patrz „Obsługa układu hamulcowego, ogumienia i kół" w rozdz. „Obsługa samochodu").
• Dotrzeć ostrożnie nowe wkładki cierne. W tym celu należy wyhamować kilkakrotnie samochód od prędkości około 80 km/h do 40 km/h, naciskając lekko na pedał hamulca i stosując przerwy, aby ostudzić hamulce. Należy unikać niepotrzebnego gwałtownego hamowania do czasu przejechania około 200 km.

Uwaga. Zużyte wkładki cierne należy usuwać jako odpady specjalne.

Uwaga. W celu zapewnienia bezpieczeństwa należy sprawdzić:
– czy są dokręcone giętkie przewody hamulcowe,
– czy giętki przewód hamulcowy znajduje się we wsporniku,
– czy są dokręcone śruby odpowietrzające,
– czy została wlana wystarczająca ilość płynu hamulcowego,
– szczelność przy pracującym silniku. W tym celu należy nacisnąć pedał hamulca z siłą 200 do 300 N (20 do 30 kG) przez około 10 sekund. Pedał hamulca nie powinien ustępować pod naciskiem. Sprawdzić szczelność wszystkich połączeń.

Sprawdzanie tarczy hamulca

• Zaznaczyć farbą położenie kół w stosunku do piast, aby wyrównoważone koła mogły być zamontowane w tym samym położeniu. Poluzować śruby kół przed uniesieniem samochodu. Unieść i podeprzeć samochód, zdjąć koła.

***Ostrzeżenie.** Podczas unoszenia samochodu może zdarzyć się wypadek i dlatego należy przestrzegać zasad unoszenia i podpierania samochodu opisanych w rozdz. „Koła i ogumienie".*

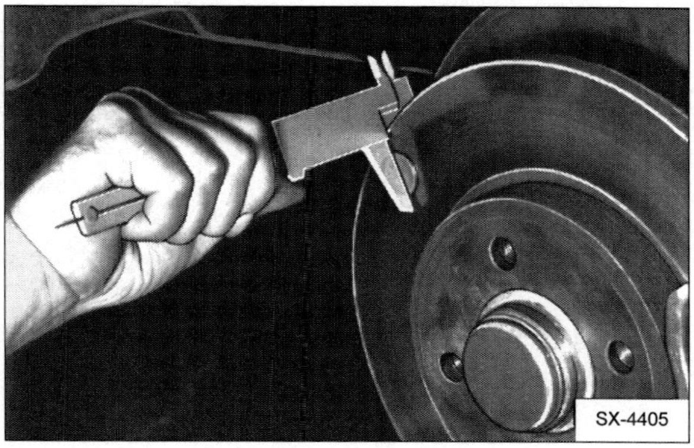
SX-4405

• Zmierzyć grubość tarczy hamulca w najcieńszym miejscu (rys. SX-4405). W stacjach obsługi stosuje się specjalną suwmiarkę, na przykład Hazet 4956-1, lub mikrometr kabłąkowy, ponieważ w miarę zużywania się tarczy powstaje wyżłobienie nie sięgające do jej krawędzi.
Uwaga. Można zmierzyć grubości tarczy zwykłą suwmiarką, ale wtedy należy po obu stronach tarczy nałożyć podkładki o znanej grubości (na przykład dwie monety). Dla otrzymania dokładnej grubości tarczy trzeba od zmierzonej wartości odjąć grubości podkładek.
Uwaga. Grubość tarczy hamulca należy mierzyć w kilku miejscach.
• Wymiary tarczy hamulca – patrz tablica „Dane techniczne układu hamulcowego".
• Jeśli została osiągnięta graniczna grubość, należy wymienić tarczę hamulca.
• W razie stwierdzenia dużych pęknięć lub wyżłobień, mających głębokość większą niż 0,5 mm, należy wymienić tarcze hamulców.
Uwaga. Nie jest konieczna wymiana wentylowanych tarcz hamulców z pęknięciami o długości poniżej 25 mm.
• Nałożyć cienką warstwę smaru do łożysk tocznych na powierzchnie piast środkujące koła. Nie nakładać smaru na śruby kół. Wymienić skorodowane śruby. Zamontować koła zgodnie z oznakowaniem naniesionym podczas wymontowania. Przykręcić koła. Opuścić samochód i przykręcić śruby kół przemiennie na krzyż momentem **110 N · m**.

Wymontowanie i zamontowanie szczęk hamulca awaryjnego

Hamulec awaryjny znajduje się w bębnach przy tarczach hamulców kół tylnych.

Wymontowanie

• Wyłączyć całkowicie hamulec awaryjny i zlikwidować naprężenie linek hamulca (patrz „Obsługa układu hamulcowego, ogumienia i kół" w rozdz. „Obsługa samochodu").
• Zaznaczyć farbą położenie kół tylnych w stosunku do piast, aby wyrównoważone koła mogły być zamontowane w tym samym położeniu. Poluzować śruby kół przed uniesieniem samochodu. Unieść i podeprzeć tył samochodu, zdjąć koła tylne.

***Ostrzeżenie.** Podczas unoszenia samochodu może zdarzyć się wypadek i dlatego należy przestrzegać zasad unoszenia i podpierania samochodu opisanych w rozdz. „Zabiegi konserwacyjne i pomocnicze".*

• Wymontować zacisk hamulca koła tylnego (patrz odpowiedni opis).
• Wymontować tarczę hamulca koła tylnego (patrz odpowiedni opis).
Uwaga. Przed wymontowaniem poszczególnych elementów hamulca bębnowego zaznaczyć ich położenie. W razie potrzeby porównywać położenie elementów w hamulcu po drugiej stronie samochodu.
• Wyczepić sprężynę powrotną (1, rys. M-4428) ze szczęk hamulca (3) przyrządem Hazet 4964-1 (2) lub wkrętakiem.
• Obrócić kołnierz półosi (1, rys. M-4427) tak, aby otwór gwintowany znalazł się nad sprężyną (2).
• Ścisnąć nieco sprężynę dociskową (2) przyrządem Hazet 2730 (3) lub wkrętakiem, obrócić o około 90° i wyczepić sprężynę.

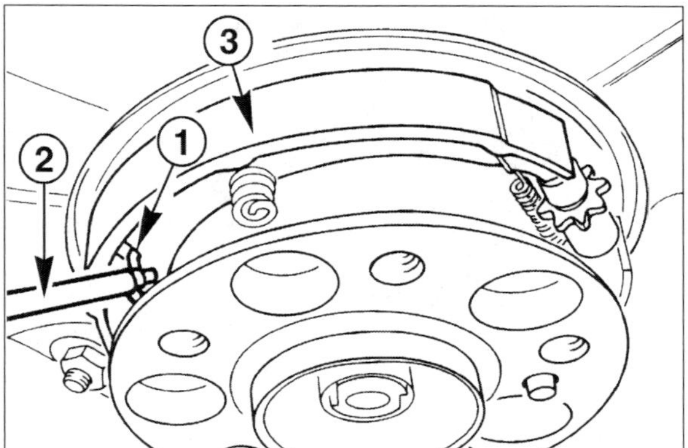

M-4428

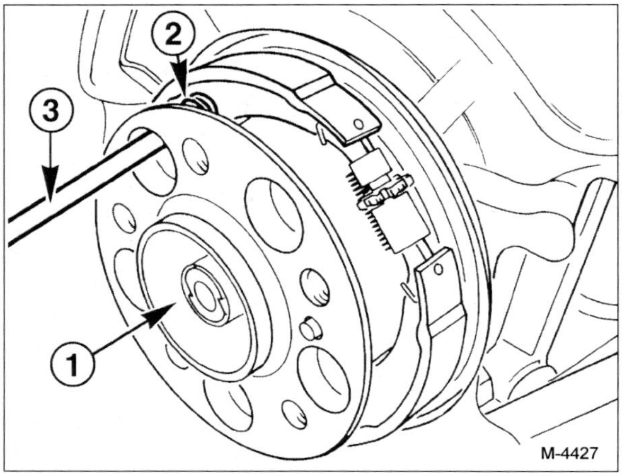

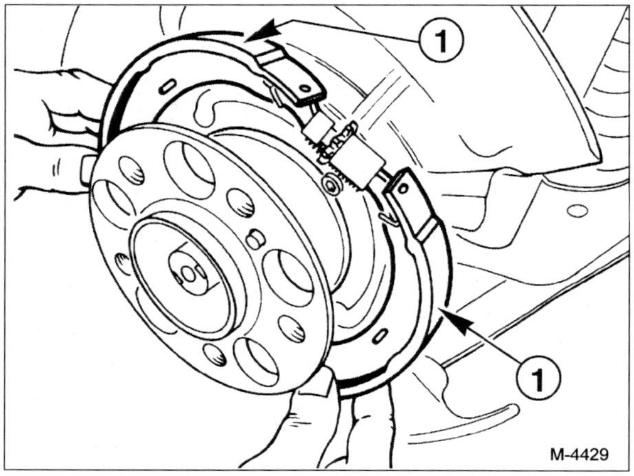

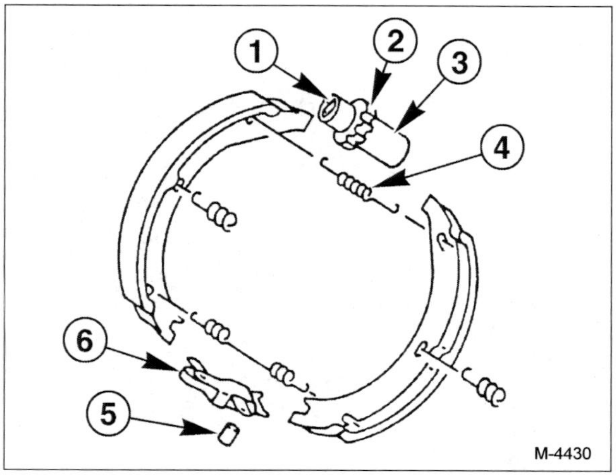

Uwaga. Przyrząd można wykonać z pręta o odpowiedniej średnicy. Na jednym końcu należy przyspawać uchwyt w kształcie litery „T", a na drugim końcu wypiłować rowek o głębokości około 4 mm i szerokości około 2,5 mm.

- Wymontować w ten sam sposób sprężynę drugiej szczęki hamulca.
- Rozciągnąć obie szczęki hamulca (1, rys. M-4429) i zdjąć przez kołnierz półosi. Zapamiętać położenie mechanizmu regulacyjnego, aby zapewnić właściwe zamontowanie.
- Wyczepić sprężynę powrotną (4, rys. M-4430) ze szczęk hamulca i wyjąć mechanizm regulacyjny (1 do 3).
- Wypchnąć sworzeń (5) z rozpieracza (6) i wyjąć linkę hamulca z rozpieracza.

Zamontowanie

- Jeśli okładziny cierne wymontowanych szczęk są nadpalone, należy wymienić także sprężyny powrotne szczęk.
- Na wszystkie powierzchnie współpracujące rozpieracza nałożyć cienką warstwę pasty odpornej na wysokie temperatury (na przykład Liqui Moly LM-36, Molykote-Paste U lub G-Rapid).
- Rozłożyć mechanizm regulacyjny. Nasmarować gwint elementu dociskowego (1, rys. M-4430) i cylindryczną część kółka regulacyjnego (2) pastą odporną na wysokie temperatury.
- Wkręcić element dociskowy (1) w kółko regulacyjne (2) i włożyć w tulejkę (3). Wkręcić całkowicie element dociskowy.
- Zamocować linkę hamulca awaryjnego w rozpieraczu za pomocą sworznia i docisnąć rozpieracz do tarczy nośnej hamulca. Podczas zamontowania zwrócić uwagę na to, aby ruchome części rozpieracza były skierowane w górę.
- Włożyć mechanizm regulacyjny między szczęki hamulca tak, aby element dociskowy był zwrócony w kierunku jazdy.
- Zaczepić pierwszą sprężynę powrotną (4, rys. M-4430) za szczęki hamulca, zapewniając właściwe położenie sprężyny.
- Rozciągnąć szczęki hamulca, założyć przez kołnierz półosi i umocować w rozpieraczu.
- Włożyć sprężynę dociskową (1, rys. M-4470) przez otwór gwintowany w szczękę hamulca za pomocą przyrządu Mercedes-Benz lub wkrętaka (2), ścisnąć nieco i obrócić sprężynę o 90°, mocując ją w pierścieniu osłonowym. Sprawdzić, czy sprężyna jest właściwie osadzona. Zaczep sprężyny dociskowej po-

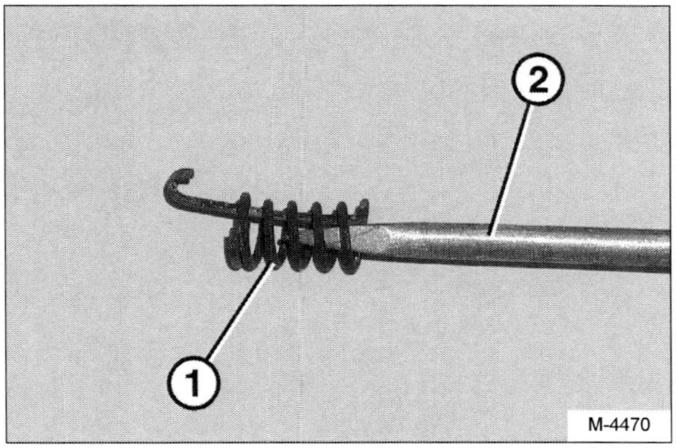

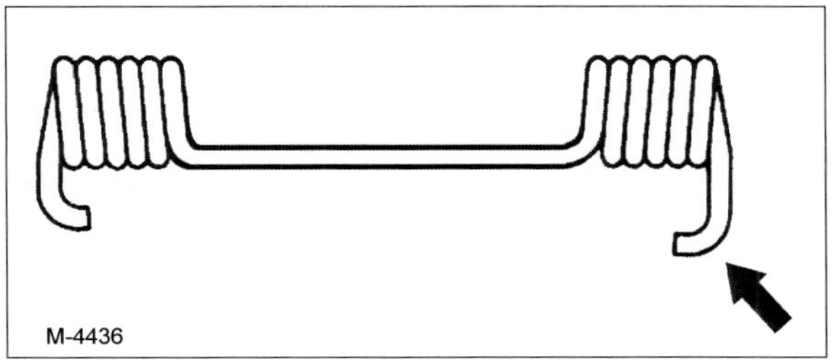

winien wejść w ustalone położenie po wewnętrznej stronie tarczy nośnej hamulca.

• Zamontować sprężynę dociskową drugiej szczęki hamulca.

• W zależności od wersji druga sprężyna powrotna ma na swych końcach zaczepy o różnej wielkości. Zamocować drugą sprężynę powrotną przy rozpieraczu mniejszym zaczepem w górnej szczęce. Duży zaczep (strzałka na rys. M-4436) zaczepić wkrętakiem za dolną szczękę.

• Zamontować tarczę hamulca koła tylnego (patrz odpowiedni opis).

• Zamontować zacisk hamulca koła tylnego (patrz odpowiedni opis).

• Nałożyć cienką warstwę smaru do łożysk tocznych na powierzchnie piast środkujące koła. Nie nakładać smaru na śruby kół. Wymienić skorodowane śruby. Zamontować koła tylne zgodnie z oznakowaniem naniesionym podczas wymontowania. Przykręcić koła. Opuścić samochód i przykręcić śruby kół przemiennie na krzyż momentem **110 N·m**.

• Wyregulować hamulec awaryjny (patrz „Obsługa układu hamulcowego, ogumienia i kół" w rozdz. „Obsługa samochodu").

Uwaga. Wcisnąć mocno parę razy pedał hamulca na postoju, aż będzie wyczuwalny silny opór, co powoduje właściwe ustawienie wkładek ciernych w stosunku do tarczy hamulca.

• Sprawdzić poziom płynu hamulcowego w zbiorniczku i w razie potrzeby uzupełnić do znaku określającego maksymalny poziom.

Uwaga. W celu zapewnienia bezpieczeństwa należy sprawdzić:
– czy są dokręcone giętkie przewody hamulcowe,
– czy giętki przewód hamulcowy znajduje się we wsporniku,
– czy są dokręcone śruby odpowietrzające,
– czy została wlana wystarczająca ilość płynu hamulcowego,
– szczelność przy pracującym silniku. W tym celu należy nacisnąć pedał hamulca z siłą 200 do 300 N (20 do 30 kG) przez około 10 sekund. Pedał hamulca nie powinien ustępować pod naciskiem. Sprawdzić szczelność wszystkich połączeń.

Wymontowanie i zamontowanie linki hamulca awaryjnego

Wymontowanie

• W zależności od modelu odchylić tylne siedzenie w przód lub wymontować siedzenie (patrz odpowiedni opis).

• Unieść wykładzinę pod siedzeniem tylnym z podłogi samochodu.

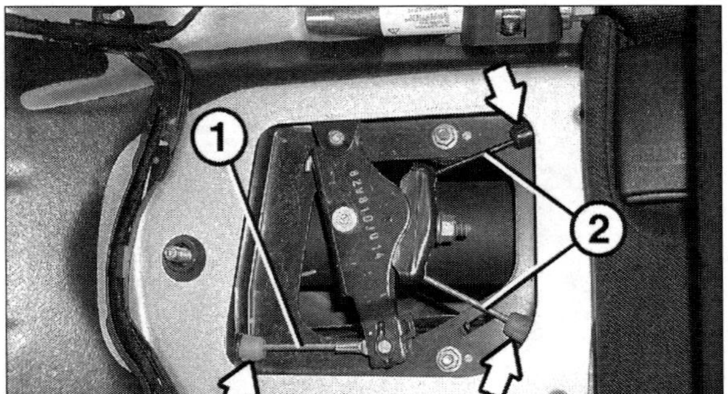

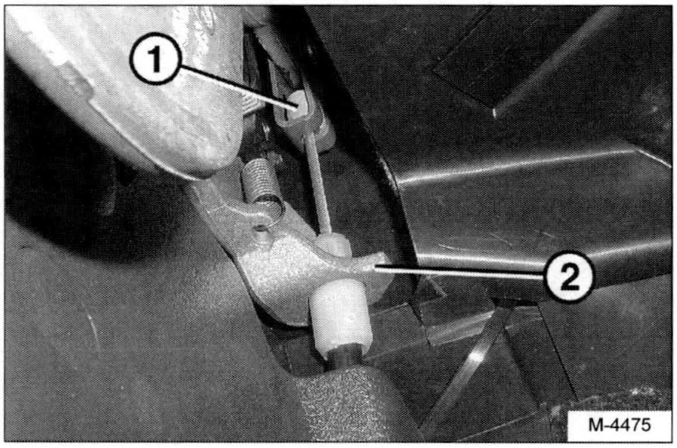

Uwaga. Gdy siedzenie tylne jest odchylone w przód, wykładzina jest wyciągana pod oparciem siedzenia tylnego i tylnym pokryciem progu drzwi.

- Odkręcić osłonę mechanizmu regulacyjnego.
- Wyłączyć całkowicie hamulec awaryjny i zlikwidować naprężenie linek hamulca (patrz „Obsługa układu hamulcowego, ogumienia i kół" w rozdz. „Obsługa samochodu").
- Odłączyć linki (1 i 2, rys. M-4474) od mechanizmu regulacyjnego.
- Ścisnąć nakładki z tworzywa sztucznego (strzałki) na końcach linek i zwolnić linki z przelotek w podłodze.
- Odłączyć (1, rys. M-4475) przednią linkę od pedału hamulca awaryjnego. Ścisnąć nakładkę z tworzywa sztucznego na końcu linki i wyciągnąć linkę ze wspornika (2) przy pedale.
- Przywiązać linkę pomocniczą do końca przedniej linki.
- Zaznaczyć farbą położenie kół tylnych w stosunku do piast, aby wyrównoważone koła mogły być zamontowane w tym samym położeniu. Poluzować śruby kół przed uniesieniem samochodu. Unieść i podeprzeć tył samochodu, zdjąć koła tylne.

***Ostrzeżenie.** Podczas unoszenia samochodu może zdarzyć się wypadek i dlatego należy przestrzegać zasad unoszenia i podpierania samochodu opisanych w rozdz. „Zabiegi konserwacyjne i pomocnicze".*

- Wymontować zacisk hamulca koła tylnego (patrz odpowiedni opis).
- Wymontować tarczę hamulca koła tylnego (patrz odpowiedni opis).
- Wymontować szczęki hamulca awaryjnego (patrz odpowiedni opis).
- Odłączyć tylną linkę od rozpieracza bębnowego hamulca awaryjnego.
- Odkręcić dolną osłonę przedziału silnika (patrz rozdz. „Wyposażenie wewnętrzne nadwozia").
- Wyciągnąć z przelotek w podłodze, zwolnić z zamocowań i wyjąć linki.

Zamontowanie

- Połączyć linkę pomocniczą z końcem linki przedniej. Przeciągnąć linkę przednią przez zamocowania i przelotki w podłodze.
- Przeciągnąć tylną linkę przez zamocowania i przelotki w podłodze.
- Dalsze zamontowanie odbywa się w kolejności odwrotnej do wymontowania.
- Nałożyć cienką warstwę smaru do łożysk tocznych na powierzchnie piast środkujące koła. Nie nakładać smaru na śruby kół. Wymienić skorodowane śruby. Zamontować koła tylne zgodnie z oznakowaniem naniesionym podczas wymontowania. Przykręcić koła. Opuścić samochód i przykręcić śruby kół przemiennie na krzyż momentem **110 N·m**.
- Wyregulować hamulec awaryjny (patrz „Obsługa układu hamulcowego, ogumienia i kół" w rozdz. „Obsługa samochodu").

Wymontowanie i zamontowanie wyłącznika świateł hamowania

Wyłącznik świateł hamowania znajduje się na wsporniku pedału hamulca. Sprawdzanie wyłącznika, patrz rozdz. „Wyposażenie elektryczne". Na rysunku M-4432 oznaczono: (1) – wyłącznik świateł hamowania, (2) – pedał hamulca.

Wymontowanie

- Wyłączyć zapłon.
- Wymontować osłonę pod tablicą rozdzielczą po stronie kierowcy (patrz rozdz. „Wyposażenie wnętrza nadwozia").
- Odłączyć złącze wtykowe wyłącznika świateł hamowania (1, rys. M-4432).
- Wcisnąć zabezpieczenie (1, rys. M-4433), obrócić w prawo i wyciągnąć wyłącznik z zamocowania.

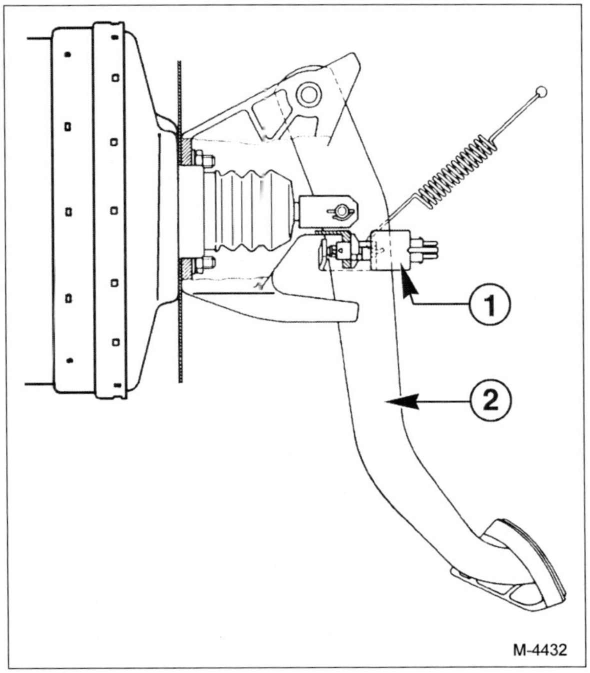

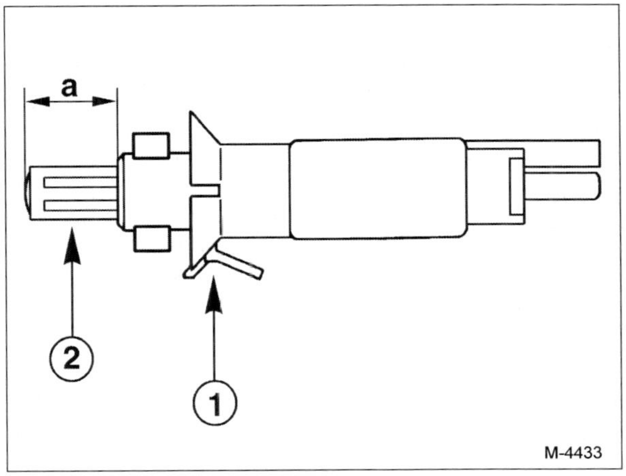

Zamontowanie

• Wyciągnąć do oporu kołek dociskowy (2) nowego wyłącznika, co zapewnia maksymalny skok (a).
• Wcisnąć całkowicie pedał hamulca. Włożyć i obrócić wyłącznik w lewo, aż zabezpieczenie (1) ustali wyłącznik.
• Zwolnić pedał hamulca, co powoduje samoczynne ustawienie się skoku włącznika.
• Podłączyć złącze do wyłącznika świateł hamowania.
• Upewnić się, że światła hamowania zaświecają się po niewielkim wciśnięciu pedału.
• Zamontować osłonę pod tablicą rozdzielczą po stronie kierowcy (patrz rozdz. „Wyposażenie wnętrza nadwozia").

Odpowietrzanie układu hamulcowego

Zasady stosowania płynu hamulcowego

***Ostrzeżenie.** Płyn hamulcowy jest trujący. W żadnym wypadku nie wolno odsysać go ustami przez wężyk. Płyn hamulcowy wlewać tylko do takich naczyń, które wykluczają pomyłkowe spożycie.*

Stosując płyn hamulcowy, należy pamiętać o poniższych zasadach.
■ Płyn hamulcowy jest żrący i nie powinien stykać się z lakierem samochodowym. Jeśli to nastąpi, natychmiast zetrzeć płyn hamulcowy i spłukać to miejsce dużą ilością wody.
■ Płyn hamulcowy jest higroskopijny, co oznacza że wchłania wilgoć z powietrza i dlatego należy go przechowywać tylko w szczelnych pojemnikach.
Uwaga. Zapewnić, aby dzieci nie miały dostępu do płynu hamulcowego.
■ Płyn hamulcowy, który był już w układzie hamulcowym, nie powinien być ponownie używany. Podczas odpowietrzania układu należy stosować wyłącznie świeży płyn hamulcowy.
■ Oznaczenie płynu hamulcowego: **DOT 4**.
Uwaga. Poziom płynu hamulcowego powinie się znajdować zawsze między znakami „MIN" i „MAX" na zbiorniczku.
■ Płyn hamulcowy nie powinien stykać się z olejem mineralnym. Nawet nieznaczne ilości oleju mineralnego czynią płyn hamulcowy bezużytecznym i powodują wadliwe działanie układu hamulcowego. Korki i osłony gumowe układu hamulcowego są uszkadzane, jeśli stykają się z produktami ropopochodnymi. Nie stosować do czyszczenia szmat nasyconych tymi produktami.
■ Do płukania i mycia cylinderków hamulców i przewodów stosować tylko świeży płyn hamulcowy.
■ Płyn hamulcowy należy wymieniać co 2 lata, najlepiej po okresie niskich temperatur.

Uwaga. Płyn hamulcowy jest odpadem szkodliwym i nie powinien być wylewany w przypadkowych miejscach lub dodawany do odpadów z gospodarstwa domowego.

Odpowietrzanie

Po każdej naprawie hamulców, podczas której odłączono przewody, do układu może wniknąć powietrze i wtedy należy odpowietrzyć układ hamulcowy. Powietrze znajduje się w układzie, gdy przy kilkakrotnym naciskaniu pedału hamulca stawia on coraz większy opór. W takim przypadku należy usunąć nieszczelność i odpowietrzyć układ.
W stacji obsługi odpowietrzanie układu hamulcowego odbywa się na ogół za pomocą urządzenia do napełniania i odpowietrzania układu.
Uwaga. W razie zastosowania tego urządzenia nie wolno przekroczyć ciśnienia napełniania 100 kPa. Odpowietrzanie można przeprowadzić także bez tego urządzenia. Układ hamulcowy jest odpowietrzany wtedy przez wielokrotne naciskanie pedału hamulca, do czego jest potrzebna pomoc drugiej osoby.
Jeśli powietrze wniknęło do każdego cylinderka, jest konieczne odpowietrzanie całego układu hamulcowego, to znaczy cylinderka każdego koła. Jeśli był wymieniany lub naprawiany tylko jeden zacisk, wystarcza na ogół odpowietrzenie cylinderka tego zacisku.

Ostrzeżenie dotyczące samochodów z układem ABS. *Jeśli jedna komora zbiorniczka płynu hamulcowego zostanie całkowicie opróżniona (na przykład z powodu nieszczelności układu hamulcowego lub braku uzupełniania płynu hamulcowego podczas odpowietrzania), zostanie zassane powietrze, które dostaje się do pompy układu hydraulicznego ABS. W takim przypadku układ hamulcowy należy odpowietrzyć w stacji obsługi za pomocą specjalnego urządzenia.*

Kolejność odpowietrzania jest następująca:
1 – hamulec koła tylnego z prawej strony,
2 – hamulec koła tylnego z lewej strony,
3 – hamulec koła przedniego z prawej strony,
4 – hamulec koła przedniego z lewej strony,
5 – siłownik sterujący sprzęgła.

Uwaga. Odkręcić ostrożnie zawory odpowietrzające, aby nie uszkodzić gwintów. Zaleca się spryskać zawory środkiem rozpuszczającym produkty korozji około dwie godziny przed odpowietrzaniem. Jeśli nie można odkręcić zaworów, odpowietrzanie powinna przeprowadzić stacja obsługi.
Uwaga. Podczas odpowietrzania należy obserwować zbiorniczek płynu hamulcowego. Poziom płynu nie powinien się zbytnio obniżyć, ponieważ wtedy zostanie zassane powietrze przez zbiorniczek. Należy dolewać wyłącznie świeżego płynu hamulcowego.
- Odkręcić i odłożyć pokrywę zbiorniczka płynu hamulcowego. Dolać świeżego płynu hamulcowego do znaku „MAX".
- Zaznaczyć farbą położenie kół w stosunku do piast, aby wyrównoważone koła mogły być zamontowane w tym samym położeniu. Poluzować śruby kół przed uniesieniem samochodu. Unieść i podeprzeć samochód oraz zdjąć koła.

Ostrzeżenie. *Podczas unoszenia samochodu może zdarzyć się wypadek i dlatego należy przestrzegać zasad unoszenia i podpierania samochodu opisanych w rozdz. „Zabiegi konserwacyjne i pomocnicze".*

- Zdjąć kapturek (1, rys. T-4478) z zaworu odpowietrzającego (2) hamulca koła.
- Oczyścić zawór odpowietrzający, nasadzić czysty giętki przewód i drugi jego koniec włożyć do butelki napełnionej do połowy płynem hamulcowym. Stosować odpowiedni klucz do odpowietrzania (Hazet 1968-N).

T-4478

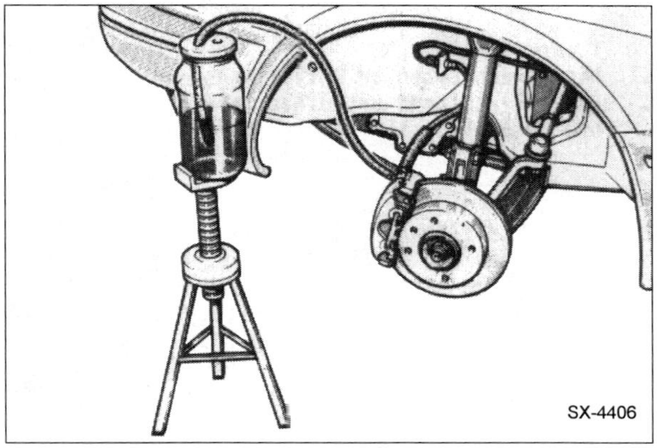

SX-4406

• Butelkę do gromadzenia wyciekającego płynu należy ustawić lub trzymać co najmniej 30 cm powyżej zaworu odpowietrzającego (rys. SX-4406), co zapobiega przedostawaniu się powietrza przez gwint śruby odpowietrzającej do układu hamulcowego.
• Pomocnik powinien wielokrotnie wciskać pedał hamulca (pompować) do czasu wytworzenia ciśnienia w układzie hamulcowym, aż zwiększy się opór pedału.
• Po osiągnięciu wystarczającego ciśnienia należy wcisnąć pedał i trzymać nogę na pedale.
• Odkręcić zawór odpowietrzający zacisku za pomocą oczkowego klucza o około pół obrotu.
• Wyciekający płyn należy zbierać do butelki. Zapewnić, aby koniec przewodu w butelce znajdował się zawsze poniżej poziomu płynu.
• Gdy tylko ciśnienie płynu hamulcowego zmniejszy się, należy zamknąć zawór odpowietrzający.
• Powtórzyć pompowanie, aż do ponownego wytworzenia ciśnienia w układzie. Wcisnąć i przytrzymać pedał. Odkręcić zawór odpowietrzający. Gdy ciśnienie zmniejszy się, zamknąć zawór.
• Powtarzać czynności odpowietrzania zacisku do czasu, aż w płynie hamulcowym spływającym do butelki przestaną się pojawiać pęcherzyki powietrza.
• Dokręcić zawór odpowietrzający ostrożnie momentem około **7 N • m**.
• Ściągnąć przewód z zaworu odpowietrzającego, nałożyć kapturek na zawór.
• W ten sam sposób należy odpowietrzyć zaciski pozostałych kół, zachowując kolejność.
• Nałożyć cienką warstwę smaru do łożysk tocznych na powierzchnie piast centrujące koła. Nie nakładać smaru na śruby kół. Wymienić skorodowane śruby. Zamontować koła zgodnie z oznakowaniem naniesionym podczas wymontowania. Przykręcić koła. Opuścić samochód i przykręcić śruby kół przemiennie na krzyż momentem **110 N • m**.
• Po odpowietrzaniu napełnić zbiorniczek płynu hamulcowego do znaku „MAX”.

Uwaga. W celu zapewnienia bezpieczeństwa należy sprawdzić:
– czy są dokręcone giętkie przewody hamulcowe,
– czy giętki przewód hamulcowy znajduje się we wsporniku,
– czy są dokręcone śruby odpowietrzające,
– czy została wlana wystarczająca ilość płynu hamulcowego,
– szczelność przy pracującym silniku. W tym celu należy nacisnąć pedał hamulca z siłą 200 do 300 N (20 do 30 kG) przez około 10 sekund. Pedał hamulca nie powinien ustępować pod naciskiem. Sprawdzić szczelność wszystkich połączeń.

• Zahamować samochód kilka razy na drodze o małym natężeniu ruchu, dokonując co najmniej jednego gwałtownego hamowania z zadziałaniem urządzenia ABS (wyczuwane pulsowanie pedału hamulca).
Uwaga. Podczas hamowania zwracać uwagę na pojazdy znajdujące się z tyłu.
Uwaga. Płyn hamulcowy jest odpadem szkodliwym i nie powinien być wylewany w przypadkowych miejscach lub dodawany do odpadów z gospodarstwa domowego.

Wymontowanie i zamontowanie giętkiego przewodu hamulcowego

Uwaga. Przestrzegać zasad stosowania płynu hamulcowego (patrz „Odpowietrzanie układu hamulcowego”).
Przewody hamulcowe stanowią połączenie pompy hamulcowej z czterema hamulcami kół. Ciśnieniowe, giętkie przewody hamulcowe są stosowane do elastycznego połączenia ruchomych i stałych części samochodu, na przy-

kład zacisków hamulca, i należy wymieniać je przy widocznych uszkodzeniach.

Uwaga. Należy chronić giętkie przewody hamulcowe przed kontaktem z olejem lub naftą, nie pokrywać ich lakierem lub środkiem do konserwacji podwozia.

Uwaga. Sztywne metalowe przewody hamulcowe powinny być montowane w warsztacie specjalistycznym, do ich właściwego ułożenia jest potrzebne doświadczenie.

Ostrzeżenie dotyczące samochodów z układem ABS. *Jeśli jedna komora zbiorniczka płynu hamulcowego zostanie całkowicie opróżniona (na przykład z powodu nieszczelności układu hamulcowego lub braku uzupełniania płynu hamulcowego podczas odpowietrzania), zostanie zassane powietrze, które dostaje się do pompy układu hydraulicznego ABS. W takim przypadku układ hamulcowy należy odpowietrzyć w stacji obsługi za pomocą specjalnego urządzenia.*

Wymontowanie

- Usunąć płyn hamulcowy ze zbiorniczka za pomocą strzykawki.
- Zaznaczyć farbą położenie kół w stosunku do piast, aby wyrównoważone koła mogły być zamontowane w tym samym położeniu. Poluzować śruby kół przed uniesieniem samochodu. Unieść i podeprzeć samochód oraz zdjąć koła.

Ostrzeżenie. *Podczas unoszenia samochodu może zdarzyć się wypadek i dlatego należy przestrzegać zasad unoszenia i podpierania samochodu opisanych w rozdz. „Zabiegi konserwacyjne i pomocnicze".*

Pierwszą czynnością jest rozłączenie sztywnego i giętkiego przewodu hamulcowego.

- Odkręcić śrubę drążoną (1, rys. M-4472) i odłączyć sztywny przewód (2) od giętkiego przewodu hamulcowego.

Uwaga. Nie powodować przy tym skręcenia giętkiego przewodu hamulcowego.

- Usunąć klamrę mocującą (3) i wyciągnąć giętki przewód hamulcowy z zamocowania.
- Zamknąć niezwłocznie zaślepkami sztywny i giętki przewód hamulcowy.

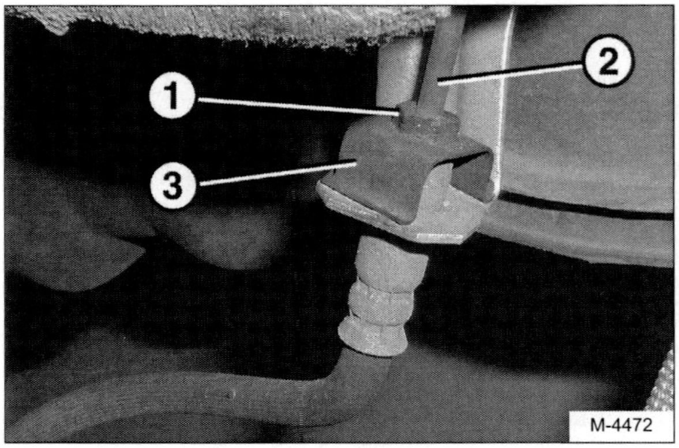

M-4472

Ostrzeżenie. *Podczas odkręcania przewodu wypływa płyn hamulcowy, który powinien być zebrany do butelki używanej wyłącznie do tego celu. Można także usunąć płyn hamulcowy ze zbiorniczka za pomocą strzykawki.*

- **Hamulec koła przedniego.** Wyjąć giętki przewód hamulcowy z uchwytu mocującego na kolumnie zawieszenia.

Drugą czynnością jest wykręcenie giętkiego przewodu z zacisku hamulca.

- Wykręcić giętki przewód hamulcowy (1, rys. M-4473) z zacisku hamulca (2).

Uwaga. Z otworu zacisku hamulca wypływa płyn hamulcowy. Przestrzegać zasad bezpieczeństwa.

Zamontowanie

Uwaga. Stosować tylko giętkie przewody hamulcowe zalecane przez producenta.

- Wkręcić giętki przewód w zacisk hamulca i dokręcić momentem **18 N·m**.

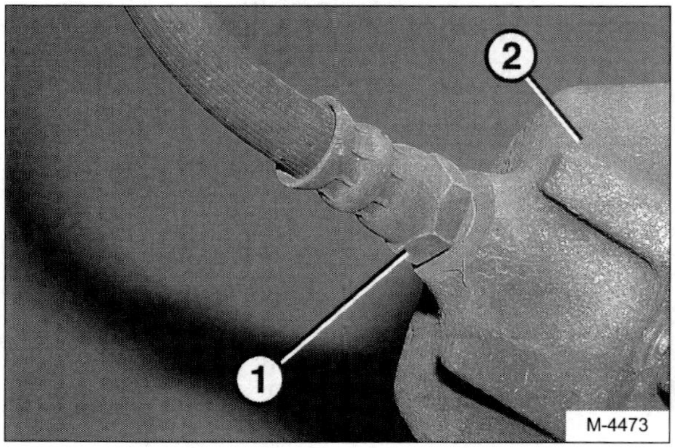

M-4473

• **Hamulec koła przedniego.** Przeciągnąć giętki przewód hamulcowy przez uchwyt mocujący na kolumnie zawieszenia.

• Włożyć giętki przewód hamulcowy w zamocowanie i zamontować klamrę mocującą. Wkręcić śrubę drążoną sztywnego przewodu hamulcowego w króciec giętkiego przewodu i dokręcić momentem **14 N • m**.

Uwaga. Giętki przewód nie powinien być przy tym skręcany.

• Odpowietrzyć układ hamulcowy (patrz odpowiedni opis).

• Po odpowietrzaniu napełnić zbiorniczek płynu hamulcowego do znaku „MAX" i przykręcić pokrywę.

• Nałożyć cienką warstwę smaru do łożysk tocznych na powierzchnie piast centrujące koła. Nie nakładać smaru na śruby koła. Wymienić skorodowane śruby. Zamontować koła zgodnie z oznakowaniem naniesionym podczas wymontowania. Przykręcić koła. Opuścić samochód i przykręcić śruby kół przemiennie na krzyż momentem **110 N • m**.

Uwaga. Giętki przewód hamulca koła przedniego nie powinien ocierać o sąsiednie elementy podczas skręcania kół w prawo i lewo w skrajne położenia oraz podczas uginania sprężystych elementów zawieszenia. Musi być zachowany wystarczająco duży odstęp między przewodem a innymi częściami zawieszenia, podczas jazdy w różnych warunkach.

Uwaga. W celu zapewnienia bezpieczeństwa należy sprawdzić:
– czy są dokręcone giętkie przewody hamulcowe,
– czy giętki przewód hamulcowy znajduje się we wsporniku,
– czy są dokręcone śruby odpowietrzające,
– czy została wlana wystarczająca ilość płynu hamulcowego,
– szczelność przy pracującym silniku. W tym celu należy nacisnąć pedał hamulca z siłą 200 do 300 N (20 do 30 kG) przez około 10 sekund. Pedał hamulca nie powinien ustępować pod naciskiem. Sprawdzić szczelność wszystkich połączeń.

• Zahamować samochód kilka razy na drodze o małym natężeniu ruchu, dokonując co najmniej jednego gwałtownego hamowania z zadziałaniem urządzenia ABS (wyczuwane pulsowanie pedału hamulca).

Uwaga. Podczas hamowania zwracać uwagę na pojazdy jadące z tyłu.

Sprawdzanie urządzenia wspomagającego

Siła wywierana przez kierowcę na pedał hamulca jest zwiększana przez urządzenie wspomagające dzięki podciśnieniu wytwarzanemu w przewodzie dolotowym silnika. W samochodzie z silnikiem wysokoprężnym potrzebne podciśnienie jest wytwarzane przez pompę podciśnieniową zamocowaną kołnierzem do silnika. Należy sprawdzić działanie urządzenia wspomagającego, gdy do skutecznego hamowania trzeba używać dużej siły.

• Nacisnąć silnie pedał hamulca co najmniej pięć razy, gdy silnik jest unieruchomiony. Uruchomić silnik, trzymając wciśnięty pedał. Pedał powinien wyraźnie ustąpić pod stopą.

• Jeśli pedał nie ustępuje, otworzyć pokrywę przedziału silnika i zdjąć po stronie kierowcy osłonę urządzenia wspomagającego. Urządzenie wspomagające układ hamulcowy znajduje się w przedziale silnika przy przegrodzie czołowej.

• Odłączyć przewód podciśnienia (1, rys. M-4471) od urządzenia wspomagającego i uru-

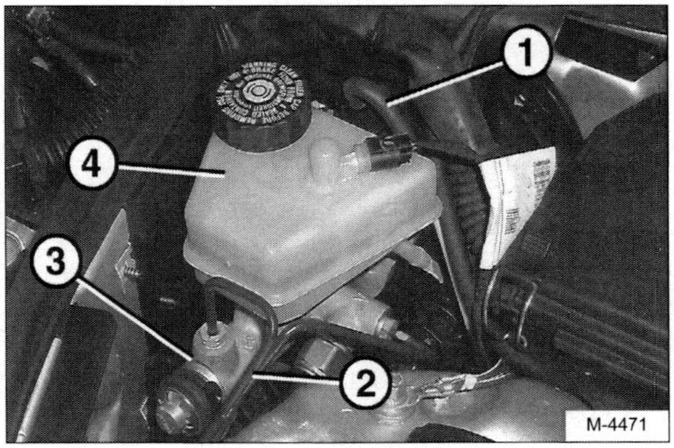

ZBIORNICZEK PŁYNU HAMULCOWEGO I POMPA HAMULCOWA
1 – giętki przewód podciśnienia, 2 – przewody hamulcowe, 3 – pompa hamulcowa, 4 – zbiorniczek płynu hamulcowego

chomić silnik. Przykładając palec do końca przewodu sprawdzić, czy jest wytwarzane podciśnienie. **Silnik wysokoprężny:** odłączyć przewód podciśnienia od pompy podcisnieniowej i sprawdzić, czy jest podciśnienie w miejscu podłączenia przewodu.

• Jeśli brak podciśnienia, należy sprawdzić przewód podciśnienia, czy jest szczelny i czy nie ma uszkodzeń, w razie potrzeby wymienić.
• Jeśli jest podciśnienie, zmierzyć je i w razie potrzeby wymienić urządzenie wspomagające (czynność wykonywana w stacji obsługi).

Typowe niesprawności układu hamulcowego

Objawy	Przyczyny	Sposób postępowania
Zbyt duży jałowy skok pedału hamulca	Uszkodzony jeden z obwodów układu	• Sprawdzić, czy nie wycieka płyn z obwodów układu hamulcowego
Pedał hamulca daje się wciskać głęboko i „sprężynuje”	Powietrze w układzie hamulcowym	• Odpowietrzyć układ hamulcowy
	Za mało płynu hamulcowego w zbiorniczku	• Dolać świeżego płynu hamulcowego, odpowietrzyć układ
	Powstawanie pęcherzyków pary, występujące najczęściej po dużych obciążeniach, np. podczas długich zjazdów	• Wymienić płyn hamulcowy, odpowietrzyć układ hamulcowy
Hamulce zawodzą, pedał można wcisnąć do oporu	Nieszczelny przewód	• Dokręcić złącza przewodu lub wymienić przewód
	Uszkodzone uszczelnienia w pompie hamulcowej lub zacisku	• Wymienić uszczelki; wymienić części pompy hamulcowej lub całą pompę w stacji obsługi
	Uszkodzony pierścień uszczelniający tłoka	• Naprawić zacisk hamulca w stacji obsługi
Niedostateczne działanie hamulca mimo silnego nacisku na pedał	Zaolejone okładziny cierne	• Wymienić wkładki cierne
	Niewłaściwe lub stwardniałe okładziny cierne	• Wymienić wkładki cierne; stosować okładziny cierne zalecane przez producenta samochodu
	Uszkodzone urządzenie wspomagające; porowaty lub uszkodzony przewód podciśnienia	• Sprawdzić urządzenie wspomagające i przewody podciśnienia; w samochodzie z silnikiem wysokoprężnym sprawdzić pompę próżniową i wymienić ją w razie potrzeby
	Zużyte wkładki cierne	• Wymienić wkładki cierne
Hamulce działają jednostronnie	Niewłaściwe ciśnienie w ogumieniu	• Sprawdzić i skorygować ciśnienie
	Nierównomiernie zużyte opony	• Wymienić zużyte opony
	Zaolejone okładziny cierne	• Wymienić okładziny cierne
	Różnej jakości okładziny cierne w kołach tej samej osi	• Wymienić okładziny cierne obu kół jednej osi; stosować okładziny cierne zalecane przez producenta samochodu
	Nierównomierne przyleganie okładzin ciernych	• Wymienić okładziny cierne
	Zanieczyszczone gniazda zacisku	• Oczyścić gniazda i powierzchnie prowadzące wkładek ciernych w zacisku hamulca
	Korozja w cylinderkach zacisku	• Wymienić zacisk hamulca

Objawy	Przyczyny	Sposób postępowania
	Nierównomierne zużycie wkładek ciernych	• Wymienić wkładki cierne (obu kół); sprawdzić zacisk, czy nie jest zatarty
Hamulce włączają się samoczynnie	Niedrożny otwór kompensacyjny w pompie hamulcowej	• Oczyścić pompę hamulcową i wymienić jej części (czynności wykonywane w stacji obsługi)
	Za mały luz między popychaczem a tłokiem pompy hamulcowej	• Sprawdzić luz w stacji obsługi
Niedostateczne działanie hamulca awaryjnego	Za duży jałowy skok pedału (daje się wciskać na ponad 10 zębów)	• Wyregulować hamulec awaryjny
	Zaolejone szczęki hamulca	• Wymienić szczęki hamulca, wykryć i usunąć przyczynę zanieczyszczenia
	Skorodowany mechanizm rozpierający lub linki	• Zamontować nowe części
Hamulce grzeją się podczas jazdy	Hamulce włączają się samoczynnie	• Oczyścić pompę hamulcową, wymienić jej części (czynności wykonywane w stacji obsługi)
	Zatarte współpracujące elementy hamulców	• Naprawić zaciski hamulca w stacji obsługi
	Korozja w cylinderkach zacisku	• Wymienić zacisk hamulca
	Osłabione sprężyny odwodzące szczęk hamulca	• Wymienić sprężyny odwodzące
	Linka hamulca awaryjnego porusza się z oporami	• Nasmarować lub wymienić linkę
	Hamulec awaryjny nie jest zwolniony	• Wyregulować hamulec awaryjny, w razie potrzeby wymienić linkę
Hamulce pracują głośno	Niewłaściwe okładziny cierne	• Wymienić okładziny cierne; stosować okładziny cierne zalecane przez producenta samochodu
	Tarcza hamulca miejscami skorodowana	• Starannie wygładzić drobną ściernicą
	Bicie boczne tarczy hamulca	• Obrobić lub wymienić tarczę
Obracanie kół ręką jest utrudnione	Wkładki cierne nie odłączają się od tarczy hamulca, korozja w cylinderkach zacisków	• Naprawić lub wymienić zacisk hamulca
Nierównomierne zużycie wkładek ciernych	Niewłaściwe wkładki cierne	• Wymienić wkładki cierne; stosować okładziny cierne zalecane przez producenta samochodu
	Zanieczyszczone zaciski	• Oczyścić gniazda zacisków
	Zatarty zacisk hamulca	• Usunąć zatarcie prowadników i ich tulejek
	Tłoczki są zatarte	• Usunąć zatarcie tłoczków w stacji obsługi
	Nieszczelny układ hamulcowy	• Sprawdzić szczelność układu hamulcowego
Klinowe zużycie wkładek ciernych	Tarcza hamulca nie obraca się równolegle do zacisku	• Sprawdzić powierzchnię przylegania zacisku
	Skorodowane zaciski	• Usunąć zanieczyszczenia

Objawy	Przyczyny	Sposób postępowania
Hamulce piszczą	Wynika to często z warunków atmosferycznych (wilgotność powietrza)	• Nie wymaga działania, gdy następuje po dłuższym postoju w wilgotnym powietrzu, ale zanika po kilkakrotnym hamowaniu
	Nieodpowiednie wkładki cierne	• Wymienić wkładki cierne; stosować okładziny cierne zalecane przez producenta samochodu
	Tarcza hamulca obraca się nierównolegle do zacisku	• Sprawdzić powierzchnię przylegania zacisku
	Zanieczyszczone gniazda w zacisku	• Oczyścić gniazda zacisku
Hamulca działają pulsacyjnie	Działa urządzenie ABS	• Jest to normalne
	Bicie boczne lub za duża tolerancja grubości tarczy hamulca	• Sprawdzić bicie i tolerancję; obrobić lub wymienić tarczę
	Tarcza hamulca nie obraca się równolegle do zacisku	• Sprawdzić powierzchnię przylegania zacisku

Silnik

SILNIK BENZYNOWY CZTEROCYLINDROWY 111

Wymontowanie i zamontowanie głowicy cylindrów

Uwaga. Ponieważ właściwe wykonanie opisanych poniżej czynności wymaga pewnego doświadczenia, podano tylko najważniejsze zalecenia z myślą o wykwalifikowanym mechaniku.

Wymontowanie

• Wymontować filtr powietrza (2, rys. M-10168), w zależności od silnika, razem z nastawnikiem przesłony powietrza obiegowego.

• Wymontować górne osłony silnika (7 i 11).
• Wymontować pokrywę głowicy cylindrów (1) (patrz odpowiedni opis).
• Wymontować chwyt powietrza (8).
• **Samochód z automatyczną skrzynką biegów 722.6.** Odłączyć przewód podciśnienia od elektrycznej pompy podciśnieniowej, wciskając obie klamry zamocowania i wyciągając przewód. Ściągnąć przewód odgałęźny z przewodu podciśnienia.
• Zdjąć opaskę przewodu recyrkulacji spalin przy wsporniku. Odłączyć dwa przewody podciśnienia od zaworu przełączającego i wymontować zawór ze wspornika. Odkręcić wspornik od kolektora dolotowego.

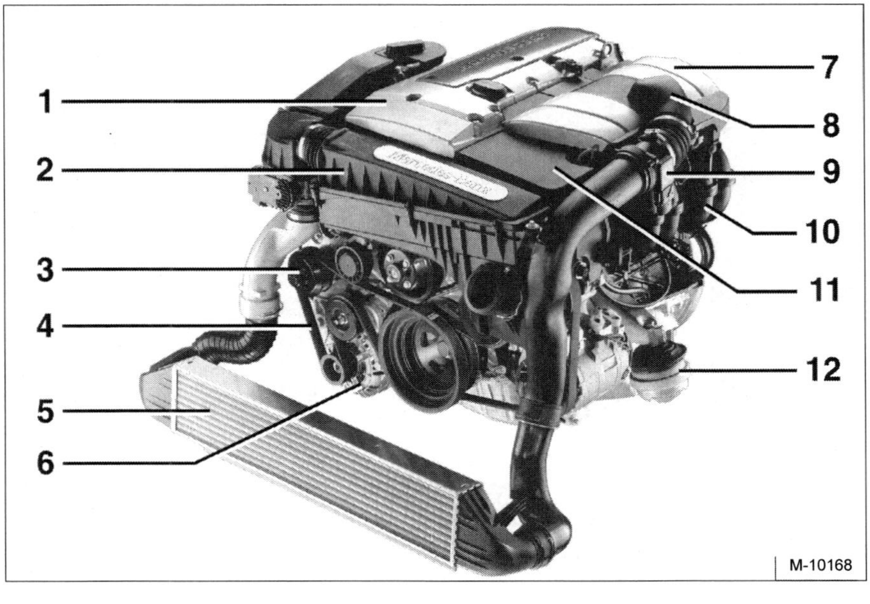

SILNIK BENZYNOWY CZTEROCYLINDROWY 111
1 – pokrywa głowicy cylindrów,
2 – filtr powietrza,
3 – sprężarka,
4 – pasek wieloklinowy,
5 – chłodnica powietrza doładowującego,
6 – alternator,
7 – osłona silnika pierwsza górna,
8 – chwyt powietrza,
9 – przepływomierz powietrza,
10 – przewód dolotowy,
11 – osłona silnika druga górna,
12 – podpora silnika

• **Samochód z automatyczną skrzynką biegów 722.6.** Wymontować rurkę prowadzącą wskaźnika poziomu oleju skrzynki biegów przy uchu do podnoszenia silnika.
• Wymontować kolektor paliwa z wtryskiwaczami.
• Odkręcić kolektor dolotowy od głowicy cylindrów. Odłączyć przewód podciśnienia zaworu regeneracyjnego. Zdjąć kolektor dolotowy z głowicy cylindrów i umocować w przedziale silnika z podłączonymi przewodami.
• Odłączyć od głowicy cylindrów sztywny przewód odpowietrzania skrzyni korbowej.
• Odłączyć przewody odpowietrzające silnika (1, rys. M-1049) pod połączeniem kołnierzowym kolektora dolotowego z silnikiem.
• Wymontować pasek wieloklinowy sprężarki (patrz odpowiedni opis).
• Wymontować króciec ssący i tłoczący sprężarki.
• Wymontować sprężarkę.
• Unieść i podeprzeć samochód oraz wymontować dolną osłonę przedziału silnika.
• Zlać ciecz chłodzącą (patrz „Układ chłodzenia").
• Odkręcić przednią rurę wylotową od kolektora wylotowego. Opuścić nieco układ wylotowy i podwiesić za pomocą drutu lub opasek mocujących.
• Odłączyć przewód recyrkulacji spalin od kadłuba silnika. Wymontować elementy mocujące przewodu recyrkulacji spalin po prawej i lewej stronie z tyłu głowicy cylindrów.

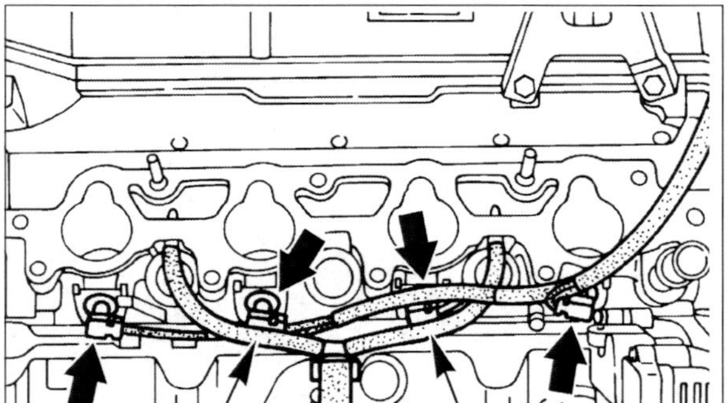

M-1049

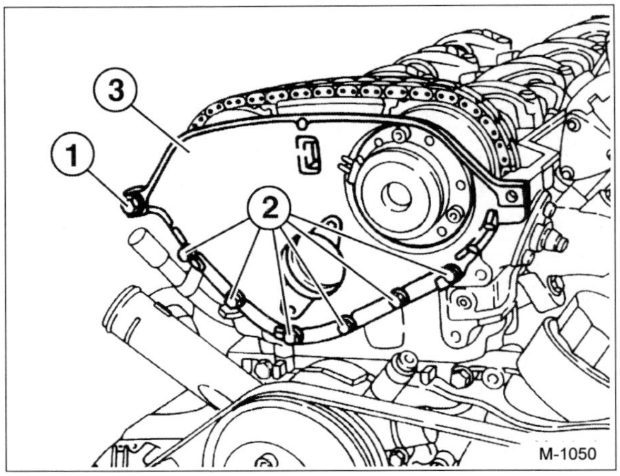

M-1050

• Odłączyć przewód cieczy chłodzącej układu ogrzewania. W tym celu odciągnąć klamry, aż znajdą się w ustalonym położeniu. Wyciągnąć przewód cieczy chłodzącej.
• Ustawić tłok 1. cylindra 20° za położeniem GMP suwu sprężania. W tym celu obrócić wał korbowy za jego koło pasowe w kierunku zgodnym z obrotami silnika podczas pracy, aż znak 20° na kole pasowym pokryje się z krawędzią pokrywy obudowy rozrządu. W tym położeniu krzywki 1. cylindra na wałku rozrządu zaworów dolotowych i na wałku rozrządu zaworów wylotowych powinny być skierowane ukośnie w górę.
• Wymontować obudowę termostatu cieczy chłodzącej (patrz „Układ chłodzenia").
• Wymontować przednią pokrywę (3, rys. M-1050). W tym celu wykręcić dwie śruby (1) po obu stronach pokrywy przedniej (3). Te śruby mają średnicę gwintu 8 mm. Prócz tego z tyłu pokrywy znajdują się kołki ustalające. Wykręcić śruby (2) o średnicy gwintu 6 mm i zdjąć pokrywę (3). Wyjąć pierścienie uszczelniające o przekroju okrągłym między pokrywą a głowicą cylindrów. Oczyścić powierzchnie uszczelniające.
• Oznakować farbą wzajemne położenie kół wałków rozrządu i łańcucha rozrządu.
• Wymontować napinacz łańcucha (patrz odpowiedni opis).
• Wymontować górną listwę ślizgową łańcucha rozrządu. W tym celu wyciągnąć za gwint sworzeń listwy ślizgowej (1, rys. M-1052) ściągaczem udarowym (2) lub odpowiednim

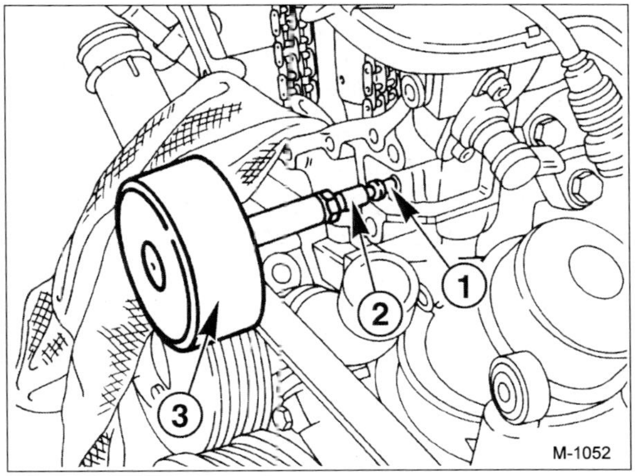

M-1052

przyrządem. Ciężar (3) ściągacza udarowego przesuwać powoli do ogranicznika.

- Wymontować koło wałka rozrządu zaworów dolotowych. Podczas odkręcania śrub przytrzymać wałek rozrządu za czop sześciokątny.
- Odkręcić przemiennie na krzyż w kilku etapach pokrywy łożysk wałka rozrządu zaworów dolotowych i odłożyć pokrywy tak, aby mogły być zamontowane w tych samych miejscach.
- Unieść łańcuch rozrządu z koła wałka rozrządu zaworów dolotowych.
- Wyjąć wałek rozrządu zaworów dolotowych.
- Wyciągnąć sworzeń lewej listwy ślizgowej łańcucha rozrządu.
- Odkręcić pokrywę obudowy rozrządu od głowicy cylindrów.
- Poluzować stopniowo śruby głowicy cylindrów, gdy silnik jest zimny, w kolejności odwrotnej do dokręcania, potem wykręcić śruby całkowicie (patrz rys. M-1053).
- Zmierzyć długość śrub M12 głowicy cylindrów (L, rys. M-1078). Długość nowej śruby wynosi 102 mm. Po każdym dokręceniu śruba ulega trwałemu wydłużeniu. Gdy śruby mają długość 106 mm lub więcej, jest konieczna ich wymiana. Zaleca się każdorazowo stosować nowe śruby.

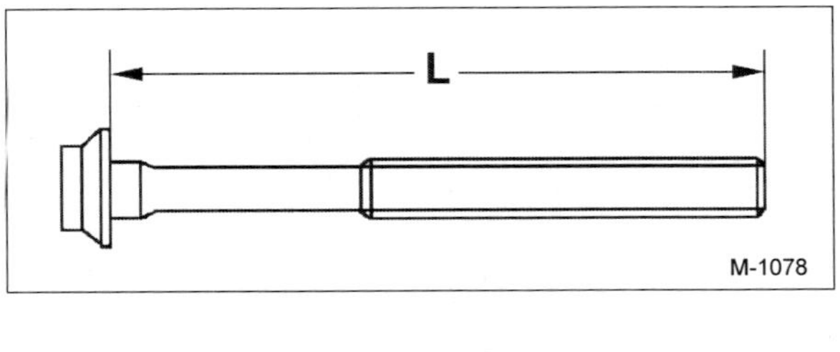

M-1078

- Unieść i zdjąć głowicę cylindrów, korzystając z pomocy drugiej osoby.

Zamontowanie

Zamontowanie odbywa się w kolejności odwrotnej do wymontowania. Należy przy tym uwzględnić poniższe zalecenia.

- Oczyścić powierzchnie uszczelniające głowicy cylindrów i kadłuba silnika oraz sprawdzić, czy nie mają pęknięć i niepłaskości. Oczyścić otwory gwintowane.
- Nałożyć nową uszczelkę głowicy cylindrów.
- Osadzić głowicę cylindrów tak, aby kołki ustalające w kadłubie silnika weszły w otwory głowicy cylindrów, ustalając jej położenie. Podczas osadzania głowicy cylindrów zwracać uwagę na listwy ślizgowe.

Uwaga. Śruby głowicy cylindrów należy dokręcać z dużą starannością. Przed dokręcaniem śrub sprawdzić dokładność wskazań klucza dynamometrycznego. Dokręcanie śrub o wymagany kąt ułatwia tarcza kątowa, na przykład Hazet 6690 (rys. SX-1019). Aby nie obciążać klucza dynamometrycznego dużym momentem, należy stosować tarczę kątową tylko razem ze sztywnym kluczem.

Uwaga. Jeśli nie dysponuje się tarczą kątową, należy orientacyjnie ustalić kąt obrotu. W tym celu osadzić sztywny klucz tak, aby jego rękojeść była ustawiona równolegle do osi silnika i obrócić ją jednym ruchem do położenia prostopadłego.

Dane techniczne głowicy cylindrów

Wysokość całkowita . . . . 135,9 ÷ 136,0 mm
Wysokość minimalna. . . . . 135,5 mm

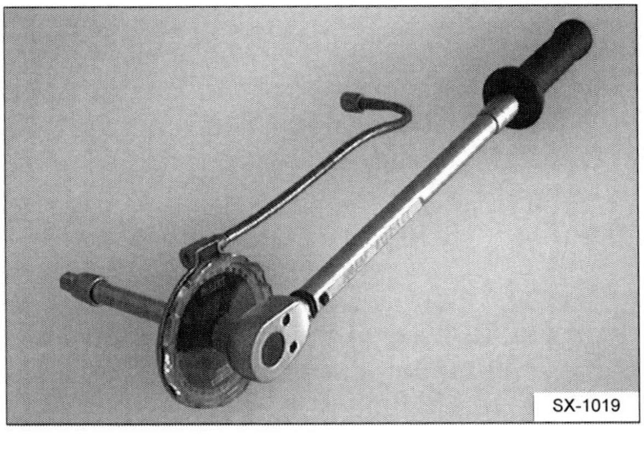
SX-1019

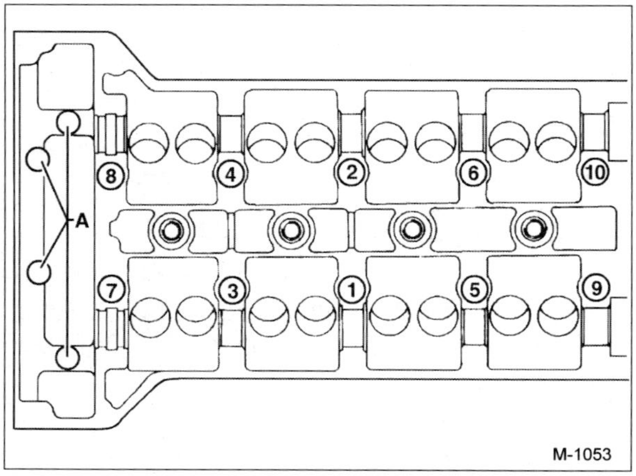

Graniczne odchylenie płaskości
w kierunku wzdłużnym.......... 0,08 mm
Graniczne odchylenie płaskości
w kierunku poprzecznym........ 0,00 mm

• Pokryć cienką warstwą oleju gwinty i powierzchnie oporowe łbów śrub głowicy cylindrów, najpierw wkręcić śruby w podanej kolejności od 1 do 10 (rys. M-1053) aż oprą się o głowicę i dokręcić w trzech etapach.

I etap: kluczem dynamometrycznym momentem **55 N·m**.
II etap: obrócić dalej sztywnym kluczem o **90°**.
III etap: obrócić dalej sztywnym kluczem o **90°**.

• Zwilżyć nieco olejem silnikowym powierzchnie oporowe łbów nowych śrub (A) głowicy cylindrów i wkręcić śruby przy pokrywie obudowy rozrządu. Dokręcić śruby momentem **18 N·m** i obrócić dalej sztywnym kluczem o kąt **90°**.

• Nałożyć środek uszczelniający Omnifit FD 3041 na sworzeń listwy ślizgowej przed zamontowaniem. Przykręcić górną listwę ślizgową momentem **10 N·m**.

• Zamontować wałek rozrządu zaworów dolotowych, nakładając warstwę oleju na elementy kompensacyjne i miejsca łożyskowania wałka rozrządu. Ułożyć wałek rozrządu tak, aby krzywki 1. cylindra były skierowane ukośnie do góry.

Uwaga. W razie dużego przebiegu silnika sprawdzić luz osiowy wałka rozrządu w łożysku oporowym. Sprawdzić i w razie potrzeby wyregulować ustawienie podstawowe wałków rozrządu. Wymagana wartość luzu osiowego: 0,05...0,15 mm.

• Zamontować pokrywy łożysk wałka rozrządu w tych samych miejscach, z których zostały wymontowane i przykręcić równomiernie, aby zapobiec pęknięciu wałka. Łożyska i pokrywy łożysk wałka rozrządu są numerowane kolejno liczbami od 1 do 10, rozpoczynając od przodu (od strony łańcucha rozrządu) wałka rozrządu zaworów dolotowych. Przykręcić przemiennie pokrywy łożysk każdorazowo o jeden obrót i ostatecznie dokręcić momentem **21 N·m**.

• Przykręcić koło wałka rozrządu zaworów wylotowych nowymi śrubami momentem **20 N·m**. Dokręcić śruby jeszcze o kąt **60°**.

• Nałożyć na powierzchnie uszczelniające przednią pokrywę (3, rys. M-1050) na głowicy cylindrów dostępny w handlu środek uszczelniający, na przykład Omnifit FD 3041.

• Zamontować kołki ustalające przy dwóch śrubach (1) o średnicy gwintu 8 mm z tyłu pokrywy. Zamontować nowe pierścienie uszczelniające o przekroju okrągłym i docisnąć pokrywę.

• Dokręcić śruby (1) po obu stronach momentem **25 N·m**, śruby (2) o średnicy gwintu 6 mm momentem **10 N·m**.

• Sprawdzić przewód cieczy chłodzącej układu ogrzewania przed zamontowaniem, czy nie jest uszkodzony, i wymienić w razie potrzeby. Wymienić pierścień uszczelniający przewodu cieczy chłodzącej.

• Zamontować przewód recyrkulacji spalin z nowymi pierścieniami uszczelniającymi na kadłubie silnika.

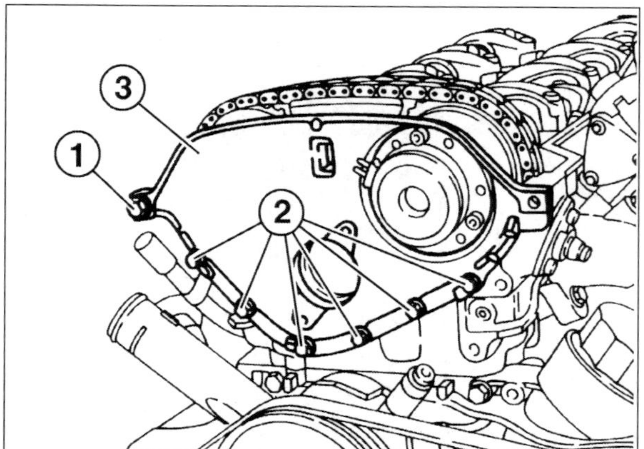

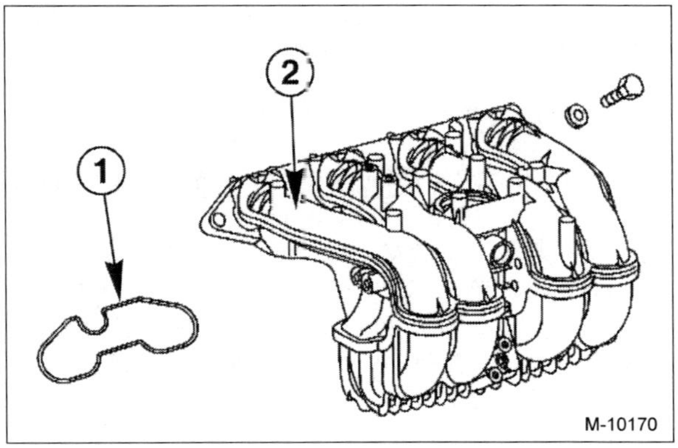

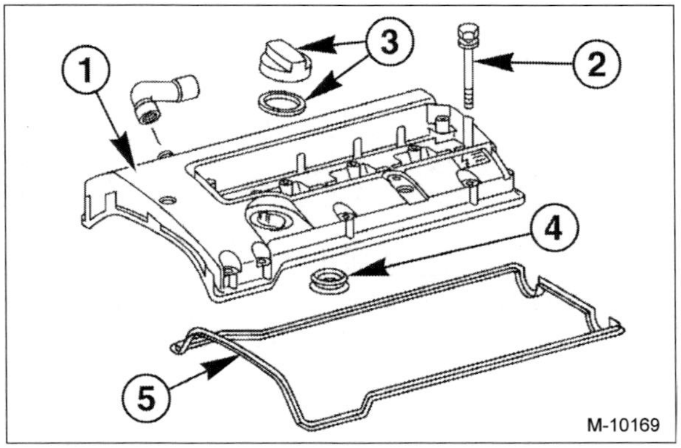

• Przykręcić przednią rurę wylotową do kolektora wylotowego nowymi śrubami momentem **20 N • m**.
Uwaga. Wymienić nitonakrętki w kolektorze. W tym celu wkręcić ręcznie śrubę pomocniczą w nitonakrętkę i wybić ją, uderzając w łeb śruby. Nowe nitonakrętki wcisnąć śrubą doszczelniającą, dokręcając momentem **30 N • m**.
• Przykręcić wspornik rury wylotowej do skrzynki biegów momentem **20 N • m**.
• Przykręcić kolektor dolotowy (2, rys. M-10170) z nowymi uszczelkami (1) do głowicy cylindrów momentem **20 N • m**.
Uwaga. Uprzednio oczyścić powierzchnie uszczelniające.
• Zamontować chwyt powietrza, sprawdzić przy tym pierścień o przekroju okrągłym, czy nie jest uszkodzony i wymienić w razie potrzeby.

Wymontowanie i zamontowanie pokrywy głowicy cylindrów

Wymontowanie

• Wymontować cewki zapłonowe (patrz „Układ zapłonowy").
• Odłączyć przewody odpowietrzające od pokrywy głowicy cylindrów.
• Odłączyć złącze wtykowe czujnika położenia wałka rozrządu.
• Wymontować przednią osłonę silnika.
• Odkręcić przewód masy od pokrywy głowicy cylindrów.
• Odłożyć wiązkę przewodów elektrycznych cewek zapłonowych.
• Wykręcić siedem śrub mocujących (2, rys. M-10169) i zdjąć pokrywę głowicy cylindrów (1); (3) – korek z uszczelką, (4) – uszczelka gumowa, (5) – uszczelka pokrywy głowicy cylindrów.

Zamontowanie

• Zamontowanie odbywa się w kolejności odwrotnej do wymontowania. Wymienić uszczelkę pokrywy głowicy cylindrów i dokręcić śruby przemiennie na krzyż momentem **10 N • m**.
Uwaga. Ułożyć wiązkę przewodów elektrycznych w pokrywie głowicy cylindrów i sprawdzić, czy uszczelka gumowa między wiązką przewodów a pokrywą jest właściwie osadzona.

Wymontowanie i zamontowanie napinacza łańcucha

Napinacz łańcucha jest przykręcony po prawej stronie do głowicy cylindrów, w której znajduje się kanał doprowadzający pod ciśnieniem olej silnikowy do napinacza.

Wymontowanie

• **Silnik 111.951**. Wymontować filtr powietrza. Wymontować alternator.
• **Silnik 111.955**. Wymontować filtr powietrza z elementem nastawczym przesłony powietrza obiegowego. Wymontować sprężarkę. Przykryć alternator czystą szmatą.
• Odkręcić końcówkę (1, rys. M-1046) o jeden obrót, do czego jest potrzebny klucz do gniazd sześciokątnych o rozwartości 10 mm.
Uwaga. Po odkręceniu końcówki o jeden obrót jest konieczne w każdym wypadku wymontowanie napinacza łańcucha.
• Wykręcić napinacz łańcucha za zewnętrzny sześciokątny czop obudowy (7) z głowicy cylindrów.

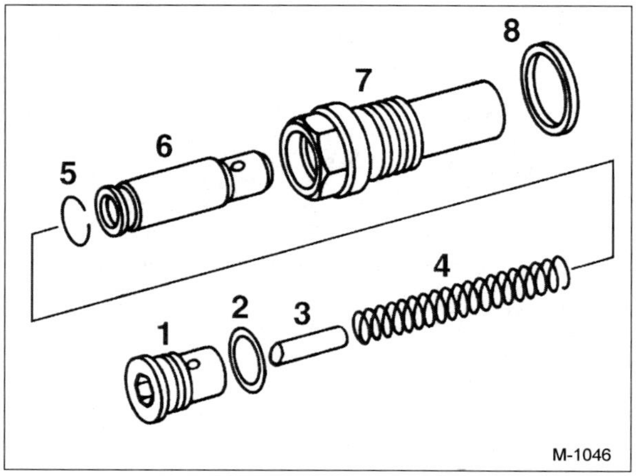

Rozkładanie

Uwaga. Po odkręceniu końcówki o jeden obrót jest konieczne wymontowanie, rozłożenie i złożenie napinacza łańcucha, ponieważ w przeciwnym wypadku łańcuch rozrządu byłby nadmiernie napięty.

- Wykręcić końcówkę (1) z pierścieniem uszczelniającym (2) z wymontowanego napinacza łańcucha.
- Wyjąć trzpień wypełniający (3) i sprężynę (4) z obudowy napinacza (7).
- Wycisnąć w przód sworzeń dociskowy (6) ze sprężyną ustalającą (5) z obudowy napinacza łańcucha (7).

Zamontowanie

- Wsunąć od tyłu sworzeń dociskowy (6) ze sprężyną ustalającą (5), aż będzie zrównany z przodu z obudową napinacza łańcucha (7).
- Wkręcić obudowę napinacza (7) ze sworzniem dociskowym, sprężyną ustalającą i pierścieniem uszczelniającym (8) w pokrywę obudowy rozrządu i dokręcić momentem **80 N · m**.
- Wsunąć sprężynę (4) i trzpień wypełniający (3).
- Wkręcić końcówkę (1) z nowym pierścieniem uszczelniającym (2) w obudowę napinacza łańcucha (7), co powoduje ściśnięcie sprężyny. Dokręcić śrubę momentem **40 N · m**.

Uwaga. W celu ułatwienia zamontowania przykleić pierścień uszczelniający niewielką ilością smaru do końcówki.

- Dalsze zamontowanie odbywa się w kolejności odwrotnej do wymontowania.

Sprawdzanie i regulacja podstawowego położenia wałków rozrządu

Sprawdzanie

- Wymontować pokrywę głowicy cylindrów (patrz odpowiedni opis).
- Ustawić tłok 1. cylindra **25° ± 2°** za GMP (górnym martwym położeniem) suwu sprężania, równocześnie krzywki 1. cylindra na wałku rozrządu zaworów dolotowych powinny być skierowane ukośnie w górę.
- Sprawdzić podstawowe położenie wałka rozrządu zaworów dolotowych. W tym celu sprawdzić, czy jest możliwe włożenie trzpienia ustalającego (1, rys. M-10171) przez otwór w przedniej pokrywie łożyska wałka rozrządu w otwór w kołnierzu wałka rozrządu. Jeśli nie można włożyć trzpienia ustalającego, ustalić odchylenie w stopniach obrotu wału korbowego i w razie potrzeby wyregulować podstawowe położenie wałka rozrządu.

Silnik z regulacją kątów rozrządu. Ograniczniki na obwodzie koła wałka rozrządu zaworów dolotowych (2) powinny znajdować się w położeniu „opóźnienie" (ogranicznik w wycięciach kołnierza w kierunku obrotów wałka rozrządu) (strzałka górna na rys. M-10171).

Uwaga. W razie wadliwego zamontowania łańcucha rozrządu, jeśli na przykład łańcuch zostanie przesunięty o jeden ząb, wartość kąta rozrządu zmienia się o około 20° obrotu wału korbowego.

- Usunąć trzpień ustalający.

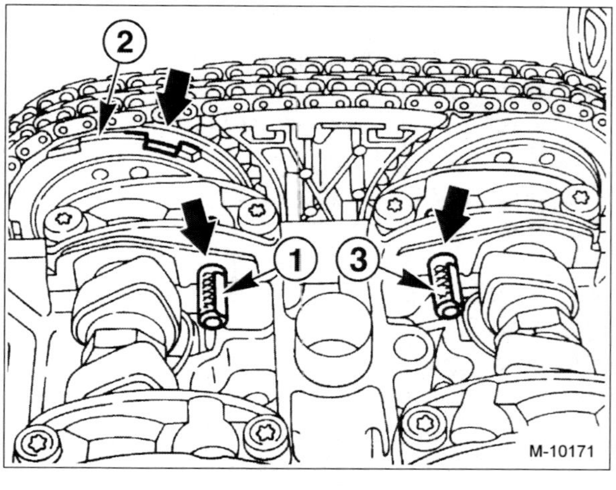

• Ustawić tłok 1. cylindra **28° ± 2°** za GMP suwu sprężania, równocześnie krzywki 1. cylindra na wałku rozrządu zaworów wylotowych powinny być skierowane ukośnie w górę.

• Sprawdzić podstawowe położenie wałka rozrządu zaworów wylotowych. W tym celu sprawdzić, czy jest możliwe włożenie trzpienia ustalającego (3, rys. M-10171) przez otwór w przedniej pokrywie łożyska wałka rozrządu w otwór w kołnierzu wałka rozrządu. Jeśli nie można włożyć trzpienia ustalającego, ustalić odchylenie w stopniach obrotu wału korbowego i w razie potrzeby wyregulować podstawowe położenie wałka rozrządu.

Uwaga. W razie wadliwego zamontowania łańcucha rozrządu, jeśli na przykład łańcuch zostanie przesunięty o jeden ząb, wartość kąta rozrządu zmienia się o około 20° obrotu wału korbowego.

• Usunąć trzpień ustalający.

Regulacja położenia podstawowego

• Pokrywa głowicy cylindrów jest wymontowana.

• Obrócić wał korbowy w kierunku zgodnym z obrotami silnika podczas pracy i ustawić tłok 1. cylindra **20°** za GMP suwu sprężania.

• Wymontować przednią osłonę, patrz rys. M-1050.

• Wymontować napinacz łańcucha (patrz odpowiedni opis).

• Wymontować górną listwę ślizgową.

• Wymontować koło wałka rozrządu zaworów wylotowych, przytrzymując wałek za czop sześciokątny. Zdjąć koło wałka rozrządu.

• Obrócić wałek rozrządu zaworów wylotowych w położenie podstawowe. Krzywki na wałku rozrządu zaworów wylotowych 1. cylindra powinny być skierowane ukośnie w górę. Włożyć trzpień ustalający (3) przez otwór w przedniej pokrywie łożyska wałka rozrządu w otwór w kołnierzu wałka rozrządu.

• Unieść łańcuch rozrządu z koła wałka rozrządu zaworów dolotowych.

• Obrócić wałek rozrządu zaworów dolotowych w położenie podstawowe. Krzywki na wałku rozrządu zaworów dolotowych 1. cylindra powinny być skierowane ukośnie w górę. Włożyć trzpień ustalający (1) przez otwór w przedniej pokrywie łożyska wałka rozrządu w otwór w kołnierzu wałka rozrządu.

Silnik z regulacją kątów rozrządu. Ograniczniki na obwodzie koła wałka rozrządu zaworów dolotowych (2) powinny znajdować się w położeniu „opóźnienie" (ogranicznik w wycięciach kołnierza w kierunku obrotów wałka rozrządu) (strzałka górna na rys. M-10171).

• Nałożyć łańcuch rozrządu na koło wałka rozrządu zaworów dolotowych i górną listwę ślizgową.

• Włożyć koło wałka rozrządu zaworów wylotowych w łańcuch rozrządu i przykręcić do wałka rozrządu nową śrubą z łbem kołnierzowym momentem **20 N • m**. Obrócić dalej śrubę kluczem sztywnym o **90°**.

• Wyjąć trzpienie ustalające.

• Zamontować napinacz łańcucha (patrz odpowiedni opis).

• Obrócić wał korbowy dwa razy w kierunku zgodnym z obrotami silnika podczas pracy i sprawdzić ponownie położenie podstawowe wałków rozrządu. W razie potrzeby powtórzyć regulację.

• Zamontować osłonę przednią (patrz odpowiedni opis).

• Zamontować pokrywę głowicy cylindrów (patrz odpowiedni opis).

Wymontowanie i zamontowanie paska wieloklinowego

Pasek wieloklinowy sprężarki

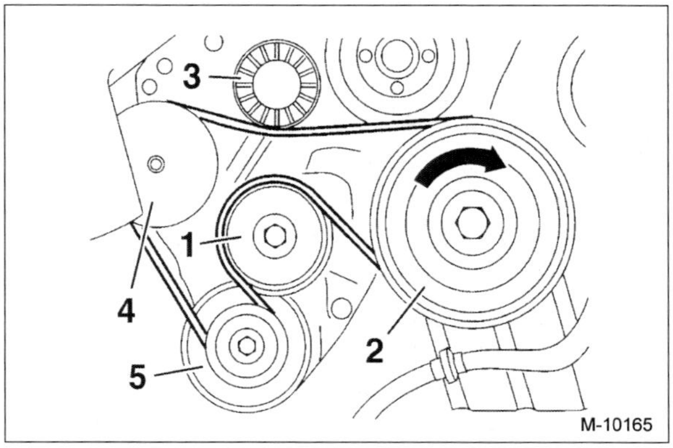

UŁOŻENIE PASKA WIELOKLINOWEGO SPRĘŻARKI W SILNIKU 111
1 – rolka napinająca, 2 – wał korbowy, 3 – rolka kierunkowa, 4 – sprężarka, 5 – alternator

Wymontowanie

• Wymontować chwyt powietrza lub filtr powietrza w zależności od rodzaju silnika.
• Zwolnić naciąg paska wieloklinowego. W tym celu osadzić klucz Torx E10 na czopie (4, rys. M-1022) i odchylić w lewo ramię z rolką napinającą.
Uwaga. Nie odchylać ramienia rolki za nakrętkę mocującą rolkę.
• Zdjąć pasek wieloklinowy.
• Sprawdzić pasek wieloklinowy (patrz rozdz. „Obsługa samochodu").

Zamontowanie

• Nałożyć pasek wieloklinowy, zaczynając od rolki napinającej. Nałożyć pasek odpowiednio do kolejności cyfr na rysunku M--10165.

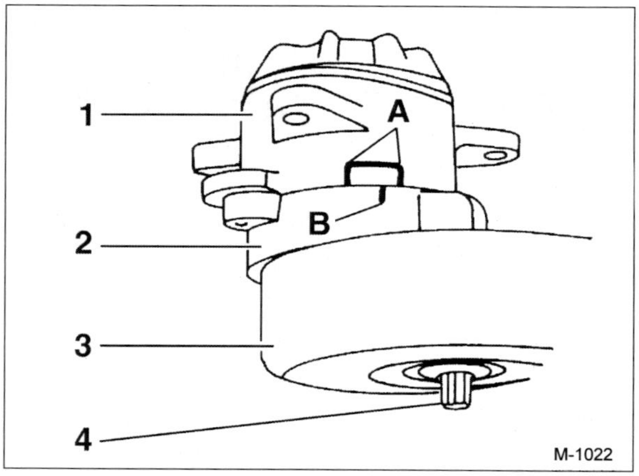

• Obracać powoli rolkę napinającą w kierunku ruchu wskazówek zegara, zapewniając przy tym właściwe ułożenie paska na kołach pasowych.
• Widoczne z dołu silnika oznaczenie położenia (B, rys. M-1022) powinno znajdować się w zakresie roboczym (A). Jeśli wykracza poza ten zakres, długość paska wieloklinowego jest nieodpowiedni lub urządzenie napinające jest uszkodzone; (1) – wspornik, (2) – ramię napinające, (3) – rolka napinająca, (4) – czop Torx E10.
• Zamontować chwyt powietrza lub filtr powietrza w zależności od rodzaju silnika.

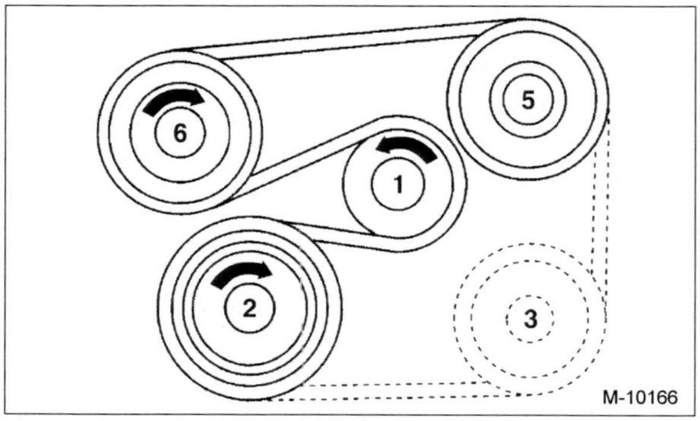

UŁOŻENIE PASKA WIELOKLINOWEGO NAPĘDU PODSTAWOWEGO W SILNIKU 111
1 – rolka napinająca, 2 – wał korbowy, 3 – sprężarka urządzenia klimatyzacyjnego, 5 – pompa urządzenia wspomagającego układ kierowniczy lub pompa tandem, 6 – pompa cieczy chłodzącej

Główny pasek wieloklinowy

Wymontowanie

• Wymontować pasek sprężarki.
• Zwolnić i zdjąć pasek wieloklinowy tak samo jak pasek sprężarki.

Zamontowanie

• Nałożyć pasek wieloklinowy odpowiednio do kolejności cyfr na rysunku M-10166 i wyregulować jego naciąg w taki sam sposób jak naciąg paska sprężarki.
• Zamontować pasek sprężarki.

SILNIK BENZYNOWY CZTEROCYLINDROWY 271

Wymontowanie i zamontowanie pokrywy głowicy cylindrów

Wymontowanie

• Zdjąć w górę osłonę silnika.
• Wymontować cewki zapłonowe (patrz „Układ zapłonowy").
• Odłączyć przewody odpowietrzające od pokrywy głowicy cylindrów.
• Odłączyć złącze wtykowe od czujnika Halla wałka rozrządu zaworów dolotowych.
• Wyjąć wiązkę przewodów cewek zapłonowych z pokrywy głowicy cylindrów.

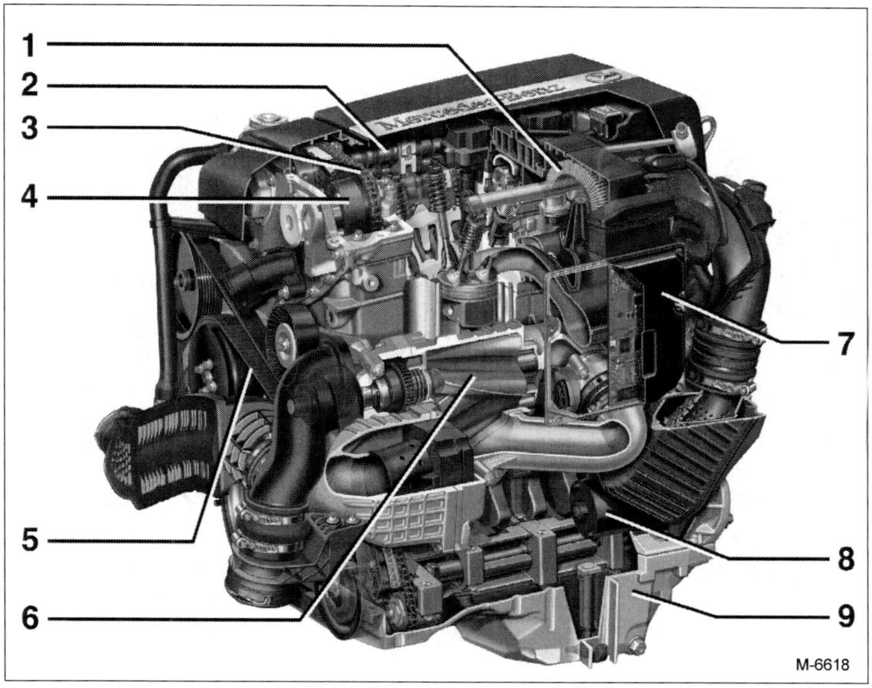

SILNIK BENZYNOWY CZTEROCYLINDROWY 271
1 – filtr powietrza,
2 – wałek rozrządu,
3 – łańcuch rozrządu,
4 – urządzenie sterujące zmiennymi kątami rozrządu,
5 – pasek wieloklinowy,
6 – sprężarka,
7 – sterownik silnika,
8 – rozrusznik,
9 – miska olejowa silnika

Uwaga. Zaznaczyć ułożenie przewodów, aby ułatwić zamontowanie.

• Wykręcić dwanaście śrub i zdjąć pokrywę głowicy cylindrów. Sprawdzić uszczelkę, czy nie jest uszkodzona i wymienić w razie potrzeby.

Zamontowanie

• Nałożyć uszczelkę pokrywy głowicy cylindrów.

• Osadzić pokrywę głowicy cylindrów i wkręcić ręcznie śruby mocujące do oporu.

• Ułożyć wiązkę przewodów cewek zapłonowych przy pokrywie głowicy cylindrów w położeniu jak przed wymontowaniem.

• Podłączyć złącze wtykowe czujnika Halla wałka rozrządu zaworów dolotowych.

• Osadzić przewody odpowietrzające na pokrywie głowicy cylindrów.

• Zamontować cewki zapłonowe i wkręcić śruby ręcznie (patrz „Układ zapłonowy").

• Dokręcić śruby mocujące w kolejności od 1 do 20 (rys. M-10172):

– śruby pokrywy głowicy cylindrów **9 N·m**,

– śruby cewek zapłonowych (3 – 10) **8 N·m**.

• Nałożyć z góry i docisnąć osłonę silnika.

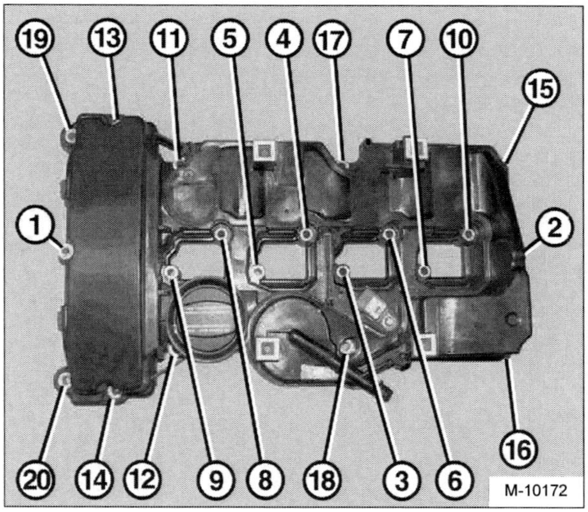

Sposób dokręcania głowicy cylindrów

• Zmierzyć długość śrub M10 głowicy cylindrów. Długość nowej śruby wynosi 165 mm. Po każdym dokręceniu śruba ulega trwałemu wydłużeniu. Gdy śruby mają długość 167,5 mm lub więcej, jest konieczna ich wymiana. Zaleca się każdorazowo stosować nowe śruby.

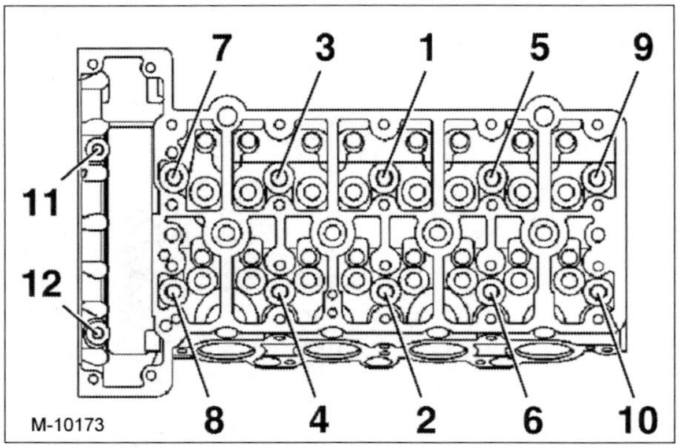

• Pokryć cienką warstwą oleju gwinty i powierzchnie oporowe łbów śrub głowicy cylindrów, Wkręcić śruby najpierw w podanej kolejności od 1 do 12 (rys. M-10173) aż oprą się o głowicę, potem dokręcić śruby M10 w kolejności od 1 do 10 w trzech etapach.

I etap: kluczem dynamometrycznym momentem **45 N • m**.

II etap: obrócić dalej sztywnym kluczem o **90°**.

III etap: obrócić dalej sztywnym kluczem o **90°**.

• Śruby głowicy cylindrów (11) i (12) przy pokrywie obudowy rozrządu dokręcić momentem **20 N • m**.

Podstawowe położenie wałków rozrządu

1. Znak GMP na kole pasowym wału korbowego pokrywa się ze znakiem odniesienia na obudowie rozrządu.
2. Znaki na nastawnikach kątów wałków rozrządu pokrywają się z trójkątnymi znakami na przednich łożyskach wałków rozrządu.

Momenty dokręcania pozostałych elementów

Ucho do podwieszania silnika do głowicy cylindrów .... **20 N • m**
Ucho do podwieszania silnika do pokrywy przedniej .... **9 N • m**
Pokrywa przednia do głowicy cylindrów .... **9 N • m**
Obudowa termostatu z przodu do głowicy cylindrów .... **9 N • m**
Rolka kierująca paska wieloklinowego do obudowy rozrządu ..... **20 N • m**
Śruba napinacza łańcucha .... **40 N • m**
Dolna część obudowy wałków rozrządu do głowicy cylindrów .... **14 N • m**
Górna część obudowy wałków rozrządu do głowicy cylindrów............... **10 N • m + 90°**
Kolektor wylotowy do głowicy cylindrów .... **16 N • m**

Wymontowanie i zamontowanie paska wieloklinowego

Wymontowanie

• Wymontować tłumik szmerów ssania (patrz odpowiedni opis).
• Zwolnić naciąg paska wieloklinowego. W tym celu włożyć wkładkę klucza Torx (A, rys. M-10174) w gniazdo rolki napinającej (5). Obrócić w lewo (strzałka) rolkę napinającą, zwalniając przez to naciąg paska wieloklinowego (B).
• Zdjąć pasek wieloklinowy.
• Obrócić powoli w prawo rolkę napinającą, aby ją zwolnić.
• Sprawdzić pasek wieloklinowy i koła pasowe, czy nie są zużyte lub uszkodzone (patrz rozdz. „Obsługa samochodu").

Zamontowanie

• Naprężyć rolkę napinającą wkładką klucza Torx i nałożyć pasek wieloklinowy na koła zgodnie z kolejnością od 1 do 8 (rys. M-10174).

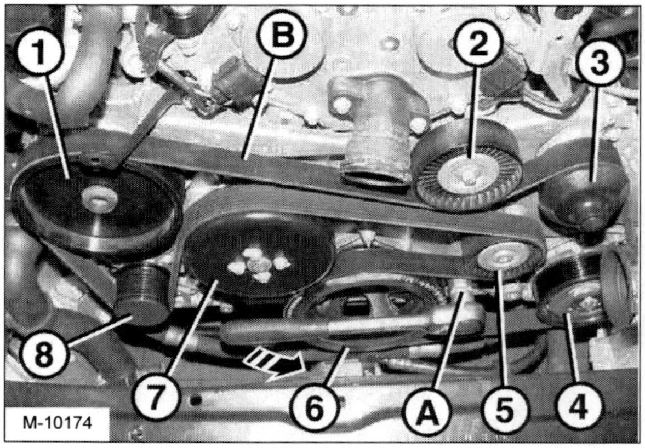

UŁOŻENIE PASKA WIELOKLINOWEGO SPRĘŻARKI W SILNIKU 271
1 – pompa urządzenia wspomagającego układ kierowniczy, 2 – rolka kierunkowa, 3 – sprężarka, 4 – sprężarka czynnika chłodniczego, 5 – rolka napinająca, 6 – wał korbowy, 7 – pompa cieczy chłodzącej, 8 – alternator

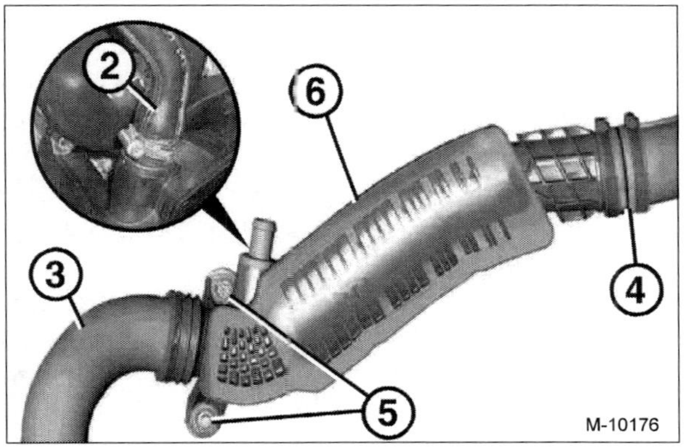

- Obrócić powoli rolkę napinającą w prawo, co powoduje naciągnięcie paska wieloklinowego.
- Zamontować tłumik szmerów ssania.

Wymontowanie i zamontowanie tłumika szmerów ssania

Tłumik szmerów ssania znajduje się z przodu przedziału silnika nad paskiem wieloklinowym i jego wymontowanie jest konieczne, aby uzyskać dostęp do paska wieloklinowego.

Wymontowanie

- Wymontować przewód powietrza dolotowego (1, rys. M-10175).
- Otworzyć opaskę giętkiego przewodu (2, rys. M-10176) i ściągnąć przewód z tłumika szmerów ssania (6).
- Odłączyć giętki przewód powietrza doładowującego (3) od tłumika szmerów ssania (6).
- Otworzyć opaskę przewodu giętkiego na elemencie łączącym z tłumikiem ciśnienia (4).
- Wykręcić śruby (5).
- Ściągnąć i wyjąć tłumik szmerów ssania (6).

Zamontowanie

- Zamontowanie odbywa się w kolejności odwrotnej do wymontowania. Przykręcić tłumik szmerów ssania momentem **14 N · m**.

SILNIK BENZYNOWY SZEŚCIOCYLINDROWY 112

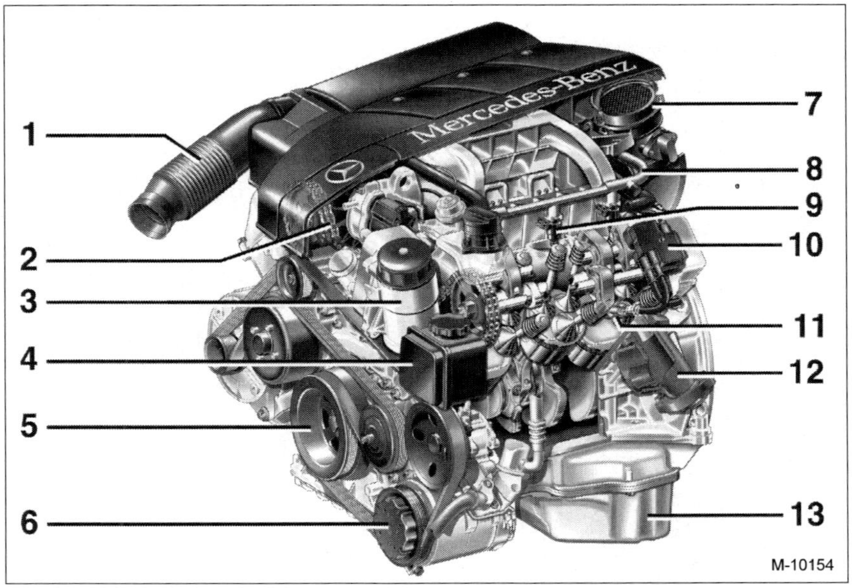

SILNIK BENZYNOWY SZEŚCIOCYLINDROWY 112
1 – giętki przewód dolotowy powietrza, 2 – łańcuch rozrządu, 3 – filtr oleju, 4 – zbiornik urządzenia wspomagającego układ kierowniczy, 5 – koło pasowe na wale korbowym, 6 – sprężarka urządzenia klimatyzacyjnego, 7 – przepływomierz powietrza, 8 – kolektor paliwa, 9 – wtryskiwacz, 10 – cewka zapłonowa, 11 – świeca zapłonowa, 12 – kolektor wylotowy, 13 – miska olejowa
Uwaga. Na rysunku pokazano silnik 3,2 dm^3.

Uwaga. W rozdziale tym podano tylko dodatkowe opisy czynności do poszczególnych podrozdziałów.

Wymontowanie i zamontowanie głowicy cylindrów

Wymontowanie

- Wyciągnąć pionowo w górę osłonę silnika lub filtr powietrza z pokrywy głowicy cylindrów.
- Nie wolno rozkładać przewodów powietrza dolotowego.
- Zablokować urządzenie napinające paska wieloklinowego trzpieniem o średnicy 5 mm.
- Obrócić wał korbowy w kierunku zgodnym z obrotami silnika podczas pracy i ustawić tłok 1. cylindra 40° za położeniem GMP suwu sprężania. Wpusty na wałkach rozrządu powinny być skierowane ukośnie do wewnątrz.
- Odchylić alternator, aby umożliwić wymontowanie napinacza łańcucha. W tym celu wykręcić górną śrubę i poluzować dolną śrubę.
- Przywiązać łańcuch rozrządu do prawego koła wałka rozrządu za pomocą opaski do mocowania przewodów. Oznakować położenie lewego koła wałka rozrządu w stosunku do łańcucha rozrządu. Nie jest możliwy przeskok łańcucha rozrządu na wale korbowym i wale wyrównawczym.
- Uwzględnić różne długości śrub mocujących pokrywy łożysk wałków rozrządu. Oznakować położenie tych śrub.
- Odkręcić cztery śruby (a, rys. M-10167) i (b) mocujące głowicę cylindrów przy pokrywie obudowy rozrządu.
- Wykręcić śruby głowicy cylindrów w podanej kolejności od 1 do 8 (rys. M-10167) za pomocą wkładki klucza do gniazd Torx. „Z1" do „Z6" oznaczają cylindry od 1. do 6. Strzałka wskazuje kierunek jazdy.

Zamontowanie

- Przykręcić śruby głowicy cylindrów w podanej kolejności od 1 do 8 (rys. M-1059) w czterech etapach.

I etap: kluczem dynamometrycznym momentem **20 N·m**.

II etap: kluczem dynamometrycznym momentem **50 N·m**.

III etap: obrócić dalej sztywnym kluczem o **65°**.

IV etap: obrócić dalej sztywnym kluczem o **65°**.

Uwaga. Jeśli zostanie przekroczony przez nieuwagę moment dokręcania śruby głowicy cylindrów, należy wykręcić śrubę. Sprawdzić długość trzpienia śruby, którą dokręcono zbyt dużym momentem i wymienić śrubę, jeśli to konieczne. Długość trzpienia śruby nie powinna przekraczać 144,5 mm. Ponownie dokręcić śrubę, zaczynając od etapu pierwszego.

Wymiary śrub:

śruby głowicy cylindrów ....M11 × 141,5;
śruby z podkładkami (a)..................M8 × 50;
śruby z podkładkami (b).................M8 × 30.

- Przykręcić głowicę cylindrów czterema śrubami (a) i (b) momentem **20 N·m** do pokrywy obudowy rozrządu. Strzałka wskazuje kierunek jazdy.

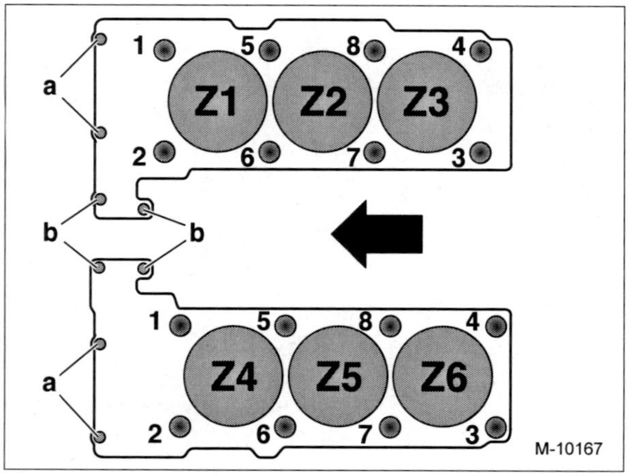

M-10167

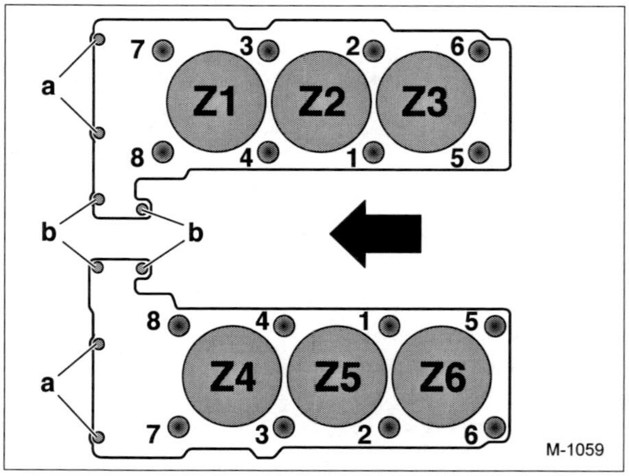

M-1059

Momenty dokręcania pozostałych elementów

Koło wałka rozrządu .... **50 N·m + 90°**
Przewód dopływowy paliwa do kolektora paliwa .... **38 N·m**
Rura wylotowa do kolektora............. **20 N·m**
Pokrywa głowicy cylindrów .... **10 N·m**
Kolektor dolotowy .... **20 N·m**
Napinacz łańcucha (nie jest potrzebne jego rozkładanie, wymienić uszczelkę).... **80 N·m**
Koła wałków rozrządu .... **50 N·m + 90°**

Sposób dokręcania pokryw łożysk wałków rozrządu

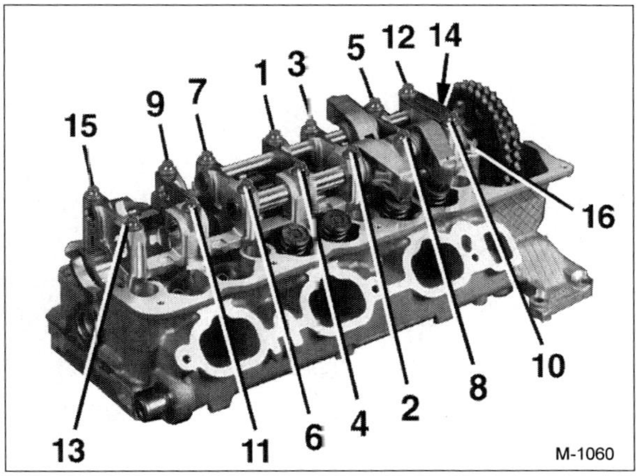

• Dokręcić stopniowo pokrywy łożysk wałków rozrządu w podanej kolejności (rys. M-1060).

Momenty dokręcania:

śruba M7 × 45................................ **15 N·m,**
śruba M7 × 84 .... **10 N·m + 90°.**

Podstawowe położenie wałków rozrządu

Kąty rozrządu

Cztery nakładki miedziane łańcucha rozrządu ułatwiają jego nakładanie podczas zamontowania. Jeśli cztery nakładki miedziane pokrywają się równocześnie ze znakami na poszczególnych kołach łańcuchowych, wał korbowy znajduje się w położeniu odpowiadającym ustawieniu tłoka 1. cylindra 40° za górnym martwym położeniem (GMP) suwu sprężania.

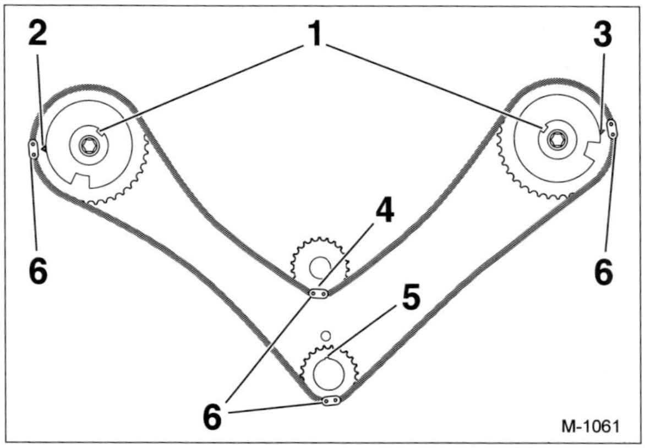

PODSTAWOWE POŁOŻENIE WAŁKÓW ROZRZĄDU SILNIKA 112

1 – wpust w wałku rozrządu, 2 – znak na prawym kole wałka rozrządu, 3 – znak na lewym kole wałka rozrządu, 4 – znak na kole łańcuchowym wałka wyrównawczego, 5 – wpust w wale korbowym, 6 – nakładka miedziana.

Wymontowanie i zamontowanie paska wieloklinowego

Wymontowanie

• Zwolnić naciąg paska wieloklinowego.
• **Wariant 1.** Osadzić klucz Torx na środkowej śrubie dwustronnej rolki napinającej.

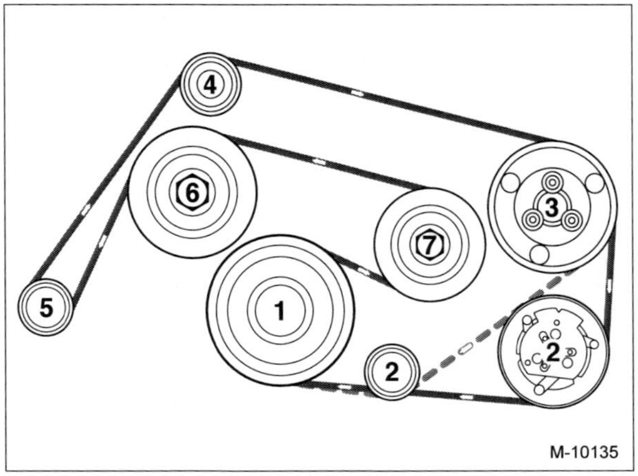

UŁOŻENIE PASKA WIELOKLINOWEGO W SILNIKU 112

1 – wał korbowy, 2 – rolka kierunkowa druga lub sprężarka urządzenia klimatyzacyjnego, 3 – pompa urządzenia wspomagającego układ kierowniczy, 4 – rolka kierunkowa pierwsza, 5 – alternator, 6 – pompa cieczy chłodzącej, 7 – rolka napinająca

• **Wariant 2.** Osadzić klucz płaski na czopie sześciokątnym nad rolką napinającą.
• Odchylić w lewo urządzenie napinające i zablokować je trzpieniem o średnicy 5 mm, wsuwając trzpień przez otwór w urządzenie napinające.

Zamontowanie

• Nałożyć pasek wieloklinowy, rozpoczynając od rolki napinającej. Nałożyć pasek odpowiednio do kolejności cyfr na rys. M-10135.
• Obrócić rolkę napinającą nieco w lewo i wyjąć trzpień blokujący. Obrócić powoli rolkę napinającą w prawo, zapewniając przy tym właściwe ułożenie paska na kołach pasowych.

SILNIKI WYSOKOPRĘŻNE 611, 612 i 646

Wymontowanie i zamontowanie dolnej osłony przedziału silnika

Wymontowanie

Ostrzeżenie. *Podczas unoszenia samochodu może zdarzyć się wypadek i dlatego należy przestrzegać zasad unoszenia i podpierania samochodu opisanych w rozdz. „Zabiegi konserwacyjne i pomocnicze".*

• Unieść i podeprzeć samochód.

Odkręcić sześć śrub (strzałki na rys. M-10158) mocujących przednią osłonę (1) i zdjąć osłonę w dół.
• Odkręcić (strzałki) sześć śrub mocujących tylną osłonę (2) i zdjąć osłonę w dół.

Zamontowanie

• Osadzić i przykręcić najpierw tylną, potem przednią osłonę.
• Opuścić samochód.

Wymontowanie i zamontowanie górnej osłony silnika

Wymontowanie

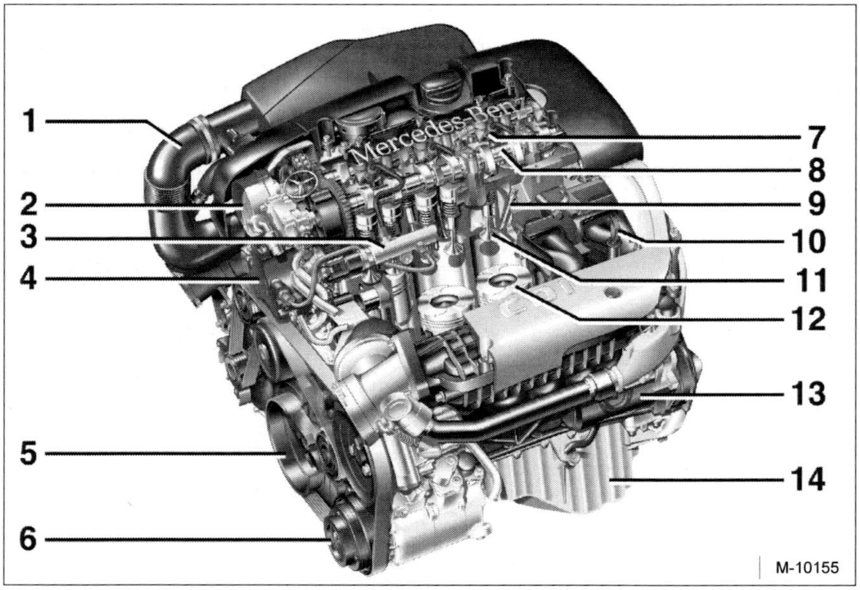

SILNIK WYSOKOPRĘŻNY 611, 612 i 646
1 – przewód powietrza doładowującego, 2 – pompa podciśnieniowa, 3 – Common-Rail (zasobnik paliwa), 4 – pompa wysokiego ciśnienia, 5 – koło pasowe na wale korbowym, 6 – sprężarka urządzenia klimatyzacyjnego, 7 – wtryskiwacz, 8 – wałek rozrządu, 9 – świeca żarowa, 10 – wskaźnik prętowy poziomu oleju, 11 – zawór, 12 – tłok, 13 – rozrusznik, 14 – miska olejowa
Uwaga. Na rysunku pokazano silnik 611 o pojemności skokowej 2,2 dm^3.

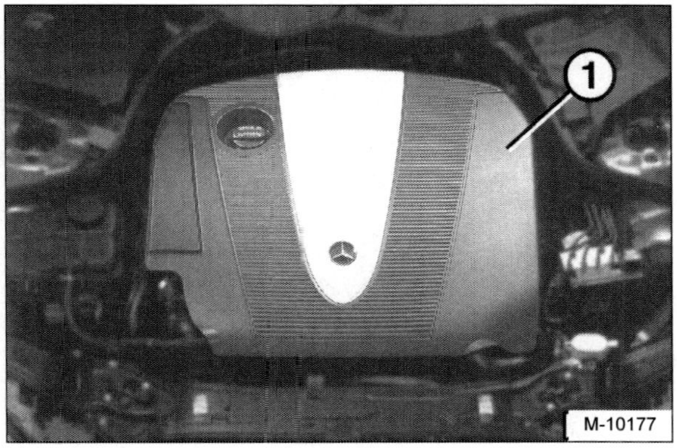

• **Silnik 646.** Chwycić górną osłonę silnika (1, rys. M-10177) z lewej i prawej strony oraz ściągnąć pionowo w górę.
• Wykręcić śruby (3 i 5, rys. M-10136).
• Wyciągnąć w bok osłonę (2) przewodu rozdzielającego powietrze doładowujące.
• Zdjąć osłonę (1) pokrywy głowicy cylindrów; (4) – gumowe elementy oporowe.

Zamontowanie

• Nałożyć górne osłony silnika tak, aby nie zostały zaciśnięte żadne przewody.
• Wprowadzić ucha osłony (2) w gumowe elementy oporowe (4).
• Przykręcić osłony. Moment dokręcania w silnikach 611 i 612 – **10 N·m**, w silniku 646 – **9 N·m**.
• **Silnik 646.** Osadzić górną osłonę silnika i docisnąć, nie powodując przy tym zaciśnięcia żadnego przewodu.

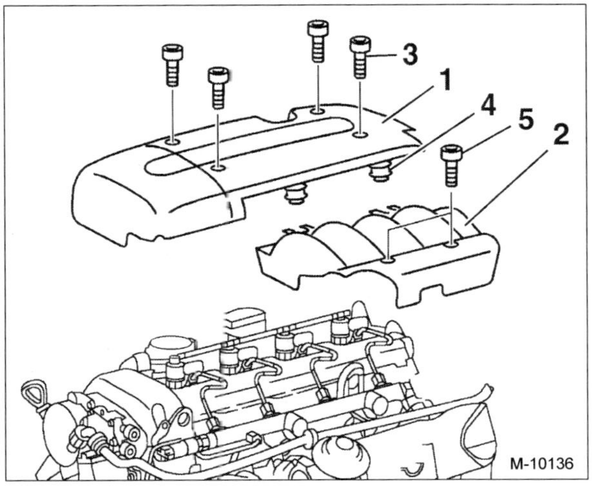

Ustawianie tłoka 1. cylindra w GMP suwu sprężania

• Wymontować pokrywę głowicy cylindrów (patrz odpowiedni opis).
• Ustawić tłok 1. cylindra w GMP suwu sprężania. W tym celu ustawić dźwignię zmiany biegów w położeniu neutralnym i obrócić wał korbowy za pomocą klucza nasadowego za środkową śrubę koła pasowego w kierunku zgodnym z kierunkiem jego obrotów podczas pracy silnika, zgodnie z ruchem wskazówek zegara, aż znaki „OT" pokryją się.
• Znak „OT" na kole pasowym wału korbowego powinien znaleźć się poniżej wskazówki (strzałka na rys. M-1085).

Uwaga. Nie obracać wału korbowego w przeciwnym kierunku. Nie wolno powodować zmiany położenia wału korbowego przez obracanie koła wałka rozrządu za śrubę mocującą.

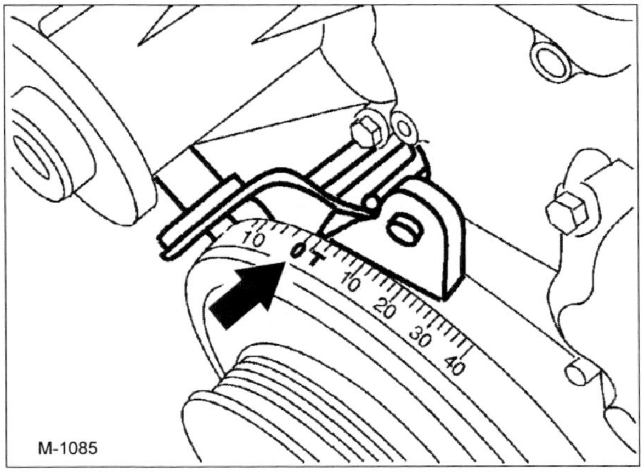

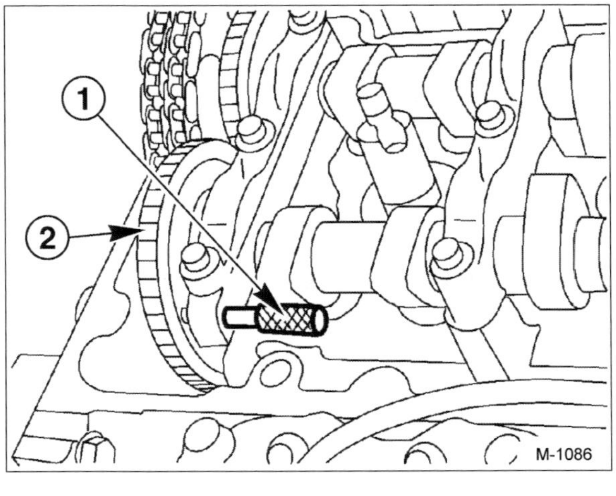

• W tym położeniu powinno być możliwe wprowadzenie odpowiedniego trzpienia ustalającego (1, rys. M-1086) przez pokrywę pierwszego łożyska wałków rozrządu w otwór koła wałka rozrządu zaworów dolotowych (2). W przeciwnym razie obrócić dalej wał korbowy o pełny obrót i włożyć trzpień.
• **Silnik 646.** Znaki na wałkach rozrządu powinny pokrywać się ze znakami na pokrywach łożysk wałków rozrządu 3. cylindra.
• Wyjąć trzpień ustalający.
• Zamontować pokrywę głowicy cylindrów (patrz odpowiedni opis).

Wymontowanie i zamontowanie pokrywy głowicy cylindrów

Wymontowanie

• Wymontować górne osłony silnika (patrz odpowiedni opis).
• Wymontować obudowę filtru powietrza (patrz „Obwody doprowadzenia paliwa i powietrza").
• **Silnik 611 i 612.** Odłączyć giętki przewód odpowietrzania skrzyni korbowej.
• **Silnik 646.** Wykręcić sześć śrub i wyjąć osłonę termiczną.
• Odłączyć złącze wtykowe od czujnika Halla wałka rozrządu.
• **Silnik 611 i 612.** Odłączyć złącze wtykowe od elektrycznego zaworu odcinającego.
• Odkręcić od pokrywy głowicy cylindrów i odłożyć osłonę przewodów elektrycznych.
• Wymontować wtryskiwacze (patrz „Układ wtryskowy silnika wysokoprężnego").
• Odkręcić i zdjąć pokrywę głowicy cylindrów.
• Wyjąć i wymienić uszczelkę zewnętrzną i cztery uszczelki wewnętrzne.

Zamontowanie

• Osadzić pokrywę głowicy cylindrów z nowymi uszczelkami, nie dokręcając jej.
Uwaga. Śruby pokrywy głowicy cylindrów należy dokręcić po zamontowaniu wtryskiwaczy.
• Zamontować wtryskiwacze (patrz „Układ wtryskowy silnika wysokoprężnego").
• Dokręcić pokrywę głowicy cylindrów momentem **9 N·m**.
• Przykręcić osłonę przewodów elektrycznych do pokrywy głowicy cylindrów.
Uwaga. W celu zamontowania osłony przewodów jest konieczne ponowne wymontowanie przewodów wysokiego ciśnienia.
• Zamontować przewody wysokiego ciśnienia (patrz „Układ wtryskowy silnika wysokoprężnego").
• **Silnik 611 i 612.** Podłączyć złącza wtykowe do elektrycznego zaworu odcinającego.
• Podłączyć złącze wtykowe czujnika Halla wałka rozrządu.
• **Silnik 646.** Przykręcić osłonę termiczną sześcioma śrubami
• **Silnik 611 i 612.** Podłączyć giętki przewód odpowietrzania skrzyni korbowej.
• Zamontować obudowę filtru powietrza.
• Zamontować górne osłony silnika (patrz odpowiedni opis).

Wymontowanie i zamontowanie głowicy cylindrów

Uwaga. Ponieważ właściwe wykonanie opisanych poniżej czynności wymaga pewnego doświadczenia, podano tylko najważniejsze zalecenia z myślą o wykwalifikowanym mechaniku. Czynności wymontowania głowicy cylindrów silnika 646 nieco różnią się i nie zostały opisane.

Wymontowanie

• Wymontować obudowę filtru przeciwpyłowego i odłączyć przewód masy (–) od akumulatora, gdy zapłon jest wyłączony.
Uwaga. Przed odłączeniem akumulatora należy koniecznie ustalić kod zabezpieczający radioodbiornik przed kradzieżą, jeśli taki kod jest zastosowany. Przestrzegać zaleceń podanych w podrozdziale „Wymontowanie i zamontowanie akumulatora".

> ***Ostrzeżenie.*** *Podczas unoszenia samochodu może zdarzyć się wypadek i dlatego należy przestrzegać zasad unoszenia i podpierania samochodu opisanych w rozdz. „Zabiegi konserwacyjne i pomocnicze".*

• Unieść i podeprzeć samochód.
• Wymontować dolną osłonę przedziału silnika (patrz odpowiedni opis).
• Zlać ciecz chłodzącą (patrz „Układ chłodzenia").

• Odłączyć elektryczne złącze wtykowe od alternatora.
• Odkręcić turbosprężarkę od dolnego wspornika.
• Odłączyć złącze wtykowe od czujnika ciśnienia oleju.
• Wymontować górne osłony silnika (patrz odpowiedni opis).
• Wymontować filtr powietrza (patrz „Obwody doprowadzenia paliwa i powietrza").
• Odkręcić z tyłu głowicy cylindrów z prawej strony wspornik rurki prowadzącej wskaźnik poziomu oleju w skrzynce biegów.
• Odłączyć od głowicy cylindrów złącza wtykowe świec żarowych, czujnika temperatury cieczy chłodzącej, czujnika ciśnienia w zasobniku paliwa wysokiego ciśnienia i zaworu regulacyjnego ciśnienia.
• Odkręcić od głowicy cylindrów przewód masy w pobliżu elektrycznego zaworu odcinającego.
• Odkręcić od głowicy cylindrów wspornik przewodów elektrycznych w pobliżu zaworu regulacyjnego ciśnienia.
• Wymontować obudowę termostatu (patrz „Układ chłodzenia").
• Wymontować wtryskiwacze (patrz „Układ wtryskowy silnika wysokoprężnego").
• Wymontować pokrywę głowicy cylindrów (patrz odpowiedni opis).
• Wymontować napinacz łańcucha (patrz odpowiedni opis).
• Ustawić tłok 1. cylindra w GMP suwu sprężania (patrz odpowiedni opis).
Uwaga. Nie należy obracać wału korbowego w przeciwnym kierunku. Nie wolno powodować zmiany położenia wału korbowego przez obracanie koła wałka rozrządu za śrubę mocującą.
• Wymontować przednią osłonę głowicy cylindrów (patrz odpowiedni opis).
• **Silnik 611 i 612.** Wymontować górną listwę ślizgową (patrz odpowiedni opis).
• Wymontować wałki rozrządu (patrz odpowiedni opis).
• Zdjąć obudowę wałków rozrządu.
• Wymontować pompę wysokiego ciśnienia (patrz „Układ wtryskowy silnika wysokoprężnego").
• Wymontować koło pośrednie (patrz odpowiedni opis).
• Wymontować przewód rozdzielający powietrza doładowującego.
• Odłączyć przewód dopływowy oleju od turbosprężarki.
• Wymontować przewód cieczy chłodzącej na alternatorze.
• Odkręcić katalizator wstępny od kadłuba silnika.
• Odkręcić turbosprężarkę od kolektora wylotowego.
Uwaga. Kolektor wylotowy pozostaje zamontowany na głowicy cylindrów.
• Wykręcić śruby głowicy cylindrów przy pokrywie obudowy rozrządu.
• Wykręcić śruby głowicy cylindrów w kolejności odwrotnej do numeracji na rysunkach od 12 do 1 (silnik 4-cylindrowy, rys. M-10156) lub od 14 do 1 (silnik 5-cylindrowy, rys. M-10157). Wszystkie śruby należy najpierw poluzować o ½ obrotu, a potem wykręcić je całkowicie.
• Zdjąć głowicę cylindrów, korzystając z pomocy drugiej osoby. W stacji obsługi głowica cylindrów jest unoszona wciągnikiem lub suwnicą warsztatową. W tym celu zaczepić zawiesia wciągnika za dwa ucha do podnoszenia i za kolektor wylotowy.

Zamontowanie

Przed zamontowaniem oczyścić odpowiednim skrobakiem głowicę cylindrów i kadłub silnika z resztek uszczelki. Uważać, aby do otworów nie wpadły żadne zanieczyszczenia. Zaślepić otwory szmatkami, które należy usunąć po oczyszczeniu powierzchni głowicy cylindrów i kadłuba silnika.
• Sprawdzić płaskość głowicy cylindrów i kadłuba silnika stalowym liniałem w kierunku wzdłużnym i poprzecznym. Obrobić głowicę w razie potrzeby (praca wykonywana w warsztacie).
• Sprawdzić, czy głowica cylindrów nie ma pęknięć, a gładzie cylindrowe wyżłobień.
• Oczyścić starannie otwory w głowicy cylindrów z oleju i innych pozostałości. Przedmuchać otwory sprężonym powietrzem lub owinąć wkrętak nasiąkliwą szmatką i usunąć olej.

Uwaga. Otwory przeznaczone na śruby głowicy muszą być wolne od oleju i resztek cieczy chłodzącej, w przeciwnym razie podczas wkręcania nowych śrub wzrasta ciśnienie, które może spowodować pęknięcie kadłuba silnika lub dokręcenie śrub niewłaściwym momentem.

- Wymienić każdorazowo uszczelkę głowicy cylindrów.
- Nałożyć nową uszczelkę bez środka uszczelniającego w taki sposób, aby żaden otwór w kadłubie silnika nie został przykryty.
- Osadzić głowicę cylindrów przy pomocy drugiej osoby. Uważać, aby głowica cylindrów nie została ustawiona skośnie podczas osadzania.

Uwaga. Głowica cylindrów jest osiowana na kadłubie silnika kołkami ustalającymi.

- Zmierzyć długość śrub głowicy cylindrów. Długość nowych śrub (L, rys. M-1078) wynosi 102 mm. Podczas każdego dokręcania śruby ulegają trwałemu wydłużeniu. Śruby o długości 104 mm lub większej należy koniecznie wymienić.
- Pokryć cienką warstwą oleju silnikowego gwinty i powierzchnie oporowe łbów śrub głowicy cylindrów, wkręcić śruby ręcznie, aż oprą się o głowicę.

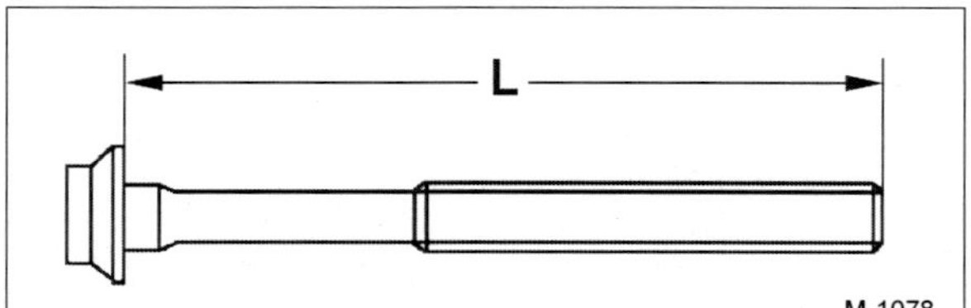

M-1078

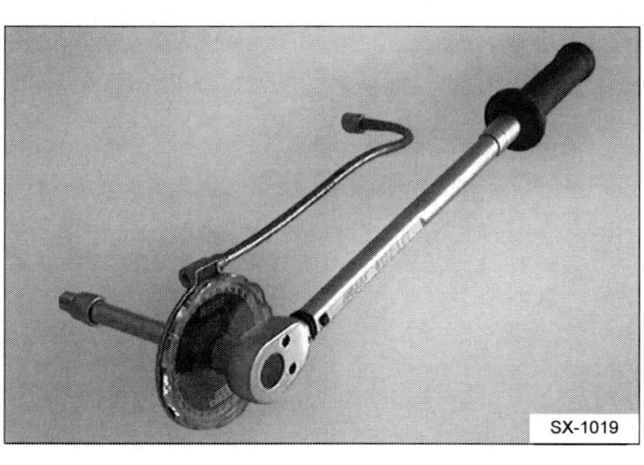
SX-1019

Uwaga. Śruby głowicy cylindrów należy dokręcać z dużą starannością. Przed dokręcaniem śrub sprawdzić dokładność wskazań klucza dynamometrycznego. Dokręcanie śrub o wymagany kąt ułatwia tarcza kątowa, na przykład Hazet 6690 (rys. SX-1019). Aby nie obciążać klucza dynamometrycznego dużym momentem, należy stosować tarczę kątową razem ze sztywnym kluczem.

Uwaga. Jeśli nie dysponuje się tarczą kątową, należy orientacyjnie określić kąt obrotu. W tym celu osadzić sztywny klucz tak, aby jego ramię było ustawione wzdłuż silnika i obrócić go jednym ruchem, aż ramię będzie prostopadłe do silnika.

Silnik 4-cylindrowy 611 i 646

- Dokręcić śruby głowicy cylindrów w trzech etapach w podanej kolejności od 1 do 10 (rys. M-10156).

I etap: kluczem dynamometrycznym momentem **60 N • m**.
II etap: obrócić dalej sztywnym kluczem o **90°**.
III etap: obrócić dalej sztywnym kluczem o **90°**.

- Dokręcić śruby typu Torx (11 i 12) głowicy cylindrów przy pokrywie obudowy rozrządu momentem **20 N • m**.

Silnik 5-cylindrowy 612

- Dokręcić śruby głowicy cylindrów w pięciu etapach (rys. M-10157).

I etap: śruby M12 od 1 do 12 kluczem dynamometrycznym momentem **60 N • m**.
II etap: śruby M8 13 i 14 kluczem dynamometrycznym momentem **20 N • m**.
III etap: śruby od 1 do 12 obrócić sztywnym kluczem o **90°**.

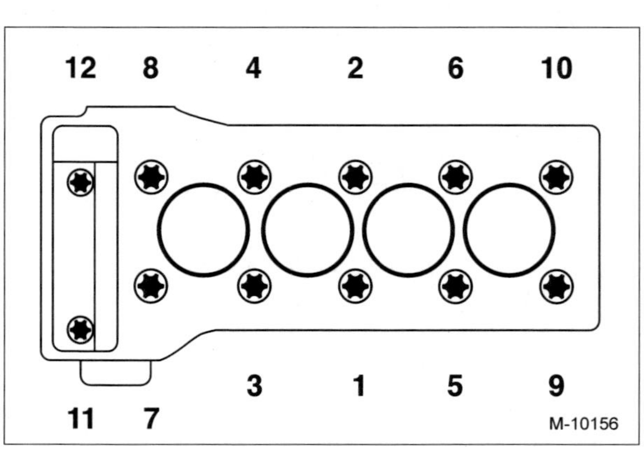

M-10156

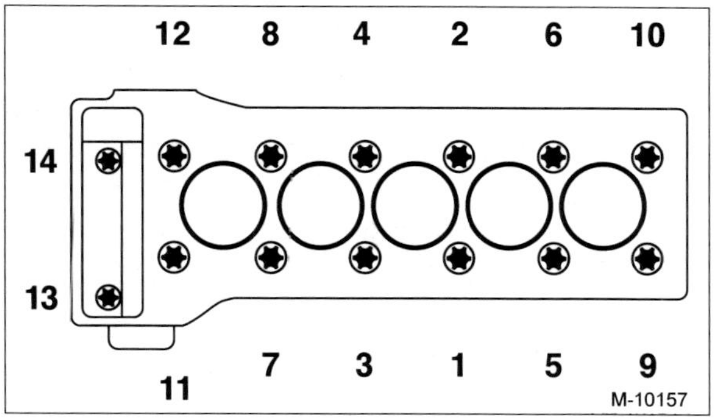

IV etap: śruby 13 i 14 sprawdzić kluczem dynamometrycznym momentem **20 N • m**.

V etap: śruby od 1 do 12 obrócić sztywnym kluczem o **90°**.

- Dokręcić turbosprężarkę do kolektora wylotowego momentem **30 N • m**.
- Przykręcić katalizator wstępny do kadłuba silnika.
- Zamontować przewód cieczy chłodzącej na alternatorze.
- Przykręcić przewód dopływowy oleju z nowymi uszczelkami do turbosprężarki momentem **30 N • m** (**silnik 646: 18 N • m**) i do głowicy cylindrów momentem **22 N • m** (**silnik 646: 9 N • m**).
- Zamontować przewód rozdzielający powietrza doładowującego.
- Zamontować koło pośrednie (patrz odpowiedni opis).
- Zamontować pompę wysokiego ciśnienia. Przykręcić przewód tłoczny do pompy wysokiego ciśnienia i zasobnika paliwa momentem **22 N • m** (**silnik 646: 11 N • m + 70°**).
- Osadzić obudowę wałków rozrządu.
- Zamontować wałki rozrządu (patrz odpowiedni opis).
- Zamontować górną listwę ślizgową (patrz odpowiedni opis).
- Zamontować przednią osłonę głowicy cylindrów (patrz odpowiedni opis).
- Zamontować napinacz łańcucha z nowym pierścieniem uszczelniającym (patrz odpowiedni opis).
- Zamontować pokrywę głowicy cylindrów (patrz odpowiedni opis).
- Zamontować wtryskiwacze (patrz „Układ wtryskowy silnika wysokoprężnego").
- Zamontować obudowę termostatu (patrz „Układ chłodzenia").
- Przykręcić do głowicy cylindrów wspornik przewodów elektrycznych w pobliżu zaworu regulacyjnego ciśnienia.
- Przykręcić do głowicy cylindrów przewód masy w pobliżu elektrycznego zaworu odcinającego.
- Podłączyć do głowicy cylindrów złącza wtykowe świec żarowych, czujnika temperatury cieczy chłodzącej, czujnika ciśnienia w zasobniku paliwa wysokiego ciśnienia i zaworu regulacyjnego ciśnienia.
- Przykręcić z tyłu głowicy cylindrów, z prawej strony, wspornik rurki prowadzącej wskaźnik poziomu oleju w skrzynce biegów.
- Zamontować filtr powietrza (patrz „Obwody doprowadzenia paliwa i powietrza").
- Zamontować górne osłony silnika (patrz odpowiedni opis).
- Podłączyć złącze wtykowe do czujnika ciśnienia oleju.
- Przykręcić dolny wspornik do turbosprężarki momentem **30 N • m**.
- Podłączyć elektryczne złącze wtykowe do alternatora.
- Zamontować dolną osłonę przedziału silnika (patrz odpowiedni opis).
- Opuścić samochód.
- Sprawdzić poziom oleju silnikowego.
- Napełnić układ cieczą chłodzącą (patrz „Układ chłodzenia").
- Podłączyć przewód masy (–) do akumulatora, gdy zapłon jest wyłączony. Zamontować obudowę filtru przeciwpyłowego. Jeśli to konieczne, wprowadzić kod zabezpieczający radioodbiornik przed kradzieżą i nastawić zegar.
- Sprawdzić silnik, czy nie ma wycieków oleju i cieczy chłodzącej. Sprawdzić układ chłodzenia pod ciśnieniem dopiero wtedy, gdy silnik osiągnie normalną temperaturę pracy.

Uwaga. Uszczelka głowicy cylindrów jest szczelna, gdy silnik osiągnie normalną temperaturę pracy i uszczelka napęcznieje.

Wymontowanie i zamontowanie osłony przedniej

Silnik wysokoprężny 611 i 612

Zalecenia dotyczące silnika 646 znajdują się na końcu tego podrozdziału.

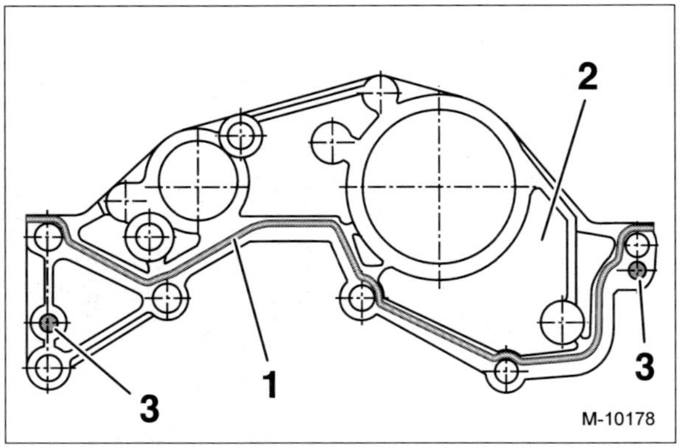

Wymontowanie

- Wymontować pokrywę głowicy cylindrów.
- Wykręcić napinacz łańcucha.
- Wymontować pompę zasilającą.
- Odkręcić osłonę przednią.
- Unieść element ustalający górnej listwy ślizgowej.

Uwaga. Górna listwa ślizgowa pozostaje zamontowana.

- Ściągnąć w przód osłonę przednią.

Zamontowanie

- Oczyścić powierzchnie uszczelniające pokrywy przedniej i przyległego elementu.
- Nałożyć wałek środka uszczelniającego (1) o średnicy 1,5 ± 0,5 mm, jak pokazano na rysunku M-10178. Jako środek uszczelniający można zastosować Loctite 5900.
- Osadzić osłonę przednią (2) i dokręcić momentem **14 N • m**, przykręcając równocześnie wspornik przewodu elektrycznego zaworu odcinającego.

Uwaga. Pokrywę należy przykręcić w ciągu 10 minut od chwili nałożenia środka uszczelniającego, nie rozprowadzając tego środka na całą powierzchnię; (3) – kołki ustalające.

- Zamontować pompę zasilającą.
- Zamontować napinacz łańcucha z nowym pierścieniem uszczelniającym.
- Zamontować pokrywę głowicy cylindrów.

Czynności dotyczące silnika 646

- Odkręcić po prawej stronie pompę podciśnieniową, a po lewej stronie wspornik od osłony przedniej.
- Odkręcić i zdjąć w przód osłonę przednią.

Uwaga. Górna listwa ślizgowa pozostaje w osłonie przedniej. Należy ją wymontować tylko wtedy, gdy osłona przednia jest wymieniana.

- Podczas zamontowania osłony przedniej zapewnić, aby kołki ustalające (3) weszły w odpowiednie otwory.

Wymontowanie i zamontowanie górnej listwy ślizgowej

Silnik wysokoprężny 611 i 612

Zalecenia dotyczące silnika 646 znajdują się na końcu tego podrozdziału.

Wymontowanie

- Ustawić tłok 1. cylindra w GMP suwu sprężania (patrz odpowiedni opis).
- Wymontować górne osłony silnika (patrz odpowiedni opis).
- Wymontować napinacz łańcucha (patrz odpowiedni opis).
- Wymontować osłonę przednią (patrz odpowiedni opis).
- Zablokować wałek rozrządu zaworów dolotowych. W tym celu włożyć trzpień ustalający przez pokrywę pierwszego łożyska wałka rozrządu w otwór koła na wałku rozrządu zaworów dolotowych.
- Odkręcić zabierak wałka rozrządu zaworów dolotowych, przytrzymując wałek kluczem płaskim.
- Wyjąć górną listwę ślizgową.

Zamontowanie

- Zamontować górną listwę ślizgową.
- Przykręcić zabierak do wałka rozrządu zaworów dolotowych momentem **50 N • m**, przytrzymując wałek kluczem płaskim.
- Wyjąć trzpień ustalający z otworu pokrywy łożyska wałka rozrządu i koła wałka rozrządu zaworów dolotowych.
- Zamontować osłonę przednią (patrz odpowiedni opis).
- Zamontować napinacz łańcucha z nową uszczelką (patrz odpowiedni opis).
- Zamontować górne osłony silnika (patrz odpowiedni opis).

Czynności dotyczące silnika 646

• Wymontować listwę ślizgową razem z osłoną przednią.
• Unieść ostrożnie element ustalający przy górnej listwie ślizgowej i wyjąć listwę z osłony przedniej.

Wymontowanie i zamontowanie wałków rozrządu

Wymontowanie

• Wymontować górną osłonę silnika (patrz odpowiedni opis).
• Wymontować wtryskiwacze (patrz „Układ wtryskowy silnika wysokoprężnego").
• Wymontować pokrywę głowicy cylindrów (patrz odpowiedni opis).
• Ustawić tłok 1. cylindra w GMP suwu sprężania.
• Zablokować wałek rozrządu zaworów dolotowych. W tym celu włożyć trzpień ustalający (1, rys. M-1086) przez pokrywę pierwszego łożyska wałka rozrządu w otwór koła na wałku rozrządu zaworów dolotowych (2).
• **Silnik 646.** Znaki na wałkach rozrządu powinny pokrywać się ze znakami na pokrywach łożysk wałków rozrządu 3. cylindra.
• Wymontować napinacz łańcucha (patrz odpowiedni opis).
• Wymontować osłonę przednią (patrz odpowiedni opis).
• **Silnik 611.** Wymontować górną listwę ślizgową (patrz odpowiedni opis).
• Oznakować wzajemne położenie koła wałka rozrządu i łańcucha rozrządu.

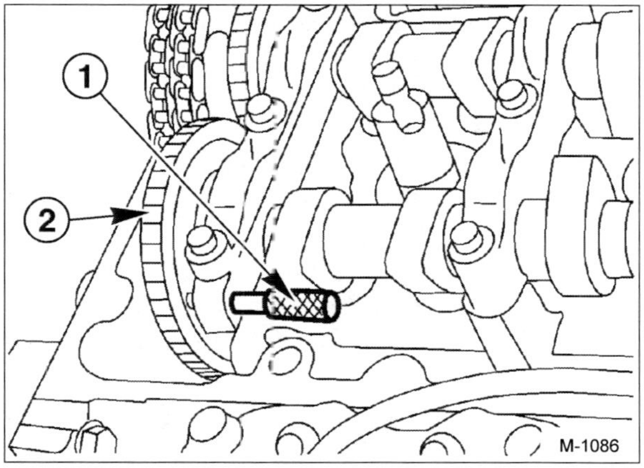

M-1086

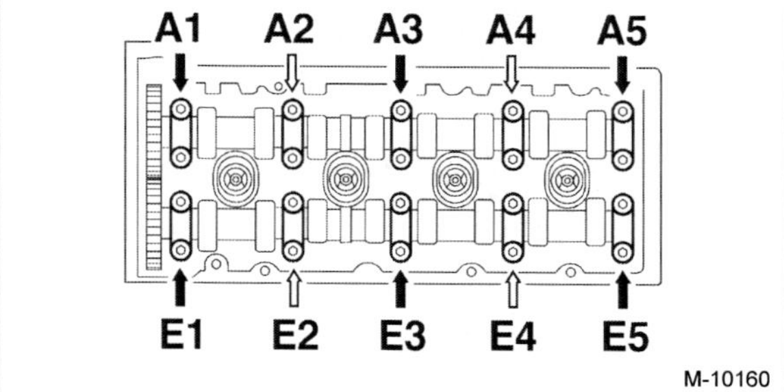

M-10160

Uwaga. Jeśli podczas dalszych czynności nie jest konieczne obracanie wału korbowego, należy połączyć koła wałka rozrządu i łańcuch rozrządu opaską do przewodów.
• Odkręcić i zdjąć koło z wałka rozrządu zaworów dolotowych, zwracając uwagę na kołki pasowane. Zdjąć koło z nałożonym łańcuchem rozrządu.
• **Silnik 611 i 646**. Wymontować pokrywy łożysk wałków rozrządu.
– Odkręcić pokrywy łożysk E1, E3 i E5 oraz A1, A3 i A5 (rys. M-10160), układając je do zamontowania według oznakowań.
– Poluzować śruby pokryw łożysk E2, E4 i A2, A4 w etapach o jeden obrót, aż zostanie zwolniony nacisk wałków rozrządu. Uważać, aby podczas odkręcania śrub wałki rozrządu nie ustawiły się ukośnie. Wykręcić śruby całkowicie i zdjąć pokrywy łożysk.
• **Silnik 612.** Wymontować pokrywy łożysk wałków rozrządu w poniższy sposób.
– Odkręcić pokrywy łożysk E1, E3, E4 i E6 oraz A1, A3, A4 i A6 (rys. M-10161), układając je do zamontowania według oznakowań.
– Poluzować śruby pokryw łożysk E2, E5 i A2, A5 w etapach o jeden obrót, aż zostanie

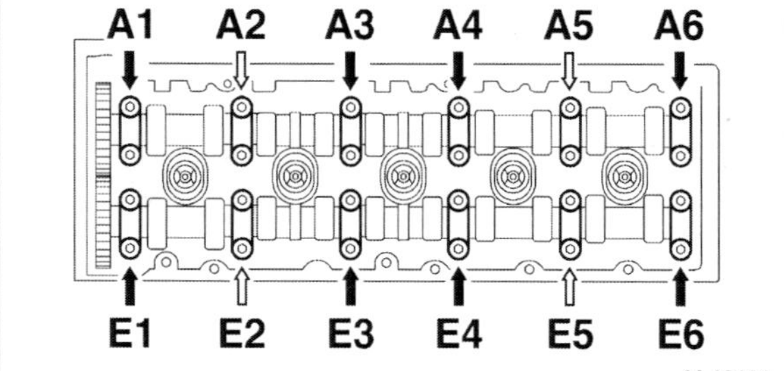

M-10161

zwolniony nacisk wałków rozrządu. Uważać, aby podczas odkręcania śrub wałki rozrządu nie ustawiły się ukośnie. Wykręcić śruby całkowicie i zdjąć pokrywy łożysk.

- Wyjąć wałki rozrządu zaworów dolotowych i wylotowych.

Zamontowanie

- Nałożyć warstewkę świeżego oleju silnikowego na popychacze i powierzchnie łożyskowe wałków rozrządu. Sprawdzić, czy popychacze poruszają się bez oporu.
- Zamontować wałki rozrządu zaworów dolotowych i wylotowych oraz ustawić w łożyskach wzdłużnych, uważając na ich właściwe przyporządkowanie. Oznakowanie wałka rozrządu znajduje przy powierzchni oporowej łożyska wzdłużnego. 01 – wałek rozrządu zaworów dolotowych, 00 – wałek rozrządu zaworów wylotowych.
- Zamontować wałki rozrządu tak, aby oba otwory (3, rys. M-1088) w kołach wałków rozrządu znalazły się naprzeciw siebie i pokrywały

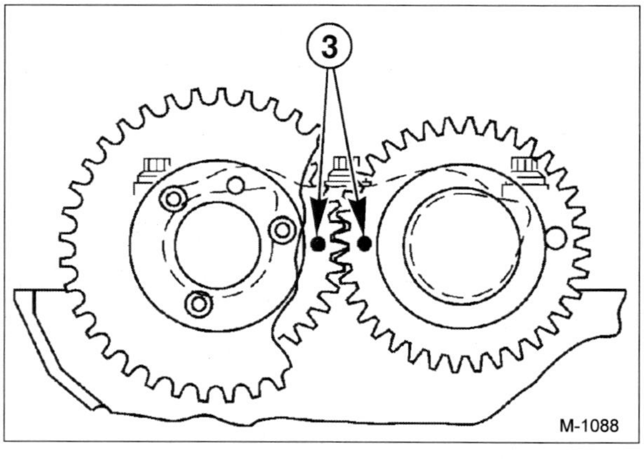

M-1088

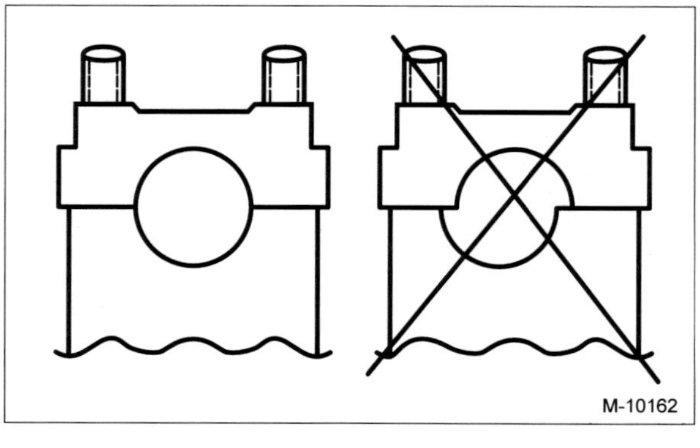
M-10162

się znaki na wałkach rozrządu i pokrywach łożysk wałków rozrządu.

Uwaga. Wałki rozrządu są bardzo narażone na pęknięcia, dlatego należy zapewnić ich zamontowanie bez naprężeń.

- Obrócić wał korbowy z powrotem w położenie około 30° przed GMP 1. cylindra.
- Nałożyć pokrywy łożysk wałków rozrządu zgodnie z ich oznakowaniem.

Uwaga. Pokrywy łożysk są asymetryczne. Zapewnić współosiowość pokryw łożysk (patrz rys. M-10162).

- **Silnik 611 i 646.** Przykręcić pokrywy łożysk wałków rozrządu w poniższy sposób.

– Wkręcić śruby pokryw łożysk E2, E4 i A2, A4 (rys. M-10160) oraz przykręcać je etapami po jednym obrocie. Dokręcić pokrywy łożysk momentem **9 N·m**. Zapewnić, aby podczas przykręcania śrub wałki rozrządu nie ustawiły się ukośnie.

– Przykręcić pokrywy łożysk E1, E3, E5 i A1, A3, A5 oraz dokręcić momentem **9 N·m**.

- **Silnik 612.** Przykręcić pokrywy łożysk wałków rozrządu w poniższy sposób.

– Wkręcić śruby pokryw łożysk E2, E5 i A2, A5 (rys. M-10161) oraz przykręcać je etapami po jednym obrocie. Dokręcić pokrywy łożysk momentem **9 N·m**. Zapewnić, aby podczas przykręcania śrub wałki rozrządu nie ustawiły się ukośnie.

– Przykręcić pokrywy łożysk E1, E3, E4, E6 i A1, A3, A4, A6 oraz dokręcić momentem **9 N·m**.

- Ustawić tłok 1. cylindra w GMP suwu sprężania.
- Zablokować wałek rozrządu zaworów dolotowych. W tym celu włożyć trzpień ustalający przez pokrywę pierwszego łożyska wałka rozrządu w otwór koła na wałku rozrządu zaworów dolotowych.
- Osadzić koło wałka rozrządu z nałożonym łańcuchem rozrządu na wałku rozrządu zaworów wylotowych, zwracając uwagę na kołek pasowany.
- Przykręcić koło wałka rozrządu nowymi śrubami momentem **18 N·m**. W razie potrzeby przeciąć i zdjąć opaskę do mocowania przewodów.
- **Silnik 611 i 612.** Zamontować górną listwę ślizgową (patrz odpowiedni opis).

• Zamontować napinacz łańcucha z nowym pierścieniem uszczelniającym (patrz odpowiedni opis).
• Zamontować osłonę przednią (patrz odpowiedni opis).
• Zamontować pokrywę głowicy cylindrów (patrz odpowiedni opis).
• Zamontować wtryskiwacze (patrz „Układ wtryskowy silnika wysokoprężnego").
• Zamontować górną osłonę silnika (patrz odpowiedni opis).

Wymontowanie i zamontowanie koła pośredniego pompy wysokiego ciśnienia

Wymontowanie

• Wymontować górną osłonę silnika (patrz odpowiedni opis).
• Wymontować wtryskiwacze (patrz „Układ wtryskowy silnika wysokoprężnego").
• Wymontować pokrywę głowicy cylindrów (patrz odpowiedni opis).
• Ustawić tłok 1. cylindra w GMP suwu sprężania (patrz „Ustawianie tłoka 1. cylindra w GMP podczas suwu sprężania").
• Zablokować wałek rozrządu zaworów dolotowych (patrz „Wymontowanie i zamontowanie wałków rozrządu").
• Wymontować napinacz łańcucha (patrz odpowiedni opis).
• Wymontować pompę wysokiego ciśnienia (patrz „Układ wtryskowy silnika wysokoprężnego").
• Wymontować osłonę przednią (patrz odpowiedni opis).
• **Silnik 611 i 612.** Wymontować górną listwę ślizgową (patrz odpowiedni opis).
• Oznakować wzajemne położenie koła wałka rozrządu i łańcucha rozrządu. W tym celu połączyć koło wałka rozrządu i łańcuch rozrządu opaską do przewodów elektrycznych.
• Odkręcić koło z wałka rozrządu zaworów wylotowych i zdjąć z nałożonym łańcuchem rozrządu.
• Odkręcić koło pośrednie i wyjąć razem z tulejką łożyskową.

Zamontowanie

• Zamontowanie odbywa się w kolejności odwrotnej do wymontowania. Niektóre czynności są objaśnione w podrozdziale „Wymontowanie i zamontowanie wałków rozrządu". Moment dokręcania śruby koła pośredniego pompy wysokiego ciśnienia wynosi **40 N • m**.

Wymontowanie i zamontowanie napinacza łańcucha

W razie głośnej pracy łańcucha rozrządu, która może wskazywać na niewłaściwą pracę napinacza łańcucha, należy go wymontować i sprawdzić. Jeśli to konieczne, wymienić kompletny napinacz łańcucha.
Napinacz łańcucha jest przykręcony po prawej stronie do głowicy cylindrów, w której znajduje się kanał doprowadzający pod ciśnieniem olej silnikowy do napinacza.

Wymontowanie

• Ustawić tłok 1. cylindra w GMP suwu sprężania (patrz „Ustawianie tłoka 1. cylindra w GMP podczas suwu sprężania").
• **Silnik 611 i 612.** Odłączyć giętki przewód odpowietrzający.
• **Silnik 611 i 612.** Wymontować chwyt powietrza dolotowego.

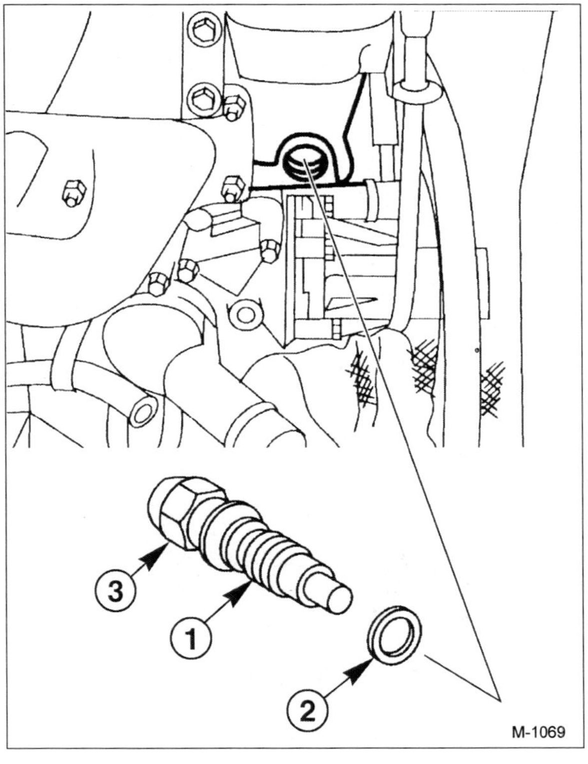

• Wymontować filtr powietrza (patrz „Obwody doprowadzenia paliwa i powietrza").
• **Silnik 646.** Wykręcić sześć śrub i wyjąć osłonę termiczną.
• Wykręcić napinacz łańcucha za czop obudowy z zewnętrznym sześciokątem, z głowicy cylindrów.

Zamontowanie

• Wkręcić napinacz łańcucha (1, rys. M-1069) z nowym pierścieniem uszczelniającym (2) momentem **80 N • m**.
• Dalsze zamontowanie odbywa się w kolejności odwrotnej do wymontowania.

Wymontowanie i zamontowanie paska wieloklinowego

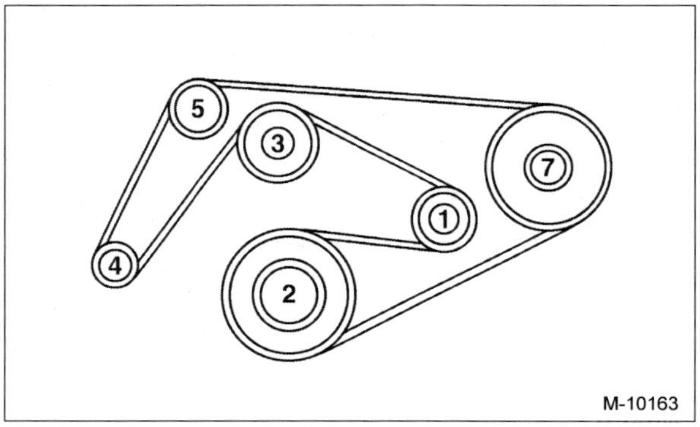

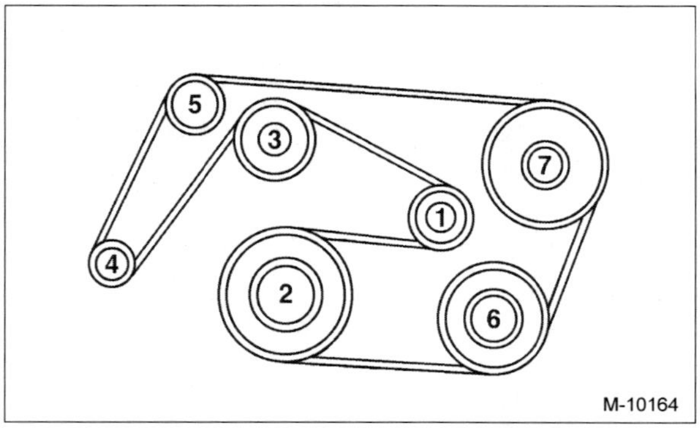

UŁOŻENIE PASKA WIELOKLINOWEGO W SILNIKACH 611, 612 i 646
1 – rolka napinająca, 2 – wał korbowy, 3 – pompa cieczy chłodzącej, 4 – alternator, 5 – rolka kierunkowa, 6 – sprężarka urządzenia klimatyzacyjnego, 7 – pompa urządzenia wspomagającego układ kierowniczy

Wymontowanie

• Obrócić w lewo urządzenie napinające kluczem do gniazd Torx, co likwiduje naciąg paska wieloklinowego.
• Zablokować urządzenie napinające w tym położeniu. W tym celu włożyć odpowiedni trzpień w otwory w przedniej części i obudowie urządzenia napinającego. Ten trzpień można wykonać z okrągłego pręta stalowego o długości około 50 mm i średnicy 4 mm.
• Zdjąć pasek wieloklinowy.
Uwaga. W razie wykonywania dalszych czynności przy silniku lub pokrywie obudowy rozrządu, należy odciążyć urządzenie napinające.

Sprawdzanie

• Sprawdzić koła pasowe, czy nie są uszkodzone i zanieczyszczone, i w razie potrzeby oczyścić lub wymienić. Zwrócić uwagę na wielkość zużycia połączeń obrotowych urządzenia napinającego i na wgłębienia kół pasowych.
• Wymienić urządzenie napinające, jeśli połączenia obrotowe są zużyte. Wymienić koła pasowe z wgłębieniami.
• Wymienić bezwarunkowo pasek wieloklinowy ze stwardniałymi zanieczyszczeniami między żebrami oraz oderwanymi, wystrzępionymi i popękanymi poprzecznie żebrami (patrz „Obsługa samochodu").

Zamontowanie

• Nałożyć pasek wieloklinowy, zaczynając od rolki napinającej.
• Obrócić nieco w lewo urządzenie napinające, odciążając trzpień blokujący.
• Wyciągnąć trzpień.
• Obrócić powoli kluczem przednią część urządzenia napinającego w prawo i napiąć w ten sposób pasek wieloklinowy.
Uwaga. Pasek należy napinać powoli, nie dopuścić do cofnięcia się urządzenia napinającego.

URUCHAMIANIE SILNIKA

Wszystkie silniki

■ **Mechaniczna skrzynka biegów.** Włączyć hamulec awaryjny, wcisnąć całkowicie i przytrzymać pedał sprzęgła, ustawić dźwignię zmiany biegów w położeniu neutralnym. Wyłączenie sprzęgła ułatwia uruchomienie, szczególnie przy niskich temperaturach zewnętrznych, ponieważ eliminowane są opory ruchu elementów skrzynki biegów.

■ **Automatyczna skrzynka biegów.** Ustawić dźwignię wyboru biegów w położeniu „P" lub „N". Wcisnąć i przytrzymać pedał hamulca.

Uwaga. Nie włączać rozrusznika na dłużej niż 30 sekund nieprzerwanej pracy, gdyż w przeciwnym razie może dojść do przegrzania rozrusznika i przewodów elektrycznych.

Silnik benzynowy

■ Obrócić kluczyk w wyłączniku zapłonu i włączyć rozrusznik bez wciskania pedału przyspieszenia. Gdy silnik zacznie pracować, zwolnić kluczyk wyłącznika zapłonu. Jeśli silnik nie daje się uruchomić po 5 sekundach, wcisnąć pedał przyspieszenia i uruchamiać silnik w dalszym ciągu. Jeśli silnik nie uruchamia się lub zatrzymuje się zaraz po uruchomieniu, ponowić próbę z pedałem przyspieszenia wciśniętym do połowy i podczas kolejnej próby uruchomienia wciśniętym całkowicie. Gdy silnik jest gorący, wcisnąć powoli pedał przyspieszenia podczas uruchamiania.

■ Rozpocząć niezwłocznie jazdę, tylko w czasie silnego mrozu nagrzać silnik przez około 30 sekund.

Uwaga. Częste, kolejne nieudane próby uruchomienia mogą spowodować uszkodzenia katalizatora, gdyż nie spalona benzyna dociera do niego i po ogrzaniu spala się wybuchowo.

Silnik wysokoprężny

■ **Silnik zimny.** Włączyć stacyjkę, aż zgaśnie lampka kontrolna podgrzewania silnika. Uruchomić silnik natychmiast po zgaśnięciu lampki, nie wciskając pedału przyspieszenia. Jeśli podczas uruchamiania następują nieregularne zapłony, utrzymywać włączony rozrusznik tak długo (nie dłużej niż 20 sekund), aż silnik zacznie pracować. W razie nieudanej próby uruchomienia obrócić wyłącznik w położenie „0" i zaczekać 30 sekund. Ponownie włączyć podgrzewanie i powtórzyć wyżej opisany proces uruchamiania.

Uwaga. Podczas wstępnego podgrzewania silnika nie należy włączać mocnych odbiorników energii elektrycznej, aby nie obciążać akumulatora bez potrzeby.

Uwaga. Wstępne podgrzewanie silnika z wtryskiem bezpośrednim jest na ogół konieczne dopiero w temperaturach zewnętrznych poniżej 0°, ponieważ uruchamianie takiego zimnego silnika jest łatwiejsze.

■ **Silnik ciepły.** Nie trzeba włączać podgrzewania wstępnego i można uruchamiać silnik bez zwłoki, nie naciskając pedału przyspieszenia.

TYPOWE NIESPRAWNOŚCI SILNIKA

Silnik benzynowy. Jeśli silnika benzynowego nie można uruchomić, należy wykryć przyczynę występowania tej niesprawności. Aby rozruch silnika był możliwy, do cylindrów musi dopływać mieszanka paliwa z powietrzem, a świeca zapłonowa musi wytwarzać iskrę. Dlatego najpierw należy sprawdzać, czy paliwo dopływa do silnika. Sposób sprawdzania opisano w rozdziałach „Obwody doprowadzenia paliwa i powietrza" oraz „Sterowanie pracą silnika". Zakłócenia w pracy elektronicznych sterowników można wykryć tylko za pomocą specjalistycznych przyrządów pomiarowych. Podczas sprawdzania układu zapłonowego należy przestrzegać zasad bezpieczeństwa podanych w rozdziale „Układ zapłonowy".

Silnik wysokoprężny. Sprawdzić układ podgrzewania wstępnego i obwód doprowadzenia paliwa.

Silnik trudno uruchomić lub silnika nie można uruchomić

Przyczyny	Sposób postępowania
Uszkodzony bezpiecznik: – elektrycznej pompy paliwa,– elektronicznego układu wtryskowego, – układu podgrzewającego	• Sprawdzić bezpieczniki, patrz „Wyposażenie elektryczne"

Przyczyny	Sposób postępowania
Uszkodzony układ zapłonowy silnika benzynowego	• Sprawdzić ten układ w systemie sterowania pracą silnika (czynność wykonywana w stacji obsługi)
Uszkodzenie w systemie sterowania pracą silnika	• Sprawdzić system sterowania pracą silnika (czynność wykonywana w stacji obsługi)
Uszkodzony lub zanieczyszczony obwód doprowadzenia paliwa	• Sprawdzić pompę i przewody paliwa
Zbyt mała prędkość obrotowa rozruchu	• Naładować akumulator, sprawdzić obwód rozrusznika i oczyścić skorodowane połączenia
Urządzenie zabezpieczające przed kradzieżą blokuje silnik	• Zmienić klucz wyłącznika zapłonu, sprawdzić urządzenie zabezpieczające przed kradzieżą
Uszkodzona uszczelka głowicy cylindrów	• Wymienić uszczelkę

UKŁAD SMAROWANIA

Wiadomości wstępne

Do smarowania silnika są zalecane oleje wielosezonowe, aby nie była konieczna wymiana oleju odpowiednio do temperatury panującej latem lub zimą. Oleje wielosezonowe bazują na oleju jednosezonowym o małej lepkości (na przykład klasy 10 W) i w stanie rozgrzanym są stabilizowane przez tak zwany zagęszczacz. Oleje wielosezonowe mają właściwości smarne odpowiednie zarówno dla zimnego, jak i dla ciepłego silnika.
W oznaczeniu według SAE (Society of Automotive Engineers) jest określona lepkość oleju silnikowego. Na przykład w oznaczeniu SAE 10 W 40:
10 – określa lepkość w niskiej temperaturze; im mniejsza jest ta liczba, tym mniejszą lepkość ma zimny olej silnikowy,
W – olej silnikowy jest przydatny w okresie zimowym,
40 – lepkość w wysokiej temperaturze; im większa jest ta liczba, tym większą lepkość ma gorący olej silnikowy.
Mogą być stosowane także oleje o podwyższonych właściwościach smarnych. Są to oleje wielosezonowe, do których są dodawane między innymi substancje zmniejszające współczynnik tarcia i przez to zmniejszające opory tarcia między współpracującymi częściami silnika. Surowcem do produkcji tych olejów jest olej syntetyczny.

Zakres stosowania i klasy lepkości oleju

Na rysunku M-1604 pokazano zależność lepkości oleju silnikowego od temperatury zewnętrznej. Dobierając lepkość oleju można nie uwzględniać krótkotrwałych wahań temperatury, ponieważ zakresy stosowania sąsiednich klas lepkości SAE pokrywają się. Dopuszczalne jest mieszanie ze sobą olejów o różnych lepkościach, jeśli konieczne jest uzupełnienie ilości oleju, a lepkość oleju znajdującego się w silniku nie odpowiada już panującej temperaturze otoczenia.
Nie wolno mieszać dodatkowych środków poprawiających właściwości oleju – obojętnie jakiego rodzaju – ani z paliwem, ani z olejami smarnymi.

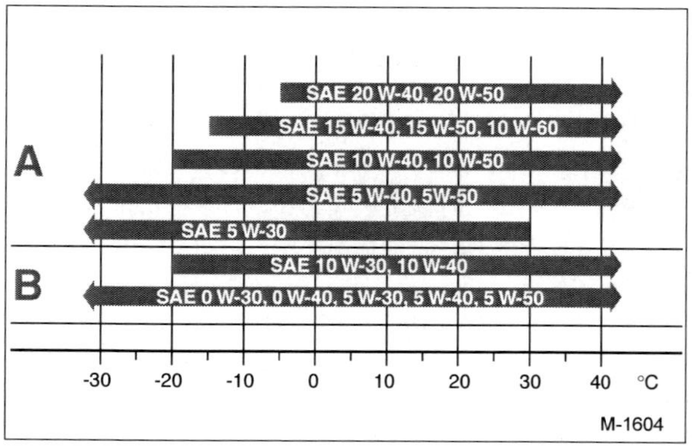

ZALEŻNOŚĆ LEPKOŚCI OLEJU SILNIKOWEGO OD TEMPERATURY OTOCZENIA
A – oleje wielosezonowe, B – oleje o podwyższonych właściwościach smarnych

Charakterystyka oleju silnikowego

Jakość oleju silnikowego jest określona przez normy producentów samochodów i producentów oleju.
Klasyfikacja olejów silnikowych dostarczanych przez amerykańskich producentów odbywa się według normy API (API – American Petroleum Institute). Oznaczenie klasy oleju zawiera zawsze dwie litery. Pierwsza litera określa przeznaczenie: **S** – Service, do silników benzynowych; **C** – Commercial, do silników wysokoprężnych. Druga litera określa jakość oleju, wzrastającą zgodnie z kolejnością liter alfabetu. Najwyższą jakość mają według norm API oleje **SL** do silników benzynowych i **CF** do silników wysokoprężnych.
Europejscy producenci klasyfikują swoje oleje według normy ACEA (Association des Constructeurs Européens de l'Automobile), która uwzględnia przede wszystkim europejskie technologie obowiązujące w motoryzacji. Oleje do silników benzynowych samochodów osobowych otrzymują klasy ACEA od A1-98 do A3-98, oleje do silników wysokoprężnych otrzymują klasy od B1-98 do B4-98. Najwyższą jakość mają oleje A3 do silników benzynowych i oleje B3 do silników wysokoprężnych. Oleje B4 są dostosowane szczególnie do silników wysokoprężnych z wtryskiem bezpośrednim, jednak należy stosować je tylko wtedy, gdy jest podana także klasa B3. Liczba „98" oznacza początek obowiązywania klasyfikacji ACEA w 1998 roku. Oleje silnikowe z wyższymi liczbami oznaczającymi rok również mogą być stosowane.
Uwaga. Oleje silnikowe, które zostały wyraźnie określone przez producenta jako oleje do silników wysokoprężnych, nie nadają się do silników benzynowych. Oleje, które mogą być stosowane w obu rodzajach silników, mają na opakowaniu oba oznaczenia (np. ACEA A3-98/B3-98 lub API SH/CF).

Właściwe oleje silnikowe do samochodu Mercedes klasy C

Silnik benzynowy:
API-SG lub wyższej jakości,
ACEA A3-98.

Silnik wysokoprężny:
API-CE lub wyższej jakości,
ACEA B3-98 lub
ACEA A3-98/B3-98.

Obieg oleju w silniku

Silniki samochodu Mercedes klasy C mają obiegowy układ smarowania pod ciśnieniem. Pompa zasysa olej silnikowy z miski olejowej przez smok z filtrem siatkowym i tłoczy go do filtru oleju. Po tłocznej stronie pompy znajduje się zawór przelewowy. Gdy ciśnienie wzrasta nadmiernie, zawór ten otwiera się i część oleju może przepłynąć z powrotem do miski olejowej.
Oczyszczony olej dopływa przez środkową przestrzeń wkładu filtru bezpośrednio do głównego kanału oleju. W przypadku niedrożności filtru oleju, zawór obejściowy kieruje nie oczyszczony olej bezpośrednio do kanału głównego.
Olej dopływa z głównego kanału przez jego rozgałęzienia do łożysk wału korbowego. Przez

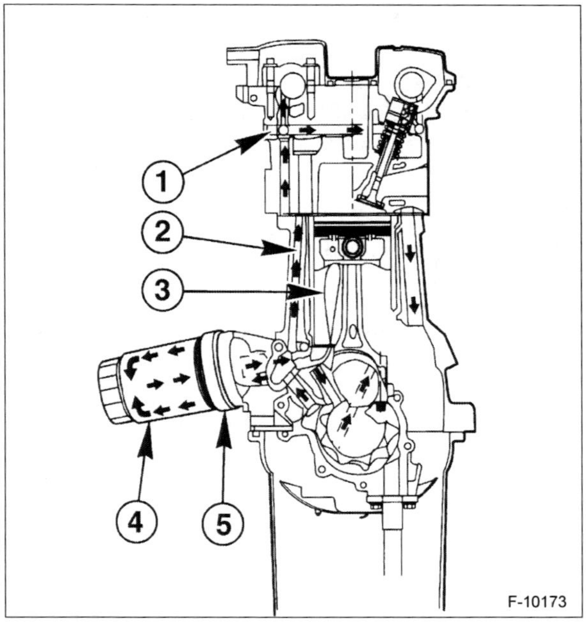

OBIEG OLEJU W SILNIKU
1 – kanał oleju w głowicy cylindrów, 2 – główny kanał oleju, 3 – olej natryskiwany na denko tłoka, 4 – szeregowy filtr oleju, 5 – chłodnica oleju
Uwaga. Na tym rysunku nie jest pokazany silnik samochodu Mercedes.

ukośne kanały w wale korbowym olej jest tłoczony do łożysk korbowodów. Na denka tłoków, w celu ich chłodzenia, olej jest natryskiwany od dołu przez dysze.
Równocześnie olej silnikowy dopływa pionowymi przewodami do głowicy cylindrów i smaruje tam łożyska wałka rozrządu i popychacze zaworów.
W zależności od mocy silnika, gorący olej silnikowy jest chłodzony w dodatkowej chłodnicy oleju. Chłodnica oleju jest umieszczona z boku na obudowie filtru oleju i jest podłączona do obiegu cieczy chłodzącej.

Zużycie oleju

Pojęcie zużycia oleju w silniku spalinowym określa tę ilość oleju, która jest tracona w procesie spalania. W żadnym wypadku nie należy utożsamiać zużycia oleju z wyciekami oleju z powodu nieszczelnego połączenia miski olejowej, pokrywy głowicy cylindrów itd.
Normalne zużycie oleju wynika ze spalania małych jego ilości w cylindrze i odprowadzania jego cząsteczek razem ze spalinami. Olej ulega także starzeniu z powodu wysokich temperatur i ciśnień, którym jest stale poddawany podczas pracy silnika. Na zużycie oleju mają również wpływ warunki eksploatacyjne, sposób jazdy i tolerancje wykonania części silnika. Zużycie oleju nie powinno przekraczać 0,8 dm^3/ 1000 km.
Uwaga. Nie należy nalewać oleju powyżej znaku określającego maksymalny poziom. W przypadku przekroczenia dopuszczalnego poziomu oleju, trzeba zlać jego nadmiar, ponieważ nie spalony olej może dostać się do układu wylotowego i zniszczyć katalizator.

Sprawdzanie ciśnienia oleju

- Sprawdzić poziom oleju w silniku (patrz „Obsługa samochodu").
- Nagrzać silnik, aż wskaźnik temperatury cieczy chłodzącej pokaże normalną temperaturę pracy. W tym celu włączyć na wyświetlaczu zespołu wskaźników wskazania temperatury cieczy chłodzącej. Przejechać jeszcze około 5 km, aby olej silnikowy osiągnął także normalną temperaturę pracy.

Uwaga. W stacji obsługi zamiast prętowego wskaźnika poziomu oleju w rurkę prowadzącą wkłada się czujnik termometru. Temperatura powinna wynosić 90°C.

- Ciśnienie oleju jest mierzone przy pokrywie filtru oleju. Do tego jest potrzebna specjalna pokrywa filtru (przyrząd specjalny) z króćcem do podłączenia ciśnieniomierza.

Odpowiednią pokrywę filtru oleju można przygotować, wykorzystując zamienną pokrywę, w następujący sposób.

- Wywiercić w środku pokrywy filtru oleju otwór o średnicy 8 mm.
- Wywiercić w śrubie M6 z łbem o gnieździe sześciokątnym otwór o średnicy 2 mm.
- Naciąć gwint M6 w króćcu łączącym M12×1,5 giętkiego przewodu ciśnieniowego.
- Zamontować śrubę z łbem o gnieździe sześciokątnym razem z podkładką uszczelniającą 6,5×18 od wewnątrz w otworze pokrywy filtru oleju.
- Na zewnętrznej stronie pokrywy osadzić aluminiowy pierścień uszczelniający 12×17 i króciec łączący giętkiego przewodu ciśnieniowego. Wkręcić śrubę z łbem o gnieździe sześciokątnym w króciec przewodu.

- **Silnik benzynowy czterocylindrowy.** Odkręcić pokrywę filtru oleju (1, rys. M-6237) wkładką klucza nasadowego o rozwartości 74 mm lub przyrządem Hazet 2169.
- Wyjąć pokrywę filtru oleju z wkładem filtru (2); (3) – pierścień uszczelniający.
- **Silnik wysokoprężny.** Odkręcić pokrywę filtru oleju (1, rys. M-62165) przyrządem Ha-

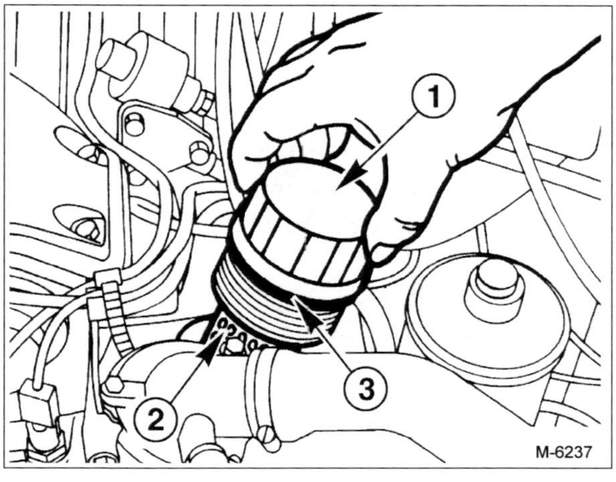

zet 2169 (2) i wkładką klucza nasadowego o rozwartości 27 mm (3). Na rysunku pokazano silnik 611.

- Zamontować nowy wkład w obudowie filtru oleju.
- Przykręcić pokrywę filtru z króćcem kontrolnym (przyrząd specjalny) i pierścieniem uszczelniającym.
- Podłączyć ciśnieniomierz do pomiaru ciśnienia oleju do giętkiego przewodu ciśnieniowego króćca łączącego.
- Uruchomić silnik i pozostawić go na biegu jałowym.
- Ciśnienie oleju nie powinno być mniejsze niż 30 kPa. W przeciwnym razie należy sprawdzić obieg oleju (pompa, łożyska itd.).
- Po wciśnięciu pedału przyspieszenia ciśnienie oleju powinno wzrosnąć bez opóźnienia i przy prędkości obrotowej 3000 obr/min osiągnąć co najmniej 300 kPa.
- Zatrzymać silnik.
- Wykręcić ciśnieniomierz do pomiaru ciśnienia oleju.
- Po sprawdzeniu ciśnienia oleju przykręcić dotychczas stosowaną pokrywę filtru oleju z nowym pierścieniem uszczelniającym.

Czynności dotyczące sześciocylindrowego silnika benzynowego 112

- Ciśnienie oleju jest sprawdzane w otworze pomiarowym na czołowej stronie silnika.
- Ściągnąć pionowo w górę osłonę silnika lub filtr powietrza.

CIŚNIENIE OLEJU W ZALEŻNOŚCI OD PRĘDKOŚCI OBROTOWEJ SILNIKA

Prędkość obrotowa silnika	Ciśnienie oleju w temperaturze 80°C
700 obr/min (bieg jałowy)	≥ 70 kPa
3000 obr/min	≥ 300 kPa

- Wymontować osłonę wentylatora z elektrycznym wentylatorem (patrz „Układ chłodzenia”).
- Wykręcić korek gwintowany z otworu służącego do pomiaru ciśnienia oleju poniżej obudowy filtru oleju przy obudowie rozrządu.
- Wkręcić korek gwintowany z nowym pierścieniem uszczelniającym i dokręcić momentem **20 N • m**.
- Zamontować osłonę wentylatora z elektrycznym wentylatorem.
- Zamontować z góry osłonę silnika lub filtr powietrza.

Wymontowanie i zamontowanie czujnika poziomu oleju

Wymontowanie

- Wymontować dolną osłonę przedziału silnika (patrz „Silnik”).
- Zlać lub wypompować olej silnikowy (patrz „Wymiana oleju silnikowego” w rozdziale „Obsługa samochodu”).
- Odłączyć złącze wtykowe (1, rys. M-1621) czujnika poziomu oleju (2).
- Wykręcić śruby (3). Odchylić czujnik poziomu oleju i wyjąć go z miski olejowej.

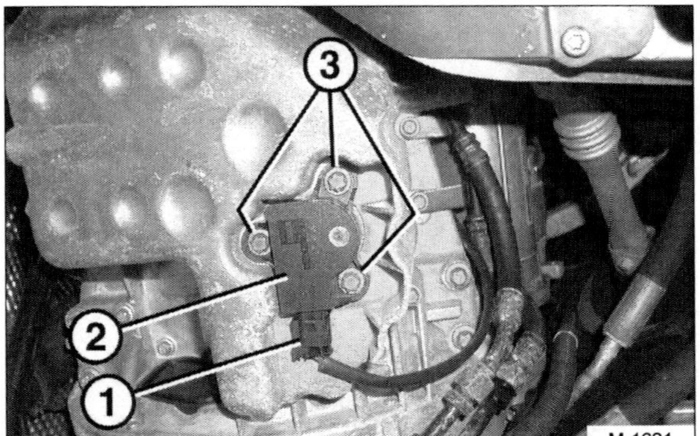

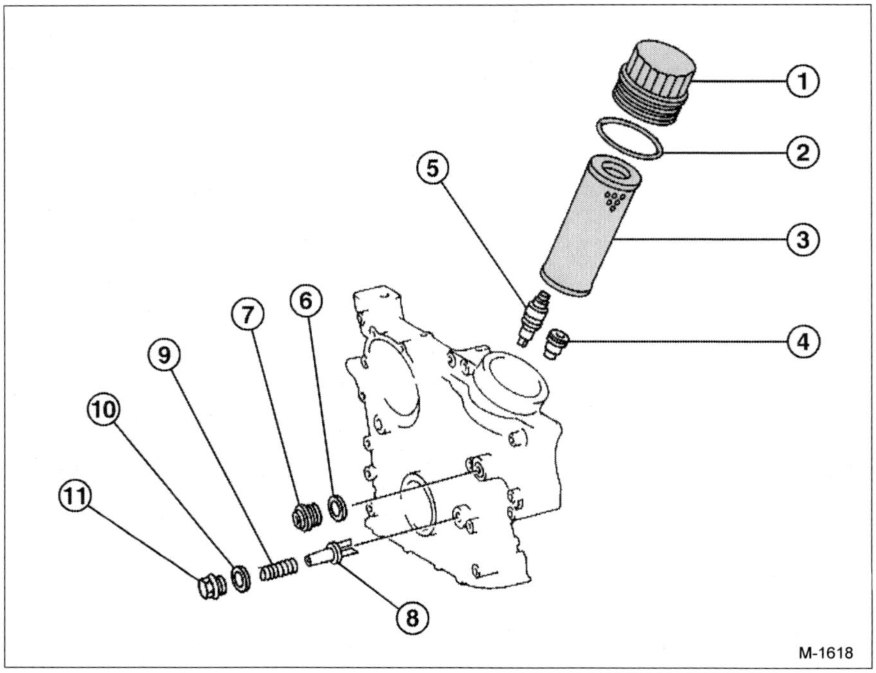

ELEMENTY FILTRU OLEJU SILNIKA BENZYNOWEGO CZTEROCYLINDROWEGO 111
1 – pokrywa filtru oleju,
2 – pierścień uszczelniający,
3 – wkład filtru,
4 – zawór obejściowy,
5 – zawór biegu jałowego,
6 – pierścień uszczelniający,
7 – korek gwintowany do poz. (4),
8 – zawór zwrotny,
9 – sprężyna,
10 – pierścień uszczelniający,
11 – korek gwintowany

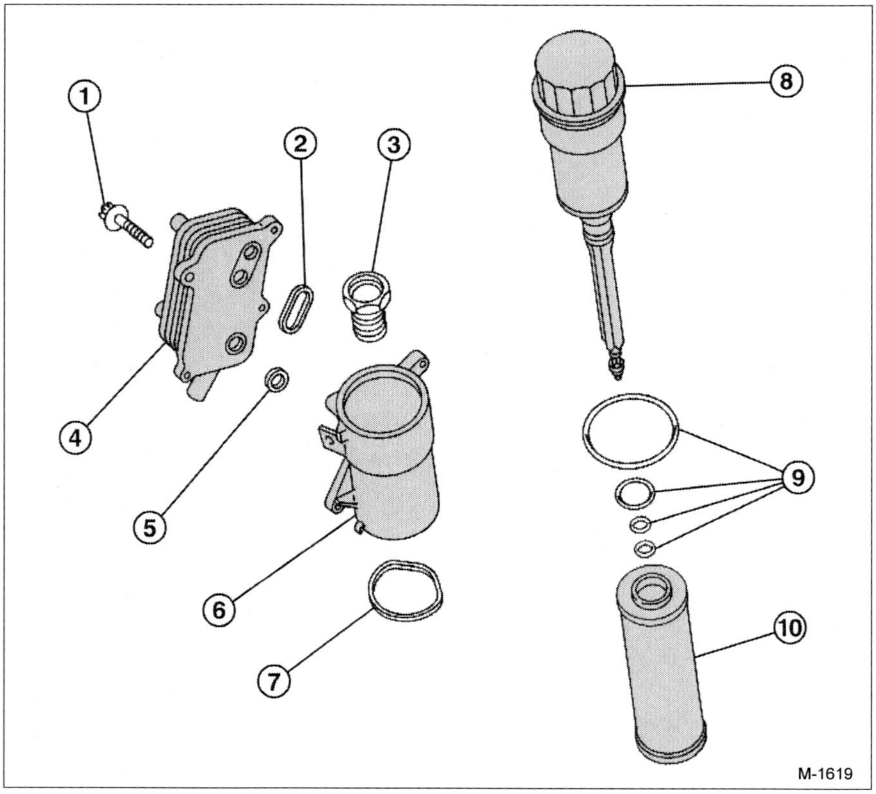

ELEMENTY FILTRU OLEJU SILNIKA BENZYNOWEGO SZEŚCIOCYLINDROWEGO 112
1 – śruba, **11 N • m**,
2 – pierścień uszczelniający,
3 – króciec,
4 – chłodnica oleju,
5 – pierścień uszczelniający,
6 – obudowa filtru,
7 – pierścień o przekroju okrągłym,
8 – pokrywa filtru oleju,
9 – zestaw pierścieni uszczelniających,
10 – wkład filtru

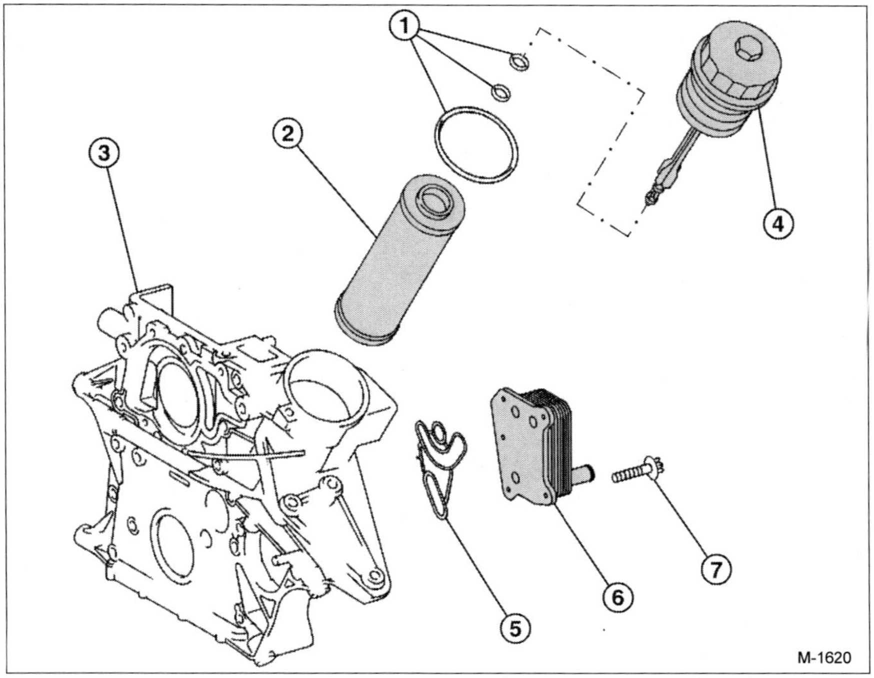

ELEMENTY FILTRU OLEJU SILNIKA WYSOKOPRĘŻNEGO 611 i 612
1 – zestaw pierścieni uszczelniających,
2 – wkład filtru,
3 – obudowa rozrządu,
4 – pokrywa filtru oleju,
5 – uszczelka chłodnicy oleju,
6 – chłodnica oleju,
7 – śruba

Zamontowanie

- Zamontować czujnik poziomu oleju z nowym pierścieniem o przekroju okrągłym i przykręcić momentem **14 N · m** (gdy miska olejowa jest nowa, momentem **10 N · m**).
- Podłączyć złącze wtykowe.
- Zamontować dolną osłonę przedziału silnika (patrz odpowiedni opis).
- Wlać olej silnikowy (patrz „Wymiana oleju silnikowego” w rozdziale „Obsługa samochodu”).
- Nagrzać silnik i sprawdzić, czy czujnik poziomu oleju jest szczelny.

Czynności dotyczące sześciocylindrowego silnika benzynowego

- Wymontować dolną część miski olejowej.
- Odkręcić od dołu czujnik poziomu oleju (z przodu obok rury ssącej oleju) z dwiema śrubami Torx.
- Przykręcić czujnik poziomu oleju momentem **10 N · m**.

Typowe niesprawności układu smarowania

Objawy	Przyczyny	Sposób postępowania
Niskie ciśnienie oleju po uruchomieniu silnika	Silnie nagrzany olej	• Nie jest to usterką, jeśli lampka kontrolna gaśnie po przyspieszeniu
Za niskie ciśnienie oleju w dolnym zakresie prędkości obrotowej	Zawór przelewowy zawiesza się w stanie otwartym z powodu zanieczyszczenia	• Wymontować i sprawdzić zawór przelewowy
Zbyt niskie ciśnienie oleju w całym zakresie prędkości obrotowej	Zbyt mało oleju w silniku	• Dolać oleju silnikowego
	Zanieczyszczony filtr siatkowy w smoku	• Wymontować miskę olejową, oczyścić filtr siatkowy
	Luźna lub pęknięta rura ssąca	• Wymontować miskę olejową, sprawdzić rurę ssącą
	Zużyta pompa oleju	• Wymontować i sprawdzić pompę oleju, w razie potrzeby wymienić
	Uszkodzone łożyska	• Wymontować i naprawić silnik

UKŁAD CHŁODZENIA

Obieg cieczy chłodzącej

Głównymi elementami układu chłodzenia są: chłodnica, pompa cieczy chłodzącej, termostat i wentylator z napędem elektrycznym.

Obieg cieczy chłodzącej jest regulowany termostatem. Gdy silnik jest zimny, ciecz chłodząca krąży tylko w kadłubie silnika i w wymienniku ciepła układu ogrzewania, gdy zawór wodny jest otwarty. W miarę wzrostu temperatury, termostat otwiera duży obieg cieczy chłodzącej, która jest kierowana do chłodnicy przez pompę znajdującą się w ciągłym ruchu. Ciecz chłodząca płynie przez chłodnicę od góry do dołu i oddaje ciepło poprzez żebra chłodnicy przepływającemu powietrzu.

Dodatkowe chłodzenie, gdy wzrośnie temperatura cieczy chłodzącej, zapewnia wentylator napędzany elektrycznie. Gdy temperatura cieczy chłodzącej przekroczy określoną wartość, elektryczny wentylator zostanie włączony przez sterownik wentylatora. Jeśli temperatura cieczy chłodzącej obniży się do ustalonej wartości, wentylator jest wyłączany.

Zbiornik wyrównawczy cieczy chłodzącej znajduje się w przedziale silnika po prawej stronie, patrząc w kierunku jazdy. Zbiornik wyrównawczy jest zapasową przestrzenią dla cieczy chłodzącej, przyjmując ją podczas zwiększania objętości i oddając do obiegu po obniżeniu temperatury. Ciecz chłodząca jest uzupełniania przez zbiornik wyrównawczy.

Uwaga. Podczas prac przy układzie chłodzenia nie dopuszczać do wylewania się cieczy chłodzącej na paski wieloklinowe. Glikol etylenowy zawarty w cieczy chłodzącej może uszkodzić osnowę paska, tak że pasek zostanie zerwany po pewnym czasie pracy, co może doprowadzić do poważnego uszkodzenia silnika.

> ***Ostrzeżenie.*** *Wentylator chłodnicy może się samoczynnie włączyć z powodu nagromadzenia się ciepła w przedziale silnika i grozić zranieniem.*
>
> *Przed przystąpieniem do czynności w przedziale silnika należy wyjąć bezpiecznik wentylatora chłodnicy lub odłączyć jego złącze wtykowe.*

Środek zapobiegający zamarzaniu cieczy chłodzącej

Układ chłodzenia silnika jest wypełniany przez producenta samochodu cieczą, stanowiącą mieszaninę wody i środka chroniącego przed zamarzaniem i korozją, co zapobiega uszkodzeniom wywoływanym przez mróz i korozję, a ponadto podnosi temperaturę wrzenia cieczy chłodzącej. Układ chłodzenia powinien być wypełniony taką mieszaniną przez cały rok. Ponieważ składniki zapobiegające korozji tracą po jakimś czasie swą skuteczność, ciecz chłodząca powinna być wymieniana w ramach przeglądów (patrz „Obsługa samochodu"). Wymiana cieczy chłodzącej jest konieczna, jeśli w trakcie naprawy w układzie chłodzenia zostały wymienione części aluminiowe, na przykład głowica cylindrów lub pompa cieczy chłodzącej.

Należy stosować środek zalecany przez firmę Mercedes, na przykład Glysantin Protect Plus/G482.

Uwaga. W handlu są dostępne środki chroniące przed zamarzaniem zawierające krzemiany, rozpoznawane po niebieskozielonym zabarwieniu, oraz środki nie zawierające krzemianów – o kolorze czerwonym. Tych różniących się środków nie wolno mieszać ze sobą, gdyż grozi to poważnym uszkodzeniem silnika.

Środek chroniący przed zamarzaniem i korozją należy mieszać z czystą, miękką wodą w stosunku 1:1. Jest zapewniona wtedy ochrona silnika przed zamarzaniem w temperaturze do –37°C. Aby osiągnąć ochronę przed zamarzaniem w temperaturze do –45°C, należy zmieszać 55% środka zapobiegającego zamarzaniu z 45% wody.

Uwaga. Udział środka zapobiegającego zamarzaniu w cieczy chłodzącej nie powinien przekraczać 55%, w przeciwnym razie pogarsza się skuteczność chłodzenia.

Wymiana cieczy chłodzącej

Wymiana cieczy chłodzącej jest konieczna, jeśli w trakcie naprawy została wymieniona głowica cylindrów, uszczelka głowicy, chłodnica, wymiennik ciepła lub silnik. Jest to potrzebne, ponieważ w początkowej fazie eksploatacji nowych części ze stopów lekkich odkładają się

na nich środki antykorozyjne i tworzą trwałą warstewkę ochronną. W zużytej cieczy chłodzącej zawartość składników chroniących przed korozją jest na ogół zbyt mała, aby zapewniła wystarczającą ochronę nowych części.
Ciecz chłodzącą należy wymieniać także podczas okresowych przeglądów samochodu.
Uwaga. Ciecz chłodząca jest lekko trująca, dlatego nie wolno jej wylewać w przypadkowych miejscach. Należy uzyskać informację, jak należy postępować ze zużytą cieczą chłodzącą.

Opróżnianie układu

• Ustawić ogrzewanie wnętrza samochodu na maksymalną wydajność.

Ostrzeżenie. *Podczas unoszenia samochodu może zdarzyć się wypadek i dlatego należy przestrzegać zasad unoszenia i podpierania samochodu opisanych w rozdz. „Zabiegi konserwacyjne i pomocnicze".*

• Unieść i podeprzeć poziomo samochód.

Ostrzeżenie. *Gdy silnik jest gorący, przed otwarciem zbiornika wyrównawczego należy nałożyć na jego korek grubą szmatę, aby uniknąć oparzenia gorącą cieczą chłodzącą lub parą. Korek powinno się otwierać dopiero wtedy, gdy temperatura cieczy spadnie poniżej 90°C.*

• Otworzyć korek (1, rys. M-1849) zbiornika wyrównawczego (2). Gdy silnik jest gorący, nałożyć na korek szmatę. Obrócić nieco korek w lewo i zmniejszyć nadciśnienie w układzie chłodzenia. Odkręcić całkowicie korek.

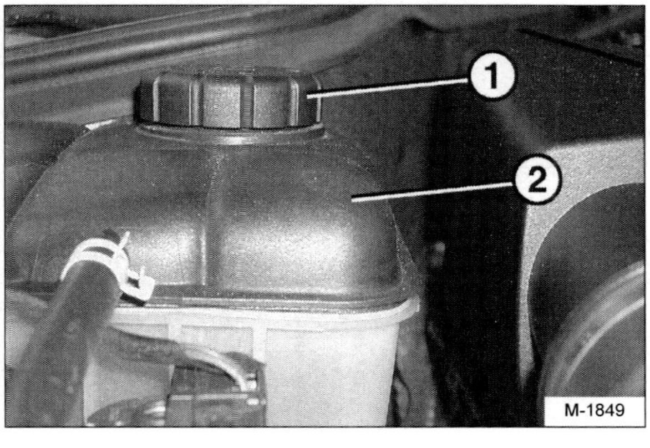

• Podstawić czyste naczynie pod chłodnicę i pod kadłub silnika.
• Odkręcić korek spustowy (3, rys. M-1850) u dołu chłodnicy (4) i zlać ciecz chłodzącą do naczynia.
Uwaga. Wsunąć odpowiedni giętki przewód na króciec (5), aby ułatwić zlewanie cieczy chłodzącej.
Uwaga. Ciecz chłodzącą można zlać także z kadłuba silnika. W tym celu należy nałożyć odpowiedni przewód giętki na króciec spustowy z prawej strony kadłuba silnika, obrócić króciec za sześciokąt i zlać ciecz chłodzącą do naczynia. Moment dokręcania króćca w czterocylindrowym silniku benzynowym 111 wynosi **40 N·m**, w sześciocylindrowym silniku benzynowym 112, w czterocylindrowym silniku benzynowym 271 – **12 N·m**, a w silniku wysokoprężnym – **30 N·m**.
• Zlać całkowicie ciecz chłodzącą.
• Dokręcić korek spustowy u dołu chłodnicy i ściągnąć przewód giętki.
• Opuścić samochód.

Napełnianie układu

• Przygotować świeżą ciecz chłodzącą.
• Wlać ciecz chłodzącą przez zbiornik wyrównawczy.
Uwaga. Wlewać powoli ciecz chłodzącą, aby nie tworzyły się korki powietrzne.
• Sprawdzić poziom cieczy chłodzącej (patrz „Obsługa samochodu").

Odpowietrzanie układu

• Odkręcić korek zbiornika wyrównawczego, uruchomić silnik i pozostawić go na biegu jałowym.

• Ustawić ogrzewanie wnętrza samochodu na maksymalną wydajność.
• Dolewać cieczy chłodzącej do znaku „Max", gdy jej poziom obniża się.
• Nagrzać silnik, aż temperatura cieczy chłodzącej wzrośnie do 60...70°C lub górny przewód chłodnicy stanie się ciepły. Zamknąć zbiornik wyrównawczy.
• Pozostawić pracujący silnik z prędkością obrotową 1500 do 2000 obr/min, aż wentylator chłodnicy włączy się i wyłączy.
• Unieruchomić silnik.

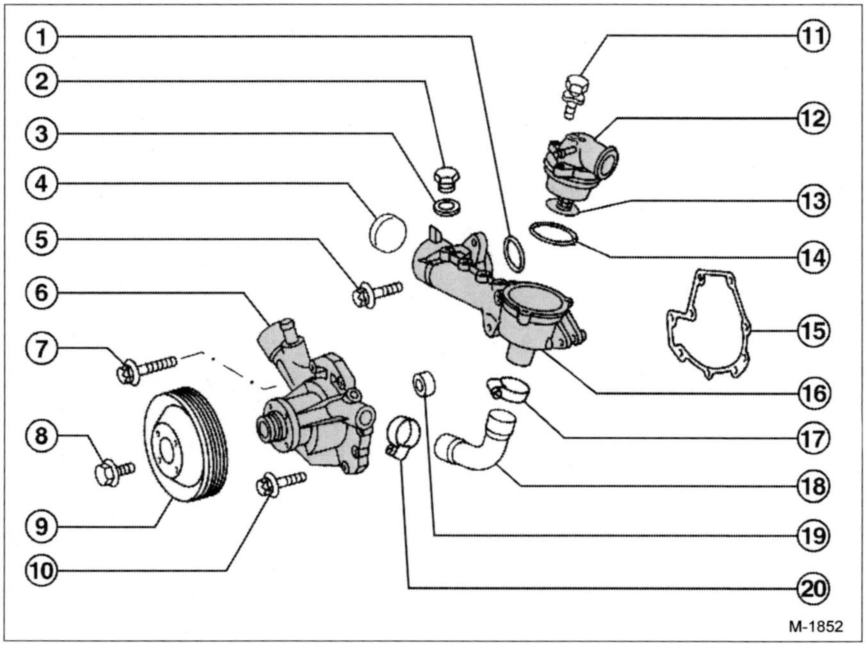

POMPA CIECZY CHŁODZĄCEJ I TERMOSTAT SILNIKA BENZYNOWEGO 111
1 – pierścień uszczelniający obudowy termostatu, 2 – korek gwintowany, 3 – pierścień uszczelniający, 4 – pokrywa, 5 – śruba M8, **25 N·m**, 6 – pompa cieczy chłodzącej, 7 – śruba M8, **25 N·m**, 8 – śruba, **10 N·m**, 9 – koło pasowe, 10 – śruba M6, **10 N·m**, 11 – śruba, **10 N·m**, 12 – pokrywa termostatu, 13 – termostat, 14 – pierścień o przekroju okrągłym pokrywy termostatu, 15 – uszczelka pompy cieczy chłodzącej, 16 – obudowa termostatu, 17 – opaska, 18 – giętki przewód cieczy chłodzącej, 19 – uszczelka, 20 – opaska

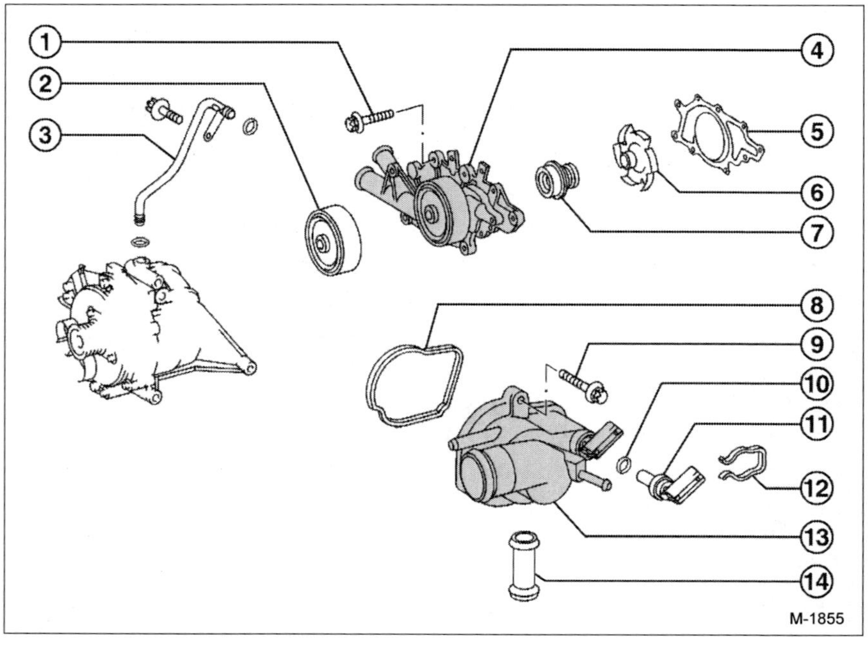

POMPA CIECZY CHŁODZĄCEJ I TERMOSTAT SILNIKA WYSOKOPRĘŻNEGO 611 i 612
1 – śruba M8×28, **14 N·m**, 2 – koło pasowe, 3 – giętki przewód odpowietrzający, 4 – pompa cieczy chłodzącej, 5 – uszczelka płaska, 6 – wirnik, 7 – uszczelka, 8 – uszczelka, 9 – śruba M6×25, **10 N·m**, 10 – pierścień uszczelniający, 11 – czujnik temperatury, 12 – klamra mocująca, 13 – obudowa termostatu (stanowi całość z termostatem 92°C), 14 – element łączący (między obudową termostatu i obudową rozrządu)

- Sprawdzić wzrokowo szczelność układu chłodzenia, szczególnie miejsc podłączenia przewodów, korka spustowego i pompy cieczy chłodzącej.
- Ostudzić silnik i sprawdzić poziom cieczy chłodzącej. W razie potrzeby dolać cieczy chłodzącej.

Wymontowanie i zamontowanie termostatu

Silnik benzynowy

Wymontowanie

Uwaga. Termostat stanowi całość z pokrywą i może być wymieniany tylko w komplecie.

Ostrzeżenie. *Gdy silnik jest gorący, przed otwarciem zbiornika wyrównawczego należy nałożyć na korek grubą szmatę, aby uniknąć oparzenia gorącą cieczą chłodzącą lub parą. Korek powinno się odkręcać dopiero wtedy, gdy temperatura cieczy spadnie poniżej 90°C.*

- Zlać ciecz chłodzącą do naczynia (patrz odpowiedni opis).
- Wymontować osłonę silnika przednią (1, rys. M-1851) i lewą (2).
- Otworzyć i zsunąć całkowicie opaski mocujące, odłączyć od pokrywy termostatu giętkie przewody cieczy chłodzącej z chłodnicy i ze zbiornika wyrównawczego.
- Odkręcić pokrywę i wyjąć razem z termostatem.

Uwaga. Termostat i pokrywa tworzą całość. Po wymontowaniu termostat ulega zniszczeniu i nie może być ponownie zamontowany. W razie naprawy pokrywa i termostat są wymieniane w komplecie.

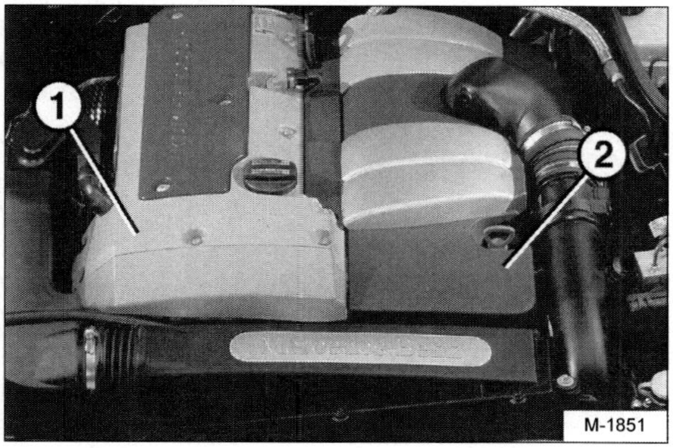

M-1851

- Zdjąć uszczelkę obudowy termostatu i oczyścić powierzchnie uszczelniające.

Zamontowanie

- Nałożyć nowy pierścień o przekroju okrągłym, osadzić pokrywę z termostatem i dokręcić momentem **10 N·m**.
- Wsunąć giętkie przewody cieczy chłodzącej na króćce i zamocować opaskami.

Uwaga. Sprawdzić stan przewodów i opasek, wymienić je w razie potrzeby.

- Zamontować osłony silnika z przodu i z lewej strony.

Czynności przy silniku wysokoprężnym

Uwaga. Poniżej opisano tylko czynności różniące się od czynności dotyczących silnika benzynowego. Oznaczenia elementów odnoszą się do rysunku M-1855.

- Odłączyć złącze wtykowe czujnika temperatury (14).
- Odkręcić wspornik przewodu paliwa od obudowy termostatu.
- Odłączyć od obudowy termostatu giętkie przewody cieczy chłodzącej i przewód odpowietrzający (1).
- Odkręcić obudowę termostatu (12). Moment dokręcania wynosi **9 N·m**.

Sprawdzanie termostatu

Uwaga. Na rysunkach SX-1802 i SX-1801 pokazano termostat oddzielony od pokrywy. W samochodzie Mercedes klasy C termostat stanowi całość z pokrywą i może być sprawdzany tylko razem z nią.

Działanie termostatu

Termostat otwiera, w miarę nagrzewania się silnika, obieg cieczy chłodzącej przez chłodnicę. Termostat zwiększa przy tym swą długość w sposób ciągły od wymiaru (a, rys. SX-1802) do wymiaru (b).
Jeśli termostat nie wydłuży się z powodu uszkodzenia, silnik ulega przegrzaniu. Sygnalizuje to wskaźnik temperatury cieczy chło-

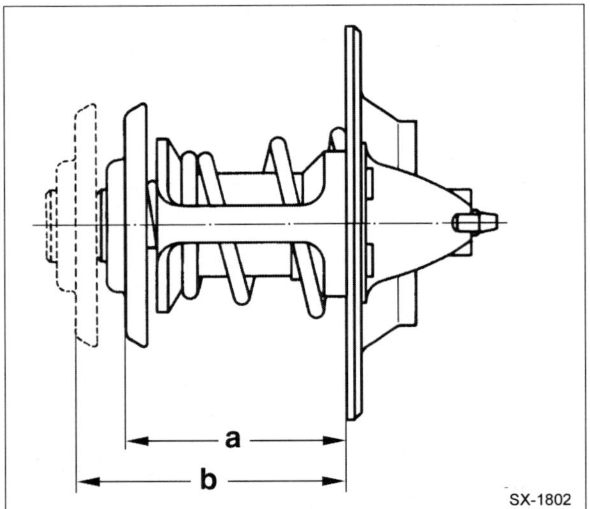

SX-1802

dzącej na tablicy rozdzielczej, gdy równocześnie chłodnica pozostaje zimna.
Uszkodzony termostat może również pozostać otwarty po ochłodzeniu się cieczy. Wtedy silnik nie osiąga swej normalnej temperatury pracy, a zimą skuteczność układu ogrzewania spada.

Sprawdzanie

- Wymontować termostat.
- Sprawdzić wzrokowo położenie termostatu przez króciec w obudowie termostatu. Zmierzyć wymiar (a) termostatu (patrz rys. SX-1802).
- Ogrzewać powoli termostat w kąpieli wodnej, przy czym pokrywa nie powinna dotykać ścianek naczynia.
- Sprawdzać temperaturę odpowiednim termometrem (rys. SX-1801).

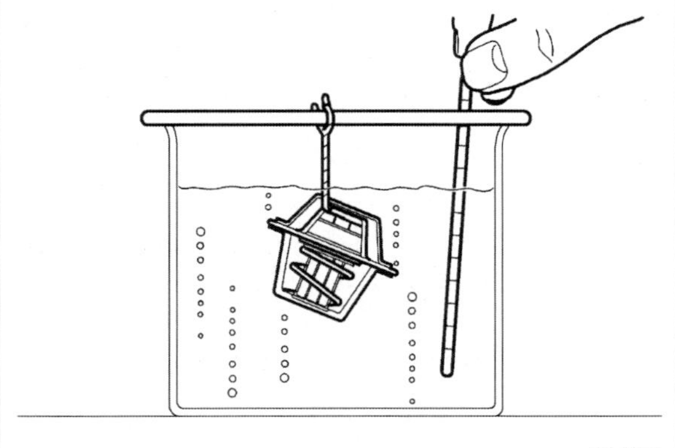
SX-1801

Początek otwarcia
w silniku benzynowym ....87 ± 2°C
Początek otwarcia
w silniku wysokoprężnym................92 ± 2°C
Koniec otwarcia
w silniku benzynowym ....102°C

- Gdy woda zaczyna wrzeć, wyjąć ostrożnie pokrywę termostatu i sprawdzić wzrokowo przez króciec położenie termostatu. Termostat powinien być otwarty i kanał prowadzący do chłodnicy powinien wykazywać całkowity prześwit, w przeciwnym razie należy wymienić pokrywę z termostatem.

Skok otwarcia w silniku
benzynowym......................................8 mm

- Sprawdzić, czy termostat zamyka się całkowicie po ochłodzeniu. W razie wadliwego działania, wymienić termostat.

Sprawdzanie układu chłodzenia

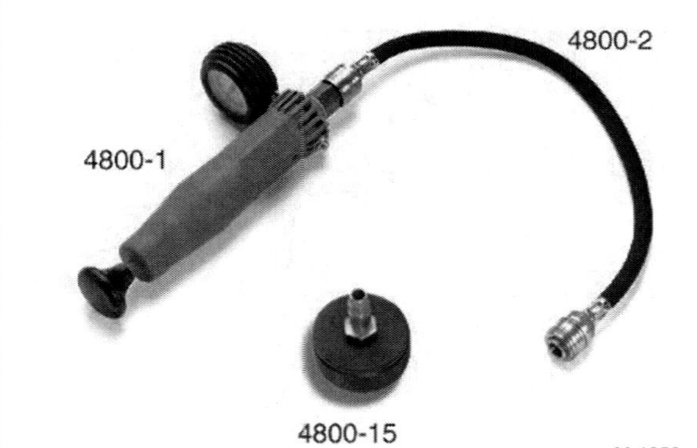

M-1856

Szczelność układu chłodzenia i działanie zaworu nadciśnieniowego w korku zbiornika wyrównawczego można sprawdzić za pomocą dostępnego w handlu przyrządu. Do samochodu Mercedes klasy C można zastosować następujące przyrządy firmy Gazet (rys. M--1856): ręczną pompkę 4800-1 z giętkim przewodem 4800-2 i łącznikiem 4800-3.
Uwaga. Jeśli została wymieniona uszczelka głowicy cylindrów, przed sprawdzaniem nagrzać silnik do normalnej temperatury pracy i pozostawić do ostudzenia, przez co będzie zapewniona szczelność uszczelki głowicy cylindrów.

Ostrzeżenie. Gdy silnik jest gorący, przed otwarciem zbiornika wyrównawczego należy nałożyć na jego korek grubą szmatę, aby uniknąć oparzenia gorącą cieczą chłodzącą lub parą. Korek powinno się otwierać dopiero, gdy temperatura cieczy spadnie poniżej 90°C.

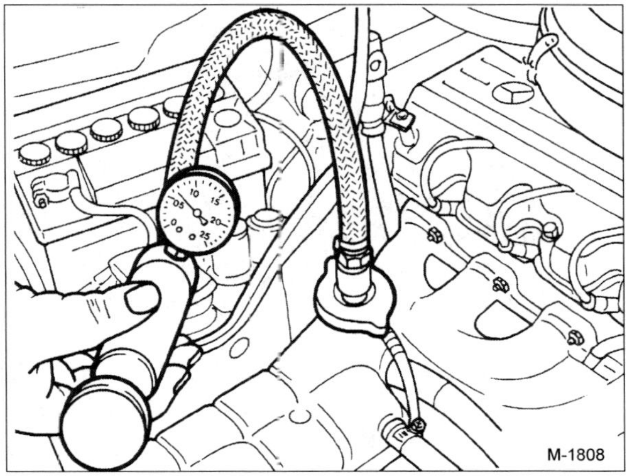
M-1808

• Obrócić w lewo o ½ obrotu korek na zbiorniku wyrównawczym i zmniejszyć nadciśnienie w układzie chłodzenia. Obrócić dalej i zdjąć korek.

• Ustawić wyłącznik ogrzewania wewnątrz samochodu na największą wydajność.

• Sprawdzić poziom i w razie potrzeby uzupełnić ciecz chłodzącą (patrz odpowiedni opis).

• Osadzić przyrząd na króćcu wlewowym zbiornika wyrównawczego (rys. M-1808). Wytworzyć nadciśnienie około 140 kPa za pomocą ręcznej pompki przyrządu. Jeśli ciśnienie zmniejszy się, znaleźć i usunąć nieszczelność. W nieszczelnym miejscu wypływa ciecz chłodząca.

Uwaga. Na rysunku M-1808 nie jest pokazany zbiornik wyrównawczy samochodu Mercedes klasy C.

• Jeśli ciśnienie spada i nie wypływa ciecz chłodząca, może to świadczyć o wycieku cieczy wewnątrz silnika, na przykład z powodu uszkodzenia uszczelki głowicy cylindrów lub pęknięcia ścianki głowicy.

Sprawdzanie zaworu nadciśnieniowego

Zawór nadciśnieniowy znajduje się w korku zbiornika wyrównawczego. Zadaniem tego

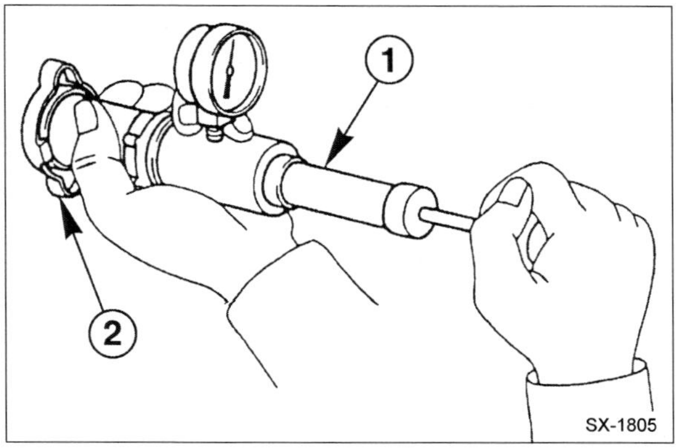

SX-1805

zaworu jest otwieranie układu chłodzenia przy określonym nadciśnieniu i odprowadzanie nadmiaru cieczy chłodzącej.

• Wkręcić korek (2, rys. SX-1805) zbiornika wyrównawczego na przyrząd (1).

Uwaga. Na rysunku SX-1805 nie jest pokazany korek samochodu Mercedes klasy C.

• Wytworzyć nadciśnienie. Zawór nadciśnieniowy otwiera się w dwóch stopniach. Stopień pierwszy odpowiada wartości 140 ± 10 kPa, stopień drugi – wartości 200 ± 10 kPa. Zawór podciśnieniowy w korku otwiera się przy podciśnieniu 10 kPa.

Uwaga. Na korku zbiornika wyrównawczego jest podane ciśnienie otwarcia zaworu nadciśnieniowego w „barach × 100". Jeśli na korku znajduje się na przykład liczba „140/200", chodzi o zawór dwustopniowy i ciśnienie otwarcia zaworu nadciśnieniowego wynosi 140 kPa lub 200 kPa.

Wymontowanie i zamontowanie pompy cieczy chłodzącej

Silnik benzynowy czterocylindrowy

Pompa cieczy chłodzącej znajduje się z przodu na kadłubie silnika i jest napędzana przez pasek wieloklinowy.

Wymontowanie

• Zlać ciecz chłodzącą (patrz odpowiedni opis).

• **Silnik 111.** Wymontować filtr powietrza (patrz „Obwody doprowadzenia paliwa i powietrza").

• **Silnik 111.955.** Wymontować element mocujący filtr powietrza.

• **Silnik 271.** Odłączyć przewód powietrza dolotowego od filtru powietrza.
• **Silnik 271.** Wymontować tłumik szmerów ssania (patrz „Silnik benzynowy czterocylindrowy 271").
• Poluzować śruby koła pasowego pompy cieczy chłodzącej, przytrzymując koło pasowe za pasek wieloklinowy.
• Wymontować pasek wieloklinowy (patrz odpowiedni opis).
• Odkręcić i zdjąć koło pasowe pompy cieczy chłodzącej.
• Otworzyć i zsunąć całkowicie opaski mocujące i odłączyć giętki przewody cieczy chłodzącej od pompy.
• Odkręcić pompę cieczy chłodzącej od kadłuba silnika.
Uwaga. Zaznaczyć położenie śrub o różnej długości.
• Oczyścić powierzchnie uszczelniające.

Zamontowanie

• Osadzić pompę cieczy chłodzącej z nową uszczelką i przykręcić pompę przemiennie na krzyż.
Moment dokręcania w silniku 111: śruby M6 – **10 N • m**, śruby M8 – **25 N • m**.
Moment dokręcania w silniku 271: śruby M6 – **9 N • m**, śruby M8 – **20 N • m**.
• Dalsze zamontowanie odbywa się w kolejności odwrotnej do wymontowania. Przykręcić koło pasowe momentem **10 N • m**.
• Napełnić i odpowietrzyć układ chłodzenia (patrz odpowiedni opis).

Silnik benzynowy sześciocylindrowy 112

Uwaga. Opisano tylko czynności różniące się od czynności dotyczących silnika benzynowego czterocylindrowego.
• Wymontować urządzenie napinające paska wieloklinowego z amortyzatorem.

Momenty dokręcania

Pompa cieczy chłodzącej
do obudowy rozrządu, śruby M6 ..... **14 N • m**,
śruby M8 ..... **35 N • m**,
(dokręcanie do nowej obudowy
rozrządu: .... **10 N • m/25 N • m**.
Amortyzator paska do urządzenia
napinającego .... **25 N • m**,
do pompy cieczy chłodzącej .... **35 N • m**.

Silnik wysokoprężny

Uwaga. Opisano tylko czynności różniące się od czynności dotyczących silnika benzynowego.
• Podważyć wkrętakiem osłonę środkowej śruby mocującej rolki kierunkowej paska wieloklinowego. Odkręcić rolkę kierunkową.
Uwaga. Śruba mocująca pompy cieczy chłodzącej znajduje się za rolką kierunkową.
• Odłączyć przewód paliwa od zaworu odcinającego (patrz „Wymontowanie i zamontowanie filtru paliwa" w rozdz. „Obsługa samochodu").
• Odkręcić pompę cieczy chłodzącej.
Uwaga. Pompa jest mocowana śrubami o różnej długości, dlatego podczas wymontowania należy zaznaczyć pisakiem położenie śrub.
• Oczyścić powierzchnie uszczelniające.

Momenty dokręcania

Koło pasowe do pompy cieczy
chłodzącej .... **35 N • m**.
Pompa cieczy chłodzącej do obudowy
rozrządu, śruby M6 .... **14 N • m**,
śruby M8 .... **20 N • m**.

Wymontowanie i zamontowanie wentylatora

Opis dotyczy samochodu z mechaniczną skrzynką biegów.

Wymontowanie

• Wymontować obudowę filtru przeciwpyłowego i odłączyć przewód masy (–) od akumulatora, gdy zapłon jest wyłączony.
Uwaga. Przed odłączeniem akumulatora należy koniecznie ustalić kod zabezpieczający radioodbiornik przed kradzieżą, jeśli taki kod jest zastosowany. Przestrzegać zaleceń podanych w podrozdziale „Wymontowanie i zamontowanie akumulatora".
• Wymontować filtr powietrza (patrz „Obwody doprowadzenia paliwa i powietrza").
• Wymontować chwyt powietrza dolotowego.

CHŁODNICA I WENTYLATOR
1 – trzpień usztywniający z przodu, pośrodku,
2 – podpora gumowa górna,
3 – kołpak usztywniający z przodu, pośrodku,
4 – kierownica powietrza górna, 5 – nit usztywniający z przodu pośrodku,
6 – uchwyt przewodu,
7 – kierownica powietrza dolna, 8 – wentylator elektryczny, 9 – podpora gumowa dolna,
10 – chłodnica,
11 – kierownica powietrza na module czołowym

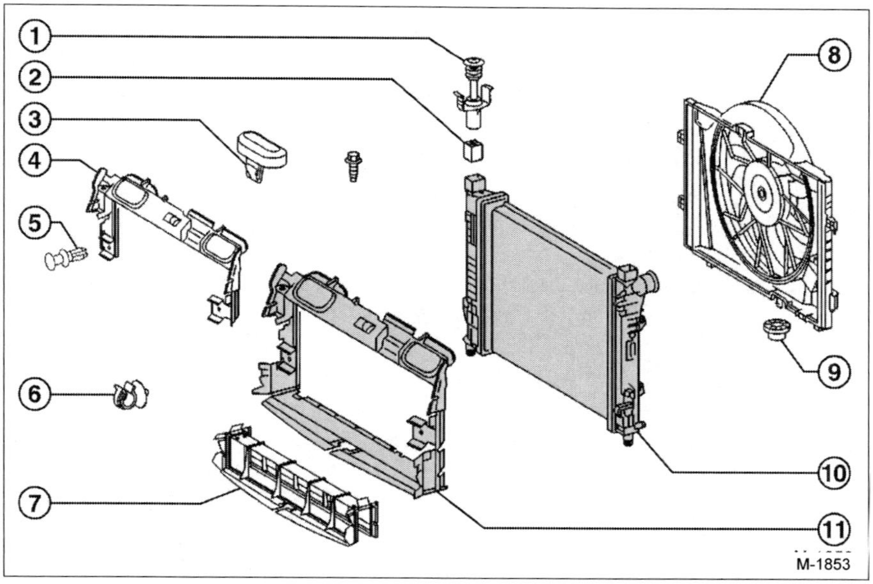

CHŁODNICA I ZBIORNIK WYRÓWNAWCZY
1 – nakrętka zbiornika wyrównawczego,
2 – korek,
3 – zbiornik wyrównawczy,
4 – czujnik wskaźnika poziomu cieczy chłodzącej,
5 – giętki przewód odpowietrzający,
6 – chłodnica,
7 – giętki przewód chłodnicy górny, 8 – giętki przewód chłodnicy dolny,
9 – przewód cieczy chłodzącej,
10 – skraplacz;

A – silnik benzynowy czterocylindrowy 111,
B – silnik benzynowy sześciocylindrowy 112,
C – silnik wysokoprężny 611 i 612

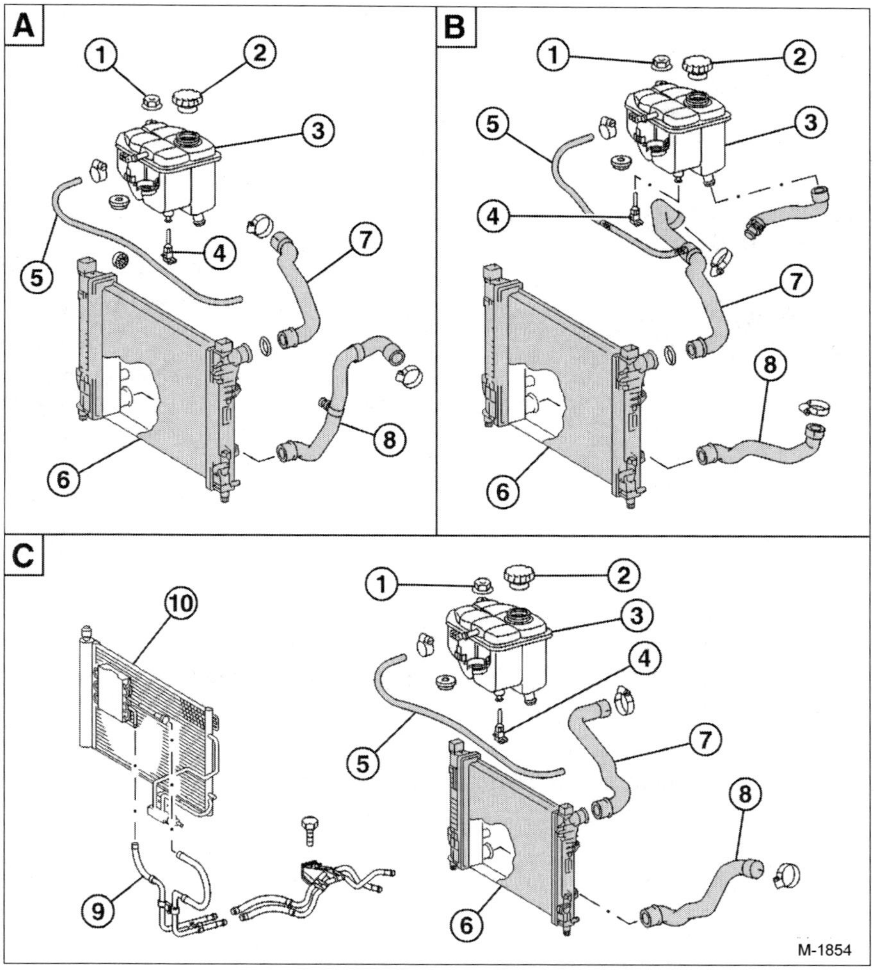

- Odłączyć złącze wtykowe wentylatora elektrycznego.
- Wykręcić trzpień mocujący z prawej i lewej strony.
- Wykręcić śruby belki mocującej zamek pokrywy z prawej i lewej strony.
- Ścisnąć kabłąki mocujące chłodnicy z prawej i lewej strony oraz odłączyć belkę mocującą zamka.
- Wcisnąć klamry wentylatora elektrycznego z prawej i lewej strony, pociągając przy tym wentylator w górę.
- Wyjąć w górę wentylator elektryczny.

Uwaga. Podczas wyjmowania wentylatora pociągnąć nieco w przód belkę mocującą zamek pokrywy.

Zamontowanie

- Zamontować wentylator elektryczny tak, aby nakładki weszły z prawej i lewej strony w gniazda chłodnicy.
- Dalsze zamontowanie odbywa się w kolejności odwrotnej do wymontowania.
- Podłączyć przewód masy (–) do akumulatora, gdy zapłon jest wyłączony. Zamontować obudowę filtru przeciwpyłowego. Wprowadzić kod zabezpieczający radioodbiornik przed kradzieżą i nastawić zegar.

Wymontowanie i zamontowanie chłodnicy

Opis dotyczy samochodu z mechaniczną skrzynką biegów.

Wymontowanie

- Wymontować wentylator elektryczny (patrz odpowiedni opis).
- Wymontować sygnał dźwiękowy (patrz „Wyposażenie elektryczne").
- Odkręcić przewód hydrauliczny urządzenia wspomagjącego układu kierowniczego od belki mocującej zamek pokrywy.
- Odkręcić belkę mocującą zamek pokrywy od zderzaka.
- Wypchnąć trzy zaciski u góry belki mocującej zamek pokrywy.
- Odłączyć złącze wtykowe przy prawym zamku pokrywy przedziału silnika.
- Przeciąć i zdjąć opaskę przewodów przy belce mocującej zamek pokrywy.

Uwaga. Zaznaczyć pisakiem położenie opaski.

- Odłączyć linkę zamka pokrywy.
- Wymontować belkę mocującą zamek pokrywy.
- Zlać ciecz chłodzącą (patrz odpowiedni opis).
- Odłączyć przewody cieczy chłodzącej. W tym celu docisnąć wkrętakiem odpowiednią klamrę, aż znajdzie się w ustalonym położeniu.
- Ścisnąć kabłąki przy chłodnicy z lewej i prawej strony. Pociągnąć przy tym skraplacz u góry w przód i wyczepić u dołu.
- Wyjąć chłodnicę w górę.

Zamontowanie

- Zamontować chłodnicę. Czopy chłodnicy u dołu powinny wejść w podpory gumowe.
- Włożyć skraplacz u dołu w zamocowania i ustalić u góry klamrami mocującymi.
- Zamontować w ustalonym położeniu giętkie przewody cieczy chłodzącej z nowymi pierścieniami o przekroju okrągłym.
- Dalsze zamontowanie odbywa się w kolejności odwrotnej do wymontowania.

Typowe niesprawności układu chłodzenia

Temperatura cieczy chłodzącej za wysoka, na wyświetlaczu zespołu wskaźników pojawia się lampka ostrzegawcza

Przyczyny	Sposób postępowania
Zbyt mało cieczy chłodzącej w układzie	• Zbiornik wyrównawczy powinien być wypełniony do znaku, patrz „Napełnianie układu chłodzenia"; sprawdzić szczelność układu chłodzenia
Termostat nie otwiera się	• Sprawdzić, czy nagrzewa się górny przewód cieczy chłodzącej przy chłodnicy; jeśli nie, wymontować i sprawdzić termostat, w razie potrzeby wymienić

Przyczyny	Sposób postępowania
Uszkodzona pompa cieczy chłodzącej	• Wymontować i sprawdzić pompę cieczy chłodzącej; wymienić pompę, jeśli to konieczne
Uszkodzony czujnik wskaźnika temperatury cieczy chłodzącej	• Sprawdzić czujnik i wymienić w razie potrzeby
Uszkodzony wskaźnik temperatury cieczy chłodzącej	• Sprawdzić wskaźnik w stacji obsługi i wymienić w razie potrzeby
Uszkodzony korek wlewu układu chłodzenia	• Sprawdzić układ chłodzenia, sprawdzić pod ciśnieniem korek wlewu; wymienić korek w razie potrzeby
Zanieczyszczone płytki chłodnicy	• Wymontować chłodnicę i przedmuchać chłodnicę sprężonym powietrzem od strony silnika
Chłodnica zanieczyszczona kamieniem kotłowym i produktami korozji. Nagrzewa się górna część chłodnicy, dolny przewód cieczy chłodzącej przy chłodnicy jest zimny	• Wymienić chłodnicę

STEROWANIE PRACĄ SILNIKA

Wiadomości wstępne

W tym rozdziale opisano: „Układ wtrysku benzyny”, „Układ zapłonowy”, „Układ wtryskowy silnika wysokoprężnego” i „Obwody doprowadzenia paliwa i powietrza”.

Układ wtrysku benzyny i układ zapłonowy

Elektroniczne urządzenie sterujące silnikiem określa ilości dozowanego paliwa i wyprzedzenie zapłonu. Elektroniczne sterowanie pracą silnika ma następujące zalety.

– Dokładne dozowanie ilości paliwa w każdej fazie pracy silnika, zapewniające małe zużycie paliwa i dobre właściwości trakcyjne.

– Zmniejszenie zawartości szkodliwych składników w spalinach, dzięki dokładnemu odmierzaniu paliwa i zastosowaniu regulowanego katalizatora.

– Własna diagnostyka urządzenia sterującego, umożliwiająca szybkie określenie niesprawności. Urządzenie sterujące jest wyposażone w pamięć diagnostyczną. Jeśli podczas pracy występują usterki, są one przechowywane w pamięci. Jeśli silnik nie jest całkowicie sprawny, można zlecić odpłatnie w stacji obsługi wydrukowanie wykazu usterek i w razie potrzeby usunąć je samemu.

Części układu zapłonowego i wtrysku benzyny są bardzo trwałe i praktycznie nie wymagają obsługi. Należy tylko podczas okresowych przeglądów wymieniać wkład filtru powietrza i świece zapłonowe. Do przeprowadzenia podstawowych regulacji i napraw są niezbędne drogie próbniki, dlatego czynności te mogą być wykonywane tylko w właściwie wyposażonych stacjach obsługi.

Zalecenia dotyczące bezpieczeństwa podczas obsługi układu wtrysku benzyny

– Nie stosować otwartego ognia, nie palić, nie przynosić rozżarzonych lub bardzo gorących części w pobliże miejsca pracy. Istnieje zagrożenie wypadkiem. Przygotować gaśnicę.

– Zapewnić bezwarunkowo dobrą wentylację miejsca pracy, pary paliwa są trujące.

– W układzie zasilania paliwem panuje wysokie ciśnienie. Przed odłączeniem przewodów elastycznych należy zmniejszyć ciśnienie paliwa (patrz „Obwody doprowadzenia paliwa i powietrza”).

– Przed odłączeniem przewodów elastycznych należy położyć ze względów bezpieczeństwa grubą szmatę wokół miejsca połączenia.

Uwaga. Podczas wykonywania czynności przy układzie wtrysku benzyny należy zachowywać ogólne zasady bezpieczeństwa i utrzymania czystości (patrz „Obwody doprowadzenia paliwa i powietrza").

Układ wtryskowy silnika wysokoprężnego

Elektroniczne urządzenie sterujące pracą silnika określa parametry wtrysku oleju napędowego. Elektroniczne sterowanie ma następując zalety.
– Własna diagnostyka urządzenia sterującego, umożliwiająca szybkie określenie niesprawności.
– Dokładne dozowanie ilości paliwa, co zmniejsza zawartość szkodliwych składników w spalinach i ogranicza zużycie paliwa.
– Nie jest konieczna regulacja prędkości obrotowej biegu jałowego i maksymalnej prędkości obrotowej.
Części układu wtryskowego silnika wysokoprężnego są bardzo trwałe i praktycznie nie wymagają obsługi. Należy tylko podczas okresowych przeglądów wymieniać wkład filtru powietrza silnika i filtr paliwa.

Układ wtryskowy silnika benzynowego

Działanie urządzenia sterującego silnikiem benzynowym

Paliwo jest zasysane przez elektryczną pompę w zbiorniku i tłoczone do kolektora paliwa przez filtr umieszczony przed zbiornikiem. Regulator utrzymuje w obwodzie doprowadzenia paliwa stałe ciśnienie w zakresie od 320 do 360 kPa.
Wtryskiwacze są sterowane elektrycznie i wtryskują paliwo w sposób przerywany do kolektora bezpośrednio przed zaworami dolotowymi silnika. Sterownik silnika uruchamia wtryskiwacze sekwencyjnie, zgodnie z kolejnością zapłonu i reguluje czas wtrysku, a przez to ilość wtryskiwanego paliwa.
Powietrze potrzebne do spalania paliwa jest doprowadzane do silnika przez filtr, zespół przepustnicy, kolektor dolotowy i zawory dolotowe. Ilość powietrza jest regulowana za pomocą przepustnicy, uruchamianej przez sterownik silnika za pośrednictwem nastawnika krokowego. W silnikach z doładowaniem powietrze dolotowe jest sprężane przez sprężarkę napędzaną paskiem wieloklinowym, potem jest chłodzone w chłodnicy powietrza doładowującego i doprowadzane do cylindrów silnika. Doprowadzona masa powietrza jest mierzona w kolektorze dolotowym przez przepływomierz znajdujący się w przewodzie dolotowym. W obudowie przepływomierza masowego znajduje się cienka płytka ogrzewana elektrycznie, która jest chłodzona przepływającym powietrzem. Elektroniczny układ sterujący reguluje prąd grzejny tak, że temperatura płytki pozostaje stała. Jeśli zwiększy się ilości doprowadzonego powietrza, nagrzewana płytka podlega intensywniejszemu chłodzeniu. Następuje natychmiastowe zwiększenie prądu grzejnego, aby temperatura nie uległa zmianie. Na podstawie wahań prądu grzejnego sterownik rozpoznaje stan obciążenia silnika i odpowiednio reguluje ilość wtryskiwanego paliwa.
Sterownik silnika znajduje się w skrzynce z elementami elektronicznymi, z lewej strony obok zbiorniczka płynu hamulcowego lub bezpośrednio przy silniku. Sterownik silnika to mały, bardzo szybko pracujący komputer, który określa optymalny kąt wyprzedzenia zapłonu, moment wtrysku i ilość wtryskiwanego paliwa. Równocześnie następuje dostosowanie pracy urządzenia sterującego do innych układów samochodu, jak układu sterowania skrzynką biegów lub zabezpieczenia przed kradzieżą samochodu.
Informacje z różnych czujników i sygnały do nastawników zapewniają optymalną pracę silnika w każdych warunkach. Jeśli ulegną uszkodzeniu ważne czujniki, sterownik przełącza się na program awaryjny, aby uniknąć uszkodzeń silnika i umożliwić dalszą jazdę. W takim przypadku silnik pracuje nierównomiernie i ma skłonność do gaśnięcia pod obciążeniem podczas wciskania pedału przyspieszenia.

Czujniki i nastawniki układu wtrysku benzyny

■ Czujnik położenia wału korbowego jest wkręcony w kadłub silnika przy kole zamachowym. Czujnik ten przekazuje do sterownika sygnały określające prędkość obrotową silnika i GMP (górne martwe położenie) tłoka 1. cylindra.

■ Czujnik położenia wałka rozrządu jest umieszczony na czołowej stronie pokrywy głowicy cylindrów. Czujnik ten przekazuje do sterownika, razem z czujnikiem położenia wału korbowego, położenie tłoka 1. cylindra odpowiadające GMP suwu sprężania. Informacje te służą do synchronizacji kąta wyprzedzenia zapłonu i kolejności wtrysku paliwa.

■ Nastawnik przepustnicy składa się z silnika wykonawczego i dwóch potencjometrów. Nastawnik reguluje położenie przepustnicy, dzięki czemu jest uzyskiwana stała prędkość obrotowa biegu jałowego, niezależnie od tego, czy są właśnie włączone dodatkowe odbiorniki mocy, jak na przykład wspomaganie układu kierowniczego lub sprężarka urządzenia klimatyzacyjnego.

■ Potencjometr przepustnicy znajduje się w nastawniku przepustnicy i przekazuje do sterownika chwilowe położenie kątowe przepustnicy. Drugi potencjometr przekazuje do sterownika sygnał porównawczy i zapewnia sygnał zastępczy w razie uszkodzenia potencjometru przepustnicy.

■ Czujnik położenia pedału znajduje się bezpośrednio przy pedale przyspieszenia i przekazuje jego położenie do sterownika silnika. Ze względów bezpieczeństwa czujnik położenia pedału przesyła dodatkowy sygnał porównawczy, jak w przypadku potencjometru przepustnicy.

■ Czujnik temperatury cieczy chłodzącej znajduje się w obudowie termostatu. Czujnik ten ma rezystor o ujemnym współczynniku temperaturowym i jego rezystancja maleje ze wzrostem temperatury cieczy chłodzącej. Czujnik temperatury powietrza dolotowego ma także rezystor o ujemnym współczynniku temperaturowym i znajduje się w sterowniku silnika.

■ Układ odpowietrzania zbiornika paliwa składa się z filtru z węglem aktywnym i zaworu elektromagnetycznego. W filtrze z węglem aktywnym są gromadzone pary paliwa, które powstają w wyniku nagrzewania się paliwa w zbiorniku. Podczas pracy silnika pary paliwa są odprowadzane z filtru z węglem aktywnym i spalane w silniku.

■ Sondy lambda (czujniki zawartości tlenu) służą do regulacji pracy katalizatora, mierzą zawartość tlenu w strumieniu spalin i wysyłają odpowiednie sygnały o różnym napięciu do sterownika silnika. Jedna sonda lambda jest umieszczona przed katalizatorem, a druga dodatkowa za katalizatorem.

■ Czujnik spalania stukowego jest wkręcony w kadłub silnika obok rurki prowadzącej wskaźnika poziomu oleju i zapobiega występowaniu szkodliwego zjawiska spalania stukowego. Dzięki temu wyprzedzenie zapłonu może być utrzymywane na granicy występowania stukania, co pozwala na lepsze wykorzystanie energii zawartej w paliwie i przez to na obniżenie zużycia paliwa.

Sprawdzanie i regulacja prędkości obrotowej biegu jałowego, kąta wyprzedzenia zapłonu i zawartości CO w spalinach

Nie ma potrzeby regulacji prędkości obrotowej biegu jałowego, kąta wyprzedzenia zapłonu i zawartości CO podczas przeglądów okresowych, gdyż te wartości są sterowane elektronicznie przez cały czas pracy silnika.

Jeśli rzeczywiste parametry pracy odbiegają od zadanych wartości, przyczyną jest uszkodzenie części, którą należy wymienić. Właściwe sprawdzenie sterownika silnika jest możliwe tylko za pomocą specjalistycznych przyrządów diagnostycznych.

Ogólne sprawdzanie układu wtrysku benzyny

Do systematycznego wykrywania i usuwania niesprawności są niezbędne przyrządy pomiarowe dostosowane do samochodów konkretnej firmy. Takie przyrządy pomiarowe są drogie i na ogół znajdują się tylko w stacjach obsługi, dlatego opisano tutaj tylko podstawowe czynności kontrolne.

● Sprawdzić akumulator (patrz „Wyposażenie elektryczne”).

● Sprawdzić wszystkie bezpieczniki (patrz „Wyposażenie elektryczne”).

● Rozłączyć i połączyć wszystkie złącza wtykowe odpowiednich układów elektronicznych. Sprawdzić osadzenie złączy wtykowych i zamocowanie przewodów elektrycznych w przedziale silnika.
● Sprawdzić wszystkie połączenia masy, czy są mocno osadzone i mają właściwy styk.
● Sprawdzić szczelność przewodów giętkich i sztywnych. Zwrócić uwagę na porowatość i pęknięcia. Zamocować luźne podłączenia.

Wymontowanie i zamontowanie przepływomierza powietrza

Silnik benzynowy sześciocylindrowy 112

Wymontowanie

● Zdjąć obudowę filtru powietrza pionowo w górę z pokrywy głowicy cylindrów.
● Odłączyć złącze wtykowe przepływomierza powietrza.
● Odłączyć od przepływomierza powietrza przewód odpowietrzający i wyjąć go ze wspornika.
● Zwolnić u góry element blokujący przepływomierza powietrza.
● Pociągnąć w górę element blokujący przy króćcu powietrza dolotowego u góry za pomocą haka, dociskając przy tym przepływomierz do tyłu na tyle, aby element blokujący nie wszedł z powrotem w ustalone położenie.
● Docisnąć wkrętakiem w dół element blokujący króćca powietrza dolotowego, dociskając przy tym przepływomierz do tyłu na tyle, aby element blokujący nie wszedł z powrotem w ustalone położenie.
● Odłączyć przepływomierz powietrza od kolektora dolotowego.

Zamontowanie

● Zamontowanie odbywa się w zasadzie w kolejności odwrotnej do wymontowania.
● Sprawdzić wzrokowo pierścienie uszczelniające przepływomierza powietrza, czy nie są uszkodzone, i wymienić w razie potrzeby.
● Przed zamontowaniem obudowy filtru powietrza, na gumowe elementy mocujące w pokrywie głowicy cylindrów i na pierścień uszczelniający przepływomierza w obudowie filtru powietrza nałożyć cienką warstwę środka zmniejszającego tarcie, na przykład NaphtolenH.

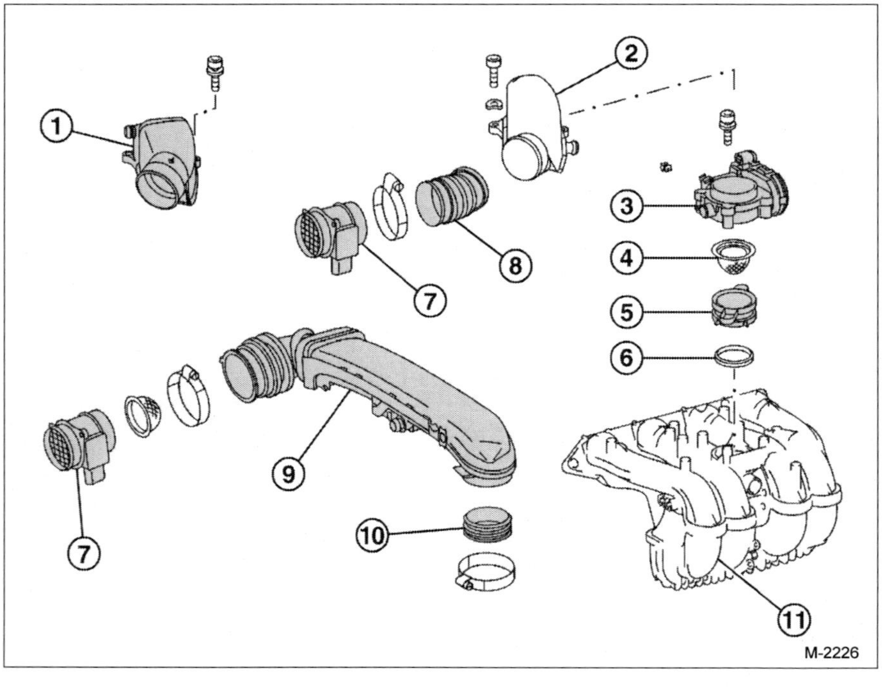

ELEMENTY UKŁADU DOLOTOWEGO SILNIKA BENZYNOWEGO
1 – chwyt powietrza dolotowego, 2 – łącznik, 3 – nastawnik przepustnicy, 4 – tłumik, 5 – kołnierz kolektora dolotowego, 6 – uszczelka, 7 – przepływomierz powietrza, 8 – giętki przewód powietrza, 9 – przewód powietrza, 10 – uszczelka, 11 – kolektor dolotowy

Sprawdzanie wtryskiwaczy

Nieszczelne wtryskiwacze utrudniają rozruch gorącego silnika. Uszkodzone wtryskiwacze powodują czasami głośną pracę i niesprawność silnika.

- Pozostawić silnik na biegu jałowym.
- Sprawdzić za pomocą stetoskopu podczas pracy silnika każdy wtryskiwacz, czy stuka. Stukanie jest wywołane otwieraniem i zamykaniem dyszy.
- Jeśli nie dysponuje się stetoskopem, można sprawdzić pracę wtryskiwacza, dotykając go wkrętakiem lub palcem.
- W razie stwierdzenia braku odgłosów pracy lub gdy nie są one normalne, należy sprawdzić zasilanie napięciem, rezystancję i szczelność wtryskiwacza.

Sprawdzanie zasilania napięciem i rezystancji

- Sprawdzić zasilanie napięciem. W tym celu odłączyć złącza wtryskiwaczy i podłączyć lampkę próbną z diodą między oba styki przewodu zasilającego. Włączyć rozrusznik korzystając z pomocy drugiej osoby. Dioda lampki próbnej powinna migać.
- Jeśli dioda nie miga, przyczyną może być przerwa w przewodach lub uszkodzony sterownik.
- Wyłączyć zapłon.
- Podłączyć omomierz do obu styków każdego z wtryskiwaczy i zmierzyć rezystancję. Jeśli rezystancja jednego wtryskiwacza różni się od pozostałych, należy go wymienić.

Wymontowanie i zamontowanie kolektora paliwa i wtryskiwaczy

Wymontowanie

Ostrzeżenia
– Nie stosować otwartego ognia, nie palić, nie przynosić rozżarzonych lub bardzo gorących części w pobliże miejsca pracy. Istnieje zagrożenie wypadkiem. Przygotować gaśnicę.
– Zapewnić bezwzględnie dobrą wentylację miejsca pracy; pary paliwa są trujące.
– Podczas wykonywania czynności przy układzie sterowania pracą silnika i obwodzie doprowadzenia paliwa, należy przestrzegać zasad bezpieczeństwa.

- Wymontować obudowę filtru przeciwpyłowego i odłączyć przewód masy (–) od akumulatora, gdy zapłon jest wyłączony.

Uwaga. Przed odłączeniem akumulatora należy koniecznie ustalić kod zabezpieczający radioodbiornik przed kradzieżą, jeśli taki kod jest zastosowany. Przestrzegać zaleceń podanych w podrozdziale „Wymontowanie i zamontowanie akumulatora".

- **Silnik 112.** Zdjąć w górę górną osłonę silnika lub filtr powietrza z pokrywy głowicy cylindrów.
- Zapewnić dostęp do przewodów elektrycznych wtryskiwaczy. Zaznaczyć położenie opasek mocujących przewodów, aby ułatwić późniejsze zamontowanie.
- Odłączyć złącza wtykowe od wtryskiwaczy, wciskając przy tym zaciski z drutu.
- Zmniejszyć ciśnienie paliwa (patrz „Obwody doprowadzenia paliwa i powietrza").
- Odkręcić przewód paliwa od kolektora paliwa. Wyciekające paliwo zebrać grubą szmatą.
- **C32AMG.** Wymontować w górę górną część rozdzielacza powietrza doładowującego.
- Odkręcić i wyjąć kolektor paliwa z wtryskiwaczami z kolektora dolotowego.
- Ściągnąć w bok klamrę mocującą z wtryskiwacza i wyciągnąć wtryskiwacz z kolektora paliwa.

Zamontowanie

- Wsunąć nowe pierścienie uszczelniające (3 i 4, rys. M-2222) na wtryskiwacz (2) i nałożyć na pierścienie cienką warstwę oleju.
- Zamontować wtryskiwacz w kolektorze paliwa i zamocować go klamrą (1). Klamrę mo-

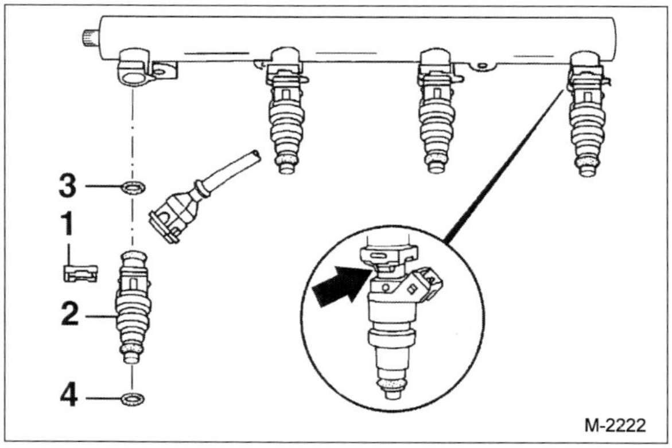

M-2222

cującą zamontować tak, aby została ustalona w czworokątnym czopie wtryskiwacza (4).

• Sprawdzić pierścienie o przekroju okrągłym na kolektorze paliwa, czy nie są uszkodzone, i wymienić w razie potrzeby. Przed zamontowaniem posmarować pierścienie świeżym olejem silnikowym.

• Zamontować kolektor paliwa z wtryskiwaczami w kolektorze dolotowym lub w dolnej części rozdzielacza powietrza doładowującego i przykręcić momentem **9 N • m**.

• Przykręcić przewód do kolektora paliwa momentem **38 N • m**.

• Zamontować górną część rozdzielacza powietrza doładowującego.

• Podłączyć złącza wtykowe do wtryskiwaczy i wcisnąć w ustalone położenie. Ułożyć przewody jak przed wymontowaniem i zamocować opaskami.

• Zamontować górną osłonę silnika lub filtr powietrza.

• Podłączyć przewód masy (–) do akumulatora, gdy zapłon jest wyłączony. Zamontować obudowę filtru przeciwpyłowego. Wprowadzić kod zabezpieczający radioodbiornik przed kradzieżą i nastawić zegar.

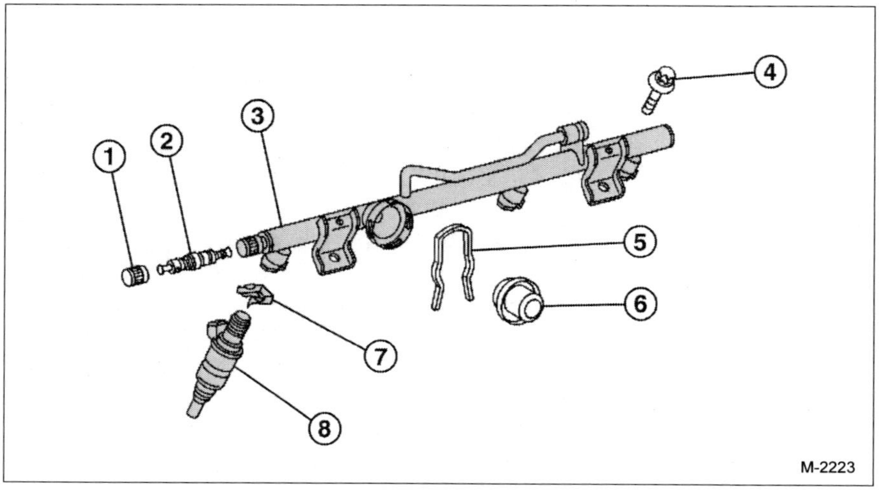

KOLEKTOR PALIWA I WTRYSKIWACZ SILNIKA BENZYNOWEGO CZTEROCYLINDROWEGO 111
1 – kołpak, 2 – zawór (przyłącze do sprawdzania ciśnienia paliwa), 3 – kolektor paliwa, 4 – śruba M8, **9 N • m**, 5 – klamra mocująca, 6 – tłumik ciśnienia paliwa, 7 – klamra mocująca wtryskiwacz do kolektora paliwa, 8 – wtryskiwacz

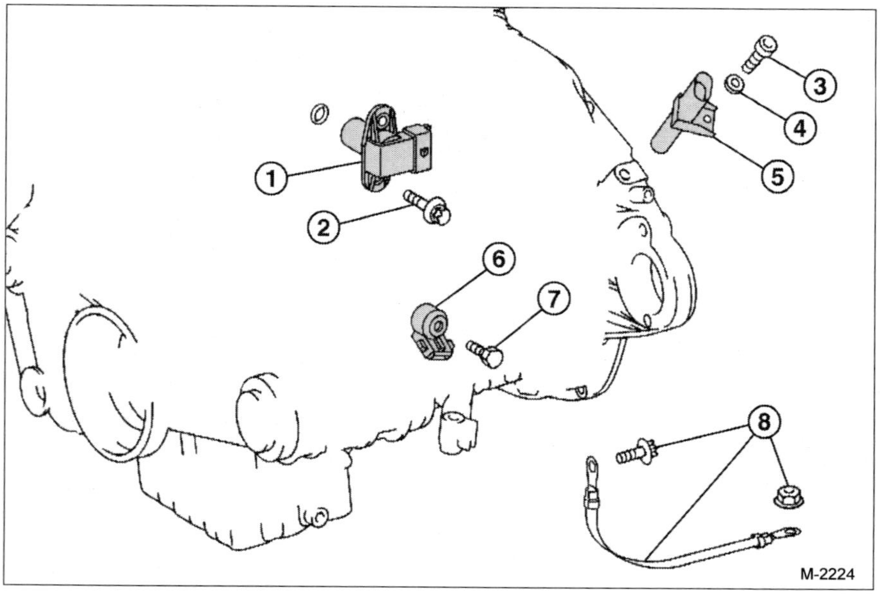

CZUJNIKI POŁOŻENIA WAŁU KORBOWEGO I WAŁKA ROZRZĄDU ORAZ CZUJNIK SPALANIA STUKOWEGO SILNIKA BENZYNOWEGO CZTEROCYLINDROWEGO 111
1 – czujnik położenia wałka rozrządu, 2 – śruba, **8 N • m**, 3 – śruba M6, **8 N • m**, 4 – podkładka, 5 – czujnik położenia wału korbowego, 6 – czujnik spalania stukowego, 7 – śruba, **20 N • m** (**uwaga:** konieczne jest dokładne zachowanie momentu dokręcania), 8 – przewód masy silnika z zamocowaniem

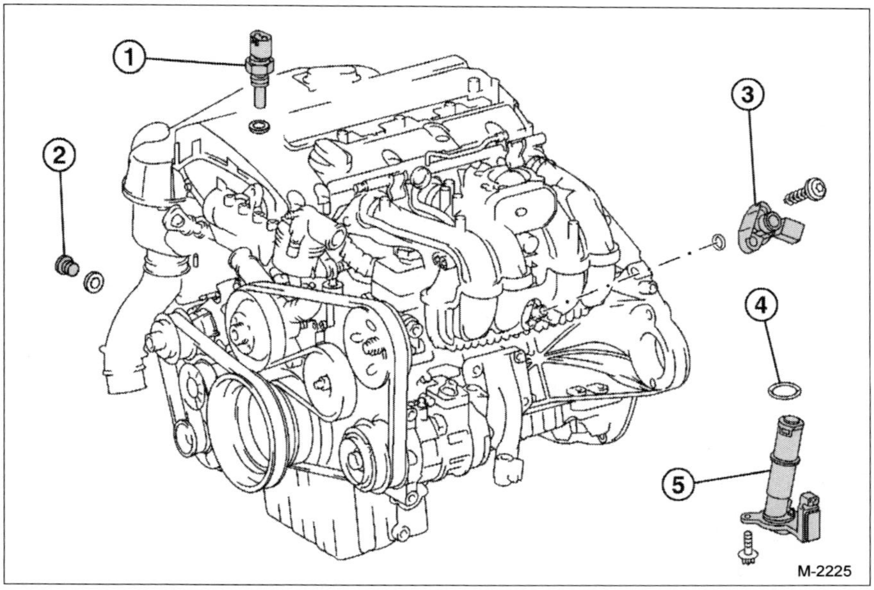

CZUJNIKI SILNIKA BENZYNOWEGO CZTEROCYLINDROWEGO 111
1 – czujnik temperatury cieczy chłodzącej,
2 – korek gwintowany czujnika ciśnienia oleju,
3 – czujnik ciśnienia powietrza dolotowego,
4 – pierścień uszczelniający,
5 – czujnik poziomu oleju

Typowe niesprawności układu wtryskowego silnika benzynowego

Przed przystąpieniem do wyszukiwania niesprawności powinny być spełnione następujące warunki: nie popełniono błędu podczas uruchamiania silnika – właściwe uruchamianie silnika (czy silnik jest zimny, czy ciepły – obowiązuje ta sama zasada: przed i podczas uruchamiania nie należy wciskać pedału przyspieszenia; gdy silnik jest gorący, po uruchomieniu silnika może być konieczne lekkie wciśnięcie pedału przyspieszenia), w zbiorniku jest paliwo, silnik jest sprawny pod względem mechanicznym, akumulator jest naładowany, prędkość obrotowa rozruchu jest wystarczająca, układ zapłonowy jest sprawny, obwód doprowadzenia paliwa jest szczelny, brak zanieczyszczeń w obwodzie doprowadzenia paliwa, właściwe odpowietrzanie skrzyni korbowej, jest elektryczne połączenie z masą (silnik – skrzynka przekładniowa – nadwozie). Odczytać pamięć diagnostyczną sterownika w stacji obsługi.

Uwaga. W obwodzie doprowadzania paliwa panuje ciśnienie. Jeśli przewody paliwa mają być odłączone, należy owinąć miejsce połączenia grubą szmatą, aby uniknąć rozpryskiwania paliwa. Przemyć przewody paliwa przed odłączeniem.

Objawy	Przyczyny	Sposób postępowania
Nie można uruchomić silnika	Elektryczna pompa paliwa nie pracuje po włączeniu rozrusznika (brak odgłosów pracy)	• Sprawdzić, czy dochodzi napięcie do pompy. Sprawdzić stan i rezystancję styków
		• Postukać w obudowę, aby zwolnić zawieszony element pompy
	Uszkodzony bezpiecznik	• Sprawdzić bezpieczniki pompy paliwa i układu wtrysku benzyny
	Uszkodzony przekaźnik pompy paliwa	• Sprawdzić przekaźnik
	Wtryskiwacze nie są zasilane napięciem	• Sprawdzić zasilanie napięciem

cd. tabl.

Objawy	Przyczyny	Sposób postępowania
Zimny silnik trudno uruchomić, po uruchomieniu pracuje nierówno	Uszkodzony czujnik temperatury	• Sprawdzić czujniki temperatury cieczy chłodzącej i powietrza dolotowego
Silnik przerywa pracę	Chwilowe przerwy w połączeniach elektrycznych pompy paliwa	• Sprawdzić, czy złącza wtykowe i podłączenia przewodów elektrycznych pompy paliwa i przekaźnika pompy paliwa są mocno osadzone i czy nie mają zbyt dużej rezystancji; sprawdzić bezpiecznik i styki przekaźnika pompy paliwa; oczyścić lub wymienić styki
	Niedrożny filtr paliwa	• Wymienić filtr paliwa
	Uszkodzona pompa paliwa	• Sprawdzić pompę paliwa
	Uszkodzony wtryskiwacz	• Sprawdzić wtryskiwacze
Zakłócenia w pracy silnika przy przechodzeniu z biegu jałowego do większych prędkości obrotowych	Nieszczelny obwód doprowadzenia powietrza	• Sprawdzić obwód doprowadzenia powietrza. Uruchomić silnik, pozostawić go na biegu jałowym i zwilżać benzyną miejsca uszczelnienia oraz połączenia w obwodzie. Jeśli przy tym zwiększa się na krótko prędkość obrotowa, usunąć nieszczelność w tym miejscu. **Uwaga.** Nie wdychać par paliwa – są trujące
	Uszkodzony czujnik temperatury	• Sprawdzić czujniki temperatury cieczy chłodzącej i powietrza dolotowego
	Nieszczelny obwód doprowadzenia paliwa	• Sprawdzić wzrokowo wszystkie miejsca połączeń przy silniku i elektrycznej pompie paliwa; dokręcić wszystkie połączenia
Nie można uruchomić gorącego silnika	Zbyt wysokie ciśnienie w obwodzie doprowadzenia paliwa	• Sprawdzić w stacji obsługi ciśnienie paliwa, w razie potrzeby wymienić regulator ciśnienia

Układ zapłonowy

Wiadomości wstępne

Układ zapłonowy wytwarza iskrę, która zapala doprowadzoną do cylindra mieszankę paliwa z powietrzem. Napięcie akumulatora wynoszące 12 V jest zwiększane w cewce zapłonowej do wartości przekraczającej 30 000 V.
Układ zapłonowy składa się ze świec zapłonowych i cewek zapłonowych połączonych z nasadkami świec zapłonowych. W silniku sześciocylindrowym cewki zapłonowe są połączone z nasadkami świec zapłonowych krótkim przewodem wysokiego napięcia.
Iskra jest wyzwalana przez sterownik silnika w układzie zapłonu bezpośredniego. Rozdział napięcia na poszczególne świece zapłonowe odbywa się za pomocą elementów elektronicznych.

Kąt wyprzedzenia zapłonu nie może być regulowany. Jeśli kąt wyprzedzenia zapłonu nie ma wymaganej wartości, jest konieczna wymiana uszkodzonych części.
Układ zapłonowy podczas eksploatacji nie podlega zużyciu i nie wymaga obsługi. Konieczna jest tylko wymiana świec zapłonowych podczas przeglądów zgodnie z zaleceniami.

Zalecenia dotyczące bezpieczeństwa podczas obsługi układu zapłonowego i układu wtrysku benzyny

Aby uniknąć zranienia osób lub zniszczenia układu wtryskowego bądź zapłonowego, należy stosować niżej podane zasady.
– Nie dotykać, ani nie odłączać przewodów wysokiego napięcia, gdy silnik pracuje lub gdy wał korbowy jest obracany rozrusznikiem.

– Podłączać i odłączać przewody układu wtryskowego i zapłonowego, a także przewody przyrządów pomiarowych, tylko po wyłączeniu zapłonu.
– Osoby z rozrusznikiem serca nie powinny wykonywać żadnych czynności przy elektronicznym układzie zapłonowym.
– Nie wolno zwierać zacisku „1" cewki zapłonowej z masą.
– Podczas obracania wału korbowego rozrusznikiem, na przykład przy sprawdzaniu ciśnienia sprężania, należy wyłączyć zapłon i złącze czujnika położenia wału korbowego.
– Nie należy podłączać lampki próbnej do zacisku „1" cewki zapłonowej.

Wymontowanie i zamontowanie cewek zapłonowych

Silnik benzynowy czterocylindrowy

Uwaga. Wymontowanie cewek zapłonowych z silnika sześciocylindrowego opisano w podrozdziale „Wymontowanie i zamontowanie świec zapłonowych", w rozdz. „Obsługa samochodu".

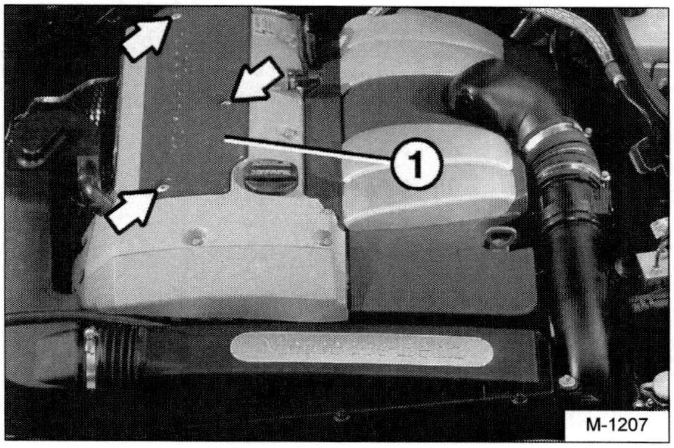

Wymontowanie

- **Silnik 111.** Odkręcić osłonę (1, rys. M-1207) cewek zapłonowych.
- **Silnik 271.** Zdjąć w górę górną osłonę silnika (1, rys. M-1208).
- Odłączyć złącze wtykowe (2, rys. M-1209) od cewki zapłonowej (3).
- Wykręcić dwie śruby mocujące (4) cewki zapłonowej kluczem Torx E8.
- Wyciągnąć cewkę zapłonową pionowo w górę (rys. M-1210), ściągając przy tym ze świecy zapłonowej nasadkę połączoną na stałe z cewką.

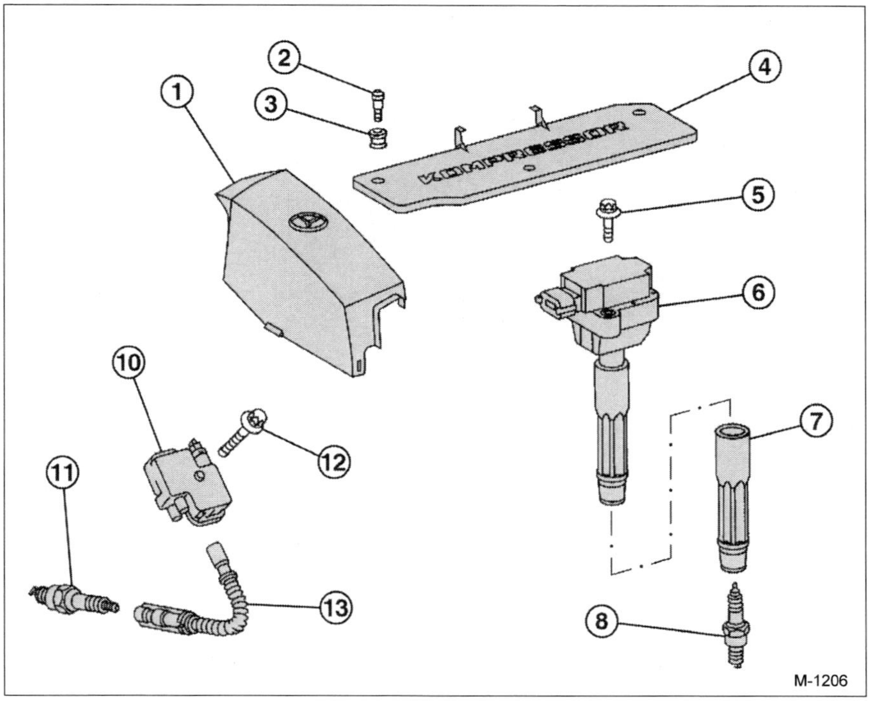

ELEMENTY UKŁADU ZAPŁONOWEGO
Silnik benzynowy czterocylindrowy:
1 – osłona silnika przednia, 2 – śruba, 3 – wkładka, 4 – pokrywa cewek zapłonowych, 5 – śruba M8 × 25, **9 N·m**, 6 – cewka zapłonowa, 7 – nasadka świecy zapłonowej, 8 – świeca zapłonowa (silnik 111: **28 N·m**, silnik 271: **25 N·m**).
Silnik benzynowy sześciocylindrowy
10 – cewka zapłonowa, 11 – świeca zapłonowa, **28 N·m**, 12 – śruba, **8 N·m**, 13 – przewód wysokiego napięcia z nasadką świecy zapłonowej (od cewki do świecy zapłonowej)

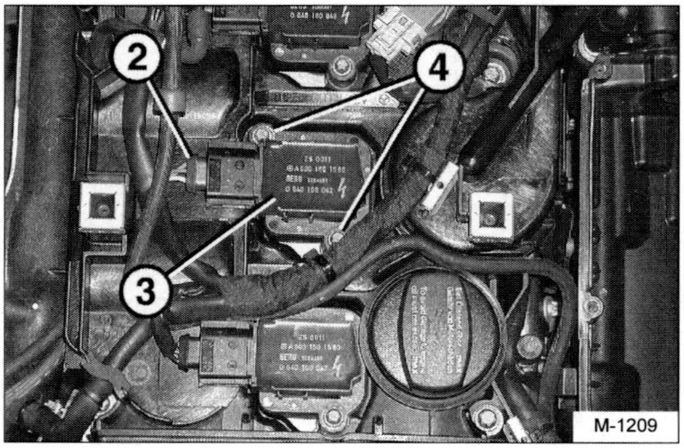

- Wymontować wszystkie cewki zapłonowe w ten sam sposób.

Zamontowanie

- Zamontowanie odbywa się w kolejności odwrotnej do wymontowania. Przykręcić cewki zapłonowe momentem **9 N·m**.

Układ wtryskowy silnika wysokoprężnego

Sposób działania układu wtryskowego silnika wysokoprężnego

Czyste powietrze jest doprowadzane do cylindrów silnika wysokoprężnego i sprężane w nich do wysokiego ciśnienia, co powoduje wzrost temperatury w cylindrach do wartości przekraczającej temperaturę zapłonu oleju napędowego. Olej napędowy jest wtryskiwany w sprężone powietrze o temperaturze około 600°C, gdy tłok znajduje się tuż przed górnym martwym położeniem i zapala się samoczynnie bez potrzeby wytwarzania iskry przez świece zapłonowe.

Gdy silnik jest bardzo zimny, nie można uzyskać temperatury samozapłonu tylko przez sprężanie powietrza. Komora spalania powinna być dodatkowo nagrzana i w tym celu w każdej komorze znajduje się świeca żarowa. Czas podgrzewania zależy od temperatury otoczenia i jest regulowany przez sterownik silnika i przekaźnik podgrzewania.

Paliwo jest tłoczone pod ciśnieniem około 0,35 MPa przez pompę zasilającą do pompy wysokiego ciśnienia. Pompa wysokiego ciśnienia już przy małej prędkości obrotowej silnika wytwarza stałe ciśnienie ponad 130 MPa (od V 2003 – 160 MPa).

Od pompy wysokiego ciśnienia prowadzi wspólny zasobnik paliwa (Common Rail) do poszczególnych cylindrów. Ten wspólny kolektor paliwa służy jako akumulator ciśnienia i rozdziela paliwo pod stałym ciśnieniem do poszczególnych wtryskiwaczy. Niezbędne dawki wtryskiwanego paliwa są dokładnie dozowane do poszczególnych cylindrów przez sterownik silnika za pośrednictwem wtryskiwaczy elektromagnetycznych. Jeśli procesor sterownika zamknie zawór elektromagnetyczny, wtrysk paliwa zostaje natychmiast przerwany. W takim układzie wtryskowym wytwarzanie ciśnienia odbywa się niezależnie od wtryskiwania paliwa. Ma to tę zaletę, że wtryskiwanie może być dostosowane do potrzeb i składu spalin niezależnie od prędkości obrotowej silnika.

Paliwo jest wtryskiwane przez wtryskiwacze z rozpylaczami wielootworowymi w dwóch eta-

pach (od V 2003 w trzech etapach). Najpierw następuje wtrysk wstępny niewielkiej ilości paliwa, co poprawia warunki zapłonu drugiej, głównej dawki paliwa. Dzięki temu spalanie ma przebieg łagodny i jest mniej hałaśliwe.
Paliwo na drodze do pompy zasilającej i pompy wtryskowej wysokiego ciśnienia przepływa przez filtr, w którym zatrzymywane są zanieczyszczenia i woda, dlatego jest bardzo ważne, aby wymieniać filtr paliwa podczas okresowych przeglądów.
Pompa zasilająca i pompa wysokiego ciśnienia nie wymagają konserwacji. Wszystkie ich współpracujące części są smarowane olejem napędowym.
Powietrze potrzebne do spalania paliwa jest doprowadzane do silnika lub turbosprężarki przez filtr. Turbosprężarka spręża powietrze i tłoczy je przez chłodnicę powietrza doładowującego, w której powietrze nagrzane w procesie doładowywania jest chłodzone. Chłodzenie powietrza poprawia stopień napełnienia cylindrów, przez co zwiększa się moment obrotowy i moc silnika.

Zasady eksploatacji zimowej

Ze spadkiem temperatury zewnętrznej zmniejsza się płynność oleju napędowego, z powodu wydzielania się parafiny. Olej napędowy może zgęstnieć i zatkać filtr paliwa. Firmy zajmujące się dystrybucją produktów z ropy naftowej dodają w zimie do oleju napędowego składniki, które zwiększają jego płynność i zapewniają rozruch w temperaturze do około –22°C.
Aby filtr paliwa zachowywał drożność w niskich temperaturach zewnętrznych, paliwo przepływa przez wymiennik ciepła.

Układ podgrzewania silnika

Gdy silnik jest zimny, sprężanie powietrza nie wystarcza do osiągnięcia temperatury samoczynnego zapłonu i doprowadzone powietrze powinno być nagrzane.
W tym celu, w każdej komorze spalania jest umieszczona świeca żarowa. Sztabkowa świeca żarowa składa się w zasadzie z korpusu i wtłoczonej do niego sztabki grzejnej. Sztabkę stanowią uzwojenia grzejne i regulacyjne. Po włączeniu napięcia, uzwojenie w elemencie nagrzewa się w ciągu kilku sekund do temperatury powyżej 850°C, przy czym przez każdą świecę żarową przepływa prąd około 30 A. Uzwojenie regulacyjne w świecy żarowej wraz ze wzrostem temperatury ogranicza pobór prądu do 15...25 A, co chroni świecę przed przeciążeniem. Silnik można uruchamiać po zgaśnięciu lampki kontrolnej wstępnego podgrzewania na tablicy rozdzielczej.
Czas podgrzewania do chwili włączenia rozrusznika rzadko przekracza 10 sekund i jest regulowany przez przekaźnik podgrzewania i sterownik silnika, który przez czujnik temperatury cieczy chłodzącej otrzymuje informację o chwilowej temperaturze silnika. Sterownik silnika określa na podstawie otrzymanych danych, jak długo i jakie natężenie prądu jest doprowadzane do świec żarowych.
Uwaga. Bezpośredni wtrysk paliwa ułatwia uruchamianie zimnego silnika i podgrzewanie wstępne jest konieczne dopiero w temperaturze poniżej 0°C.

Sprawdzanie świec żarowych

Jeśli trudno jest uruchomić silnik, należy sprawdzić działanie wszystkich świec żarowych.
Warunki sprawdzania: silnik jest zimny (ma temperaturę otoczenia), akumulator jest naładowany całkowicie i jego napięcie wynosi co najmniej 11,5 V.

Sprawdzanie dopływu prądu

Sprawdzanie można przeprowadzić na zamontowanych świecach żarowych.
- Wymontować górne osłony silnika (patrz „Silnik wysokoprężny 611, 612 i 646").
- Ściągnąć elektryczne złącza wtykowe ze świec żarowych, na przykład za pomocą specjalnych szczypiec Hazet 4760-5.
- Podłączyć lampkę próbną między styk przewodu i masę.
- Włączyć podgrzewanie wstępne silnika. Pozostawić wyłącznik w położeniu nagrzewania i obserwować lampkę próbną. Lampka próbna powinna się zaświecić. W ten sposób sprawdzić dopływ prądu do wszystkich świec żarowych.
- Podłączyć złącza wtykowe do świec żarowych.

Sprawdzanie świec żarowych

- Podłączać omomierz kolejno do wszystkich świec i sprawdzać, czy nie ma przerwy między kadłubem silnika i świecą żarową.
- Jeśli jest wskazywana przerwa (∞ Ω), świeca żarowa jest uszkodzona i należy ją wymienić.
- Podłączyć złącza wtykowe do świec żarowych.
- Zamontować górne osłony silnika (patrz „Silniki wysokoprężne 611, 612 i 646").

Wymontowanie i zamontowanie świec żarowych

Wymontowanie

- Wyłączyć stacyjkę.
- Wymontować górne osłony silnika (patrz „Silniki wysokoprężne 611, 612 i 646").
- Ściągnąć elektryczne złącza wtykowe ze świec żarowych, na przykład za pomocą specjalnych szczypiec Hazet 4760-5.
- Wykręcić świece żarowe, na przykład kluczem Hazet 4760-1.
- Oczyścić gniazdo świecy żarowej szczotkami walcowymi Perlon o średnicy 10 i 6 mm.

Zamontowanie

- Wkręcić świece żarowe i dokręcić momentem **12 N·m**.
- Podłączyć złącza wtykowe do świec żarowych.
- Zamontować górne osłony silnika (patrz „Silniki wysokoprężne 611, 612 i 646").

Wymontowanie i zamontowanie wtryskiwaczy

Wymontowanie

Uwaga. Poniżej opisano wymontowanie jednego wtryskiwacza. Wymontowanie pozostałych wtryskiwaczy odbywa się w ten sam sposób.

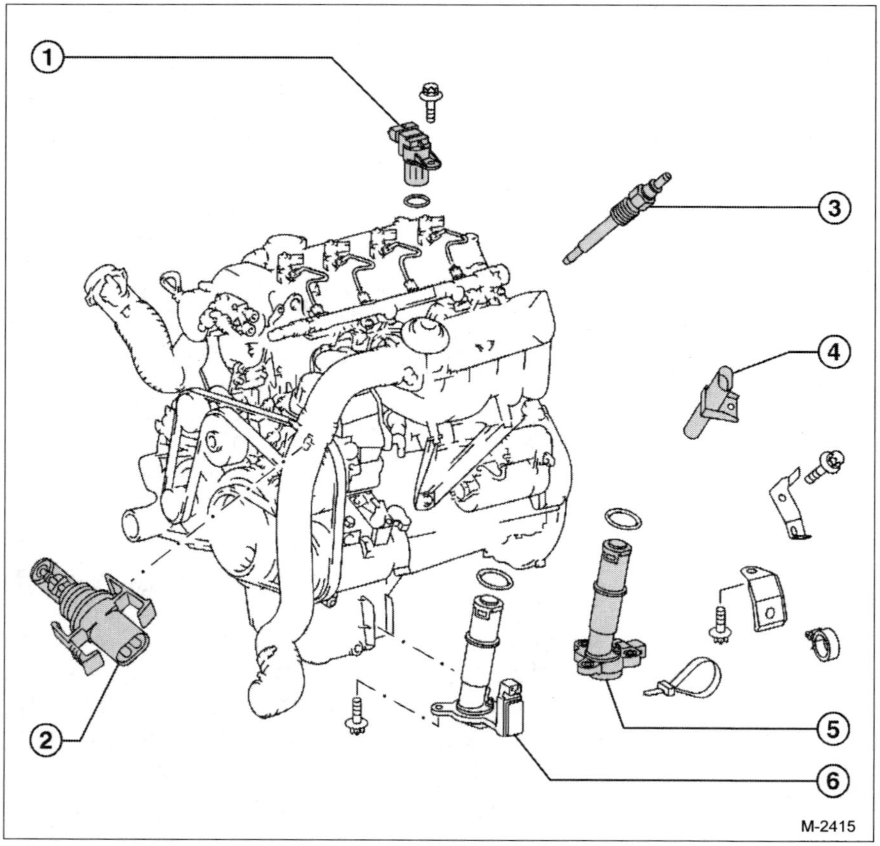

CZUJNIKI SILNIKA
1 – czujnik położenia wałka rozrządu, 2 – czujnik temperatury powietrza dolotowego, 3 – świeca żarowa, 4 – czujnik położenia wału korbowego, 5 – czujnik poziomu oleju (silnik wysokoprężny),
6 – czujnik poziomu oleju (silnik benzynowy)

• Wymontować górne osłony silnika (patrz „Silniki wysokoprężne 611, 612 i 646").
• Odłączyć złącze przewodu elektrycznego od wtryskiwacza.
• Wymontować przewód wysokiego ciśnienia prowadzący do wtryskiwacza. Podczas odkręcania nakrętki złączkowej przytrzymać płaskim kluczem gwintowany króciec wtryskiwacza.
Uwaga. Nie załamywać przewodów podczas wymontowania. Wymontowane przewody wysokiego ciśnienia zaślepić. Uważać, aby przewody nie uległy zanieczyszczeniu. Sprawdzić wzrokowo stożkowe końcówki przewodów; jeśli uległy wgnieceniu, przewody należy wymienić.
• Ścisnąć spinkę zabezpieczającą w miejscu podłączenia przewodu powrotnego i ściągnąć przewód.
Uwaga. Spinka powinna pozostać na wtryskiwaczu. Jeśli zostanie ściągnięta, należy ją wymienić.
• Wykręcić śrubę typu Torx przy jarzmie mocującym.
• Podważyć wtryskiwacz odpowiednim wkrętakiem i wyjąć go razem z jarzmem z gwintowanego łącznika.
Uwaga. Mocno osadzony wtryskiwacz wyciągnąć przy użyciu ściągacza udarowego i odpowiedniego zacisku. Jeśli ściągacz uderzałby w pokrywę głowicy cylindrów, poluzować śruby pokrywy lub wymontować wtryskiwacze razem z gwintowanym łącznikiem.
Uwaga. Po wymontowaniu wtryskiwacza razem z gwintowanym łącznikiem konieczna jest wymiana całego wtryskiwacza.
• Oczyścić korpus wtryskiwacza i rozpylacz szczotką drucianą, przy czym końcówkę rozpylacza czyścić tylko szmatką z mikrofibry. Przed czyszczeniem gniazda wtryskiwacza zamknąć trzpieniem otwór rozpylacza. Oczyścić gniazdo najpierw szmatką z mikrofibry, potem zaokrągloną szczotką cylindryczną, prze-

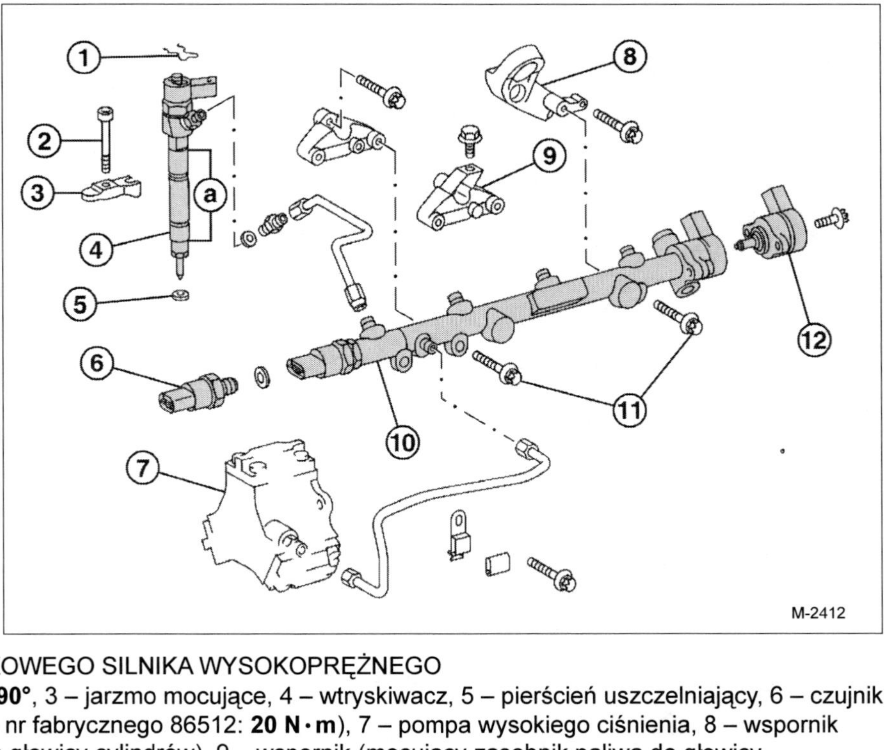

ELEMENTY UKŁADU WTRYSKOWEGO SILNIKA WYSOKOPRĘŻNEGO
1 – spinka, 2 – śruba, **7 N·m + 90°**, 3 – jarzmo mocujące, 4 – wtryskiwacz, 5 – pierścień uszczelniający, 6 – czujnik ciśnienia, **22 N·m** (silnik 611 do nr fabrycznego 86512: **20 N·m**), 7 – pompa wysokiego ciśnienia, 8 – wspornik (mocujący rozdzielacz paliwa do głowicy cylindrów), 9 – wspornik (mocujący zasobnik paliwa do głowicy cylindrów), 10 – zasobnik paliwa, 11 – śruba, 12 – zawór regulacyjny ciśnienia (moment dokręcania: 1. stopień, **3 N·m**; 2. stopień, **5 N·m**), a – przed zamontowaniem nałożyć cienką warstewkę specjalnego smaru na wtryskiwacz tylko we wskazanym miejscu

dmuchać i zasłonić. Ponownie oczyścić szmatką i przykryć. Po czyszczeniu wyjąć trzpień z otworu rozpylacza.
Uwaga. Gniazdo wtryskiwacza wolno czyścić tylko ręcznie, nie stosować wiertarki do napędu szczotki. Nie rozkładać wtryskiwacza.

Zamontowanie

- Nałożyć na korpus wtryskiwacza w miejscu (a, rys. M-2412) cienką warstewkę specjalnego smaru, na przykład Mercedes-Benz 001 989 42 51 10.

Uwaga. Smar nie powinien być nakładany na rozpylacz i na pierścień uszczelniający.

- Zamontować wtryskiwacz z nowym pierścieniem uszczelniającym i jarzmem mocującym.
- Wkręcić nową śrubę typu Torx, nie dokręcając jej.

Uwaga. Śruba powinna wkręcać się lekko, w razie potrzeby oczyścić ostrożnie gwint narzynką.

- Poluzować śruby mocujące zasobnik paliwa, aby uniknąć naprężeń po zamontowaniu przewodu wysokiego ciśnienia.
- Przykręcić przewód wysokiego ciśnienia do wtryskiwacza nakrętką złączkową, nie dokręcając nakrętki.
- Dokręcić śruby mocujące zasobnik paliwa momentem **14 N·m**.
- Dokręcić nową śrubę typu Torx jarzma mocującego momentem **7 N·m** i obrócić dalej śrubę o kąt **90°** (½ obrotu).
- Dokręcić nakrętki złączkowe przewodu wysokiego ciśnienia, przytrzymując wtryskiwacz. Moment dokręcania w **silniku 611 i 612** nowej nakrętki wynosi **20 N·m**, zastosowanej ponownie – **25 N·m**; w **silniku 646** – **11 N·m + 70°**.

Uwaga. W żadnym przypadku nie przekraczać podanego momentu, gdyż przy następnym odłączaniu może dojść do odkręcenia króćca gwintowanego.

- Nasunąć przewód powrotny i zamocować go spinką.
- Podłączyć złącze przewodu elektrycznego do wtryskiwacza.
- Zamontować górne osłony silnika (patrz „Silniki wysokoprężne 611, 612 i 646").

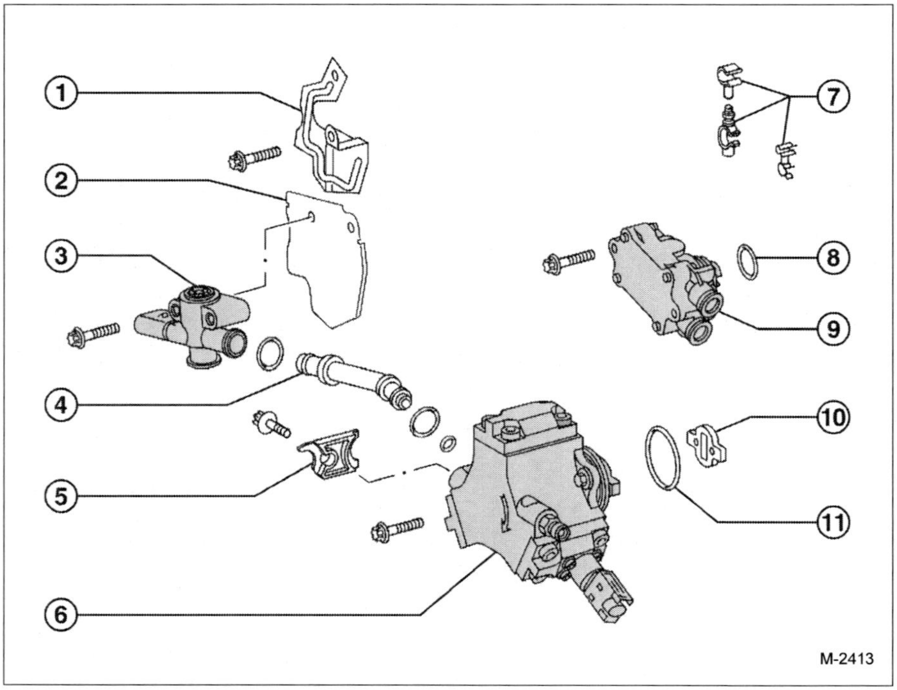

POMPY PALIWA SILNIKA WYSOKOPRĘŻNEGO
1 – osłona z blachy zaworu odcinającego (200CDI/220CDI),
2 – osłona z blachy zaworu odcinającego (270CDI),
3 – zawór odcinający dopływ paliwa, **8 N·m**, 4 – łącznik,
5 – wspornik łącznika, **9 N·m**,
6 – pompa wysokiego ciśnienia, **14 N·m**,
7 – uchwyt przewodu,
8 – pierścień uszczelniający,
9 – pompa zasilająca,
9 N·m, 10 – zabierak,
11 – pierścień uszczelniający

FILTR Z PRZEWODAMI PALIWA SILNIKA WYSOKOPRĘŻNEGO
1 – filtr paliwa, 2 – wspornik, 3 – przewód paliwa (od pompy zasilającej do zaworu odcinającego), 4 – wspornik mocujący przewód paliwa do pompy cieczy chłodzącej, 5 – przewód paliwa, 6 – przewód giętki, 7 – przewód paliwa (od filtru paliwa do pompy zasilającej), 8 – przewód paliwa (od pompy wysokiego ciśnienia do zaworu regulacyjnego ciśnienia), 9 – giętki przewód izolujący przewodu powrotnego, 10 – przewód powrotny, 11 – element z pierścieniem (przewód powrotny do filtru paliwa), 12 – śruba drążona (przewód powrotny do rozdzielacza paliwa, 13 – przewód giętki (zasobnik paliwa do chłodnicy paliwa), 14 – chłodnica paliwa, **14 N·m**, 15 – uszczelka wewnętrzna, 16 – wymiennik ciepła paliwa, 17 – osłona, 18 – filtr paliwa ze wspornikiem, 19 – przewód giętki, 20 – uszczelka dolna, 21 – obudowa wymiennika ciepła paliwa.
Elementy dodatkowe w silniku 2,7 dm³:
30 – przewód paliwa (od filtru paliwa do pompy zasilającej), 31 – filtr paliwa, 32 – przewód (od filtru paliwa do wymiennika ciepła), 33 – pierścień uszczelniający, 34 – wkład filtru

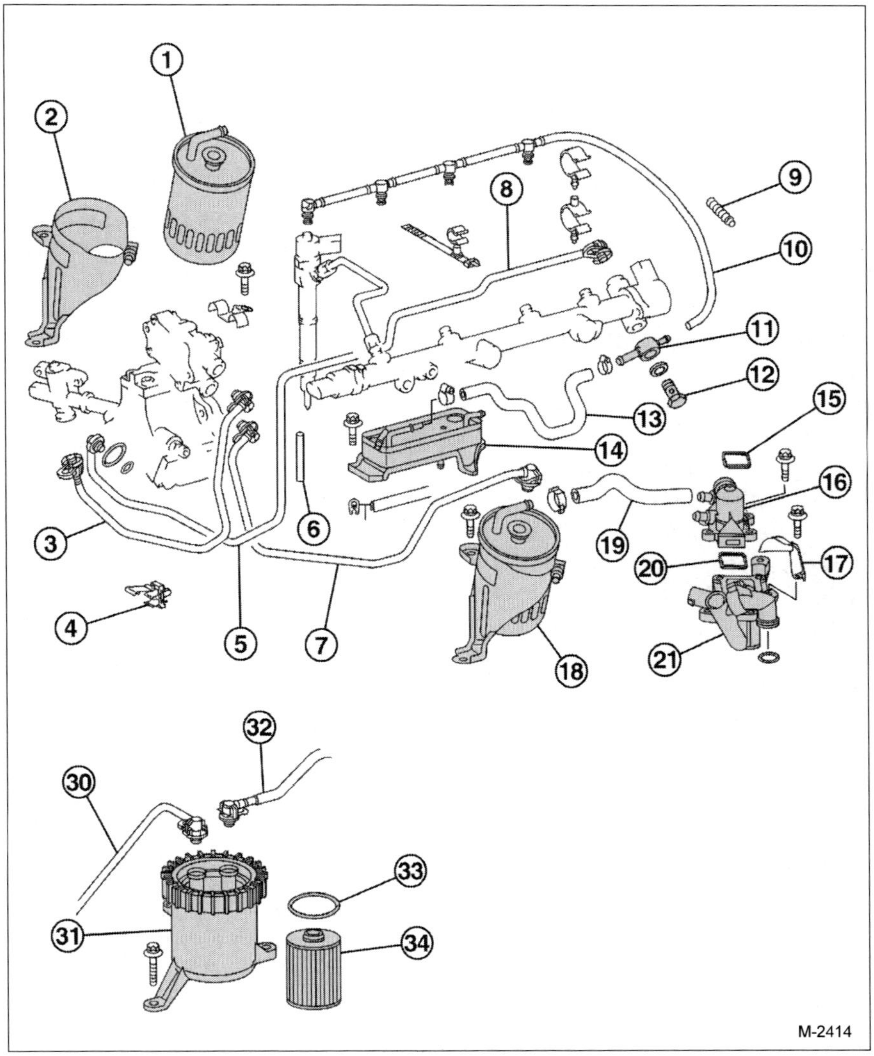

Odpowietrzanie obwodu doprowadzenia paliwa niskiego ciśnienia

Silnik 611.962 od końcówki numeru podwozia 257722 i silnik 612.962

Obwód doprowadzenia paliwa niskiego ciśnienia powinien być odpowietrzany podczas przeglądu po wymianie filtru paliwa. Do odpowietrzania jest potrzebna dostępna w handlu pompa podciśnieniowa ze zbiornikiem oleju napędowego.

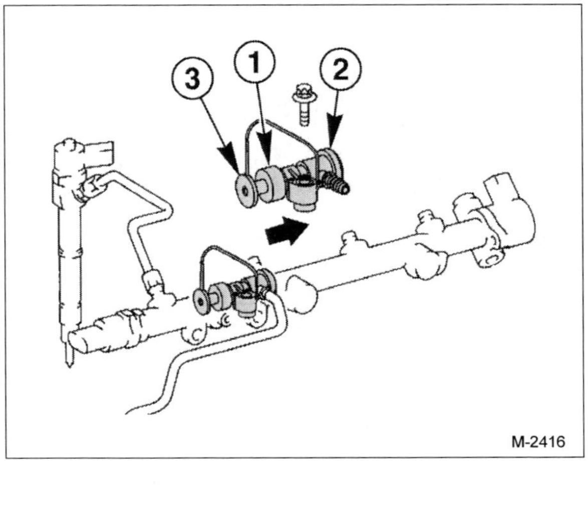

Odpowietrzanie

• Wymontować górne osłony silnika (patrz „Silniki wysokoprężne 611, 612 i 646").
• Nacisnąć pierścień zabezpieczający (1, rys. M-2416) przy zaworze odpowietrzającym (2) w kierunku strzałki i wyjąć element zamykający.
• Wcisnąć w ustalone położenie króciec ssący pompy podciśnieniowej w zawór odpowietrzający.
• Podłączyć przewód między króćcem ssącym i zbiornikiem pompy podciśnieniowej.
• Podłączyć ręczną pompę stroną ssącą do zbiornika.
• Pompować pompą ręczną, aż paliwo bez pęcherzyków powietrza zacznie płynąć przewodem w zbiorniku pompy podciśnieniowej.
• Nacisnąć pierścień zabezpieczający przy zaworze odpowietrzającym w kierunku strzałki i ściągnąć króciec ssący.
• Wcisnąć element zamykający w zawór odpowietrzający, w ustalone położenie.
• Zamontować górne osłony silnika (patrz „Silniki wysokoprężne 611, 612 i 646").

Wymontowanie przepływomierza powietrza

C30CDI AMG, silnik 612.990

Wymontowanie

• Odłączyć złącze wtykowe (1, rys. M-2419) od przepływomierza powietrza (2).
• Odłączyć złącze wtykowe (3) od czujnika ciśnienia (4).
• Wymontować filtr powietrza (patrz „Obwody doprowadzenia paliwa i powietrza").
• Wykręcić śruby (5) i zdjąć przepływomierz powietrza.

Uwaga. Na rysunku M-2419 jest widoczna tylko jedna śruba.

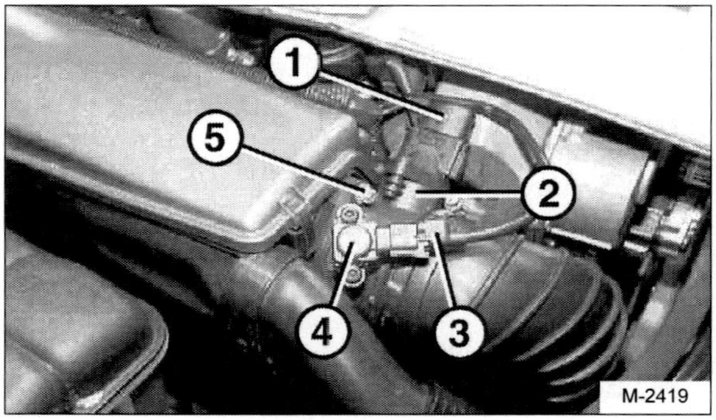

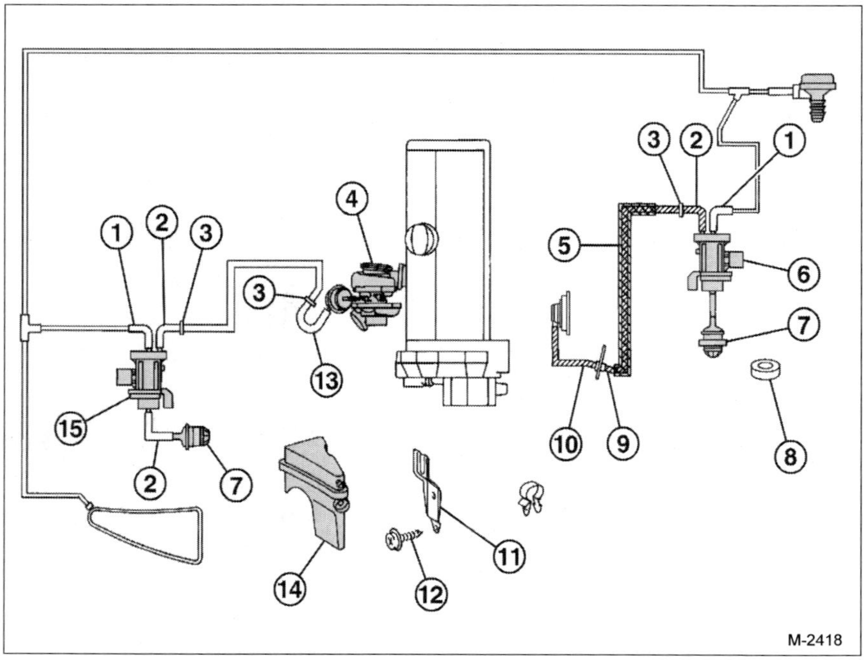

UKŁAD PODCIŚNIENIOWY SILNIKA 611.962
1 – do przekładnika ciśnieniowego prawego, z lewej strony, 2 – zasilanie podciśnieniem, ciśnienie atmosferyczne, ciśnienie sterujące, 3 – przewód giętki do turbosprężarki, 4 – siłownik podciśnieniowy do przestawiania łopatek turbosprężarki, 5 – giętki przewód izolujący, 6 – przekładnik ciśnieniowy (sterowanie zaworu z lewej strony), 7 – filtr prawy, filtr lewy, 8 – pierścień ochronny, 9 – łącznik,10 – zacisk, 11 – wspornik obwodu recyrkulacji spalin, 12 – mocowanie wspornika do podłużnicy, 13 – giętki przewód łączący, 14 – zbiornik, 15 – przekładnik ciśnieniowy (sterowanie turbosprężarki)

Typowe niesprawności układu wtryskowego silnika wysokoprężnego

Przed przystąpieniem do wyszukiwania przyczyn niesprawności według poniższej tablicy, powinny być spełnione następujące warunki: silnik jest uruchamiany we właściwy sposób, w zbiorniku jest paliwo, obwód doprowadzenia paliwa jest odpowietrzony, właściwe ciśnienie sprężania, naładowany akumulator, wystarczająca prędkość obrotowa rozruchu. Większość niesprawności w elektronicznie sterowanym układzie wtryskowym można znaleźć tylko za pomocą specjalnych przyrządów pomiarowych.

Uwaga. Przed odłączeniem przewodów paliwa należy je przemyć.

Objawy	Przyczyny	Sposób postępowania
1. Silnika nie można uruchomić lub silnik trudno uruchomić	1. Nie działa właściwie podgrzewanie wstępne	• Sprawdzić urządzenie podgrzewania wstępnego
	2. Nie otwiera się zawór odcinający dopływ paliwa	• Sprawdzić zawór odcinający dopływ paliwa, sterownik silnika i sterownik zabezpieczenia przed kradzieżą (czynność wykonywana w stacji obsługi)
	3. Uszkodzony obwód doprowadzenia paliwa	• Sprawdzić, czy paliwo jest tłoczone
	a) przewody paliwa zgniecione, niedrożne, nieszczelne lub porowate	• Oczyścić przewody paliwa
	b) niedrożny filtr paliwa	• Wymienić filtr paliwa
	c) niedrożne napowietrzanie zbiornika, brudny filtr siatkowy w zbiorniku	• Oczyścić
2. Silnik szarpie na biegu jałowym	1. Luźne giętkie przewody przy pompie wtryskowej lub przy filtrze paliwa	• Wymienić giętkie przewody paliwa, zamocować opaskami, dokręcić podłączenia
	2. Zamienione wzajemnie przewód dopływowy i przewód odpływowy	• Sprawdzić podłączenie przewodów paliwa
	3. Jak w 1.3	• Jak w 1.3
3. Za duże zużycie paliwa	1. Zanieczyszczony filtr powietrza	• Wymienić wkład filtru
	2. Nieszczelny obwód doprowadzenia paliwa	• Sprawdzić wzrokowo wszystkie przewody paliwa (dopływowe, powrotne i wysokiego ciśnienia), filtr paliwa oraz pompę zasilającą i pompę wysokiego ciśnienia; sprawdzić szczelność obwodu doprowadzenia paliwa
	3. Niedrożny przewód powrotny paliwa	• Przedmuchać przewód powrotny paliwa do zbiornika paliwa

Obwody doprowadzenia paliwa i powietrza

Wiadomości wstępne

W skład obwodów doprowadzenia paliwa i powietrza wchodzą: zbiornik paliwa, pompa i przewody paliwa, filtr paliwa i filtr powietrza. Zalecenia dotyczące filtru oleju napędowego znajdują się w rozdziale „Obsługa samochodu".

Zbiornik paliwa ma pojemność około 62 dm^3 i jest umieszczony przed zawieszeniem tylnym.

Wskaźnik paliwa na tablicy rozdzielczej informuje kierowcę o aktualnej ilości paliwa. Zbiornik paliwa jest odpowietrzany przewodami. Szkodliwe pary paliwa znajdujące się w przewodach odpowietrzających są zatrzymywane w filtrze z węglem aktywnym i spalane w sposób kontrolowany w silniku.

Zmniejszanie zużycia paliwa

Na zużycie paliwa istotny wpływ ma sposób prowadzenia samochodu przez kierowcę. Poniżej podano kilka rad dotyczących posługiwania się pedałem przyspieszenia.

– Po uruchomieniu silnika rozpocząć niezwłocznie jazdę, także przy ujemnej temperaturze otoczenia.
– Wyłączać silnik podczas postoju dłuższego niż 40 sekund.
– Jeździć na możliwie najwyższym biegu.
– Jeździć na długich odcinkach z możliwie stałą prędkością, unikać jazdy ze zbyt dużą prędkością. Przewidywać sytuację na drodze. Nie hamować bez potrzeby.
– Nie jeździć z niepotrzebnym ładunkiem, w miarę możliwości zdejmować dodatkowo zamontowane akcesoria zewnętrzne, na przykład bagażnik na dachu.
– Utrzymywać właściwe, nigdy zbyt niskie, ciśnienie powietrza w ogumieniu.

Zasady bezpieczeństwa i utrzymania czystości podczas obsługi obwodu doprowadzenia paliwa

Podczas prac przy obwodzie doprowadzenia paliwa należy zachowywać poniższe zasady bezpieczeństwa i utrzymania czystości.

Ostrzeżenia
– Nie używać otwartego ognia, nie palić, nie zbliżać się z rozżarzonymi i bardzo gorącymi przedmiotami w miejscu pracy, gdyż grozi to wypadkiem. Przygotować gaśnicę.
– Zapewnić dobrą wentylację miejsca pracy, gdyż pary paliwa są trujące.
– W obwodzie doprowadzenia paliwa panuje ciśnienie. Podczas otwierania obwodu paliwo może wytrysnąć, należy więc owijać szmatą miejsce rozłączenia. Nosić okulary ochronne.

– Miejsca połączeń i ich otoczenie należy dokładnie wymyć przed rozłączeniem.
– Wymontowane części układać na czystym podłożu i przykrywać. Stosować w tym celu folię lub papier. Nie używać szmat pozostawiających włókna.
– Otwarte zespoły przykrywać dokładnie lub zamykać, jeżeli naprawa nie jest wykonywana natychmiast.
– Części zamienne wyjmować z opakowania bezpośrednio przed zamontowaniem. Montować tylko czyste części.
– Unikać korzystania ze sprężonego powietrza i przetaczania samochodu, gdy obwód doprowadzenia paliwa jest otwarty.
– Nie stosować silikonowych środków uszczelniających. Niewielkie ilości silikonów przedostające się do silnika nie są spalane i uszkadzają sondę lambda.

Zmniejszanie ciśnienia w obwodzie doprowadzenia paliwa

Silnik benzynowy

W obwodzie doprowadzenia paliwa panuje wysokie ciśnienie także po unieruchomieniu silnika. Przed otwarciem obwodu jest konieczne zmniejszenie ciśnienia paliwa.

Ostrzeżenia
Zapewnić bezwarunkowo dobrą wentylację miejsca pracy, gdyż pary paliwa są trujące. Nie używać otwartego ognia, gdyż grozi to pożarem. Przygotować gaśnicę.

• Zdjąć korek wlewu paliwa i wkręcić z powrotem.

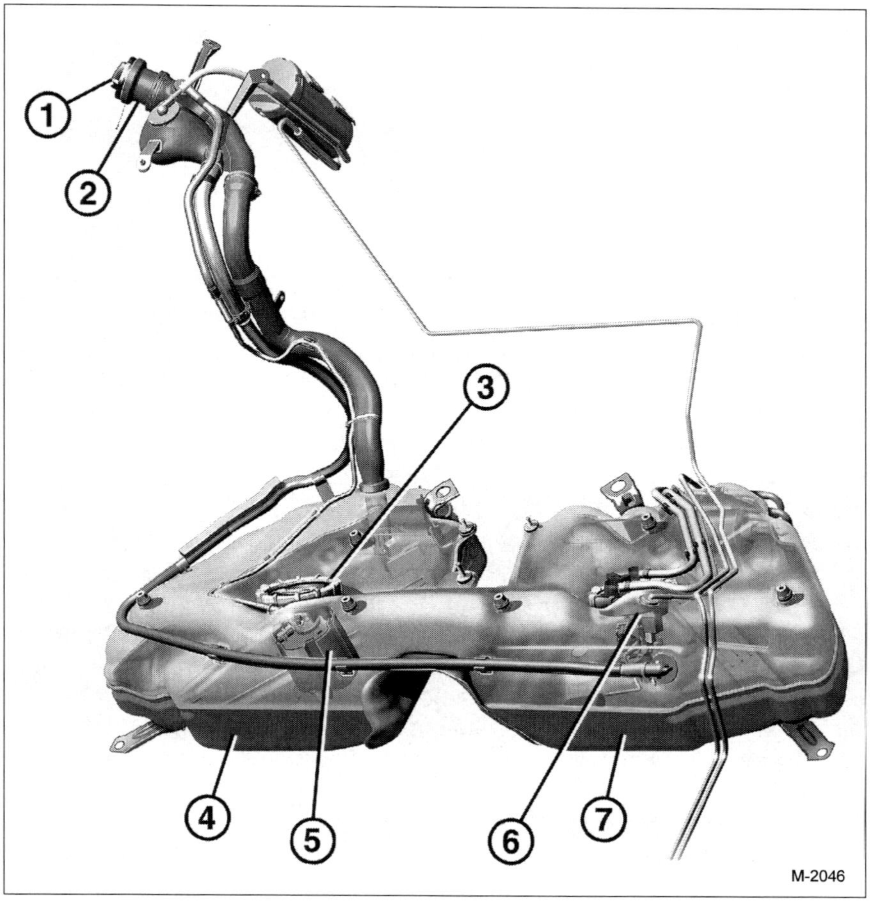

ZBIORNIK PALIWA SILNIKA BENZYNOWEGO CZTEROCYLINDROWEGO
1 – korek wlewu paliwa, 2 – króciec odpowietrzający, 3 – pierścień mocujący, 4 – prawa komora zbiornika paliwa, 5 – zespół pompy paliwa i czujnika poziomu paliwa, 6 – czujnik poziomu paliwa w lewej komorze, 7 – lewa komora zbiornika paliwa

- W stacji obsługi ciśnienie paliwa zmniejsza się przy kolektorze paliwa, przy czym należy wykonać następujące czynności.
- **Silnik 271.** Zdjąć w górę górną osłonę silnika.
- Odkręcić kapturek ochronny (1, rys. M--2045).
- Wkręcić giętki przewód pomocniczy, na przykład Klann-KL-0120054, w króciec kolektora paliwa (2); (3) – korek wlewu oleju.
- Otworzyć zawór i zlać nieco paliwa do przygotowanego naczynia. W ten sposób ciśnienie paliwa zostało zmniejszone.
- Zamknąć zawór i wkręcić kapturek ochronny.
- **Silnik 271.** Umocować górną osłonę silnika.

Wymontowanie i zamontowanie pompy paliwa oraz czujnika poziomu paliwa

Silnik benzynowy. Elektryczna pompa paliwa znajduje się razem z czujnikiem poziomu paliwa w prawej komorze zbiornika. Nie ma możliwości oddzielnej wymiany pompy lub czujnika poziomu paliwa. Drugi czujnik poziomu paliwa jest umieszczony w lewej komorze zbiornika.
Silnik wysokoprężny. Ponieważ paliwo jest podawane przez pompę zasilającą napędzaną wałkiem rozrządu, w zbiorniku znajdują się tylko czujniki poziomu paliwa, po jednym w każdej komorze zbiornika.
Przed wymontowaniem pompy należy zużyć podczas jazdy możliwie dużo paliwa lub wypompować je odpowiednią pompą do oddzielnego pojemnika. Bezwzględnie zapewnić dobrą wentylację miejsca pracy. Do wentylacji można zastosować wentylator promieniowy, którego silnik znajduje się poza strumieniem powietrza.

Ostrzeżenie. *Podczas wymontowania pompy paliwa może się wylać pewna ilość paliwa. Pary paliwa są trujące i łatwopalne,* *dlatego należy zapewnić dobrą wentylację miejsca pracy. Unikać stykania się skóry z paliwem. Nosić rękawice odporne na działanie paliwa. Nie używać otwartego ognia, gdyż grozi to pożarem. Przygotować gaśnicę.*

Wymontowanie

Uwaga. Poniżej opisano wymontowanie czujnika poziomu paliwa w samochodzie z silnikiem wysokoprężnym. Wymontowanie w samochodzie z silnikiem benzynowym odbywa się w zasadzie w taki sam sposób.
Uwaga. Podczas wykonywania poniższych czynności nie należy podłączać urządzenia do podtrzymania napięcia, gdyż może to spowodować uszkodzenie sterownika silnika.
- Wymontować obudowę filtru przeciwpyłowego i odłączyć przewód masy (–) od akumulatora, gdy stacyjka jest wyłączona.

Uwaga. Przed odłączeniem akumulatora należy koniecznie ustalić kod zabezpieczający radioodbiornik przed kradzieżą, jeśli taki kod jest zastosowany. Przestrzegać zaleceń podanych w podrozdziale „Wymontowanie i zamontowanie akumulatora".
- Opróżnić zbiornik paliwa w możliwie dużym stopniu. Jeśli zbiornik jest pełny, należy wypompować z jego prawej komory około 20 dm^3 paliwa.
- Unieść w przód lub wymontować siedziska siedzenia tylnego.
- Odchylić wykładzinę podłogi.
- Odkręcić obie pokrywy (1, rys. M-2047).
- Odłączyć złącze wtykowe (2, rys. M-2048) od lewego czujnika poziomu paliwa.

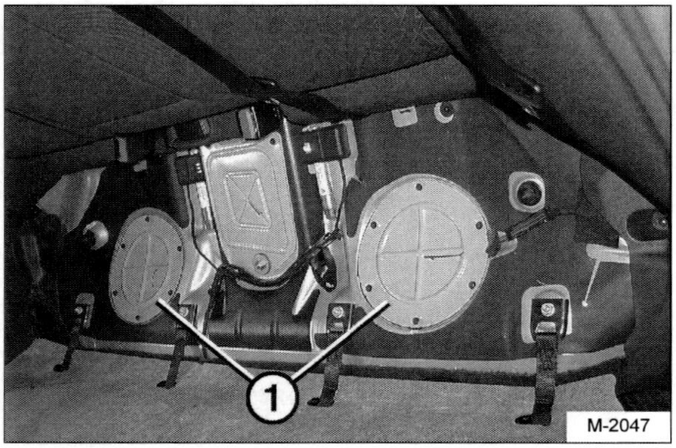

M-2047

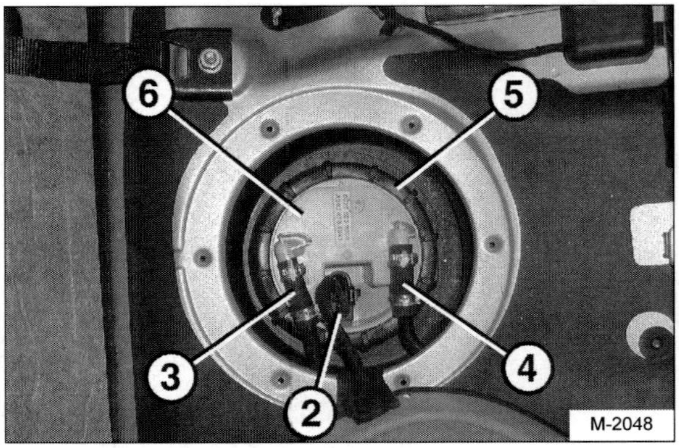

M-2048

- Odłączyć przewód dopływowy (3) i przewód powrotny paliwa (4) od lewego czujnika poziomu paliwa.
- Odkręcić obie nakrętki złączkowe (5) kluczem kątowym. Jeśli nie dysponuje się takim kluczem, odkręcić czujnik poziomu paliwa szczypcami do rur lub za pomocą kawałka twardego drewna lekko uderzanego młotkiem.

Uwaga. Nie powodować iskrzenia, gdyż iskry mogą wywołać pożar.
- Wymontować pokrywę mocującą (6) z kształtowym pierścieniem uszczelniającym.
- Wyciągnąć nieco prawy czujnik poziomu paliwa.
- Odłączyć złącze wtykowe od prawego czujnika poziomu paliwa.
- Jeśli czujnik poziomu paliwa jest wymieniany, odłączyć przewody od prawego czujnika.

Uwaga. Nowe czujniki poziomu paliwa są wyposażane w szybkozłączki przewodów.
- Wyjąć ostrożnie oba czujniki poziomu paliwa ze zbiornika. Podłożyć przy tym szmatę i zebrać wyciekające paliwo.

Zamontowanie

- Oczyścić powierzchnie uszczelniające zbiornika i czujnika poziomu paliwa.

Uwaga. Zanieczyszczenia nie powinny wpaść do zbiornika.
- Założyć nowy kształtowy pierścień uszczelniający na lewy czujnik poziomu paliwa. Jest to konieczne, aby pierścień uszczelniający nie wpadł do zbiornika.
- Ułożyć na zbiorniku przewody łączące i złącza przewodów elektrycznych.

• Zdjąć kształtowy pierścień uszczelniający z lewego czujnika i zamontować na zbiorniku.
• Podłączyć szybkozłączki lub przewody łączące.
• Podłączyć przewody elektryczne do prawego czujnika poziomu paliwa.
• Zamontować prawy czujnik poziomu paliwa z nowym kształtowym pierścieniem uszczelniającym.
• Ułożyć pokrywy mocujące czujników tak, aby pokrywały się znaki na pokrywie i zbiorniku.
• Dokręcić nakrętki złączkowe momentem **85 N·m**.
• Wsunąć przewód dopływowy i powrotny na lewy czujnik poziomu paliwa i zamocować przewody opaskami.
• Podłączyć złącze wtykowe do lewego czujnika poziomu paliwa.
• Sprawdzić uszczelnienie pokryw, czy nie jest uszkodzone, i wymienić w razie potrzeby.
• Nałożyć pokrywy i przykręcić do podłogi.
• Ułożyć wykładzinę podłogi.
• Ustawić w normalnym położeniu lub zamontować siedziska siedzenia tylnego.
• Podłączyć przewód masy (–) do akumulatora, gdy stacyjka jest wyłączona. Zamontować obudowę filtru przeciwpyłowego. Wprowadzić kod zabezpieczający radioodbiornik przed kradzieżą i nastawić zegar, jeśli to konieczne.

Dotyczy silnika benzynowego

Wymontowanie

Uwaga. Poniżej opisano tylko czynności różniące się od czynności wykonywanych przy silniku wysokoprężnym.
• Odkręcić taśmy mocujące siedziska siedzenia tylnego.
• Odkręcić nakrętkę złączkową (5, rys. M-2049) pompy i czujnika poziomu paliwa (2) za pomocą klucza kątowego. Jeśli nie dysponuje się takim kluczem, odkręcić czujnik poziomu paliwa szczypcami do rur lub za pomocą kawałka twardego drewna lekko uderzanego młotkiem.
Uwaga. Nie powodować iskrzenia, gdyż iskry mogą wywołać pożar.
• Odłączyć złącze wtykowe prawego czujnika poziomu paliwa.

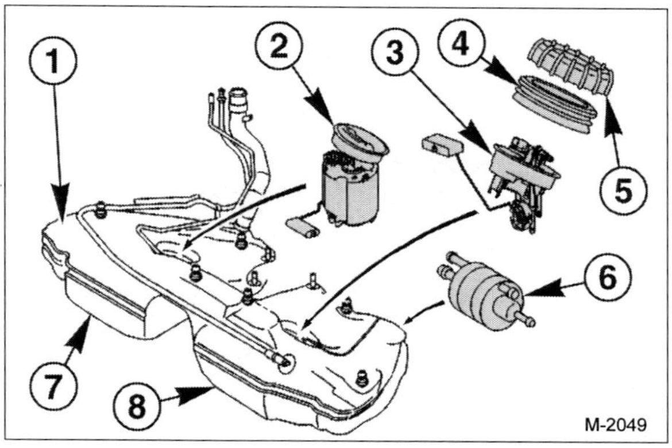

ELEMENTY ZBIORNIKA PALIWA SILNIKA BENZYNOWEGO
1 – zbiornik paliwa, 2 – zespół pompy paliwa i czujnika poziomu paliwa, 3 – czujnik poziomu paliwa w lewej komorze, 4 – kształtowy pierścień uszczelniający, 5 – nakrętka złączkowa, 6 – filtr paliwa, 7 – komora prawa, 8 – komora lewa

• Odłączyć przewód dopływowy od pompy paliwa.
Uwaga. Prawy czujnik i pompa paliwa tworzą nierozdzielny zespół.
• Wyciągnąć nieco prawy czujnik poziomu paliwa.
• Odłączyć przewód powrotny od prawego czujnika poziomu paliwa.
• Wyjąć ostrożnie pompę paliwa z prawym czujnikiem ze zbiornika. Podłożyć przy tym szmatę i zebrać wyciekające paliwo.

Zamontowanie

• Oczyścić powierzchnie uszczelniające zbiornika i wspornika pompy paliwa.
Uwaga. Zanieczyszczenia nie powinny wpaść do zbiornika.
• Sprawdzić trzy podpory przy dnie czujnika poziomu paliwa, czy nie są uszkodzone. W razie potrzeby wymienić zespół pompy i czujnika poziomu paliwa.
• Podłączyć przewód powrotny do prawego czujnika poziomu paliwa.
• Podłączyć przewód dopływowy do pompy paliwa.
• Osadzić ostrożnie pompę paliwa z czujnikiem i nową uszczelką oraz ustawić tak, aby znak na pokrywie mocującej pokrywał się ze znakiem na zbiorniku.

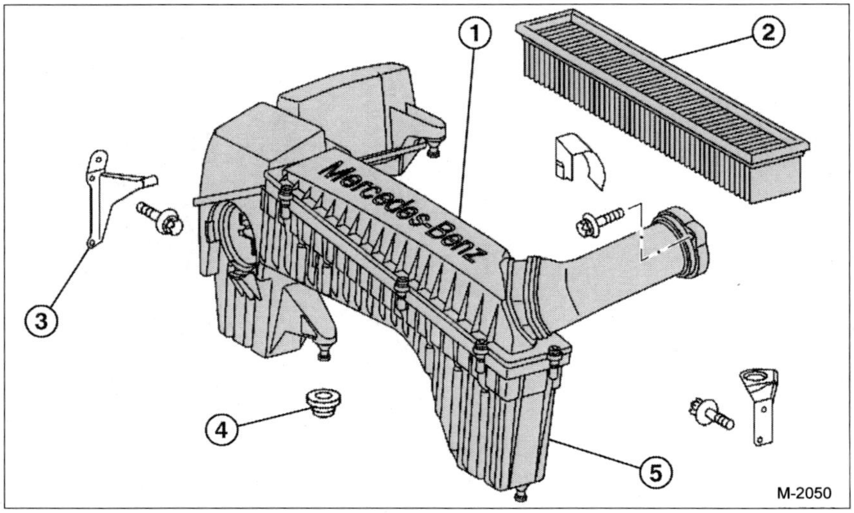

FILTR POWIETRZA
SILNIKA 111 – WERSJA 1
1 – filtr powietrza – część górna,
2 – wkład filtru,
3 – wspornik,
4 – podpora gumowa,
5 – filtr powietrza – część dolna

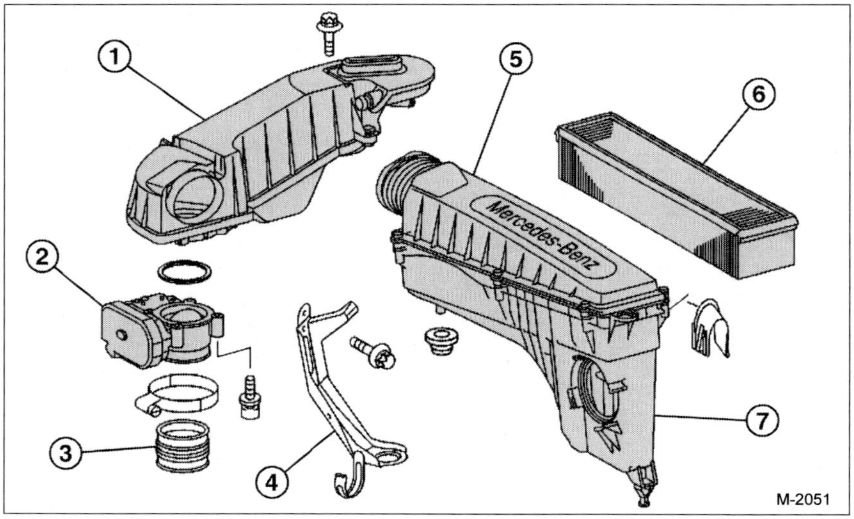

FILTR POWIETRZA
SILNIKA 111 – WERSJA 2
1 – tłumik szmerów ssania,
2 – nastawnik powietrza obiegowego,
3 – tłumik,
4 – wspornik,
5 – filtr powietrza – część górna,
6 – wkład filtru,
7 – filtr powietrza – część dolna

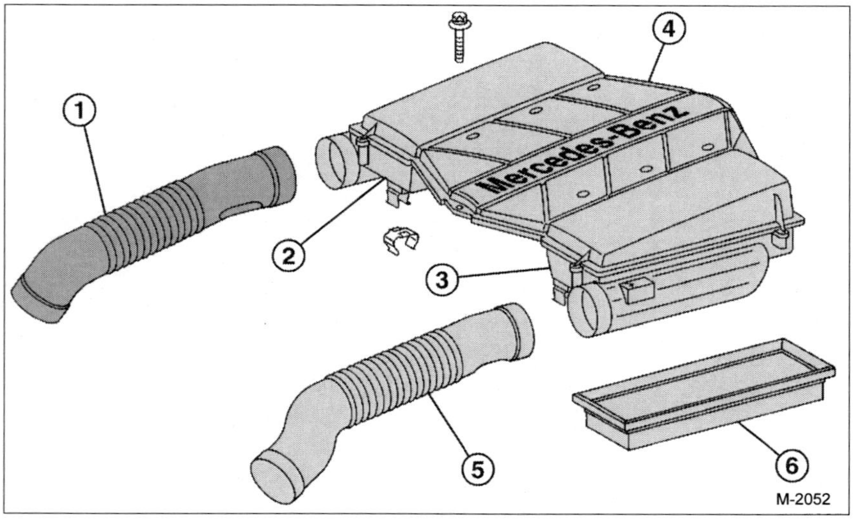

FILTR POWIETRZA SILNIKA 112
1 – giętki przewód mieszkowy prawy,
2 – filtr powietrza – część dolna prawa,
3 – filtr powietrza – część dolna lewa,
4 – filtr powietrza – część górna i górna osłona silnika,
5 – giętki przewód mieszkowy lewy,
6 – wkład filtru

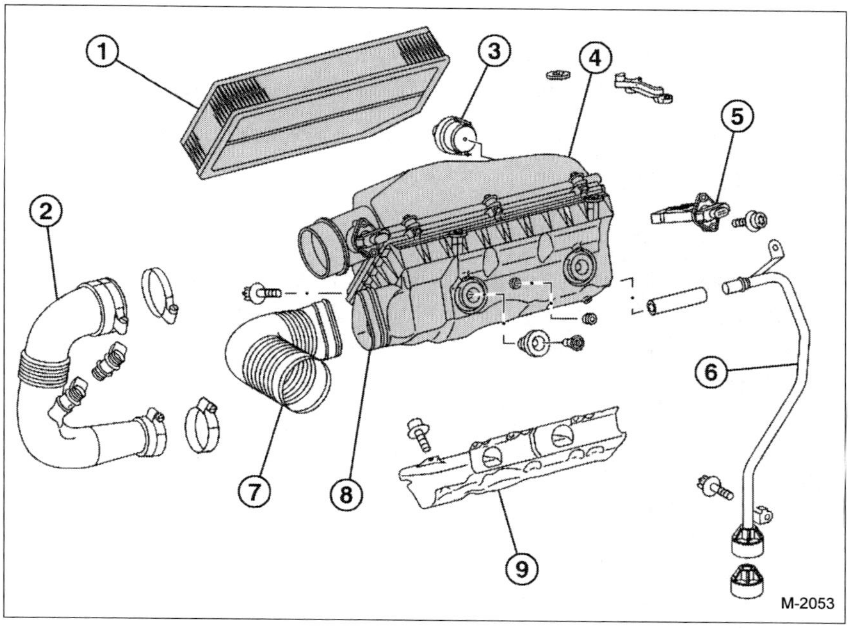

FILTR POWIETRZA SILNIKA 611 i 612
1 – wkład filtru,
2 – giętki przewód powietrza dolotowego,
3 – wspornik,
4 – filtr powietrza – część górna,
5 – przepływomierz powietrza,
6 – przewód ściekowy (do odwadniania filtru powietrza),
7 – giętki przewód łączący (między chwytem powietrza zimnego i tłumikiem szmerów ssania),
8 – filtr powietrza – część dolna,
9 – osłona z blachy

- Nałożyć nowy kształtowy pierścień uszczelniający.
- Przykręcić nakrętkę złączkową i dokręcić momentem **85 N • m**.
- Przykręcić taśmy mocujące siedziska siedzenia tylnego.

Wymontowanie i zamontowanie filtru powietrza

Uwaga. Przestrzegać zaleceń podanych w rozdziale „Obsługa samochodu" – „Wymiana wkładu filtru powietrza".

Silnik 112

Wymontowanie

- Ściągnąć w górę górną osłonę silnika przy obu obudowach filtru powietrza i przy wsporniku.
- Odłączyć lewy i prawy giętki przewód mieszkowy.
- Zdjąć w górę dolną część filtru powietrza z pokrywy głowicy cylindrów.
- Wyczepić przewód dolotowy przy nastawniku przepustnicy.
- Zdjąć z silnika dolną część filtru powietrza z przewodem dolotowym.

Zamontowanie

- Osadzić dolną część filtru powietrza z przewodem dolotowym.
- Zamontować w ustalonym położeniu przewód dolotowy przy nastawniku przepustnicy.

Uwaga. Przed zamontowaniem zwilżyć uszczelkę nastawnika środkiem zmniejszającym tarcie.

- Zwilżyć środkiem zmniejszającym tarcie gumowe elementy mocujące na pokrywie głowicy cylindrów. Wcisnąć dolną część filtru powietrza w elementy mocujące.
- Zamontować giętkie przewody mieszkowe.
- Zamontować górną osłonę silnika i obie górne części filtru powietrza.

Silnik 611 i 612

Wymontowanie

- Wymontować górne osłony silnika (patrz „Silniki wysokoprężne 611, 612 i 646").
- Odłączyć złącze wtykowe przepływomierza powietrza.
- Odłączyć giętki przewód powietrza dolotowego od filtru powietrza.
- Odłączyć giętki przewód łączący od tłumika szmerów ssania.
- Wymontować górną część filtru powietrza.
- Wyjąć wkład filtru.
- Unieść dolną część filtru powietrza, zaznaczając położenie podkładek od strony silnika.

Zamontowanie

• Zamontowanie odbywa się w kolejności odwrotnej do wymontowania.

Silnik 646

Wymontowanie

• Wymontować górną osłonę silnika.
• Odłączyć złącze wtykowe przepływomierza powietrza i czujnika temperatury powietrza dolotowego.
• Otworzyć całkowicie i zsunąć opaski oraz odłączyć przewód powietrza dolotowego od przepływomierza powietrza.
• Zwolnić z zamocowania i odłączyć giętki przewód powietrza dolotowego od obudowy filtru powietrza.
• Wyciągnąć z przodu obudowę filtru powietrza z zamocowań pionowo w górę.
• Wyciągnąć obudowę filtru powietrza w przód w kierunku jazdy z tylnych gumowych elementów mocujących.

Zamontowanie

• Zamontowanie odbywa się w kolejności odwrotnej do wymontowania.

Silnik 271

Wymontowanie

• Wymontować obudowę filtru przeciwpyłowego i odłączyć przewód masy (–) od akumulatora, gdy stacyjka jest wyłączona.

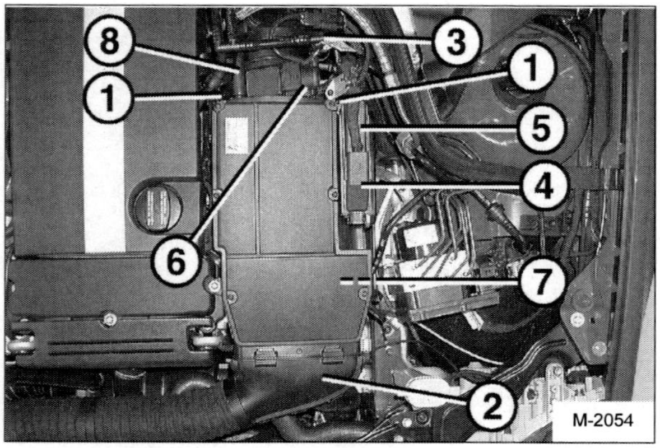

M-2054

Uwaga. Przed odłączeniem akumulatora należy koniecznie ustalić kod zabezpieczający radioodbiornik przed kradzieżą, jeśli taki kod jest zastosowany. Przestrzegać zaleceń podanych w podrozdziale „Wymontowanie i zamontowanie akumulatora".
• Wykręcić dwie śruby Torx (1, rys. M-2054).
• Wyczepić sztywny przewód powietrza (2).
• Ścisnąć i wyciągnąć w górę złącze wtykowe (3) urządzenia wspomagającego układ hamulcowy i podciśnieniowego obwodu sterującego.
• Odłączyć złącze wielostykowe (4 i 5) sterownika silnika. W tym celu odciągnąć odpowiedni suwak i odblokować złącze.
• Odłączyć złącze wtykowe (6) od przepływomierza powietrza.
• Odłączyć złączkę od czujnika ciśnienia atmosferycznego (7).
• Odłączyć giętki przewód odpowietrzania skrzyni korbowej (8).
• Otworzyć i zsunąć opaskę mocującą tylnego przewodu powietrza. Odłączyć przewód powietrza.
• Unieść z tyłu obudowę filtru powietrza, przesunąć w kierunku wnętrza samochodu i równocześnie podważyć wkrętakiem, po czym wyjąć z gumowych gniazd mocujących.

Zamontowanie

• Zamontowanie odbywa się w kolejności odwrotnej do wymontowania. Przed zamontowaniem na gumowe elementy mocujące obudowy filtru powietrza nałożyć środek zmniejszający tarcie, na przykład Naphtolen-H. Moment dokręcania obudowy filtru powietrza – **9 N·m**.
• Podłączyć przewód masy (–) do akumulatora, gdy stacyjka jest wyłączona. Zamontować obudowę filtru przeciwpyłowego. Wprowadzić kod zabezpieczający radioodbiornik przed kradzieżą i nastawić zegar, jeśli to konieczne.
• Skasować pamięć diagnostyczną w stacji obsługi.

UKŁAD WYLOTOWY

Układ wylotowy silnika benzynowego składa się z kolektora wylotowego, przedniej rury wylotowej, katalizatora lub katalizatorów, tłumika przedniego, rury łączącej, tłumika tylnego i rury lub rur tylnych. W silniku sześciocylindrowym spaliny są prowadzone do tłumika przedniego dwiema rurami wylotowymi. Układ wylotowy silnika wysokoprężnego jest wyposażony także w dwa katalizatory, z których pierwszy jest umieszczony bezpośrednio przy silniku.

Wszystkie elementy układu wylotowego można wymieniać oddzielnie podczas naprawy.

Użytkowanie samochodu z katalizatorem spalin

Aby zapobiec uszkodzeniom katalizatora, należy bezwzględnie przestrzegać następujących zasad.

Silniki benzynowe

- Stosować wyłącznie benzynę bezołowiową.
- Silnik wolno uruchamiać przez pchanie lub holowanie samochodu tylko w jednej próbie i na odcinku nie przekraczającym 50 metrów. Należy korzystać z akumulatora pomocniczego. Nie spalone paliwo może doprowadzić po zapaleniu się do przegrzania i zniszczenia katalizatora. Jeśli silnik jest nagrzany do normalnej temperatury pracy, nie wolno go uruchamiać przez pchanie lub holowanie.
- W razie trudności z uruchomieniem silnika nie należy włączać na długo rozrusznika. Podczas uruchamiania cały czas wtryskiwane jest paliwo. Należy ustalić i usunąć przyczynę niesprawności.
- Nie zużywać podczas jazdy całego zapasu paliwa.
- Jeśli występują przerwy w zapłonie, należy unikać dużych prędkości obrotowych silnika i niezwłocznie usunąć niesprawność.

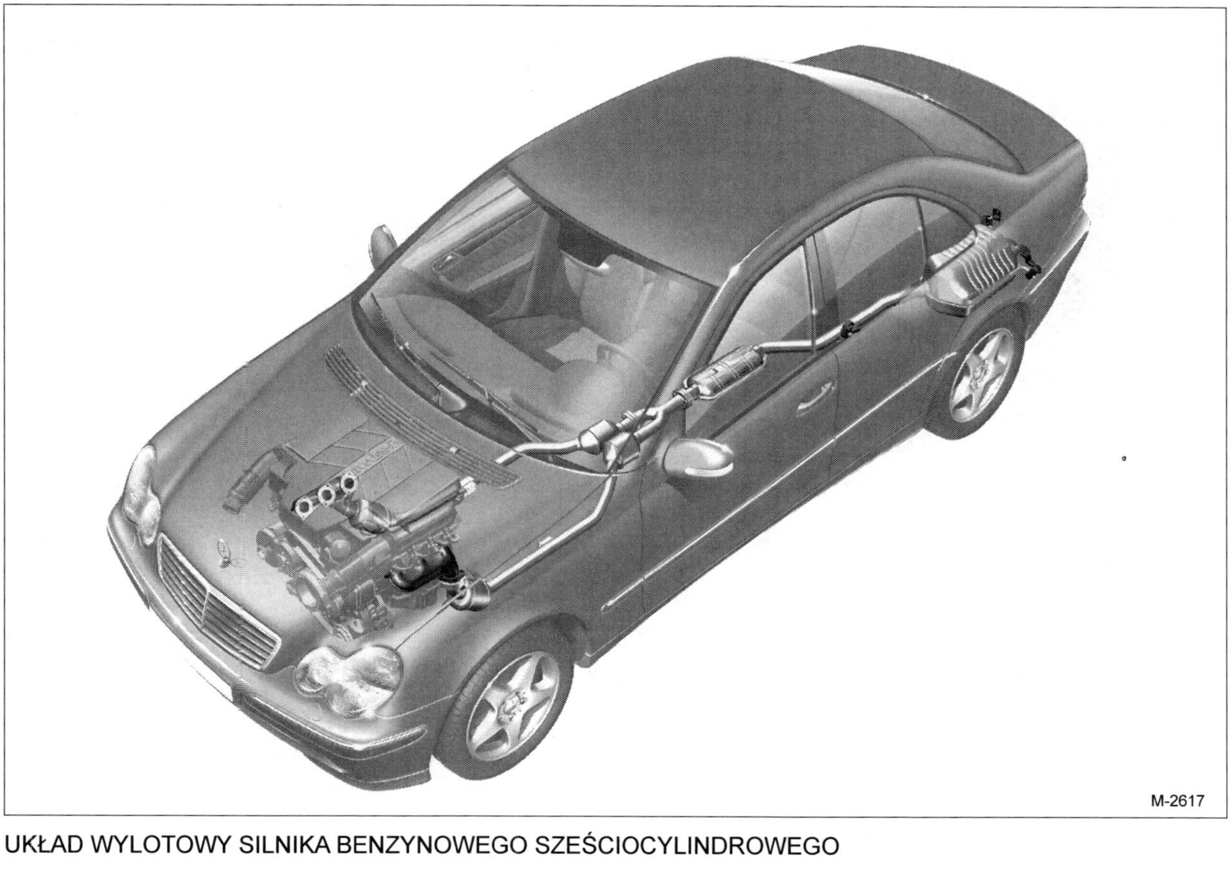

UKŁAD WYLOTOWY SILNIKA BENZYNOWEGO SZEŚCIOCYLINDROWEGO

■ Stosować wyłącznie zalecane świece zapłonowe.
– Nie sprawdzać, czy działa prawidłowo układ zapłonowy przez zdejmowanie nasadek świec zapłonowych, bez wystarczającego połączenie z masą.
■ Nie wolno dokonywać porównania pracy cylindrów przez wyłączanie zapłonu jednego cylindra. Po odłączeniu zapłonu pojedynczego cylindra (także przez próbnik silnika) do katalizatora dostaje się nie spalone paliwo.

Silniki benzynowe i wysokoprężne

■ Podczas wlewania lub uzupełniania oleju silnikowego należy zwrócić szczególną uwagę na to, aby w żadnym wypadku nie przekraczać znaku maksymalnego poziomu na wskaźniku. W przeciwnym razie nadmiar oleju dostaje się do katalizatora z powodu niecałkowitego spalania i może uszkodzić powłokę z metalu szlachetnego lub zniszczyć całkowicie katalizator.
■ Nie nakładać na układ wylotowy środka antykorozyjnego chroniącego podwozie.
■ Nie wolno przerabiać osłon termicznych układu wylotowego.
■ Nie parkować w miejscach, w których może dojść do zetknięcia się suchej trawy lub liści z bardzo gorącym katalizatorem wypromieniowującym ciepło także po zatrzymaniu silnika.

Działanie katalizatora

Katalizator służy do oczyszczania spalin. Katalizator składa się z korpusu ceramicznego (2, rys. SX-2604) o strukturze plastra miodu, pokrytego warstwą nośną. Na warstwie nośnej znajdują się sole metali szlachetnych, przy których udziale zachodzą procesy przemiany. Katalizator jest zamocowany w obudowie (1) za pośrednictwem powłoki izolacyjnej (3), kompensującej rozszerzalność cieplną.
Elektroniczny układ wtrysku benzyny w połączeniu z sondą lub sondami lambda dozuje ilo-

UKŁAD WYLOTOWY SILNIKA WYSOKOPRĘŻNEGO CZTEROCYLINDROWEGO

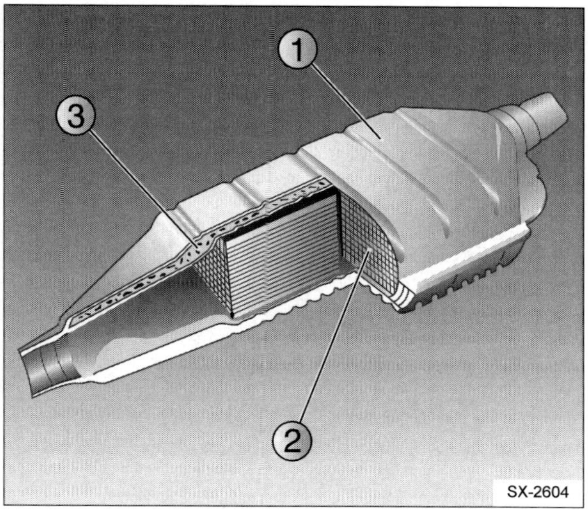

SX-2604

ści paliwa spalanego w silniku, aby katalizator mógł zmniejszać zawartość szkodliwych składników w spalinach. Sonda jest czujnikiem elektrycznym, który przesyła zmienne sygnały napięcia odpowiadające zawartości tlenu w spalinach i umożliwia określanie składu mieszanki paliwa z powietrzem. Dzięki temu, sterownik układu wtryskowego może w sposób ciągły dostosowywać w ułamkach sekundy skład mieszanki paliwowo-powietrznej. Jest to konieczne, ponieważ warunki pracy silnika (bieg jałowy, całkowite uchylenie przepustnicy) stale się zmieniają, a także dlatego, że dopalanie w katalizatorze może następować tylko wtedy, kiedy w spalinach jest jeszcze wystarczająca ilość benzyny.

W samochodach z silnikiem wysokoprężnym są stosowane dwa katalizatory nieregulowane.

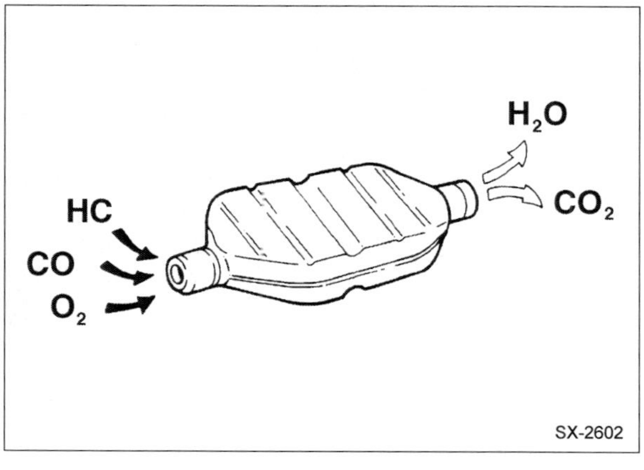

SX-2602

Katalizator silnika wysokoprężnego (rys. SX-2602) przemienia znajdujący się w spalinach trujący tlenek węgla i węglowodory w dwutlenek węgla (CO_2) i wodę (H_2O). Poza tym osłabia zapach spalin charakterystyczny dla silników wysokoprężnych.

Większy udział tlenków azotu (NO_x) w spalinach silników wysokoprężnych jest utrzymywany na niskim poziomie dzięki, dodatkowemu układowi recyrkulacji spalin.

Zawór recyrkulacji spalin znajduje się w kolektorze dolotowym i jest sterowany przez podciśnienie. Zadanie zaworu to kierowanie części spalin z powrotem do komór spalania rozgrzanego silnika, aby obniżyć temperaturę spalania i zmniejszyć przez to zawartość szkodliwych substancji w spalinach.

Turbosprężarka

Silnik wysokoprężny

W turbosprężarce są osadzone na wspólnym wale dwa wirniki, umieszczone w dwóch oddzielnych obudowach (rys. M-2619). Wirniki są napędzane energią spalin. Wał turbosprężarki osiąga prędkość obrotową do 300 000 obr/min. Ponieważ wirnik po stronie spalin i wirnik po stronie powietrza dolotowego są osadzone na tym samym wale, z tą samą prędkością obrotową jest tłoczone powietrze do cy-

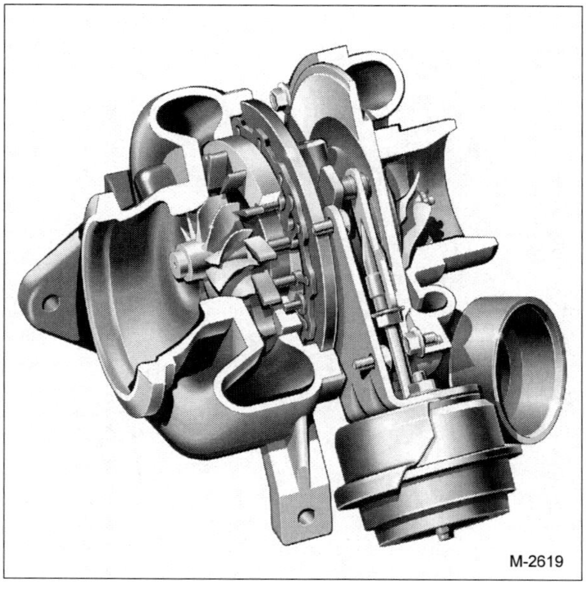
M-2619

lindrów. Smarowanie turbosprężarki zapewnia układ smarowania silnika.
W silnikach doładowanych można osiągnąć dzięki korzystnemu stopniowi napełnienia do 100 procent zwiększenia mocy, w porównaniu z silnikami bez turbosprężarki. Dzięki zastosowaniu turbosprężarki zwiększa się oprócz mocy silnika także moment obrotowy. Przyrost mocy zależy między innymi od ciśnienia doładowania, które wynosi około 100 kPa. Ciśnienie doładowania jest mierzone podczas pracy silnika przez czujnik ciśnienia i regulowane przez urządzenie sterujące, co zapobiega przekroczeniu maksymalnego ciśnienia doładowania.
Między turbosprężarką a kolektorem dolotowym silnika znajduje się chłodnica powietrza doładowującego, która chłodzi wstępnie sprężone powietrze. Zapewnia to zwiększenie mocy, ponieważ chłodne powietrze ma większy udział tlenu, dzięki większej gęstości.
W silnikach wysokoprężnych, przeciwnie niż w silnikach benzynowych, nie jest konieczne zmniejszanie stopnia sprężania z powodu doładowywania, dzięki czemu wtryskiwane paliwo jest całkowicie wykorzystywane także w dolnym zakresie prędkości obrotowych silnika.
Turbosprężarka jest bardzo precyzyjnym zespołem, dlatego w razie uszkodzenia wymienia się na ogół kompletną turbosprężarkę.

Filtr do oddzielania cząstek sadzy

Silnik wysokoprężny samochodu Mercedes klasy C może być wyposażony na życzenie w filtr do oddzielania cząstek sadzy, który jest montowany seryjnie tylko razem z silnikiem C30 CDI. Filtr ten oddziela od spalin cząstki sadzy powstające w silniku podczas spalania paliwa. Oddzielone cząstki sadzy są gromadzone w strukturze komórkowej filtru, a potem usuwane bez reszty w oddzielnym procesie spalania. Odpowiednio do warunków wynikających z konstrukcji samochodu są stosowane dwa rodzaje spalania sadzy: spalanie z zastosowaniem dodatków i spalanie katalityczne. W silnikach samochodu Mercedes jest stosowane tylko spalanie katalityczne.

Spalanie sadzy z zastosowaniem dodatków

Ten sposób jest stosowany wtedy, gdy filtr do oddzielania cząstek sadzy nie może być umieszczony blisko silnika. W takim przypadku, z powodu długiej drogi, jaką muszą przebyć spaliny od silnika do filtru, temperaturę zapłonu potrzebną do spalenia cząstek można osiągnąć tylko za pomocą dodatków obniżających tę temperaturę.

Katalityczne spalanie sadzy

W tym rodzaju spalania filtr do oddzielania cząstek sadzy jest zamontowany w pobliżu kolektora wylotowego lub turbosprężarki. Dzięki niewielkiej odległości między silnikiem a filtrem, cząstki sadzy mogą być spalane w spalinach o wysokiej temperaturze i żadne dodatki nie są potrzebne.
Z filtru muszą być regularnie usuwane zgromadzone cząstki sadzy, aby był drożny i działał właściwie. Regeneracja filtru może odbywać się w sposób bierny lub aktywny.

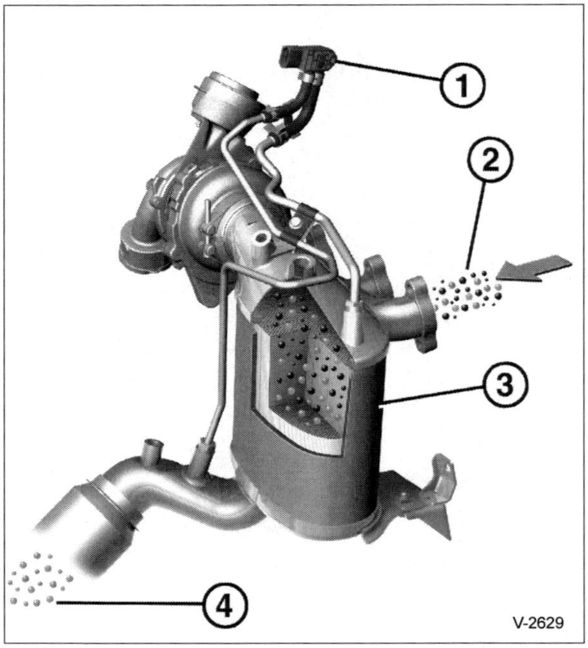

FILTR DO ODDZIELANIA CZĄSTEK SADZY
1 – czujnik ciśnienia, 2 – spaliny z cząstkami sadzy, 3 – filtr do oddzielania cząstek sadzy, 4 – spaliny bez cząstek sadzy

Regeneracja bierna polega na ciągłym spalaniu cząstek sadzy bez ingerencji sterownika silnika. Gdy spaliny osiągają temperaturę od 350 do 500°C, na przykład podczas jazdy autostradą, cząstki sadzy dzięki reakcji chemicznej z tlenkami azotu (NO_x) zawartymi w spalinach ulegają przemianie w dwutlenek węgla (CO_2). Ten proces odbywa się powoli i w sposób ciągły na wewnętrznej platynowej powłoce filtru, która służy jako katalizator.
W regeneracji aktywnej czujnik ciśnienia (1, rys. V-2629) porównuje ciśnienie spalin przed i za filtrem do oddzielania cząstek sadzy (3). Duża różnica ciśnień wskazuje na to, że filtr ma skłonność do utraty drożności i jest włączana aktywna regeneracja filtru. Z reguły następuje to wtedy, gdy temperatura spalin jest za niska do biernej regeneracji filtru, na przykład przy przewadze jazdy w mieście. Podczas aktywnej regeneracji sterownik silnika zmienia dawki wtryskiwanego paliwa i zwiększa przez to temperaturę spalin do 600...650°C, w której cząstki sadzy ulegają spaleniu do dwutlenku węgla (CO_2). Proces aktywnej regeneracji trwa około 10 minut i nie jest zauważany przez kierowcę.

Wymontowanie i zamontowanie układu wylotowego

Wymontowanie

Uwaga. Podczas zamontowania elementów układu wylotowego należy szczelnie je połączyć, gdyż w przeciwnym razie błędne mogą być wyniki analizy spalin.
Silnik sześciocylindrowy ma układ z dwiema przednimi rurami wylotowymi, przy którym są wykonywane podobne czynności, jak przy niżej opisanym układzie z jedną rurą wylotową.

Ostrzeżenie. *Podczas unoszenia samochodu może zdarzyć się wypadek i dlatego należy przestrzegać zasad unoszenia i podpierania samochodu opisanych w rozdz. „Zabiegi konserwacyjne i pomocnicze”.*

- Unieść i podeprzeć samochód.
- Wymontować dolną osłonę przedziału silnika (patrz rozdz. „Wyposażenie wewnętrzne nadwozia”).
- Spryskać środkiem rozpuszczającym produkty korozji wszystkie śruby i nakrętki układu wylotowego. Poczekać jakiś czas, aż środek zacznie działać.
- **Silnik benzynowy.** Wycisnąć z zamocowania i odłączyć złącza wtykowe sond lambda od przedniej rury wylotowej.
- **Silnik benzynowy.** Odkręcić przednią rurę wylotową od kolektora wylotowego.
- **Silnik wysokoprężny.** Wycisnąć obejmę zaciskową i odłączyć przednią rurę wylotową od katalizatora wstępnego.
- Podeprzeć układ wylotowy podpórkami z drewna lub przytrzymać, korzystając z pomocy drugiej osoby.
- Odkręcić wspornik (1, rys. M-2623) przedniej rury wylotowej. Na rysunku pokazano silnik 271.
- Odkręcić nakrętki (1, rys. M-2620) przy wsporniku na skrzynce biegów i wyjąć znajdującą się za nim płytkę gwintowaną. Na rysunku pokazano silnik 611.

M-2623

M-2620

• **Silnik benzynowy sześciocylindrowy 112.** Odkręcić wspornik układu wylotowego przy podłodze.
• Opuścić i wyjąć cały układ wylotowy.
• Odłączyć katalizator i tłumik tylny, jeśli to konieczne.
Uwaga. Zużyty katalizator nie powinien być złomowany w zwykły sposób, gdyż zawiera cenne metale, które mogą być odzyskane.

Zamontowanie

• Sprawdzić gumowe pierścienie mocujące, czy nie są porowate lub uszkodzone, i wymienić w razie potrzeby.
• Jeśli elementy układu wylotowego nie są wymieniane, przed ich złożeniem należy oczyścić kołnierze rur wylotowych z produktów spalania i korozji za pomocą płótna ściernego. Każdorazowo należy stosować nowe uszczelki, śruby i nakrętki. Aby nakrętki i śruby układu wylotowego było łatwiej odkręcać przy następnym wymontowaniu, zaleca się nakładać na nie pastę odporną na wysokie temperatury.
Uwaga. Pasta odporna na wysokie temperatury nie powinna dostać się do układu wylotowego przed katalizatorem. Nie wolno stosować płynnego środka uszczelniającego, który może zanieczyścić katalizator.
• **Silnik benzynowy.** Osadzić rurę wylotową z nową uszczelką i przykręcić luźno do kolektora wylotowego.
• **Silnik wysokoprężny.** Osadzić przednią rurę wylotową z nowym stożkowym elementem uszczelniającym na katalizatorze wstępnym i wcisnąć obejmę zaciskową.

M-2621

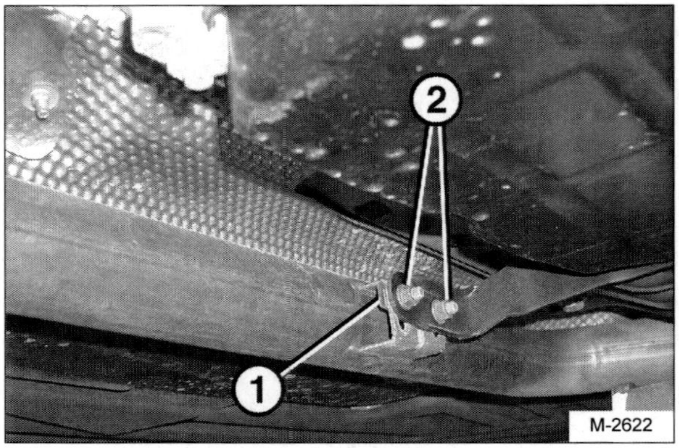

M-2622

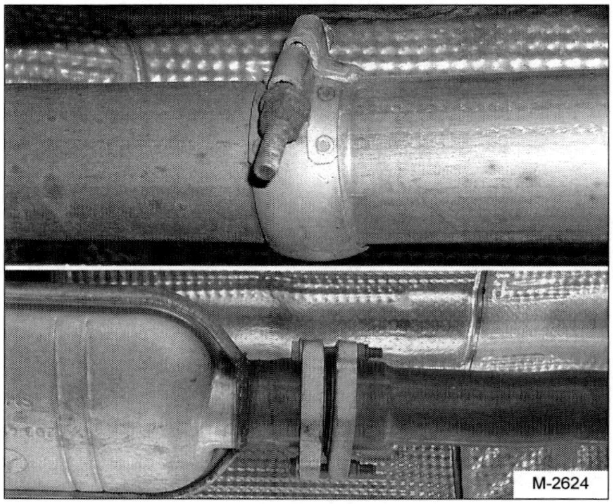
M-2624

• Zamontować w podłodze wspornik (1, rys. M-2621) układu wylotowego z gumowymi elementami mocującymi (2). Zamontować rurę wylotową bez naprężeń. Zachować odległość co najmniej 25 mm między układem wylotowym a pozostałymi elementami samochodu.
• Zamontować płytkę gwintowaną (1, rys. M-2622) przedniego wspornika rury wylotowej. Nakrętki (2) przy tym wsporniku należy wymienić każdorazowo i dokręcić momentem **20 N·m**.
• Dokręcić kołnierze łączące i obejmy rury wylotowej (rys. M-2624) momentem **20 N·m**.
• **Silnik benzynowy.** Podłączyć i wcisnąć w zamocowania złącza wtykowe sond lambda.
• Uruchomić silnik i sprawdzić szczelność układu wylotowego.
• Zamontować dolną osłonę przedziału silnika (patrz rozdz. „Wyposażenie wewnętrzne nadwozia").
• Opuścić samochód.

ELEMENTY UKŁADU WYLOTOWEGO SILNIKA BENZYNOWEGO CZTEROCYLINDROWEGO
1 – przednia rura wylotowa (wersja 1), 2 – przednia rura wylotowa (wersja 2), 3 – katalizator, 4 – tłumik przedni, 5 – tłumik tylny, 6 – wspornik na skrzynce biegów, 7 – przekładka gumowa, 8 – podkładka, 9 – wspornik na skrzynce biegów, 10 – wspornik na zawieszeniu tylnym, 11 – wspornik tłumika tylnego, 12 – gumowy element mocujący, 13 – sonda lambda

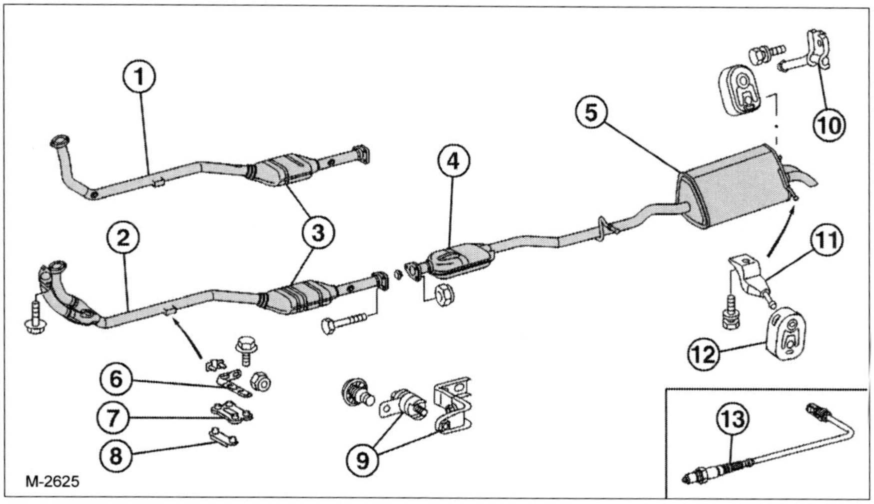

ELEMENTY UKŁADU WYLOTOWEGO SILNIKA BENZYNOWEGO SZEŚCIOCYLINDROWEGO
1 – wspornik na skrzynce biegów, 2 – przednia rura wylotowa prawa, 3 – przednia rura wylotowa lewa, 4 – tłumik przedni, 5 – tłumik tylny, 6 – wspornik w podłodze, 7 – wspornik na zawieszeniu tylnym, 8 – wspornik tłumika tylnego, 9 – gumowy element mocujący, 10 – sonda lambda

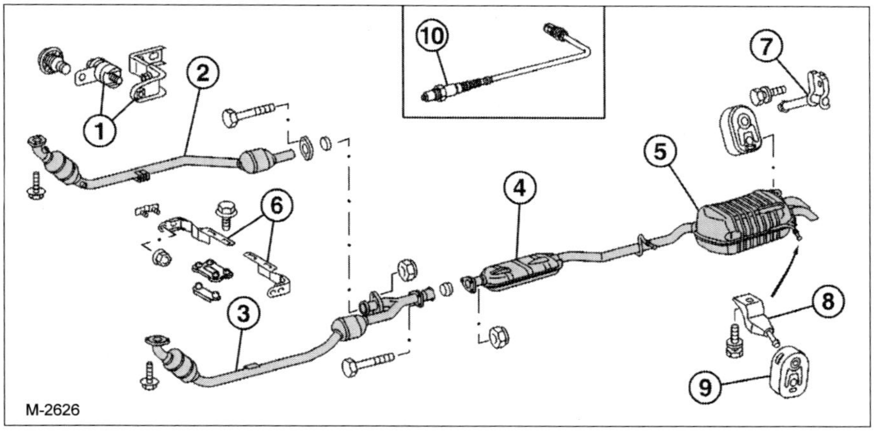

ELEMENTY UKŁADU WYLOTOWEGO SILNIKA WYSOKOPRĘŻNEGO
1 – obejma zaciskowa, 2 – stożkowy element uszczelniający, 3 – wspornik na silniku, 4 – obejma zaciskowa, 5 – katalizator wstępny, 6 – pierścień uszczelniający, 7 – przednia rura wylotowa, 8 – tłumik tylny, 9 – wspornik na skrzynce biegów, 10 – przekładka gumowa, 11 – podkładka, 12 – wspornik na skrzynce biegów, 13 – wspornik na zawieszeniu tylnym, 14 – wspornik tłumika tylnego, 15 – gumowy element mocujący

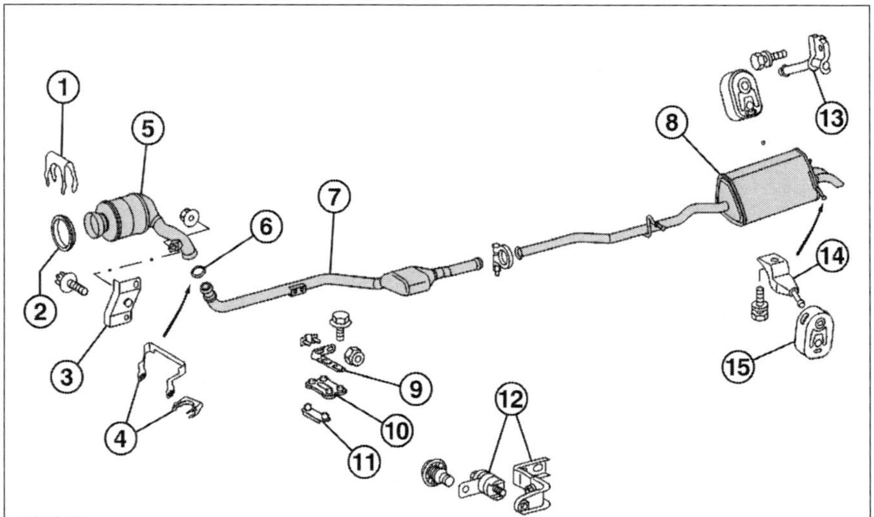

Sprawdzanie szczelności układu wylotowego

W samochodach z silnikiem benzynowym i regulowanym katalizatorem mogą występować następujące zakłócenia, spowodowane przez nieszczelności w układzie wylotowym przed sondą lambda:
– utrudnione uruchamianie silnika,
– gaśnięcie silnika, nierównomierna praca na biegu jałowym,
– szarpnięcia podczas przyspieszania.

Warunek sprawdzania: silnik jest zimny lub ma co najwyżej taką temperaturę, że można go dotykać ręką.
● Uruchomić silnik i podczas jego pracy zatkać układ wylotowy szmatą.
● Sprawdzić słuchowo, czy nie ma nieszczelności w układzie wylotowym. W razie potrzeby natryskiwać miejsca połączenia głowicy cylindrów z kolektorem wylotowym i kolektora z przednią rurą wylotową dostępnym w handlu środkiem do wykrywania nieszczelności i sprawdzać, czy nie powstają pęcherzyki.
● Usunąć nieszczelność.

Sprzęgło

Wiadomości wstępne

Sprzęgło składa się z zespołu dociskowego, tarczy sprzęgła, dźwigni wyłączającej (zespół łożyska wyciskowego) i hydraulicznego urządzenia sterującego.
Zespół dociskowy jest przykręcony śrubami do koła zamachowego mocowanego kołnierzem do wału korbowego silnika. Między zespołem dociskowym a kołem zamachowym znajduje się tarcza sprzęgła, przesuwana przez zespół dociskowy do koła zamachowego. Tarcza sprzęgła jest osadzona na wielowypuście wałka sprzęgłowego skrzynki biegów. Po naciśnięciu pedału sprzęgła (rozłączenie), tłok siłownika hydraulicznego dociska łożysko wyciskowe do sprężyny tarczowej zespołu dociskowego. Następuje zwolnienie zespołu dociskowego i tarcza sprzęgła przestaje być dociskana do koła zamachowego. Zostaje przerwane przenoszenie momentu obrotowego od silnika do skrzynki biegów.
Sprzęgło wszystkich modeli samochodu Mercedes klasy C jest sterowane hydraulicznie.

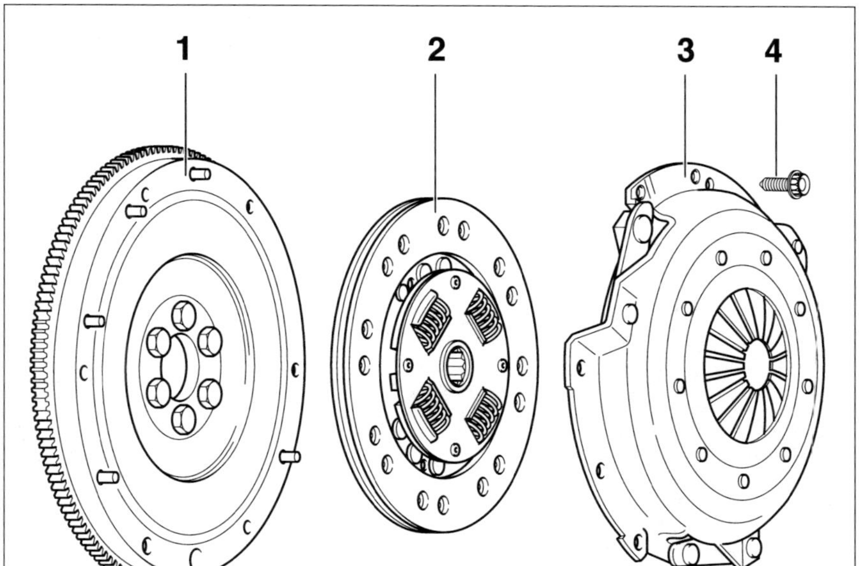

ELEMENTY SPRZĘGŁA
1 – koło zamachowe (powierzchnia współpracująca z okładzinami tarczy sprzęgła powinna być wolna od wyżłobień, oleju i smaru; zwrócić uwagę na pewne osadzenie kołków ustalających), 2 – tarcza sprzęgła (podczas zamontowania nie należy zmieniać jej położenia; **uwaga:** oczyścić wielowypust wałka sprzęgłowego i używanej tarczy sprzęgła, usunąć produkty korozji), 3 – zespół dociskowy, 4 – śruba Torx M8×18, **25 N·m** (dokręcać lub odkręcać stopniowo, przemiennie na krzyż)

W samochodzie z mechaniczną sześciobiegową skrzynką biegów obwód hydrauliczny sterowania sprzęgłem jest wypełniony płynem hamulcowym, który dopływa ze zbiorniczka płynu hamulcowego.
W samochodzie z mechaniczną sześciobiegową skrzynką biegów Sequentronic sprzęgło jest sterowane przez układ hydrauliczny skrzynki biegów.
Przy każdym włączeniu i rozłączeniu w niewielkim stopniu jest ścierana okładzina tarczy sprzęgła. Tarcza sprzęgła jest częścią ulegającą zużyciu, a jej trwałość wynosi ponad 100 000 km przebiegu samochodu. Zużycie tarczy sprzęgła zależy głównie od obciążenia (holowanie przyczepy) i sposobu jazdy. Sprzęgło nie wymaga obsługi, gdyż reguluje się samoczynnie.
Silniki są wyposażone przeważnie w dwumasowe koło zamachowe. Dwumasowe koło zamachowe ma zespół sprężyn i elementów tłumiących, aby zmniejszyć przenoszenie drgań skrętnych wytwarzanych przez silnik. Poza tym zmniejsza się równocześnie przenoszenie hałasów w dolnym zakresie prędkości obrotowych.

Wymontowanie i zamontowanie oraz sprawdzanie sprzęgła

Wymontowanie

• Wymontować skrzynkę biegów (patrz „Wymontowanie i zamontowanie skrzynki biegów").

• Poluzować kolejno śruby mocujące Torx (strzałki na rys. SX-2810) zespół dociskowy o 1 do 1½, aż tarcza nie będzie naprężona. Zablokować koło zamachowe wkrętakiem i trzpieniem, aby nie obracało się podczas odkręcania śrub. W stacji obsługi stosuje się w tym celu specjalny przyrząd (1).

Uwaga. Jeśli śruby Torx zostaną wykręcone od razu całkowicie, może ulec uszkodzeniu sprężyna tarczowa między zespołem dociskowym a kołem zamachowym.

• Po poluzowaniu wykręcić całkowicie śruby.

Uwaga. Należy zaznaczyć ustawienie tarczy sprzęgła, aby została zamontowana w tym samym położeniu.

• Wyjąc zespół dociskowy i tarczę sprzęgła.

Uwaga. Nie upuścić tych części podczas wyjmowania, gdyż w przeciwnym razie mogą występować po ich zamontowaniu poślizgi sprzęgła i trudności podczas wyłączania.

• Wytrzeć koło zamachowe szmatką.

Sprawdzanie

• Sprawdzić tarczę dociskową sprzęgła, czy nie ma pęknięć i wyżłobień, w razie potrzeby wymienić.

• Sprawdzić zużycie końcówek sprężyny tarczowej (strzałki na rys. SX-2809) i czy końcówki są położone w jednej płaszczyźnie. Wyprostować ostrożnie końcówki szczypcami, jeśli to konieczne.

Uwaga. Wielkość zużycia nie powinna przekraczać 0,3 mm.

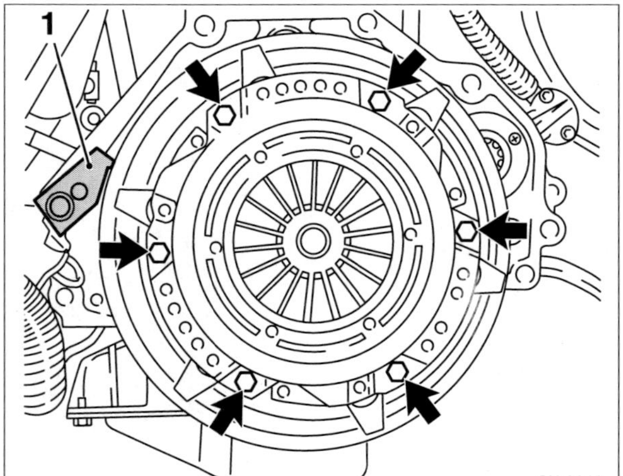

SX-2810

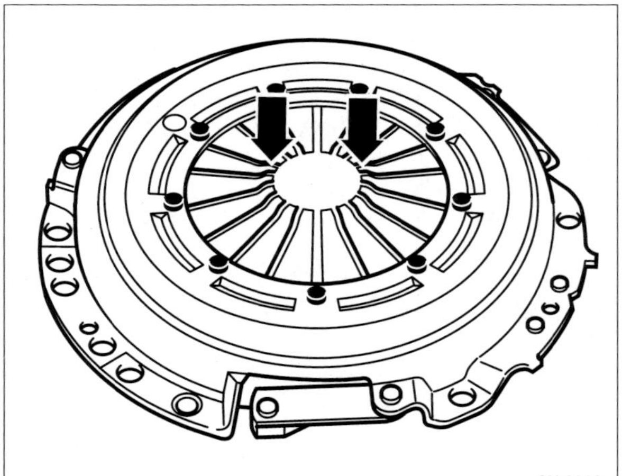
SX-2809

• Sprawdzić połączenie sprężyny między tarczą dociskową a pokrywą, czy nie ma pęknięć i czy nity nie są luźne. Należy wymienić sprzęgło z uszkodzonymi lub luźnymi połączeniami nitowymi.
• Przed zamontowaniem nowego sprzęgła należy usunąć za pomocą rozpuszczalnika smar antykorozyjny z powierzchni ciernych tarczy dociskowej. Oczyścić powierzchnie cierne tarczy sprzęgła i tarczy dociskowej płótnem ściernym o dużej ziarnistości.
• Wymienić tarczę sprzęgła zanieczyszczoną olejem, smarem lub uszkodzoną mechanicznie.
• Sprawdzić zespół łożyska wyciskowego w obudowie skrzynki biegów, czy nie pracuje głośno, obraca się bez oporów, jest szczelny i nie ma widocznych śladów zużycia. Wymienić w razie potrzeby.

Zamontowanie

• Oczyścić wielowypust piasty tarczy sprzęgła i wałka sprzęgłowego oraz nałożyć cienką warstwę smaru z MoS_2, na przykład Molykote BR 2 (rys. SX-2312).
Uwaga. Nie nakładać zbyt dużo smaru, gdyż może zostać wyrzucony na powierzchnie cierne sprzęgła i spowodować wadliwe działanie sprzęgła. Ilość potrzebnego smaru odpowiada mniej więcej wielkości ziarna kukurydzy.
Uwaga. W silnikach z dwumasowym kołem zamachowym wielowypust tarczy sprzęgła jest niklowany, dlatego nie należy nakładać smaru na wałek sprzęgłowy. Tarczę sprzęgła

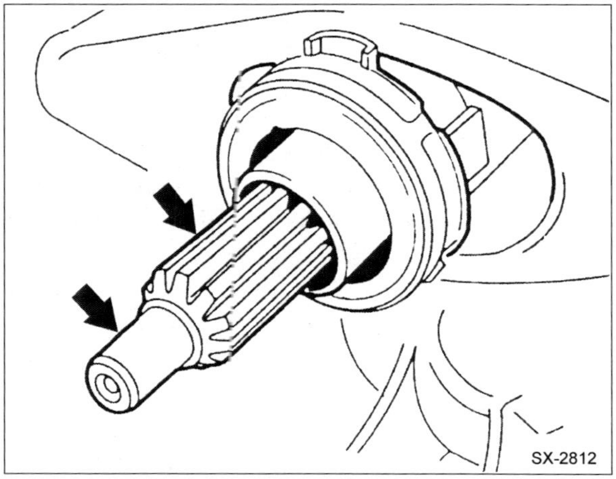

SX-2812

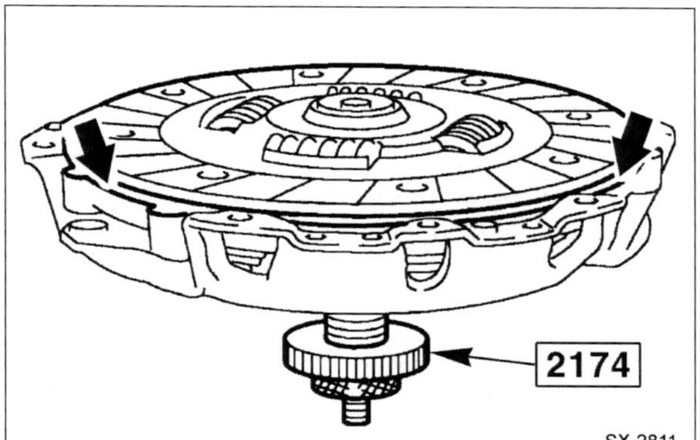

SX-2811

współpracującą z dwumasowym kołem zamachowym można rozpoznać po braku sprężyn tłumiących drgania skrętne.
• Ustawić współśrodkowo tarczę sprzęgła w zespole dociskowym za pomocą odpowiedniego trzpienia, na przykład Hazet 2174 (rys. SX-2811), lub zużytego wałka sprzęgłowego. Jeśli tarcza sprzęgła nie jest ustawiona współśrodkowo, może być utrudnione wprowadzenie wałka sprzęgłowego skrzynki biegów.
• Osadzić zespół dociskowy z ustawioną współśrodkowo tarczą sprzęgła w odpowiednich kołkach ustalających na kole zamachowym.
• Wkręcić ręcznie śruby mocujące zespół dociskowy i dokręcać je przemiennie na krzyż o 1 do 1½ obrotu, aż tarcza dociskowa zostanie dokręcona.
Uwaga. Zapewnić, aby podczas dokręcania śrub zespół dociskowy był wprowadzany w koło zamachowe równomiernie i bez tworzenia zadziorów. Moment dokręcania śrub mocujących zespołu dociskowego wynosi **25 N·m**.
• Wyjąć trzpień centrujący.
• Jeśli został zamontowany, zdjąć przyrząd blokujący z koła zamachowego.
• Zamontować skrzynkę biegów (patrz „Wymontowanie i zamontowanie skrzynki biegów").

Odpowietrzanie urządzenia sterującego sprzęgła i wymiana płynu hamulcowego

Mechaniczna sześciobiegowa skrzynka biegów

Urządzenie sterujące sprzęgła należy odpowietrzyć, jeśli pedał sprzęgła po wciśnięciu i zwolnieniu nie wraca lub wraca z opóźnieniem, sprzęgło nie rozłącza właściwie lub przewody obwodu hydraulicznego zostały odłączone.

Ostrzeżenie. *Hydrauliczne urządzenie sterujące sprzęgła jest wypełnione płynem hamulcowym i dlatego należy zapoznać się także z odpowiednimi zaleceniami w rozdziale „Układ hamulcowy". Płyn hamulcowy jest trujący i uszkadza lakier nadwozia.*

Uwaga. Odpowietrzanie w niżej opisany sposób może pozostawić w obwodzie niewielką ilość powietrza, co objawia się ocieraniem tarczy i niewłaściwym rozłączaniem sprzęgła. W takim przypadku należy odpowietrzyć niezwłocznie obwód hydrauliczny w stacji obsługi.

Odpowietrzanie bez przyrządu

- Sprawdzić poziom płynu hamulcowego w zbiorniczku, w razie potrzeby uzupełnić (patrz „Obsługa samochodu").

Uwaga. Poziom płynu w zbiorniczku nie powinien obniżyć się zbytnio, w razie potrzeby dolać świeżego płynu.

Ostrzeżenie. *Podczas unoszenia samochodu może zdarzyć się wypadek i dlatego należy przestrzegać zasad unoszenia i podpierania samochodu opisanych w rozdz. „Zabiegi konserwacyjne i pomocnicze".*

- Unieść i podeprzeć samochód.
- Wymontować dolną osłonę.
- Zdjąć osłonę przeciwpyłową z zaworu odpowietrzającego (strzałka na rys. M-2813) na siłowniku sterującym. Podłączyć przezroczysty giętki przewód do zaworu odpowietrzającego na siłowniku.

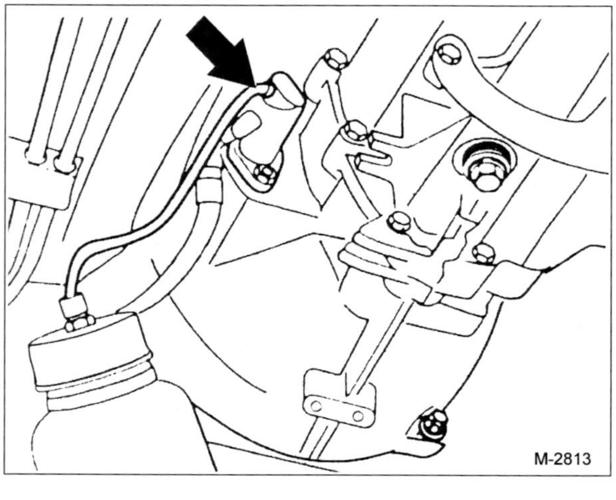

Uwaga. Na rysunku M-2813 nie pokazano samochodu Mercedes klasy C.

- Sprawdzić ostrożnie, czy jest możliwe obracanie zaworu odpowietrzającego. Do otwierania stosować otwarty klucz oczkowy, aby nie uszkodzić sześciokąta zaworu.
- Wolny koniec giętkiego przewodu zanurzyć w naczyniu z płynem hamulcowym, aby podczas odpowietrzania nie było możliwe zasysanie powietrza.
- Wcisnąć do oporu pedał sprzęgła, korzystając z pomocy drugiej osoby, około 10 razy i przytrzymać wciśnięty pedał.
- Otworzyć zawór odpowietrzający, co powoduje wyciekanie płynu hamulcowego. Gdy w wypływającym płynie hamulcowym przestaną ukazywać się pęcherzyki powietrza lub zmniejszy się ciśnienie płynu, wkręcić zawór odpowietrzający.

Uwaga. Poziom płynu w zbiorniczku nie powinien obniżyć się zbytnio, w razie potrzeby dolać świeżego płynu.

- Zwolnić pedał sprzęgła, wcisnąć go ponownie 10 razy, przytrzymać wciśnięty pedał i otworzyć zawór odpowietrzający. Czynność tę należy powtarzać tak długo, aż z giętkiego przewodu przestaną wydobywać się pęcherzyki powietrza. Należy dolewać przy tym do zbiorniczka świeży płyn hamulcowy.

Uwaga. Jeśli ma być wymieniony cały płyn, należy odpowietrzać tak długo, aż z giętkiego przewodu zacznie wypływać świeży płyn hamulcowy. Świeży płyn można rozpoznać po jaśniejszym zabarwieniu.

- Zamknąć zawór odpowietrzający na siłowniku sterującym. Odłączyć przewód giętki i nasunąć osłonę przeciwpyłową.
- Zamontować dolną osłonę.
- Uzupełnić płyn hamulcowy do znaku wskazującego poziom maksymalny i zamknąć zbiorniczek.
- Sprawdzić działanie hamulców i obwodu sterowania sprzęgła.

Odpowietrzanie za pomocą przyrządu

Odpowietrzanie urządzenia sterującego sprzęgła w stacji obsługi odbywa się na ogół za po-

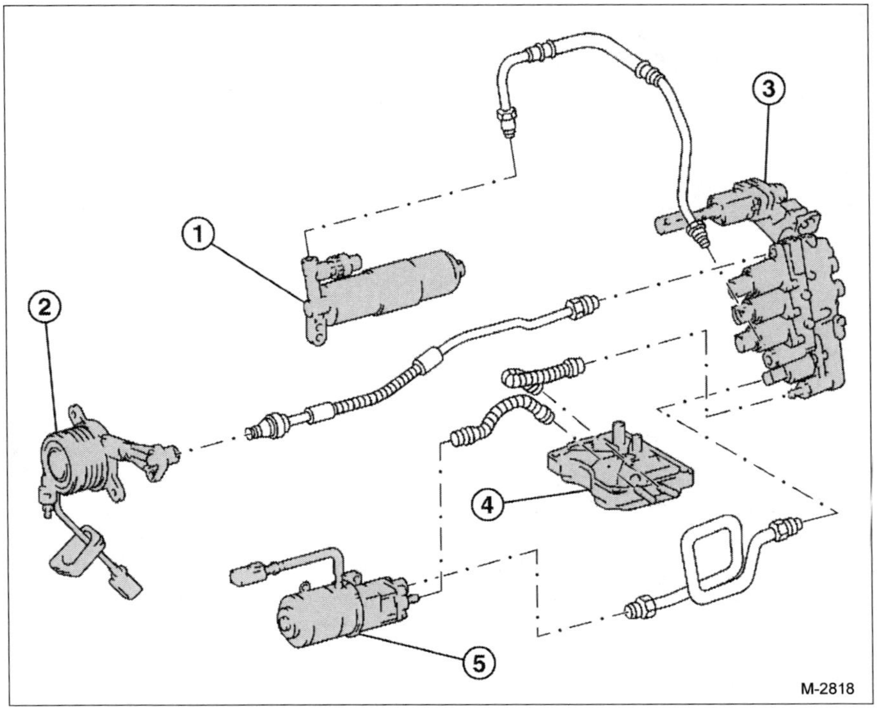

ELEMENTY UKŁADU HYDRAULICZNEGO STEROWANIA SPRZĘGŁA W SAMOCHODZIE Z SZEŚCIOBIEGOWĄ SKRZYNIĄ BIEGÓW SEQUENTRONIC
1 – akumulator ciśnienia,
2 – dźwignia wyłączania sprzęgła,
3 – zespół hydrauliczny,
4 – zbiornik oleju hydraulicznego,
5 – pompa sprzęgła

mocą specjalnego przyrządu. Ten przyrząd odpowietrzający wywiera ciśnienie na płyn hamulcowy w zbiorniczku. Poniżej opisano tylko czynności różniące się od przebiegu odpowietrzania bez przyrządu.

- Podłączyć przyrząd odpowietrzający do zbiorniczka płynu hamulcowego zgodnie z instrukcją producenta.
- Zdjąć osłonę przeciwpyłową z zaworu odpowietrzającego na siłowniku sterującym. Wsunąć giętki przewód na zawór odpowietrzający siłownika. Zanurzyć koniec przewodu w butelce z płynem hamulcowym.
- Otworzyć i pozostawić otwarty zawór odpowietrzający, aż z przewodu zacznie wyciekać płyn bez pęcherzyków powietrza. Zamknąć zawór. **Uwaga.** Jeśli ma być wymieniony cały płyn, należy odpowietrzać tak długo, aż z giętkiego przewodu zacznie wypływać świeży płyn hamulcowy. Świeży płyn można rozpoznać po jaśniejszym zabarwieniu.
- Nasunąć osłonę przeciwpyłową.
- Odłączyć przyrząd do odpowietrzania.
- Uzupełnić płyn hamulcowy do znaku wskazującego poziom maksymalny i zamknąć zbiorniczek.

Skrzynka biegów

Samochód Mercedes klasy C jest wyposażany w sześciobiegową mechaniczną skrzynkę biegów 716.6 lub w pięciobiegową automatyczną skrzynkę biegów 722.6. Ruchy dźwigni zmiany biegów są przenoszone przez drążek do skrzynki biegów. W skrzynce biegów Sequentronic ruchy dźwigni zmiany biegów są przekazywane jako sygnały elektryczne do sterownika układu hydraulicznego skrzynki biegów.
Mechaniczną skrzynkę biegów można wymontować bez wyjmowania silnika. Wymontowanie skrzynki biegów jest konieczne wtedy, kiedy zachodzi potrzeba jej wymiany lub naprawy i gdy należy wymienić sprzęgło. Opisano tylko wymontowanie i zamontowania skrzynki biegów, ponieważ jej naprawa nie jest możliwa bez specjalnego oprzyrządowania i narzędzi.

Wymontowanie i zamontowanie skrzynki biegów

Przed wymontowaniem skrzynki biegów samochód powinien być uniesiony na dostateczną wysokość. Ponieważ wymontowanie skrzynki biegów wymaga pewnego doświadczenia,

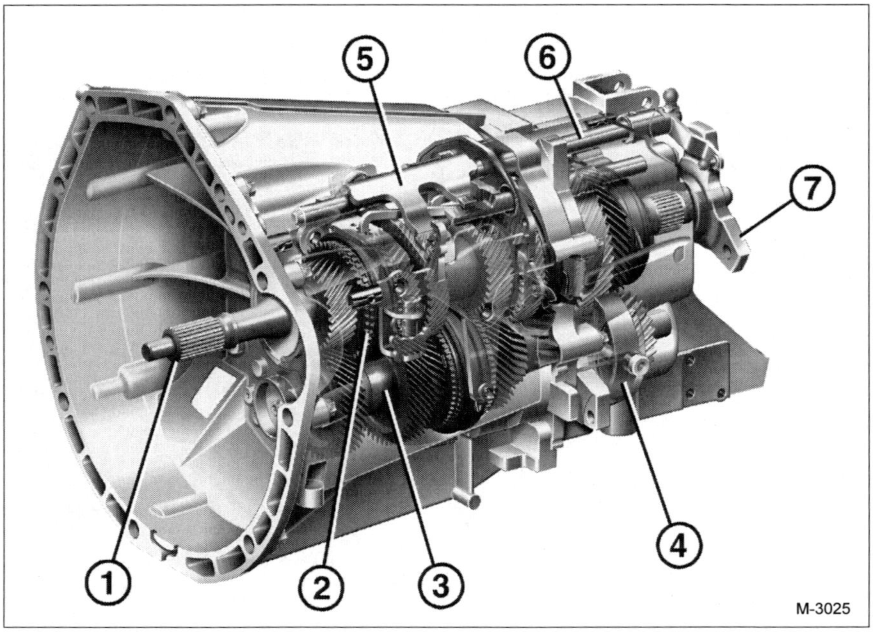

MECHANICZNA SKRZYNKA BIEGÓW SZEŚCIOBIEGOWA
1 – wałek sprzęgłowy,
2 – pierścień synchronizatora 5. i 6. biegu, 3 – wałek pośredniczący,
4 – półpanewka wałka biegu wstecznego, 5 – widełki przełączania biegów,
6 – wałek widełek przełączania biegów, 7 – kołnierz do podłączenia wału napędowego

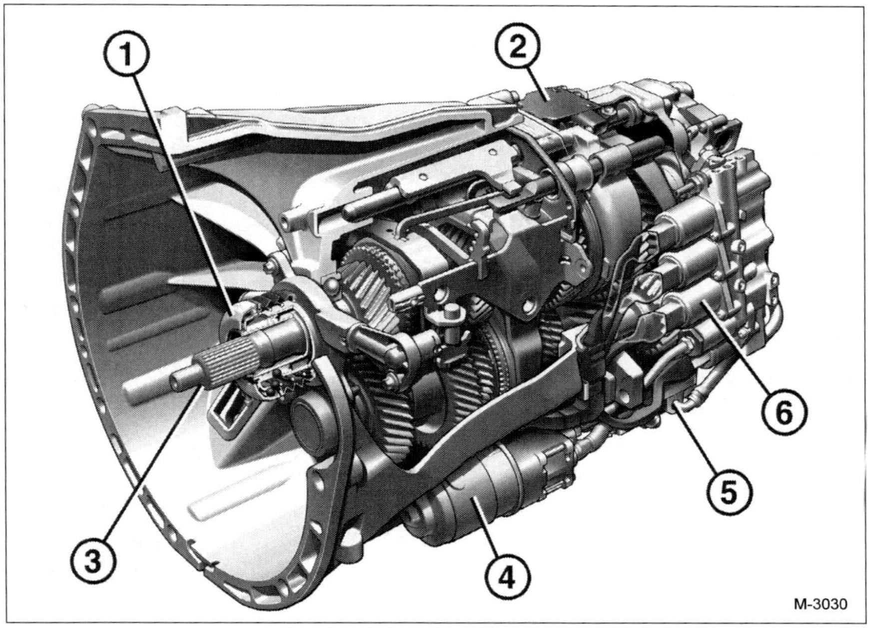

HYDRAULICZNA SKRZYNKA BIEGÓW SZEŚCIOBIEGOWA SEQUENTRONIC
1 – dźwignia wyłączająca (zespół łożyska wyciskowego), 2 – czujnik rozpoznawania biegów, 3 – wałek sprzęgłowy, 4 – pompa hydrauliczna, 5 – zbiornik oleju hydraulicznego, 6 – zespół hydrauliczny

podano tylko najważniejsze zalecenia z myślą o wykwalifikowanym mechaniku.

Wymontowanie

• Wymontować obudowę filtru przeciwpyłowego i odłączyć przewód masy (–) od akumulatora, gdy zapłon jest wyłączony.

Uwaga. Przed odłączeniem akumulatora należy koniecznie ustalić kod zabezpieczający radioodbiornik przed kradzieżą, jeśli taki kod jest zastosowany. Przestrzegać zaleceń podanych w podrozdziale „Wymontowanie i zamontowanie akumulatora".

• Zacisk przewodu masy po odłączeniu od akumulatora należy ze względów bezpieczeństwa owinąć taśmą izolacyjną, aby wykluczyć przypadkowe zetknięcie się z biegunami akumulatora.

• Unieść i podeprzeć samochód. Wymontować dolną osłonę przedziału silnika (patrz rozdz. „Wyposażenie zewnętrzne nadwozia").

Uwaga. Unieść nieco i podeprzeć skrzynkę biegów przy tylnych podporach zespołu napędowego, za pomocą podnośnika warsztatowego, wkładając drewnianą przekładkę między skrzynkę i podnośnik. Dopiero po wykonaniu tych czynności odkręcić tylny wspornik zespołu napędowego.

• Podeprzeć skrzynkę biegów podnośnikiem warsztatowym, wkładając drewnianą przekładkę.

• Wykręcić śruby (2 i 3, rys. M-3026) i wyjąć tylny wspornik zespołu napędowego (1).

• Odkręcić wspornik osłony przedziału silnika (4).

• Odkręcić wspornik układu wylotowego (5).

• Wymontować przednią rurę wylotową (patrz „Układ wylotowy").

• Wyczepić tylną rurę wylotową z zamocowania obok tłumika tylnego, opuścić nieco i przymocować drutem w tym położeniu.

• Odkręcić od dołu skrzynki biegów przewód masy między skrzynką biegów a nadwoziem.

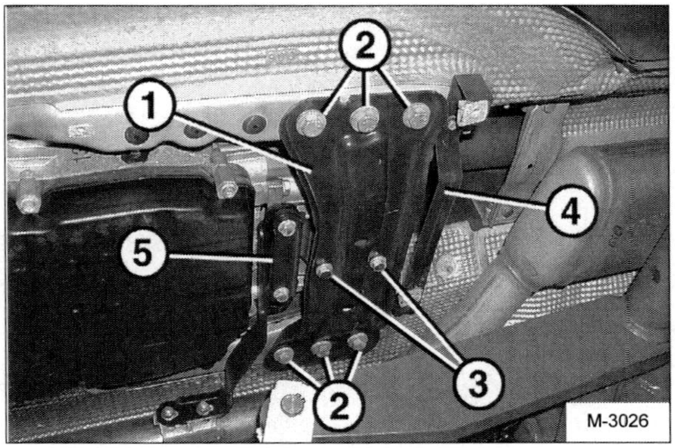

• Wymontować rozrusznik (patrz „Wyposażenie elektryczne").
• Odłączyć złącze wtykowe od czujnika indukcyjnego prędkościomierza.
• Wymontować wał napędowy (patrz odpowiedni opis).
Uwaga. Przedni kołnierz przegubu pozostaje na wale, nie na skrzynce biegów.
• Wymontować osłonę linki wyboru biegów przy skrzynce biegów i odłączyć linkę od skrzynki biegów.
• Wyjąć sworzeń zabezpieczający i odłączyć mechanizm zmiany biegów.
• Odłączyć drążek zmiany biegów.
• Odkręcić skrzynkę biegów od kadłuba silnika.
• Opuścić powoli podnośnik warsztatowy, co powoduje niewielkie opadnięcie skrzynki biegów. Ściągnąć poziomo skrzynkę biegów w tył z kołków ustalających i wyjąć ją ze sprzęgła.
• Opuścić skrzynkę biegów.
Uwaga. Skrzynkę biegów należy opuścić dopiero po upewnieniu się, że wałek sprzęgłowy został wyjęty z tarczy sprzęgła, w przeciwnym razie tarcza może zostać uszkodzona.

Zamontowanie

• Sprawdzić sprzęgło przed zamontowaniem skrzynki biegów (patrz „Sprzęgło").
• Sprawdzić łożysko wyciskowe, czy obraca się bez oporów. Należy wymienić łożysko, jeśli przed wymontowaniem pracowało głośno podczas wyłączania sprzęgła.
Uwaga. W silnikach z dwumasowym kołem zamachowym wielowypust tarczy sprzęgła jest niklowany, dlatego nie należy nakładać smaru na wałek sprzęgłowy. Tarczę sprzęgła współpracującą z dwumasowym kołem zamachowym można rozpoznać po braku sprężyn tłumiących drgania skrętne.
• **Silnik bez dwumasowego koła zamachowego.** Oczyścić wielowypust wałka sprzęgłowego i nałożyć cienką warstwę smaru z MoS_2, na przykład Molykote BR 2. Nie nakładać zbyt dużo smaru, gdyż może zostać wyrzucony na powierzchnie cierne sprzęgła i spowodować wadliwe działanie sprzęgła. Ilość potrzebnego smaru odpowiada mniej więcej wielkości ziarna kukurydzy.
• Unieść skrzynkę biegów i wprowadzić ją poziomo w sprzęgło. Jeśli podczas wkładania skrzynki biegów jej wałek sprzęgłowy nie wchodzi w tarczę sprzęgła, należy ustawić odpowiednio wałek sprzęgłowy, obracając ręcznie z tyłu kołnierz wału napędowego.
• Przykręcić skrzynkę biegów do silnika momentem **40 N • m**.
• Zamontować rozrusznik (patrz „Wyposażenie elektryczne").
• Nałożyć cienką warstwę smaru na panewkę kulistą i podłączyć drążek zmiany biegów.
• Połączyć mechanizm zmiany biegów i zabezpieczyć sworzniem.
• Podłączyć linkę wyboru biegów do skrzynki biegów i zamontować osłonę.
• Połączyć kołnierz wału napędowego ze skrzynką biegów. Moment dokręcania nakrętek samoblokujących kołnierza przegubu do skrzynki biegów lub do przedniego wału napędowego: nakrętki M10 – **40 N • m**, nakrętki M12 – **60 N • m**.
• Podłączyć złącze wtykowe czujnika indukcyjnego prędkościomierza.
• Przykręcić tylną podporę zespołu napędowego następującymi momentami:
śruby (2, rys. M-3026) podpory
do tylnej belki (1)............................**25 N • m**;
śruby (3) tylnej belki poprzecznej
do nadwozia..................................**40 N • m**;
jeśli zostały odkręcone, śruby lub nakrętki
podpory zespołu napędowego
do skrzynki biegów.........................**50 N • m**.
• Przykręcić przewód masy do skrzynki biegów i nadwozia.
• Przykręcić wspornik osłony przedziału silnika (4).

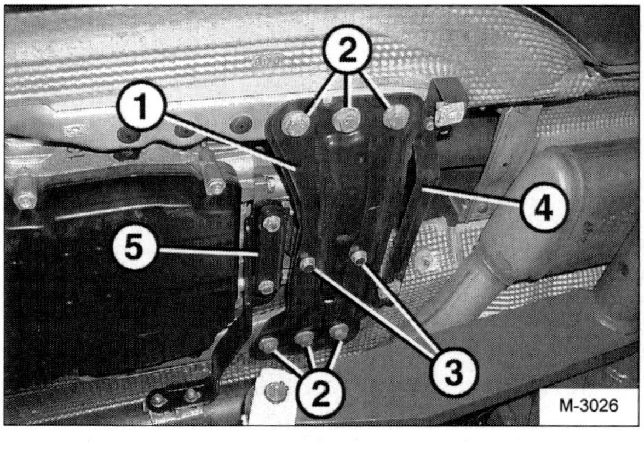

- Przykręcić wspornik przedniej rury wylotowej (5).
- Zamontować układ wylotowy (patrz „Układ wlotowy").
- Sprawdzić poziom oleju w skrzynce biegów i uzupełnić, jeśli to konieczne (patrz „Obsługa samochodu").
- Sprawdzić regulację mechanizmu zmiany biegów i wyregulować w stacji obsługi, jeśli to konieczne.
- Zamontować dolną osłonę przedziału silnika.
- Opuścić samochód.
- Podłączyć przewód masy (–) do akumulatora, gdy zapłon jest wyłączony. Zamontować obudowę filtru przeciwpyłowego. Wprowadzić kod zabezpieczający rad oodbiornik przed kradzieżą i nastawić zegar, jeśli to konieczne.

Momenty dokręcania innych elementów skrzynki biegów 716.6

Wiązka przewodów elektrycznych do skrzynki biegów:
u dołu z prawej strony ....15 N • m;
u dołu z lewej strony ....10 N • m.
Wspornik przewodu sprzęgła do skrzynki biegów........................9,5 N • m.
Wspornik złącza wtykowego czujników kąta obrotu ....10 N • m.
Wspornik głównego złącza wtykowego skrzynki biegów............10 N • m.
Przewód sprzęgła do siłownika sterującego ....16 N • m.
Styk łączący z masą na skrzynce biegów..10 N • m.
Korek spustowy oleju na skrzynce biegów..60 N • m.
Korek wlewu oleju na skrzynce biegów..50 N • m.
Opaska akumulatora ciśnienia na obudowie skrzynki biegów ....15 N • m.
Śruba czujnika kąta obrotu na płytce sensorów ....3 N • m.
Kołpak zaworu odpowietrzającego na skrzynce biegów ....6 N • m.
Zespół hydrauliczny do skrzynki biegów:
u góry ....7,5 N • m;
u dołu ....9,5 N • m.
Pompa hydrauliczna do obudowy skrzynki biegów............................7,5 N • m.

ELEMENTY SKRZYNKI BIEGÓW SZEŚCIOBIEGOWEJ SEQUENTRONIC
1 – kapturek odpowietrznika, 2 – zawór odpowietrzający, 3 – akumulator ciśnienia, 4 – dźwignia wyłączająca (zespół łożyska wyciskowego), 5 – uszczelnienie, 6 – obudowa skrzynki, część przednia, 7 – czujnik rozpoznawania biegów, 8 – czujnik prędkości obrotowej, 9 – wspornik czujnika rozpoznawania biegów przy wałku widełek przełączania biegów, 10 – obudowa skrzynki, część tylna, 11 – pompa hydrauliczna, 12 – zbiornik oleju hydraulicznego, 13 – zespół hydrauliczny

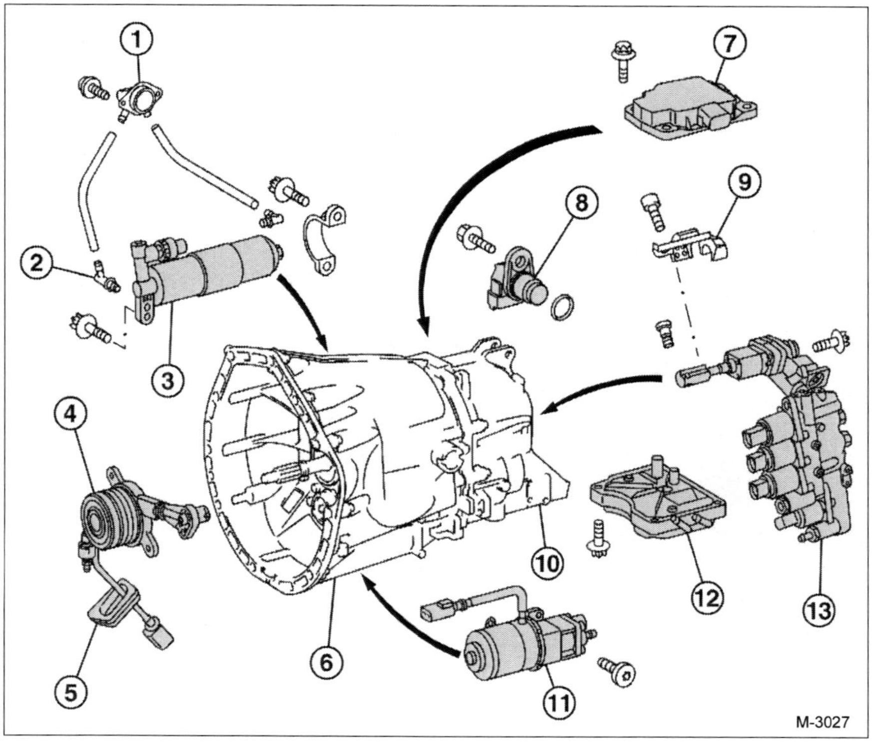

Kątownik obwodu magnetycznego do obudowy skrzynki biegów ....3 **N • m**.
Zbiornik oleju do obudowy skrzynki biegów ....9,5 **N • m**.
Wspornik poprzeczny mechanizmu zmiany biegów do podłogi...............23 **N • m**.
Wyłącznik światła cofania do obudowy skrzynki biegów ....10 **N • m**.
Płytka czujników do obudowy skrzynki biegów.................................3 **N • m**.
Zabezpieczenie z blachy do skrzynki biegów..9 **N • m**.
Tuleja łącząca do głównego wałka widełek przełączających...............11,5 **N • m**.
Czujnik skoku do zespołu łożyska wyciskowego........................3 **N • m**.
Zespół łożyska wyciskowego:
- do skrzynki biegów..........................9 **N • m**;
- do obudowy sprzęgła ....8 **N • m**.

Wymontowanie i zamontowanie wału napędowego

Wymontowanie

Uwaga. Każdorazowo wymieniać samoblokujące śruby i nakrętki.

Ostrzeżenie. *Podczas unoszenia samochodu może zdarzyć się wypadek i dlatego należy przestrzegać zasad unoszenia i podpierania samochodu opisanych w rozdz. „Zabiegi konserwacyjne i pomocnicze".*

- Unieść i podeprzeć samochód.
- Wymontować tylną część układu wylotowego (patrz „Układ wylotowy").
- Odkręcić i wyjąć osłonę termiczną (1, rys. M-3029).
- **Silnik wysokoprężny.** Wymontować dolne osłony samochodu.

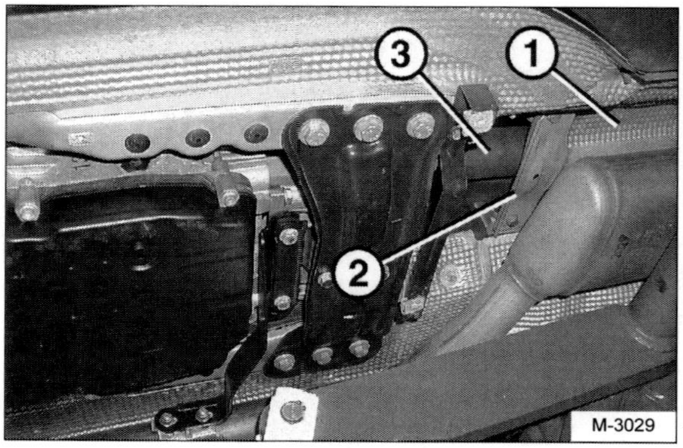

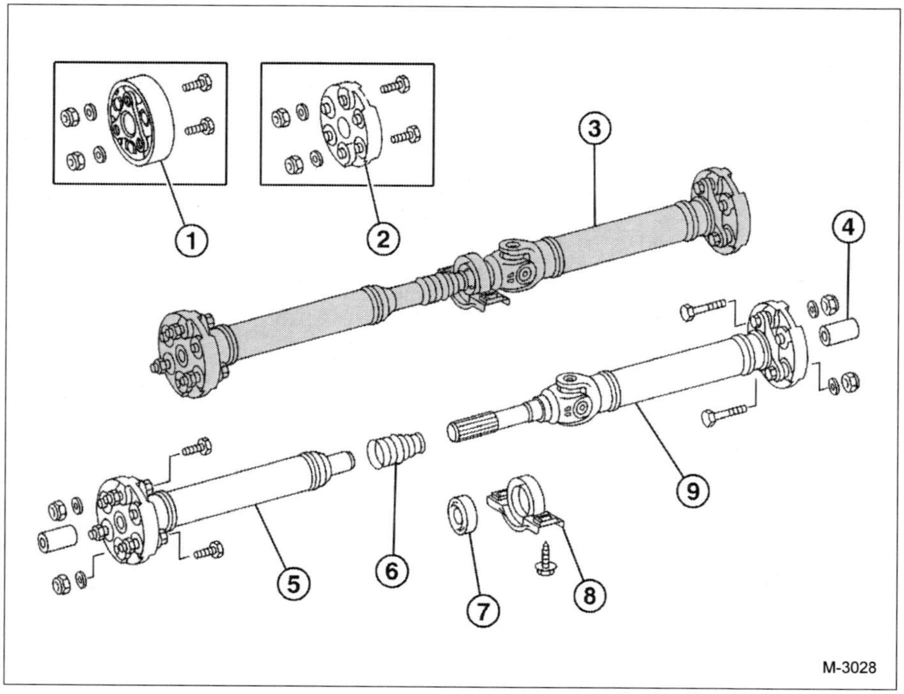

ELEMENTY WAŁU NAPĘDOWEGO
1 – tłumik drgań przedni, 2 – kołnierz przegubu, 3 – wał napędowy kompletny, 4 – tuleja środkująca, 5 – wał napędowy przedni, 6 – osłona, 7 – łożysko kulkowe, 8 – elastyczna obsada łożyska, 9 – wał napędowy tylny

● **Mechaniczna skrzynka biegów.** Odkręcić wspornik poprzeczny mechanizmu zmiany biegów.

● **Automatyczna skrzynka biegów.** Odkręcić element usztywniający (2); (3) – wał napędowy.

● Odkręcić (1, rys. M-3013) wał napędowy od skrzynki biegów, przy czym kołnierz przegubu powinien zostać na wale. Przytrzymać wał napędowy dostępnym w handlu uchwytem taśmowym, aby nie obracał się.

● Odkręcić wał napędowy z tyłu od przekładni głównej, przy czym kołnierz przegubu powinien zostać na wale (rys. M-3015).

● Poluzować kołki ustalające w kołnierzach przegubu cylindrycznym trzpieniem o średnicy 10 mm i długości około 150 mm (rys. M-3014).

Uwaga. Podeprzeć wał napędowy, aby nie opadł zbytnio podczas wyciągania, szczególnie w przegubie równobieżnym. Takie załamanie przegubu spowodowałoby zgniecenie osłony gumowej.

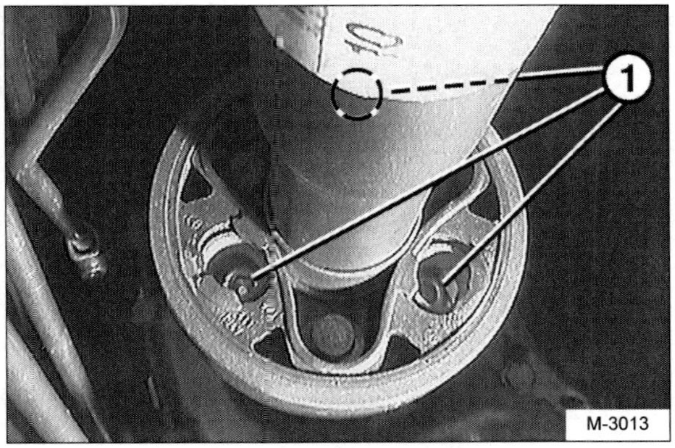

M-3013

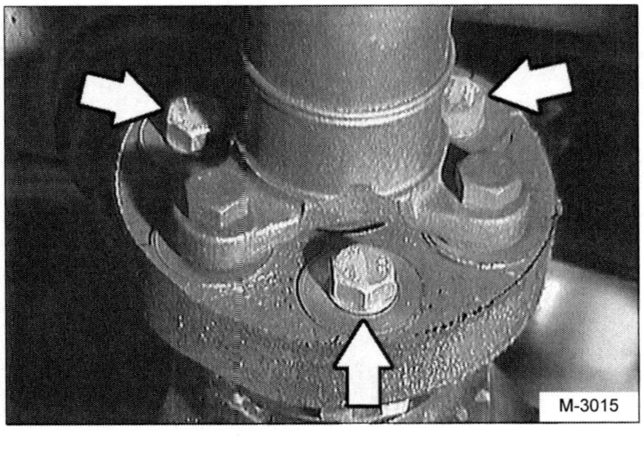

M-3015

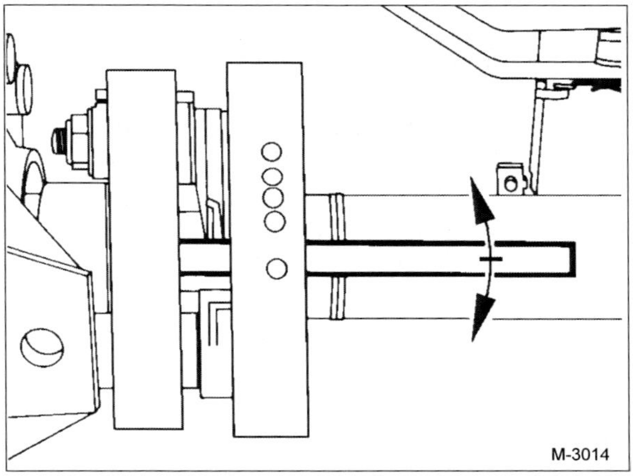

M-3014

● Przytrzymać łożysko środkowe i wykręcić śruby (rys. M-3016). W razie potrzeby wyjąć podkładki śrub, które podczas zamontowania powinny być umieszczone w tych samych miejscach.

● Ściągnąć wał napędowy z czopów środkujących przy skrzynce biegów i przekładni głównej i wyjąć w tył.

● Jeśli to konieczne, rozłączyć przedni i tylny wał napędowy w miejscu połączenia wielowypustowego.

Zamontowanie

● Jeśli zostały rozłączone, złączyć przedni i tylny wał napędowy, zwracając uwagę na oznakowanie obu części wału. Garb na przednim wale powinien się znajdować między dwoma garbami na widełkach przegubu. Przed złączeniem nałożyć na wielowypust smar Molykote. Naciągnąć osłonę.

● Nałożyć w każdą z pustych przestrzeni obu elementów środkujących wału napędowe-

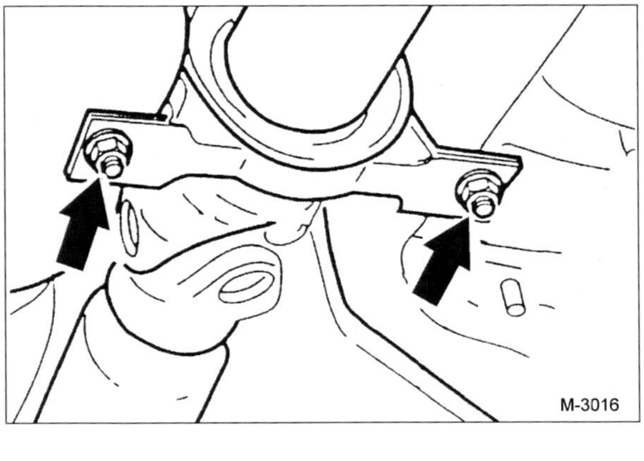

M-3016

go 6 g smaru uniwersalnego (Mercedes 267.0, na przykład Aral Langzeitfett H lub Elf Multi) i zamontować wał napędowy.

• Przykręcić łożysko pośrednie wału napędowego momentem **30 N · m**.

• Przykręcić tylny wał napędowy do przekładni głównej.

Moment dokręcania
– nakrętki M10 .... **40 N · m**,
– nakrętki M12 .... **60 N · m**.

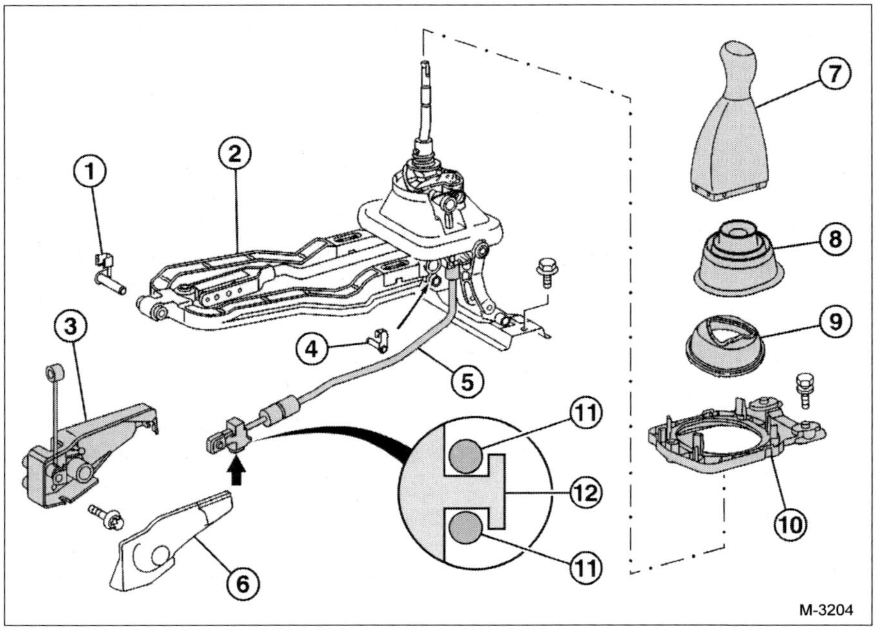

ELEMENTY MECHANIZMU ZMIANY BIEGÓW
1 – sworzeń przy skrzynce biegów, 2 – mechanizm zmiany biegów, 3 – wspornik mechanizmu zmiany biegów, 4 – sworzeń przy wsporniku, 5 – drążek zmiany biegów, 6 – pokrywa wspornika, 7 – chwyt dźwigni zmiany biegów, 8 – osłona, 9 – osłona, 10 – pokrywa mechanizmu zmiany biegów, 11 – sprężyna skręcana, 12 – element oporowy

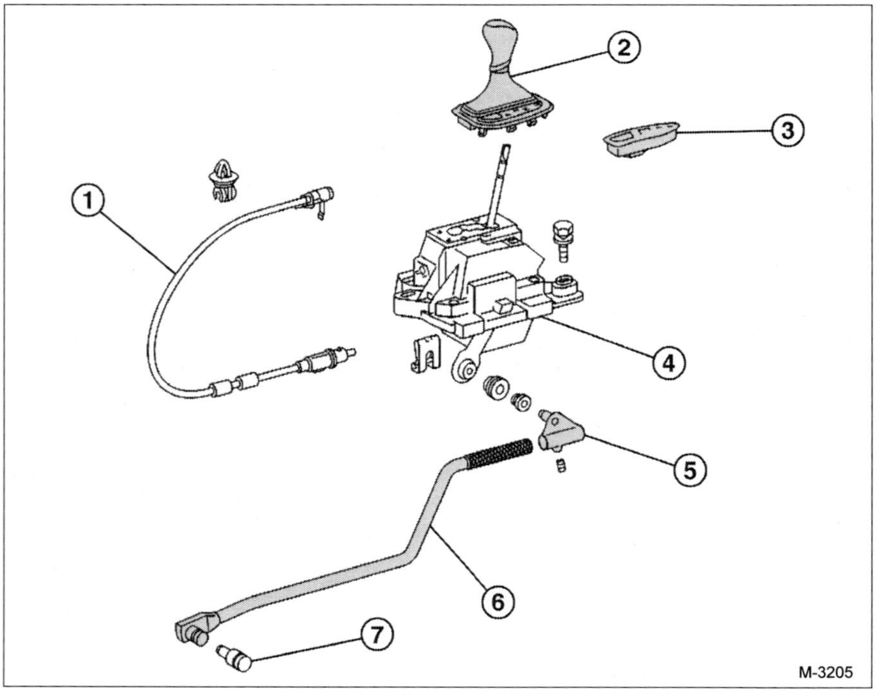

ELEMENTY WYBORU BIEGÓW SKRZYNKI AUTOMATYCZNEJ
1 – linka wyboru biegów, 2 – chwyt dźwigni wyboru biegów, 3 – sterownik wskaźnika biegów, 4 – mechanizm wyboru biegów, 5 – końcówka drążka wyboru biegów, 6 – drążek wyboru biegów, 7 – sworzeń drążka wyboru biegów

• Przykręcić przedni wał napędowy do skrzynki biegów.
Moment dokręcania
– nakrętki M10 .... **40 N • m**,
– nakrętki M12 .... **60 N • m**.

• **Automatyczna skrzynka biegów.** Przykręcić element usztywniający momentem **23 N • m**.

• **Mechaniczna skrzynka biegów.** Przykręcić wspornik poprzeczny do mechanizmu zmiany biegów momentem **23 N • m**.

• **Silnik wysokoprężny.** Zamontować dolne osłony samochodu.

• Przykręcić osłonę termiczną. W razie potrzeby wymienić nakrętki z blachy.

• Zamontować tylną część układu wylotowego (patrz „Układ wylotowy").

• Opuścić samochód.

Regulacja mechanizmu zmiany biegów

• Wcisnąć dolny ustalacz przy elemencie łączącym (strzałka na rys. M-3204).

• Poruszyć dźwignię zmiany biegów do ustalenia położenia podstawowego w kierunku poprzecznym.

• Zapewnić, aby sprężyna skręcana (11) opierała się o element oporowy (12).

• Wcisnąć boczny przycisk zwalniający.

Wyposażenie zewnętrzne nadwozia

Wiadomości wstępne

Nadwozie samochodu Mercedes klasy C jest samonośne. Podłoga, elementy boczne, dach i błotniki tylne są ze sobą zgrzewane. Naprawy większych uszkodzeń nadwozia oraz wymiana szyby przedniej i tylnej powinny być wykonywane w warsztacie specjalistycznym. Pokrywa przedziału silnika, pokrywa tylna, drzwi i błotniki przednie są przykręcane i mogą być z łatwością wymieniane. Podczas ich zamontowania należy zachować koniecznie właściwe szczeliny między częściami nadwozia, w przeciwnym razie mogą stukać drzwi lub zwiększać się hałas wewnątrz samochodu podczas jazdy. Szczeliny muszą mieć jednakową szerokość, co oznacza że odległość między częściami nadwozia powinna być jednakowa na całej długości szczeliny. Różnice nie powinny przekraczać 1 mm.

Uwaga. Jeśli podczas wykonywania prac przy nadwoziu są wykonywane także prace przy wyposażeniu elektrycznym, każdorazowo należy odłączyć przewód masy (–) od akumulatora. W tym celu należy zapoznać się ze wskazówkami zawartymi w podrozdz. „Wymontowanie i zamontowanie akumulatora". Za pracę przy wyposażeniu elektrycznym uważa się nawet odłączenie przewodu elektrycznego.

Uwaga. Liczne osłony i pokrycia są mocowane zaciskami. Uszkodzone lub brakujące zaciski należy zastępować nowymi. Wymontowanie i zamontowanie zacisków, patrz „Wyposażenie wnętrza nadwozia".

Zasady zachowania bezpieczeństwa podczas prac przy nadwoziu

Jeśli jest konieczne spawanie nadwozia, powinno być stosowane przede wszystkim oporowe zgrzewanie punktowe. Spawanie w osłonie gazu ochronnego może być stosowane tylko w razie braku dostępu z pistoletem do zgrzewania.

■ Jeśli są wykonywane prace spawalnicze lub inne prace powodujące iskrzenie, należy odłączyć całkowicie akumulator (przewód dodatni i ujemny) i zaizolować starannie taśmą klejącą oba bieguny akumulatora (+) i (–). W razie wykonywania prac w pobliżu akumulatora należy go wymontować.

Uwaga. Jeśli zamontowany radioodbiornik ma kod zabezpieczający przed kradzieżą, kod jest kasowany po odłączeniu akumulatora. Radioodbiornik można ponownie uruchomić tylko po wprowadzeniu właściwego kodu w stacji obsługi Mercedesa lub przez producenta radioodbiornika, dlatego przed odłączeniem akumulatora należy ustalić koniecznie ten kod.

Ostrzeżenie. *Podczas naprawy nadwozia często dochodzi do silnych wstrząsów spowodowanych uderzeniami młota. Dlatego należy każdorazowo wyłączyć zapłon i odłączyć przewody od obu biegunów akumulatora, gdyż w przeciwnym razie może dojść do rozwinięcia poduszki powietrznej. Należy zapoznać się z zasadami zachowania bezpieczeństwa w samochodzie z poduszkami powietrznymi (patrz „Układ kierowniczy").*

■ **Samochód z urządzeniem klimatyzacyjnym.** Części urządzenia klimatyzacyjnego napełnionego czynnikiem chłodniczym nie wolno spawać ani łączyć przez lutowanie twarde lub miękkie. Odnosi się to również do spawania i lutowania w samochodzie, jeśli istnieje niebezpieczeństwo nagrzania części urządzenia klimatyzacyjnego.

Ostrzeżenie. *Nie wolno rozszczelniać obiegu czynnika chłodniczego, ponieważ ten czynnik może wywołać odmrożenia w razie kontaktu ze skórą.*
W razie przypadkowego kontaktu ze skórą należy natychmiast spłukiwać miejsce kontaktu zimną wodą przez co najmniej 15 minut. Wypływający czynnik chłodniczy paruje w temperaturze otoczenia, w stanie gazowym jest bezbarwny, nie ma zapachu i jest cięższy od powietrza i dlatego zagraża uduszeniem osobom leżącym na podłodze lub znajdującym się w kanale obsługowym.

■ **Suszenie lakieru.** Samochód wolno podgrzewać w suszarni podczas renowacji lakieru najwyżej do temperatury 70°C. W wyższych temperaturach mogą ulec uszkodzeniu elektroniczne sterowniki znajdujące się w samochodzie. Poza tym może wzrosnąć znacznie ciśnienie w urządzeniu klimatyzacyjnym i doprowadzić do zniszczenia urządzenia.
■ **Usuwanie powłoki ochronnej podwozia.** W celu ochrony podłogi i wnęk kół przed korozją jest na nie nakładana powłoka z PCW. Powłokę tę należy usuwać w miejscu naprawianym za pomocą wirującej szczotki metalowej lub podgrzać dmuchawą gorącego powietrza najwyżej do 180°C i oderwać szpachlą.
Uwaga. Podczas wypalania lub ogrzewania PCW powyżej 180°C wydziela się chlorowodór o silnym działaniu korozyjnym i uwalniają się pary szkodliwe dla zdrowia.

Uszkodzenia szyby przedniej przez uderzające kamienie

Uwaga. Drobne uszkodzenia szyby przedniej, na przykład spowodowane uderzeniami kamieni, mogą prowadzić do dalszych uszkodzeń (pęknięć) szyby. Te uszkodzenia powinny być usuwane możliwie najprędzej. Są warsztaty wyspecjalizowane w naprawie szyb samochodowych, co pozwala na uniknięcie wymiany szyb.

Wymontowanie i zamontowanie dolnej osłony przedziału silnika

Silnik benzynowy

Wymontowanie

Ostrzeżenie. *Podczas unoszenia samochodu może zdarzyć się wypadek i dlatego należy przestrzegać zasad unoszenia i podpierania samochodu opisanych w rozdz. „Zabiegi konserwacyjne i pomocnicze".*

- Unieść i podeprzeć samochód.
- Wykręcić śruby (strzałki na rys. M-48295) i zdjąć osłonę przednią.
- Wykręcić śruby (strzałki na rys. M-48296) i zdjąć osłonę tylną.

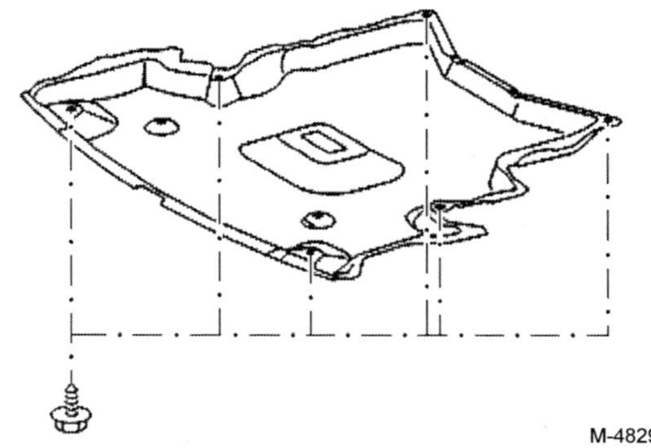

M-48295

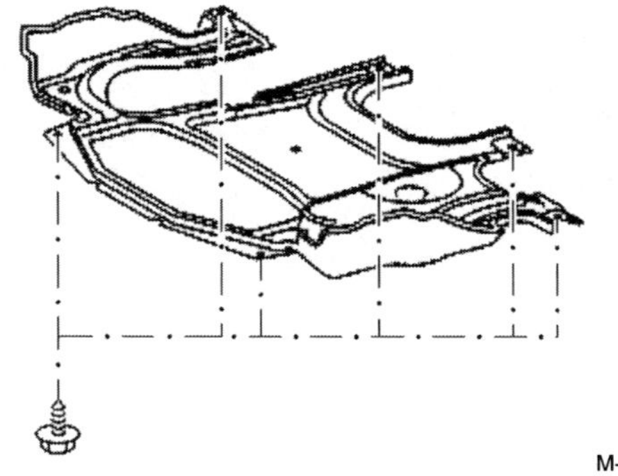

M-48296

Zamontowanie

• Zamontowanie odbywa się w kolejności odwrotnej do wymontowania.

Wymontowanie i zamontowanie korytka gromadzącego wodę

Wymontowanie

• Otworzyć i ustawić pionowo pokrywę przedziału silnika.
• Wymontować ramiona wycieraków szyby przedniej (patrz „Wycieraczki i spryskiwacza szyb").
• Zdjąć osłonę nad skrzynką bezpieczników w przedziale silnika po lewej stronie. W tym celu obrócić śruby z tworzywa sztucznego o ¼ obrotu i wyjąć osłonę z prowadnic.
• Wyjąć z zamocowań przewody sztywne i giętkie przy korytku gromadzącym wodę.
• Wymontować czujnik wielofunkcyjny, jeśli jest w wyposażeniu (patrz „Ogrzewanie i przewietrzanie wnętrza, urządzenie klimatyzacyjne").
• Wykręcić cztery śruby (strzałki na rys. M-48269) z korytka gromadzącego wodę.
• Odłączyć korytko gromadzące wodę po bokach od szyby przedniej. Jeśli jest to konieczne, wprowadzić pod krawędź uszczelniającą odpowiedni przyrząd, na przykład hak do wyciągania Mercedes 140 589 02 33 00, i unieść korytko.
Uwaga. Hak do wyciągania można wykonać samemu (patrz „Wskaźniki, wyłączniki i radioodbiornik").

Zamontowanie

• Zamontowanie odbywa się w kolejności odwrotnej do wymontowania. Zapewnić właściwe położenie ramion wycieraków po zamontowaniu.

Wymontowanie i zamontowanie pokrywy przedziału silnika

Wymontowanie

• Otworzyć i ustawić pionowo pokrywę przedziału silnika.
• Wymontować osłonę wlotu powietrza (patrz odpowiedni opis).
• Odłączyć złącze wtykowe ogrzewania dysz spryskiwaczy i giętkie przewody cieczy od spryskiwaczy szyby (patrz podrozdz. „Wymontowanie i zamontowanie dyszy spryskiwacza szyby przedniej").
• Jeśli jest zamontowany czujnik promieniowania słonecznego, odłączyć jego złącze wtykowe pod kratką wlotu powietrza.
• Wyjąć przewody z klamer mocujących na pokrywie przedziału silnika.
• W celu ułatwienia ponownego zamontowania, oznakować pisakiem położenie zawiasów na pokrywie przedziału silnika.

> ***Ostrzeżenie.*** *Pokrywa przedziału silnika powinna być koniecznie podtrzymywana przez pomocnika, nim zostanie odłączony amortyzator gazowy. W przeciwnym razie pokrywa opadnie, gdyż jeden amortyzator jej nie utrzyma.*

• Podważyć nieco wkrętakiem klamrę zabezpieczającą (strzałka na rys. M-4875) i ściągnąć amortyzator gazowy z czopa kulistego na pokrywie przedziału silnika. Wymontować w ten sam sposób drugi amortyzator gazowy.

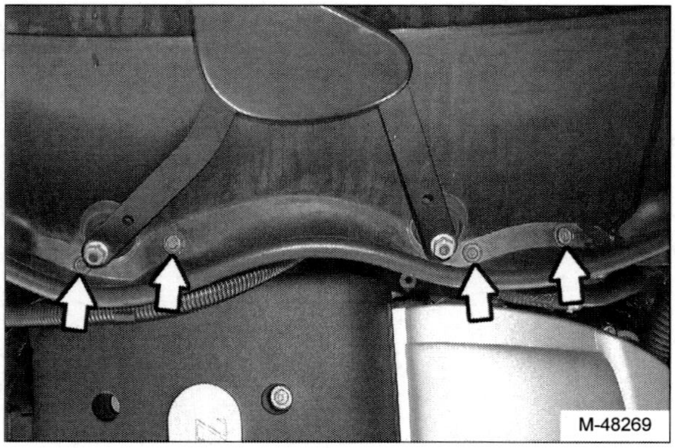

M-48269

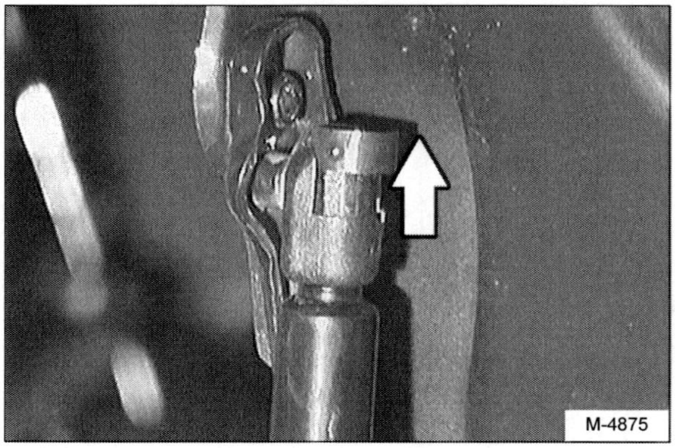

M-4875

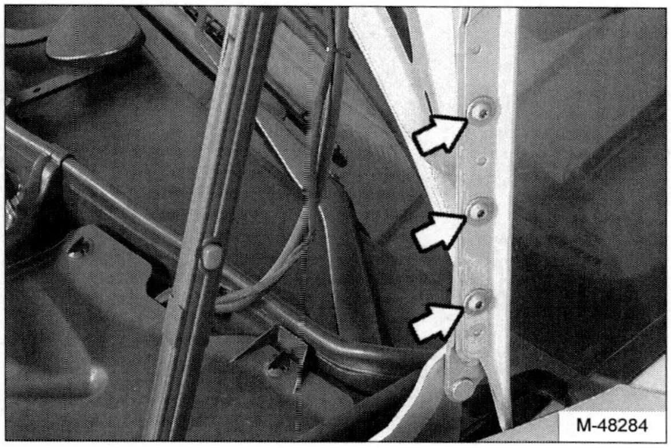

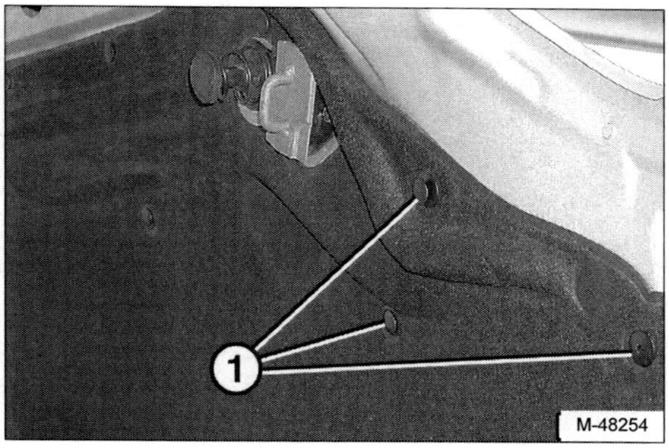

• Wykręcić śruby (strzałki na rys. M-48284) i zdjąć pokrywę przedziału silnika, korzystając z pomocy drugiej osoby. Przed odkręceniem śrub zawiasów włożyć szmatę między pokrywę a nadwozie, aby ochronić lakier.

• Odłożyć pokrywę przedziału silnika na odpowiednią podkładkę.

Zamontowanie

• Osadzić pokrywę przedziału silnika, korzystając z pomocy drugiej osoby, i wkręcić ręcznie śruby zawiasów. Wymontowaną uprzednio pokrywę ustawić według naniesionego oznakowania.

• Zamknąć pokrywę przedziału silnika, sprawdzić wymiary szczelin i wyregulować w razie potrzeby.

• Dokręcić śruby pokrywy przedziału silnika momentem **8 N • m**.

• Wcisnąć amortyzator gazowy na czop kulisty i zabezpieczyć klamrą. Zamontować w ten sam sposób drugi amortyzator gazowy.

Wymontowanie i zamontowanie pokrycia pokrywy przedziału silnika

Wymontowanie

• Otworzyć i ustawić pionowo pokrywę przedziału silnika.

• Wyciągnąć zaciski rozprężne (1, rys. M-48254) i zdjąć pokrycie pokrywy przedziału silnika.

Zamontowanie

• Zamontowanie odbywa się w kolejności odwrotnej do wymontowania.

Regulacja pokrywy przedziału silnika

Sprawdzanie

• Sprawdzić wymiary szczelin między pokrywą przedziału silnika a sąsiednimi elementami nadwozia.

Wymagane wymiary szczelin:
pokrywa przedziału silnika – błotnik .... 3,5 ± 1,0 mm,
pokrywa przedziału silnika – reflektor .... 4,0 ± 0,5 mm,
pokrywa przedziału silnika – zderzak (coupé) .... 5 mm.

Regulacja

• Otworzyć i ustawić pionowo pokrywę przedziału silnika.

• Wymontować rygle zamka z prawej i lewej strony pokrywy przedziału silnika (patrz „Wymontowanie i zamontowanie zamka pokrywy przedziału silnika").

• Poluzować śruby zawiasów pokrywy przedziału silnika, patrz rys. M-48284.

• Ustawić pokrywę zgodnie z wymaganymi wymiarami szczelin i dokręcić śruby momentem **8 N • m**.

• Ułożyć pokrywę przedziału silnika na ogranicznikach i sprawdzić wymiar szczeliny między pokrywą a błotnikiem. W razie potrzeby zmienić wysokość położenia ograniczników (1, rys. M-48285) z prawej i lewej strony tak, aby pokrywa nie była naprężona.

• Zamontować rygle zamka z prawej i lewej strony.

• Zamknąć pokrywę przedziału silnika i sprawdzić mechanizm zamka, pociągając pokrywę

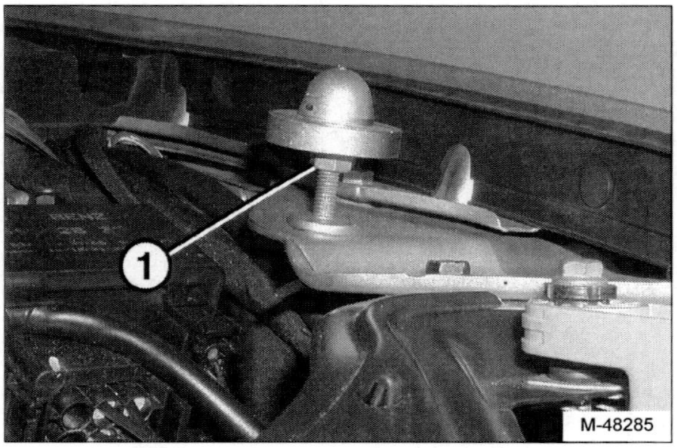

M-48285

w górę. W razie potrzeby zmienić położenie rygli zamka lub przesunąć nieco zamek pokrywy.

- Sprawdzić działanie zaczepu zabezpieczającego. W tym celu odblokować pokrywę przedziału silnika i sprawdzić, czy zaczep wchodzi we wspornik zamka.

Wymontowanie i zamontowanie zamka pokrywy przedziału silnika

Uwaga. Zamek pokrywy przedziału silnika poruszający się z oporami nie powinien być smarowany, lecz wymieniony na nowy.

Wymontowanie

- Otworzyć i ustawić pionowo pokrywę przedziału silnika.
- Zaznaczyć pisakiem położenie rygla zamka (1, rys. M-48286).
- Wykręcić śruby (strzałki) i zdjąć rygiel zamka (1) z pokrywy przedziału silnika.
- Zaznaczyć pisakiem położenie zamka (1, rys. M-48287) pokrywy przedziału silnika.

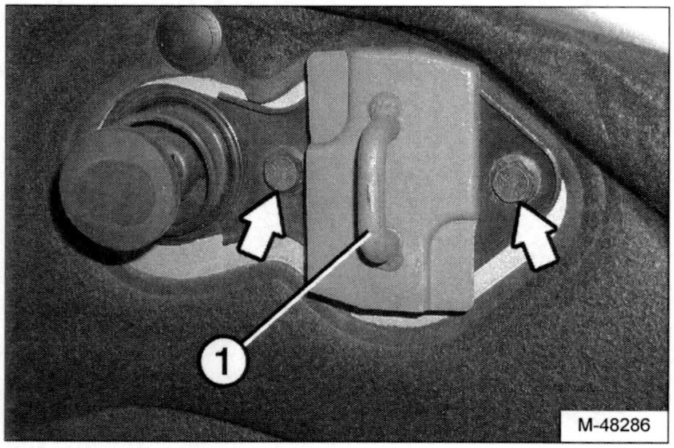

M-48286

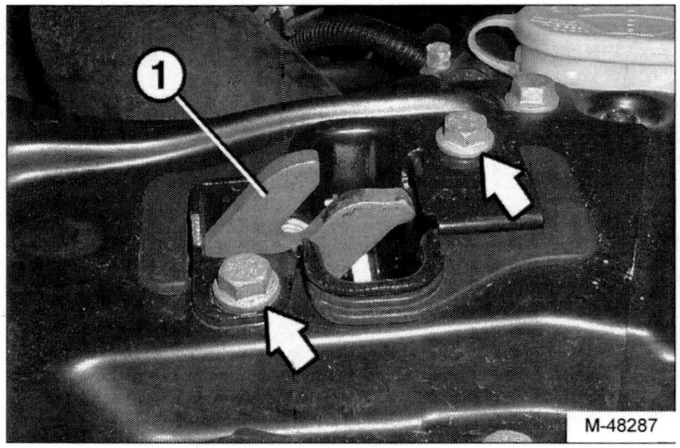

M-48287

M-48288

- Wykręcić śruby (strzałki) i zdjąć zamek (1) pokrywy przedziału silnika z mostka chłodnicy.
- Odłączyć linkę od zamka pokrywy przedziału silnika i wyjąć zamek.
- Zaznaczyć pisakiem położenie zaczepu zabezpieczającego (1, rys. M-48288) na pokrywie przedziału silnika.
- Wykręcić śruby (strzałki) i zdjąć zaczep zabezpieczający (1) z pokrywy przedziału silnika.

Zamontowanie

- Przykręcić zaczep zabezpieczający zgodnie z oznakowaniem do pokrywy przedziału silnika momentem **8 N·m**.
- Osadzić zamek pokrywy przedziału silnika w mostku chłodnicy, podłączyć linkę do zamka i zamocować linkę na mostku chłodnicy.
- Przykręcić zamek pokrywy przedziału silnika zgodnie z oznakowaniem do mostka chłodnicy momentem **8 N·m**.
- Przykręcić rygiel zamka zgodnie z oznakowaniem do pokrywy przedziału silnika momentem **8 N·m**.

• Zamknąć pokrywę przedziału silnika i sprawdzić działanie zamka pokrywy oraz zaczepu zabezpieczającego. W razie potrzeby poluzować śruby i przesunąć zamek pokrywy.

Odłączenie linki od zamka pokrywy przedziału silnika

Wymontowanie

• Pociągnąć dźwignię uruchamiającą (1, rys. M-48289) i odłączyć tylną linkę zamka (2).
• Wymontować osłonę pod tablicą rozdzielczą (patrz rozdz. „Wyposażenie wnętrza nadwozia").
• Otworzyć i ustawić pionowo pokrywę przedziału silnika.
• Wymontować zamek pokrywy przedziału silnika (3) (patrz odpowiedni opis).
• Odłączyć przednią linkę (4) od zamka pokrywy przedziału silnika.
• Odchylić pokrywę złącza (5) i odłączyć tylną linkę zamka (2) od złącza.
• Zwolnić przednią linkę zamka (4) z zacisku (6) i wyjąć linkę razem ze złączem (5) z przedziału silnika.

Uwaga. W celu wyjęcia tylnej linki (2) zamka pokrywy konieczne jest najpierw wymontowanie skrzynki bezpieczników w przedziale silnika, potem wyciągnięcie gumowej tulejki uszczelniającej z przegrody czołowej.

Zamontowanie

• Zamontowanie odbywa się w kolejności odwrotnej do wymontowania.

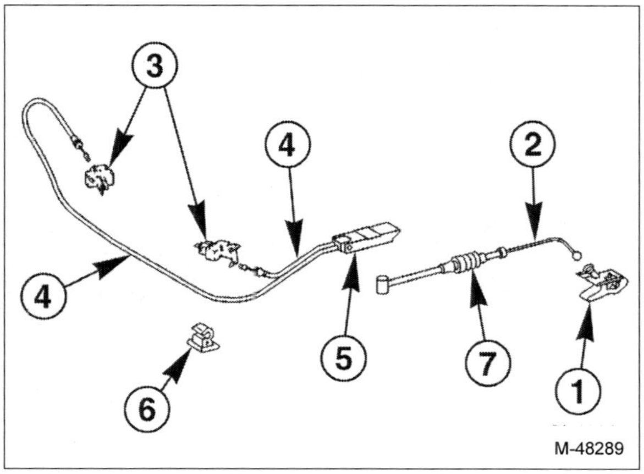

M-48289

Wymontowanie i zamontowanie osłony chłodnicy

Wymontowanie

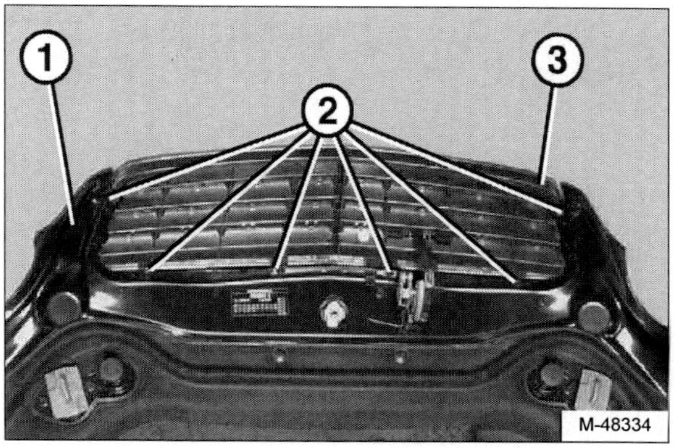

M-48334

• Otworzyć pokrywę przedziału silnika (1, rys. M-48334).
• Wykręcić sześć śrub (2) i zdjąć osłonę chłodnicy (3).

Zamontowanie

• Zamontować i przykręcić osłonę chłodnicy.
• Zamknąć pokrywę przedziału silnika.

Wymontowanie i zamontowanie osłony wlotu powietrza

Wymontowanie

• Otworzyć i ustawić pionowo pokrywę przedziału silnika.
• Wykręcić trzy śruby (1, rys. M-48255) i zamknąć pokrywę przedziału silnika.

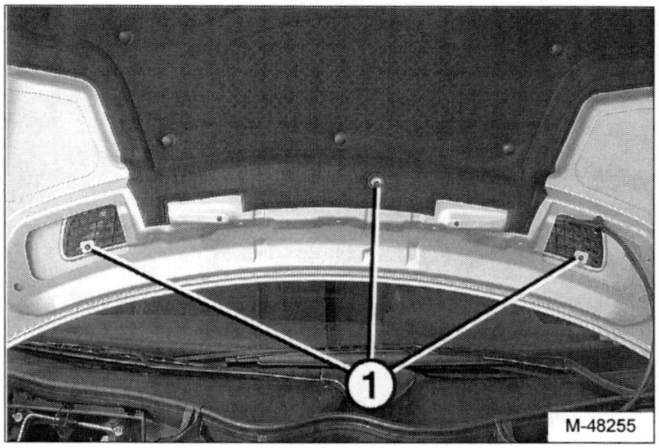

M-48255

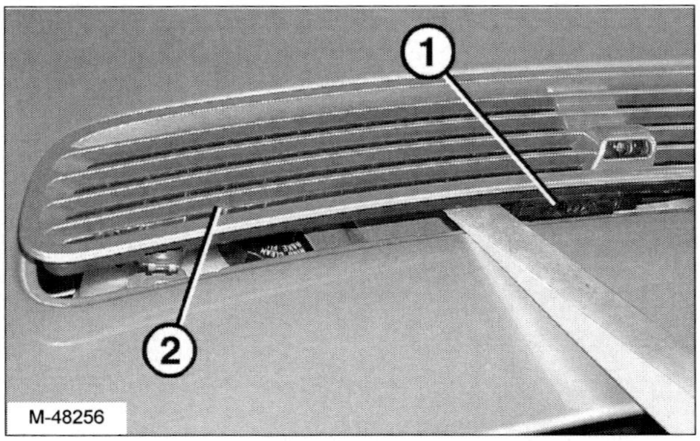

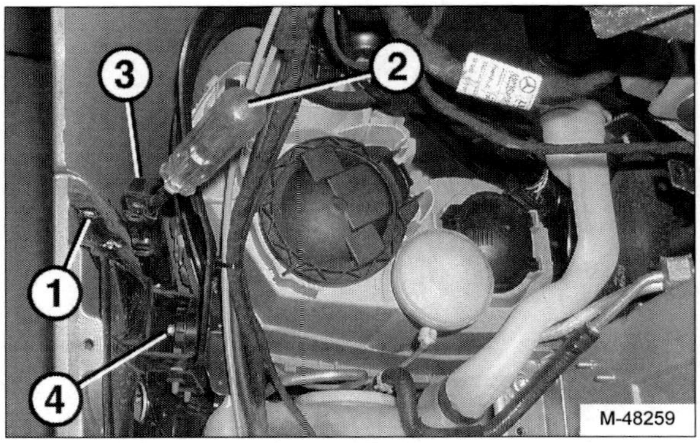

• Przyłożyć od tyłu klin z tworzywa sztucznego i podważyć nim zacisk (1, rys. M-48256) mocujący osłonę wlotu powietrza (2) w pokrywie przedziału silnika.
• Wyjąć osłonę wlotu powietrza z pokrywy przedziału silnika.
• Wyjąć z zamocowań przewody elektryczne i giętki przewód cieczy do spryskiwania szyby.
• Wymontować dysze spryskiwaczy szyby (patrz „Wycieraczki i spryskiwacze szyb").

Zamontowanie

• Zamontowanie odbywa się w kolejności odwrotnej do wymontowania.

Wymontowanie i zamontowanie zderzaka przedniego

Wymontowanie

• Wymontować obudowę filtru przeciwpyłowego i odłączyć przewód masy (–) od akumulatora, gdy zapłon jest wyłączony.
Uwaga. Przed odłączeniem akumulatora należy koniecznie ustalić kod zabezpieczający radioodbiornik przed kradzieżą, jeśli taki kod jest zastosowany. Przestrzegać zaleceń podanych w podrozdziale „Wymontowanie i zamontowanie akumulatora".
• Unieść i podeprzeć przód samochodu.

***Ostrzeżenie.** Podczas unoszenia samochodu może zdarzyć się wypadek i dlatego należy przestrzegać zasad unoszenia i podpierania samochodu opisanych w rozdz. „Zabiegi konserwacyjne i pomocnicze".*

• Wymontować z przodu i u góry nadkole przednie (patrz odpowiedni opis).

• Wykręcić śrubę zabezpieczającą (1, rys. M-48259) między błotnikiem i zderzakiem; (4) – śruba regulacyjna.
• Podważyć wkrętakiem (2) i unieść przesuwną klamrę (3) ze zderzaka oraz odchylić ją w stronę środka samochodu.
• Pociągnąć przesuwną klamrę w tył i zdjąć ze zderzaka.
• Wymontować czujnik temperatury zewnętrznej (patrz rozdz. „Wyposażenie elektryczne").
• Odłączyć złącze wtykowe od reflektorów przeciwmgłowych z prawej i lewej strony.
• Odłączyć złącza wtykowe czujników parkowania, jeśli są w wyposażeniu.
• Wykręcić dwie śruby (2, rys. M-48270) z prawej i lewej strony przy reflektorach przeciwmgłowych.
• Otworzyć pokrywę przedziału silnika i wykręcić dwie śruby (1) z prawej i lewej strony przy reflektorach głównych.
• Ściągnąć w przód zderzak z samochodu, korzystając z pomocy drugiej osoby.

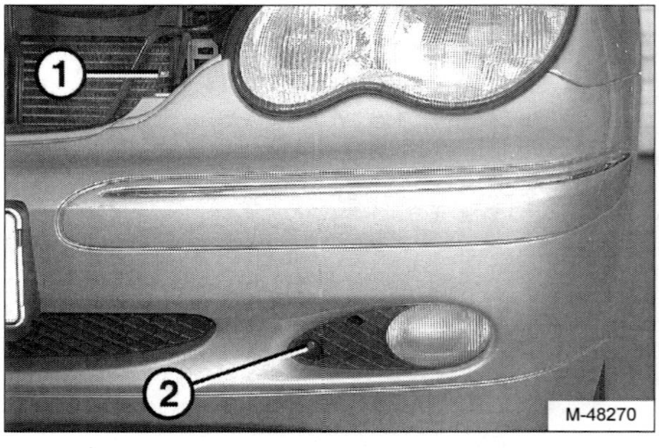

Zamontowanie

- Wsunąć zderzak przy pomocy drugiej osoby.
- Jeśli to konieczne, ustawić zderzak śrubą regulacyjną (4, rys. M-48259) tak, aby uzyskać właściwy wymiar szczeliny.

Wymagany wymiar szczeliny:
zderzak – pokrywa przedziału silnika..5 mm.

- Dokręcić zderzak czterema śrubami momentem **4 N • m**.
- Zamontować klamrę przesuwną między błotnikiem a zderzakiem tak, aby kabłąk klamry wszedł w element prowadzący na zderzaku. Wkręcić śrubę zabezpieczającą.
- Zamontować czujnik temperatury zewnętrznej (patrz rozdz. „Wyposażenie elektryczne").
- Podłączyć złącza wtykowe do reflektorów przeciwmgłowych.
- Podłączyć złącza wtykowe czujników parkowania, jeśli są w wyposażeniu.
- Zamontować nadkole (patrz odpowiedni opis).
- Nałożyć cienką warstwę smaru do łożysk tocznych na powierzchnię piasty środkującą koło. Nie nakładać smaru na śruby koła. Wymienić skorodowane śruby. Zamontować koło przednie zgodnie z oznakowaniem naniesionym podczas wymontowania. Przykręcić koło. Opuścić samochód i przykręcić śruby koła przemiennie na krzyż momentem **110 N • m**.
- Podłączyć przewód masy (–) do akumulatora, gdy zapłon jest wyłączony. Zamontować obudowę filtru przeciwpyłowego. Wprowadzić kod zabezpieczający radioodbiornik przed kradzieżą i nastawić zegar, jeśli to konieczne.
- Sprawdzić możliwie szybko ustawienie świateł reflektorów i wyregulować w razie potrzeby w stacji obsługi.

Wymontowanie i zamontowanie zderzaka tylnego

Kombi

Uwaga. Zderzak tylny w przeciwieństwie do zderzaka przedniego jest wymontowywany z samochodu razem z belką poprzeczną.

Wymontowanie

- **Samochód ze sprzęgiem przyczepy.** Poluzować nakrętki przy sworzniu regulacyjnym.

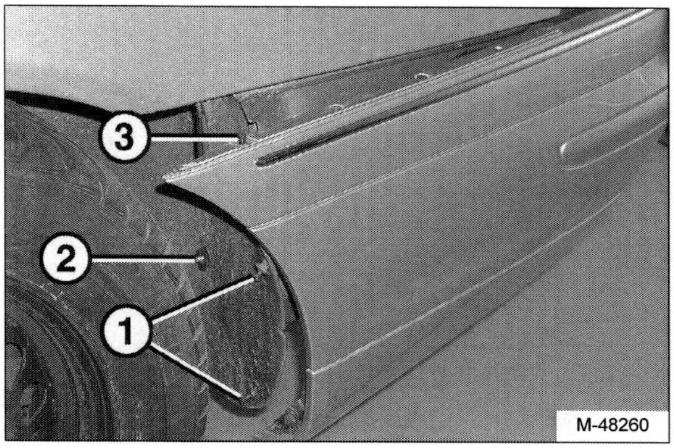

M-48260

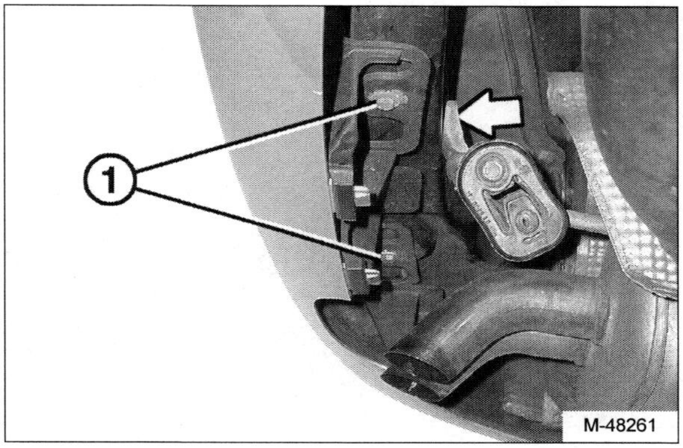

M-48261

- Wyciągnąć dwa zaciski rozprężne (1, rys. M-48260) i odkręcić jedną nakrętkę (2) nadkola.
- Odciągnąć w bok nadkole i wykręcić śrubę (3) między zderzakiem i błotnikiem.
- Wykręcić cztery dolne śruby (1, rys. M-48261) z belki poprzecznej.
- Wykręcić śrubę (strzałka) do mocowania układu wylotowego.
- Odłączyć złącze wtykowe czujnika parkowania, jeśli jest w wyposażeniu.
- Otworzyć pokrywę tylną. Wyjąć pokrywę w podłodze przestrzeni ładunkowej. Wyjąć osłonę nad wnęką koła zapasowego.
- Odblokować, odchylić w dół i wyjąć osłony w pokryciu z prawej i lewej strony.
- **Komora z lewej strony.** Wykręcić (1, rys. M-48262) śrubę. Wykręcić trzy śruby (2) i wyjąć skrzynkę narzędziową.
- **Komora z prawej strony.** Wykręcić dwie śruby (1, rys. M-48263) i wyjąć schowek (2).
- **Lewa strona.** Odkręcić śrubę (1, rys. M-48264) i cztery nakrętki (2, 3 i 4) zderzaka tylnego; (5) – lampa tylna, (6) – skrzynka bezpieczników.

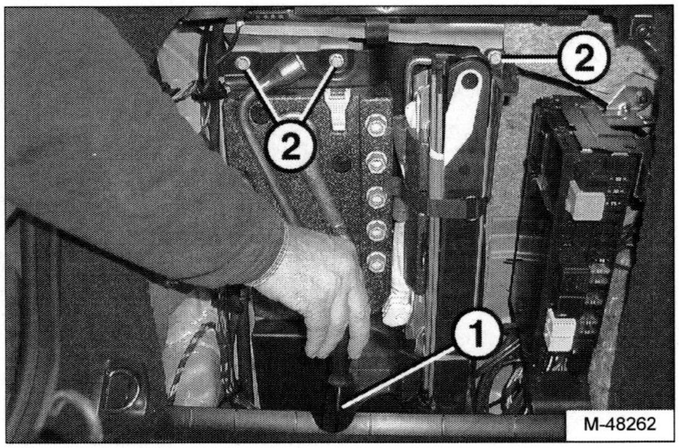

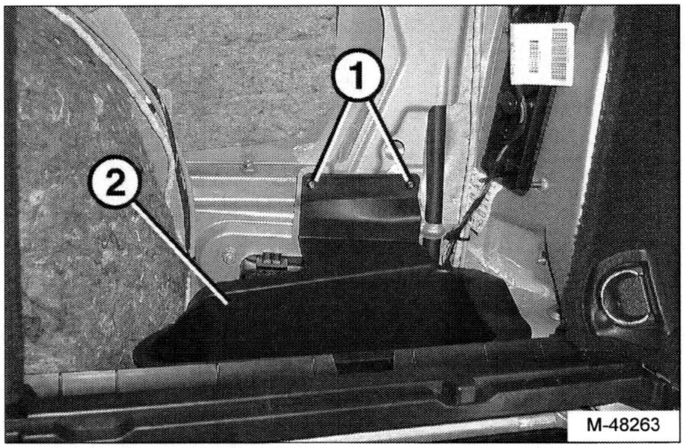

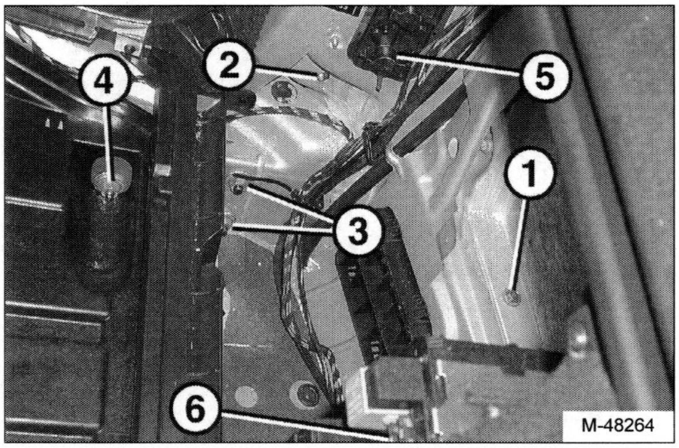

Uwaga. Do odkręcenia nakrętek (3) i (4) jest potrzebna wkładka klucza nasadowego o rozwartości 16 mm.

- **Prawa strona.** Odkręcić również śrubę i cztery nakrętki.
- Wyciągnąć w tył zderzak i belkę poprzeczną z elementów prowadzących i wyjąć, korzystając z pomocy drugiej osoby.
- Wykręcić cztery górne śruby z belki poprzecznej i odłączyć zderzak od belki.

Zamontowanie

- Umocować zderzak do belki poprzecznej ośmioma śrubami u góry i u dołu.
- Wsunąć zderzak i belkę poprzeczną w elementy prowadzące, korzystając z pomocy drugiej osoby. Zapewnić przy tym, aby zderzak od strony samochodu został właściwie wsunięty w prowadnice ustalające poniżej błotnika.
- Dalsze zamontowanie odbywa się w kolejności odwrotnej do wymontowania.

Wymontowanie i zamontowanie błotnika przedniego

Wymontowanie

- Zaznaczyć farbą położenie koła przedniego w stosunku do piasty, aby wyrównoważone koło mogło być zamontowane w tym samym położeniu. Poluzować śruby koła przed uniesieniem samochodu. Unieść i podeprzeć przód samochodu oraz zdjąć koło przednie.

Ostrzeżenie. *Podczas unoszenia samochodu może zdarzyć się wypadek i dlatego należy przestrzegać zasad unoszenia i podpierania samochodu opisanych w rozdz. „Zabiegi konserwacyjne i pomocnicze".*

- Wymontować przednią część błotnika wewnętrznego (patrz odpowiedni opis).
- Wykręcić śrubę zabezpieczającą między błotnikiem i zderzakiem, podważyć i wymontować klamrę przesuwną (patrz „Wymontowanie i zamontowanie zderzaka przedniego").
- Wykręcić śruby i zaciski rozprężne osłony podłogi i pokrycia podłużnicy w pobliżu błotnika.

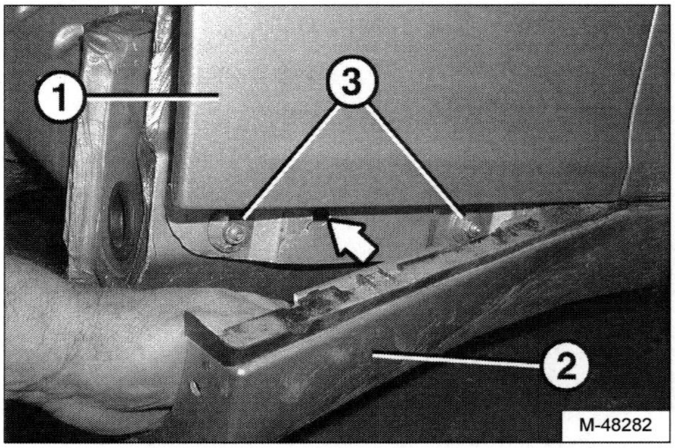

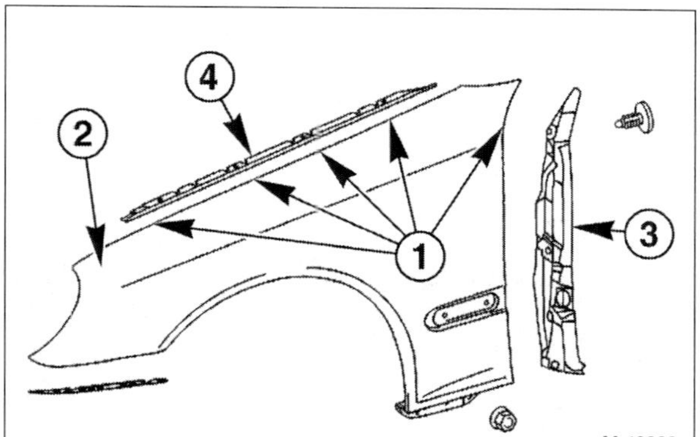

M-48283

• Podważyć klinem z tworzywa sztucznego zaciski mocujące i zdjąć listwę progu.
• Wsunąć klin z tworzywa sztucznego w szczelinę między błotnikiem (1, rys. M-48282) i pokryciem podłużnicy (2), po czym wyciągnąć pokrycie zamocowane dwoma zaciskami (strzałka).
• Odkręcić dwie nakrętki (3) błotnika.
• Otworzyć i ustawić pionowo pokrywę przedziału silnika.
• Wykręcić śruby (1, rys. M-48283) i zdjąć błotnik (2).
• Zdjąć osłonę (3) i taśmę uszczelniającą (4).

Zamontowanie

• Zamontowanie odbywa się w kolejności odwrotnej do wymontowania. Zapewnić przy tym właściwe zamykanie pokrywy przedziału silnika i wymagane wymiary szczelin między błotnikiem a drzwiami przednimi i pokrywą.
Wymagane wymiary szczelin:
błotnik – drzwi przednie ....3,0 ÷ 4,5 mm,
błotnik – pokrywa przedziału silnika ....3,5 ± 1,0 mm.
• Nałożyć cienką warstwę smaru do łożysk tocznych na powierzchnię piasty środkującą koło. Nie nakładać smaru na śruby koła. Wymienić skorodowane śruby. Zamontować koło przednie zgodnie z oznakowaniem naniesionym podczas wymontowania. Przykręcić koło. Opuścić samochód i przykręcić śruby koła przemiennie na krzyż momentem **110 N·m**.

Wymontowanie i zamontowanie listwy ochronnej błotnika

Wymontowanie

• Ściągnąć ręcznie listwę ochronną (1, rys. M-48280) z błotnika.

Zamontowanie

• Osadzić listwę ochronną na błotniku tak, aby kołki mocujące weszły w otwory (2) błotnika.
• Wcisnąć listwę ochronną w ustalone położenie.

Wymontowanie i zamontowanie listwy ochronnej zderzaka

Zderzak przedni

Wymontowanie

• Wprowadzić klin z tworzywa sztucznego w szczelinę między listwą ochronną (1, rys. M-48279) i zderzakiem, po czym wyciągnąć zaczepy mocujące (2) ze zderzaka.

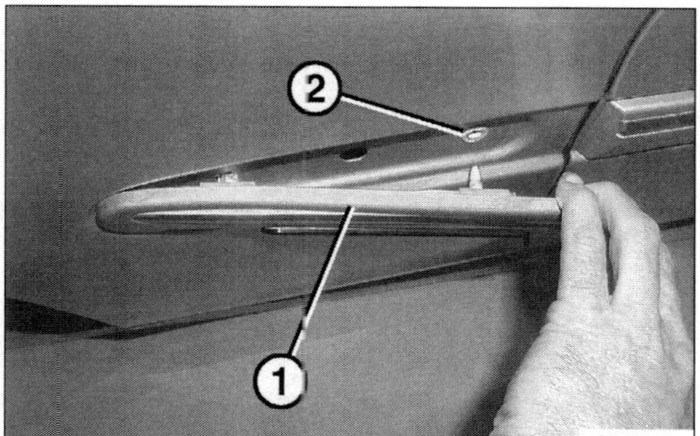

M-48280

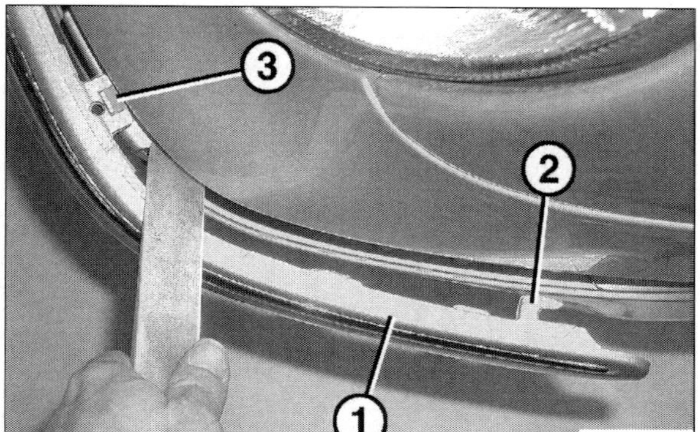

M-48279

Uwaga. Wyciąganie zaczepów mocujących rozpocząć z boku samochodu.

• Odłączyć listwę ochronną w miejscach zamocowania (3) za pomocą klina z tworzywa sztucznego i zdjąć ze zderzaka.

Zamontowanie

• Przyłożyć listwę ochronną do zderzaka i wprowadzić zaczepy mocujące w otwory.

• Zamocować listwę ochronną, dociskając ją do zderzaka.

Zderzak tylny

Uwaga. Wymontowanie i zamontowanie listwy ochronnej zderzaka tylnego odbywa się w podobny sposób jak zderzaka przedniego. W samochodach sedan i coupé listwa składa się z trzech części i jest mocowana na bokach dodatkowymi wkrętami, które należy wykręcić jako pierwsze podczas wymontowania

Wymontowanie

• **Sedan, coupé.** Wykręcić wkręt (1, rys. M-48281) przy nadkolu; (2) – nakrętka z blachy.

• Wyciągnąć zaczepy mocujące ze zderzaka (3) klinem z tworzywa sztucznego.

• Odłączyć listwę ochronną (4) w miejscach zamocowania za pomocą klina z tworzywa sztucznego i zdjąć ze zderzaka.

Zamontowanie

• Zamontowanie odbywa się w kolejności odwrotnej do wymontowania.

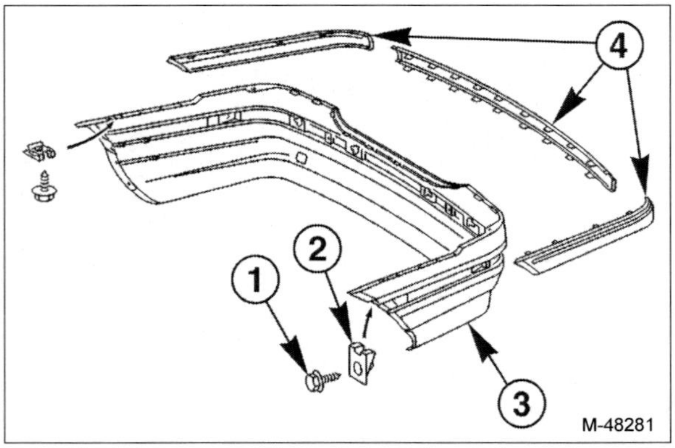

Wymontowanie i zamontowanie listwy ochronnej drzwi

Wymontowanie

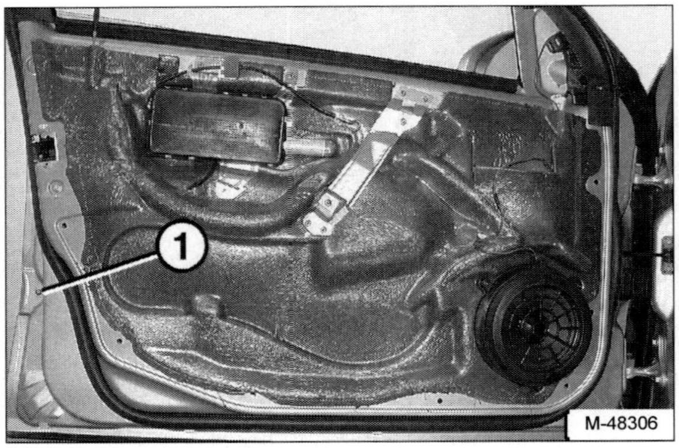

• Otworzyć drzwi i wykręcić wkręt (1, rys. M-48306). Na rysunku pokazano drzwi przednie z wymontowanym pokryciem.

• Unieść z tyłu listwę ochronną i wyciągnąć do tyłu z klamer mocujących.

Zamontowanie

• Zamontowanie odbywa się w kolejności odwrotnej do wymontowania.

Wymontowanie i zamontowanie nadkola przedniego

Uwaga. Nadkole przednie składa się z trzech części.

Przednia część nadkola

Wymontowanie

• Unieść i podeprzeć przód samochodu.

***Ostrzeżenie.** Podczas unoszenia samochodu może zdarzyć się wypadek i dlatego należy przestrzegać zasad unoszenia i podpierania samochodu opisanych w rozdz. „Zabiegi konserwacyjne i pomocnicze".*

• Wykręcić trzy śruby (1, rys. M-48242) i wyciągnąć zacisk rozprężny (2).

• Wyciągnąć cztery zaciski rozprężne (1, rys. M-48243) ze zderzaka przedniego.

• Wyjąć przednią część nadkola.

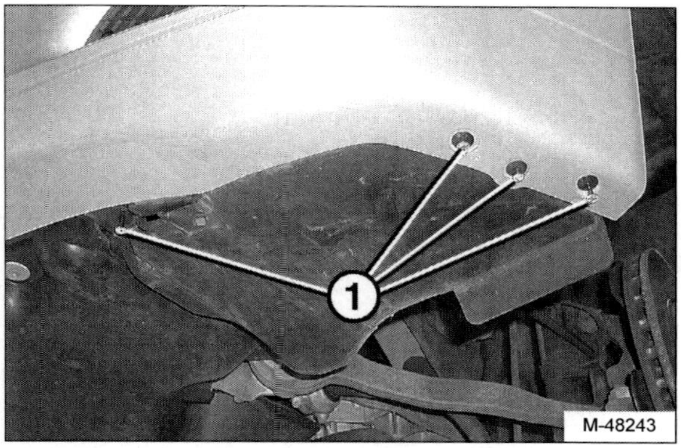

Zamontowanie

• Zamontowanie odbywa się w kolejności odwrotnej do wymontowania.
• Opuścić samochód.

Górna i tylna część nadkola

Wymontowanie

• Zaznaczyć farbą położenie koła przedniego w stosunku do piasty, aby wyrównoważone koło mogło być zamontowane w tym samym położeniu. Poluzować śruby koła przed uniesieniem samochodu. Unieść i podeprzeć przód samochodu oraz zdjąć koło przednie.

Ostrzeżenie. *Podczas unoszenia samochodu może zdarzyć się wypadek i dlatego należy przestrzegać zasad unoszenia i podpierania samochodu opisanych w rozdz. „Zabiegi konserwacyjne i pomocnicze".*

• Wymontować przednią część nadkola.

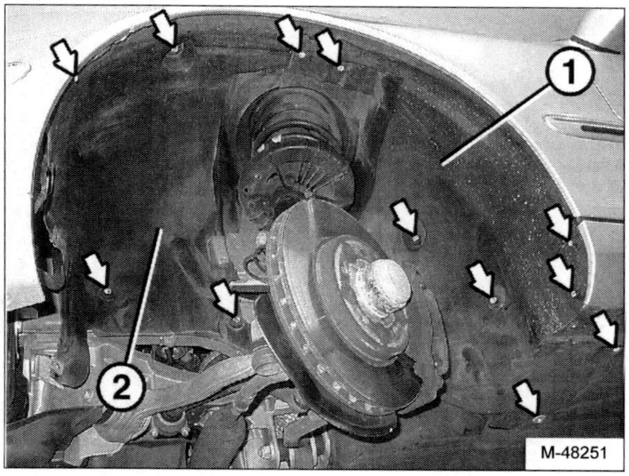

• Wykręcić śruby i nakrętki z tworzywa sztucznego (strzałki na rys. M-48251).
Uwaga. Konieczne jest wykręcenie z podłogi śruby i nakrętki z tworzywa sztucznego tylnej część nadkola.
• Wyjąć tylną (1) i górną (2) część nadkola. Tylną część należy wyciągnąć przy tym pod osłoną podłogi.

Zamontowanie

• Zamontowanie odbywa się w kolejności odwrotnej do wymontowania.
• Nałożyć cienką warstwę smaru do łożysk tocznych na powierzchnię piasty środkującą koło. Nie nakładać smaru na śruby koła. Wymienić skorodowane śruby. Zamontować koło przednie zgodnie z oznakowaniem naniesionym podczas wymontowania. Przykręcić koło. Opuścić samochód i przykręcić śruby koła przemiennie na krzyż momentem **110 N·m**.

Wymontowanie i zamontowanie nadkola tylnego

Wymontowanie

• Zaznaczyć farbą położenie koła tylnego w stosunku do piasty, aby wyrównoważone koło mogło być zamontowane w tym samym położeniu. Poluzować śruby koła przed uniesieniem samochodu. Unieść i podeprzeć tył samochodu oraz zdjąć koło tylne.

Ostrzeżenie. *Podczas unoszenia samochodu może zdarzyć się wypadek i dlatego należy przestrzegać zasad unoszenia i podpierania samochodu opisanych w rozdz. „Zabiegi konserwacyjne i pomocnicze".*

- Odkręcić nakrętki z tworzywa sztucznego i wyciągnąć zaciski rozprężne (strzałki na rys. M-48252).
- Wyjąć nadkole.

Zamontowanie

- Zamontowanie odbywa się w kolejności odwrotnej do wymontowania.
- Nałożyć cienką warstwę smaru do łożysk tocznych na powierzchnię piasty środkującą koło. Nie nakładać smaru na śruby koła. Wymienić skorodowane śruby. Zamontować koło tylne zgodnie z oznakowaniem naniesionym podczas wymontowania. Przykręcić koło. Opuścić samochód i przykręcić śruby koła przemiennie na krzyż momentem **110 N·m**.

Wymontowanie i zamontowanie drzwi przednich

Wymontowanie

- Wymontować obudowę filtru przeciwpyłowego i odłączyć przewód masy (–) od akumulatora, gdy zapłon jest wyłączony.

Uwaga. Przed odłączeniem akumulatora należy koniecznie ustalić kod zabezpieczający radioodbiornik przed kradzieżą, jeśli taki kod jest zastosowany. Przestrzegać zaleceń podanych w podrozdziale „Wymontowanie i zamontowanie akumulatora".

- Opuścić całkowicie szybę i otworzyć drzwi.
- Podważyć klinem z tworzywa sztucznego zaciski mocujące i zdjąć listwę progu.
- Ściągnąć osłonę krawędzi u dołu przy słupku „A".
- Podważyć i wyjąć kapturek z pokrycia u dołu przy słupku „A" w podnóżku i wykręcić śrubę znajdującą się pod kapturkiem.
- Podważyć klinem z tworzywa sztucznego zaciski mocujące i zdjąć pokrycie u dołu przy słupku „A". Pod pokryciem znajdują się przewody elektryczne prowadzące do drzwi.
- Odłączyć złącza wtykowe przewodów elektrycznych.
- Podważyć klinem z tworzywa sztucznego i wyjąć osłonę przewodów (1, rys. M-48292) ze słupka „A", po czym wyciągnąć przewody.
- Wykręcić śruby (2) ogranicznika drzwi.
- Przytrzymać drzwi, korzystając z pomocy drugiej osoby. Odkręcić nakrętki (3) zawiasów u dołu i u góry. Zdjąć i odstawić drzwi na odpowiednią miękką podkładkę.

Zamontowanie

- Osadzić drzwi, korzystając z pomocy drugiej osoby, i wkręcić luźno nakrętki zawiasów.
- Zamknąć drzwi i sprawdzić wymiary szczelin. W razie potrzeby wyregulować drzwi (patrz odpowiedni opis).
- Dokręcić nakrętki zawiasów drzwi momentem **8 N·m**.
- Dokręcić ogranicznik drzwi momentem **10 N·m**.
- Dalsze zamontowanie odbywa się w kolejności odwrotnej do wymontowania.

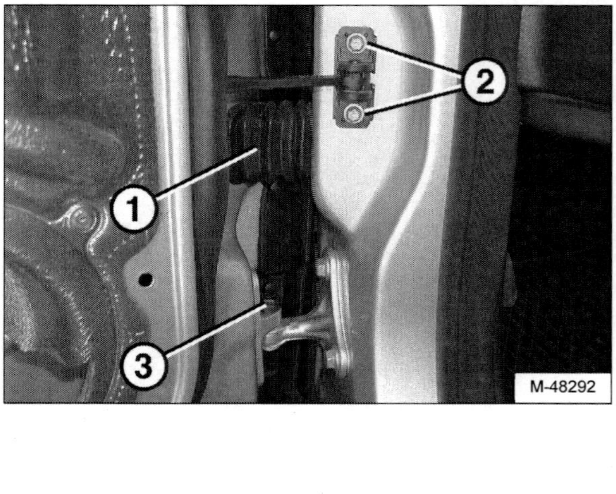

• Podłączyć przewód masy (–) do akumulatora, gdy zapłon jest wyłączony. Zamontować obudowę filtru przeciwpyłowego. Wprowadzić kod zabezpieczający radioodbiornik przed kradzieżą i nastawić zegar, jeśli to konieczne.

Regulacja drzwi

Sprawdzenie drzwi przednich

• Sprawdzić wymiary szczelin wokół drzwi przednich. Szczelina między drzwiami a sąsiednim elementem nadwozia powinna mieć jednakową szerokość na całej długości. Drzwi powinny tworzyć z błotnikiem jedną powierzchnię lub być położone nie głębiej niż 1 mm.

Wymagane wymiary szczelin:
drzwi – błotnik .... 3,5 ± 0,5 mm,
drzwi – słupek „A" .... 6,5 + 1,0 mm,
drzwi przednie – drzwi tylne... 4,0 ± 0,5 mm.

Sprawdzenie drzwi tylnych w samochodzie sedan i kombi

• Sprawdzić wymiary szczelin wokół drzwi tylnych. Drzwi powinny tworzyć z tylnym błotnikiem lub z dolnym elementem bocznym jedną powierzchnię lub powinny być położone nie głębiej niż 1 mm.

Wymagane wymiary szczelin:
drzwi – dach............................. 6,5 + 1 mm,
drzwi – słupek „C" (kombi)........ 6,0 + 1 mm,
drzwi – dolny element boczny... 3,5 + 1 mm.

Regulacja

• Opuścić całkowicie szybę i otworzyć drzwi.

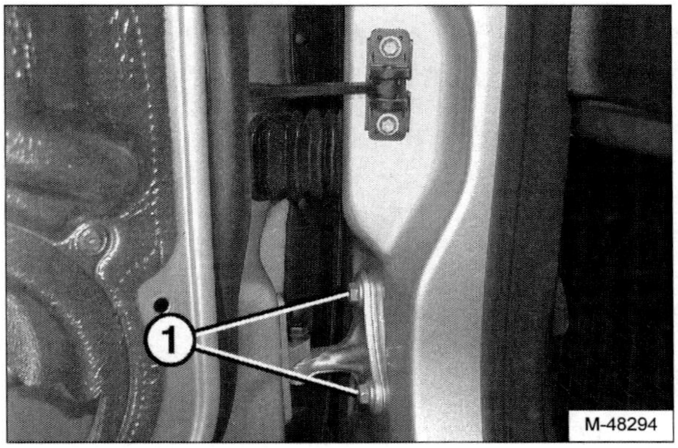

M-48294

• Wykręcić śruby (1, rys. M-48293) i wymontować rygiel zamka.
• Wykręcić nieco śruby (1, rys. M-48294) dolnego i górnego zawiasu ze słupka, na którym są zamocowane drzwi.
• Zamknąć drzwi i wyregulować wymiar szczeliny, przesuwając zawiasy.
• Dokręcić śruby zawiasów drzwi momentem **32 N·m**.
• Przykręcić luźno rygiel zamka.
• Zamknąć i wyregulować drzwi, przesuwając rygiel zamka.
• Dokręcić śruby rygla zamka momentem **28 N·m**.

Wymontowanie i zamontowanie pokrycia drzwi przednich

Wymontowanie

• Wymontować obudowę filtru przeciwpyłowego i odłączyć przewód masy (–) od akumulatora, gdy zapłon jest wyłączony.

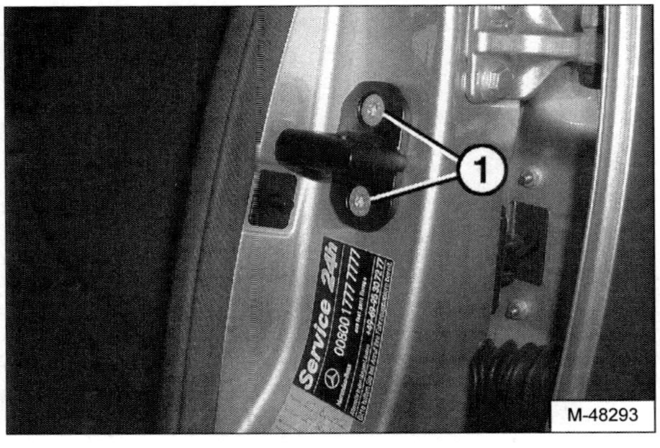

M-48293

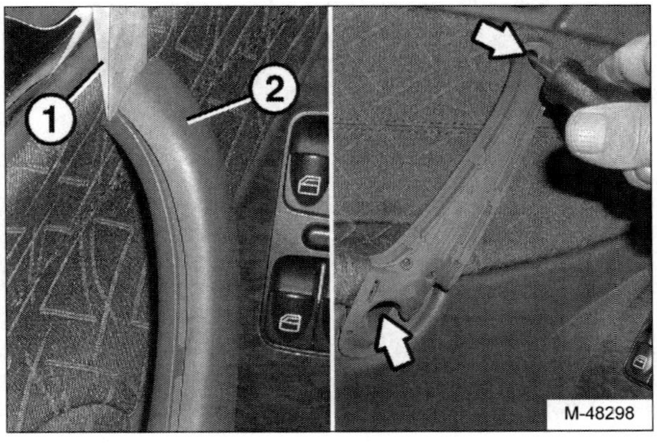

M-48298

Uwaga. Przed odłączeniem akumulatora należy koniecznie ustalić kod zabezpieczający radioodbiornik przed kradzieżą, jeśli taki kod jest zastosowany. Przestrzegać zaleceń podanych w podrozdziale „Wymontowanie i zamontowanie akumulatora".

- Opuścić całkowicie szybę i otworzyć drzwi.
- Wymontować osłonę trójkątną (patrz odpowiedni opis).
- Podważyć i zdjąć osłonę z wewnętrznego uchwytu drzwi. W tym celu wprowadzić klin z tworzywa sztucznego (1, rys. M-48298) w szczelinę uchwytu u góry i u dołu oraz wycisnąć osłonę (2).
- Wykręcić śruby (strzałki) w uchwycie drzwi u góry i u dołu.
- Wyciągnąć z pokrycia pokrywkę (1, rys. M-48299) ze skrótem SRS (oznaczającym poduszkę powietrzną).
- Wykręcić śrubę (strzałka) za pokrywką SRS.
- Odkręcić osłonę (2) zamka drzwi.

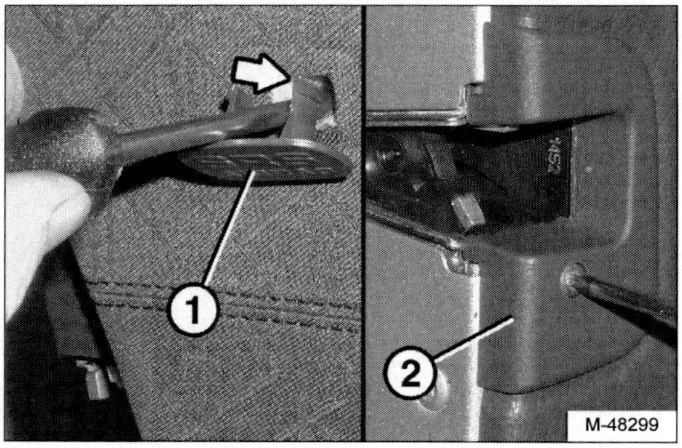

M-48299

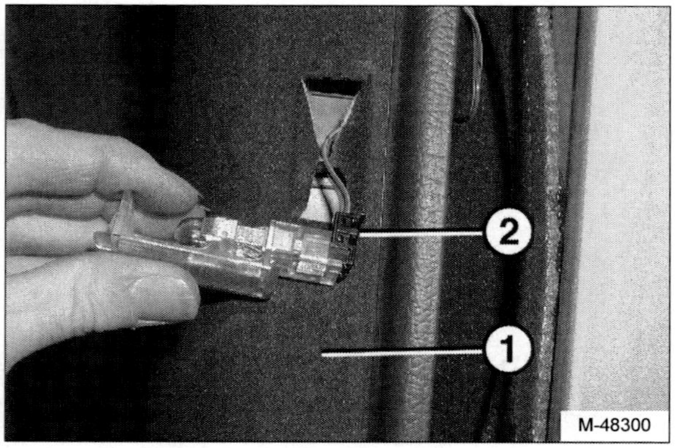

M-48300

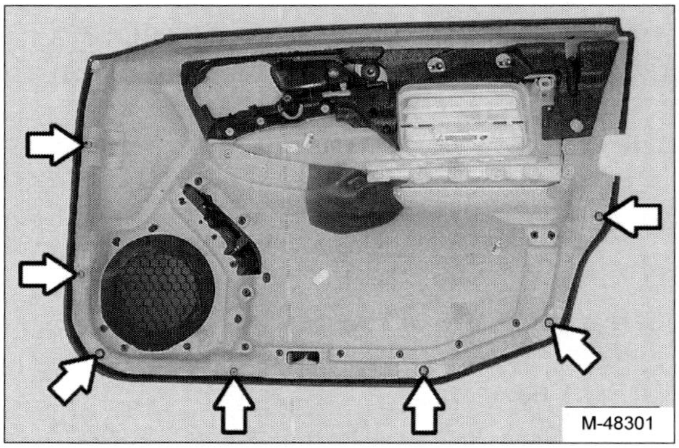

M-48301

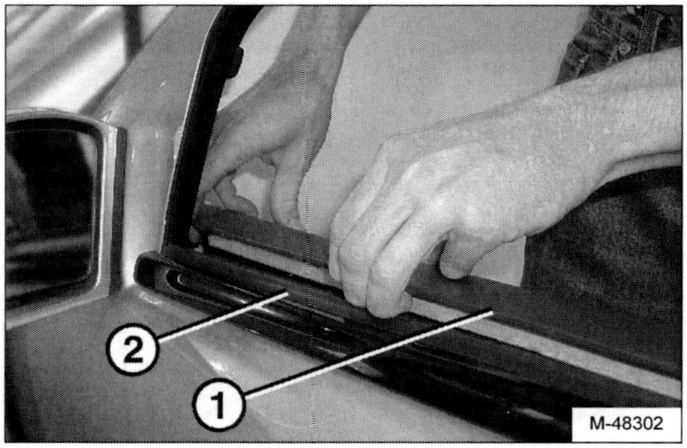

M-48302

- Podważyć klinem z tworzywa sztucznego lampkę oświetlenia progu z pokrycia (1, rys. M-48300) przy dolnej krawędzi drzwi.
- Wyciągnąć lampkę oświetlenia progu i odłączyć złącze wtykowe (2) od lampki.
- Wprowadzić klin z tworzywa sztucznego między ramę drzwi a pokrycie przy zaciskach (strzałki na rys. M-48301) i odłączyć pokrycie od drzwi.
- Wprowadzić palce pod pokrycie (1, rys. M-48302) przy lusterku zewnętrznym i wyciągnąć pokrycie w górę z wewnętrznej uszczelki gumowej (2).
- Przytrzymać pokrycie drzwi, korzystając z pomocy drugiej osoby, i wymontować dolny zespół wyłączników (patrz rozdz. „Wskaźniki, wyłączniki i radioodbiornik").
- Pociągnąć cięgno wewnętrznej klamki drzwi za osłonę cięgna i wyciągnąć z elementu prowadzącego przy klamce. Wyczepić linkę.
- Odłożyć pokrycie drzwi na odpowiednią podkładkę.

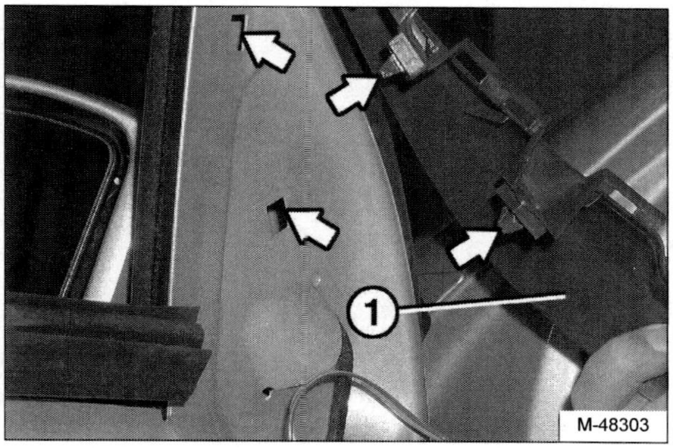

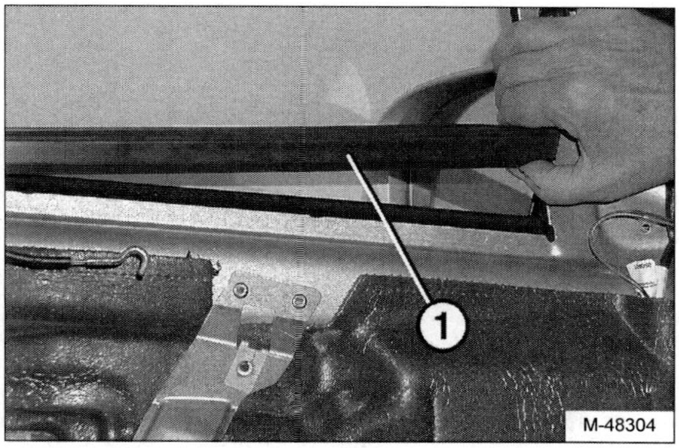

• Podważyć i wyjąć z zacisków mocujących (strzałki na rys. M-48303) pokrycie (1) przy ramie okna obok lusterka zewnętrznego i ściągnąć pokrycie z ramy okna.
• Unieść z przodu i ściągnąć wewnętrzną uszczelkę gumową (1, rys. M-48304) z ramy okna.
• Sięgnąć w szczelinę okna oraz unieść i ściągnąć zewnętrzną listwę uszczelniającą z ramy okna.

Zamontowanie

• Ułożyć zewnętrzną listwę uszczelniającą na zagięciu ramy okna i silnie docisnąć.
• Ułożyć wewnętrzną uszczelkę gumową na zagięciu ramy okna i silnie docisnąć.
• Wcisnąć pokrycie ramy okna pod uszczelkę przy ramie w ustalone położenie. Pokrycie nie powinno odstawać od ramy.
• Przytrzymać pokrycie drzwi, korzystając z pomocy drugiej osoby, i podłączyć cięgno do wewnętrznej klamki drzwi.
• Zamontować zespół wyłączników w pokryciu (patrz rozdz. „Wskaźniki, wyłączniki i radioodbiornik").
• Ułożyć pokrycie na drzwiach, wprowadzić brzeg pokrycia od góry w uszczelkę gumową na krawędzi okna i silnie docisnąć.
• Zamocować zaciskami pokrycie na drzwiach.
• Dalsze zamontowanie odbywa się w kolejności odwrotnej do wymontowania.
• Podłączyć przewód masy (–) do akumulatora, gdy zapłon jest wyłączony. Zamontować obudowę filtru przeciwpyłowego. Wprowadzić kod zabezpieczający radioodbiornik przed kradzieżą i nastawić zegar, jeśli to konieczne.

Wymontowanie i zamontowanie osłony trójkątnej

Wymontowanie

• Wymontować obudowę filtru przeciwpyłowego i odłączyć przewód masy (–) od akumulatora, gdy zapłon jest wyłączony.
Uwaga. Przed odłączeniem akumulatora należy koniecznie ustalić kod zabezpieczający radioodbiornik przed kradzieżą, jeśli taki kod jest zastosowany. Przestrzegać zaleceń podanych w podrozdziale „Wymontowanie i zamontowanie akumulatora".
• Przyłożyć klin z tworzywa sztucznego (1, rys. M-48307) do osłony (2) i odłączyć osłonę od ramy okna.
• Odłączyć złącze wtykowe od głośnika wysokotonowego.

Zamontowanie

• Osadzić osłonę na ramie okna i wcisnąć pod krawędź uszczelniającą.

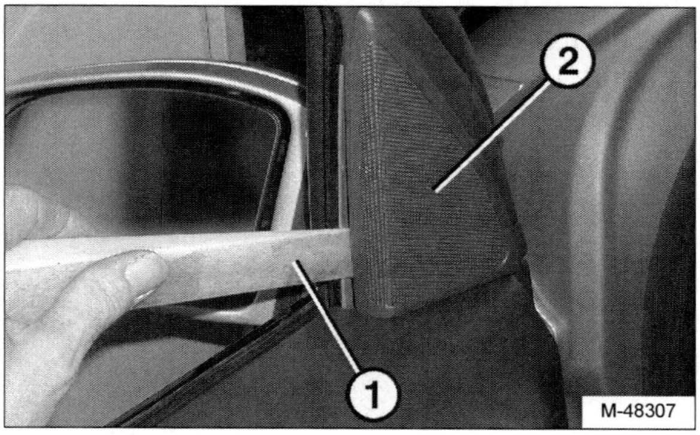

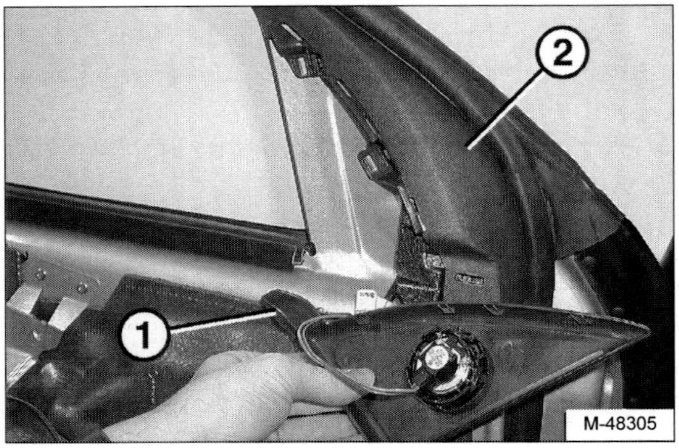

M-48305

• Docisnąć osłonę z przodu i wprowadzić elementy mocujące w ustalone położenie, przy czym zaczep (1, rys. M-48305) u dołu powinien wejść w pokrycie ramy okna (2).
• Podłączyć przewód masy (–) do akumulatora, gdy zapłon jest wyłączony. Zamontować obudowę filtru przeciwpyłowego. Wprowadzić kod zabezpieczający radioodbiornik przed kradzieżą i nastawić zegar, jeśli to konieczne.

Wymontowanie i zamontowanie zewnętrznej klamki drzwi

Wymontowanie

• Wymontować obudowę filtru przeciwpyłowego i odłączyć przewód masy (–) od akumulatora, gdy zapłon jest wyłączony.
Uwaga. Przed odłączeniem akumulatora należy koniecznie ustalić kod zabezpieczający radioodbiornik przed kradzieżą, jeśli taki kod jest zastosowany. Przestrzegać zaleceń podanych w podrozdziale „Wymontowanie i zamontowanie akumulatora".

M-48308

• Odblokować drzwi samochodu kluczem wyłącznika zapłonu i utrzymać stan odblokowania podczas wykonywania wszystkich czynności.
• Otworzyć drzwi i odłączyć taśmę uszczelniającą (1, rys. M-48308) od ramy drzwi na wysokości klamki.
• Wprowadzić wkrętak przez otwór (2) i odkręcić małą śrubę Torx.
• Pociągnąć klamkę drzwi (1, rys. M-48309) i utrzymać w tym położeniu, wyciągając przy tym bębenek zamka (2).
• Odłączyć złącze wtykowe (3) od bębenka zamka i wymontować bębenek zamka.
• Zdjąć kapturek (1, rys. M-48310) z bębenka zamka.
• Pociągnąć w tył (strzałka na rys. M-48311) klamkę drzwi i wyjąć ją z przedniego zamocowania (1).
• Zwolnić z tylnego zamocowania (2) i wyjąć klamkę z drzwi.
• Zdjąć podkładki uszczelniające klamki drzwi.

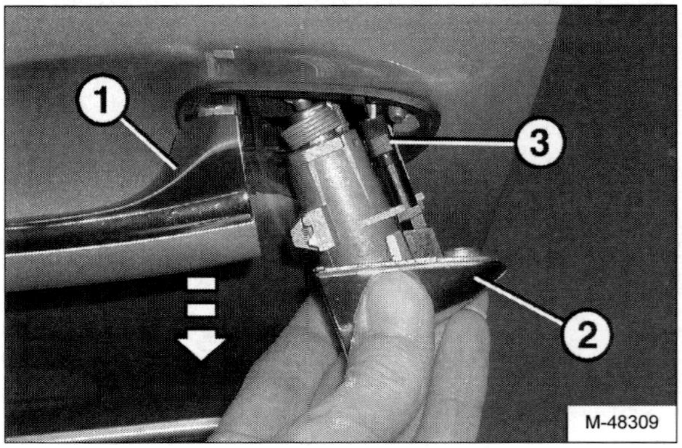

M-48309

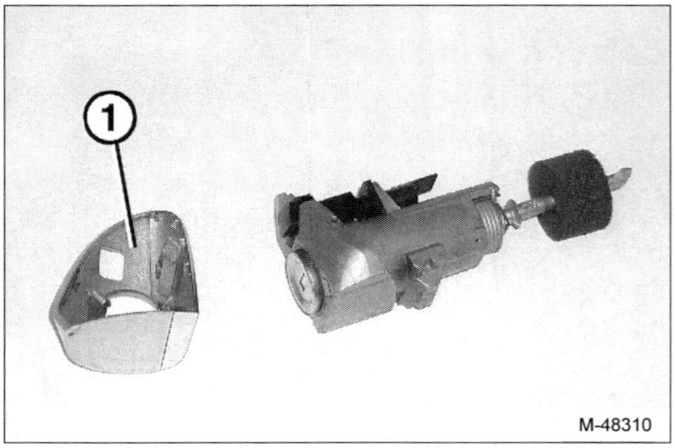

M-48310

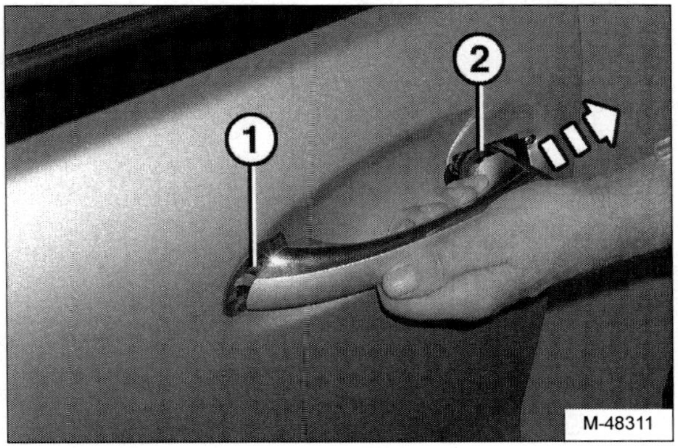

M-48311

Zamontowanie

• Osadzić w drzwiach klamkę z podkładkami uszczelniającymi. Wprowadzić klamkę najpierw w tylne zamocowanie, przy czym dźwignia (3, rys. M-48312) na klamce powinna wejść za zabierak (1) mechanizmu zamykającego; (2) – bębenek zamka.

Uwaga. Na rysunku pokazano korpus (4) klamki po wewnętrznej stronie drzwi. W celu wymontowania korpusu jest konieczne wymontowanie pokrycia drzwi.

• Wprowadzić klamkę drzwi w przednie zamocowanie, dociskając klamkę w przód.

• Pociągnąć klamkę drzwi i utrzymać w tym położeniu, wkładając przy tym bębenek zamka z kapturkiem.

Uwaga. Jeśli stan odblokowania został przestawiony, ustawić uprzednio zamek w położeniu otwartym za pomocą klucza zapasowego, obracając go w lewo.

• Wkręcić śrubę Torx i dokręcić bębenek zamka do drzwi.

• Wcisnąć taśmę uszczelniającą w ramę drzwi.

• Podłączyć przewód masy (–) do akumulatora, gdy zapłon jest wyłączony. Zamontować obudowę filtru przeciwpyłowego. Wprowadzić kod zabezpieczający radioodbiornik przed kradzieżą i nastawić zegar, jeśli to konieczne.

• Sprawdzić działanie mechanizmu zamykającego drzwi.

Uwaga. W razie wadliwego działania zamka centralnego, wyzerować w razie potrzeby ustawienia w zespole wskaźników.

Wymontowanie i zamontowanie pokrycia lusterka zewnętrznego

Wymontowanie

• Złożyć szkło lusterka zewnętrznego do wewnątrz.

• Wymontować obudowę filtru przeciwpyłowego i odłączyć przewód masy (–) od akumulatora, gdy zapłon jest wyłączony.

Uwaga. Przed odłączeniem akumulatora należy koniecznie ustalić kod zabezpieczający radioodbiornik przed kradzieżą, jeśli taki kod jest zastosowany. Przestrzegać zaleceń podanych w podrozdziale „Wymontowanie i zamontowanie akumulatora”.

• Docisnąć lusterko zewnętrzne do wewnątrz. Aby lusterko pozostało w tym położeniu, włożyć i zacisnąć kawałek drewna (1, rys. M-48232) o długości około 10 cm; (2) – pokrycie lusterka zewnętrznego.

Uwaga. W samochodzie z elektrycznym sterowaniem funkcji składania lusterka, złożyć lusterko do wewnątrz.

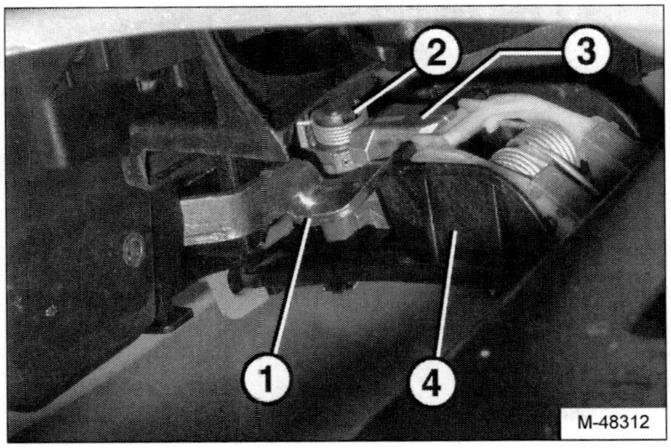

M-48312

M-48232

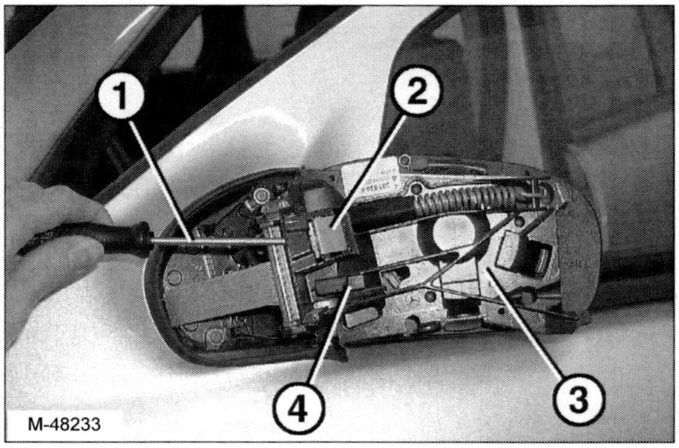

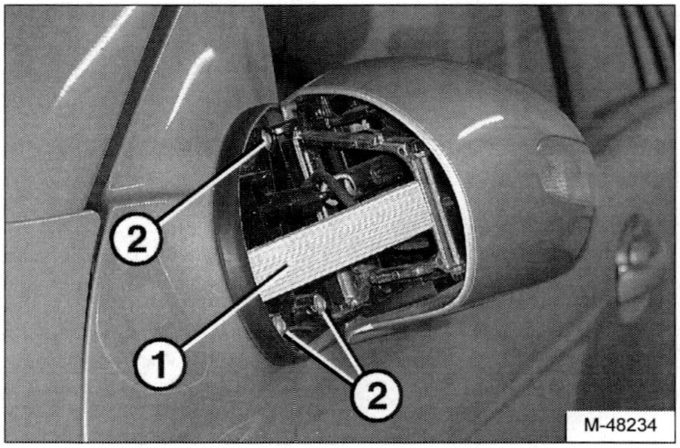

• Odblokować wkrętakiem (1, rys. M-48233) sprężynę ustalającą (2), pociągając przy tym nieco na zewnątrz i zwalniając z ustalenia pokrycie lusterka zewnętrznego. Zwrócić uwagę, aby kawałek drewna nie został wypchnięty.

Uwaga. Na rysunku pokazano lusterko zewnętrzne z wymontowanym pokryciem.

• Wyjąć kawałek drewna i odchylić lusterko w przód. Ściągnąć całkowicie pokrycie z elementu mocującego lusterka (3).

Uwaga. Podczas ściągania zostaje odłączone złącze wtykowe (4) kierunkowskazu.

Zamontowanie

• Wsunąć pokrycie lusterka zewnętrznego na element mocujący lusterka w ustalone położenie.

• Odchylić lusterko zewnętrzne w tył i w przód od normalnego położenia, sprawdzając właściwe osadzenie pokrycia lusterka zewnętrznego.

• Podłączyć przewód masy (–) do akumulatora, gdy zapłon jest wyłączony. Zamontować obudowę filtru przeciwpyłowego. Wprowadzić kod zabezpieczający radioodbiornik przed kradzieżą i nastawić zegar, jeśli to konieczne.

• Sprawdzić działanie kierunkowskazu.

Wymontowanie i zamontowanie lusterka zewnętrznego

Wymontowanie

• Złożyć lusterko zewnętrzne do wewnątrz.

• Wymontować obudowę filtru przeciwpyłowego i odłączyć przewód masy (–) od akumulatora, gdy zapłon jest wyłączony.

Uwaga. Przed odłączeniem akumulatora należy koniecznie ustalić kod zabezpieczający radioodbiornik przed kradzieżą, jeśli taki kod jest zastosowany. Przestrzegać zaleceń podanych w podrozdziale „Wymontowanie i zamontowanie akumulatora".

• Docisnąć lusterko zewnętrzne do wewnątrz. Aby lusterko pozostało w tym położeniu, włożyć i zacisnąć kawałek drewna (1, rys. M-48234) o długości około 10 cm.

Uwaga. W samochodzie z elektrycznym sterowaniem składania lusterka, złożyć lusterko do wewnątrz.

• Wykręcić trzy śruby (2). Zdjąć lusterko zewnętrzne z drzwi i wyciągnąć przewód elektryczny z otworu.

• Odłączyć złącze wtykowe.

Zamontowanie

• Osadzić lusterko zewnętrzne w drzwiach i podłączyć złącze wtykowe.

• Dokręcić lusterko zewnętrzne trzema śrubami do drzwi i wyjąć kawałek drewna.

• Podłączyć przewód masy (–) do akumulatora, gdy zapłon jest wyłączony. Zamontować obudowę filtru przeciwpyłowego. Wprowadzić kod zabezpieczający radioodbiornik przed kradzieżą i nastawić zegar, jeśli to konieczne.

• Sprawdzić działanie elektrycznego sterowania lusterka i kierunkowskazu.

Wymontowanie i zamontowanie szkła lusterka

Wymontowanie

• Złożyć lusterko zewnętrzne do wewnątrz.

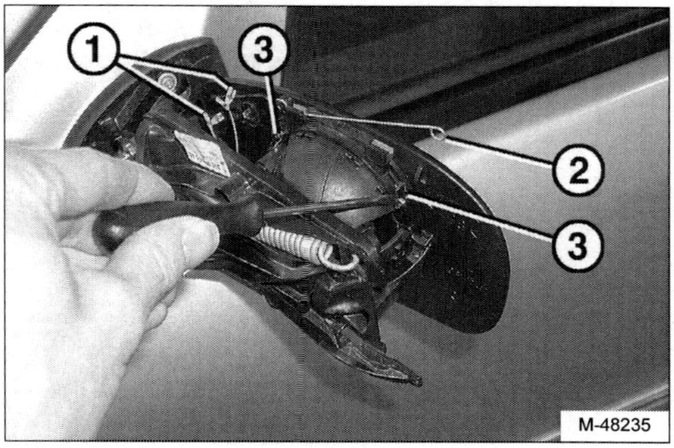

• Wymontować obudowę filtru przeciwpyłowego i odłączyć przewód masy (–) od akumulatora, gdy zapłon jest wyłączony.
Uwaga. Przed odłączeniem akumulatora należy koniecznie ustalić kod zabezpieczający radioodbiornik przed kradzieżą, jeśli taki kod jest zastosowany. Przestrzegać zaleceń podanych w podrozdziale „Wymontowanie i zamontowanie akumulatora".
• Wymontować pokrycie lusterka zewnętrznego (patrz odpowiedni opis).
• Odłączyć przewód (1, rys. M-48235) ogrzewania lusterka.
• Odczepić sprężynę zabezpieczającą (2).
• Odciągnąć wkrętakiem w bok dwa zaczepy (3) u góry z prawej i z lewej strony.
• Wyciągnąć szkło lusterka zewnętrznego u dołu z elementów prowadzących i wyjąć z mechanizmu regulacji lusterka.

Zamontowanie

• Wsunąć szkło lusterka zewnętrznego w dolne prowadzenia mechanizmu regulacji lusterka i wprowadzić u góry zaczepy w ustalone położenie.
• Zaczepić sprężynę zabezpieczającą.
• Podłączyć przewód ogrzewania lusterka.
• Zamontować pokrycie lusterka zewnętrznego (patrz odpowiedni opis).
• Podłączyć przewód masy (–) do akumulatora, gdy zapłon jest wyłączony. Zamontować obudowę filtru przeciwpyłowego. Wprowadzić kod zabezpieczający radioodbiornik przed kradzieżą i nastawić zegar, jeśli to konieczne.
• Sprawdzić działanie elektrycznego sterowania lusterka.

Wymontowanie i zamontowanie pokrywy bagażnika

Sedan

Wymontowanie

• Wymontować obudowę filtru przeciwpyłowego i odłączyć przewód masy (–) od akumulatora, gdy zapłon jest wyłączony.
Uwaga. Przed odłączeniem akumulatora należy koniecznie ustalić kod zabezpieczający radioodbiornik przed kradzieżą, jeśli taki kod jest zastosowany. Przestrzegać zaleceń podanych w podrozdziale „Wymontowanie i zamontowanie akumulatora".
• Otworzyć bagażnik i wyjąć trójkąt ostrzegawczy z zamocowania.
• Wymontować pokrycie pokrywy bagażnika (patrz odpowiedni opis).
• Odłączyć wszystkie przewody od pokrywy bagażnika.
• Odciągnąć w tył pokrycie na jarzmach pokrywy bagażnika. W razie potrzeby wyczepić wszystkie nakładki i wymontować pokrycie.
• Zaznaczyć pisakiem położenie jarzm na pokrywie bagażnika.
• Przytrzymać pokrywę bagażnika, korzystając z pomocy drugiej osoby, i wykręcić z pokrywy po dwie śruby z prawej i lewej strony.
• Wyciągnąć w górę pokrywę bagażnika z nakładek na jarzmach i położyć na miękkiej podkładce.

Zamontowanie

• Wsunąć pokrywę bagażnika w nakładki na jarzmach, ustawiając wymontowaną pokrywę według oznakowania.
• Wkręcić po dwie śruby z prawej i lewej strony, zamknąć pokrywę bagażnika i ustawić właściwe wymiary szczelin.
• Dokręcić śruby momentem **8 N·m**.
• Dalsze zamontowanie odbywa się w kolejności odwrotnej do wymontowania.
• Podłączyć przewód masy (–) do akumulatora, gdy zapłon jest wyłączony. Zamontować obudowę filtru przeciwpyłowego. Wprowadzić kod zabezpieczający radioodbiornik przed kradzieżą i nastawić zegar, jeśli to konieczne.

Wymiary szczelin

• Sprawdzić wymiary szczelin między pokrywą bagażnika a sąsiednimi elementami nadwozia.
Wymagane wymiary szczelin:
pokrywa bagażnika
– błotnik .... 3,5 ± 1 mm,
pokrywa bagażnika
– lampa tylna .... 4,0 ± 1 mm.

Wymontowanie i zamontowanie pokrycia pokrywy bagażnika

Sedan

Wymontowanie

• Otworzyć bagażnik i wyjąć trójkąt ostrzegawczy z zamocowania.
• Wyciągnąć zaciski rozprężne z pokrycia pokrywy bagażnika. W tym celu podważyć kołek rozprężny klinem z tworzywa sztucznego, na przykład Hazet 1965-20. W razie trudności owinąć kołek rozprężny mocną nitką, na przykład nitką dentystyczną, i wyciągnąć za nitkę.

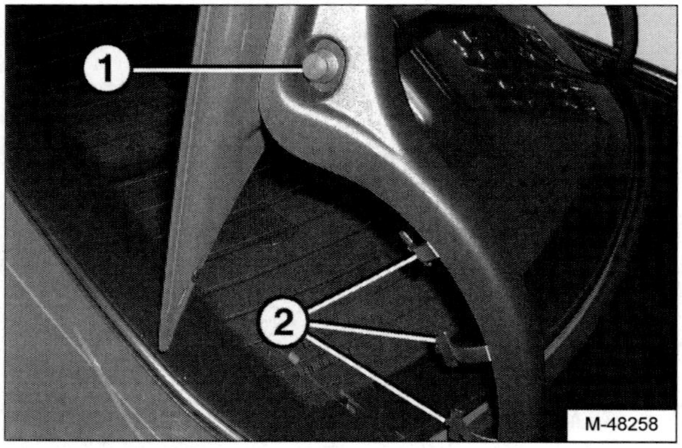

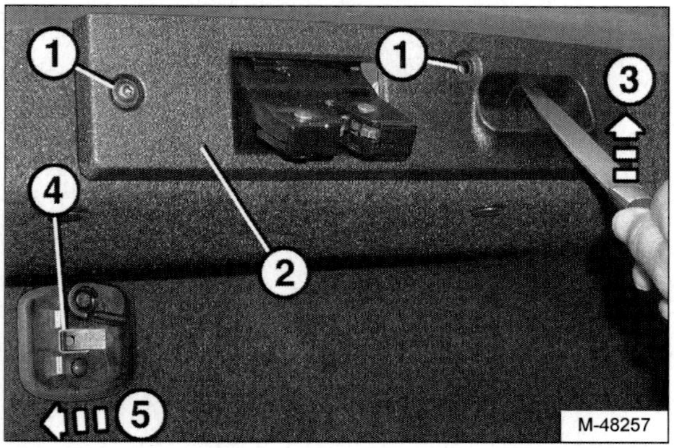

• Wyciągnąć zacisk rozprężny (1, rys. M-48258) z pokrycia przy jarzmie pokrywy bagażnika.
• Wyczepić nakładki mocujące (2) i wyciągnąć w tył pokrycie jarzma.
• Wykręcić dwa wkręty (1, rys. M-48257).
• Wsunąć wąski wkrętak lub nóż w szczelinę w zagłębieniu uchwytu, docisnąć w górę (strzałka 3) i odłączyć osłonę (2) od pokrywy bagażnika.
• Podważyć wkrętakiem nakładkę (4) z pokrywy bagażnika, przesuwając równocześnie zamocowanie trójkąta ostrzegawczego w lewo (strzałka 5) i zdejmując z pokrywy bagażnika.
• Odłączyć i wyjąć pokrycie z pokrywy bagażnika.

Zamontowanie

• Osadzić pokrycie na pokrywie bagażnika, wsunąć pod pokrycie jarzma i umocować zaciskami rozprężnymi.
• Umocować pokrycie jarzma zaciskami rozprężnymi i zacisnąć nakładki mocujące.
• Osadzić zamocowanie trójkąta ostrzegawczego na pokrywie bagażnika i przesunąć w prawo, aż nakładka wejdzie w ustalone położenie.
• Zamocować osłonę na pokrywie bagażnika i dokręcić. Włożyć trójkąt ostrzegawczy w zamocowanie.
• Zamknąć pokrywę bagażnika i sprawdzić, czy jest właściwie osadzona. Jeśli to konieczne, wyregulować dwa ograniczniki gumowe, obracając je, aż pokrywa będzie się właściwie zamykała. W tym celu natrzeć kredą końce gumowych ograniczników, zamknąć pokrywę bagażnika i sprawdzić na podstawie odcisków kredy, czy ograniczniki przylegają do pokrywy.

Wymontowanie i zamontowanie rygla zamka bagażnika

Wymontowanie

• Otworzyć bagażnik.
• Przyłożyć klin z tworzywa sztucznego, podważyć i wyjąć z pokrycia bagażnika osłonę (1, rys. M-48253) rygla zamka. **Kombi:** wymon-

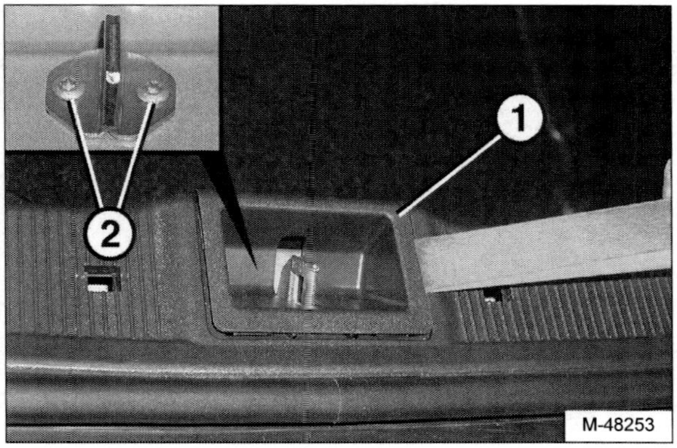

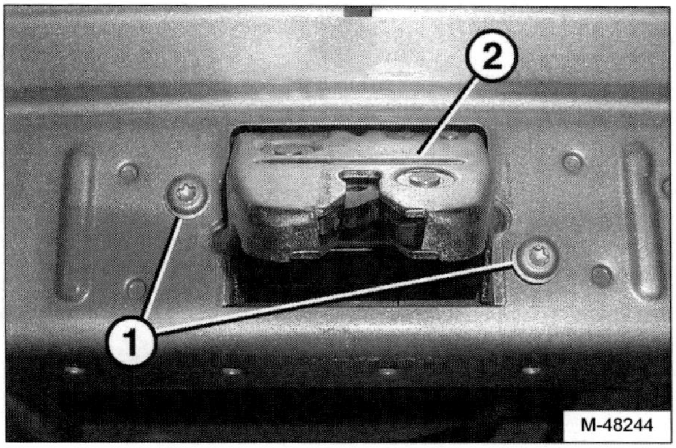

tować osłonę przestrzeni ładunkowej (patrz odpowiedni opis).

• Zaznaczyć pisakiem położenie rygla zamka.

• Wykręcić dwie śruby (2) i wyjąć rygiel zamka.

Zamontowanie

• Przyłożyć rygiel zamka zgodnie z oznakowaniem i wkręcić śruby ręcznie.

• Zamknąć bagażnik i sprawdzić położenie rygla zamka, przy czym krawędzie pokrywy bagażnika i błotnika powinny tworzyć jedną powierzchnię. Jeśli to konieczne, przesunąć nieco rygiel zamka, aż bagażnik będzie właściwie zamknięty.

• Dokręcić śruby momentem **10 N·m** i osadzić osłonę w pokryciu bagażnika.

Wymontowanie i zamontowanie zamka pokrywy tylnej

Kombi

Uwaga. Opisano poniżej wymontowanie i zamontowanie w samochodzie kombi. W innych modelach są wykonywane podobne czynności. Opisano dodatkowo różniące się czynności.

Wymontowanie

• Wymontować obudowę filtru przeciwpyłowego i odłączyć przewód masy (–) od akumulatora, gdy zapłon jest wyłączony.

Uwaga. Przed odłączeniem akumulatora należy koniecznie ustalić kod zabezpieczający radioodbiornik przed kradzieżą, jeśli taki kod jest zastosowany. Przestrzegać zaleceń poda-

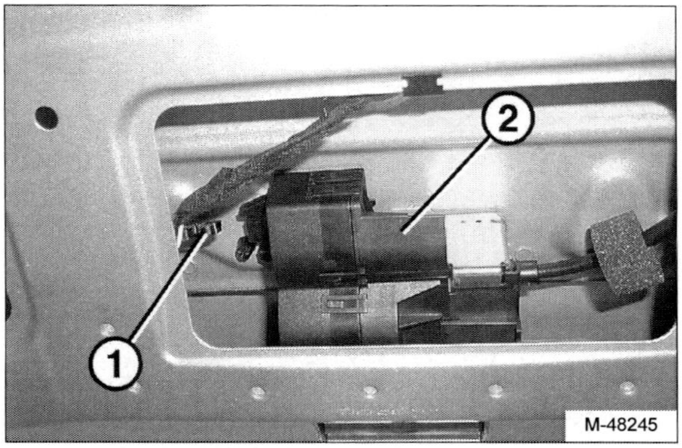

nych w podrozdziale „Wymontowanie i zamontowanie akumulatora".

• **Kombi.** Wymontować pokrycie pokrywy tylnej (patrz odpowiedni opis).

• **Sedan.** Odkręcić osłonę zamka (patrz „Wymontowanie i zamontowanie pokrycia pokrywy bagażnika").

• Wykręcić dwie śruby (1, rys. M-48244) i odłączyć zamek (2) od pokrywy tylnej.

• Wyciągnąć nieco zamek (2, rys. M-48245) z pokrywy tylnej i odłączyć złącze wtykowe (1) od zamka.

• Odłączyć (strzałka na rys. M-48246) linkę (1) od mechanizmu zamka (2) i wymontować zamek pokrywy tylnej z linką; (3) – złącze wtykowe centralnego blokowania drzwi.

Zamontowanie

• Przykręcić zamek do pokrywy tylnej, nie dokręcając śrub.

• Podłączyć linkę do mechanizmu zamka.

• Podłączyć złącze wtykowe do zamka pokrywy tylnej.

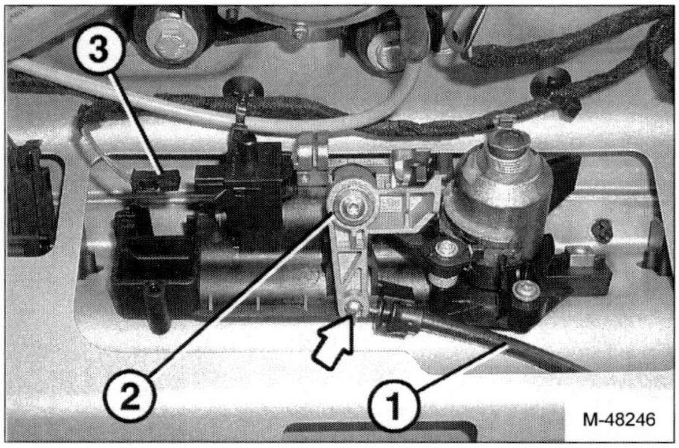

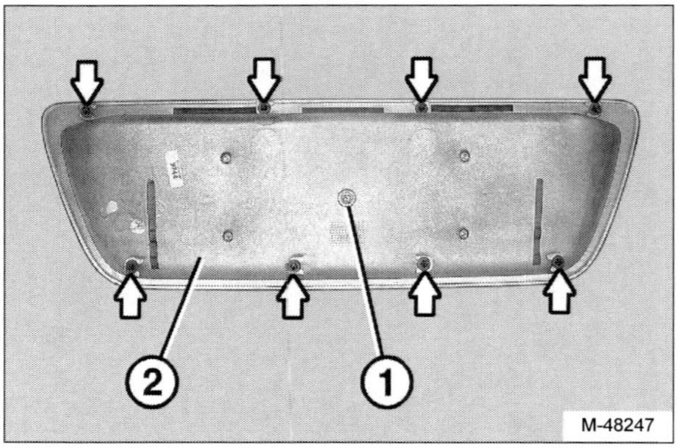

• Podłączyć przewód masy (–) do akumulatora, gdy zapłon jest wyłączony. Zamontować obudowę filtru przeciwpyłowego. Wprowadzić kod zabezpieczający radioodbiornik przed kradzieżą i nastawić zegar, jeśli to konieczne.

• Zamknąć ostrożnie pokrywę tylną, zwracając uwagę na właściwe osadzenie zamka. W razie potrzeby ustawić zamek pokrywy tylnej.

• Otworzyć pokrywę tylną i dokręcić śruby zamka momentem **9 N · m**.

• **Kombi.** Zamontować pokrycie pokrywy tylnej (patrz odpowiedni opis).

• **Sedan.** Przykręcić osłonę zamka (patrz „Wymontowanie i zamontowanie pokrycia pokrywy bagażnika").

Wymontowanie i zamontowanie mechanizmu zamka pokrywy tylnej

Kombi

Uwaga. Opisano poniżej wymontowanie i zamontowanie w samochodzie kombi. W innych modelach są wykonywane podobne czynności. Opisano dodatkowo różniące się czynności.

Wymontowanie

• Wymontować obudowę filtru przeciwpyłowego i odłączyć przewód masy (–) od akumulatora, gdy zapłon jest wyłączony.

Uwaga. Przed odłączeniem akumulatora należy koniecznie ustalić kod zabezpieczający radioodbiornik przed kradzieżą, jeśli taki kod jest zastosowany. Przestrzegać zaleceń podanych w podrozdziale „Wymontowanie i zamontowanie akumulatora".

• Wymontować pokrycie pokrywy tylnej lub pokrywy bagażnika (patrz odpowiedni opis).

• Wycisnąć na zewnątrz osiem zacisków (strzałki na rys. M-48247) osłony (2) z tablicą rejestracyjną. W tym celu nałożyć odpowiednią pod względem średnicy i głębokości wkładkę klucza nasadowego na wewnętrzną stronę pokrywy nad każdy zacisk i wycisnąć go.

Uwaga. Wkładka klucza nasadowego ściska do wewnątrz elementy rozprężne zacisku i mocowanie zacisku jest zwalniane.

• Odkręcić nakrętkę śruby (1) i zdjąć osłonę (2) z numerem rejestracyjnym z pokrywy tylnej.

• Odłączyć (strzałka na rys. M-48246) linkę (1) od mechanizmu zamka (2) i ściągnąć złącze wtykowe (3).

Uwaga. W zależności od konstrukcji jest konieczne zdjęcie osłony, aby umożliwić odłączenie linki.

• Wykręcić dwie śruby (1, rys. M-48248) i wyjąć z pokrywy tylnej mechanizm zamka (2) z zamkiem.

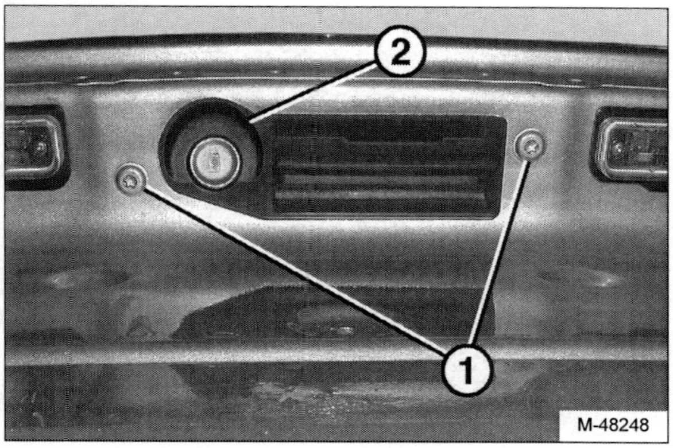

M-48248

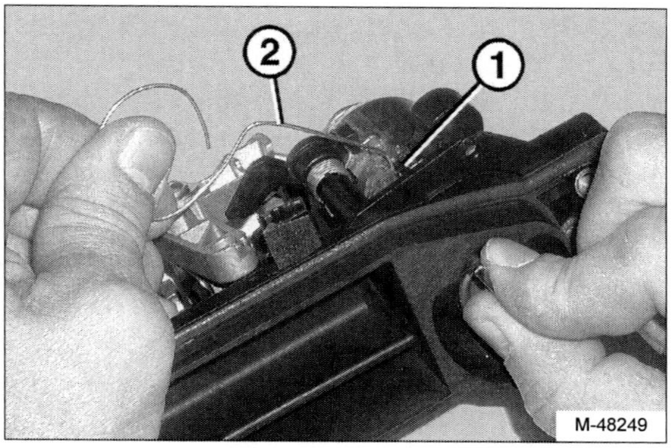

M-48249

Zamontowanie

- Dokręcić mechanizm zamka dwiema śrubami momentem **9 N • m** do pokrywy tylnej.
- Podłączyć linkę i złącze wtykowe do mechanizmu zamka.
- Osadzić osłonę z tablicą rejestracyjną na pokrywie tylnej tak, aby zaciski i śruby weszły w otwory. Docisnąć silnie osłonę do pokrywy tylnej w ustalone położenie. Wkręcić nakrętkę.
- Zamontować pokrycie pokrywy tylnej lub pokrywy bagażnika (patrz odpowiedni opis).
- Podłączyć przewód masy (–) do akumulatora, gdy zapłon jest wyłączony. Zamontować obudowę filtru przeciwpyłowego. Wprowadzić kod zabezpieczający radioodbiornik przed kradzieżą i nastawić zegar, jeśli to konieczne.

Wymontowanie i zamontowanie bębenka zamka pokrywy bagażnika lub pokrywy tylnej

Wymontowanie

- Wymontować obudowę filtru przeciwpyłowego i odłączyć przewód masy (–) od akumulatora, gdy zapłon jest wyłączony.

Uwaga. Przed odłączeniem akumulatora należy koniecznie ustalić kod zabezpieczający radioodbiornik przed kradzieżą, jeśli taki kod jest zastosowany. Przestrzegać zaleceń podanych w podrozdziale „Wymontowanie i zamontowanie akumulatora".

- Wymontować pokrycie pokrywy bagażnika lub pokrywy tylnej (patrz odpowiedni opis).
- Odłączyć złącze wtykowe od mechanizmu zamka.
- Wymontować w razie potrzeby mechanizm zamka (patrz odpowiedni opis).
- Wymontować klucz zapasowy z klucza wyłącznika zapłonu (patrz „Wymiana baterii w kluczu do zdalnego sterowania centralnym blokowaniem drzwi" w rozdz. „Wyposażenie elektryczne").
- Włożyć klucz zapasowy w zamek i obrócić w lewo, aż w rowku (1, rys. M-48249) pojawi się otwór.
- Włożyć w ten otwór przyrząd (2), odblokować i wyjąć z zamka bębenek zamka.

Uwaga. Przyrząd (rys. M-48250) można wykonać samemu z drutu V2A o średnicy 1,5 mm.

Zamontowanie

- Włożyć klucz zapasowy w bębenek zamka, obrócić w lewo i wsunąć bębenek w zamek.
- Obrócić klucz zapasowy w prawo, aż bębenek zamka znajdzie się w ustalonym położeniu.
- Wyjąć klucz zapasowy z zamka i zamontować w kluczu wyłącznika zapłonu (patrz „Wymiana baterii w kluczu do zdalnego sterowa-

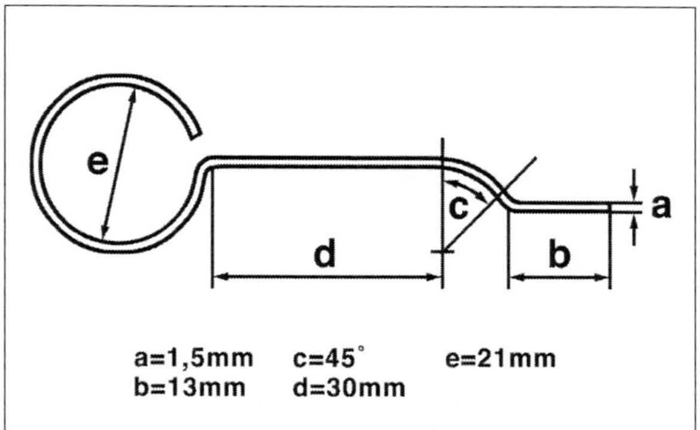

M-48250

nia centralnym blokowaniem drzwi" w rozdz. „Wyposażenie elektryczne").
- Jeśli to konieczne, zamontować mechanizm zamka (patrz odpowiedni opis).
- Podłączyć złącze wtykowe do mechanizmu zamka.
- Zamontować pokrycie pokrywy bagażnika lub pokrywy tylnej (patrz odpowiedni opis).
- Podłączyć przewód masy (–) do akumulatora, gdy zapłon jest wyłączony. Zamontować obudowę filtru przeciwpyłowego. Wprowadzić kod zabezpieczający radioodbiornik przed kradzieżą i nastawić zegar, jeśli to konieczne.

Wymontowanie i zamontowanie pokrywy tylnej

Kombi, coupé

Wymontowanie

- Otworzyć pokrywę tylną.
- Wymontować pokrycie pokrywy tylnej (patrz odpowiedni opis).
- Wyciągnąć osłonę przewodów (3, rys. M-48290). Odłączyć lub odkręcić wszystkie złącza wtykowe (1) i przewody (2) od pokrywy tylnej i wyciągnąć przez osłonę przewodów (3). Strzałki pokazują dwie śruby. Na rysunku pokazano pokrywę tylną samochodu kombi.
- Odłączyć giętki przewód cieczy do spryskiwania szyby od rozgałęźnika lub dyszy spryskiwacza i wyciągnąć przez osłonę przewodów.
- **Coupé.** Odłączyć z tyłu pokrycie dachu klinem z tworzywa sztucznego i odciągnąć pokrycie w dół. Wcisnąć ostrożnie między dach

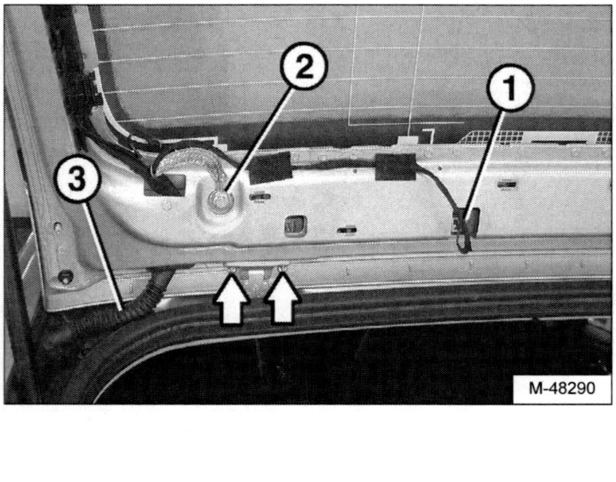

M-48290

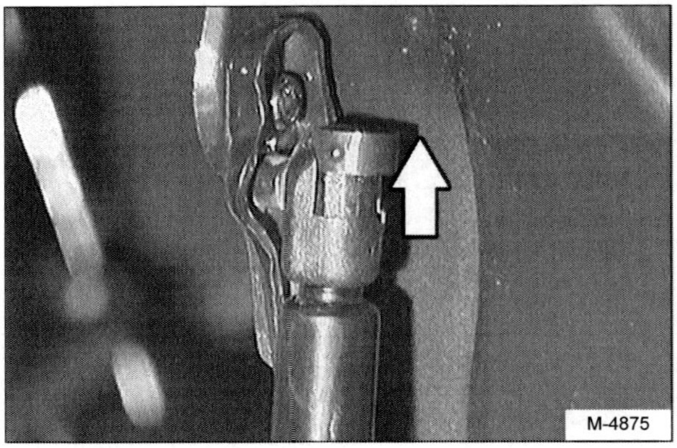
M-4875

a pokrycie drewniany klocek o wysokości 65 mm, w celu zachowania odległości.

> ***Ostrzeżenie.*** *Pokrywa tylna powinna być koniecznie podtrzymywana przez pomocnika, nim zostanie odłączony amortyzator gazowy. W przeciwnym razie pokrywa tylna opadnie, gdyż jeden amortyzator jej nie utrzyma.*

- Podważyć nieco wkrętakiem klamrę zabezpieczającą (strzałka na rys. M-4875) i ściągnąć amortyzator gazowy z czopa kulistego na pokrywie tylnej. Wymontować w ten sam sposób drugi amortyzator gazowy.
- **Kombi.** Wykręcić przy zawiasach z prawej i lewej strony po dwie śruby (strzałki na rys. M-48290).
- **Coupé.** Odkręcić dwie nakrętki przy zawiasie między dachem a pokryciem.
- Zdjąć pokrywę tylną, korzystając z pomocy drugiej osoby, i odłożyć na odpowiednią podkładkę.

Zamontowanie

- Osadzić, korzystając z pomocy drugiej osoby, i przykręcić luźno pokrywę tylną.
- Zamknąć pokrywę tylną i sprawdzić wymiary szczelin, w razie potrzeby wyregulować pokrywę.
- Dokręcić śruby i nakrętki pokrywy tylnej momentem **9 N·m**.
- Wcisnąć amortyzator gazowy na czop kulisty i zabezpieczyć klamrą. Zamontować w ten sam sposób drugi amortyzator gazowy.
- Dalsze zamontowanie odbywa się w kolejności odwrotnej do wymontowania.

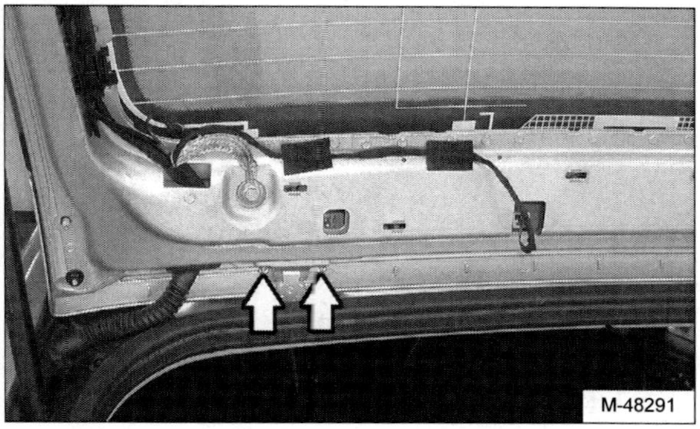

Regulacja pokrywy tylnej

Kombi

Sprawdzanie

• Sprawdzić wymiary szczelin między pokrywą tylną a sąsiednimi elementami nadwozia. Wymagane wymiary szczelin:
pokrywa tylna – dach .... 6,5 ± 1,0 mm,
pokrywa tylna – słupek „D" .... 3,5 mm,
pokrywa tylna – lampa tylna .... 4,0 mm,
pokrywa tylna – zderzak .... 5,5 mm.

Regulacja

• Otworzyć pokrywę tylną.
• Poluzować śruby (1, rys. M-48291) przy zawiasie z lewej i prawej strony.
• Wymontować osłonę przestrzeni ładunkowej (patrz odpowiedni opis).
• Poluzować śruby rygla zamka.
• Poluzować śruby bocznych ograniczników z tworzywa sztucznego. Docisnąć ograniczniki w przód.
• Zamknąć pokrywę tylną i ustawić ją zgodnie z wymaganymi wymiarami szczelin. Dokręcić śruby zawiasów i rygla zamka momentem **9 N • m**.
• Ograniczniki wyregulować tak, aby przylegały po zamknięciu pokrywy tylnej. Dokręcić śruby.
• Zamontować osłonę przestrzeni ładunkowej (patrz odpowiedni opis).

Coupé

Sprawdzanie

• Sprawdzić wymiary szczelin między pokrywą tylną a sąsiednimi elementami nadwozia.
Wymagane wymiary szczelin:
pokrywa tylna – dach .... 8,5 ± 1,0 mm,
pokrywa tylna – lampa tylna .. 4,0 ± 1,0 mm,
pokrywa tylna – błotnik .... 3,5 ± 1,0 mm,
pokrywa tylna – zderzak .... 6,5 – 1,5 mm.

Regulacja

• Otworzyć pokrywę tylną.
• Odłączyć z tyłu pokrycie dachu klinem z tworzywa sztucznego i odciągnąć pokrycie w dół. Wcisnąć ostrożnie między dach a pokrycie drewniany klocek o wysokości 65 mm, w celu zachowania odległości.
• Odkręcić dwie nakrętki przy zawiasie między dachem a pokryciem.
• Wyciągnąć zaciski rozprężne i wymontować wewnętrzne pokrycie tylne w bagażniku.
• Poluzować śruby rygla zamka.
• Zamknąć pokrywę tylną i ustawić ją zgodnie z wymaganymi wymiarami szczelin. Dokręcić nakrętki lub śruby zawiasów i rygla zamka momentem **9 N • m**.
• Zamontować wewnętrzne pokrycie tylne w bagażniku i zamocować pokrycie dachu.

Wymontowanie i zamontowanie pokrycia pokrywy tylnej

Kombi

Wymontowanie

Uwaga. Określenia „góra" i „dół" odnoszą się do pokrywy tylnej w stanie zamkniętym.
• Otworzyć pokrywę tylną.
• Wyciągnąć zaciski rozprężne (1, rys. M-48237) z otworów w pokrywie tylnej.

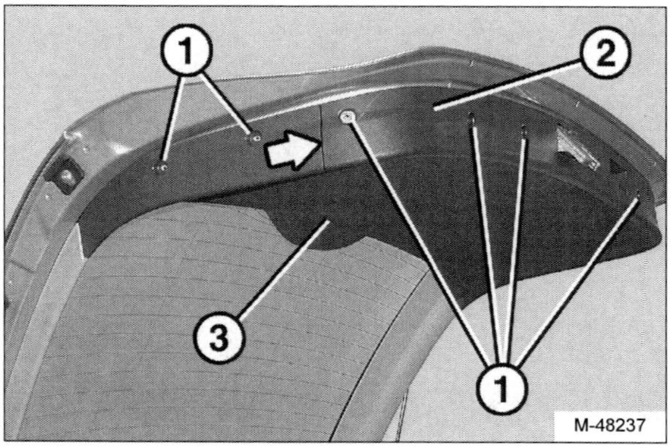

- Wprowadzić klin z tworzywa sztucznego, na przykład Hazet 1965-20, pośrodku szczeliny (strzałka) między bocznym i dolnym pokryciem ramy i rozłączyć zaciskowe połączenie części pokrycia.

Uwaga. Części pokrycia są niekiedy w tym miejscu dodatkowo sklejone ze sobą.

- Odłączyć częściowo przez silne pociągnięcie i za pomocą klina z tworzywa sztucznego dolne pokrycie ramy (2) od pokrycia pokrywy tylnej (3).
- Wyciągnąć zaczepy z tworzywa sztucznego z zamocowań zaciskowych przy pokryciu pokrywy tylnej. W tym celu wsunąć wkrętak w szczelinę między pokrycie pokrywy tylnej i dolne pokrycie ramy. Odłączyć zaczepy z tworzywa sztucznego, uderzając gumowym młotkiem we wkrętak.

Uwaga. Zaczepy z tworzywa sztucznego niekiedy pękają przy tym.

- Wsunąć rękę między pokrycie a pokrywę tylną i wyciągnąć kolejno, szarpiąc silnie, sześć

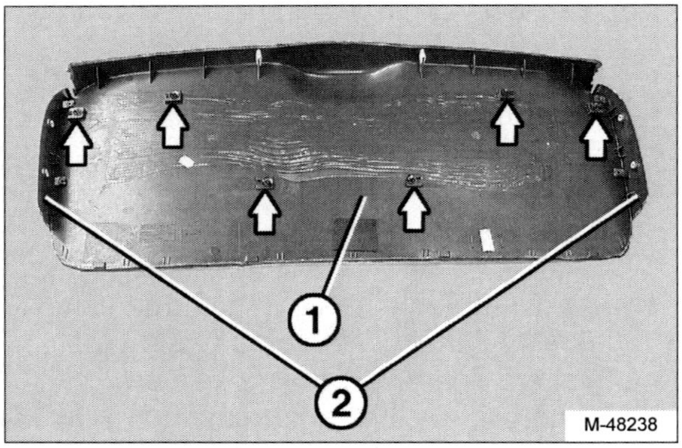

M-48238

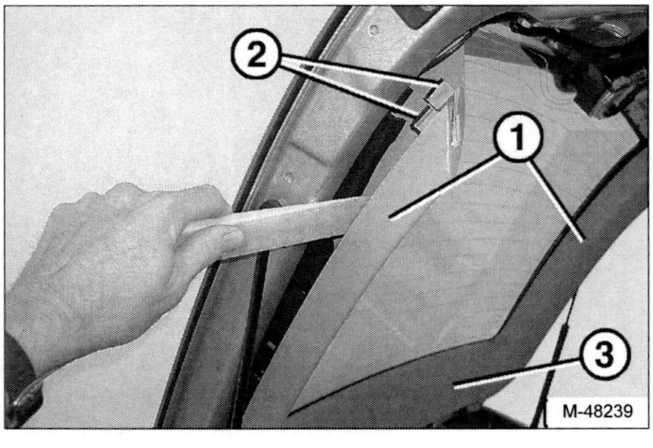

M-48239

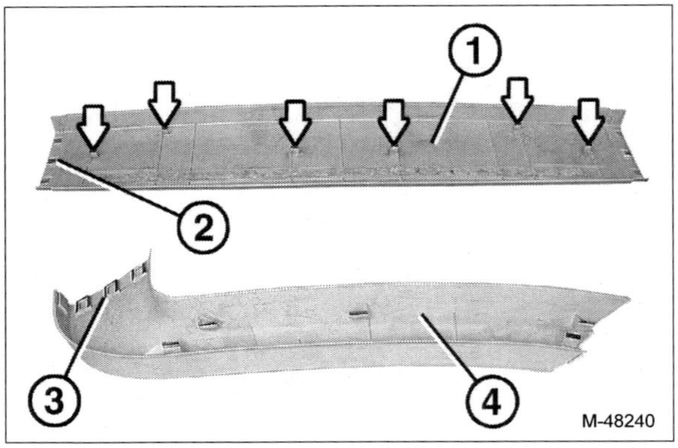

M-48240

zacisków mocujących (strzałki na rys. M--48238) z ich otworów. Jeśli to konieczne, zastosować klin z tworzywa sztucznego.

- Zdjąć pokrycie pokrywy tylnej (1) razem z bocznym pokryciem ramy (2).

Uwaga. Dolną część bocznego pokrycia ramy należy wyciągnąć, odciągając ją od okna z bocznego pokrycia przy oknie tylnym.

- Odłączyć za pomocą klina z tworzywa sztucznego boczne pokrycie (1, rys. M-48239) przy oknie tylnym z pięciu zamocowań zaciskami (2); (3) – górne pokrycie okna tylnego.
- Zwolnić trzy ucha z tworzywa sztucznego (3, rys. M-48240) z zaczepów (2) i odłączyć boczne pokrycie okna tylnego (4) z górnego pokrycia okna (1).
- Zwolnić kolejno, silnym szarpnięciem, górne pokrycie okna tylnego (1) z sześciu zamocowań zaciskami (strzałki) i zdjąć pokrycie.

Zamontowanie

- Ściągnąć w razie potrzeby metalowe sprężyny mocujące górnego pokrycia okna tylnego z plastykowych nosków na pokryciu i wcisnąć w otwory pokrywy tylnej.
- Połączyć górne i lewe pokrycie okna tylnego, osadzić na ramie okna i wcisnąć w ustalone położenie.
- Wsunąć prawe pokrycie okna tylnego w górne pokrycie i wcisnąć w ustalone położenie.
- Osadzić pokrycie pokrywy tylnej razem z bocznym pokryciem ramy na pokrywie tak, aby boczne pokrycie ramy zostało wsunięte w boczne pokrycie przy oknie tylnym. Wcisnąć zaciski mocujące w otwory.

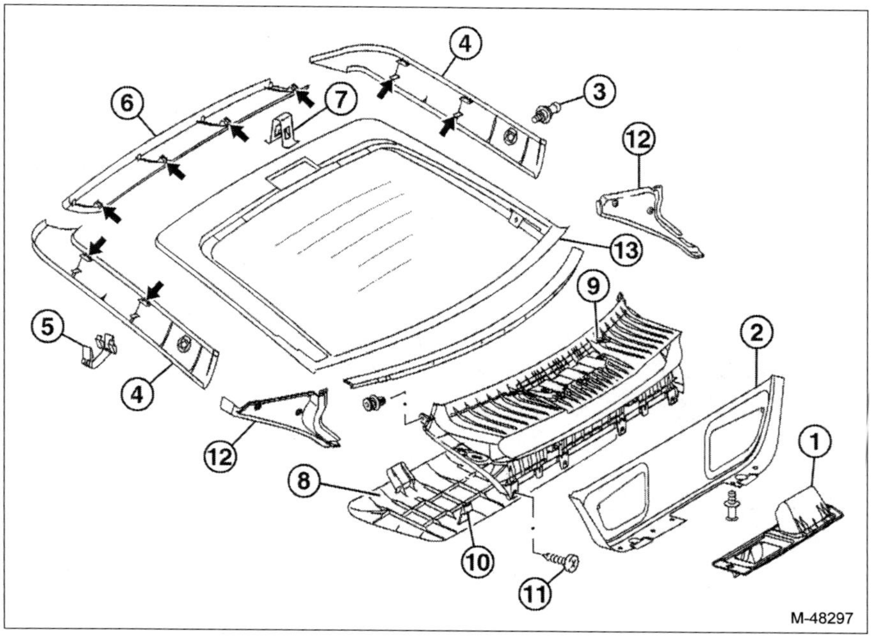

POKRYWA TYLNA SAMOCHODU COUPÉ
1 – listwa uchwytu,
2 – pokrycie dolne,
3 – zaczep linki mocującej,
4 – boczne pokrycie ramy,
5 – klamra mocująca,
6 – górne pokrycie ramy,
7 – klamra mocująca,
8 – osłona,
9 – pokrycie środkowe,
10 – zaczep mocujący,
11 – wkręt,
12 – osłona,
13 – listwa ozdobna

• Osadzić pokrycie ramy na dolnej krawędzi pokrywy tylnej, przy czym boczne pokrycie ramy jest łączone z dolnym i zaczepy z tworzywa sztucznego są wprowadzane w pokrycie pokrywy tylnej.
• Wcisnąć zaciski rozprężne w otwory pokrywy tylnej.

Wymontowanie i zamontowanie pokrycia pokrywy tylnej

Coupé

Wymontowanie

Uwaga. Określenia „góra” i „dół” odnoszą się do pokrywy tylnej w stanie zamkniętym.
• Otworzyć pokrywę tylną.
• Wyciągnąć zaciski rozprężne z listwy uchwytu (1, rys. M-48297).
• Wyciągnąć dwa noski zaciskowe z zagłębienia uchwytu i wyjąć listwę uchwytu z pokrywy tylnej.
• Wyciągnąć w dół dolne pokrycie (2) i wyjąć z pokrywy tylnej.
• Wykręcić zaczep (3) linki mocującej półki z prawej i lewej strony z bocznego pokrycia okna.
• Odłączyć za pomocą klina z tworzywa sztucznego, na przykład Hazet 1965-20, boczne pokrycie ramy (4) z prawej i lewej strony przy oknie tylnym z klamer mocujących (5) i zdjąć pokrycie.
• Zwolnić od dołu górne pokrycie ramy (6) z zamocowań klamrami (7) i wyjąć pokrycie w górę. Zapobiec przy tym ułamaniu wewnętrznych uch z tworzywa sztucznego.
• Podważyć i wyjąć osłonę (8) ze środkowego pokrycia pokrywy tylnej (9). Przyłożyć przy tym u dołu klin z tworzywa sztucznego i zwolnić osłonę z trzech zaczepów mocujących (10).
Uwaga. Osłonę (8) pokazano na rysunku M-48297 dużo większą od pokrycia niż jest w rzeczywistości.
• Wykręcić wkręty (11) z tyłu osłony i u dołu pokrycia (9).
• Wyczepić pokrycie u dołu i wyjąć w górę z pokrywy tylnej.

Zamontowanie

• Wprowadzić środkowe pokrycie u dołu w elementy prowadzące i zamocować. Dokręcić pokrycie do pokrywy tylnej.
• Dalsze zamontowanie odbywa się w kolejności odwrotnej do wymontowania.

Wymontowanie i zamontowanie spoilera tylnego

Kombi

Wymontowanie

• Wymontować obudowę filtru przeciwpyłowego i odłączyć przewód masy (–) od akumulatora, gdy zapłon jest wyłączony.

Uwaga. Przed odłączeniem akumulatora należy koniecznie ustalić kod zabezpieczający radioodbiornik przed kradzieżą, jeśli taki kod jest zastosowany. Przestrzegać zaleceń podanych w podrozdziale „Wymontowanie i zamontowanie akumulatora".

• Otworzyć pokrywę tylną i wymontować pokrycie pokrywy (patrz odpowiedni opis).

• Odkręcić cztery nakrętki z tworzywa sztucznego (1, rys. M-48241) spoilera tylnego z lewej i prawej strony.

• Poluzować kolejno trzy śruby (2) o kilka obrotów kluczem do śruby Torx.

• Odłączyć złącze wtykowe (3) dodatkowych świateł hamowania.

• Nacisnąć do wewnątrz nakładki mocujące i wypchnąć na zewnątrz gniazdo wtyczkowe dodatkowych świateł hamowania z otworu w pokrywie tylnej.

• Wykręcić trzy śruby (2) etapami, aby uniknąć naprężeń spoilera tylnego.

Uwaga. Śruby są osadzone w spoilerze tylnym i są wykręcane na zewnątrz z pokrywy tylnej.

• Zdjąć spoiler tylny z pokrywy. Podczas zamykania pokrywy tylnej zwrócić uwagę na to, aby spoiler nie był przekrzywiony w stosunku do dachu samochodu.

Zamontowanie

• Zamknąć pokrywę tylną i osadzić spoiler na pokrywie. Zapewnić przy tym właściwe osadzenie spoilera i wejście śrub w otwory na wystarczającą głębokość.

• Otworzyć ostrożnie pokrywę tylną i zwrócić uwagę na to, aby spoiler nie był przekrzywiony w stosunku do dachu samochodu.

• Wkręcić trzy śruby kolejno o kilka obrotów.

• Wcisnąć gniazdo wtyczkowe dodatkowych świateł hamowania w otwór pokrywy tylnej i podłączyć złącze wtykowe.

• Dokręcić etapami trzy śruby.

• Wkręcić cztery nakrętki z tworzywa sztucznego po lewej i po prawej stronie.

• Zamontować pokrycie pokrywy tylnej (patrz odpowiedni opis).

• Podłączyć przewód masy (–) do akumulatora, gdy zapłon jest wyłączony. Zamontować obudowę filtru przeciwpyłowego. Wprowadzić kod zabezpieczający radioodbiornik przed kradzieżą i nastawić zegar, jeśli to konieczne.

Wymontowanie i zamontowanie osłony przestrzeni ładunkowej

Kombi

Wymontowanie

• Otworzyć pokrywę tylną.

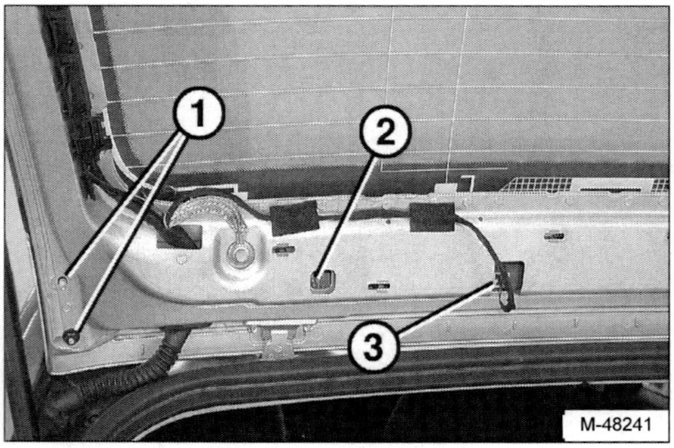

M-48241

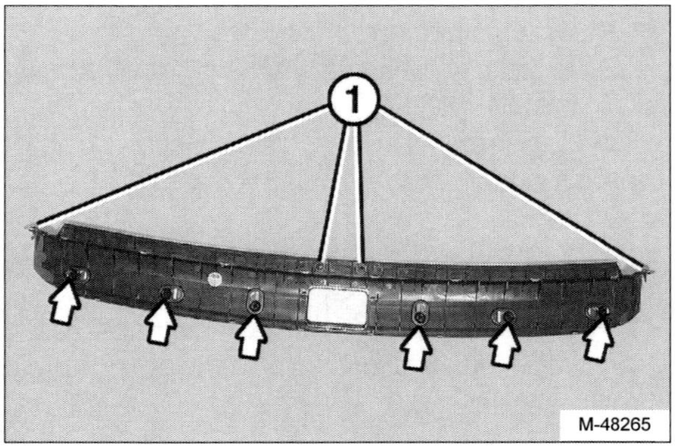

M-48265

• Wyjąć klapę w podłodze przestrzeni ładunkowej.
• Wyjąć pokrywę nad wnęką koła zapasowego.
• Wykręcić cztery śruby (1, rys. M-48265) osłony przestrzeni ładunkowej.
• Zwolnić osłonę z sześciu zacisków (strzałki) krawędzi przestrzeni ładunkowej. Wsunąć przy tym ostrożnie klin z tworzywa sztucznego pod osłonę przestrzeni ładunkowej i podważyć oddzielnie każdy zacisk.

Zamontowanie

• Zamontowanie odbywa się w kolejności odwrotnej do wymontowania.

Wyposażenie wnętrza nadwozia

Wiadomości wstępne

Wskazówki dotyczące wykonywania czynności i bezpieczeństwa

Podczas wykonywania czynności przy wyposażeniu wnętrza nadwozia należy bezwzględnie przestrzegać poniższych wskazówek.

■ Do podważania elementów pokrycia i osłon z tworzywa sztucznego należy stosować klin z tworzywa sztucznego, na przykład Hazet 1965-20.

■ Należy wymieniać zaciski, które zostały uszkodzone podczas wymontowania pokryć.

■ Siedzenia, pasy bezpieczeństwa i poduszki powietrzne mają duże znaczenie dla bezpieczeństwa i dlatego należy wykonywać tylko opisane czynności. Nie przeprowadzać prac o większym zakresie według własnego uznania, lecz zlecić ich wykonanie w stacji obsługi.

■ Słupki okien i drzwi w nadwoziu są oznaczone od przodu do tyłu literami A, B, C i D.

> ***Ostrzeżenie.*** *Jeśli podczas wykonywania prac przy nadwoziu są wykonywane także prace przy wyposażeniu elektrycznym, każdorazowo należy odłączyć przewód masy (–) od akumulatora. W tym celu należy zapoznać się ze wskazówkami zawartymi w podrozdz. „Wymontowanie i zamontowanie akumulatora i wspornika akumulatora". Za pracę przy wyposażeniu elektrycznym uważa się nawet odłączenie przewodu elektrycznego.*

Uwaga. Należy bezwarunkowo przestrzegać zasad zachowania bezpieczeństwa w samochodzie z poduszkami powietrznymi, w szczególności podczas prac przy tablicy rozdzielczej i konsoli środkowej (patrz „Układ kierowniczy"). Aby zapobiec napełnieniu się poduszki powietrznej, przed odłączeniem przewodów elektrycznych zespołu poduszki powietrznej należy wyłączyć zapłon i odłączyć od akumulatora najpierw przewód masy (–) a potem przewód dodatni (+). Poza tym ze względów bezpieczeństwa konieczne jest zaizolowanie bieguna ujemnego akumulatora (patrz „Układ kierowniczy").

Wymontowanie i zamontowanie zacisków rozprężnych

Liczne osłony i pokrycia z tworzywa sztucznego są mocowane za pomocą zacisków rozprężnych.

• Zacisk rozprężny składa się z właściwego zacisku i śruby z tworzywa sztucznego (1, rys. M-48236) lub kołka rozpierającego (2). Śru-

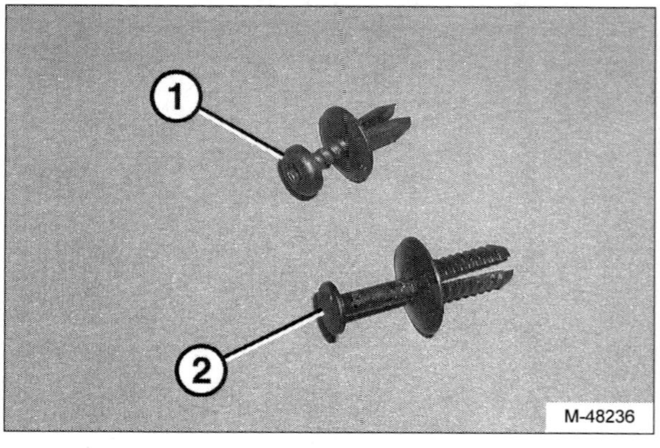

M-48236

ba z tworzywa sztucznego jest wkręcana w otwór zacisku, a kołek jest wciskany w zacisk, co powoduje rozpieranie zaczepów zacisku i ustalenie zacisku w miejscu zamontowania.

Wymontowanie

- **Śruba z tworzywa sztucznego.** Wykręcić nieco śrubę z tworzywa sztucznego (1) małym wkrętakiem i wyciągnąć zacisk za śrubę z otworu.
- **Kołek rozpierający.** Wyciągnąć nieco kołek (2) małym wkrętakiem lub paznokciami z zacisku.

Zamontowanie

- **Śruba z tworzywa sztucznego.** Wsunąć zacisk z wykręconą śrubą z tworzywa sztucznego w otwór i wkręcić śrubę.
- **Kołek rozpierający.** Wsunąć zacisk z wyciągniętym kołkiem w otwór i wcisnąć kołek.
- Zacisk rozprężny jest zamocowany.

Wymontowanie i zamontowanie osłony pod tablicą rozdzielczą

Wymontowanie

- Pociągnąć dźwignię uruchamiającą (1, rys. M-48275) linki pokrywy przedziału silnika i odłączyć linkę.
- Wykręcić trzy wkręty (strzałki) i odchylić w dół osłonę.
- Odblokować i odłączyć złącze wtykowe z tyłu osłony.
- Wyciągnąć osłonę pod tablicą rozdzielczą.

Zamontowanie

- Włożyć osłonę pod tablicę rozdzielczą, zwracając uwagę na właściwe położenie szczelin wentylacyjnych (2)
- Dalsze zamontowanie odbywa się w kolejności odwrotnej do wymontowania.

Wymontowanie i zamontowanie dolnej części tablicy rozdzielczej

Wymontowanie

- Wymontować konsolę środkową (patrz odpowiedni opis).
- Wymontować osłonę górnej części konsoli środkowej (patrz odpowiedni opis).
- Wymontować radioodbiornik lub urządzenie nawigacyjne (patrz „Wskaźniki, wyłączniki i radioodbiornik").
- Odkręcić i odchylić w dół osłonę pod tablicą rozdzielczą (patrz odpowiedni opis).
- Wymontować pokrywę skrzynki bezpieczników (patrz „Wyposażenie elektryczne").
- Wymontować zespół wyłączników po lewej stronie koła kierownicy (patrz „Wskaźniki, wyłączniki i radioodbiornik").
- Odkręcić u dołu dwie śruby (strzałki na rys. M-48276).
- Wykręcić śruby u góry z lewej strony i przy konsoli środkowej.
- Zwolnić z zamocowań klinem z tworzywa sztucznego dolną część tablicy rozdzielczej.
- Odkręcić kołnierz pierścieniowy wyłącznika zapłonu i rozruchu (1, rys. M-48277) kluczem kątowym 210 589 00 07 00 firmy Mercedes, odłączyć sterownik rozrusznika od dolnej części tablicy rozdzielczej.

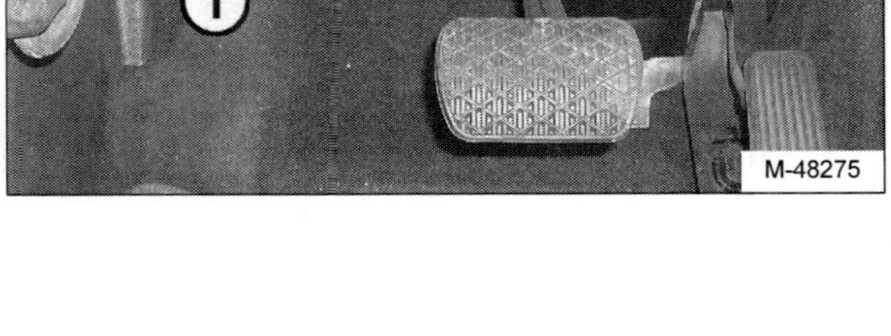

M-48275

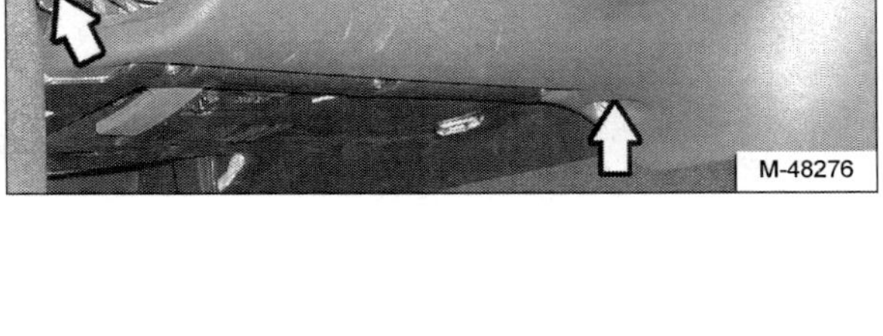
M-48276

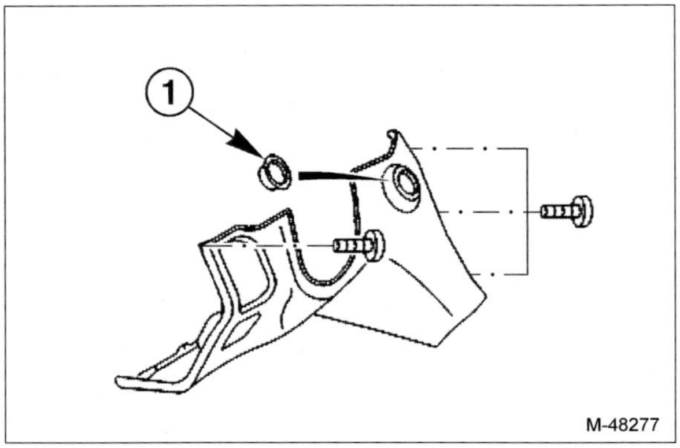

• Odłączyć cięgno od chwytu do odblokowania hamulca awaryjnego i wyjąć dolną część tablicy rozdzielczej.

Zamontowanie

• Zamontowanie odbywa się w kolejności odwrotnej do wymontowania.

Wymontowanie i zamontowanie schowka

Wymontowanie

• Wymontować konsolę środkową (patrz odpowiedni opis).
• Wymontować osłonę górnej części konsoli środkowej (patrz odpowiedni opis).
• Wymontować radioodbiornik i urządzenie nawigacyjne z dużym monitorem, jeśli jest zamontowane (patrz „Wskaźniki, wyłączniki i radioodbiornik").
• Wykręcić śruby przy bocznym pokryciu (1, rys. M-48266) górnej części konsoli środkowej.
• Wymontować osłonę pod schowkiem (patrz odpowiedni opis).
• Wykręcić śrubę (strzałka) pod schowkiem po lewej stronie.
• Otworzyć pokrywę schowka i wykręcić u góry dwie śruby (2).
• Wyciągnąć pokrywę z boku tablicy rozdzielczej po stronie pasażera.

Uwaga. Wymontowanie tej pokrywy odbywa się w taki sam sposób, jak pokrywy skrzynki bezpieczników (patrz „Wyposażenie elektryczne").

• Wykręcić dwie śruby (3) z boku tablicy rozdzielczej.
• Odłączyć złącze wtykowe oświetlenia schowka.
• Wyjąć schowek z pokryciem (1) górnej części konsoli środkowej.

Zamontowanie

• Zamontowanie odbywa się w kolejności odwrotnej do wymontowania.

Wymontowanie i zamontowanie osłony pod schowkiem

Wymontowanie

• Odłączyć siatkę na bagaż (1, rys. M-48267).
• Wykręcić wkręty (strzałki), wyciągnąć i zdjąć osłonę (2).

Zamontowanie

• Włożyć osłonę pod tablicę rozdzielczą, zwracając uwagę na właściwe położenie nawiewów.

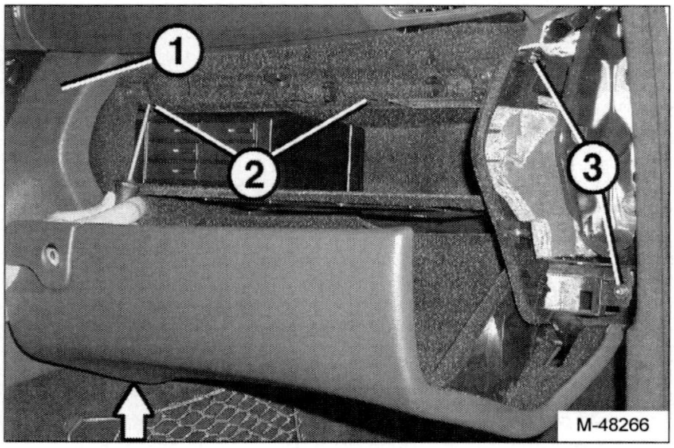

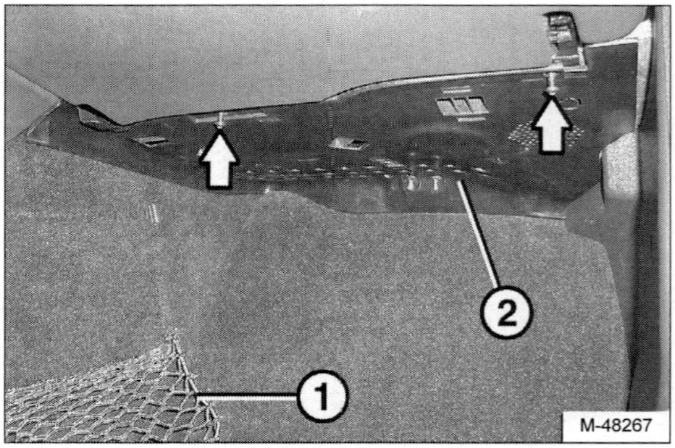

• Dalsze zamontowanie odbywa się w kolejności odwrotnej do wymontowania.

Wymontowanie i zamontowanie konsoli środkowej

Wymontowanie

• Wymontować obudowę filtru przeciwpyłowego i odłączyć przewód masy (–) od akumulatora, gdy zapłon jest wyłączony.
Uwaga. Przed odłączeniem akumulatora należy koniecznie ustalić kod zabezpieczający radioodbiornik przed kradzieżą, jeśli taki kod jest zastosowany. Przestrzegać zaleceń podanych w podrozdziale „Wymontowanie i zamontowanie akumulatora".
• Podważyć klinem z tworzywa sztucznego, na przykład Hazet 1965-20, ramę osłony (1, rys. M-48317) dźwigni zmiany lub wyboru biegów i wyjąć z konsoli środkowej.
• **Dźwignia wyboru biegów automatycznej skrzynki biegów.** Odłączyć od listwy wyłączników złącze wtykowe z tyłu ramy osłony.

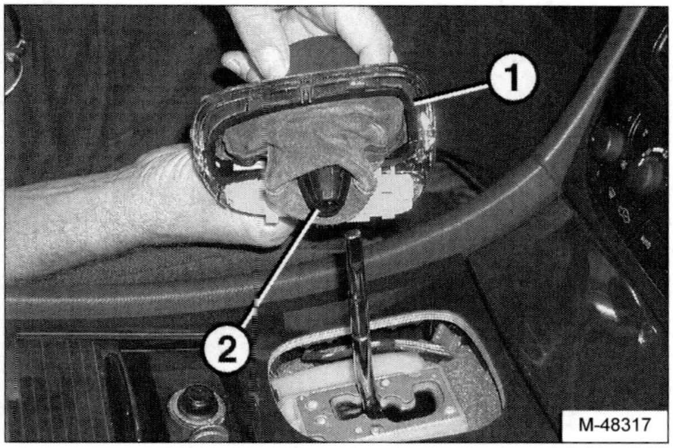

M-48317

M-48314

• Obrócić w lewo chwyt (2) i zdjąć z dźwigni zmiany lub wyboru biegów.
• Zwolnić silnym szarpnięciem osłonę (1, rys. M-48318) dźwigni zmiany lub wyboru biegów z dwóch zacisków mocujących (strzałki).
• Wysunąć w przód z elementów prowadzących i wyjąć osłonę z konsoli środkowej.
• Zależnie od modelu, odłączyć z tyłu osłony złącze wtykowe listwy wyłączników.
• Wyjąć osłonę z konsoli środkowej.
• Odchylić pokrywę popielniczki, nacisnąć w przód i zwolnić wkład popielniczki. Wyjąć wkład popielniczki.
• Docisnąć wkrętakiem zaczepy ustalające (strzałki na rys. M-48314) z prawej i lewej strony, zwolnić i wysunąć nieco obudowę popielniczki (1). Wysunąć przy tym obudowę popielniczki przy pokrywie popielniczki.
• Wyjąć ostrożnie złącze wtykowe żarówki oświetlenia popielniczki.

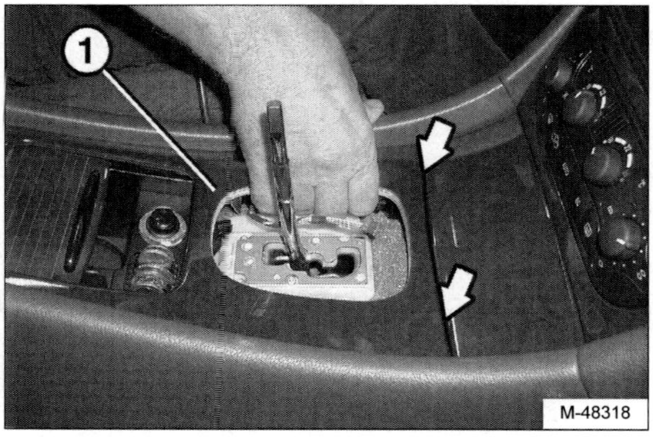

M-48318

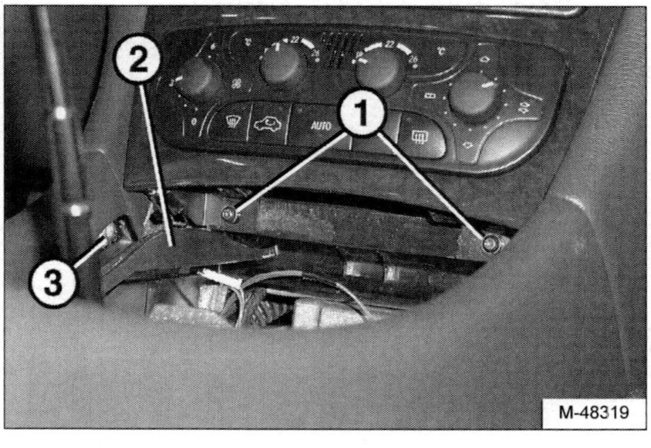

M-48319

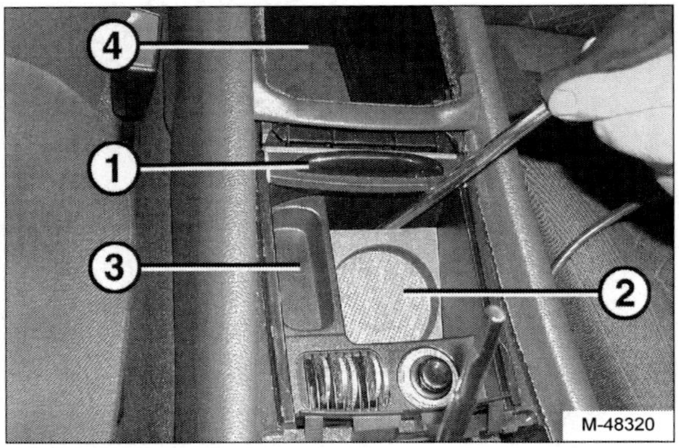

Uwaga. Żarówka ulega łatwo uszkodzeniu.

- Wyjąć obudowę popielniczki z konsoli środkowej.
- Wykręcić dwa wkręty (1, rys. M-48319).
- Wyczepić boczne osłony (2) z prawej i lewej strony w tunelu konsoli.
- Obrócić znajdujące się za osłonami dwie śruby (3) o ½ obrotu i zwolnić blokadę konsoli środkowej.
- Przesunąć w tył osłonę (1, rys. M-48320) nad zapalniczką w konsoli środkowej; (4) – duży schowek.
- Podważyć wkrętakiem uchwyt na kubek (2).
- Docisnąć nieco mały schowek (3) z zewnątrz, odchylić w bok i wyciągnąć z konsoli środkowej.
- Zwolnić z zamocowania gniazdo zapalniczki, docisnąć w tył i odłączyć złącze wtykowe (patrz „Wymontowanie i zamontowanie zapalniczki" w rozdz. „Wskaźniki, wyłączniki i radioodbiornik").
- Wykręcić dwie śruby (1, rys. M-48321) pod zapalniczką.

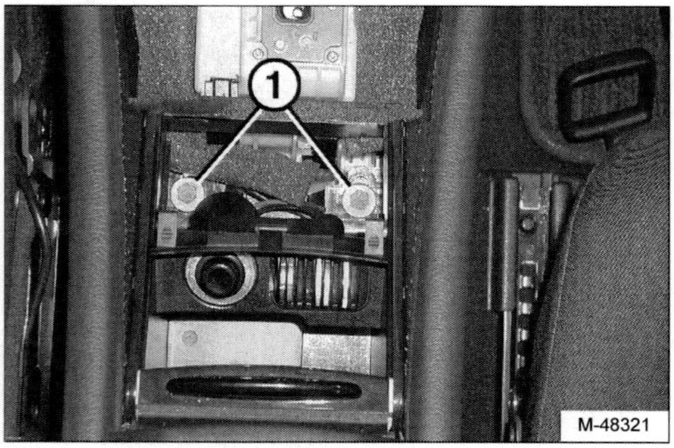

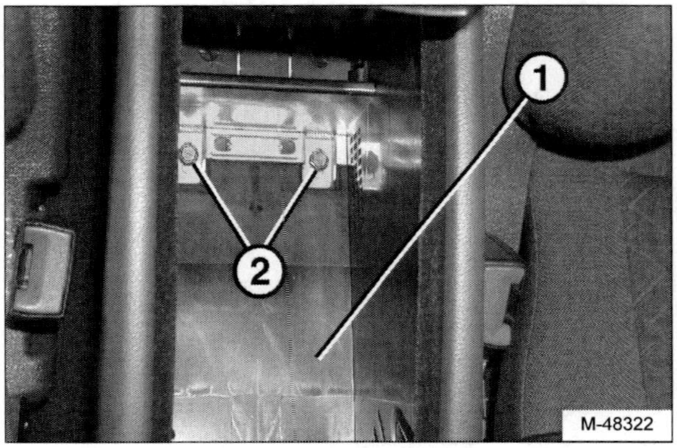

Uwaga. W samochodzie z automatyczną skrzynką biegów 722.6 należy podczas zamontowania wymienić śruby samoblokujące na nowe i wyregulować drążek wyboru biegów.

- Odblokować i odchylić w górę środkowy podłokietnik.
- Wyjąć wykładzinę w dużym schowku (1, rys. M-48322) i wykręcić znajdujące się pod nią śruby (2).
- Unieść tył konsoli środkowej i zdjąć konsolę z podłogi.

Zamontowanie

- Zamontowanie odbywa się w kolejności odwrotnej do wymontowania.
- Podłączyć przewód masy (–) do akumulatora, gdy zapłon jest wyłączony. Zamontować obudowę filtru przeciwpyłowego. Wprowadzić kod zabezpieczający radioodbiornik przed kradzieżą i nastawić zegar, jeśli to konieczne.

Wymontowanie i zamontowanie osłony górnej części konsoli środkowej

Wymontowanie

- Wymontować obudowę filtru przeciwpyłowego i odłączyć przewód masy (–) od akumulatora, gdy zapłon jest wyłączony.

Uwaga. Przed odłączeniem akumulatora należy koniecznie ustalić kod zabezpieczający radioodbiornik przed kradzieżą, jeśli taki kod jest zastosowany. Przestrzegać zaleceń podanych w podrozdziale „Wymontowanie i zamontowanie akumulatora".

• Wymontować środkowy nawiew (patrz „Ogrzewanie i przewietrzanie wnętrza, urządzenie klimatyzacyjne").
• Wymontować osłonę dźwigni zmiany lub wyboru biegów (patrz „Wymontowanie i zamontowanie konsoli środkowej").
• Wymontować obudowę popielniczki z konsoli środkowej (patrz „Wymontowanie i zamontowanie konsoli środkowej").
• Wyczepić klamry sprężyste (strzałki na rys. M-48315) u dołu osłony (1); (2) – zespół regulacji ogrzewania z tyłu osłony.
• Wyciągnąć osłonę z górnej części konsoli środkowej.
• Odłączyć złącze wtykowe ogrzewania i wyłącznika z tyłu osłony.

Zamontowanie

• Podłączyć złącze wtykowe ogrzewania i wyłącznika z tyłu osłony.
• Osadzić osłonę na górnej części konsoli środkowej, wprowadzić w ustalone położenie klamry sprężyste u dołu w gniazda (strzałki na rys. M-48316) na konsoli środkowej (1).
• Dalsze zamontowanie odbywa się w kolejności odwrotnej do wymontowania.
• Podłączyć przewód masy (–) do akumulatora, gdy zapłon jest wyłączony. Zamontować obudowę filtru przeciwpyłowego. Wprowadzić kod zabezpieczający radioodbiornik przed kradzieżą i nastawić zegar, jeśli to konieczne.

Wymontowanie i zamontowanie lusterka wewnętrznego

Wymontowanie

• **Lusterko eliminujące oślepianie.** Wymontować lampę przednią oświetlenia wewnętrznego (patrz „Oświetlenie i sygnalizacja").
• **Lusterko eliminujące oślepianie.** Odłączyć od lampy przedniej oświetlenia wewnętrznego złącze wtykowe przewodu prowadzącego do lusterka.
• Chwycić lusterko z przodu za stopę i wyciągnąć z zamocowania (1, rys. M-48268) w pokryciu dachu; (2) – sworzeń sprężysty.

Zamontowanie

• Ścisnąć prawy sworzeń sprężysty szczypcami, co powoduje wejście sworznia w ustalone położenie.
• Osadzić stopę lusterka w zamocowaniu, silnie docisnąć w ustalone położenie.
• **Lusterko eliminujące oślepianie.** Podłączyć złącze wtykowe przewodu prowadzącego do lusterka i zamontować lampę przednią

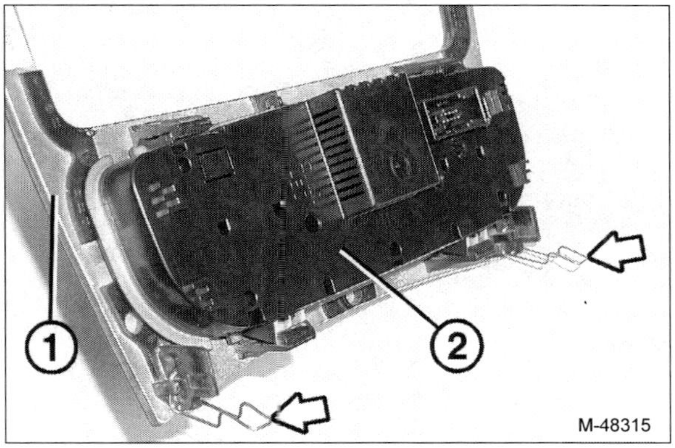

M-48315

M-48316

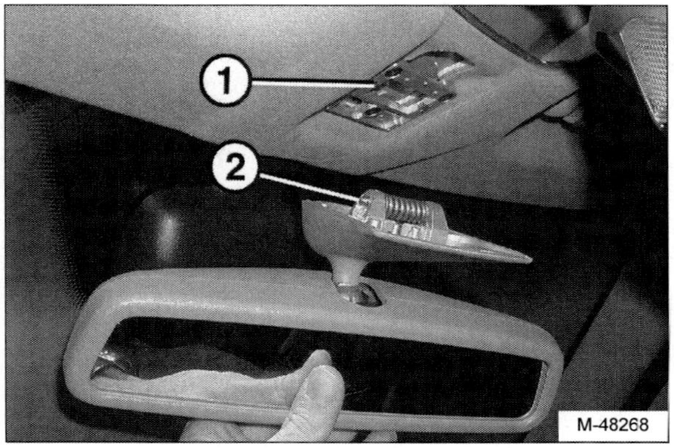

M-48268

oświetlenia wewnętrznego (patrz „Oświetlenie i sygnalizacja").

Wymontowanie i zamontowanie wykładziny w przestrzeni ładunkowej

Kombi

Wymontowanie

- Odchylić siedzisko siedzenia tylnego w przód i ustawić pionowo.
- Wymontować boczną wkładkę siedziska, wykręcając przy tym śrubę pod siedziskiem i wyciągając wkładkę z zamocowania.

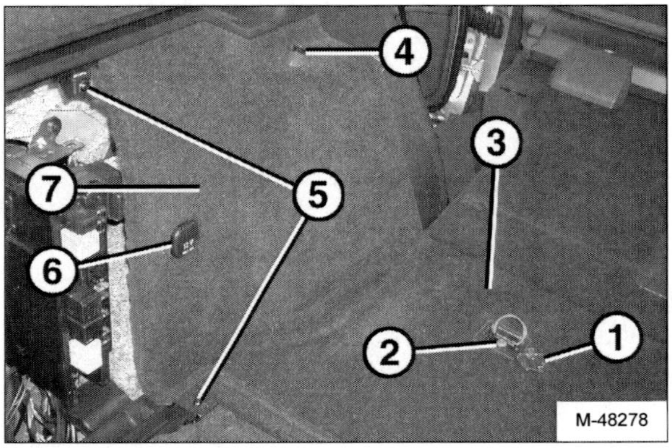

M-48278

- Podważyć wkrętakiem kapturek (1, rys. M-48278).
- Wykręcić śrubę (2) i zdjąć lewe ucho do mocowania bagażu.
- Wymontować także prawe ucho do mocowania bagażu.
- Wyjąć wykładzinę podłogi (3) za siedziskiem.
- Wykręcić śrubę ograniczającą (4) rolety, zaznaczając położenie śruby. Po zamontowaniu roleta powinna przylegać do śrub ograniczających z prawej i lewej strony.
- Wymontować osłonę bocznego schowka.
- Wykręcić dwie śruby (5).
- Wyjąć złącze wtykowe z gniazda (6) i wyjąć wykładzinę boczną (7).\

Zamontowanie

- Zamontowanie odbywa się w kolejności odwrotnej do wymontowania.

Wymontowanie i zamontowanie fotela przedniego

Wymontowanie

- Wymontować obudowę filtru przeciwpyłowego i odłączyć przewód masy (–) od akumulatora, gdy zapłon jest wyłączony.

Uwaga. Przed odłączeniem akumulatora należy koniecznie ustalić kod zabezpieczający radioodbiornik przed kradzieżą, jeśli taki kod jest zastosowany. Przestrzegać zaleceń podanych w podrozdziale „Wymontowanie i zamontowanie akumulatora".

- Wcisnąć zagłówek w najniższe położenie i wsunąć koło kierownicy.
- Przesunąć fotel w skrajne położenie przednie.
- Ściągnąć osłonę z elementu mocującego pasa bezpieczeństwa przy fotelu. Wykręcić śrubę elementu mocującego (rys. M-4895).
- Wykręcić dwie śruby z obu prowadnic z tyłu (rys. M-4896).

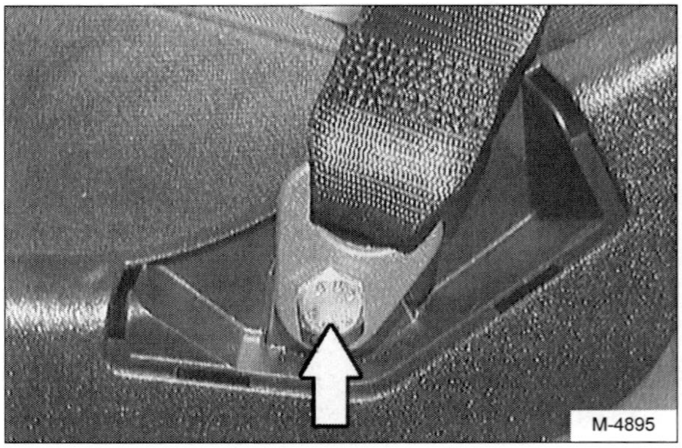
M-4895

M-4896

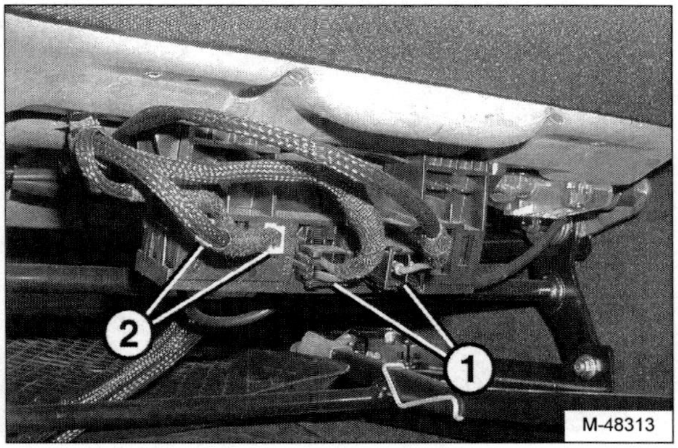

M-48313

• Przesunąć fotel całkowicie do tyłu. Wyjąć gaśnicę z uchwytu i wykręcić z przodu dwie śruby z obu prowadnic fotela.
• Odłączyć złącza wtykowe (1 i 2, rys. M-48313) pod fotelem.
• Wyjąć fotel.

Zamontowanie

• Zamontować fotel, przy czym sworzeń ustalający na prowadnicach powinien wejść w otwór.
• Podłączyć złącza wtykowe pod fotelem.
• Dokręcić prowadnice fotela z przodu i z tyłu momentem **50 N • m**.
• Przykręcić śrubę elementu mocującego pasa bezpieczeństwa momentem **30 N • m**.
• Nałożyć osłony.
• Włożyć gaśnicę w uchwyt.
• Podłączyć przewód masy (–) do akumulatora, gdy zapłon jest wyłączony. Zamontować obudowę filtru przeciwpyłowego. Wprowadzić kod zabezpieczający radioodbiornik przed kradzieżą i nastawić zegar, jeśli to konieczne.

Wymontowanie i zamontowanie siedzenia tylnego

Sedan

Wymontowanie

Uwaga. Wymontowanie siedzenia tylnego w samochodzie kombi i coupé odbywa się w podobny sposób.
• Odblokować i odchylić w przód siedzisko.
• Odciągnąć w bok wykładzinę podłogi i odkręcić nakrętki pasów bezpieczeństwa pod siedziskiem.

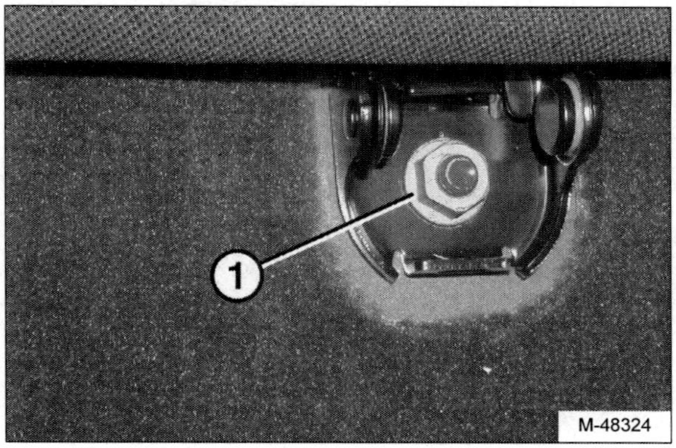

M-48324

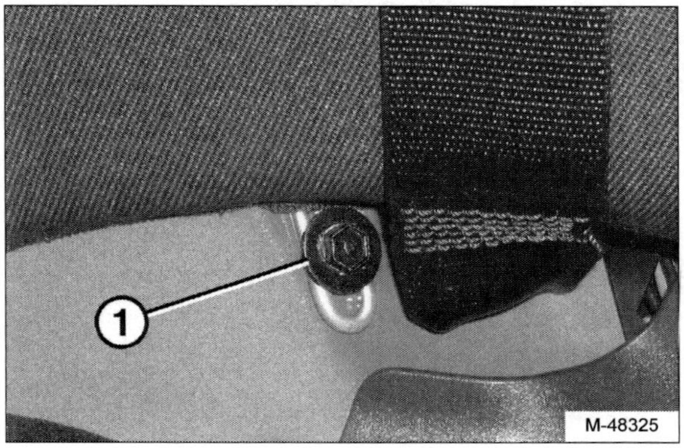

M-48325

• Położyć z powrotem siedzisko, ściągnąć kapturek pod siedzeniem i odkręcić znajdującą się pod kapturkiem nakrętkę (1, rys. M-48324) zawiasu.
• Unieść z podłogi i wyjąć siedzisko.
• Wykręcić śrubę (1, rys. M-48325) bocznej wkładki oparcia siedzenia i oderwać wkładkę u góry z zamocowania.
• Odciągnąć w bok wykładzinę podłogi i odkręcić wkładkę między siedziskiem a oparciem siedzenia.
• Wykręcić śrubę mocującą zamek pasa bezpieczeństwa do podłogi samochodu.
• Wykręcić z prawej strony od zewnątrz z nadkola dwie śruby sworznia zawiasu.
• Odkręcić nakrętki jarzma przy podłodze samochodu.
• Odblokować i odchylić w przód oparcie siedzenia.
• Odkręcić pozostałe nakrętki (1, rys. M-48326) jarzma (2) przy podłodze samochodu.
• Odłączyć linki do odblokowania oparcia siedzenia.

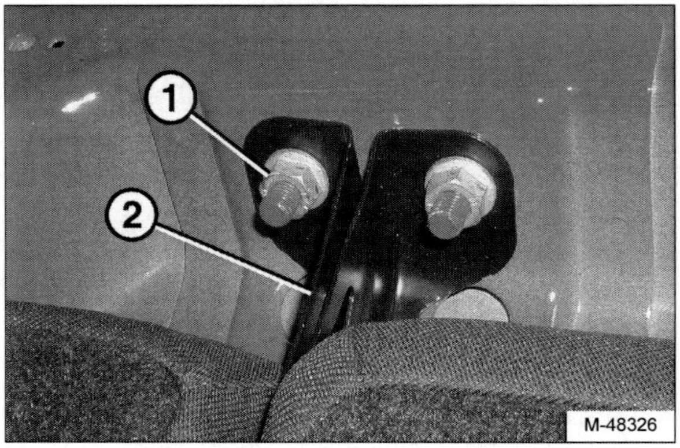

• Wyjąć $^{1}/_{3}$ oparcia.
• Ściągnąć ze sworznia zawiasu i wymontować $^{2}/_{3}$ oparcia.

Zamontowanie

• Zamontowanie odbywa się w kolejności odwrotnej do wymontowania.
Momenty dokręcania:
– nakrętki jarzma .... **40 N • m**,
– śruby sworznia zawiasu od zewnątrz.................................. **23 N • m**,
– śruba zamka pasa bezpieczeństwa .... **30 N • m**,
– nakrętki oparcia siedzenia i pasa bezpieczeństwa.................. **20 N • m**.

Wymontowanie i zamontowanie półki

Sedan

Wymontowanie

• Odblokować i odchylić w przód oparcie siedzenia.

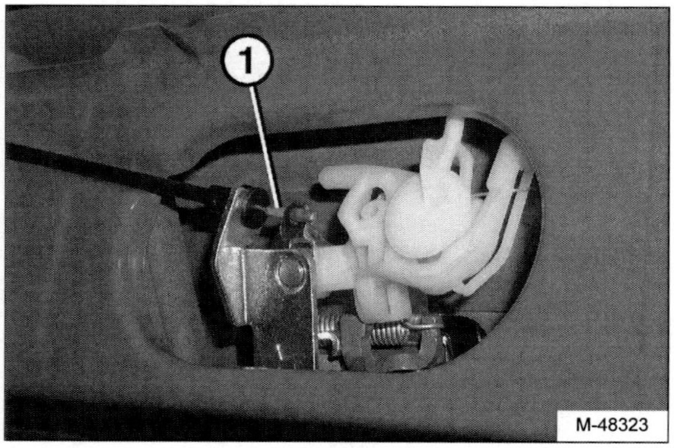

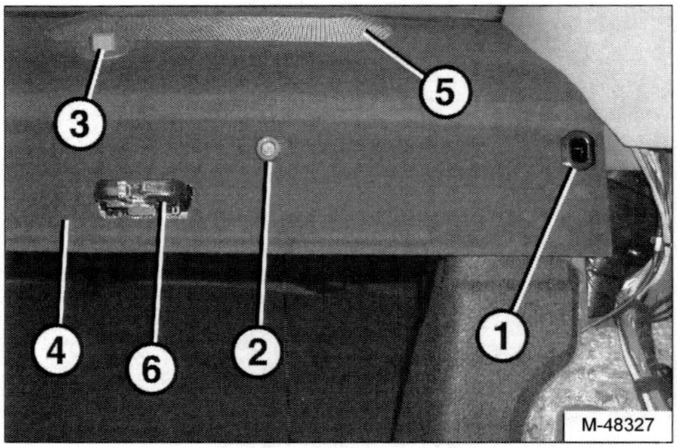

• Otworzyć bagażnik i odłączyć linkę (1, rys. M-48323) od zamka oparcia siedzenia.
• Wymontować pokrycie słupka „C" (patrz odpowiedni opis).
• Wymontować wkładkę boczną oparcia siedzenia (patrz „Wymontowanie i zamontowanie siedzenia tylnego").
• Podważyć klinem z tworzywa sztucznego i wyjąć górny element mocujący (1, rys. M-48327) wkładki bocznej z prawej i lewej strony; (6) – zamek oparcia siedzenia.
• Wyciągnąć zacisk rozprężny (2) z prawej i lewej strony.
• Podważyć klinem z tworzywa sztucznego kołki ustalające (3) z prawej i lewej strony.
• Wyjąć półkę (4) z samochodu.
• Podważyć klinem z tworzywa sztucznego i wyjąć dwie osłony (5) z półki.

Zamontowanie

• Zamontowanie odbywa się w kolejności odwrotnej do wymontowania.

Wymontowanie i zamontowanie pokrycia słupków „A" i „B"

Sedan, kombi

Słupek „A"

Uwaga. Wymontowanie i zamontowanie pokrycia słupka „A" w samochodzie coupé odbywa się w ten sam sposób.

Wymontowanie

• Ściągnąć osłonę krawędzi wzdłuż słupka „A".

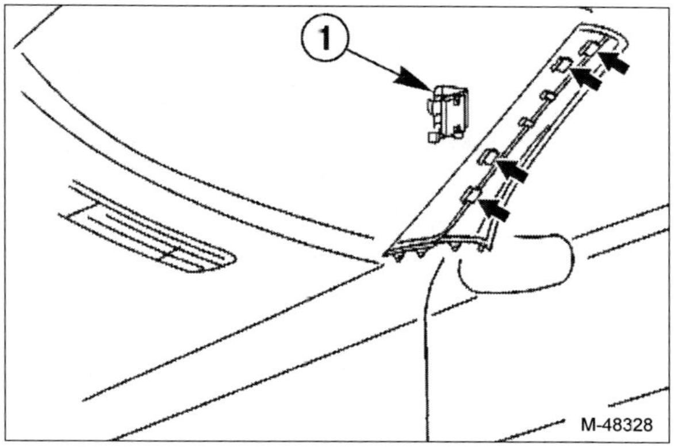

• Podważyć (strzałki na rys. M-48328) klinem z tworzywa sztucznego klamry (1) mocujące pokrycie na słupku „A".
• Wyciągnąć w górę pokrycie z prowadzenia w tablicy rozdzielczej i wyjąć pokrycie.

Zamontowanie

• Zamontowanie odbywa się w kolejności odwrotnej do wymontowania.

Słupek „B"

Wymontowanie

• Przesunąć fotel w przód.

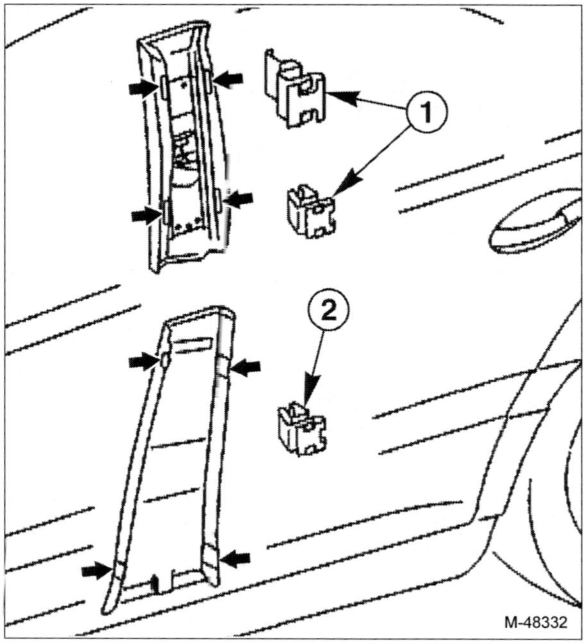

• Odkręcić pas bezpieczeństwa przy fotelu przednim (patrz „Wymontowanie i zamontowanie fotela przedniego").
• Ściągnąć osłonę krawędzi ze słupka „B" wzdłuż ramy drzwi.
• Podważyć wkrętakiem (strzałki na rys. M-48332) klamry (1) u góry ze słupka „B" i wyciągnąć górne pokrycie z dolnego pokrycia.
• Wyciągnąć pas bezpieczeństwa z górnego pokrycia.
• Wyczepić (strzałki) dolne pokrycie przy klamrach (2) i zdjąć ze słupka „B".

Zamontowanie

• Zamontować w słupku „B" klamry górnego pokrycia.
• Osadzić i zamocować dolne pokrycie na słupku „B".
• Przeciągnąć pas bezpieczeństwa przez szczelinę w górnym pokryciu.
• Osadzić górne pokrycie na słupku „B" i wsunąć pod dolne pokrycie.
• Włożyć sworzeń (3, rys. M-48329) pasa bezpieczeństwa w gniazdo prowadnicy pasa.
• Zamontować element ustalający (4) mechanizmu regulacji wysokości pasa w przycisku zwalniającym mechanizmu.
• Zamocować pokrycie górne na słupku „B".
• Nałożyć osłonę krawędzi przy ramie drzwi.
• Sprawdzić działanie mechanizmu regulacji wysokości pasa. Jest wymagana możliwość regulacji w pięciu położeniach.
• Przykręcić pas bezpieczeństwa do przedniego fotela momentem **30 N·m**.

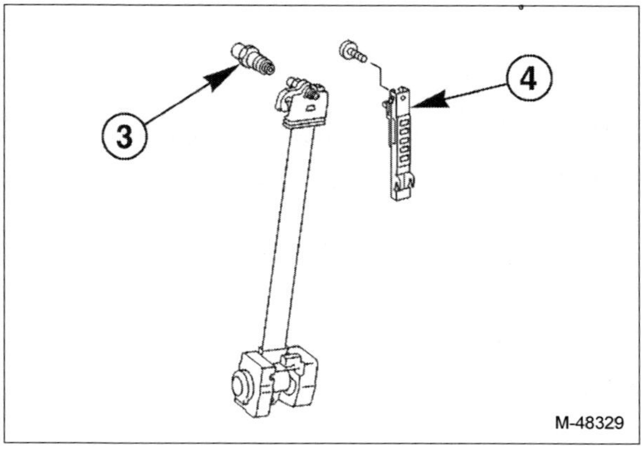

Wymontowanie i zamontowanie pokrycia słupka „C"

Sedan

Wymontowanie

- Odblokować i odchylić w przód siedzisko siedzenia tylnego.
- Odkręcić śrubę pasa bezpieczeństwa pod siedziskiem.

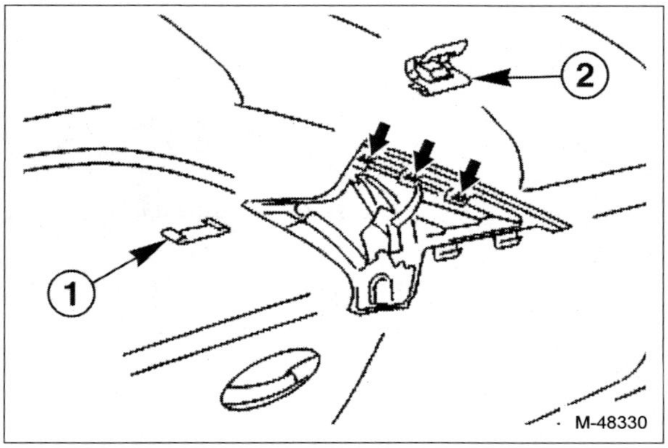

- Ściągnąć osłonę krawędzi wzdłuż słupka „C".
- Wyciągnąć osłonę (1, rys. M-48330) SRS (poduszka powietrzna) z pokrycia i wykręcić śrubę znajdującą się pod osłoną.
- Przyłożyć klin z tworzywa sztucznego w szczelinę między pokryciem słupka „C" a pokryciem dachu i wyczepić pokrycie.
- Ściągnąć (strzałki) pokrycie przy klamrach (2) ze słupka „C" i wyjąć w przód z prowadnicy w półce.
- Przeciągnąć pas bezpieczeństwa przez szczelinę w pokryciu.

Zamontowanie

- Zamontowanie odbywa się w kolejności odwrotnej do wymontowania.
- Przykręcić pas bezpieczeństwa pod siedziskiem siedzenia tylnego momentem **30 N·m**.

Kombi

Wymontowanie

- Odblokować i odchylić w przód siedzisko siedzenia tylnego.

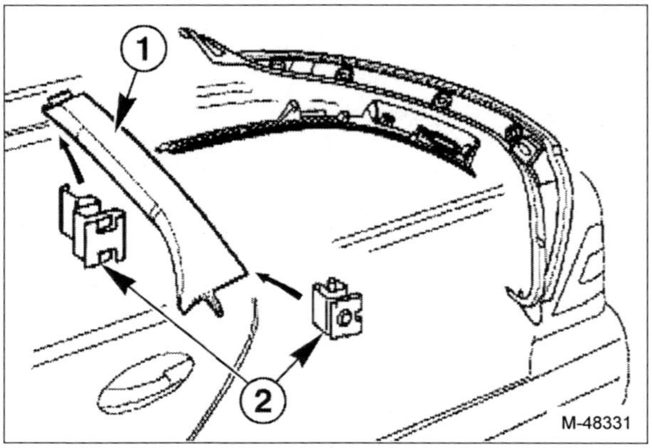

- Wymontować boczną wkładkę oparcia siedzenia tylnego (patrz „Wymontowanie i zamontowanie siedzenia tylnego").
- Ściągnąć osłonę krawędzi wzdłuż słupka „C".
- Zdjąć osłonę i odkręcić kabłąk prowadzący pasa od słupka „C".
- Wymontować pokrycie w przestrzeni ładunkowej (patrz odpowiedni opis).
- Wyczepić pokrycie słupka „C" (1, rys. M-48331) z klamer mocujących (2).
- Wyciągnąć pas bezpieczeństwa z pokrycia.

Zamontowanie

- Zamontowanie odbywa się w kolejności odwrotnej do wymontowania.
- Przykręcić kabłąk prowadzący pasa do słupka „C" momentem **30 N·m**.

TRANSMISJA DANYCH W SAMOCHODZIE MERCEDES KLASY C

W samochodzie Mercedes klasy C, do przesyłania sygnałów z czujników, pomierzonych wartości, informacji, rozkazów sterujących, muzyki i obrazów telewizyjnych zastosowano trzy systemy magistrali danych. Te systemy są przydzielone do następujących zakresów: „wnętrze samochodu", „napęd i układ jezdny" oraz „audio, komunikacja i nawigacja".
Magistrala CAN grupy C dla zakresu „napęd i układ jezdny" obejmuje siedem sterowników. W magistrali CAN (Controller Area Network) sterowniki są połączone i wymieniają dane między sobą. Magistrala CAN grupy B dla zakre-

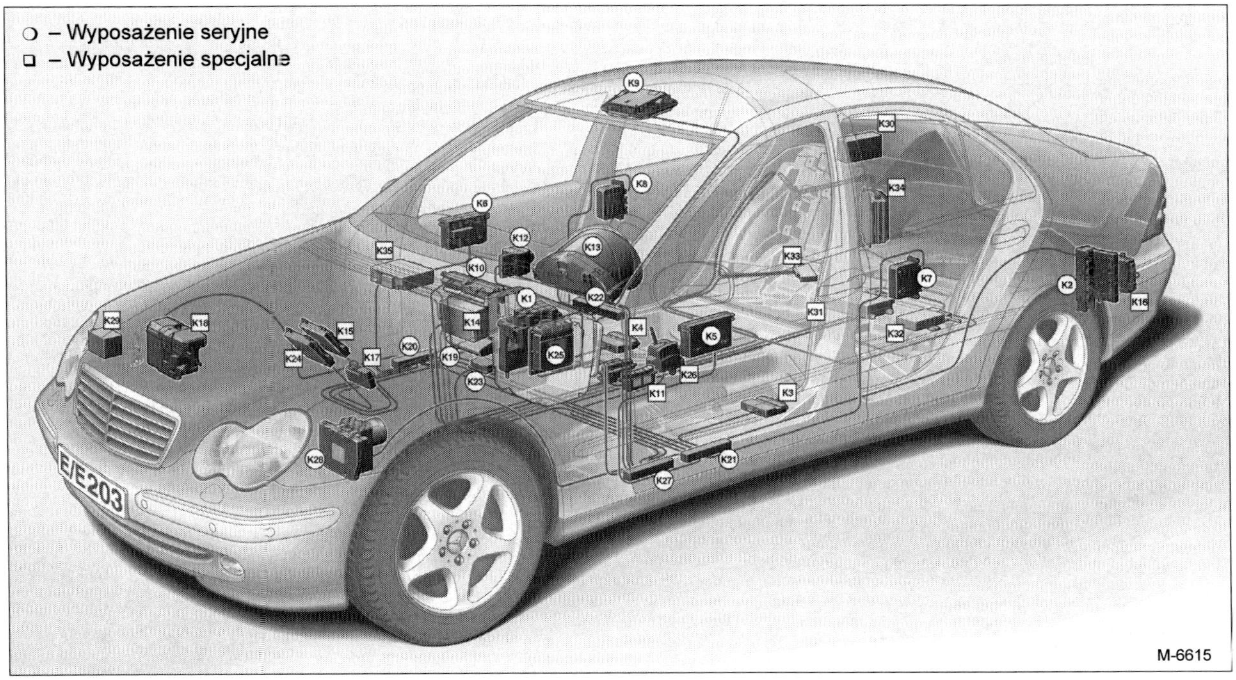

su „wnętrze samochodu" ma dwadzieścia sterowników.

W magistrali D2B dla obszaru „audio, komunikacja i nawigacja" są stosowane światłowody z tworzywa sztucznego zamiast przewodów miedzianych. Światłowód w porównywalnym czasie może przesłać znacznie więcej danych niż przewód miedziany w systemie CAN.

CAN grupy B

- ❍ K1 – moduł przyjmowania sygnałów i sterowania z przednią skrzynką bezpieczników i przekaźników (SAM/SRB-V).
- ❍ K2 – moduł przyjmowania sygnałów i sterowania z tylną skrzynką bezpieczników i przekaźników (SAM/SRB-H).
- ❑ K3 – sterownik fotela lewego (SSG).
- ❑ K4 – sterownik fotela prawego (SSG).
- ❍ K5 – sterownik drzwi przednich lewych (TSG).
- ❍ K6 – sterownik drzwi przednich prawych (TSG).
- ❍ K7 – sterownik drzwi tylnych lewych (TSG).
- ❍ K8 – sterownik drzwi tylnych prawych (TSG).
- ❍ K9 – zespół sterowania elementami dachu (DBE).
- ❍ K10 – zespół regulacji górny (OBF).
- ❑ K11 – zespół regulacji dolny (UBF).
- ❍ K12 – elektroniczny wyłącznik zapłonu i rozrusznika (EZS).
- ❍ K13 – zespół wskaźników (KI).
- ❑ K14 – COMMAND/Audio 10/Audio 30/Audio 30 APS.
- ❑ K15 – układ Parktronic (czujniki parkowania) (PTS).
- ❑ K16 – zespół podłączenia przyczepy (AAG).
- ❑ K17 – sterownik wielofunkcyjny do samochodów specjalnych (MSS).
- ❑ K18 – ogrzewanie na postoju.
- ❍ K19 – Heizmatik (układ ogrzewania) (KKLA/BKLA – SA).
- ❍ K20 – złącze magistrali CAN grupy B RBA prawe.
- ❍ K21 – złącze magistrali CAN grupy B RBA lewe.
- ❍ K22 – złącze magistrali CAN grupy B tablica rozdzielcza.
- ❍ K23 – ARMINCA (poduszka powietrzna).

CAN grupy C

- ❍ K12 – elektroniczny wyłącznik zapłonu i rozrusznika (EZS).
- ❍ K13 – zespół wskaźników (KI).

- ❑ K24 – elektroniczne sterowanie skrzynką biegów (EGS lub KGS).
- ❍ K25 – sterownik silnika (MSG).
- ❑ K26 – elektroniczny moduł dźwigni wyboru biegów (EWM).
- ❍ K27 – złącze magistrali CAN grupy C RBA lewe.
- ❍ K28 – program elektronicznej stabilizacji toru jazdy (ESP).

Sterowniki poza siecią

- ❑ K29 – automatyczna regulacja zasięgu świateł (ALWR).
- ❑ K30 – regulator strojenia telewizji.

Światłowody D2B

- ❑ K14 – COMMAND/Audio 10/Audio 30/Audio 30 APS.
- ❑ K31 – telefon stacjonarny (MINNA, wezwania awaryjne).
- ❑ K32 – Linguatronic (SBS).
- ❑ K33 – adapter telefonu komórkowego (złącze).
- ❑ K34 – wzmacniacz dźwięku.
- ❑ K35 – zmieniacz płyt CD.